Schwingungsprobleme der Technik

Von

S. Timoshenko
Professor der Technischen Mechanik a. d. Universität Michigan

Ins Deutsche übertragen

von

Dr. I. Malkin New York und **Dr. Elise Helly** Wien

Mit 183 Abbildungen im Text

Springer-Verlag Berlin Heidelberg GmbH
1932

Softcover reprint of the hardcover 1st edition 1932

ISBN 978-3-642-51231-5 ISBN 978-3-642-51350-3 (eBook)
DOI 10.1007/978-3-642-51350-3

Vorwort zur amerikanischen Ausgabe.

Mit dem Anwachsen der Dimensionen und der Arbeitsgeschwindigkeiten in der modernen Technik gewinnen die Fragen der Schwingungserscheinungen beim Entwurf von Maschinen immer mehr an Bedeutung. Es ist wohlbekannt, daß Probleme von großer praktischer Wichtigkeit, wie die des Massenausgleiches, der Torsionsschwingungen von Wellen und Zahntrieben, die Schwingungsprobleme der Turbinenschaufeln und Turbinenscheiben, die Probleme des Schleuderns rotierender Wellen, der Schwingungen des Eisenbahngeleises und von Brücken unter der Einwirkung rollender Lasten, der Fundamentschwingungen und dergleichen, nur im Rahmen der Theorie der Schwingungen gründlich erfaßt werden können. Nur mit Hilfe ihrer Lehren ist es möglich, die günstigsten Abmessungen zu bestimmen, bei denen die kritischen Geschwindigkeiten der Maschine so weit als nur irgend möglich von ihren Arbeitsgeschwindigkeiten entfernt bleiben und somit das Auftreten heftiger Schwingungen vermieden wird.

Im vorliegenden Werke werden die Grundlagen der Schwingungslehre entwickelt und deren Anwendung auf die Lösung technischer Aufgaben an Hand verschiedener Beispiele erläutert. Diese Beispiele sind vielfach der praktischen Erfahrung auf dem Gebiete der Schwingungserscheinungen entnommen, wie diese in manchen im Betriebe befindlichen Maschinen und Konstruktionen beobachtet werden können.

Bei der Abfassung des Werkes folgte der Verfasser dem Lehrgang über Schwingungserscheinungen, den er im Laufe des Jahres 1925 den Maschineningenieuren der Westinghouse Electric and Manufacturing Company vorgetragen hat, sowie einigen Kapiteln seines früher veröffentlichten Lehrbuches der Elastizitätslehre[1].

Der Inhalt des vorliegenden Werkes läßt sich im allgemeinen wie folgt darstellen:

Das erste Kapitel ist der Behandlung harmonischer Schwingungen bei Systemen mit nur einem Freiheitsgrade gewidmet. Man findet in diesem Kapitel die allgemeine Theorie freier und erzwungener Schwingungen sowie eine Darstellung der Anwendungen dieser Theorie auf die Konstruktion von Auswuchtmaschinen und Apparaten zur Aufzeichnung von Schwingungen. Auch das Rayleighsche Näherungsverfahren zur Untersuchung von Schwingungserscheinungen bei komplizierteren Systemen ist hier entwickelt. Als Anwendungsbeispiel dieses Verfahrens wird hier die Berechnung der Schleudergeschwindigkeiten rotierender Wellen veränderlichen Querschnitts gegeben.

---

[1] Elastizitätslehre. Bd. II, St. Petersburg, 1916.

Das zweite Kapitel enthält die Theorie der nichtharmonischen Schwingungen von Systemen mit nur einem Freiheitsgrade. Hier kommen die Näherungsmethoden zur Untersuchung der freien und erzwungenen Schwingungen solcher Systeme zur Darstellung. Ferner wird hier ein Sonderfall als Beispiel ausführlich behandelt, bei dem die Elastizität des Systems mit der Zeit veränderlich ist. Die Ergebnisse dieser Theorie werden auf die Untersuchung der Schwingungen in elektrischen Lokomotiven mit seitlichem Antrieb angewandt.

Das dritte Kapitel behandelt Systeme mit mehreren Freiheitsgraden. Hier wird die allgemeine Schwingungstheorie solcher Systeme entwickelt. Ferner wird hier die Theorie auf die Behandlung solcher Probleme der Maschinenmechanik, wie Fahrzeugschwingungen, Drehschwingungen von Wellen, Schleudergeschwindigkeiten von mehrfach gelagerten Wellen und Schwingungsdämpfer angewandt.

Das vierte Kapitel bringt die Schwingungstheorie elastischer Körper. Hier kommen folgende Probleme zur Darstellung: Axial-, Dreh- und Querschwingungen prismatischer Stäbe; Schwingungserscheinungen bei Stäben veränderlichen Querschnitts; Brückenschwingungen, Schwingungen von Turbinenschaufeln und Schiffskörpern; Schwingungstheorie der Kreisringe, Membranen, Platten und Turbinenscheiben.

Der Nachtrag enthält eine kurze Beschreibung der wichtigsten Apparate zum Registrieren von Schwingungen; solche Apparate sind bei experimentellen Untersuchungen über Schwingungsvorgänge unumgänglich.

Mit den Gefühlen wärmster Dankbarkeit muß hier der Verfasser die Großzügigkeit der Westinghouse Electric and Manufacturing Company hervorheben, die es ihm ermöglicht hat, die zur Herstellung des Manuskriptes erforderlichen Arbeiten trotz des damit verbundenen erheblichen Zeitaufwandes auszuführen; auch hat ihm diese Firma für die Beispiele die Berichte zur Verfügung gestellt, in denen ihre Ingenieure verschiedenartige Untersuchungen über wirkliche Schwingungsvorgänge aufgezeichnet hatten. Ferner möchte der Verfasser die Gelegenheit auch dazu benutzen, um den zahlreichen Freunden zu danken, die ihm bei der Herstellung des Manuskriptes in der einen oder anderen Weise behilflich waren, insbesondere den Herren J. M. Lessels, J. Ormondroyd und J. P. Den Hartog, die das ganze Manuskript gelesen und manche wertvolle Vorschläge gemacht haben.

Herrn F. C. Wilharm möchte hier der Verfasser seinen Dank für die Herstellung der Zeichnungen aussprechen. Dem Verlage Van Nostrand Company gebührt des Verfassers Anerkennung für die Sorgfalt, mit der das Buch hergestellt worden ist.

Ann Arbor, Michigan, 22. Mai 1928.

S. Timoshenko.

Vorwort zur deutschen Ausgabe.

Die englische Ausgabe dieses Werkes sieht jetzt nach wenigen Jahren bereits einer Neuauflage entgegen. Wenn ein technisch-mathematisches Buch einen solchen Erfolg erlebt, ist damit der Beweis geliefert, daß das Werk in weiten Leserkreisen einem wirklich empfundenen Bedürfnis abhilft. Dies gilt mit Hinblick auf zwei verschiedene Faktoren.

Der Erfolg eines Buches ist im wesentlichen durch zwei Momente bestimmt: durch den Gegenstand, den es behandelt, und durch die Art, wie der Gegenstand behandelt wird. Was den Inhalt des Timoshenkoschen Buches betrifft, so bezieht er sich auf so außergewöhnlich wichtige Probleme der Praxis, daß über diesen Punkt kaum noch etwas zu sagen ist. Wir leben in einem Zeitalter fallender Schranken. Dies wird auch in der Industrie empfunden. Die Gebiete der zulässigen Arbeitsgeschwindigkeiten in der Technik werden in raschem Lauf erweitert und der Ingenieur ist verpflichtet, von allen Erscheinungen gründlich Kenntnis zu nehmen, die innerhalb der neuen Arbeitsbedingungen möglich und zu erwarten sind. Beim Entwurf, am Konstruktionstisch und im Betrieb muß der Techniker auf die äußerst wichtigen Erscheinungen dynamischen Charakters sorgfältig Rücksicht nehmen und dem Studierenden kann nicht dringend genug empfohlen werden, von den Schwingungsvorgängen in Maschinen- und Baukonstruktionen, in Apparaten und dergleichen sich schon auf der Schulbank ein möglichst vollständiges Bild zu machen.

Die Aufgabe, ein derartiges Bild auf engem Raume zu entwerfen, setzt zu ihrer erfolgreichen Lösung nicht nur die Fähigkeit einer zweckmäßigen, für das behandelte Gesamtgebiet charakteristischen engeren Stoffauswahl voraus; sie verlangt auch nach einer lebendigen flüssigen und leicht verständlichen Darstellung. Auf seine Erfahrungen als Forscher und Lehrer gestützt, löst Timoshenko im vorliegenden Werke die bezeichnete Aufgabe in vorbildlicher Weise. Die klare und durchsichtige Sprache, die leichte Nachprüfbarkeit der Rechnungen und der ständige Kontakt zwischen den mathematischen Entwicklungen und den praktischen Gesichtspunkten des Technikers machen dieses neueste Werk Timoshenkos zu einer sehr wertvollen Neuerscheinung auf dem Gebiete der Technischen Mechanik.

Als sachliche Einzelheiten mögen hier die Energiemethoden hervorgehoben werden, die von Timoshenko selbst herrühren. Interessant und praktisch sehr wertvoll ist die Benutzung Fourierscher Reihen bei der Behandlung von elastischen Systemen, also solchen mit unendlich vielen Freiheitsgraden.

Gegenüber der englischen Ausgabe weist die deutsche Bearbeitung eine Reihe wichtiger Zusätze und Nachträge auf. Diese betreffen Schwingungserscheinungen bei konstanter Reibung, Fragen des Maschinenausgleiches, Schwingungsdämpfer mit konstanter Reibung und Schwingungen von Balken mit eingespannten Enden. Außerdem ist eine Anzahl von durchgerechneten Beispielen zu verschiedenen Abschnitten des Buches hinzugefügt worden.

Bei der bekannten Gründlichkeit, mit der der wissenschaftlich denkende und arbeitende deutsche Ingenieur gewohnt ist, die Probleme seines Faches anzufassen, ist das Interesse der deutsch lesenden Fachkreise für das neueste Werk Timoshenkos bestimmt zu erwarten.

New York, im Dezember 1931.

I. Malkin.

Inhaltsverzeichnis.

Anhang.

I. Harmonische Schwingungen von Systemen mit einem Freiheitsgrad.

1. Freie harmonische Schwingungen.

Unterwirft man ein elastisches System, beispielsweise einen belasteten Balken, oder einen tordierten Stab, oder eine deformierte Feder, einer Störung des Gleichgewichtes, in dem es sich vorher befand, sei es durch Stoßwirkungen oder durch Anwendung plötzlich auftretender und wieder verschwindender zusätzlicher Kräfte, so können die elastischen Kräfte des Systems in ausgelenktem Zustand mit der Belastung nicht mehr im Gleichgewicht stehen; hierdurch werden Schwingungen hervorgerufen. Im allgemeinen kann ein elastisches System Schwingungen verschiedener Art ausführen. So ist eine Saite oder ein Stab verschiedener Schwingungsformen fähig je nach der Anzahl der Knoten, die die schwingende Länge des betreffenden Körpers unterteilen. In den einfachsten Fällen kann die Gestalt des schwingenden Systems durch eine einzige Größe dargestellt werden. In solchen Fällen spricht man von einem System mit einem Freiheitsgrad.

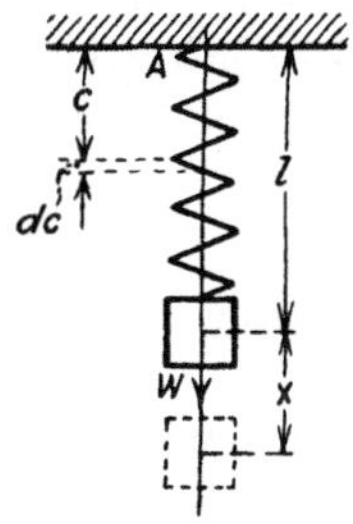

Abb. 1.

Betrachten wir den elementaren durch Abb. 1 veranschaulichten Fall. Ist die Einrichtung derartig, daß nur Vertikalverschiebungen des Gewichtes W möglich sind, und ist die Masse der Feder gegenüber der Masse des Gewichtes W gering, so kann das System als eines mit einem Freiheitsgrad betrachtet werden. Die jeweilige Gestalt des Systems kann dabei durch die Angabe der Vertikalverschiebung des Gewichtes erschöpfend beschrieben werden.

Schwingungen des Systems können nun durch einen Anstoß oder durch eine plötzlich auftretende und wieder verschwindende Kraft eingeleitet werden. Schwingungen dieser Art werden durch die elastischen Kräfte in der Feder allein beherrscht und man nennt sie daher freie oder natürliche Schwingungen oder auch Eigenschwingungen. Eine analytische Darstellung dieser Schwingungen kann aus der Differentialgleichung der Bewegung hergeleitet werden, die sich stets hinschreiben läßt, wenn die auf den bewegten Körper wirkenden Kräfte bekannt sind.

Sei k die Last, die erforderlich ist, um die Feder um die Länge 1 zu dehnen. Dann ist die statische Durchbiegung der Feder unter der Einwirkung des Gewichtes W gleich

$$\delta_{st} = \frac{W}{k}.$$

Bezeichnet man mit x die von der Gleichgewichtslage aus gemessene Vertikalverschiebung des Gewichtes und betrachtet diese Verschiebung als positiv, wenn sie nach unten gerichtet ist, so lautet der Ausdruck für die durch die Feder übertragene Kraft bei einer beliebigen Lage des Gewichtes

$$F = W + k x. \tag{a}$$

Um nun zur Differentialgleichung der Bewegung zu gelangen, gehen wir vom d'Alembertschen Prinzip aus. Auf Grund dieses Prinzips kann die Bewegungsgleichung genau in der Weise erhalten werden, als ob es sich um ein Problem der Statik handeln würde. Es ist hierzu nur nötig, neben den äußeren und den elastischen Kräften auch die Trägheitskräfte in Betracht zu ziehen. Im vorliegenden Falle ist die Trägheitskraft durch den Ausdruck $-\frac{W\ddot{x}}{g}$ gegeben, worin $\ddot{x}$ die zweite Ableitung der Verschiebung x nach der Zeit t ist, also die Beschleunigung des bewegten Gewichtes W darstellt, und g die Beschleunigung der Schwerkraft bedeutet. Addiert man die Trägheitskraft zu der Last W und setzt dann die Summe gleich der Federkraft F, so ergibt sich

$$W - \frac{W\ddot{x}}{g} = W + k x, \tag{1}$$

woraus folgt

$$\ddot{x} + p^2 x = 0, \tag{2}$$

wenn man

$$p^2 = \frac{k g}{W} = \frac{g}{\delta_{st}} \tag{3}$$

setzt. Die Gl. (2) ist erfüllt, wenn man $x = A \cos p t$ oder $x = B \sin p t$ mit A und B als willkürliche Konstanten ansetzt. Addiert man diese Lösungen, so ergibt sich die allgemeine Lösung der Gl. (2) in der Form

$$x = A \cos p t + B \sin p t. \tag{4}$$

Hieraus ist ersichtlich, daß die Vertikalbewegung des Gewichtes W eine Schwingungsbewegung ist. Die Periode dieser Schwingung ist

$$\tau = \frac{2\pi}{p},$$

und die Frequenz ist

$$f = \frac{1}{\tau} = \frac{p}{2\pi}.$$

Setzt man hierin den Wert von p nach (3) ein, so folgt

$$\tau = 2\pi \sqrt{\frac{\delta_{st}}{g}}; \qquad f = \frac{1}{2\pi} \sqrt{\frac{g}{\delta_{st}}}. \tag{5}$$

Demnach ist die Schwingungsperiode der Federlast die gleiche wie beim mathematischen Pendel von der Länge δ_{st}. Die Amplitude der Schwingungen (4), d. h. die von der Gleichgewichtslage aus gemessene Maximalverschiebung der Last, bleibt konstant, weil A und B konstant sind. Eine Schwingungsbewegung von der Art der durch die Gl. (4) dargestellten wird harmonische Schwingung genannt.

Die willkürlichen Konstanten A und B lassen sich mit Hilfe der Anfangsbedingungen bestimmen. Nehmen wir beispielsweise an, daß am Anfang ($t = 0$) das Gewicht W um die Strecke x_0 aus der Gleichgewichtslage verschoben erscheint, und daß seine Anfangsgeschwindigkeit gleich $\dot{x}_0$ ist. Setzt man $t = 0$ in die Gl. (4) ein, so erhält man

$$x_0 = A. \tag{a}$$

Differenziert man aber die Gl. (4) nach der Zeit t und setzt dann $t = 0$ ein, so ergibt sich

$$\frac{\dot{x}_0}{p} = B. \tag{b}$$

Mit den berechneten Werten (a) und (b) der willkürlichen Konstanten erhält man folgenden Ausdruck für die Schwingungsbewegung des Gewichtes W:

$$x = x_0 \cos p\,t + \frac{\dot{x}_0}{p} \sin p\,t. \tag{6}$$

Wie man sieht, besteht die Schwingung im allgemeinen Falle aus zwei Teilschwingungen: die eine ist $\cos p\,t$ proportional und hängt von der Anfangsverschiebung des Systems ab, die andere ist $\sin p\,t$ proportional und von der Anfangsgeschwindigkeit $\dot{x}_0$ abhängig. Eine Bewegung von der Form (6) kann stets als einfache sinusförmige Bewegung dargestellt werden. Sei in der Tat

$$x_0 = M \sin \alpha, \tag{c}$$

$$\frac{\dot{x}_0}{p} = M \cos \alpha \tag{d}$$

mit M und α als noch zu bestimmende Konstanten.

Durch Einsetzen in die Gl. (6) erhält man

$$x = M \sin(p\,t + \alpha). \tag{7}$$

Die Amplitude M dieser Schwingung und der Winkel α, die Phase der Schwingung, können aus den Gln. (c) u. (d) leicht ermittelt werden. Quadriert man diese Gleichungen und addiert sie dann, so ergibt sich

$$M^2 = x_0^2 + \frac{\dot{x}_0^2}{p^2}$$

oder

$$M = \sqrt{x_0^2 + \frac{\dot{x}_0^2}{p^2}}\,. \tag{8}$$

Dividiert man dagegen Gl. (c) durch Gl. (d), so folgt

$$\operatorname{tg} \alpha = \frac{x_0\, p}{\dot{x}_0}\,. \tag{9}$$

Die Amplitude M und der Winkel α können auch graphisch ermittelt werden, wie in Abb. 2 gezeigt wird. Nimmt man $\overline{OA} = \frac{\dot{x}_0}{p}$ und $\overline{OB} = x_0$ an, so ergibt sich aus dem rechtwinkeligen Dreieck OAC

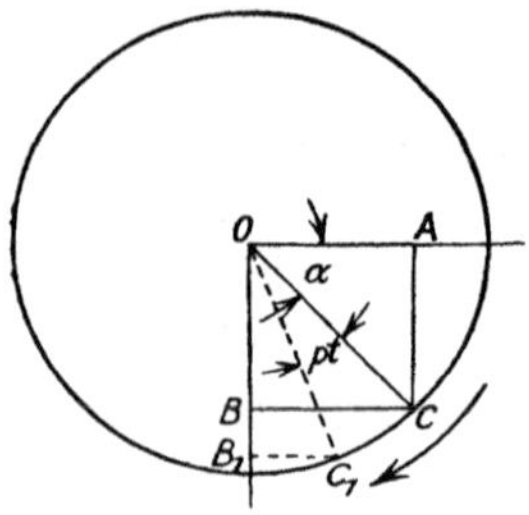

Abb. 2.

$$\overline{OC} = \sqrt{x_0^2 + \frac{\dot{x}_0^2}{p^2}} = M$$

und

$$\operatorname{tg} \alpha = \frac{\overline{AC}}{\overline{AO}} = \frac{x_0\, p}{\dot{x}_0}\,.$$

Denkt man sich nun den Radius $\overline{OC}$ mit konstanter Winkelgeschwindigkeit p in der Richtung der Uhrzeigerbewegung rotierend, so befindet sich der Punkt C nach Ablauf einer Zeit t im Punkte C_1, und die Vertikalprojektion $\overline{OB_1}$ des Radius $\overline{OC_1}$, gleich $M \sin(pt + \alpha)$, stellt dann die Vertikalverschiebung x [s. Gl. (7)] der Last W bei der Schwingungsbewegung dar.

Es ist somit ersichtlich, daß die freie Schwingung des in Abb. 1 angegebenen Systems als harmonische Schwingung dargestellt werden kann, deren Periode [s. Gl. (5)] von δ_{st}, d. h. von der Steifigkeit der Feder und dem Belastungsgewicht abhängt. Amplitude und Phase dagegen hängen von der Anfangsverschiebung und der Anfangsgeschwindigkeit der Last ab.

2. Beispiele.

Die folgenden Beispiele sollen dazu dienen, die vorangehend entwickelte Theorie nach verschiedenen Richtungen hin zu erläutern und an einer Anzahl von Fällen zu zeigen, wie die Periode der freien Schwingungen des Systems zu berechnen ist.

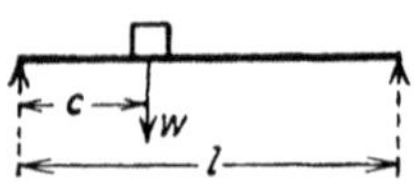

Abb. 3.

a) Querschwingungen eines Balkens mit Einzellast (Abb. 3). Unter Vernachlässigung des Balken-Eigengewichtes und Anwendung der einfachen Biegungstheorie ergibt sich, mit den Bezeichnungen der Abbildung, die statische Durchbiegung des Balkens unmittelbar unter der Last zu

$$\delta_{st} = \frac{W c^2 (l - c)^2}{3\, l\, E\, I}\,. \tag{a}$$

Diese Durchbiegung ist der Last proportional, daher kann der Balken als eine Feder, und zwar als eine von der **Steifigkeit**

$$k = \frac{3\,l\,E\,I}{c^2\,(l-c)^2},$$

betrachtet werden. Diese Größe stellt die Last dar, die erforderlich ist, um im Balken eine Durchbiegung gleich 1 hervorzurufen. Setzt man nun den Wert von δ_{st} nach Gl. (a) in die Gl. (5) ein, so ergibt sich leicht die Periode der freien Schwingung des Balkens unter der Last W. Die in dieser Weise berechnete Periode wird etwas kleiner sein als die wirkliche Periode, da wir das Eigengewicht des Balkens vernachlässigt haben. Eine ausführlichere Diskussion des Gegenstandes geben wir in § 14.

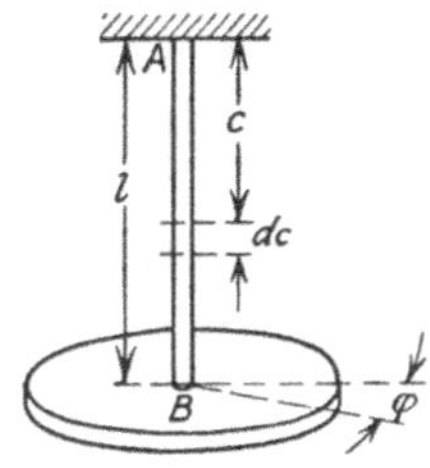

Abb. 4.

b) Torsionsschwingungen. Wird eine Scheibe in der in Abb. 4 dargestellten Weise an einem Stabe befestigt und dann der Wirkung eines in ihrer Ebene auftretenden und dann plötzlich wieder verschwindenden Kräftepaares ausgesetzt, so entsteht eine freie Torsionsschwingung des Stabes mitsamt der Scheibe. Sei φ der Verdrehungswinkel des Stabes in irgendeinem Augenblick der Schwingungsbewegung und k das Torsionsmoment, das erforderlich ist, um im Stab einen Verdrehungswinkel gleich der Winkeleinheit hervorzurufen. Im Falle eines zylindrischen Stabes von kreisförmigem Querschnitt mit dem Durchmesser d ist

$$k = \frac{G}{l}\,\frac{\pi\,d^4}{32}.$$

Das Torsionsmoment des Stabes in irgendeinem Augenblick der Schwingungsbewegung wird gleich sein $k\varphi$. Unter Vernachlässigung der Stabmasse erhält man, indem man das Torsionsmoment des Stabes dem Moment der Trägheitskräfte der Scheibe gleichsetzt, als Darstellung der Scheibenbewegung die Gleichung

$$I\,\ddot{\varphi} + k\,\varphi = 0\,, \tag{10}$$

worin I das Trägheitsmoment der Scheibe in bezug auf die zur Scheibenebene senkrechte Stabachse AB ist. Im Falle einer kreisförmigen Scheibe von konstanter Dicke ist

$$I = \frac{\pi\,D^4\,h\,\gamma}{32\,g} = \frac{W\,D^2}{8\,g},$$

worin h die Scheibendicke, D der Scheibendurchmesser, γ das Scheibengewicht pro Raumeinheit und W das Gesamtgewicht der Scheibe sind. Denkt man sich die Kreisscheibe durch ein Rad ersetzt und seine Masse im Kranz konzentriert, so wird

$$I = \frac{W D^2}{4 g}.$$

Allgemein ist für eine Scheibe von veränderlicher Dicke h

$$I = \frac{2\pi}{g} \int_0^{\frac{1}{2}D} h \gamma r^3 \, d r.$$

Dividiert man Gl. (10) durch I und setzt dann

$$p^2 = \frac{k}{I}, \tag{11}$$

so ergibt sich eine Gleichung von derselben Form wie Gl. (2), deren allgemeine Lösung durch

$$\varphi = A \cos p t + B \sin p t$$

gegeben ist. Wie man sieht, ist die Periode der Torsionsschwingungen

$$\tau = \frac{2\pi}{p} = 2\pi \sqrt{\frac{I}{k}}. \tag{12}$$

Im Falle eines zylindrischen Stabes von kreisförmigem Querschnitt ist

$$\tau = 2\pi \sqrt{\frac{32 I l}{G \pi d^4}}; \qquad f = \frac{1}{\tau} = \frac{1}{2\pi} \sqrt{\frac{\pi G d^4}{32 I l}}. \tag{13}$$

Hierbei wird vorausgesetzt, daß der Stab einen auf der ganzen Länge konstanten Durchmesser d hat. Ist aber sein Durchmesser nur stückweise konstant, so kann er auf einen anderen Stab von durchgehend gleichbleibendem Durchmesser leicht reduziert werden. Hierzu hat man nur zu beachten, daß der Verdrehungswinkel des Stabes der Länge direkt und der vierten Potenz des Durchmessers umgekehrt proportional ist. Daher kann man, ohne den Verdrehungswinkel zu ändern, einen Stabteil von der Länge a_1 und dem Durchmesser d_1 durch einen äquivalenten Teil von der Länge a_2 und dem Durchmesser d_2 auf Grund der Beziehung

$$\frac{a_1}{a_2} = \left(\frac{d_1}{d_2}\right)^4 \tag{14}$$

ersetzen.

Die erhaltenen Resultate lassen sich auch auf den Fall einer Welle mit zwei rotierenden Massen (Abb. 5) anwenden. Ein solches System ist für den Maschinenbau von großer praktischer Bedeutung und wird beispielsweise im Propellerbau verwirklicht[1]. Wenn die Wellen-

[1] Das Problem wurde zuerst von H. Frahm studiert: Neue Untersuchungen über dynamische Vorgänge in den Wellenleitungen von Schiffsmaschinen. Z. V. d. I. **1902**, 797. Er zeigte experimentell, daß die Schwingungen bei einer gewissen Geschwindigkeit einen sehr großen Einfluß auf die Spannungen in den Propellerwellen ausüben.

masse im Vergleich mit den beiden Endmassen vernachlässigt werden darf, so kann das in Abb. 5 dargestellte System als eines mit zwei Freiheitsgraden betrachtet werden; der eine rührt davon her, daß die Welle mit den Scheiben als starrer Körper in den Lagern rotieren kann, der andere dagegen ist dadurch bedingt, daß die Welle Torsionsschwingungen ausführen kann, bei denen sich die Scheiben auf der Welle in einander entgegengesetztem Sinne verdrehen. Stellen wir uns z.B. vor, daß am Anfang, d.h. zur Zeit $t = 0$, zwei einander entgegengesetzt gleiche Kräftepaare an den Wellenenden angreifen, die Welle verdrehen und dann plötzlich verschwinden. Auf diese Weise werden Torsionsschwingungen allein hervorgerufen und die Scheiben fangen an, in einander entgegengesetztem Sinne zu rotieren derart, daß das Gesamtmoment des Systems immer gleich Null bleibt wie auch am Anfang ($t = 0$). Während dieser Schwingungen bleibt ein gewisser zwischenliegender Querschnitt mn der Welle unbeweglich. Dieser Querschnitt wird als Knotenquerschnitt bezeichnet; seine Lage läßt sich aus der Bedingung bestimmen, daß der Wellenteil rechts vom Knotenquerschnitt (Abb. 5) die gleiche Schwingungsperiode haben muß wie der links davon gelegene. Wendet man Gl. (13) auf jede der beiden Wellenseiten an, so wird

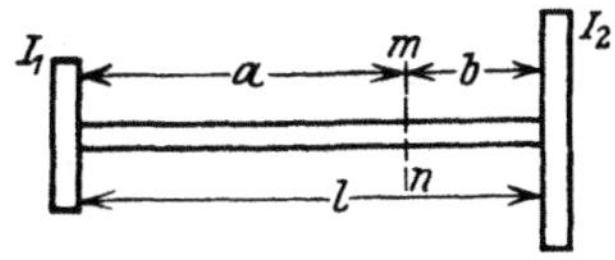

Abb. 5.

$$\sqrt{I_1 a} = \sqrt{I_2 b}$$

oder

$$\frac{a}{b} = \frac{I_2}{I_1}. \tag{a}$$

Nach Abb. 5 ist

$$a + b = l. \tag{b}$$

Also ist nach (a) und (b)

$$a = \frac{I_2 l}{I_1 + I_2}, \qquad b = \frac{I_1 l}{I_1 + I_2}.$$

Nun ist nach Gl. (13) die Periode bzw. die Frequenz der Torsionsschwingungen des Systems

$$\tau = 2\pi \sqrt{\frac{32 I_1 I_2 l}{G \pi d^4 (I_1 + I_2)}}; \qquad f = \frac{1}{2\pi} \sqrt{\frac{\pi G d^4 (I_1 + I_2)}{32 I_1 I_2 l}}. \tag{15}$$

Der Einfluß der Wellenmasse auf die Schwingungsperiode wird später untersucht werden (s. § 14).

Aufgaben.

1. Eine Last $W = 2500$ kg ist an einer Spiralfeder befestigt (Abb. 1). Bestimme die Frequenz der freien Schwingung der Last, wenn der Radius R der die Mittellinie der Feder enthaltenden Zylinderfläche

gleich 65 mm ist; der Querschnittsdurchmesser des Federrundeisens ist $d = 25$ mm; ferner ist die Anzahl der Windungen $n = 10$ und $G = 8 \cdot 10^5$ kg/cm².

Lösung: Die statische Durchbiegung findet man aus

$$\delta_{st} = \frac{64\, n\, W R^3}{d^4 G} = \frac{64 \cdot 10 \cdot 2500 \cdot 6{,}5^3}{2{,}5^4 \cdot 8 \cdot 10^5} = 14 \text{ cm};$$

ferner folgt aus Gl. (5)

$$f = \frac{1}{2\pi}\sqrt{\frac{g}{\delta_{st}}} = 1{,}33 \text{ Schwing./sec.}$$

2. Die Last $W = 2200$ kg ist auf einem I-Träger gelagert (Abb. 3). Bestimme die Querschnittsdimensionen des Trägers, wenn $l = 3$ m, $c = 1{,}2$ m und die zulässige Spannung $\sigma_n = 800$ kg/cm². Bestimme die Frequenz der freien Schwingung der Last. Das Gewicht des Trägers soll vernachlässigt werden.

Lösung: Ein I-Träger Normalprofil 20 mit $I = 2142$ cm⁴ ist erforderlich; die statische Durchbiegung ist, bei einem Elastizitätsmodul $E = 2{,}1 \cdot 10^6$ kg/cm², $\delta_{st} = 0{,}266$ cm. Damit ist

$$f = \frac{1}{2\pi}\sqrt{\frac{g}{\delta_{st}}} = 9{,}4 \text{ Schwing./sec.}$$

3. Eine Last $W = 450$ kg ist am Ende eines einseitig eingespannten Trägers angebracht. Bestimme die Frequenz der freien Schwingung der Last, wenn die Länge des Trägers $l = 1{,}4$ m ist; der Querschnitt ist ein Quadrat $7{,}5 \cdot 7{,}5$ cm² und $E = 2{,}1 \cdot 10^6$ kg/cm². Das Gewicht des Trägers wird vernachlässigt.

4. Bestimme die Eigenfrequenz der Horizontalschwingung in der x-Richtung für den in Abb. 6 dargestellten Rahmen unter der Last W. Die Dimensionen des Rahmens und die Trägheitsmomente der Querschnitte sind in der Figur angegeben.

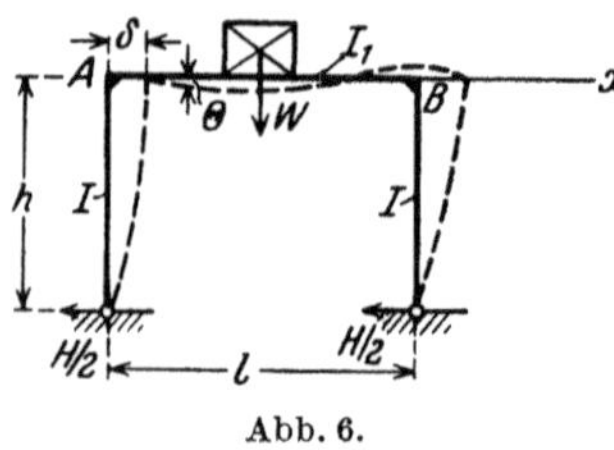

Abb. 6.

Lösung: Die deformierte Gestalt des Trägers ist in der Figur durch die punktierte Linie angedeutet. Die Beziehung zwischen der Durchbiegung δ und der erforderlichen seitlichen Belastung H findet man, indem man die Biegung des Rahmens ins Auge faßt. Betrachtet man die Vertikalstäbe als einseitig eingespannte Träger, die unten durch Horizontalkräfte $\frac{H}{2}$ belastet sind, so ist die entsprechende Durchbiegung $\frac{H}{2}\,\frac{h^3}{3EI}$. Außerdem ergibt sich noch eine Durchbiegung infolge des Winkels θ am oberen Ende der Vertikalstäbe. Betrachtet man die Biegung des horizontalen Stabes AB, so findet man

$$\theta = \frac{H}{2} h^2 \frac{l}{6EI}.$$

Somit ist die gesamte Durchbiegung

$$\delta = \frac{H}{2}\frac{h^3}{3EI} + \frac{Hh^2 l}{12EI} = \frac{Hh^3}{6EI}\left(1 + \frac{1}{2}\frac{l}{h}\frac{I}{I_1}\right),$$

und es ergibt sich als Federkonstante

$$k = \frac{H}{\delta} = \frac{6EI}{h^3\left(1 + \frac{1}{2}\frac{l}{h}\frac{I}{I_1}\right)}.$$

Setzt man dies in Gl. (3) ein, so erhält man die Größe von p und $f = \frac{p}{2\pi}$. Ist I_1 sehr groß im Vergleich zu I, so kann man das Glied $\frac{1}{2}\frac{l}{h}\frac{I}{I_1}$ vernachlässigen und erhält dann

$$p = \sqrt{\frac{6EIg}{Wh^3}}, \qquad f = \frac{1}{2\pi}\sqrt{\frac{6EIg}{Wh^3}}.$$

5. Bestimme die Frequenz der Torsionsschwingungen für die in Abb. 4 dargestellte Welle mit einer Scheibe von konstanter Dicke, wenn das Gewicht der Scheibe $W = 5$ kg ist, ihr Durchmesser $D = 25$ cm, die Länge der Welle $l = 50$ cm und deren Durchmesser $d = 2{,}5$ cm.

Lösung: Das Trägheitsmoment der Scheibe ist

$$I = \frac{Wd^2}{8g} = 0{,}398 \text{ kg} \cdot \text{cm} \cdot \text{sec}^2$$

und die Federkonstante

$$k = \frac{GI_p}{l} = \frac{8 \cdot 10^5 \cdot \pi \cdot 2{,}5^4}{32 \cdot 50} = 61300 \text{ kg} \cdot \text{cm}.$$

Daraus folgt

$$f = \frac{1}{2\pi}\sqrt{\frac{k}{I}} = 62{,}5 \text{ Schwing./sec.}$$

6. Löse die vorige Aufgabe unter der Annahme, daß die Scheibe durch einen Kreisring ersetzt wird, der mit der Scheibe gleiches Gewicht und gleichen Durchmesser hat. Bei der Berechnung nimm an, daß die Gesamtmasse des Ringes längs des Kreisumfanges vom Durchmesser 25 cm verteilt ist.

Lösung: Das Trägheitsmoment des Ringes ist doppelt so groß wie das der Scheibe von konstanter Dicke; daher ist die Frequenz der Torsionsschwingungen des Ringes $\frac{1}{\sqrt{2}}$ von der der Scheibe, also

$$f = \frac{1}{\sqrt{2}} \cdot 62{,}5 = 44{,}2 \text{ Schwing./sec.}$$

7. Bestimme die Frequenz der Torsionsschwingung des in Abb. 5 dargestellten Systems, wenn das Gewicht der an den Enden befestigten Schwungräder $W_1 = 450$ kg bzw. $W_2 = 900$ kg beträgt und die entsprechenden Trägheitsradien $r_1 = 50$ cm bzw. $r_2 = 75$ cm sind. Die Länge der Stahlwelle ist $l = 3{,}6$ m und ihr Durchmesser $d = 9$ cm.

Lösung:

$$f = \frac{1}{2\pi}\sqrt{\frac{\pi G d^4 (I_1 + I_2)}{32 I_1 I_2 l}} = 6{,}2 \text{ Schwing./sec.}$$

8. Löse die vorhergehende Aufgabe unter der Annahme, daß der Durchmesser der Welle im mittleren Drittel $d = 12$ cm beträgt.

Lösung: Die reduzierte Länge ist

$$l = 240 + 120 \cdot (\tfrac{3}{4})^4 = 278 \text{ cm}.$$

Demnach ist

$$f = 6{,}2\sqrt{\frac{360}{278}} = 7{,}07 \text{ Schwing./sec}.$$

3. Erzwungene Schwingungen.

Bei der Untersuchung der Schwingungsbewegung des in Abb. 1 dargestellten Systems haben wir uns auf die Betrachtung freier Schwingungen allein beschränkt. Jetzt wollen wir eine andere Art von Schwingungen untersuchen. Nimmt man an, daß neben der konstanten Kraft W noch eine periodisch veränderliche vertikal gerichtete Störungskraft Q auf die Last einwirkt, so wird das System erzwungene Schwingungen ausführen. Die zugehörige Differentialgleichung der Bewegung ergibt sich, wenn man zu der linken Seite der Gl. (1) die Kraft Q addiert. So erhält man

$$\frac{W}{g}\ddot{x} + kx = Q. \tag{16}$$

Wird diese Gleichung durch $\frac{W}{g}$ dividiert, so folgt mit der bereits benutzten Bezeichnung

$$p^2 = \frac{kg}{W}$$

die Gleichung

$$\ddot{x} + p^2 x = \frac{Qg}{W}. \tag{17}$$

Wir betrachten nun den Spezialfall, daß die Störungskraft Q der Größe $\cos mt$ proportional ist. Die Periode dieser Kraft ist $\tau_1 = \frac{2\pi}{m}$, ihre Frequenz ist $f_1 = \frac{m}{2\pi}$. Setzt man

$$\frac{Qg}{W} = q\cos mt,$$

so geht Gl. (17) in

$$\ddot{x} + p^2 x = q \cos m t \tag{18}$$

über. Wenn die Störungskraft sehr langsam variiert, d. h. wenn m gegenüber p sehr klein ist, so kann man das Beschleunigungsglied in Gl. (18) vernachlässigen, und erhält dann die statische Durchbiegung zu

$$x_{st} = \frac{q \cos m t}{p^2}. \tag{a}$$

Um die dynamische Verschiebung zu ermitteln, muß man die allgemeine Lösung der Gl. (18) bestimmen. Diese Lösung ergibt sich, wenn man zu der Lösung (4) der homogenen Differentialgleichung (2) eine Partikularlösung der Gl. (18) addiert. Nimmt man $C \cos mt$ als eine solche Partikularlösung und substituiert diesen Ausdruck in die Gl. (18), so erhält man

$$C = \frac{q}{p^2 - m^2},$$

und die allgemeine Lösung der Gl. (18) wird

$$x = A \cos p t + B \sin p t + \frac{q}{p^2 - m^2} \cos m t. \tag{19}$$

In dieser Gleichung stellen die beiden ersten Glieder der rechten Seite freie Schwingungen des Systems dar, die wir oben bereits besprochen haben, während das letzte Glied erzwungene Schwingungen darstellt. Diese haben die gleiche Periode wie die Störungskraft, ihre Amplitude C hängt von der Frequenz dieser Kraft ab. Das Verhältnis dieser Amplitude zur statischen Durchbiegung nach Gl. (a) kann als Verstärkungsfaktor bezeichnet werden und ist gleich

$$\beta = \frac{1}{1 - \frac{m^2}{p^2}} \quad \text{oder} \quad \beta = \frac{1}{1 - \frac{\tau^2}{\tau_1^2}}. \tag{20}$$

Hierin ist $\tau = \frac{2\pi}{p}$ die Periode der freien Schwingung und $\tau_1 = \frac{2\pi}{m}$ jene der Störungskraft.

Man sieht, daß für kleine Werte von $\frac{m}{p}$, d. h. wenn die Frequenz der Störungskraft gegenüber der Eigenschwingungsfrequenz des Systems klein ist, der Verstärkungsfaktor β nahe bei eins liegt, und die Amplitude der erzwungenen Schwingungen sich wenig von der statischen Durchbiegung nach Gl. (a) unterscheidet. Wächst das Verhältnis $\frac{m}{p}$, so wächst auch die Amplitude der erzwungenen Schwingungen und wird unendlich groß für $\frac{m}{p} = 1$, d. h. wenn die Frequenz der Störungskraft gleich wird der Frequenz der freien Schwingungen des Systems[1]. Tritt dieser Fall in der Tat ein, so ist die Bedingung für das Zustandekommen der **Resonanz** erfüllt; die entsprechende Frequenz der Störungskraft wird als **kritische Frequenz** bezeichnet.

In den Problemen des Maschinenwesens hat man sehr häufig mit Störungskräften zu tun, die sich aus **Unausgeglichenheitsursachen** ergeben. Nehmen wir z. B. an, daß eine auf einem Balken AB (Abb. 7) aufgestellte, mit einer Unbalanz M behaftete Maschine mit konstanter Winkelgeschwindigkeit m rotiert. Ist Q die Fliehkraft der Unbalanz M, so ist $Q \cos mt$ die vertikal gerichtete Störungskraft, die im Balken Schwingungen hervorruft. Die Differentialgleichung dieser Schwingungen ist die Gl. (16)[2], und daraus kann man sofort schließen, daß die Bedingung für das Eintreten der Resonanz erfüllt ist, wenn die minutliche Umdrehungszahl der Maschine der minutlichen Eigenschwingungszahl des Balkens unter dem Gewicht W der Maschine gleich wird, d. h. wenn

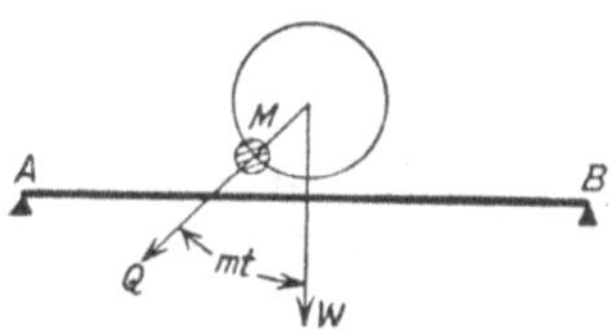

Abb. 7.

$$m = \sqrt{\frac{g}{\delta_{st}}}.$$

Die der Resonanzbedingung entsprechende Geschwindigkeit nennt man die **kritische Geschwindigkeit**. Läuft die Maschine mit dieser Geschwindigkeit, so ist der Balken starken Schwingungen ausgesetzt, deren Amplitude von der Größe der Dämpfung abhängt. Diese ist durch Widerstände verschiedener Art, wie Luftwiderstand, Reibung an den Balkenstützen, innere Reibung im Balkenmaterial, gegeben. Der Einfluß solcher Dämpfung wird später untersucht. In der obigen Berechnung ist sie nicht berücksichtigt worden, und als Folge hiervon ergibt sich ein unbegrenztes Anwachsen der Amplitude der erzwungenen Schwingungen in dem Maße, wie sich das Verhältnis $\frac{m}{p}$ der Einheit nähert.

Kehren wir zum Ausdruck (20) zurück, so sehen wir, daß ein Anwachsen der Frequenz m der Störungskraft über die Eigenschwingungsfrequenz des Systems hinaus mit einer Amplitudenabnahme der erzwungenen Schwingung verbunden ist, und wenn m gegenüber p sehr groß wird, so wird die Amplitude der erzwungenen Schwingung im Vergleich mit der statischen Durchbiegung sehr klein; die Last W (Abb. 1) kann in diesem Falle als im Raume ruhend angesehen werden. Abb. 8 ist eine graphische Darstellung der Zahl β (gleich Amplitude der er-

[1] Eine ausführlichere Behandlung dieses Gegenstandes findet man in § 29.

[2] Die Balkenmasse und der Einfluß der Horizontalkomponente der Fliehkraft werden bei dieser Betrachtung vernachlässigt.

zwungenen Schwingungen dividiert durch die statische Durchbiegung) als Funktion von $\frac{m}{p} = \frac{\tau}{\tau_1}$.

Was das Vorzeichen des Ausdruckes (20) betrifft, so sieht man, daß er im Falle $m < p$ positiv und für $m > p$ negativ wird. Dies bedeutet, daß, wenn die Frequenz der Störungskraft kleiner ist als die Eigenschwingungsfrequenz des Systems, die erzwungenen Schwingungen und die Störungskraft stets die gleiche Phase haben, d. h. die schwingende Last (Abb. 1) erreicht ihre tiefste Lage im gleichen Augenblick, in dem die Störungskraft ihren Höchstwert nach abwärts annimmt. Ist $m > p$, so wird die Phasendifferenz zwischen der erzwungenen Schwingung und der Störungskraft gleich π. Dies bedeutet, daß in dem Augenblick, in dem die Kraft ihr nach abwärts gerichtetes Maximum erreicht, die schwingende Last ihre obere Extremlage einnimmt. Diese Erscheinung kann

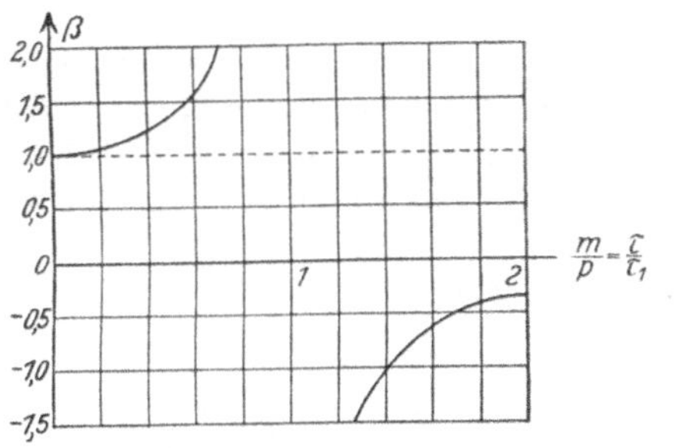

Abb. 8.

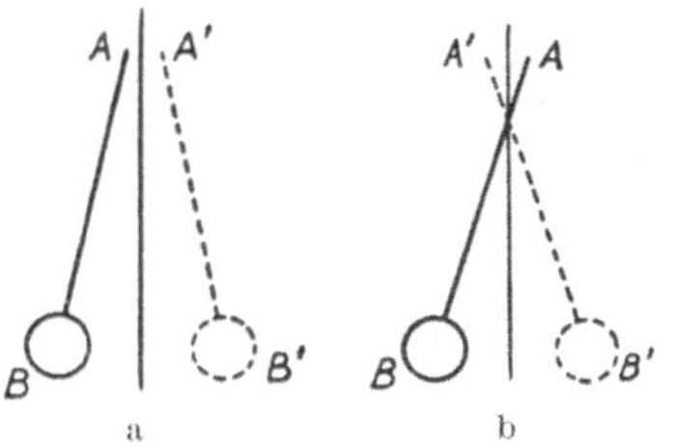

Abb. 9.

durch das folgende einfache Experiment illustriert werden. Bei einem einfachen Pendel AB (Abb. 9) können erzwungene Schwingungen dadurch hervorgerufen werden, daß dem Punkte A eine oszillierende Bewegung in horizontaler Richtung erteilt wird. Ist die Frequenz dieser oszillierenden Bewegung geringer als die des Pendels, so sind die extremen Lagen des Pendels bei solchen Schwingungen nach Abb. 9a gestaltet, indem sich die Punkte A und B in gleicher Phase bewegen. Ist aber die oszillierende Bewegung des Punktes A von höherer Frequenz als die des Pendels, so sind die extremen Lagen des Pendels während der Bewegung nach Abb. 9b gestaltet. Die Bewegung der Punkte A und B weist in diesem Falle eine Phasendifferenz gleich π auf.

In unserer Betrachtung wurde nur das dritte Glied der allgemeinen Lösung (19), das die erzwungenen Schwingungen darstellt, berücksichtigt. Steht aber das System unter der Einwirkung einer Störungskraft, so entstehen nicht nur erzwungene Schwingungen, sondern es werden auch freie Schwingungen hervorgerufen. Nach Ablauf einer gewissen Zeit erlöschen die letzteren infolge verschiedenartiger Widerstände, doch am Anfang der Bewegung können sie praktische Bedeutung haben. Die Amplitude der freien Schwingungen kann leicht bestimmt werden aus der allgemeinen Lösung (19) unter Berücksichtigung der Anfangsbedingungen. Nehmen wir beispielsweise an, daß am Anfang ($t = 0$) die Verschiebung und die Geschwindigkeit gleich Null sind, so müssen die willkürlichen Konstanten der Lösung (19) so bestimmt werden, daß

$$x = 0, \quad \dot{x} = 0 \quad \text{für} \quad t = 0.$$

Diese Bedingungen sind erfüllt, wenn

$$A + \frac{q}{p^2 - m^2} = 0; \quad B = 0.$$

Setzt man dies in (19) ein, so wird

$$x = \frac{q}{p^2 - m^2}(\cos mt - \cos pt). \tag{19'}$$

Am Beginn des Vorgangs verursacht die Störungskraft $q \cos mt$ das Entstehen von erzwungenen und von freien Schwingungen gleicher Amplitude. Nähert sich die Frequenz der Störungskraft derjenigen der freien Schwingungen, so ist die Voraussetzung für das Entstehen der Schwebung erfüllt. Sei

$$p - m = 2\Delta,$$

dann ist nach Gl. (19′)

$$x = -\frac{2q}{p^2 - m^2} \sin\frac{(m+p)t}{2} \sin\frac{(m-p)t}{2} = \frac{2q \sin \Delta t}{p^2 - m^2} \sin\frac{(m+p)t}{2}. \tag{21}$$

Dieses Ergebnis ist in Abb. 10 graphisch dargestellt.

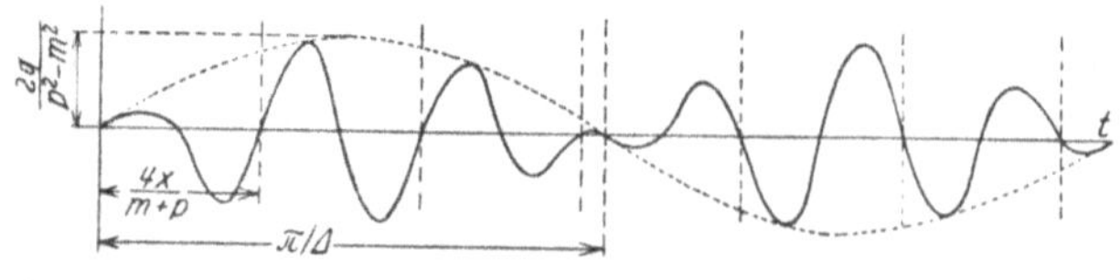

Abb. 10.

Es ergeben sich demnach Schwingungen von der Periode

$$\tau = 2\pi : \frac{m+p}{2} = \frac{4\pi}{m+p}$$

und der veränderlichen Amplitude

$$\frac{2q \sin \Delta t}{p^2 - m^2}.$$

Die Periode der Schwebung ist $\frac{2\pi}{\Delta}$; sie wächst in dem Maße, in dem sich m dem Werte p nähert, und wird unendlich groß im Falle der Resonanz ($p = m$). Gl. (21) geht in diesem Falle in

$$x = \frac{2q\,\Delta t}{p^2 - m^2} \sin \frac{m+p}{2} t = \frac{q t}{2m} \sin m t \tag{21'}$$

über. Danach wächst die Amplitude unbegrenzt mit der Zeit. Dieses Resultat ergibt sich als Folge der Vernachlässigung der Dämpfungswirkungen verschiedenartiger Widerstände.

4. Technische Anwendungen der einfachen harmonischen Bewegung.

Zur Erläuterung der vorangehend dargelegten Theorie wollen wir nun einige einfache Fälle betrachten. Es handelt sich hierbei in der Hauptsache um Instrumente für Schwingungsmessungen.

a) Instrumente zum Aufzeichnen von Schwingungen (Vibrographen). Die Theorie des Vibrographen ergibt sich in einfacher Weise aus der Betrachtung des in Abb. 1 dargestellten Systems. Erzwungene Schwingungen des Gewichtes W können erzeugt werden durch vertikal gerichtete Schwingungsbewegung des Aufhängepunktes A der Feder. Sei x_1 die in irgendeinem Augenblick gemessene, nach abwärts gerichtete Verschiebung des Punktes A und x die Verschiebung der Last W im gleichen Zeitpunkt. Die Federausdehnung wird gleich $x - x_1$, und die Spannkraft der Feder ist dann $k(x - x_1)$. Substituiert man dies für kx in Gl. (1), so erhält man folgende Bewegungsgleichung:

$$\frac{W}{g} \ddot{x} + k(x - x_1) = 0\,. \tag{22}$$

Der Punkt A möge eine einfache harmonische Oszillation nach der Gleichung

$$x_1 = b \cos m t$$

ausführen. Setzt man dann

$$\frac{kg}{W} = p^2, \qquad \frac{kbg}{W} = q\,, \tag{a}$$

so ergibt sich

$$\ddot{x} + p^2 x = q \cos m t\,.$$

Diese Gleichung ist mit Gl. (18) identisch, und daher gelten hier alle in § 3 gezogenen Schlüsse. Ist die Frequenz der oszillierenden Bewegung des Aufhängepunktes A sehr klein gegenüber der Eigenschwingungsfrequenz des an der Feder hängenden Gewichtes W, so sind die Bedingungen, unter denen sich die Bewegung abspielt, von den statischen Bedingungen nur wenig verschieden, d. h. die Last W vollzieht annähernd die gleiche Oszillationsbewegung wie der Aufhängepunkt A. Wenn sich die Oszillationsfrequenz des Punktes A der Eigenschwingungsfrequenz des Systems nähert, so entstehen heftige erzwungene Schwingungen. Im Fall, daß m sehr groß ist gegenüber p, d. h. daß die Oszillationsfrequenz des Punktes A sehr hoch ist im Vergleich mit der Eigenschwingungsfrequenz, wird die Amplitude der erzwungenen Schwingungen sehr klein, und die Last W kann als im Raume ruhend angesehen werden. Die Amplitude der erzwungenen Schwingungen ist nach Gl. (19) numerisch gleich

$$C = \frac{q}{p^2 - m^2}$$

oder unter Benutzung der obigen Gll. (a)

$$C = \frac{b}{1 - \frac{m^2}{p^2}}. \tag{23}$$

Nimmt man beispielsweise $m = 10\,p$ an, so ergibt sich die Amplitude der erzwungenen Schwingungen gleich $\frac{1}{99}\,b$. Dies bedeutet, daß in derartigen Fällen die Schwingungen des Aufhängepunktes auf die Last W kaum noch übertragen werden. Auf diesem Prinzip basiert die Verwendung federnder Aufhängung zum Schutz empfindlicher Meßinstrumente gegen Schwingungen hoher Frequenz, die durch Bauteile vermittels der Fundamente übertragen werden. Das gleiche Prinzip wird auch bei Seismographen benutzt, die dazu dienen, die Schwingungen der Erdoberfläche bei Erdbeben aufzuzeichnen. Ferner basiert auf diesem Prinzip die Konstruktion verschiedener Instrumente (Vibrographen) zum Aufzeichnen von Maschinen-, Bau-, Fundament-, Brücken- und Schiffsrumpfschwingungen.

Abb. 11 zeigt eine einfache Vorrichtung, die zur Aufzeichnung von Schiffsrumpfschwingungen benutzt werden kann. Ein Gewicht W ist im Punkte A mittels einer Gummischnur AC an einem Balken befestigt. Bei Vertikalschwingungen des Rumpfes bleibt dieses Gewicht praktisch unbeweglich, vorausgesetzt, daß seine Eigenschwingungsperiode genügend groß ist; daher zeichnet der daran befestigte Bleistift die Rumpfschwingungen auf einer rotierenden Trommel B auf. Um die Schwingungsamplitude mit hinreichender Genauigkeit zu erhalten, ist es notwendig, die Eigenschwingungsperiode des Gewichtes gegenüber derjenigen des Schiffsrumpfes hoch zu halten. Um dieser Bedingung zu genügen, hat man die Länge der Schnur AC und ihre Ausdehnung verhältnismäßig groß zu machen. Beispielsweise muß man, um eine Eigenschwingungsperiode von zwei Sekunden zu erhalten, die Ausdehnung der Schnur unter der Einwirkung des Gewichtes W annähernd gleich

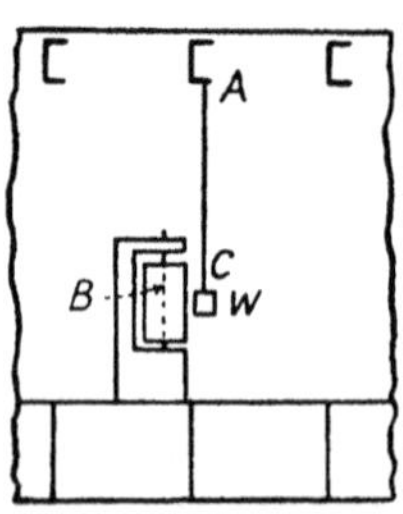

Abb. 11.

1 m machen [s. Gl. (5)]. Die Notwendigkeit einer so großen Ausdehnung ist als ein Nachteil bei dieser Art von Vorrichtungen zu bezeichnen.

Eine Federausdehnung von viel geringerem Ausmaß ist bei einem anderen Instrument, das wir jetzt beschreiben wollen, zur Aufzeichnung von Schiffsschwingungen erforderlich. Dieses Instrument ist in Abb. 12 dargestellt[1]. Vernachlässigt man das Gewicht des Hebels BD gegenüber dem Gewicht W, so ist die Ausdehnung der Feder AC gleich $Wl : ka$, und die statische Verschiebung des Gewichtes aus der Gleichgewichtslage ist

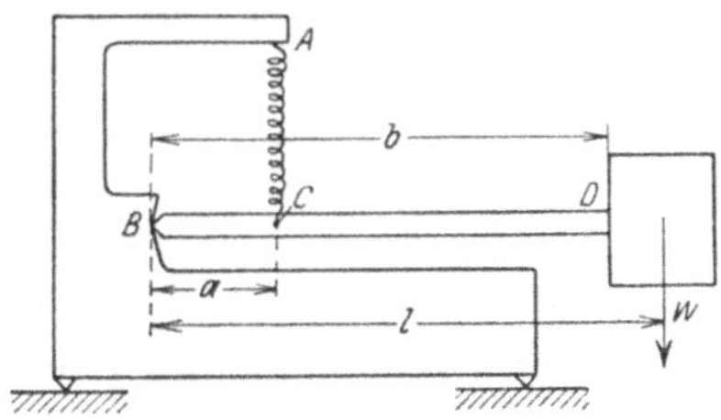

Abb. 12.

$$\delta_{st} = \frac{W l^2}{k a^2}.$$

Setzt man diese Verschiebung in die Gl. (5) ein, so findet man die Periode der freien Schwingungen des Vibrographen. Wie man sieht, wird die zur Erreichung einer bestimmten Periode erforderliche Federausdehnung in diesem Falle im Verhältnis $a : l$ gegenüber der in Abb. 11 angegebenen Vorrichtung[2].

b) Frahms Schwingungs-Tachometer[3]. Das Frahmsche Tachometer ist ein weit verbreitetes Instrument zur Aufzeichnung von Schwingungsfrequenzen. Es besteht aus einem System von Stahlstreifen, die an ihren unteren Enden eingespannt sind, wie Abb. 13b zeigt. An den oberen Enden der Streifen sind kleine Massen befestigt, die der Größe nach derart gewählt sind, daß das Streifensystem eine bestimmte Frequenzreihe verkörpert. Die Frequenzendifferenz irgend zweier aufeinander folgender Streifen ist gewöhnlich gleich einer halben Schwingung pro Sekunde.

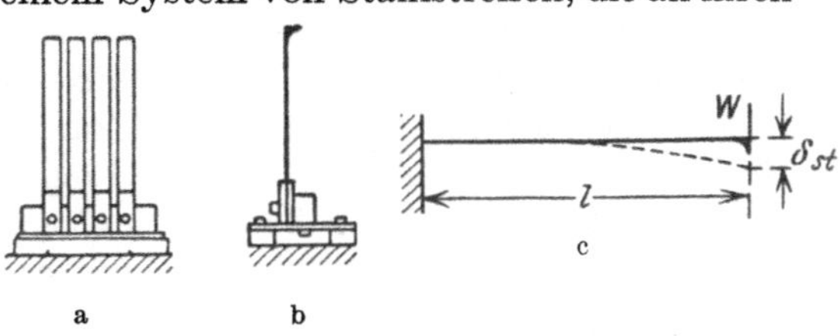

Abb. 13.

Bei der Berechnung der Frequenz eines Streifens kann dieser als eingespannter Stab betrachtet werden (Abb. 13c). Um den Einfluß der Streifenmasse auf die Schwingung berücksichtigen zu können, ist es er-

[1] Eine solche Vorrichtung wird im Pallograph von O. Schlick benutzt. Trans. Inst. Nav. Arch. **34**, 167 (1893).

Die gleiche Anordnung kommt auch beim Vibrographen der Cambridge Instrument Co. zur Anwendung. J. Opt. Soc. Amer. **10**, 455 (1925).

[2] Eine ausführlichere Besprechung dieses Vibrographen befindet sich in § 9.

[3] Dieses Instrument ist beschrieben durch F. Lutz: ETZ **1905**, 264—387.

forderlich, ein Viertel des Streifengewichtes W_1 zu dem am Ende konzentriert gedachten Gewicht W hinzuzufügen[1]. Dann wird

$$\delta_{st} = \frac{\left(W + \frac{1}{4} W_1\right) l^3}{3 E I} .$$

Setzt man diese statische Durchbiegung in die Gl. (5) ein, so erhält man die Eigenschwingungsperiode des Streifens. Im Betrieb wird die Vorrichtung an der Maschine befestigt, deren Schwingungsfrequenzen gemessen werden sollen. Der Streifen, dessen Eigenschwingungsperiode der Periode einer Maschinenumdrehung am nächsten liegt, ist dem Resonanzzustand nahe, und daher treten bei ihm starke Schwingungen ein. Aus der bekannten Frequenz des Streifens läßt sich dann die Geschwindigkeit der Maschine bestimmen. Anstatt einer Reihe von Streifen verschiedener Länge mit verschiedenen Massen an den Enden kann man auch einen einzigen Streifen von einstellbarer Länge benutzen. Die Maschinenfrequenz kann dann durch Einstellung der Streifenlänge in diesem Instrument bis zur Erreichung der Resonanz ermittelt werden. Dieses Prinzip liegt der Konstruktion des wohlbekannten Fullarton-Vibrometers zugrunde.

c) Dampfmaschinenindikator. Dampfmaschinenindikatoren werden zur Messung des veränderlichen Dampfdruckes im Maschinenzylinder verwendet. Die Genauigkeit der Aufzeichnungen solcher Indikatoren hängt von der Fähigkeit des Indikatorsystems, bestehend aus Kolben, Feder und Bleistift, ab, den Veränderungen des Dampfdruckes genau zu folgen. Aus der allgemeinen Betrachtung in § 3 wissen wir, daß diese Bedingung erfüllt sein wird, wenn die Frequenz der freien Schwingungen des Indikatorsystems sehr hoch ist im Vergleich mit der Frequenz der Dampfdruckveränderung im Zylinder. Sei

$F = 1{,}25\ \text{cm}^2$ = Querschnittsfläche des Indikatorkolbens,

$W = 0{,}06\ \text{kg}$ = Gewicht des Kolbens und der Kolbenstange nebst dem reduzierten Gewicht anderer mit dem Kolben verbundener Teile,

$s = 0{,}25\ \text{cm}$ = Verschiebung des Bleistiftes unter dem Druck einer Atmosphäre (1 kg pro cm^2),

$n = 4$ = Verhältnis der Verschiebung des Bleistiftes zu derjenigen des Kolbens. Da eine Kolbenpressung gleich $1 \cdot 1{,}25\ \text{atm} \cdot \text{cm}^2 = 1{,}25\ \text{kg}$ eine Zusammendrückung der Feder gleich $\frac{1}{4} \cdot 0{,}25\ \text{cm} = 0{,}0625\ \text{cm}$ hervorruft, so ist die Federkonstante

$$k = 1{,}25 : 0{,}0625 = 20\ \text{kg/cm} .$$

[1] Der Einfluß der Stabmasse auf die Schwingungsperiode wird ausführlicher in § 14 behandelt.

Demnach ist die Eigenschwingungsfrequenz des Indikators nach Gl. (5)

$$f = \frac{1}{\tau} = \frac{1}{2\pi}\sqrt{\frac{g}{\delta_{st}}} = \frac{1}{2\pi}\sqrt{\frac{g\,k}{W}} = \frac{1}{2\pi}\sqrt{\frac{981\cdot 20}{0{,}06}} = 91 \text{ pro sec}\,.$$

Diese Frequenz darf als hinreichend hoch im Vergleich mit den üblichen Tourenzahlen der Dampfmaschinen angesehen werden; daher wird der Indikator in normalen Fällen eine hinreichend genaue Aufzeichnung der Dampfdruckänderung ergeben. Bei raschlaufenden Maschinen allerdings kann ein solches Instrument unter gewissen Umständen gänzlich unzuverlässige Angaben liefern[1].

d) Andere Anwendungen. Bekanntlich üben die Trägheitskräfte der Gegengewichte bei Lokomotivrädern einen zusätzlichen Druck auf das Gleis aus. Diese Wirkung der Gegengewichte kann mit Hilfe der Theorie der erzwungenen Schwingungen leicht berechnet werden. Sei W das Gewicht des Rades und aller mit ihm starr verbundenen Teile, Q das von der Feder getragene Gewicht, P die von der Unbalanz herrührende Fliehkraft, ω die Winkelgeschwindigkeit des Rades. Behandelt man das Problem wie eine Aufgabe der Statik, so wird die Vertikalpressung des Rades auf das Gleis (Abb. 14) gleich

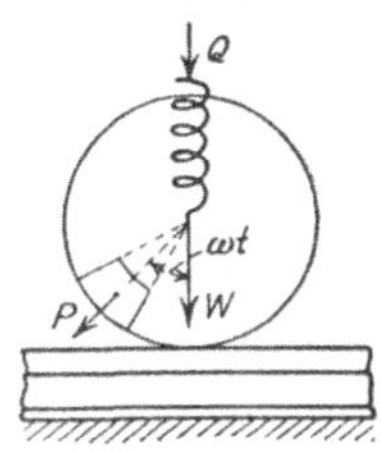

Abb. 14.

$$Q + W + P\cos\omega t\,.$$

Bei geringen Geschwindigkeiten ergibt dieser Ausdruck eine gute Näherung für den Raddruck. Um diesen Druck genauer berechnen zu können, muß man auf die erzwungenen Schwingungen des Rades mit der Schiene, hervorgerufen durch die periodische Vertikalkraft $P\cos\omega t$, Rücksicht nehmen. Sei k der Vertikaldruck auf die Schiene, der erforderlich ist, um in dieser eine Durchbiegung gleich der Einheit unmittelbar unter der Last hervorzurufen, und δ_{st} die Durchbiegung infolge des Gewichtes W; dann ist

$$\delta_{st} = \frac{W}{k}\,.$$

Die Periode der freien Schwingungen des Rades auf der Schiene ist nach (5) durch die Gleichung[2]

$$\tau = 2\pi\sqrt{\frac{W}{k\,g}} \tag{b}$$

gegeben. Die Periode einer Umdrehung des Rades, d. h. die Periode der

[1] Die Beschreibung eines Indikators für raschlaufende Maschinen (Collins Mikroindikator) findet man in der Zeitschrift Engg. **113**, 716 (1922). Wegen der Literatur über Indikatoren s. Proc. Meetings Inst. Mech. Eng., London; Jan. **1923**.

[2] Bei dieser Berechnung wurde die Schienenmasse vernachlässigt und die Druckkraft Q in der Feder als konstant betrachtet. Diese letzte Voraussetzung

Störungskraft $P \cos \omega t$, ist

$$\tau_1 = \frac{2\pi}{\omega}.$$

Nun ist aus Gl. (20) zu schließen, daß die dynamische Durchbiegung der Schiene, hervorgerufen durch die Kraft P, größer ist als die entsprechende statische Durchbiegung, im Verhältnis

$$\frac{1}{1 - \left(\frac{\tau}{\tau_1}\right)^2}. \qquad \text{(c)}$$

Der Druck auf die Schiene infolge der Fliehkraft P wird auch im gleichen Verhältnis wachsen und der maximale Raddruck wird gegeben sein durch

$$Q + W + \frac{P}{1 - \left(\frac{\tau}{\tau_1}\right)^2}. \qquad \text{(d)}$$

Für eine 45-kg-Schiene mit einem Koeffizienten der elastischen Unterlage gleich 110 kg/cm² und $W = 2700$ kg haben wir[1]

$$\tau = 0{,}068 \text{ sec.}$$

Nimmt man an, daß das Rad fünf Umdrehungen in der Sekunde macht, so ist

$$\tau_1 = 0{,}2 \text{ sec.}$$

Setzt man nun die Werte von τ und τ_1 in den Ausdruck (c) ein, so findet man, daß der dynamische Effekt des Gegengewichtes etwa um 11% den statisch berechneten übersteigt.

Die Eigenschwingungsfrequenz eines Systems kann experimentell leicht ermittelt werden, indem man dieses der Wirkung einer Störungskraft von regulierbarer Frequenz unterwirft. Abb. 15 veranschaulicht das Ermittelungsverfahren für die Eigenfrequenz der Querschwingungen eines Rotors AB. Die periodische Störungskraft wird durch einen kleinen Motor von veränderlicher Geschwindigkeit mit einem exzentrisch angebrachten Gewicht erzeugt[2]. Die Vertikalkompo-

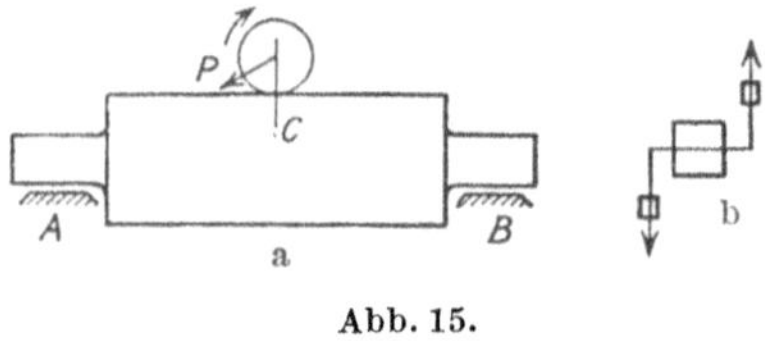

Abb. 15.

ist durch die Tatsache berechtigt, daß die Schwingungsperiode des Maschinengehäuses auf der Feder gewöhnlich sehr hoch ist gegenüber der Schwingungsperiode des Rades auf der Schiene; daher werden die Radschwingungen auf das Gehäuse nicht übertragen, und die Veränderlichkeit der Federzusammendrückung bleibt sehr klein.

[1] Siehe Festigkeitslehre von Timoshenko-Lessels, deutsch von I. Malkin. Berlin: Julius Springer 1928.

[2] Auf diesem Prinzip beruht ein besonderer Oszillator zur Bestimmung von Brückeneigenschwingungen. Siehe die Arbeiten von W. Späth: Z. V. d. I. **73** (1929). Siehe auch R. Bernhard u. W. Späth: Stahlbau **1929**.

nente der Fliehkraft P dieses Gewichtes stellt die periodische Störungskraft dar, die die Querschwingungen des Rotors hervorruft. Diese Schwingungen können durch einen Vibrographen irgendwelcher Art leicht aufgezeichnet werden. Durch allmähliche Änderung der Geschwindigkeit des Motors läßt sich die minutliche Drehzahl ermitteln, bei der die Amplitude der erzwungenen Schwingungen des Rotors einen Maximalwert erreicht. Diese Drehzahl entspricht der Eigenschwingungsfrequenz des Rotors. In manchen Fällen muß man statt einer Störungskraft ein Störungs-Kräftepaar auf das in Frage stehende System einwirken lassen, um erzwungene Schwingungen zu erzeugen. Hierzu kann ein Motor mit zwei exzentrisch angebrachten Gewichten nach Abb. 15b benutzt werden.

Aufgaben.

1. Zeige, daß die oben zur Registrierung von Schwingungen angegebene Vorrichtung (Vibrograph) auch zum Aufzeichnen von Beschleunigungen verwendet werden kann, vorausgesetzt, daß die Steifigkeit der Feder derart ist, daß m gegenüber p klein ist [Gl. (23)].

Lösung: Wenn m/p klein ist, so geht Gl. (23) näherungsweise über in

$$C = b\left(1 + \frac{m^2}{p^2}\right),$$

und die der erzwungenen Schwingung entsprechende Durchbiegung der Feder ist

$$x - x_1 = (C - b)\cos mt = \frac{b\,m^2}{p^2}\cos mt,$$

d. h. die Durchbiegung der Feder ist proportional der Beschleunigung $bm^2 \cos mt$ des Aufhängepunktes der Feder. Zeichnet man diese Durchbiegung als Funktion der Zeit auf, so erhält man die Beschleunigung des Aufhängepunktes.

2. Bestimme die Amplitude der vertikalen erzwungenen Schwingung des Gewichtes *1* in der Abb. 11, wenn das Instrument an dem Fußgestell einer Turbine befestigt ist, das Vertikalschwingungen von der Amplitude 0,13 mm und der Frequenz $f = 30$ Schw./sec ausführt. Die statische Durchbiegung der vertikalen Feder unter der Einwirkung des Gewichtes *1* beträgt 10 cm.

Lösung: Die Frequenz der vertikalen Eigenschwingungen des Gewichtes *1* in Abb. 11 ist nach Gl. (5)

$$f_1 = \frac{1}{2\pi}\sqrt{\frac{g}{\delta_{st}}} = \frac{1}{2\pi}\sqrt{\frac{981}{10}} = 1{,}58.$$

Damit ist nach Gl. (23) die Amplitude der erzwungenen Schwingungen absolut genommen, gleich

$$c = -\frac{0{,}013}{1-\left(\frac{30}{1{,}58}\right)^2} = \frac{1}{359}\cdot 0{,}013 = 0{,}000035 \text{ cm}.$$

Dies bedeutet, daß in einem derartigen Falle die Schwingungen des Fußgestells auf die Last *1* kaum übertragen werden.

3. Bestimme das Verhältnis der durch die Schwingung erzeugten Maximalspannung zu der maximalen durch W erzeugten statischen Spannung für den in Abb. 7 dargestellten Fall, wenn $Q = 0{,}1\,W$; die Drehzahl ist 1800 und die statische Durchbiegung des Balkens unter der Last W ist 0,0635 mm.

Lösung: Die Amplitude der erzwungenen Schwingung ist nach Gl. (19)

$$\frac{Qg}{W(p^2-m^2)} = \frac{0{,}1\,W}{k}\,\frac{1}{1-\frac{m^2}{p^2}}.$$

Das Verhältnis der durch die Schwingung erzeugten Maximalspannung zu der maximalen statischen Spannung ist gleich dem Verhältnis der entsprechenden Durchbiegungen, d. h. gleich

$$\frac{0{,}1\,W}{k}\,\frac{1}{1-\frac{m^2}{p^2}} : \frac{W}{k} = \frac{0{,}1}{1-\frac{m^2}{p^2}}.$$

Setzt man hierin

$$m = 2\pi\cdot 30 \quad \text{und} \quad p = \sqrt{\frac{g}{\delta_{st}}} = 393,$$

so ergibt sich das gesuchte Verhältnis zu 1 : 7,7.

4. Ein Block Abb. 23, der das Fundament einer Maschine darstellt, ist auf biegsamen Federn derart aufgestellt, daß die statische Durchbiegung dieser Federn unter dem Gewicht des Blocks und der Maschine 100 mm beträgt. Infolge von Unausgeglichenheit steht der Block noch unter der Einwirkung einer pulsierenden Kraft $Q\cos\omega t$. Welcher Teil dieser Kraft wird durch die tragenden Federn weitergeleitet, wenn $\omega = 60\,\pi$?

Lösung: Die Amplitude der erzwungenen Schwingung ist

$$c = -\frac{Q}{k}\,\frac{1}{1-\frac{\omega^2}{p^2}}.$$

Setzt man hierin $\omega = 60\,\pi$ und $p = 1{,}56\cdot 2\,\pi$ nach Gl. (3) ein, so wird

$$c = \frac{Q}{k}\cdot\frac{1}{369},$$

d. h. nur $Q/369$ wird durch die Federn weitergeleitet.

Die in dieser Aufgabe beschriebene Anordnung läßt sich auch als Schutz gegen Schwingungen verwenden. An Stelle des Fundamentblocks denke man sich eine auf Federn ruhende Tischplatte. Wenn nun durch irgendeine Störungskraft die Befestigungspunkte der Federn in Schwingungen geraten, so werden diese Schwingungen auf den Tisch praktisch nicht übertragen, vorausgesetzt, daß ihre Frequenz groß ist gegenüber der Eigenfrequenz der Tischplatte.

5. Anderes Verfahren zur Berechnung erzwungener Schwingungen.

Die allgemeine Lösung (19) der Gl. (18) lehrt, daß im Augenblick des Anbringens einer Störungskraft im System nicht nur erzwungene, sondern auch freie Schwingungen entstehen. Die letzteren werden allmählich abgedämpft durch Widerstandskräfte verschiedener Art; betrachtet man jedoch die Bewegung am Beginn des Schwingungsvorganges, so können die freien Schwingungen von Bedeutung sein. Aus der Gl. (6) für die freien Schwingungen leiten wir nun ein Verfahren zur Ermittlung der gesamten Anfangsverschiebung des Systems ab. Diese Gl. (6) zeigt, daß die von der Gleichgewichtslage aus gemessene Verschiebung infolge einer Anfangsgeschwindigkeit $\dot{x}_0$ in irgendeinem Augenblick t gleich ist

$$x = \frac{\dot{x}_0}{p} \sin pt. \tag{a}$$

Nehmen wir nun an, daß das in Abb. 1 dargestellte System unter der Einwirkung einer veränderlichen Kraft steht, und sei q die Störungskraft pro Masseneinheit, s. Gl. (17). Die Veränderlichkeit dieser Kraft in irgendeinem Intervall von $t = 0$ bis $t = t_1$ kann graphisch durch eine Kurve MN dargestellt werden, vgl. Abb. 16. Um die Verschiebung des Systems in irgendeinem Augenblick t_1 zu bestimmen, denken wir uns die kontinuierliche Wirkung der Kraft in Elementarwirkungen entsprechend den Zeitelementen dt eingeteilt. Infolge der Wirkung der Kraft q während eines solchen Zeitelementes nimmt die Geschwindigkeit des Gewichtes W (Abb. 1) um einen kleinen Betrag zu, dessen Größe aus der Gleichung

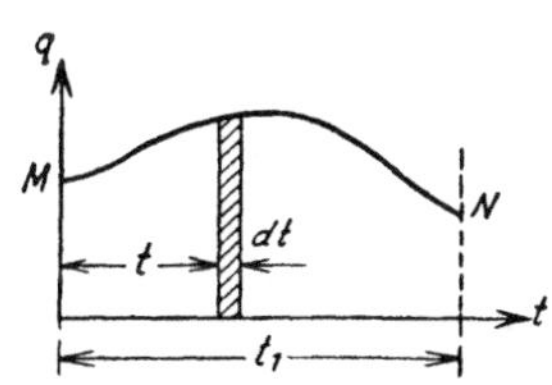

Abb. 16.

$$\frac{d\dot{x}}{dt} = q$$

folgt, wonach

$$d\dot{x} = q\,dt. \tag{b}$$

Nun kann man aus Gl. (a) schließen, daß irgendein der Zeit t zugehöriger

Geschwindigkeitszuwachs, wie der durch die Gl. (b) gegebene, im Zeitpunkt t_1 (Abb. 16) eine Verschiebung von der Größe

$$dx = \frac{q\,dt}{p} \sin p(t_1 - t) \tag{c}$$

ergeben wird. Dieser Ausdruck stellt die Verschiebung dar, die von der Wirkung der Kraft während des unendlich kleinen Zeitelementes dt herrührt. Um die Verschiebung zu erhalten, die durch die kontinuierliche Wirkung der Kraft erzeugt wird, muß man die Elementarverschiebungen (c) summieren. Die Verschiebung im Augenblick t_1 wird dann

$$x = \frac{1}{p} \int_0^{t_1} q \sin p(t_1 - t)\,dt. \tag{24}$$

Dieser Ausdruck stellt die Gesamtverschiebung dar, die durch die Wirkung der Kraft q während des Intervalls von $t = 0$ bis $t = t_1$ erzeugt wird. In ihm sind sowohl die erzwungenen als auch die freien Schwingungen enthalten, daher kann er beim Studium der Anfangsbewegung des Systems sehr nützlich sein. Der Ausdruck ist auch in den Fällen verwendbar, wo eine analytische Darstellung für die Störungskraft nicht bekannt ist, die Kraft q vielmehr graphisch oder tabellarisch gegeben ist. In einem solchen Falle ist es nur notwendig, den Wert des Integrales (24) mit Hilfe einer angenäherten Integrationsmethode zu ermitteln[1].

Als Beispiel für die Anwendung dieses Verfahrens wollen wir nun die Schwingungen unter der Einwirkung der Störungskraft $q = a \cos mt$, s. Gl. (18), S. 11, untersuchen. Setzt man diesen Wert von q in die Gl. (24) ein, so folgt

$$x = \frac{a}{p} \int_0^{t_1} \cos mt \sin p(t_1 - t)\,dt = \frac{a}{p^2 - m^2} (\cos mt_1 - \cos pt_1).$$

Dieses Ergebnis ist völlig identisch mit der oben erhaltenen Lösung (19′). Gl. (24) kann auch in den Fällen benutzt werden, wo es erforderlich ist, die Verschiebung der Last W (Abb. 1) zu finden, wenn sie von mehreren Impulsen herrührt. Nehmen wir beispielsweise an, daß durch die von der Last W aufgenommenen Impulse in den Zeitpunkten $t', t'', t''', \ldots$ Geschwindigkeitszunahmen $\Delta_1 \dot{x}$, $\Delta_2 \dot{x}$, $\Delta_3 \dot{x}$, ... erzeugt werden. Dann ist die Verschiebung in irgendeinem Augenblick t_1 nach den Gln. (b) und (24) gleich

$$x = \frac{1}{p} [\Delta_1 \dot{x} \sin p(t_1 - t') + \Delta_2 \dot{x} \sin p(t_1 - t'') + \Delta_3 \dot{x} \sin p(t_1 - t''') + \cdots].$$

---

[1] Sanden, K. v.: Praktische Analysis. Leipzig: B. G. Teubner.

Diese Verschiebung kann man sehr leicht auf graphischem Wege erhalten, wenn man $\Delta_1\dot{x}$, $\Delta_2\dot{x}$, ... als Vektoren betrachtet, die gegen die Horizontale um die Winkel $p(t_1 - t')$, $p(t_1 - t'')$, ... geneigt sind (Abb. 17). Die Vertikalprojektion OC_1 der geometrischen Summe OC dieser Vektoren, dividiert durch p, stellt dann die durch die obige Gleichung gegebene Verschiebung x dar.

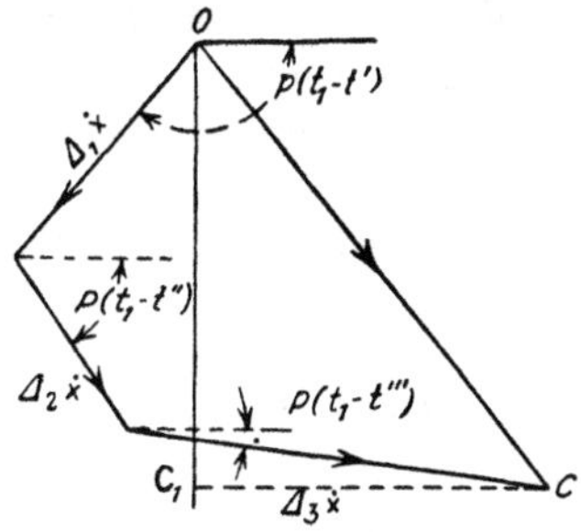

Abb. 17.

Falls im Augenblick $t = 0$ am Gewicht W (Abb. 1) eine konstante Kraft angreift, so ist die Verschiebung der Last in irgendeinem Zeitpunkt t_1 nach Gl. (24)

$$x = \frac{q}{p}\int_0^{t_1} \sin p(t_1 - t)\,dt = \frac{q}{p^2}(1 - \cos p t_1). \tag{d}$$

Hierin ist $\frac{q}{p^2}$ die durch die Kraft q erzeugte statische Durchbiegung, s. Gl. (17). Aus der Gl. (d) folgt, daß die Maximaldurchbiegung während der Schwingungsbewegung, hervorgerufen durch eine plötzlich angreifende Kraft, dem doppelten Betrag der der gleichen Kraft entsprechenden statischen Durchbiegung gleich ist.

6. Dämpfung proportional der Geschwindigkeit.

In den obigen Betrachtungen (s. § 1) wurden alle von der Reibung herrührenden Widerstandskräfte vernachlässigt, und als Folge hiervon ergaben sich freie Schwingungen von konstanter Amplitude. In Wirklichkeit aber verursachen die Widerstandskräfte, obwohl sie in manchen Fällen klein sein mögen, ein allmähliches Abdämpfen der ursprünglichen Schwingungen. Diese Dämpfungskräfte können von vielen verschiedenen Ursachen herrühren, wie Luft- oder Flüssigkeitsreibung, innere Materialreibung im schwingenden Körper, oder Reibung aufeinander gleitender Oberflächen.

Die Berechnung der Reibung zwischen aufeinander gleitenden Flächen erfolgt gewöhnlich auf Grund des Coulomb-Morinschen Gesetzes[1]. Man nimmt an, daß die Reibungskraft im Falle trockener

[1] Siehe C. A. Coulomb: Théorie des machines simples. Paris 1821. A. Morin: Mém. prés. p. div. sav. 4. Paris 1833; 6. Paris 1835. Literaturverweisungen zur Frage der Reibung findet man bei R. v. Mises: Enzyklop. Math. Wiss. 4, 153. Die neueste Literatur des Gegenstandes gibt G. Sachs an: Z. ang. Math. Mech. 4, 1 (1924) und H. Fromm: Z. ang. Math. Mech. 7, 27 (1927).

Oberflächen der Normalkomponente der zwischen den Flächen herrschenden Pressung proportional und von der Gleitgeschwindigkeit unabhängig ist. Im Falle gut geschmierter Flächen dagegen, wenn zwischen den gleitenden Flächen eine Schmierschicht vorhanden ist, ist die Reibungskraft unabhängig von der Pressung und proportional der Gleitgeschwindigkeit. In den wirklichen Fällen hat man gewöhnlich mit mittleren Verhältnissen zwischen den beiden erwähnten Extremfällen zu tun.

Wenn ein Körper in der Luft oder in einer Flüssigkeit schwingt, so muß der Widerstand des Mediums berücksichtigt werden. Im Falle sehr geringer Geschwindigkeiten, wie z. B. bei der hydraulischen Bremse, ist die Widerstandskraft proportional der Geschwindigkeit[1], während bei größeren Geschwindigkeiten mit hinreichender Genauigkeit angenommen werden darf, daß der Widerstand dem Quadrat der Geschwindigkeit proportional ist.

Schwingt ein elastischer Körper im Vakuum, so wird die Schwingung allmählich abgedämpft durch innere Reibung des Körpermaterials[2]. Der Einfluß dieser Art von Reibung auf die Schwingung kann in der Weise berücksichtigt werden, daß man die Widerstandskraft der Geschwindigkeit proportional setzt und den Proportionalitätsfaktor aus dem Experiment bestimmt. Auch im Falle elektrischer Dämpfung ist die Widerstandskraft der Geschwindigkeit proportional[3].

Wir behandeln nun den einfachsten Fall, daß die Dämpfung der Geschwindigkeit proportional ist[4]. Unter Zugrundelegung des früher untersuchten Systems nach Abb. 1 denken wir uns zu den am Gewicht W während der Schwingungsbewegung wirkenden Kräften den Reibungswiderstand $-c\dot{x}$ hinzugefügt. Hier ist c eine von den jeweiligen Verhältnissen abhängige Konstante, während das Minuszeichen angibt, daß die Reibungskraft eine der Geschwindigkeit entgegengesetzte Richtung hat. Unsere Gl. (1) erfährt eine Erweiterung und lautet jetzt

$$W - \frac{W}{g}\ddot{x} - c\dot{x} = W + kx, \tag{a}$$

woraus folgt

$$\ddot{x} + 2n\dot{x} + p^2 x = 0 \tag{25}$$

[1] Siehe Experimente von A. Stodola: Schweiz. Bauzg. **22**, 113 (1893).

[2] Angaben über den Betrag dieser inneren Reibung bei verschiedenen Stoffen findet man in einem Buch von E. Lehr: Die Abkürzungsverfahren zur Ermittlung der Schwingungsfestigkeit von Materialien. Dissertation Stuttgart 1925. Siehe auch A. L. Kimball: Mech. Engg., Mai **1927**, 440, sowie die Diskussion zu Ormondroyds und Den Hartogs Artikel: Trans. Am. Soc. Mech. Eng. Appl. Mech. Div. **1928**.

[3] Einige Angaben über diese und einige andere Arten der Dämpfung findet man bei H. Holzer: Die Berechnung der Drehschwingungen, S. 92. Berlin 1921.

[4] Der Fall, daß die Dämpfung proportional ist dem Quadrat der Geschwindigkeit, wird von W. Hort: Technische Schwingungslehre, 2. Aufl., S. 44 (1922), behandelt. S. auch W. E. Milne: Univ. Oregon Publ. **1923**, Nr 1; **1929**, Nr 2.

mit

$$p^2 = \frac{k g}{W} \quad \text{und} \quad 2n = \frac{c g}{W}. \tag{26}$$

Führt man die Bezeichnung

$$p_1^2 = p^2 - n^2 \tag{27}$$

ein, so kann die allgemeine Lösung der Gl. (25) in der Form[1]

$$x = e^{-nt}(A \sin p_1 t + B \cos p_1 t) \tag{b}$$

geschrieben werden. Wie man sieht, besitzt die ermittelte Schwingungsbewegung eine Periode gleich

$$\tau = \frac{2\pi}{p_1} = \frac{2\pi}{\sqrt{p^2 - n^2}}. \tag{28}$$

Wenn die Größe n gegenüber p klein ist, so wird die Differenz zwischen p_1 und p eine kleine Größe 2. Ordnung, s. Gl. (27), und daher darf man mit hinreichender Genauigkeit annehmen, daß eine geringe Dämpfungskraft proportional der Geschwindigkeit die Schwingungsperiode nicht beeinflußt.

Die Gl. (b) führt auf einen Schwingungsvorgang, bei dem die Amplitude infolge des Faktors e^{-nt} mit der Zeit allmählich abnimmt, so daß die ursprünglich erzeugten Schwingungen allmählich abklingen. Um diese Amplitude zu finden, muß man die willkürlichen Konstanten A und B der Lösung (b) aus den Anfangsbedingungen bestimmen. Bezeichnet man mit x_0 die von der Gleichgewichtslage aus gemessene Verschiebung des Systems und mit $\dot{x}_0$ die Geschwindigkeit im Zeitpunkt $t = 0$, so hat man nach Gl. (b)

$$x_0 = B.$$

Differenziert man dieselbe Gleichung nach der Zeit, so folgt mit der Anfangsgeschwindigkeit $\dot{x}_0$

$$A = \frac{1}{p_1}(\dot{x}_0 + n x_0),$$

und die Lösung (b) nimmt die Gestalt an

$$x = e^{-nt}\left(\frac{\dot{x}_0}{p_1} \sin p_1 t + x_0\left(\cos p_1 t + \frac{n}{p_1} \sin p_1 t\right)\right). \tag{29}$$

Diese Lösung kann graphisch dargestellt werden. Beispielsweise ergibt sich für den Spezialfall

$$\frac{\dot{x}_0}{p_1} + \frac{n x_0}{p_1} = 0,$$

in dem also

$$x = x_0 e^{-nt} \cos p_1 t, \tag{c}$$

[1] Hierbei wird angenommen, daß die von der Reibung abhängige Größe n kleiner ist als p, so daß $\sqrt{p^2 - n^2}$ reell ist; sonst tritt eine aperiodische Bewegung ein.

die Kurve der Abb. 18. Sie tangiert die Kurve $x = x_0 e^{-nt}$ in den Punkten $m_1, m_2, m_3, \ldots$ für $t = 0$, $t = \tau$, $t = 2\tau, \ldots$, und die Kurve $x = -x_0 e^{-nt}$ in den Punkten $m_1', m_2', m_3', \ldots$ für $t = \frac{1}{2}\tau$, $t = \frac{3}{2}\tau$, $t = \frac{5}{2}\tau, \ldots$ Diese Punkte sind nicht identisch mit den Punkten, die den von der Gleichgewichtslage aus gemessenen Maximalverschiebungen des Systems entsprechen, und es ist leicht zu sehen, daß infolge der Dämpfung das Zeitintervall, das das System zur Erreichung einer Extremlage von einer unmittelbar vorangehenden Mittellage aus braucht, kleiner ist als das Intervall, das erforderlich ist zur Erreichung der unmittelbar folgenden Mittellage.

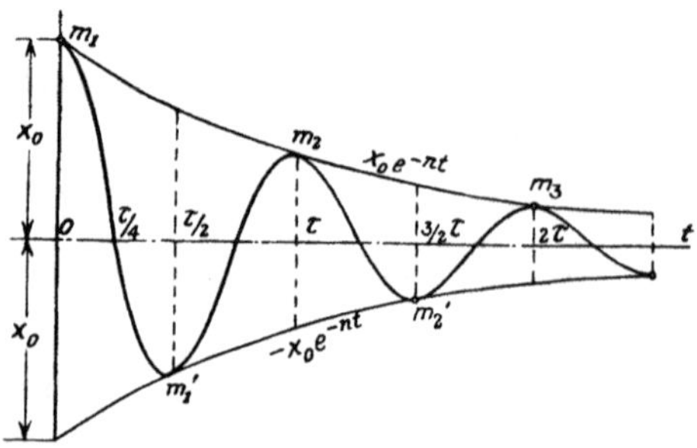

Abb. 18.

Die Stärke der Dämpfung hängt von der konstanten Größe n ab, s. Gl. (25). Aus der allgemeinen Lösung (29) ist ersichtlich, daß die Schwingungsamplitude nach jedem Zyklus im Verhältnis

$$e^{-n\tau} : 1\,, \tag{d}$$

also in geometrischer Progression, abnimmt. Die Gl. (d) kann zur experimentellen Ermittlung des Dämpfungskoeffizienten n benutzt werden. Es ist hierzu nur notwendig zu bestimmen, in welchem Verhältnis die Schwingungsamplitude nach einer bestimmten Anzahl von Zykeln abgenommen hat.

Aufgabe.

Bestimme den Dämpfungskoeffizienten n, wenn die Schwingungsamplitude nach 10 vollständigen Oszillationen 0,9 der anfänglichen Amplitude ist; die Frequenz der Schwingung ist 10 pro Sekunde.

Lösung: Die Abnahme der Amplitude geht in geometrischer Progression vor sich. Nach 10 Oszillationen ist die Amplitude im Verhältnis $e^{-10n\tau} : 1$ verringert; n findet man aus der Gleichung

$$e^{-10 \cdot n \cdot \frac{1}{10}} = 0{,}9\,;$$

daraus ergibt sich

$$n = \ln \frac{1}{0{,}9} = 0{,}1054\,.$$

7. Erzwungene Schwingungen mit einer der Geschwindigkeit proportionalen Dämpfung.

Wir betrachten wieder das in Abb. 1 dargestellte System und nehmen an, daß neben den bereits behandelten Kräften, s. Gl. (a), S. 2, noch eine periodische Kraft $Q \sin m t$ auf das Gewicht W in vertikaler Richtung einwirkt. Mit der Bezeichnung

$$\frac{g Q}{W} = q \tag{a}$$

lautet dann die Bewegungsgleichung mit den weiteren in § 6 benutzten Bezeichnungen

$$\ddot{x} + 2 n \dot{x} + p^2 x = q \sin m t . \tag{30}$$

Das allgemeine Integral dieser Differentialgleichung erhält man, indem man zu der Lösung der entsprechenden homogenen Differentialgleichung, s. Gl. (25), eine Partikularlösung der Gl. (30), also einen Ausdruck von der Form

$$x = M \sin m t + N \cos m t ,$$

hinzufügt. Substituiert man dies in die Gl. (30), so ergeben sich folgende Gleichungen für die Konstanten M und N:

$$-N m^2 + 2 M m n + N p^2 = 0 ,$$
$$-M m^2 - 2 N m n + M p^2 = q ,$$

woraus folgt

$$N = -\frac{2 q m n}{(p^2 - m^2)^2 + 4 m^2 n^2} , \quad M = \frac{q (p^2 - m^2)}{(p^2 - m^2)^2 + 4 m^2 n^2} .$$

Also wird die allgemeine Lösung der Gl. (30) mit den Bezeichnungen von § 6

$$x = e^{-n t} (A \sin p_1 t + B \cos p_1 t) - \frac{2 q m n}{(p^2 - m^2)^2 + 4 m^2 n^2} \cos m t + \frac{q (p^2 - m^2)}{(p^2 - m^2)^2 + 4 m^2 n^2} \sin m t . \tag{31}$$

Das erste Glied rechts mit dem Faktor $e^{-n t}$ stellt die gedämpften Schwingungen dar, die wir in den vorangehenden Paragraphen behandelt haben. Die beiden anderen Glieder mit dem Faktor q bringen die erzwungenen Schwingungen zum Ausdruck. Sie sind von der periodischen Außenkraft beherrscht und unterliegen im Laufe der Zeit keiner Abdämpfung. Ihre Periode $\tau_1 = \frac{2\pi}{m}$ stimmt mit derjenigen der Störungskraft überein, ihre Amplitude ist dem Betrage dieser Kraft proportional. Diese Amplitude hängt auch vom Verhältnis der Periode τ der freien Systemschwingungen zur Periode τ_1 der Störungskraft ab.

Der Ausdruck für die erzwungenen Schwingungen läßt sich vereinfachen, wenn man folgende Bezeichnungen einführt:

$$\frac{-2 q m n}{(p^2 - m^2)^2 + 4 m^2 n^2} = -C \sin \alpha , \tag{b}$$

$$\frac{q (p^2 - m^2)}{(p^2 - m^2)^2 + 4 m^2 n^2} = C \cos \alpha . \tag{c}$$

Damit geht der Ausdruck für die erzwungenen Schwingungen über in

$$C(\cos\alpha\sin mt - \sin\alpha\cos mt) = C\sin(mt - \alpha). \tag{32}$$

Die Amplitude C der erzwungenen Schwingungen ist nach (b) und (c)

$$C = \frac{q}{\sqrt{(p^2 - m^2)^2 + 4m^2n^2}}. \tag{33}$$

Der Winkel α in der Gl. (32) stellt die Phasendifferenz zwischen der erzwungenen Schwingung und der Störungskraft dar.

Dividiert man (b) durch (c), so erhält man

$$\operatorname{tg}\alpha = \frac{2mn}{p^2 - m^2}. \tag{34}$$

Ist $p > m$, was dann eintritt, wenn die Eigenschwingungsperiode des Systems kleiner ist als die Periode der Störungskraft, so ist α positiv und kleiner als $\frac{\pi}{2}$. Aus der Gl. (32) kann man dann schließen, daß die erzwungene Schwingung der Störungskraft $q\sin mt$ nacheilt.

Ist $p < m$, so ist

$$\frac{\pi}{2} < \alpha < \pi,$$

d. h. der Nacheilwinkel der erzwungenen Schwingung ist größer als $\frac{\pi}{2}$.

Ist aber $p = m$, was den Fall der Resonanz kennzeichnet, so wird $\operatorname{tg}\alpha$ in Gl. (34) gleich Unendlich, und die Phasendifferenz wird gleich $\frac{\pi}{2}$. Dies bedeutet, daß das System bei einer derartigen Schwingungsbewegung seine Mittellage in dem Augenblick passiert, in dem die Störungskraft ihren Maximalwert erreicht.

Betrachten wir nun die Amplitude C dieser erzwungenen Schwingung. Erinnert man sich, daß

$$q = \frac{gQ}{W}$$

und

$$p^2 = \frac{kg}{W},$$

so schließt man, daß

$$\frac{q}{p^2} = \frac{Q}{k} = \delta_{st}, \tag{d}$$

worin δ_{st} die Durchbiegung bezeichnet, die durch die maximale Störungskraft hervorgerufen worden wäre, wenn sie statisch angegriffen hätte.

Mit (d) geht der Ausdruck für die Amplitude der erzwungenen Schwingungen nach Gl. (33) über in

$$C = \frac{\delta_{st}}{\sqrt{\left(1 - \frac{m^2}{p^2}\right)^2 + \frac{4m^2n^2}{p^4}}} = \frac{\delta_{st}}{\sqrt{\left(1 - \frac{\tau^2}{\tau_1^2}\right)^2 + \frac{\tau^2\gamma^2}{\tau_1^2}}}, \tag{35}$$

worin $\tau = \frac{2\pi}{p}$ die Eigenschwingungsperiode des Systems, $\tau_1 = \frac{2\pi}{m}$ die Periode der Störungskraft $Q \sin mt$ bedeutet und $\gamma = \frac{2n}{p}$ eine Größe ist, die vom Betrage der Dämpfungskräfte abhängt.

Es ist leicht zu sehen, daß, wenn die Störungskraft eine sehr große Periode τ_1 hat, C dem Werte δ_{st} zustrebt. Dies bedeutet, daß in entsprechenden Fällen die Durchbiegungen des Systems so berechnet werden können, als ob die Störungskraft $Q \sin mt$ statisch wirken würde. Ein anderer Extremfall liegt vor, wenn man annimmt, daß τ_1 eine sehr kleine Größe ist, was in der Tat der Fall ist, wenn die Störungskraft eine sehr hohe Frequenz besitzt. In diesem Falle wird der Nenner in Gl. (35) sehr groß und die Amplitude der erzwungenen Schwingungen strebt der Null zu.

Wenn sich τ_1 der Größe τ nähert und die Dämpfungskräfte klein sind, so wird der Nenner in Gl. (35) sehr klein. Dies bedeutet, daß im Falle der Resonanz eine verhältnismäßig geringe Störungskraft zu sehr großen erzwungenen Schwingungen führen und damit sehr bedrohliche Spannungen im schwingenden System erzeugen kann.

Um ein klares Bild für die Veränderlichkeit der Amplitude C mit dem Quotienten $\frac{\tau}{\tau_1}$ und der Größe γ zu geben, bringen wir in Abb. 19 eine Kurvenschar, die den Verstärkungsfaktor

$$\beta = \frac{1}{\sqrt{\left(1 - \frac{\tau^2}{\tau_1^2}\right)^2 + \frac{\tau^2 \gamma^2}{\tau_1^2}}} \tag{36}$$

als Funktion des Quotienten $\frac{\tau}{\tau_1}$ für verschiedene Werte der Größe γ darstellt[1]. Diese Kurven zeigen, daß die Punkte mit der Maximalamplitude nicht genau mit der Resonanz zusammenfallen. Vielmehr ist der Quotient $\frac{\tau}{\tau_1}$ bei der Maximalamplitude etwas kleiner als eins, und er nähert sich diesem Werte mit abnehmender Dämpfung. Daher ist im Falle geringer Dämpfung die Differenz zwischen der Maximalamplitude der erzwungenen Schwingung und der Amplitude dieser Schwingung bei der Resonanz sehr klein; infolgedessen benutzt man gewöhnlich die letztere Amplitude als Grundlage zur Berechnung der Maximalspannungen bei erzwungenen Schwingungen.

Aus Abb. 19 ist es leicht zu ersehen, daß die Dämpfung auf die erzwungenen Schwingungen nur in der Umgebung der Resonanz einen starken Einfluß ausübt, etwa im Gebiete von $\frac{\tau}{\tau_1} = 0{,}75$ bis $\frac{\tau}{\tau_1} = 1{,}25$.

---

[1] Für $\gamma = 0$ geht Gl. (36) in die Gl. (20) über, die sich für ungedämpfte Schwingungen ergeben hat.

In diesem Gebiet reduziert die Dämpfung beträchtlich die Amplitude der erzwungenen Schwingungen und erteilt ihr bei der Resonanz einen endlichen Betrag.

Mit wachsender Dämpfung kommt der Einfluß der Resonanz immer schwächer und schwächer zum Ausdruck. Außerhalb des bezeichneten Intervalls üben kleine Änderungen des Dämpfungsfaktors nur unerheblichen Einfluß auf die Amplitude der Schwingungen aus, und die

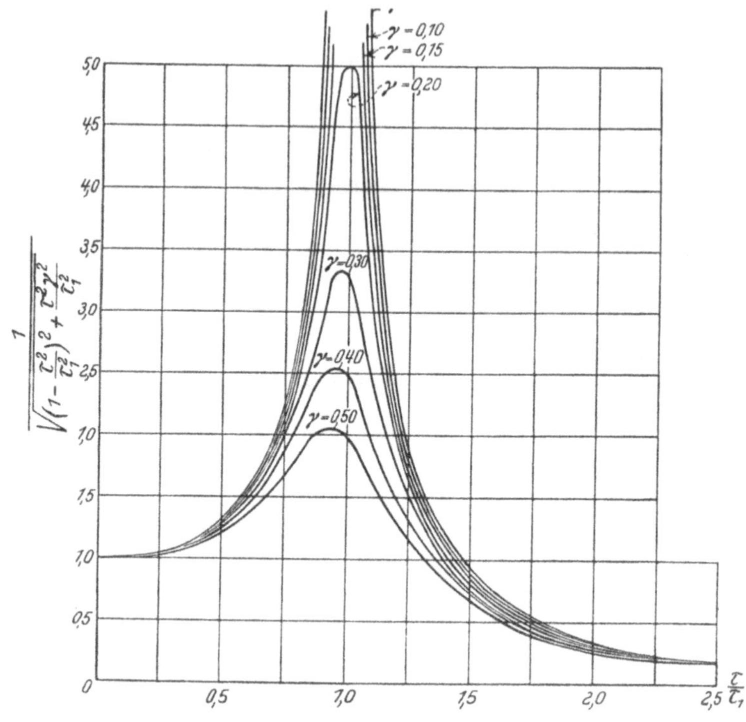

Abb. 19.

oben (§ 3) gezogenen Schlüsse, betreffend die extreme Hoch- und Tieffrequenz der Störungskraft, bleiben auch bei vorhandener Dämpfung ungeändert.

Wie wir gezeigt haben, eilt die erzwungene Schwingung der Störungskraft stets nach, wobei die Phasendifferenz α aus der Gl. (34) folgt. Diese Phasendifferenz kann von gewissem praktischem Interesse sein; ihre Veränderlichkeit mit der Dämpfung und mit dem Quotienten $\frac{\tau}{\tau_1}$ ist in Abb. 20 dargestellt. Aus dieser Darstellung geht hervor, daß in der Nähe der Resonanz bei den erzwungenen Schwingungen eine sehr scharfe

Phasenveränderung eintritt, wenn die Dämpfung gering ist. Für $\frac{\tau}{\tau_1} < 1$ ist die Phasendifferenz klein, sie wird jedoch gleich $\frac{\pi}{2}$ für $\tau = \tau_1$ und strebt dem Werte π für $\frac{\tau}{\tau_1} > 1$ zu. Bei allmählicher Verringerung von γ nähert man sich dem in § 3 untersuchten Zustand (s. S. 13), bei dem die Phasendifferenz plötzlich vom Werte Null auf den Wert π springt.

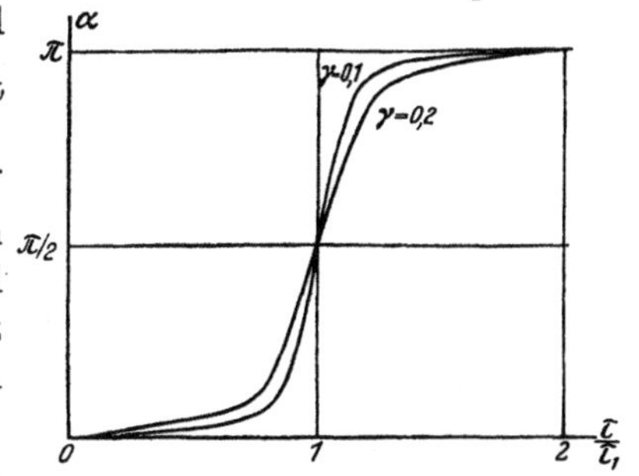

Abb. 20.

Die Maximalgeschwindigkeit der erzwungenen Schwingungen nach Gl. (32) ist gleich Cm, daher ist die maximale kinetische Energie des Systems dem Werte

$$C^2 m^2 = \frac{\delta_{st}^2 m^2}{\left(1 - \frac{m^2}{p^2}\right)^2 + \frac{4 m^2 n^2}{p^4}} = \frac{\delta_{st}^2 p^2}{\left(\frac{p}{m} - \frac{m}{p}\right)^2 + \frac{4 n^2}{p^2}} \tag{e}$$

proportional. Da dieser Ausdruck für $m = p$ zum Maximum wird, so erreicht die kinetische Energie des schwingenden Systems ihren Größtwert bei der Resonanz.

Wir suchen nun den Arbeitsbetrag zu bestimmen, der dazu erforderlich ist, die Schwingungen gegen den Widerstand aufrechtzuerhalten. Die aufgewandte Kraft pro Masseneinheit in irgendeinem Augenblick t ist gleich $q \sin mt$, s. Gl. (30). Die Geschwindigkeit des Kraftangriffspunktes im gleichen Augenblick ist nach Gl. (32)

$$\dot{x} = C m \cos(m t - \alpha) .$$

Die aufgewandte Kraft verrichtet demnach in der Zeiteinheit eine Arbeit vom Betrage

$$q \sin m t \cdot C m \cos(m t - \alpha) = \frac{q m C}{2} \{\sin(2 m t - \alpha) + \sin\alpha\} . \tag{f}$$

Bei der Berechnung des Mittelwertes von (f) während eines Zyklus ergibt das erste Glied im Klammerausdruck der rechten Seite von (f) den Wert 0, und wir erhalten als Mittelwert w folgendes Ergebnis:

$$w = \frac{q m C \sin\alpha}{2}$$

oder nach Gl. (b)

$$w = \frac{q^2 m^2 n}{(p^2 - m^2)^2 + 4 m^2 n^2} = \frac{q^2}{2 p} \frac{\frac{2 n}{p}}{\left(\frac{p}{m} - \frac{m}{p}\right)^2 + \left(\frac{2 n}{p}\right)^2} .$$

Mit den Bezeichnungen

$$\frac{2n}{p} = \gamma,$$

$$\frac{p}{m} = \frac{\tau_1}{\tau} = 1 + z$$

können wir auch schreiben

$$w = \frac{q^2}{2p} \frac{\gamma}{\left(1 + z - \frac{1}{1+z}\right)^2 + \gamma^2}. \tag{37}$$

Die Größe w erreicht ihren Größtwert bei der Resonanz. Substituiert man $z = 0$ in die Gl. (37), so ergibt sich

$$w_{\max} = \frac{q^2}{2p\gamma} = \frac{q^2}{4n}. \tag{38}$$

Wie man sieht, nimmt $w_{\max}$ mit der Abnahme der Größe n, d. h. mit einer Verminderung der Dämpfung, zu[1]. Will man sich ein Bild von der Veränderlichkeit der Größe w nach Gl. (37) in der Nähe der Resonanz machen, so betrachte man z als kleine Größe. Dann ist

$$\left(1 + z - \frac{1}{1+z}\right)^2 \text{ annähernd gleich } 4z^2$$

und wir erhalten aus der Gl. (37)

$$w = \frac{q^2}{2p} \frac{\gamma}{4z^2 + \gamma^2}. \tag{37'}$$

Die Veränderlichkeit des Faktors

$$\frac{\gamma}{4z^2 + \gamma^2}$$

in der Umgebung der Resonanz ist in Abb. 21 dargestellt. Man ersieht

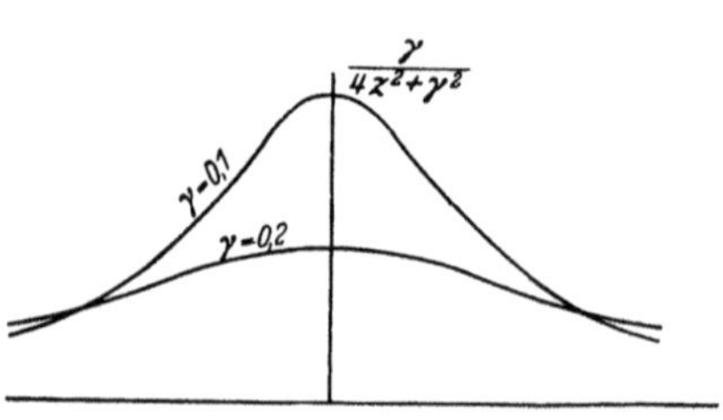

Abb. 21.

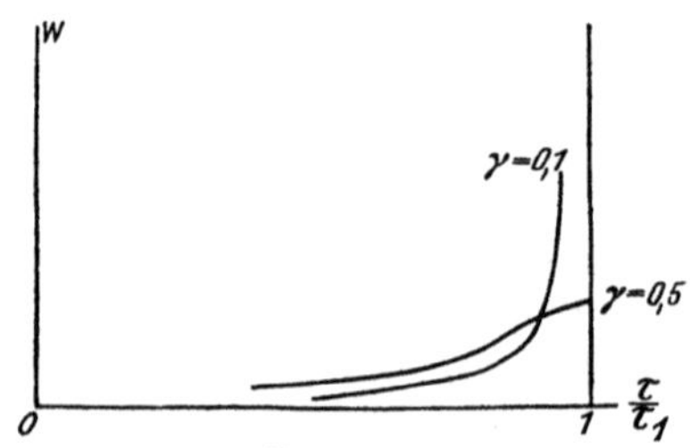

Abb. 22.

daraus, daß die Veränderlichkeit von w mit der Verringerung der Dämpfung immer merklicher wird. Abb. 22 zeigt die Arbeit w als Funktion des

[1] Im Falle $n = 0$ nimmt die Schwingungsamplitude unbeschränkt zu und die obige Überlegung kann nicht angewandt werden.

Quotienten $\frac{\tau}{\tau_1}$ für $\gamma = 0{,}1$ und $\gamma = 0{,}5$, und es ist daraus zu entnehmen, daß die Absorption der Energie mit abnehmender Dämpfung nur in der Nähe der Resonanz zunimmt. Sonst aber entspricht eine größere Absorption der Energie einer größeren Dämpfung.

Diese allgemeine Überlegung mag bei Betrachtungen über die in Maschinenfundamenten infolge der Schwingungsvorgänge absorbierten Arbeitsmengen von Interesse sein.

Aufgaben.

1. Konstruiere die Kurve, welche die Änderung des Verstärkungsfaktors β als Funktion von $\frac{\tau}{\tau_1}$ bei einem Gewicht $W = 4{,}5$ kg darstellt (Abb. 1); die statische Durchbiegung der Feder unter der Last W ist 0,25 cm, die Dämpfungskraft ist bei einer Geschwindigkeit von 1 cm pro Sekunde gleich 0,018 kg. Bestimme 1. das Maximum des Verstärkungsfaktors unter diesen Bedingungen, 2. die Größe des Verstärkungsfaktors im Resonanzzustand ($p = m$).

Lösung: Bei den gegebenen Bedingungen ist

$$2n = \frac{cg}{W} = \frac{0{,}018 \cdot 981}{4{,}5} = 3{,}92,$$

$$p = \sqrt{\frac{g}{\delta_{st}}} = \sqrt{\frac{981}{0{,}25}} = 63$$

und demnach wird

$$\gamma = \frac{2n}{p} = \frac{3{,}92}{6{,}3} = 0{,}0622;$$

β findet man für jeden Wert von $\frac{\tau}{\tau_1}$ aus Gl. (36).

Der Verstärkungsfaktor im Resonanzzustand ($\tau = \tau_1$) ist $\beta = \frac{1}{\gamma} = \frac{1}{0{,}0622} = 16{,}1$. Den Maximalwert des Verstärkungsfaktors findet man aus der Bedingung, daß $(1-\alpha)^2 + \gamma^2\alpha$ mit $\alpha = \left(\frac{\tau}{\tau_1}\right)^2$ zu einem Minimum werden soll. Daraus ergibt sich

$$2(1-\alpha) - \gamma^2 = 0$$

oder

$$\alpha = \frac{\tau^2}{\tau_1^2} = 1 - \frac{\gamma^2}{2}; \quad \beta_{\max} = \frac{1}{\sqrt{(1-\alpha)^2 + \alpha\gamma^2}} = \frac{1}{\gamma\sqrt{1 - \frac{\gamma^2}{4}}};$$

für kleine γ

$$\beta_{\max} = \frac{1}{\gamma}\left(1 + \frac{\gamma^2}{8}\right).$$

2. Mit den Zahlenwerten der vorhergehenden Aufgabe soll die Größe der Dämpfung bestimmt werden, bei welcher der Verstärkungsfaktor im Resonanzzustand gleich 5 ist.

Lösung: Setzt man $\frac{\tau}{\tau_1} = 1$ und $\beta = 5$ in Gl. (36), so wird

$$\gamma = \frac{1}{5};$$

hieraus

$$2n = \gamma \cdot p = 12{,}6.$$

3. Bestimme die Phasendifferenz für die erzwungene Schwingung unter den Bedingungen der Aufgabe 1, für $\frac{\tau}{\tau_1} = 0{,}8$ und $\frac{\tau}{\tau_1} = 1{,}2$.

Lösung:

$$\operatorname{tg} \alpha = \frac{2 m_1 n}{p^2 - m_1} = \frac{\gamma \frac{\tau}{\tau_1}}{1 - \left(\frac{\tau}{\tau_1}\right)^2},$$

$$\operatorname{tg} \alpha_1 = \frac{0{,}0622 \cdot 0{,}8}{1 - 0{,}64} = 0{,}138 \ldots \quad \alpha_1 = 7^0 50;$$

$$\operatorname{tg} \alpha_2 = -\frac{0{,}0622 \cdot 1{,}2}{0{,}44} = -0{,}169 \ldots \quad \alpha_2 = 170^0 20;$$

8. Technische Anwendungen (erzwungene Schwingungen mit Dämpfung).

Wir besprechen nun einige Fälle, in denen die eben entwickelte Theorie der erzwungenen Schwingungen anwendbar ist.

a) Schwingungsdämpfer. Um den Einfluß der Störungskräfte auf die Maschinenfundamente abzuschwächen und die Übertragung der Schwingungen auf den Bau zu verhindern, empfiehlt sich die Einführung biegsamer Teile zwischen Maschine und Fundament. Sei W das Gewicht der Maschine, $Q \sin mt$ die periodisch wirkende Außenkraft (Abb. 23). Ist der maschinelle Teil mit dem Fundament starr verbunden, so wird die ganze Störungskraft das Fundament beanspruchen. Durch Einführung biegsamer Federn eines Schwingungsdämpfers zwischen Maschine und Fundament kann eine wesentliche Reduktion der Kraftübertragung auf den Unterbau erreicht werden, wenn gewisse Bedingungen erfüllt sind. Die Berechnung eines Schwingungsdämpfers kann auf Grund der vorangehend entwickelten Theorie der erzwungenen Schwingungen (§ 7) leicht durchgeführt werden. Wählt man die Federn des Dämpfers derart, daß die Eigenschwingungsperiode τ der Maschine W an den Federn groß ist im Vergleich mit der Periode $\tau_1 = \frac{2\pi}{m}$ der Störungskraft, so werden

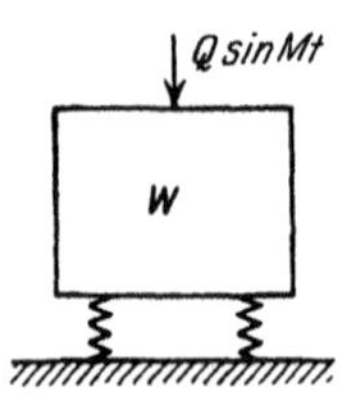

Abb. 23.

die dynamischen Verschiebungen der Maschine beim Schwingungsvorgang nach Maßgabe der Verhältniszahl β, s. Gl. (36), reduziert gegenüber den Verschiebungen, die durch die Störungskraft $Q \sin mt$ hervorgerufen worden wären, wenn diese statisch gewirkt hätten. Die auf das Fundament übertragenen Kräfte sind der Federdurchbiegung proportional und daher ebenfalls im Verhältnis β reduziert. Vernachlässigt man die Dämpfung und nimmt man beispielsweise $\frac{\tau}{\tau_1} = 4$ an, so daß also die Arbeitsgeschwindigkeit das Vierfache der Resonanzgeschwindigkeit beträgt, so hat man nach Gl. (36) $\beta = \frac{1}{15}$, d. h. durch die Wirkung des Schwingungsdämpfers wird die auf das Fundament übertragene Kraft auf $\frac{1}{15}$ der von außen her ausgeübten Kraft reduziert. Die wirkliche Konstruktion eines Dämpfers bietet oft große Schwierigkeiten, hauptsächlich infolge von Raumbeschränkungen. Es ist schwierig, einen hinreichenden Raum zur Unterbringung von Federn frei zu bekommen, die stark genug sind, um die Last auf das Fundament zu übertragen, und zugleich so nachgiebig sind, um die Resonanzgeschwindigkeit des Systems im Vergleich mit der Arbeitsgeschwindigkeit klein zu machen.

Abb. 24 ist eine schematische Darstellung eines Schwingungsdämpfers für einen großen Einphasengenerator[1]. Um die Wirkungen des pulsierenden Torsionsmomentes zu reduzieren, sind zwischen dem Stator der Maschine und dem Fundament nachgiebige Federn eingebaut. Durch Benutzung besonderer Führungen ist die Möglichkeit seitlicher Verschiebung verhütet, und nur eine Drehung um den Punkt O bleibt möglich.

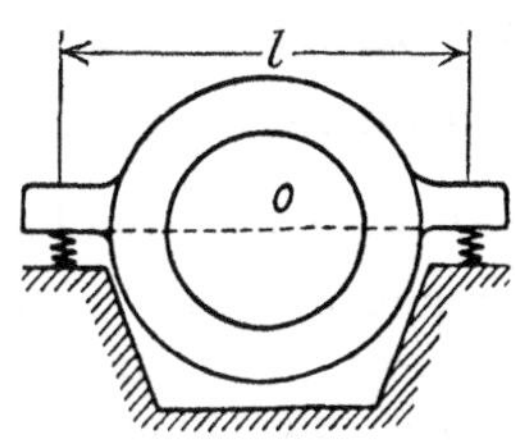

Abb. 24.

Sei

k das Torsionsmoment, das dazu erforderlich ist, den Stator um die Achse, die durch O hindurchgeht und auf der Zeichenebene senkrecht steht, um 1 Radian $\left(\frac{180^0}{\pi}\right)$ zu verdrehen,

I das Trägheitsmoment des Stators um dieselbe Achse,

φ der Drehwinkel des Stators bei der Schwingungsbewegung.

Die Differentialgleichung der vom Stator ausgeführten Schwingungsbewegung ist dann mit Gl. (10) identisch, und die Schwingungsperiode τ folgt aus (12). Unter Vernachlässigung der Dämpfung ergibt sich als Wirkung des Schwingungsdämpfers ein Reduktionsfaktor nach Gl. (20) von der Größe

$$\beta = \frac{1}{1 - \frac{\tau^2}{\tau_1^2}},$$

[1] Siehe C. R. Soderberg: Electr. J. **21**, 160 (1924).

worin τ_1 die Periode des auf den Stator wirkenden pulsierenden Torsionsmomentes ist. Wenn τ im Vergleich mit τ_1 groß ist, so wird durch die Federn nur ein kleiner Teil des Torsionsmomentes auf das Fundament übertragen.

Damit ist ein Schwingungsdämpfer mit Stahlfedern beschrieben. In manchen Fällen werden zur Verhütung von Schwingungsübertragungen auf Bauteile Dämpfer, bestehend in Polstern aus verschiedenartigen organischen Stoffen, wie Gummi, Kork usw., benutzt[1]. Es ist zu bemerken, daß solche Dämpfer gewöhnlich zu steif sind, um die Wirkung der Grundschwingung der Störungskraft wesentlich zu reduzieren, sie können jedoch sehr nützlich sein, wenn es sich um das Abdämpfen der höheren Harmonischen der Störungskräfte handelt. Ferner muß beachtet werden, daß sich die Eigenschaften dieser organischen Stoffe mit der Zeit gewöhnlich ändern. Dies ist der Grund dafür, daß in allen wichtigeren Fällen Dämpfer mit Stahlfedern zur Verwendung kommen; sie sind zuverlässiger.

b) Vibrographen. Wir behandeln nun als weiteres Beispiel den in Abb. 12 dargestellten Vibrographen, dessen Rahmen unter der Einwirkung einer einfachen harmonischen Schwingung steht. Sei x die von der Gleichgewichtslage aus gemessene Vertikalverschiebung des Gewichtes W und $x_1 = b \sin mt$ die einfache harmonische Bewegung des Vibrographenrahmens in vertikaler Richtung. Dann ist der Trägheitswiderstand der Last W gleich $-W\frac{\ddot{x}}{g}$, die Federkraft ist gleich $-k(x - x_1)\frac{a}{l}$ und die auf das Gewicht W wirkende Dämpfungskraft ist gleich $-c\dot{x}$. Unter Vernachlässigung der Masse des Hebels BD erhalten wir, indem wir das Moment aller Kräfte um das Messerende B bilden, die Gleichung

$$-\frac{W}{g}\ddot{x}\,l - c\,\dot{x}\,l - k(x - x_1)\frac{a^2}{l} = 0$$

oder

$$\ddot{x} + 2\,n\,\dot{x} + p^2 x = q \sin m\,t\,. \tag{a}$$

Hierin ist

$$\frac{c\,g}{W} = 2\,n\,; \qquad \frac{k\,g\,a^2}{W\,l^2} = p^2\,; \qquad \frac{k\,b\,g\,a^2}{W\,l^2} = q\,. \tag{b}$$

Die allgemeine Lösung der Gl. (a) wurde oben bereits angegeben, s. Gl. (31). Die entsprechenden erzwungenen Schwingungen sind nach Gl. (32) und (35) gegeben durch

$$x = \frac{b \sin(m\,t - \alpha)}{\sqrt{\left(1 - \frac{m^2}{p^2}\right)^2 + \frac{4\,m^2\,n^2}{p^4}}} = \beta\,b \sin(m\,t - \alpha)\,, \tag{c}$$

[1] Die Eigenschaften einiger dieser Materialien bespricht Berger in Gesdh.ing. **36**, 433 (1913). Siehe auch E. Slocum: Proc. Amer. Soc. C. E. V. **55**, 219 (1929).

worin β den Reduktionsfaktor bezeichnet. Gewöhnlich gibt die Aufzeichnungsvorrichtung die Verschiebung $x - x_1$ des Gewichtes W in bezug auf den Rahmen der Vorrichtung an. Unter Benutzung der Gl. (c) erhalten wir

$$\begin{aligned} x - x_1 &= b\{\beta \sin(mt - \alpha) - \sin mt\} \\ &= b\{(\beta\cos\alpha - 1)\sin mt - \beta\sin\alpha\cos mt\}. \end{aligned}$$

Dies stellt, s. Gl. (8), eine einfache harmonische Bewegung mit der Amplitude

$$A = b\sqrt{\beta^2 - 2\beta\cos\alpha + 1} \tag{d}$$

dar. Wie man sieht, ist die Aufzeichnungsskala nicht nur vom Reduktionsfaktor β abhängig, sondern auch von der Größe des Nacheilwinkels α. Falls die Dämpfung vernachlässigt werden darf, so ist $\alpha = 0$ oder $\alpha = \pi$, wie wir oben sahen, und die Gl. (d) ergibt

$$A = b(\beta \pm 1). \tag{d'}$$

Das Minuszeichen entspricht dem Fall $p > m$, wobei die Frequenz der Störungskraft kleiner ist als die der freien Schwingungen des Vibrographen. Das Pluszeichen entspricht dem Fall $p < m$. Die Größe der Amplitude kann in beiden Fällen der Abb. 8 entnommen werden, indem man die Horizontalachse versetzt, wie es die punktierte Linie anzeigt.

Substituiert man den Wert von β nach (c) in die Gl. (d'), so erhält man unter Vernachlässigung der Dämpfung

$$A = \frac{b}{\frac{p^2}{m^2} - 1}, \tag{d''}$$

worin das Vorzeichen für alle Werte von m gilt. Ist nun die Eigenschwingungsfrequenz p des Instrumentes gegenüber m gering, so finden wir

$$A \text{ annähernd gleich } -b.$$

Daher ist die Amplitude der Aufzeichnung gleich der Amplitude der auferlegten Bewegung. Wünschen wir also die Vorrichtung als **Vibrographen** zu benutzen (zur Aufzeichnung von **Bewegungen**), so müssen wir $p \ll m$ machen.

Im entgegengesetzten Falle, nämlich $p \gg m$, geht die Gl. (d'') über in

$$A = b\frac{m^2}{p^2},$$

und da die Größe p bei einem gegebenen Apparat konstant ist, so ist die aufgezeichnete Amplitude proportional bm^2. Die erzwungene Bewegung ist $b\sin mt$, ihre Beschleunigung ist $-bm^2\sin mt$, also auch proportional bm^2. Ein Apparat, für den $p \gg m$, kann daher als Beschleunigungsmesser verwendet werden.

In der Nähe der Resonanz ($p = m$) tritt eine scharfe Größenänderung des Nacheilwinkels α ein und der Faktor β wird in erheblichem Maße von dem Betrage der Dämpfung abhängig. Dies bedeutet, daß die Bestimmung der Amplitude A aus der Gl. (d) in der Nähe dieses Punktes unsicher wird, und die Angabe des Vibrographen kann in dieser Gegend nicht als zuverlässig gelten.

c) Das Sommerfeldsche Experiment[1]. Dieses Experiment zeigt sehr deutlich, was für eine Menge Energie durch das Fundament zerstreut und absorbiert werden kann, wenn die Maschine im Resonanzgebiete arbeitet. Bei seinen Versuchen benutzte Sommerfeld einen kleinen, an einer Tischplatte befestigten Motor. Dieser trug an seiner Achse ein exzentrisch befestigtes Gewicht, so daß durch die Drehbewegung eine auf den Tisch einwirkende Störungskraft erzeugt wurde. Durch allmähliche Steigerung der Motorgeschwindigkeit ließ es sich leicht feststellen, daß bei 310 Umdrehungen pro Minute die Tischplatte eine heftige Schwingungsbewegung in horizontaler Richtung ausführte. Dies bedeutete offenbar die Resonanz des Systems, bestehend aus Tischplatte und Tischbeinen. Bei dieser Schwingungsbewegung verhielt sich die Tischplatte wie ein starrer Körper, und die Horizontalbewegung entstand nur durch Biegung der Tischbeine. Nach Erreichung eines solchen Resonanzzustandes ist es durch allmähliche Steigerung der Voltzahl des Motors möglich, klar zu zeigen, daß der Motor die Tendenz hat, bei konstanter Tourenzahl des Resonanzzustandes weiterzulaufen, im vorliegenden Falle also bei 310 Touren pro Minute, und daß die überschüssige Energie nur ein weiteres Anwachsen der erzwungenen Schwingungen, die im Fundament absorbiert werden, verursacht (s. Abb. 25). Nur nach einer erheblichen Steigerung der Voltzahl am Motor ist dieser einer Geschwindigkeitssteigerung über die kritische Tourenzahl hinaus fähig, worauf die erzwungenen Schwingungen schnell abklingen.

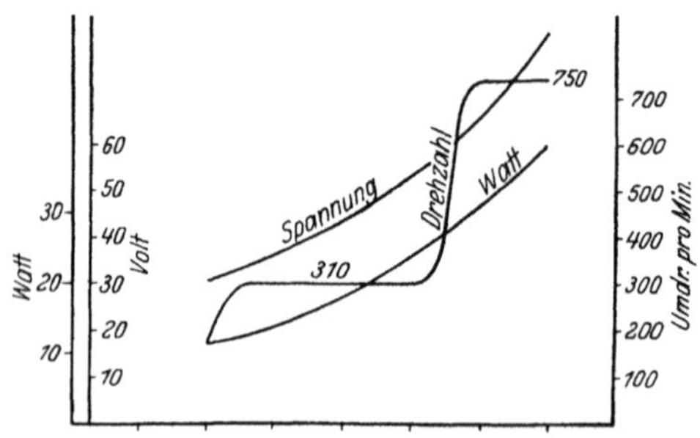

Abb. 25.

Eine zweite kritische Geschwindigkeit wurde beim Sommerfeldschen Versuch bei einer Tourenzahl von 750 Umdrehungen pro Minute beobachtet. Bei dieser Geschwindigkeit traten Querschwingungen

[1] Sommerfeld, A.: Z. V. d. I. **1904**.

des Tischrandes resonanzartig in Erscheinung und es entstanden in der Tischplatte heftige Biegungsschwingungen. Wieder ergab sich ein Zustand, bei dem das Fundament einen erheblichen Energiebetrag absorbierte, der dazu diente, die erzwungenen Schwingungen des Systems aufrechtzuerhalten[1].

Es ist interessant, daß, wenn sich das oben beschriebene System im Resonanzzustand befindet und ein großer Energiebetrag auf das Fundament übertragen wird, beim Motor eine plötzliche Geschwindigkeitssteigerung ohne Änderung der Voltzahl erreicht werden kann, wenn man in irgendeiner Art die schweren erzwungenen Schwingungen des Fundamentes unterdrückt. Der Verfasser führte diesen Versuch unter Benutzung eines kleinen, an einem biegsamen Stahlbalken befestigten, doppelt gelagerten Motors aus. Beim Eintritt des Systems in das Resonanzgebiet ergaben sich starke Querschwingungen des balkenförmigen Körpers. Durch einen von der Hand ausgeübten Druck auf den Balken wurden diese Schwingungen zum Verschwinden gebracht, und es ließ sich beim Motor ein plötzlicher Geschwindigkeitszuwachs nachweisen.

Es muß hier bemerkt werden, daß das Problem der erzwungenen Fundamentschwingungen von großer praktischer Bedeutung ist und mit dem Wachstum der Turbogeneratoreinheiten von großer Kapazität immer aktueller wird[2]. Im allgemeinen ist dieses Problem erheblich komplizierter, als man auf Grund obiger Darstellung annehmen könnte; einige weitere Gesichtspunkte werden wir bei der Betrachtung von Systemen mit mehreren Freiheitsgraden besprechen.

9. Schwingungen mit Dämpfung durch trockene Reibung.

Ein Beispiel konstanter Dämpfung bietet die Behandlung des in Abb. 26 dargestellten Systems. Wird bei diesem das Gewicht W nach rechts in eine Extremlage $x = x_0$ gebracht und losgelassen, so beginnt eine Bewegung nach links. Während dieser Bewegung steht die Last unter der Einwirkung folgender Kräfte: 1. Spannkraft der Feder gleich kx, wenn man mit x den Abstand von der dem ungespannten Zustand der Feder entsprechenden Lage des Gewichtes bezeichnet;

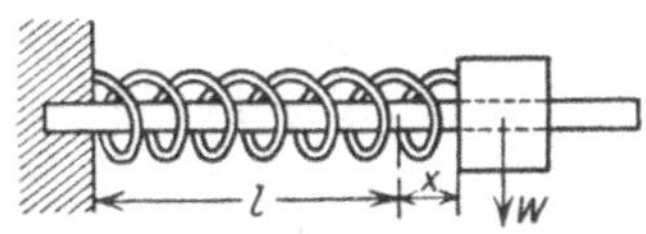

Abb. 26.

2. Trägheitswiderstand $-\frac{W\ddot{x}}{g}$ und 3. konstante Reibung R zwischen

[1] Vgl. hierzu die obige Betrachtung S. 33 u. S. 34.

[2] Siehe Maschinen- und Fundamentenschwingungen. Veröff. Ver.igg. d. Elektrizitätswerke, E. V. Berlin 1929. Siehe auch W. Prager: Z. techn. Phys. 9, 222 (1928).

der Last und der darin gleitenden Stange, in der der Bewegung entgegengesetzten Richtung wirkend. Die Bewegungsgleichung lautet:

$$-kx - \frac{W}{g}\ddot{x} + R = 0 \tag{a}$$

oder

$$\ddot{x} + p^2(x - a) = 0. \tag{39}$$

Hierin ist, wie früher,

$$p = \sqrt{\frac{kg}{W}}$$

und

$$a = \frac{R}{k}. \tag{40}$$

Diese Größe hat eine einfache physikalische Bedeutung; sie stellt die Federausdehnung dar, die hervorgerufen wird durch eine Kraft, die der Größe nach der Reibung R gleich ist. Macht man $x_1 = x - a$, so geht die Gl. (39) über in

$$\ddot{x}_1 + p^2 x_1 = 0.$$

Diese Gleichung ist mit der oben behandelten Gl. (2) vollkommen identisch, und daher gelten folgende Schlüsse:

1. Eine konstante Reibung ändert nicht die Schwingungsperiode.

2. Die Mittellage, um die sich die einfach-harmonische Schwingung abspielt, ist im Sinne der Kraft R um die Strecke a nach Gl. (40) verschoben. Infolgedessen ist die linke Extremlage der Last nur um die Strecke $x_0 - 2a$ von der Lage entfernt, die dem ungespannten Zustand der Feder entspricht. Dies bedeutet, daß eine konstante Dämpfung während des halben Zyklus eine Amplitudenverkleinerung vom Betrage $2a$ verursacht.

Betrachtet man nun die Bewegung von der linken Extremlage aus nach rechts, so ergibt sich aus einer analogen Überlegung, daß während der zweiten Hälfte des Zyklus eine weitere Verminderung der Amplitude um die Größe $2a$ eintritt. Man sieht also, daß im vorliegenden Falle die Amplitude in arithmetischer Progression abnimmt. Die Last W bleibt in einer ihrer Extremlagen stehen, sobald die Amplitude kleiner als a geworden ist. Es ist klar, daß die Reibung in dieser Extremlage hinreicht, um die Spannkraft der Feder auszugleichen.

Wenn auf die Masse der Abb. 26 eine periodische Störungskraft $Q\cos(mt + \alpha)$ einwirkt, so entsteht schließlich ein stationärer periodischer Bewegungszustand[1]. Die Bewegungsgleichung lautet für diesen Fall:

$$\ddot{x} + p^2(x \pm a) = q\cos(mt + \alpha), \tag{b}$$

[1] Dieses Problem findet eine ausführliche Behandlung in der Doktorarbeit von J. P. Den Hartog: Universität Pittsburgh **1929**. S. auch Phil. Mag. **1930**.

worin das Pluszeichen gilt, wenn die Masse in der positiven x-Richtung fortschreitet ($\dot{x} > 0$), bzw. das Minuszeichen, wenn sie sich in der negativen x-Richtung bewegt ($\dot{x} < 0$), während q durch Gl. (a) des § 7 definiert ist.

Betrachten wir nun eine halbe Periode des stationären Bewegungszustandes, und zwar diejenige, für die $\dot{x} < 0$ ist. Wird die Differentialgleichung (b) mit dem Minuszeichen genommen, so lautet die allgemeine Lösung:

$$x = C_1 \sin pt + C_2 \cos pt + \frac{q}{p^2 - m^2} \cos(mt + \alpha) + a\,. \tag{c}$$

Der „stationäre" Schwingungszustand ist dadurch definiert, daß die Amplituden am Anfang und am Ende einer halben Periode, abgesehen vom Vorzeichen, dieselben sind. Hieraus ergeben sich die folgenden vier Randbedingungen:

$$\left.\begin{aligned} &\text{für } t = 0 \quad \text{ist } x = x_{\max} \quad &\dot{x} = 0\,, \\ &\text{für } t = \frac{\pi}{m} \quad \text{ist } x = -x_{\max} \quad &\dot{x} = 0\,. \end{aligned}\right\} \tag{d}$$

Hierin ist $x_{\max}$ noch unbekannt. Die Gln. (c) und (d) bestimmen die Bewegung für die Dauer einer halben Periode, wenn zusätzlich vorausgesetzt wird, daß während dieser halben Periode die Geschwindigkeit $\dot{x}$ niemals größer ist als Null[1].

Die vier Bedingungen (d) lassen sich erfüllen, indem man den vier Parametern $C_1, C_2, x_{\max}$ und α geeignete Werte erteilt. Ermittelt man zuerst C_1 und C_2 aus (c) mit Hilfe der dem Zeitpunkt $t = 0$ entsprechenden zwei Bedingungen, so ergibt sich

$$\begin{aligned} x &= x_{\max} \cos pt + a(1 - \cos pt) \\ &+ \frac{q}{p^2 - m^2}\left[\cos\alpha(\cos mt - \cos pt) + \sin\alpha\left(\frac{m}{p}\sin pt - \sin mt\right)\right]. \end{aligned} \tag{e}$$

Substituiert man (e) in die zwei Bedingungen (d) für $t = \frac{\pi}{m}$, so ergeben sich zwei Gleichungen für $x_{\max}$ und α, deren Lösung

$$x_{\max} = \frac{q}{p^2}\sqrt{\left(\frac{p^2}{p^2 - m^2}\right)^2 - \left(\frac{a p^2}{q}\right)^2 \left[\frac{\frac{p}{m}\sin\frac{p\pi}{m}}{1 + \cos\frac{p\pi}{m}}\right]^2}\,, \tag{f}$$

$$\cos\alpha = \frac{x_{\max}}{q}\cdot(p^2 - m^2) \tag{g}$$

lautet.

[1] Eine ausführliche Behandlung dieses Gegenstandes findet sich in der Dissertation von J. P. Den Hartog.

Zur Formel (f) für die Schwingungsamplitude ist daran zu erinnern, daß $\frac{q}{p^2}$ die „statische Amplitude“ ist, s. Gl. (a) des § 3. Daher stellt das Quadrat in (f) einen **Verstärkungsfaktor** im gleichen Sinne dar, wie der Ausdruck (20) in § 3. Die Quadratwurzel enthält zwei Glieder. Das zweite Glied ist proportional der Größe $\left(\frac{a p^2}{q}\right)^2$, und diese ist das Quadrat des Verhältnisses der Reibungskraft zur aufgezwungenen Kraft, $\left(\frac{R}{Q}\right)^2$. Wenn die Reibung R gleich Null ist, so bleibt nur das erste Glied übrig, und der Ausdruck ist dann identisch mit dem letzten Glied der Gl. (19) des § 3, d. h. wir erhalten erzwungene Schwingungen ohne Dämpfung.

Im Falle der Resonanz, $p = m$, werden beide Glieder unter der Quadratwurzel unendlich groß, und der Ausdruck wird unbestimmt. Berechnet man seinen wahren Wert in üblicher Weise, so findet man, daß für Werte der Reibung, die durch $\frac{R}{Q} < \frac{\pi}{4}$ gekennzeichnet sind, die Amplitude $x_{\max}$ unendlich groß wird.

Die Formeln (f) und (g) gelten nur dann, wenn die Voraussetzung erfüllt ist, daß die Geschwindigkeit $\dot{x} < 0$ während einer halben Periode.

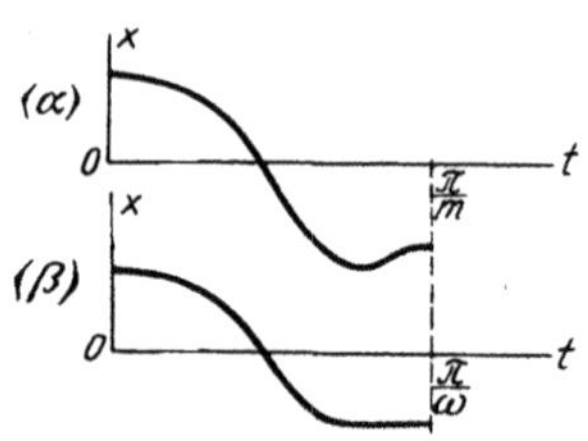

Abb. 27.

In der Lösung (f), (g) sind auch Fälle enthalten, ähnlich dem durch Abb. 27α veranschaulichten, in denen die Differentialgleichung (b) und die Randbedingung (d) erfüllt sind. Es ist zu bemerken, daß solche Fälle physikalisch unmöglich sind. Was in einem solchen Falle in Wirklichkeit stattfindet, zeigt die Abb. 27β. Der Vorgang besteht in einer Periode der Bewegung und einer Periode des Haltens. In diesem Falle kann man für die Maximalamplituden keine explizite Formel wie die Gl. (c) angeben, aber man kann sie indirekt berechnen[1].

Abb. 28 zeigt die Ergebnisse in Gestalt eines Diagrammes, in dem die Verstärkungsfaktoren gegenüber den Frequenzen für verschiedene Werte von $\frac{R}{Q}$ aufgezeichnet sind. Oberhalb der gestrichelten Linie tritt stetige Bewegung ein, wie durch die Formel (f) beschrieben, während unterhalb der gestrichelten Linie die Bewegung den in Abb. 27β dargestellten Typus hat. Abb. 29 ist ein Diagramm der Phasenwinkel. Im Resonanzfalle tritt eine scharfe Änderung in der Größe des Winkels α ein.

---

[1] Erzwungene Schwingungen mit kombinierter Coulombscher und Zähigkeitsdämpfung. Ber. d. 3. Internat. Kongresses f. ang. Mech. Stockholm **1930**.

Für ein System mit kombinierter Zähigkeits- und Coulombscher Dämpfung lautet die Gleichung der erzwungenen Schwingungen

$$\ddot{x} + p^2 (x \pm a) + 2n\dot{x} = q\cos(mt + \alpha);$$

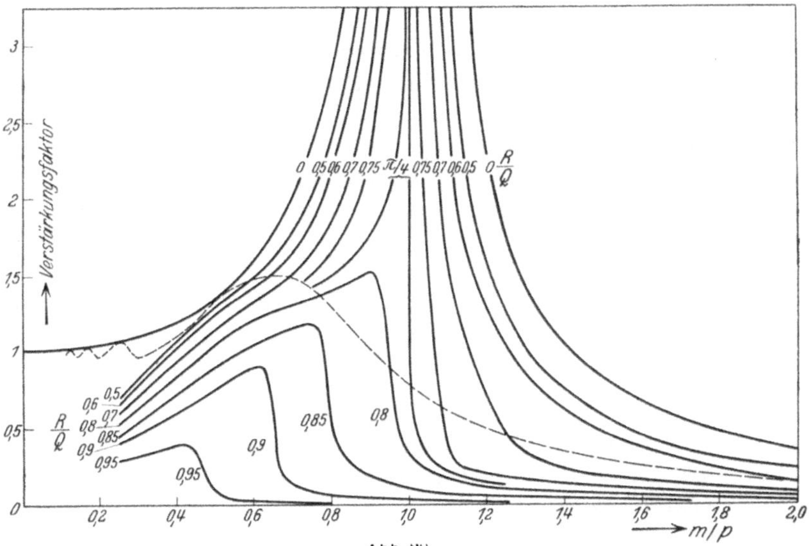

Abb. 28.

sie wurde mit Hilfe genau des gleichen Verfahrens ebenfalls exakt gelöst[1].

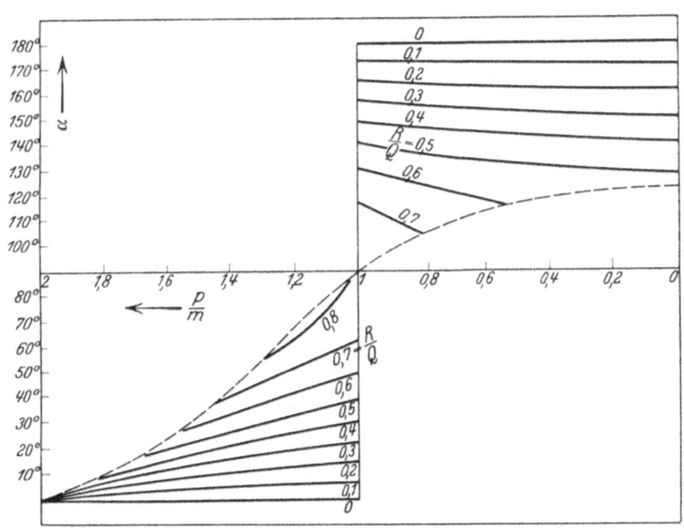

Abb. 29.

[1] Siehe die Stockholmer Berichte, Arbeit von J. P. Den Hartog.

Eine wertvolle Näherungslösung hat L. S. Jacobsen entwickelt[1]. Sie ist nicht nur auf Systeme mit Coulombscher Dämpfung, sondern auch auf Systeme mit anderen komplizierteren Dämpfungsarten anwendbar. Bei dieser Näherungslösung ist die wirkliche Dämpfung durch eine äquivalente, mit der Geschwindigkeit proportional wachsende Dämpfung ersetzt, deren Größe dadurch bestimmt ist, daß die Energie zerstreuende Arbeit während einer Periode die gleiche Größe hat, gleichviel ob sie von der wirklichen Reibungskraft oder von der äquivalenten Dämpfungskraft geleistet wird. Eine weitere Voraussetzung bei der Anwendung der Näherungslösung ist die, daß die Bewegung während einer stationären erzwungenen Schwingung eine einfache harmonische Bewegung ist. Sei

$$x = C \sin m t \tag{h}$$

die durch eine Störungskraft von der Größe $Q \sin (mt + \alpha)$ hervorgerufene stationäre erzwungene Schwingung. Bezeichnet man mit R die konstante Reibungskraft und mit $\frac{2nW}{g} \cdot \frac{dx}{dt}$ die der Geschwindigkeit proportionale äquivalente Dämpfungskraft [s. Gl. (26)], so ist die von der Kraft R während einer halben Periode geleistete Arbeit gleich $-2RC$; dagegen ist die Arbeit der der Geschwindigkeit proportionalen Dämpfungskraft gleich

$$-\int_0^{\frac{\pi}{m}} \frac{2nW}{g} \left(\frac{dx}{dt}\right)^2 dt = -\frac{2nW}{g} C^2 \frac{m\pi}{2}. \tag{k}$$

Da die beiden energiezerstreuenden Arbeiten einander gleich sein sollen, so folgt

$$2\frac{nW}{g} C^2 \frac{m\pi}{2} = 2RC,$$

also ist die äquivalente Dämpfung gleich

$$\frac{2nW}{g} = \frac{4R}{m\pi C}. \tag{l}$$

Jetzt läßt sich die Amplitude C der erzwungenen Schwingung aus der Gl. (33) bestimmen. Substituiert man in diese Gleichung den Wert (l) der äquivalenten Dämpfung, so erhält man nach Quadrieren und Umordnen

$$C^2 (p^2 - m^2)^2 + \frac{16}{\pi^2}\left(\frac{Rg}{W}\right)^2 = q$$

und hieraus folgt

$$C = \frac{q}{p^2} \frac{\sqrt{1 - \frac{16}{\pi^2}\left(\frac{R}{Q}\right)^2}}{1 - \frac{m^2}{p^2}}. \tag{m}$$

[1] L. S. Jacobsen. Siehe Trans. Amer. Soc. Mech. Eng., Appl. Mech. Div. **1930**.

Der zweite Faktor der rechten Seite der Gleichung stellt den Verstärkungsfaktor für den Fall einer konstanten Reibung dar. Substituiert man den Koeffizienten (l) der äquivalenten Dämpfung in die Gl. (34) für die Phasendifferenz, so ergibt sich unter Benutzung der Gl. (m)

$$\operatorname{tg}\alpha = \frac{4R}{\pi Q}\,\frac{1}{\sqrt{1-\frac{16}{\pi^2}\left(\frac{R}{Q}\right)^2}}. \tag{n}$$

Die Näherungsgleichungen (m) und (n) stimmen mit den Ergebnissen der durchgeführten Versuche gut überein[1]. Man kann sie für die Amplitudenberechnung bei erzwungenen Schwingungen benutzen, wenn die tatsächliche stationäre Bewegung ohne wesentlichen Fehler als einfache harmonische Bewegung betrachtet werden kann.

Aufgaben.

1. Zur Bestimmung des Coulombschen Reibungskoeffizienten verwendet man die in Abb. 30 angegebene Anordnung. In den Berührungspunkten m und n üben die rotierenden Scheiben auf den prismatischen Stab AB Reibungskräfte R_1 und R_2 aus, die dem Reibungskoeffizienten und den Normaldrucken in m und n proportional sind. Beweise, daß die Resultierende dieser beiden Kräfte proportional ist der Verschiebung x des Stabes aus der Mittellage und der Stab harmonische Oszillationen ausführt. Bestimme den Reibungskoeffizienten aus der Periode dieser Oszillation.

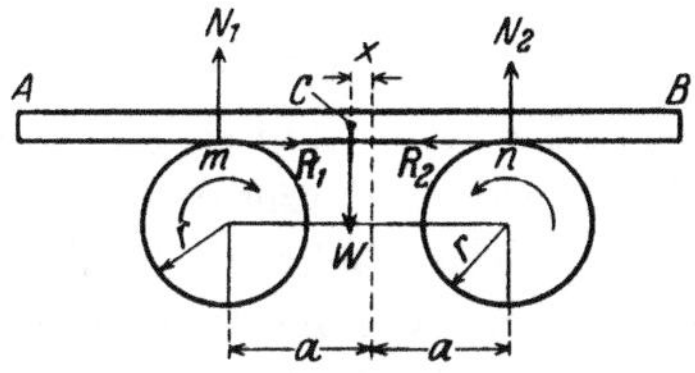

Abb. 30.

Lösung: Bezeichnet man mit W das Gewicht des Stabes und mit $2a$ den Abstand zwischen den beiden Scheibenmittelpunkten, so sind die Drucke in m und n

$$N_1 = W\,\frac{a+x}{2a},$$

$$N_2 = W\,\frac{a-x}{2a}.$$

Ist α der Reibungskoeffizient, so erhalten wir

$$R_1 - R_2 = \alpha\,(N_1 - N_2) = \frac{\alpha W x}{a}.$$

Diese Kraft ist der Größe x proportional, und die resultierende Bewegung ist eine einfach-harmonische Oszillation. Setzt man $\frac{\alpha W}{a}$ an Stelle von k in Gl. (3), so ergibt sich

$$\tau = \frac{2\pi}{p} = 2\pi\sqrt{\frac{W}{kg}} = 2\pi\sqrt{\frac{a}{\alpha g}}$$

[1] Siehe den Aufsatz von L. S. Jacobsen.

und daraus folgt

$$\alpha = \frac{4\pi^2 a}{\tau^2 g}.$$

2. Bestimme den Reibungskoeffizienten in der durch Abb. 26 gegebenen Anordnung, wenn die statische Durchbiegung der Feder unter der axialen Last W gleich 0,25 cm ist und die Schwingungsamplitude nach 10 vollständigen Perioden 0,90 der ursprünglichen Amplitude $x_0 = 25$ cm ist.

Lösung: Bei einer Periode nimmt die Amplitude um $\frac{4R}{k}$ ab. Die Gleichung zur Bestimmung des Reibungskoeffizienten ist

$$10 \cdot \frac{4R}{k} = 0{,}1\, x_0$$

oder

$$10 \cdot \frac{4\alpha W}{10\, W} = 1\,;$$

daraus ergibt sich

$$\alpha = \frac{1}{4}.$$

10. Ausgleich rotierender Maschinen.

Eine der wichtigsten Anwendungen der Theorie der Schwingungen liegt in der Lösung des Problems des Ausgleichs rotierender Maschinenteile. Es ist bekannt, daß ein rotierender Körper auf die Lagerungen keinerlei variable Störungswirkungen ausübt, wenn die Drehachse mit einer der Hauptträgheitsachsen des Körpers zusammenfällt. Diese Bedingung im praktischen Betrieb genau zu verwirklichen, bietet Schwierigkeiten, weil die stets vorhandenen Unvollkommenheiten der geometrischen Gestaltung und die unvollständige Homogenität des Materials gewisse Unregelmäßigkeiten der Massenverteilung unvermeidlich machen. Aus diesen variablen Störungen ergeben sich Kräfte, die Schwingungen verursachen. Um derartige Schwingungen von den Maschinen fernzuhalten und die Voraussetzungen für den ruhigen Lauf zu erfüllen, muß man für den Ausgleich sorgen. Dieser ist besonders bei schnellaufenden Maschinen wichtig. Denn bei solchen genügt schon die leichteste Unbalanz, um sehr große Störungskräfte hervorzurufen. Beispielsweise verursacht eine Unbalanz von 0,5 kg in einer Entfernung von 75 cm von der Drehachse bei einer Tourenzahl gleich 1800 pro Minute eine Störungskraft gleich 1350 kg.

Die verschiedenen Arten von Unbalanz wollen wir nun an dem in Abb. 31a dargestellten Rotor eingehend erklären[1]. Denken wir uns den

[1] Der rotierende Teil wird als ein absolut starrer Körper betrachtet und die von seinen elastischen Durchbiegungen herrührenden Schwingungen werden vernachlässigt. Siehe Maschinen- und Fundamentenschwingungen. Veröff. Ver.igg. d. Elektrizitätswerke, E. V. Berlin 1929. Siehe auch W. Prager: Z. techn. Phys. 9, 222 (1928).

rotierenden Körper durch einen Querschnitt mn in zwei Teile geteilt, so sind folgende drei typische Fälle der Unbalanz möglich:

1. Die Schwerpunkte beider Teile mögen in der gleichen Axialebene und auf der gleichen Seite der Drehachse liegen, wie in Abb. 31b angedeutet. Dann liegt der Schwerpunkt C des Gesamtkörpers in der gleichen Ebene in einem gewissen Abstand von der Drehachse. Dies entspricht dem Fall der „statischen Unbalanz", so genannt, weil durch statischen Versuch feststellbar. Experimentell geschieht der statische Ausgleich in der Weise, daß der rotierende Teil mit seinen beiden Zapfenenden auf ein Paar absolut horizontaler paralleler Schienen gelegt wird. Liegt der Schwerpunkt des Gesamtkörpers in der Drehachse (Abb. 31c), so ist der betreffende rotierende Teil in jeder Lage statisch im Gleichgewicht; liegt der Schwerpunkt etwas außerhalb

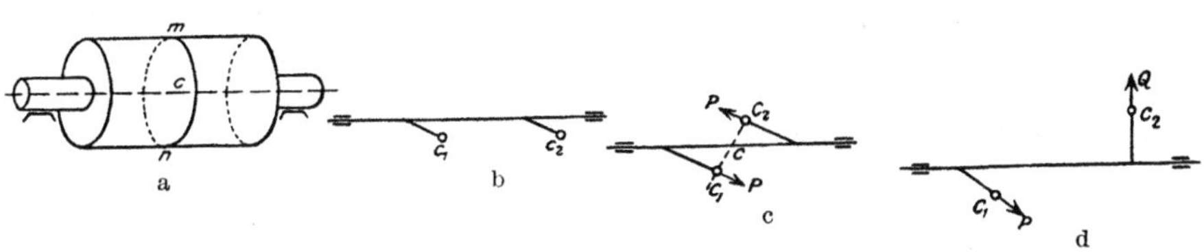

Abb. 31.

der Drehachse, wie es Abb. 31b veranschaulicht, so wird der Teil auf den Schienen so lange rollen, bis der Schwerpunkt seine tiefste Lage erreicht hat.

2. Die Schwerpunkte der beiden Teile mögen in einer und derselben Axialebene, aber auf verschiedenen Seiten der Drehachse liegen, wie in Abb. 31c dargestellt, und zwar nehmen wir an, daß die beiden Teilschwerpunkte derartige Radialabstände von der Drehachse haben, daß der Schwerpunkt C des Gesamtkörpers genau in der Drehachse liegt. In diesem Falle ist der Körper wohl statisch ausgeglichen, doch wird er bei der Drehbewegung unter der Einwirkung eines durch die Fliehkräfte P gebildeten störenden Kräftepaares stehen. Dieses Kräftepaar rotiert zusammen mit dem Körper und ruft im Fundament Schwingungen hervor. Damit ist die „dynamische Unbalanz" beschrieben.

3. Im allgemeinsten Falle werden die Schwerpunkte C_1 und C_2 in verschiedenen Axialebenen liegen, so daß sich bei der Drehbewegung ein System aus zwei Kräften bildet, nämlich die auf den Körper einwirkenden Fliehkräfte P und Q nach Abb. 31d. Dieses Kräftesystem kann stets reduziert werden auf ein in einer Axialebene wirkendes Kräftepaar und eine Radialkraft, d. h. statische und dynamische Unbalanz treten zusammen auf.

Es ist leicht zu sehen, daß in allen Fällen ein vollständiger Ausgleich erreichbar ist, indem man am rotierenden Teil Gewichte in zwei beliebig gewählten Querschnittsebenen befestigt. Betrachten wir z. B. den in Abb. 32 dargestellten Fall. Infolge der Unbalanz steht der Körper bei der Drehbewegung unter der Einwirkung zweier Zentrifugalkräfte P und Q. Nehmen wir an, daß die zum Ausgleich erforderlichen Gewichte in den Querschnittsebenen I und II angebracht werden müssen. Die Zentrifugalkraft P kann durch zwei Kräfte P_1 und P_2 ausgeglichen werden, die mit P in einer und derselben Axialebene liegen. Die Größe dieser Kräfte ist bestimmt durch die folgenden statischen Gleichungen:

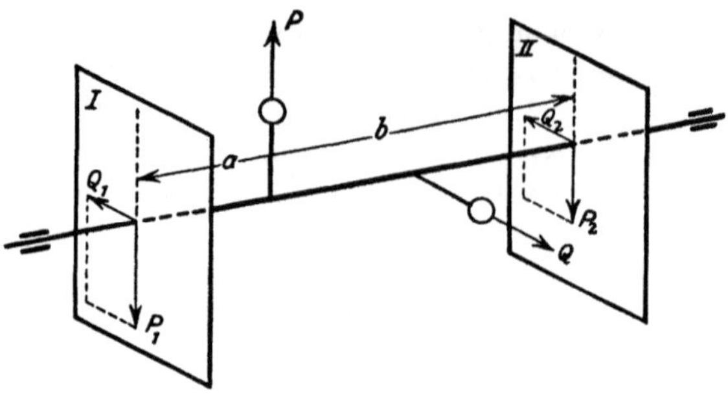

Abb. 32.

$$P_1 + P_2 = P,$$
$$P_1 a = P_2 b.$$

In der gleichen Weise kann auch die Kraft Q durch zwei Kräfte Q_1 und Q_2 ausgeglichen werden. Die Resultierende von P_1 und Q_1 in der Ebene I, sowie die Resultierende von P_2 und Q_2 in der Ebene II bestimmen dann nach Größe und Lage die Korrektionsgewichte, die zum vollständigen Ausgleich des Körpers erforderlich sind.

Aus dieser Überlegung folgt, daß der Ausgleich ohne Schwierigkeiten durchführbar ist, wenn Lage und Größe der Unbalanz bekannt sind. Zur Ermittelung dieser Unbalanz benutzt man Auswuchtmaschinen verschiedener Art; im nachstehenden sollen die Hauptbauarten dieser Maschinen besprochen werden.

11. Auswuchtmaschinen.

Eine Auswuchtmaschine stellt gewöhnlich eine Vorrichtung dar, in der die Wirkungen irgendeiner Unbalanz in dem zu untersuchenden rotierenden Teil durch Resonanz verstärkt werden. Die Auswuchtmaschinen werden in drei Hauptbauarten ausgeführt: 1. Maschinen wie die von Lawaczeck-Heymann und die von Westinghouse, in denen der Rotor auf zwei unabhängigen Fußgestellen ruht; 2. Maschinen, in denen der Rotor auf einem Vibrationstisch mit unbeweglichem Stützpunkt ruht; 3. Ausgleichsmaschinen mit beweglichem Stützpunkt.

Die Maschine von Lawaczeck-Heymann besteht hauptsächlich aus zwei voneinander unabhängigen Fußgestellen. Die zwei Lager, in denen der Körper rotiert, sind an Federn befestigt, die die Schwingungen der Körperenden in der horizontalen Axialebene aufnehmen. Eins von den Lagern ist blockiert, während die Auswuchtung am anderen Ende erfolgt (s. Abb. 33). Irgendeine Unbalanz erzeugt im Körper Schwingungen um das verriegelte Lager als Fixpunkt. Um diese Schwingungen in verstärkter Gestalt zu ermitteln, sind alle Aufzeichnungen im Resonanzgebiet vorzunehmen. Durch einen besonderen Motor wird der auszuwuchtende Teil auf eine Geschwindigkeit gebracht, die oberhalb der kritischen Geschwindigkeit liegt, worauf die Motorkraft ausgeschaltet wird. Infolge der Reibung nimmt die Drehgeschwindigkeit des Körpers allmählich ab und er geht durch seine kritische Geschwindigkeit hindurch, wobei eine etwa vorhandene Unbalanz erzwungene Schwingungen des unverriegelten Lagers am untersuchten Körper hervorruft. Der Auswuchtungsvorgang besteht dann darin, daß die Schwingungen durch Befestigung passender Korrektionsgewichte zum Verschwinden gebracht werden. Für die Unterbringung solcher Gewichte eignen sich am besten die ebenen Stirnflächen des rotierenden Körpers, wo gewöhnlich Löcher längs des Umfangs zur Aufnahme dieser Gewichte vorgesehen sind. Durch eine solche Anordnung erreicht man das Höchstmaß des Abstandes zwischen den Korrektionsgewichten; damit ist die Größe dieser Gewichte auf ein Minimum gebracht. Ist die Ebene zur Unterbringung der Korrektionsgewichte gewählt, so bleiben noch zwei Fragen zu beantworten: 1. wo ist das Korrektionsgewicht unterzubringen, 2. wie groß ist es zu machen. Diese beiden Fragen können auf experimentellem Wege gelöst werden. Um den Unterbringungsort zu bestimmen, muß man ein willkürliches Korrektionsgewicht in der Auswuchtebene anbringen und einige Umdrehungen mit dem Gewicht in verschiedenen Lagen auf dem Umfange des Körpers ausführen. Auf diese Weise kann man eine Kurve erhalten, die die Veränderlichkeit der Schwingungsamplitude mit dem Polarwinkel, unter dem das Gewicht am Querschnittsumfang angebracht ist, darstellt. Die Minimalamplitude gibt dann den richtigen Unterbringungsort für das Korrektionsgewicht an. In der gleichen Weise kann man durch allmähliche Änderung der Größe der Gewichte die richtige Größe des Korrektionsgewichtes feststellen.

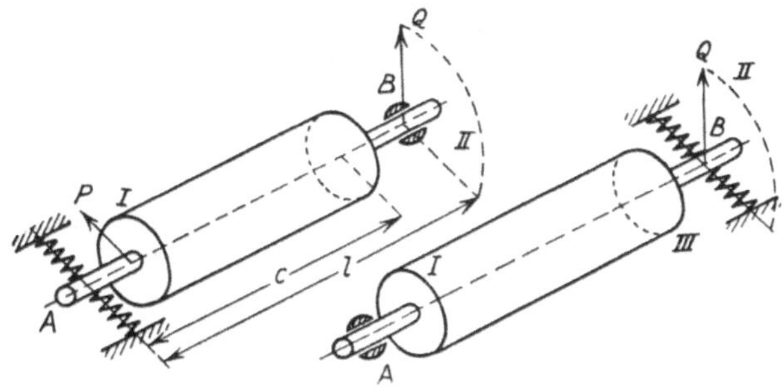

Abb. 33.

Um das Verfahren zur Bestimmung des Unterbringungsortes für das Korrektionsgewicht zu vereinfachen, empfiehlt es sich, den Körper anzuzeichnen oder die Schwingungen des Körperendes aufzunehmen. Zum Anzeichnen des rotierenden Körpers wird in der Lawaczeck-Maschine ein Spezialindikator nach Abb. 34 verwendet. Während der Schwingungsbewegung preßt sich der rotierende Körper gegen einen passend angebrachten Schreibstift an und drückt ihn in eine Lage zurück, die der Maximalverschiebung am Ende des untersuchten Körpers entspricht, derart, daß das Ende der markierenden Linie auf der Oberfläche des Körpers dessen Drehwinkel im Augenblick der maximalen Durchbiegung angibt. Nimmt man an, daß bei der Resonanz der Nacheilwinkel der erzwungenen Schwingungen gleich $\frac{\pi}{2}$ ist, so befindet sich die Störungsquelle in einem in der Drehrichtung gemessenen Abstand von 90^0 von der Stelle, wo der markierende Strich aufhört. Jetzt kann die richtige Stelle für die Unterbringung des Korrektionsgewichtes leicht ermittelt werden. Infolge der Tatsache, daß der Nacheilwinkel in der Nähe der Resonanz mit der Geschwindigkeit stark variiert und auch von der Dämpfung abhängt (s. Abb. 20), sind gewöhnlich zwei Versuche erforderlich, um den Ort der Unbalanz genau zu bestimmen. Man lasse den untersuchten Körper abwechselnd in einander entgegengesetzten Richtungen laufen und markiere den Körper wie oben angegeben; dann bestimmt der Mittelstrich zwischen den beiden bezeichneten Marken die Axialebene, in der die Korrektionsgewichte anzubringen sind.

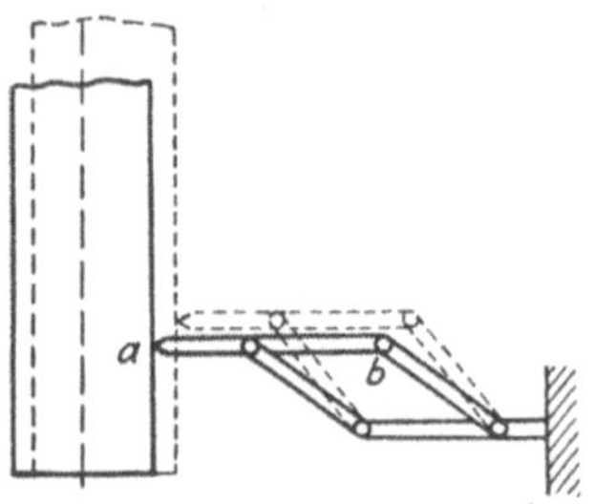

Abb. 34.

Die Ortsbestimmung der Unbalanz aus der Schwingungsaufzeichnung an der Oberfläche des Körperzapfens geschieht in der Lawaczeck-Maschine mit Hilfe eines besonderen Apparates zum Registrieren von Schwingungsbewegungen. Der Papierstreifen zur Aufnahme der Aufzeichnung ist an der Stirnfläche der zu untersuchenden Welle befestigt und rotiert zusammen mit dieser. Der Schreibstift des Indikators führt Verschiebungen aus, die nichts anderes sind als die verstärkten seitlichen Verschiebungen der Welle gegenüber dem unbeweglichen Fußgestell der Maschine. In dieser Weise erhält man eine Art Polardiagramm der seitlichen Schwingungen des Körpers, aufgetragen auf einen mit dem Körperende verbundenen mitrotierenden Papierstreifen. Läßt man nun den Körper in den zwei einander entgegengesetzten Richtungen laufen, so erhält man auf dem rotierenden Streifen zwei Diagramme. Die Symmetrieachse des Diagrammpaares gibt die Ebene an, in der das Korrektionsgewicht angebracht werden muß[1].

Wir beschreiben nun das Verfahren zum Auswuchten eines Rotors *AB* nach Abb. 33. Zuerst nehmen wir an, daß das Lager *B* verriegelt ist, während das Ende *A* des Rotors in einer horizontalen Axialebene frei schwingt. Es wurde oben gezeigt (s. § 10), daß die Unbalanz im allgemeinsten Falle durch zwei Zentrifugalkräfte ersetzt werden kann, die je in einer willkürlich gewählten Ebene senkrecht zur Rotorachse wirken. Die Kraft P in der Ebene I (s. Abb. 33a) und die Kraft Q in der Ebene II durch den Mittelpunkt des verriegelten Lagers B mögen zusammen die Unbalanz im Rotor zum Ausdruck bringen. Im bezeichneten Falle wird nur die Kraft P allein Schwingungen erzeugen. Durch Anwendung des oben beschriebenen Verfahrens kann man die Kraft P ermitteln und die Schwingungen durch passende Wahl der Korrektionsgewichte zum Verschwinden bringen. Um die Kraft Q auszugleichen, muß man das Lager A verriegeln und das Lager B frei schwingen lassen (s. Abb. 33b). Nach Wahl der Ebene III für die Unterbringung des Korrektionsgewichtes kann man mittels des oben dargelegten Verfahrens die Größe und den Ort dieses Gewichtes bestimmen. Sei G die diesem Gewicht entsprechende Zentrifugalkraft. Dann folgt aus der statischen Beziehung

$$G \cdot c = Q \cdot l$$

die Gleichung

$$Q = \frac{Gc}{l}. \tag{a}$$

Es ist leicht zu sehen, daß durch Unterbringung des Korrektionsgewichtes in der Ebene III die durch die Kraft Q verursachten Schwingungen nur unter der Bedingung verschwinden, daß das Lager A verriegelt ist. Sonst entstehen Schwingungen infolge des Umstandes, daß die Kraft Q und die Kraft G in zwei verschiedenen Ebenen II und III wirken. Um vollständigen Ausgleich zu erreichen, muß man in jeder der beiden Ebenen I und III ein Korrektionsgewicht anbringen, derart, daß die entsprechenden Fliehkräfte G_1 und G_2 die Kraft $-Q$ als Resultierende ergeben, die also der Kraft Q entgegengesetzt gleich ist (Abb. 35). Dann ist nach den Sätzen der Statik

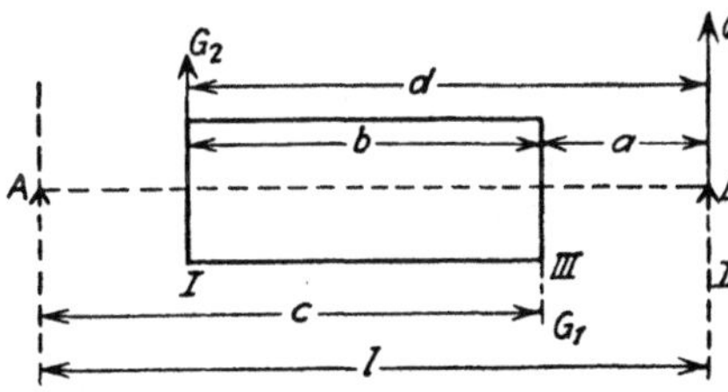

Abb. 35.

$$G_1 - G_2 = Q\,,$$
$$G_2 \cdot b = Q \cdot a\,,$$

[1] Eine ausführlichere Beschreibung der Verfahren zur Auswuchtung mit Hilfe der Maschine von Lawaczeck-Heymann findet man bei Ernst Lehr: Der heutige Stand der Auswuchttechnik. Maschinenbau **16**, 62 (1922—1923). Siehe

woraus wegen der Gl. (a)

$$G_2 = \frac{Q\,a}{b} = \frac{G\,a\,c}{b\,l}, \tag{b}$$

$$G_1 = Q + G_2 = \frac{G\,c\,d}{b\,l} \tag{c}$$

folgt. Wir sehen also, daß durch Auswuchten am Ende B und hieraus folgende Bestimmung der Größe G das richtige Korrektionsgewicht für die Ebene *III* und das zusätzliche Korrektionsgewicht für die Ebene *I* aus den Gln. (b) und (c) ermittelt und damit vollkommene Auswuchtung des Rotors erreicht werden kann.

Die große Westinghouse-Maschine[1] ist für Rotoren bis zu 136000 kg Gewicht gebaut. Sie besteht im wesentlichen aus zwei Fußgestellen, die auf einer starren Bettplatte montiert sind, zusammen mit einem Antriebsmotor und einer besonderen magnetischen Kupplung zum Mitnehmen des Rotors. Der Querschnitt des Fußgestells besteht aus einem unbeweglichen Teil, der an die Schienen des Maschinenbettes angeschraubt wird, und einem pendelnden Teil, der in seiner Stellung durch starke Federn gehalten wird. Die Vertikallast des Rotors wird von einer biegsamen dünnen vertikalen Platte getragen, die ein reibungsloses Scharnier bildet. Der Rotor wird auf eine oberhalb der kritischen Geschwindigkeit der Lagerung liegende Geschwindigkeit gebracht, die durch Auswechseln der Federn entsprechend dem Gewicht des Rotors reguliert werden kann, und die magnetische Kupplung wird nun gelöst. Der Rotor geht langsam durch die kritische Geschwindigkeit hindurch, wobei die durch die verstärkte Wirkung der Unbalanz erzeugten Schwingungen beobachtet werden.

Das Ausgleichen geschieht dadurch, daß zuerst ein Lager verschlossen und das entgegengesetzte Ende ausbalanciert wird und dann das zweite Lager verschlossen und das entsprechende entgegengesetzte Ende ausbalanciert wird. Die zusätzlichen Korrektionsgewichte werden in Ausgleichsringen untergebracht, die wir bei der Erörterung der Maschine von Lawaczeck-Heymann beschrieben haben.

Akimoffs Auswuchtmaschine[2] ist ein Beispiel der zweiten Maschinenart. Sie besteht aus einer starren Tafel, auf der der Rotor und die Ausgleichsvorrichtung montiert sind. Die Tafel ist in den Fußgestellen derart gesichert, daß sie frei schwingen kann, entweder um eine Achse parallel zur Rotorachse oder um eine Achse,

---

auch E. v. Brauchitsch: Zur Theorie und experimentellen Prüfung des Auswuchtens. Z. ang. Math. Mech. **3**, 81 (1923).

[1] Siehe L. C. Fletcher: Balancing Large Rotating Apparatus. Electric. J. **21**, 5.

[2] Akimoff: Trans. Am. Soc. Mech. Eng. **38** (1916).

die auf der Rotorachse senkrecht steht. Im ersten Falle sind die Schwingungen nur durch statische, im zweiten durch statische und dynamische Unbalanz bedingt. Zuerst sucht man die statische Unbalanz festzustellen, und zu diesem Zweck muß die Platte derart befestigt sein, daß Schwingungen um die Achse parallel zur Drehachse des Rotors entstehen. Das Verfahren zur Bestimmung der Unbalanz nach Ort und Größe besteht in Schaffung einer künstlichen Unbalanz in irgendeinem beweglichen Teil der Maschine, um der Unbalanz in dem zu untersuchenden Körper entgegenzuarbeiten. Wenn diese künstliche Unbalanz der im geprüften Körper vorhandenen richtig und genau zugeordnet ist, so hört das Ganze auf zu schwingen, und die Unbalanz ist der Größe und der Winkelstellung nach in der Maschine angegeben.

Nach Wegschaffung der statischen Unbalanz des Rotors kann zum dynamischen Ausgleich geschritten werden, indem die Lagerungen der Tafel derart eingestellt werden, daß die Schwingungsachse senkrecht auf der Drehachse steht. Die dynamische Unbalanz ist dann der Größe und der Winkelstellung nach in der gleichen Weise leicht zu finden, wie oben erklärt, indem man ein künstliches Unbalanz-Kräftepaar in den bewegten Teil der Maschine einführt. Es ist wichtig zu bemerken, daß jede statische Unbalanz entfernt werden muß, bevor man zur Beseitigung der dynamischen Unbalanz übergeht.

Die Maschine von Soderberg-Trumpler ist ein Beispiel der dritten Maschinenart.

Wenn das Ausgleichsverfahren zur Massenproduktion kleiner Einheiten angewendet wird, so ist die zum Ausbalancieren eines Stückes erforderliche Zeit von großer Wichtigkeit. Die zusätzlichen Korrektionsgewichte, wie sie bei den oben beschriebenen Typen erforderlich sind, verursachen einen Zeitverlust. Um diese Korrektionen zu eliminieren, wird der Stützpunkt des Ausgleichstisches in dieser Maschine beweglich angeordnet. Der auszugleichende Körper wird in Lagerblöcken an einem Vibrationstisch angebracht, der von zwei federnden Teilen und einem beweglichen Stützpunkt getragen wird. Bringt man die Stützachse in die Ebene eines der Ausgleichsringe, sagen wir *BB*, so ist die Wirkung des theoretischen Unbalanzgewichtes in dieser Ebene insoweit eliminiert, als es sich um seinen Einfluß auf die Bewegung des Vibrationstisches handelt. Dies soll nun allein mit Hilfe der Unbalanz in der anderen Ebene erreicht werden. So ist die Kraft bei *AA* ausgeglichen, worauf der Stützpunkt nach der Stellung in der Ebene *AA* bewegt wird; dann ist *B B* ausgeglichen. Es ist klar, daß dieses Ausgleichsverfahren endgültig ist und keinerlei Korrektionen erfordert. Solche Maschinen benutzt man meistens dann, wenn kleine Motoren ausgeglichen werden sollen.

Dieses Prinzip liegt der automatischen Maschine zugrunde, die die

Westinghouse Company für ihre Kleinmotoren gebaut hat[1]. Um die schädliche Dämpfung in Reibungsverbindungen zu beseitigen, sind die Messerschneiden durch biegsame federnde Glieder ersetzt. Der Tisch oszilliert in horizontaler Richtung, indem er von einem vertikalen Stab getragen wird, der eine verdrehungsfähige Achse darstellt. Der Tisch selbst bewegt sich in Führungen derart, daß eine Gewichts-Korrektionsebene und die Achse des vertikalen Stabes zwecks Ausgleichswirkung in gegenseitig korrespondierende Lage gebracht werden.

Zur Erreichung der „automatischen" Ausgleichung ist der Tisch mit einem Unbalanz-Ersatzkopf versehen, der an den Rotor angeschlossen wird. Der Gegenausgleich erfolgt mit Hilfe von zwei elektrisch bedienten kleinen Kupplungen. Die beweglichen Gewichte im Kopf erzeugen ein Kräftepaar des Gegenausgleiches. Eine Kupplung schiebt die Gewichte auseinander und vergrößert den Betrag dieses Kräftepaares, die andere Kupplung ändert die Winkelstellung des Gegenausgleich-Kräftepaares gegenüber dem Rotor. Auf dem Vorderteil der Maschine sind zwei Schalter montiert, mit denen die Kupplungen betätigt werden. Es ist leicht, die Gewichte des Gegenausgleichs im Laufe einer sehr kurzen Zeit, etwa eines Bruchteils einer Minute, so anzuordnen, daß die Schwingungen des Tisches auf Null reduziert werden. Die Indikatoren am Ausgleichskopf zeigen dann die Unbalanz dem Betrage und dem Orte nach an, und die erforderlichen Korrektionsgewichte werden in der Armatur untergebracht.

Auswuchten im Betrieb. Die Praxis zeigt, daß, obwohl die übliche Prüfung hochtouriger Einheiten bei verhältnismäßig niedrigen Geschwindigkeiten, wie sie auf der Auswuchtmaschine ausgeführt wird, befriedigend ausfällt, eine Unbalanz bei höheren Tourenzahlen doch hervortreten kann, die durch eine geringe Änderung in der Massenverteilung bedingt ist. Es ist daher notwendig, das Auswuchten auch bei der normalen Betriebsgeschwindigkeit durchzuführen. Dies geschieht entweder in der Werkstatt, indem der Rotor zum angegebenen Zweck in starren Lagern gelagert wird, oder im Betriebe, nachdem er in die Maschine eingebaut ist. Das Verfahren zur Auswuchtung kann unter diesen Umständen ungefähr das gleiche sein, wie das oben bei der Erörterung der Auswuchtmaschine von Lawaczeck besprochene. Dieses besteht in der Auswuchtung der beiden Rotorenden nacheinander. Bei der Beseitigung der Unbalanz an einem Ende wird vorausgesetzt, daß die Schwingungen des entsprechenden Fußgestelles nur durch die Unbalanz dieses Endes erzeugt sind[2]. Größe und Lage des Korrektionsgewichtes können dann aus Amplitudenmessungen der Gestellschwin-

[1] Trumpler, W. E.: The Dynamic Balance of Small High speed armatures, Electric. J. 22, 34 (1925).

[2] Diese Voraussetzung ist bei Rotoren von beträchtlicher Länge mit hinreichender Genauigkeit erfüllt.

gungen gefunden werden, die mittels eines passenden Apparates aufzunehmen sind. Vier Messungen sind erforderlich, entsprechend den vier verschiedenen Anordnungen des Rotors, um hinreichende Daten für eine vollständige Lösung des Problems zu besitzen. Die erste Messung muß am Rotor in dessen Anfangszustand vorgenommen werden, bei den übrigen drei dagegen wird der Rotor mit einigen willkürlichen Gewichten versehen, die nacheinander in drei verschiedene Löcher des Ausgleichsringes an dem Rotorende, an dem die Auswuchtung zu erfolgen hat, eingesetzt werden. Mit roher Annäherung kann der Unterbringungsort des Korrektionsgewichtes gefunden werden, indem man den Rotorzapfen im Anfangszustand, wie oben dargelegt, markiert (s. S. 52). Die drei Versuchslöcher müssen in der Nähe des gefundenen Ortes angeordnet werden.

Auf Grund dieser vier Messungen kann nun die Bestimmung der Unbalanz unter der Voraussetzung erfolgen, daß die Amplituden der Gestellschwingungen der Unbalanz proportional sind. Sei OO (Abb. 36a) der die unbekannte anfängliche Unbalanz darstellende Vektor, die Strecken $O1$, $O2$, $O3$ dagegen den Versuchskorrektionen I, II, III entsprechende Vektoren; diese Korrektionsgewichte sind im Auswuchtring am Rotorende beim zweiten, dritten, vierten Versuch unterzubringen. Dann stellen die Vektoren $A1$, $A2$, $A3$ (Abb. 36b) die resultierenden Unbalanzen für diese drei Versuche dar. Diese Vektoren sind laut Voraussetzung den Amplituden der Gestellschwingungen beim jeweils entsprechenden Versuch proportional.

Beim Auswuchten des Rotors sind die Vektoren $O1$, $O2$, $O3$ (Abb. 36b) der Größe und der Richtung nach bekannt, und man kann daher das netzartige Diagramm der Abb. 36c verzeichnen. Nimmt man drei Längen $A'1'$, $A'2'$ und $A'3'$ proportional den bei den Versuchen festgestellten Amplituden, so erhält man unter Benutzung des Liniennetzes ein Diagramm (Abb. 36c), das dem in Abb. 36b gegebenen geometrisch ähnlich ist. Die Richtung OA' gibt dann den Ort der richtigen Korrektion an und die Länge OA' stellt die Größe des Gewichtes in demselben Maßstab dar, wie die Strecken $01'$, $02'$, $03'$ die Versuchsgewichte I, II, III darstellen. Es muß bemerkt werden, daß die Länge OA', wenn im gleichen Maßstab gemessen wie die Amplituden $A'1'$, $A'2'$, $A'3'$, die Amplitude der Anfangsschwingung des Fußgestelles ergeben muß, und darin liegt eine Kontrolle für die Richtigkeit des angewandten Verfahrens. Abb. 36d stellt eine einfache Vorrichtung zur Lösung dieses Problems dar. Sie besteht aus vier Stegen, die mittels einer Öse O_1 miteinander verbunden sind[1]. Nimmt man

[1] Dieser Apparat ist von G. B. Karelitz konstruiert worden und hat sich für die Auswuchtung im Betrieb als sehr nützlich erwiesen. Siehe Power **1928**, 7. Februar, 14. Februar.

nun auf den Stegen drei Längen a_1, a_2, a_3 proportional den bei den Versuchen beobachteten Amplituden an und bewegt die Enden dieser Stege längs der Radien der Korrektionsgewichte, so findet man ohne Schwierigkeiten die Lage des Systems, bei der alle diese drei Enden

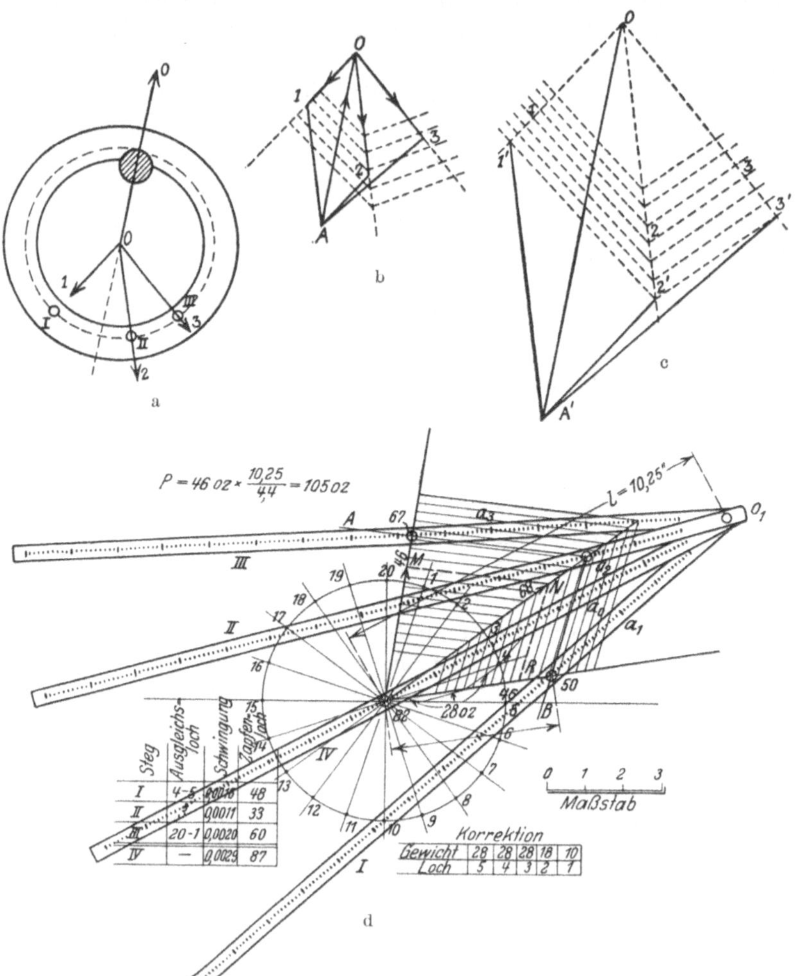

Abb. 36a bis d.

auf demselben Linienzug liegen. Der entsprechende Vektor OO_1 bestimmt dann das wahre Korrektionsgewicht nach Lage und Größe.

Ein zweites Ausgleichsverfahren gründet sich auf die Messung der Amplitude und des Nacheilwinkels der durch die Unbalanz verursachten Schwingung. Vorausgesetzt wird hierbei, daß ein Schwingungs-Nacheilwinkel gegenüber der Störungskraft bei einem Wechsel der Unbalanz konstant bleibt, wenn die Korrektionsgewichte im Ausgleichsring des hochtourigen Rotors untergebracht sind. Dieser Nacheilwinkel kann entweder auf Grund genauer Methoden, etwa mit Hilfe des unten beschriebenen Phasenmessers, oder in roher Weise durch einfaches Markieren oder Beschreiben der Welle gemessen werden. Eine rohe Schätzung der Unbalanz kann man mittels des Direktverfahrens finden[1]. Die Schwingungsamplitude eines Rotorlagers wird zuerst ohne Korrektionsgewichte beobachtet und man beschreibt die Welle. (Dies geschieht dadurch, daß man die Welle mit Kreide bemalt und dann so leicht als nur irgend möglich bei voller „Geschwindigkeit" mit einem scharfen Werkzeug berührt.) Nach Abstellen des Rotors wird der Ort des „Hochfleckens" dieser Schreibmarke gegenüber den Ausgleichslöchern des Rotors notiert. Dann wird ein Korrektionsgewicht im Ausgleichsring untergebracht (vorzugsweise etwa 60 bis 90° hinter diesem Hochflecken). Nachdem der Rotor wieder auf volle Geschwindigkeit gebracht wurde, wird die Amplitude aufgenommen und die Welle wieder beschrieben, wobei der Ort des neuen Hochfleckens später notiert wird. Das Verfahren zur Bestimmung der Unbalanz soll an einem Beispiel dargelegt werden. Nehmen wir an, daß am Rotor vierundzwanzig Ausgleichslöcher ohne Korrektionsgewichte vorhanden sind (Abb. 37). Die Amplitude sei 0,01 cm, und der Hochflecken möge dem Loch Nr. *17* entsprechen. Bringt man 568 g im Loch Nr. *23* unter, so ändert sich die Amplitude zu 0,00625 cm, und der Hochflecken wird dem Loch Nr. *19* entsprechen. Das Diagramm der Abb. 37 zeigt die Konstruktion des Ortes und die Ermittelung des Korrektionsgewichtes. Der Vektor OA, nach dem Loch Nr. *17* gezogen, stellt die Amplitude von 0,01 cm in einem gewissen Maßstab dar. Der Vektor OB, nach dem Loch Nr. *19* im gleichen

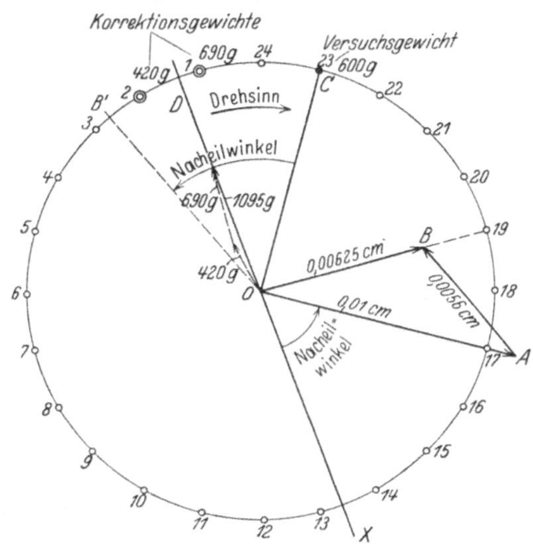

Abb. 37.

[1] Dieses Verfahren wurde von B. Anoshenko entwickelt und ist in der Arbeit von T. G. Rathbone: Turbine Vibration and Balancing. Trans. Am. Soc. Mech. Eng. 1929, Artikel APM-51-23, beschrieben.

Maßstab gezogen, stellt die Amplitude 0,00625 cm dar. Der Vektor AB zeigt dann die Schwingungsänderung im gleichen Maßstab. Diese Änderung wurde verursacht durch ein Gewicht C im Loch Nr. *23*. Zieht man OB' parallel zu AB, so ist der Winkel COB' der Nacheilwinkel. Die ursprüngliche, von der Unbalanz herrührende Störungskraft ist offenbar um einen Winkel $AOX = COB'$ dem ursprünglichen Hochflecken voraus. Das Korrektionsgewicht muß in der Richtung OD entgegengesetzt der Richtung OX angebracht werden. Der Betrag des erforderlichen Korrektionsgewichtes ist gleich 568 g mal dem Quotienten $AO:AB$ oder 1045 g.

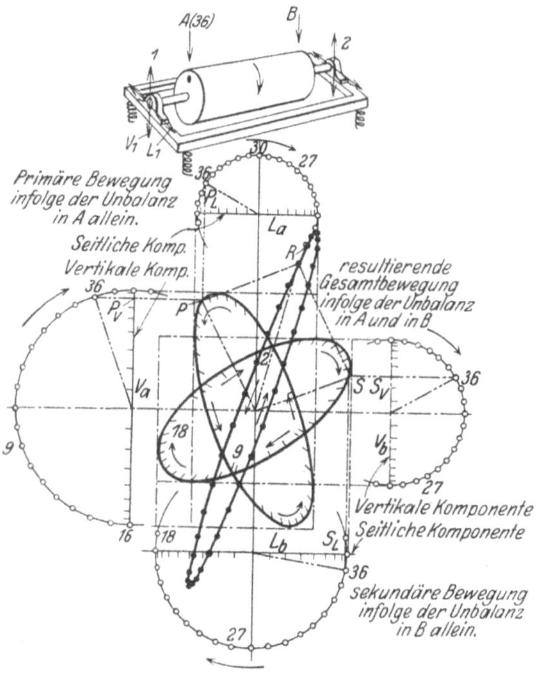

Abb. 38.

Das Beschreiben der Welle ist ein sehr rohes und unzuverlässiges Verfahren, und die Methode ist nur für annähernde Bestimmung der Unbalanz als befriedigend zu betrachten.

Das dritte Verfahren zum Auswuchten im Betrieb[1]. Es wurde experimentell festgestellt, daß, wenn ein vollständig ausgeglichener Rotor (Abb. 38) eine Unbalanz erhält dadurch, daß im Ausgleichsring A ein Gewicht untergebracht wird, die elliptischen Bahnen der Schwingung (s. S. 161) der beiden Gestelle *1* und *2* mit dem Gewicht durch ein Proportionalitätsgesetz verknüpft sind und sich nicht ändern, wenn die Lage des Gewichtes im Ausgleichsring geändert wird. Rathbone entwickelte einen Phasenmesser, der die Stellung eines Lichtfleckes an der Ellipse entsprechend jeder Stellung des Rotors angibt. Die elliptische Bahn wurde beobachtet unter Benutzung von weißem Licht, das durch einen Nadelstich in einem am Seismograph befestigten Schirm fiel, während ein rotes Neonlicht einmal pro Umdrehung aufblitzte, wozu ein an der Rotorwelle befestigter Unterbrecher in

[1] Dieses Verfahren wurde von T. C. Rathbone entwickelt, siehe den oben erwähnten Aufsatz.

Tätigkeit trat. Es zeigte sich, daß eine Verschiebung des Gewichtes aus einem Ausgleichsloch nach einem anderen eine entsprechende Verschiebung des roten Lichtfleckes längs der Ellipsen verursachte. Auf diese Weise läßt sich der Nacheilwinkel mit größerer Genauigkeit messen als durch einfaches Beschreiben der Welle, wie dies oben erklärt wurde.

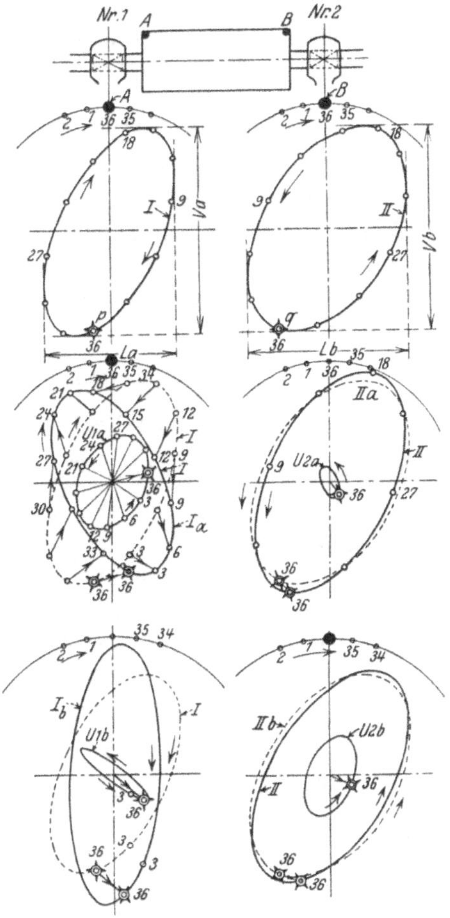

Abb. 39.

Auf Grund dieser Bemerkungen ergibt sich folgendes Verfahren zum Ausgleichen. Der Rotor wird von Korrektionsgewichten frei gehalten und die Schwingungen der beiden Gestelle *I* und *II* werden beobachtet. Die Stellungen der roten Lichtflecke längs der Schwingungsbahnen (Abb. 39) werden für diejenigen Stellungen des Rotors aufgenommen, bei denen die Löcher *3*, *6*, *9*, . . ., *33*, *36* oben liegen. Dann werden die Ellipsen *I* und *II* gezogen. Hierauf wird ein Einheitsgewicht etwa im Loch *36* des Ringes *A* untergebracht. Nun werden die neuen Schwingungsellipsen I_a und II_a beobachtet und die entsprechenden neuen Stellungen der Lichtflecke aufgenommen. Subtrahiert man vektoriell eine Ellipse von der anderen, so erhält man die Einheitsellipsen U_{1a} und U_{2a}; diese ergeben die Schwingungsbewegung des Gestells *1* bzw. *2*, wie sie sich aus einem Einheitsgewicht im Ringe *A* ergibt. Bringt man dann das Einheitsgewicht nach dem Loch *36* im Ringe *B*, so findet man neue Ellipsen I_b und II_b und es ergeben sich die Einheitsellipsen U_{1b} und U_{2b}, aus denen die Schwingungsbewegung des Gestells *1* bzw. *2*, hervorgerufen durch ein Einheitsgewicht im Ringe *B*, folgt.

Die Ermittelung des Betrages und des Ortes der Gewichte, mit deren Hilfe die Wirkung der ursprünglichen Unbalanzen bekämpft und eliminiert wird, erfolgt unter Benutzung der Einheitsellipsen U_{1a}, U_{2a},

U_{1b} und U_{2b}, indem die Korrektionsgewichte nach Betrag und Ort so lange abgeändert werden, bis die ursprüngliche Schwingung reproduziert wird. Die in dieser Weise gefundene Gewichtskombination ist der anfänglichen Unbalanz äquivalent. In der erwähnten Arbeit wird ein graphisches Verfahren zur Bestimmung dieser Kombination mit Hilfe sukzessiver Approximationen vorgeschlagen.

12. Allgemeine Gestalt der Störungskraft.

Der obigen Erörterung der erzwungenen Schwingungen (s. § 7) haben wir den Spezialfall zugrunde gelegt, daß die Störungskraft der Größe $\sin mt$ proportional ist. Der allgemeine Fall einer periodischen Störungskraft $f(t)$ kann als das Ergebnis der Superposition einfacher Sinus- und Kosinusglieder betrachtet und in der Gestalt einer trigonometrischen Reihe

$$\begin{aligned} f(t) = a_0 + a_1 \cos m t + a_2 \cos 2 m t + \cdots \\ + b_1 \sin m t + b_2 \sin 2 m t + \cdots \end{aligned} \tag{a}$$

dargestellt werden, worin $\frac{m}{2\pi}$ die Frequenz und $\tau_1 = \frac{2\pi}{m}$ die Periode der Störungskraft ist. Die Ermittelung der Koeffizienten der vorstehenden Entwickelung (a) geschieht, wenn die Funktion $f(t)$ bekannt ist, in folgender Weise. Wird nach dem Koeffizienten a_i gefragt, so multipliziere man die Reihe (a) mit $\cos i\, mt\, dt$ und integriere sie dann zwischen den Grenzen $t = 0$ und $t = \tau_1$. Dann ist bekanntlich

$$\int_0^{\tau_1} a_0 \cos i m t\, dt = 0; \qquad \int_0^{\tau_1} a_k \cos k m t \cos i m t\, dt = 0;$$

$$\int_0^{\tau_1} b_k \sin k m t \cos i m t\, dt = 0; \qquad \int_0^{\tau_1} a_i \cos^2 i m t\, dt = \frac{a_i}{2}\tau_1,$$

worin i und k die ganzen Zahlen 1, 2, 3, ... bedeuten. Aus diesen Formeln folgt

$$a_i = \frac{2}{\tau_1}\int_0^{\tau_1} f(t) \cos i m t\, dt. \tag{b}$$

In gleicher Weise erhalten wir, indem wir die Reihe (a) mit $\sin i m t\, dt$ multiplizieren,

$$b_i = \frac{2}{\tau_1}\int_0^{\tau_1} f(t) \sin i m t\, dt. \tag{c}$$

Multipliziert man die Reihe (a) endlich mit dt und integriert sie dann zwischen den Grenzen $t = 0$ und $t = \tau_1$, so erhält man

$$a_0 = \frac{1}{\tau_1} \int_0^{\tau_1} f(t)\,dt. \tag{d}$$

Die Formeln (b), (c) und (d) gestatten somit die Koeffizienten der Reihe (a) zu berechnen, wenn die Funktion $f(t)$ analytisch bekannt ist. Ist aber $f(t)$ graphisch gegeben und ein analytischer Ausdruck hierfür nicht verfügbar, so muß man sich zur zahlenmäßigen Auswertung der Integrale (b), (c) und (d) irgendeiner Näherungsmethode bedienen, oder aber man ermittelt sie mechanisch mit Hilfe eines der bekannten Instrumente zur Zerlegung von Kurvenzügen in trigonometrische Reihen[1].

Ist nun die Störungskraft analytisch durch eine trigonometrische Reihe dargestellt, so lautet die Gleichung für die erzwungenen Schwingungen analog der Gl. (30), S. 29

$$\begin{aligned} \ddot{x} + 2n\dot{x} + p^2 x = a_0 &+ a_1 \cos mt + a_2 \cos 2mt + \cdots \\ &+ b_1 \sin mt + b_2 \sin 2mt + \cdots \end{aligned} \tag{e}$$

Die allgemeine Lösung dieser Gleichung besteht aus zwei Teilen, von denen der eine den freien Schwingungen entspricht, s. Gl. (25) S. 26, der andere dagegen den erzwungenen Schwingungen. Die freien Schwingungen werden infolge von Reibungswiderständen allmählich erlöschen. Was aber die erzwungenen Schwingungen betrifft, so ist zu bemerken, daß sie der Linearität der Differentialgleichung (e) entsprechend dadurch erhalten werden können, daß man die den Einzelgliedern der Reihe (a) entsprechenden erzwungenen Schwingungen einander superponiert. Diese letzteren Schwingungen aber können in der gleichen Weise ermittelt werden, wie in § 7 auseinandergesetzt, und auf Grund der Lösung (31) S. 29, kann man schließen, daß die erzwungenen Schwingungen besonders stark werden, wenn die Periode irgendeines Gliedes der Reihe (a) der Eigenschwingungsperiode τ des Systems gleich wird, d. h. wenn die Periode τ_1 der Störungskraft mit der Periode τ oder einem Vielfachen davon identisch wird.

Als Beispiel wollen wir hier den Fall eines infolge von Trägheitskräften schwingenden Rahmens $ABCD$ einer liegenden Maschine (Abb. 40) untersuchen, die mit der konstanten Winkelgeschwindigkeit ω läuft. Wir nehmen an, daß der Horizontalbalken BC sehr steif ist und daß nur Horizontalschwingungen infolge der Säulenbiegung zu betrachten sind. Die Periode dieser freien Schwingungen kann leicht ermittelt werden. Es ist hierzu nur nötig, die statische Verschiebung δ_{st}

[1] Eine Beschreibung der verschiedenen Verfahren zur Zerlegung von Kurvenzügen in trigonometrische Reihen und der Instrumente zur harmonischen Analyse findet man bei K. v. Sanden: Praktische Analysis.

des Rahmenoberteils unter der Einwirkung einer Horizontalkraft Q, die gleich dem Gewicht der Maschine plus Gewicht der horizontalen Plattform BC ist, zu berechnen. Die Masse der vertikalen Säulen wird bei dieser Berechnung vernachlässigt. Unter der Voraussetzung, daß der Balken BC absolut steif auf den zwei Säulen ruht, haben wir

$$\delta_{st} = \frac{Q}{3\,EI}\left(\frac{h}{2}\right)^3.$$

Substituiert man dies in die Gleichung

$$\tau = 2\pi\sqrt{\frac{\delta_{st}}{g}},$$

so findet man die Eigenschwingungsperiode.

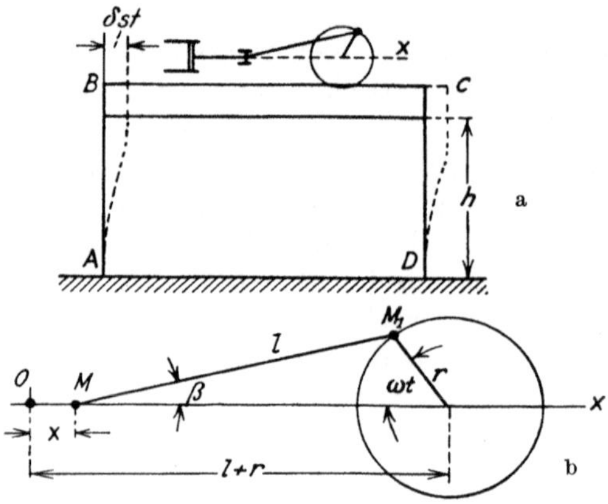

Abb. 40.

Die erzwungenen Schwingungen werden im vorliegenden Falle durch die rotierenden und hin und her bewegten Massen der Maschine erzeugt. Für die Rechnung kann die Masse der Schubstange mit hinreichender Genauigkeit durch zwei Teilmassen ersetzt werden, von denen die eine am Kurbelzapfen, die andere am Kreuzkopf angreift. Auch alle anderen nicht ausgeglichenen bewegten Massen können auf die zwei bezeichneten Punkte leicht reduziert werden, so daß schließlich nur zwei Massen M_1 und M zu betrachten sind (Abb. 40b). Die Horizontalkomponente des Trägheitswiderstandes der Masse M_1 ist

$$-M_1\,\omega^2\,r\cos\omega t, \tag{f}$$

worin ω die Winkelgeschwindigkeit der Maschine, r den Kurbelradius und ωt den Winkel des Kurbelarmes gegen die x-Achse bedeutet.

Die Bewegung der hin und her gehenden Massen ist komplizierter. Bezeichnet man mit x die Entfernung der Masse M vom Totpunkt und mit β den Winkel der Schubstange gegen die x-Achse, so ist nach Abb. 40

$$x = l(1 - \cos\beta) + r(1 - \cos\omega t) \tag{g}$$

und

$$r\sin\omega t = l\sin\beta. \tag{h}$$

Nach (h) ist

$$\sin\beta = \frac{r}{l}\sin\omega t.$$

Die Länge l beträgt gewöhnlich ein Mehrfaches von r, und daher kann man mit genügender Genauigkeit

$$\cos\beta = \sqrt{1 - \frac{r^2}{l^2}\sin^2\omega t} \approx 1 - \frac{r^2}{2\,l^2}\sin^2\omega t$$

setzen; damit wird nach (g)

$$x = r(1 - \cos\omega t) + \frac{r^2}{2\,l}\sin^2\omega t. \tag{k}$$

Hieraus folgt die Geschwindigkeit der hin und her gehenden Massen zu

$$\dot{x} = r\,\omega\sin\omega t + \frac{r^2\,\omega}{2\,l}\sin 2\,\omega t$$

und der entsprechende Trägheitswiderstand ist

$$-M\ddot{x} = -M\,\omega^2 r\left(\cos\omega t + \frac{r}{l}\cos 2\,\omega t\right). \tag{l}$$

Dieser Ausdruck zu der Größe (f) addiert, ergibt die gesamte Störungskraft. Zu bemerken ist, daß der Gesamtausdruck aus zwei Gliedern besteht, von denen das eine eine Frequenz hat, die gleich ist der Maschinendrehzahl, und das andere eine doppelt so hohe Frequenz. Hieraus folgt, daß die Maschine im betrachteten Falle zwei kritische Geschwindigkeiten hat: bei der ersten ist die sekundliche Drehzahl der Maschine gleich der Eigenschwingungsfrequenz $\frac{1}{\tau}$ des Systems, und bei der zweiten ist diese Drehzahl gleich der Hälfte des obigen Wertes. Bei passend gewählter Steifigkeit der Säulen AB und CD ist es immer möglich, in genügender Entfernung von solchen kritischen Geschwindigkeiten zu bleiben und in dieser Weise das Auftreten starker Schwingungen zu verhindern. Es ist zu beachten, daß der Ausdruck (l) für den Trägheitswiderstand der hin und her bewegten Massen durch Näherungsrechnung erhalten wurde. Eine genauere Lösung enthält auch harmonische Glieder von höherer Ordnung. Dies bedeutet das Vorhandensein von kritischen Geschwindigkeiten, die tiefer liegen als die oben besprochenen, doch haben sie gewöhnlich keine praktische Bedeutung, da die entsprechenden Kräfte zu klein sind, um wesentliche Schwingungen des Systems hervorzurufen.

In der obigen Betrachtung sahen wir von vorübergehenden Zuständen ab. Wir haben angenommen, daß die freien Schwingungen des Systems, nachdem sie wie gewöhnlich am Beginn der Bewegung einmal entstanden sind, durch die Dämpfungswiderstände zum Verschwinden gebracht werden, so daß nur erzwungene Schwingungen zu betrachten sind. Wird aber nach der Verschiebung des Systems am Beginn der Bewegung gefragt, so kann man die Aufgabe mit Hilfe des in § 5 beschriebenen Verfahrens lösen. Wie aus Gl. (29) hervorgeht, ist die Verschiebung in einem Augenblick t, falls die Dämpfung der Geschwindigkeit proportional ist, bei einer Anfangsgeschwindigkeit $\dot{x}_0$ gleich

$$\frac{\dot{x}_0}{p_1} e^{-nt} \sin p_1 t .$$

Bedeutet $f(t)$ die Störungskraft pro Masseneinheit des Systems, so ist die Elementarverschiebung dx im Augenblick t unter der Einwirkung der Kraft $f(t)$ während des Zeitintervalls von t_1 bis $t_1 + dt_1$ dargestellt durch den Ausdruck [s. Gl. (c), S. 24]

$$dx = \frac{f(t_1)}{p_1} e^{-n(t-t_1)} \sin p_1 (t - t_1)\, dt_1 .$$

Die Gesamtverschiebung des Systems zur Zeit t unter der Einwirkung der Kraft $f(t_1)$ von $t_1 = 0$ bis $t_1 = t$ ist dann durch das Integral

$$x = \frac{1}{p_1} \int_0^t f(t_1)\, e^{-n(t-t_1)} \sin p_1 (t - t_1)\, dt_1 \tag{41}$$

gegeben. Dieser Ausdruck für die Gesamtverschiebung des Systems ist besonders vorteilhaft in den Fällen, in denen $f(t_1)$ mittels einer geringen Anzahl von Gliedern der trigonometrischen Reihe (a) nicht mit genügender Genauigkeit dargestellt werden kann, beispielsweise bei Stoßerscheinungen oder bei sprunghafter Veränderlichkeit der Störungskraft.

Aufgabe.

Bestimme die Eigenfrequenz des in Abb. 40 dargestellten Rahmens unter der Annahme, daß der Balken BC absolut starr ist, das Gewicht der Plattform samt der Maschine 2400 kg beträgt, und $h = 3{,}6$ m ist. Jede der Säulen besteht aus 2 U-Eisen Normalprofil Nr. *12*, deren Ebenen maximaler Steifigkeit der Bildebene parallel sind.

13. Die Energiemethode bei Untersuchungen über Schwingungsvorgänge.

Das Schwingungsproblem eines Systems von der Art des in Abb. 1 dargestellten kann durch Betrachtung der Systemenergie leicht gelöst werden. Die Energiemethode ist auch bei der Näherungsberechnung der Frequenz bei komplizierteren Systemen mit Vorteil zu benutzen. Vernachlässigt man bei der Vorrichtung nach Abb. 1 zunächst die Federmasse, so ist die kinetische Energie des Systems bei der Schwingungsbewegung gleich

$$\frac{W}{2g} (\dot{x})^2 . \tag{a}$$

Die potentielle Energie des Systems besteht aus zwei Teilen: der eine Teil ist die potentielle Energie der Federdeformation, der andere Teil ist die potentielle Energie der Last vermöge ihrer Lage. Der Ausdruck für die Deformationsenergie ergibt sich aus der Überlegung, daß die einer Verschiebung x entsprechende Federspannung gleich $(\delta_{st} + x)k$ sein wird; danach wird die in der Feder aufgespeicherte Energie gleich

$$k\frac{(\delta_{st} + x)^2}{2}.$$

In der Gleichgewichtslage ($x = 0$) ist die Energiemenge der Feder

$$\frac{k\,\delta_{st}^2}{2};$$

folglich wird die in der Feder während der Verschiebung x aufgespeicherte Energie gleich

$$k\frac{(\delta_{st} + x)^2}{2} - \frac{k\,\delta_{st}^2}{2} = k\,\delta_{st}\,x + \frac{k\,x^2}{2} = W x + \frac{k\,x^2}{2}. \qquad \text{(b)}$$

Was aber die potentielle Energie der Last betrifft, so vermindert sich diese bei der Verschiebung x um die Größe

$$W x. \qquad \text{(c)}$$

Somit ist auf Grund von (b) und (c) die Gesamtvariation der potentiellen Energie bei der Verschiebung x gleich

$$\frac{k\,x^2}{2}. \qquad \text{(d)}$$

Infolge der Tatsache, daß das Gewicht W mit der durch die statische Ausdehnung δ_{st} hervorgerufenen Anfangsspannung der Feder immer im Gleichgewicht steht, ist der letzte Ausdruck (d) für die potentielle Energie des Systems der gleiche wie für den Fall $W = 0$ und Federausdehnung gleich x. Nun muß aber nach dem Prinzip der Erhaltung der Energie die Summe der kinetischen und der potentiellen Energie des Systems, wenn man die Dämpfung vernachlässigt, konstant bleiben. Daher ist nach den Gln. (a) und (d)

$$\frac{W}{2g}\dot{x}^2 + \frac{k\,x^2}{2} = \text{const}. \qquad \text{(e)}$$

Die Größe der Konstanten auf der rechten Seite der Gl. (e) hängt von den Anfangsbedingungen ab. Nimmt man beispielsweise an, daß zur Zeit $t = 0$ die Verschiebung gleich x_0 und die Anfangsgeschwindigkeit gleich Null ist, so wird die Gl. (e)

$$\frac{W}{2g}\dot{x}^2 + \frac{k\,x^2}{2} = \frac{k\,x_0^2}{2}. \qquad \text{(f)}$$

Dies bedeutet, daß während der Schwingungsbewegung die Summe der kinetischen und potentiellen Energie dem Anfangsbetrag der Deformationsenergie gleich bleibt. Wenn x während der Schwingungsbewegung gleich x_0 wird, so wird die Geschwindigkeit des Gewichtes W gleich Null, und die Energie des Systems besteht nur aus potentieller Energie. Wird aber x gleich Null, was dann eintritt, wenn das Gewicht während der Schwingung die Mittellage passiert, so erreicht die Geschwindigkeit ihren Höchstwert, und die entsprechende kinetische Energie hat nach (f) die Größe

$$\frac{W(\dot{x}^2)_{max}}{2g} = \frac{k x_0^2}{2}. \tag{g}$$

Dies bedeutet, daß im betreffenden Augenblick die Gesamtenergie des Systems kinetische Energie ist und gleich ist der potentiellen Energie, die im System bei der von der Gleichgewichtslage aus gemessenen Anfangsverschiebung x_0 aufgespeichert war.

Die Gl. (g) kann zur Berechnung der Schwingungsfrequenz des Systems benutzt werden. Oben wurde gezeigt, daß wir es im vorliegenden Falle mit einer einfachen harmonischen Bewegung zu tun haben, so daß

$$x = x_0 \cos pt, \qquad (\dot{x})_{max} = x_0 p$$

gesetzt werden darf. Substituiert man dies in die Gl. (g), so ergibt sich

$$p^2 = \frac{kg}{W},$$

eine Beziehung, die mit unserer Gl. (3) identisch ist.

Die beschriebene Energiemethode kann auch in komplizierteren Fällen zur Anwendung kommen. Beispielsweise möge es sich um die Schwingungen eines in Abb. 41 schematisch dargestellten **Amplitudenmessers** handeln. Das Gewicht W an der Feder k_1 besitzt eine tiefliegende Eigenfrequenz und, wenn der Amplitudenmesser an einem Körper befestigt ist, der mit hoher Frequenz in der Vertikalrichtung schwingt, so bleibt das Gewicht W im Raume praktisch unbeweglich; der Zeiger A mit W verbunden, gibt dann auf der Skala die Schwingungsamplitude in vergrößertem Maßstab an. Um die Eigenschwingungsfrequenz des Apparates mit größerer Genauigkeit zu ermitteln, hat man nicht nur auf das Gewicht W und die Feder k_1, sondern auch auf den Arm AOB und die Feder k_2 Rücksicht zu nehmen. Sei x eine von der Gleichgewichtslage aus gemessene kleine Vertikalverschiebung des Gewichtes W. Dann ist die potentielle Energie der zwei Federn mit den Skalenkonstanten k_1 und k_2 gleich

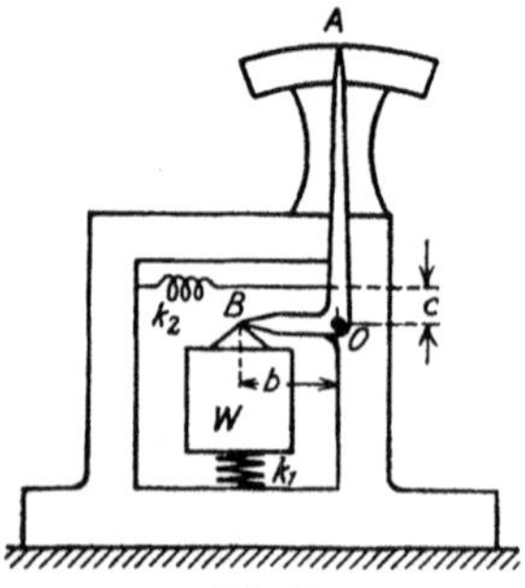

Abb. 41.

$$\frac{k_1 x^2}{2} + \frac{k_2}{2}\left(\frac{c}{b}\right)^2 x^2. \tag{h}$$

Die kinetische Energie des Gewichtes W ist, wie oben,

$$\frac{W}{2g}\dot{x}^2. \tag{k}$$

Die Winkelgeschwindigkeit des um den Punkt O drehbaren Armes AOB ist $\frac{\dot{x}}{b}$; die kinetische Energie dieses Armes ist daher gleich

$$\frac{1}{2} I \frac{\dot{x}^2}{b^2}. \tag{l}$$

Demnach ist die Bewegungsgleichung entsprechend der obigen Gl. (e) nach (h), (k) und (l)

$$\left(\frac{W}{2g} + \frac{I}{2b^2}\right)\dot{x}^2 + \left(\frac{k_1}{2} + \frac{k_2}{2}\frac{c^2}{b^2}\right)x^2 = \text{const.}$$

Diese Gleichung besitzt, wie man sieht, die gleiche Form wie die Gl. (e); nur tritt hier an Stelle der Masse $\frac{W}{g}$ die reduzierte Masse

$$\frac{W}{g} + \frac{I}{b^2},$$

und an Stelle der Federkonstanten k die reduzierte Federkonstante $k_1 + k_2\left(\frac{c}{b}\right)^2$.

Aufgaben.

1. Bestimme mit Hilfe der Energiemethode die Frequenz der Torsionsschwingung der Scheibe nach Abb. 4.

2. Bestimme die Schwingungsfrequenz des in Abb. 12 und 42 dargestellten Instrumentes, wenn $W = 4{,}5$ kg, die Länge des prismatischen Stabes BD gleich $b = 50$ cm und das Gewicht des Stabes gleich $qb = 0{,}45$ kg ist; der Abstand $l = 60$ cm und $a = 10$ cm. Die Steifigkeit der Feder ist derart, daß die Durchbiegung infolge der Last W gleich 1,2 cm ist.

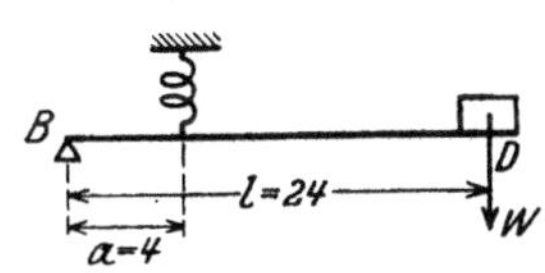

Abb. 42.

Lösung: Bezeichnet man mit x die Verlängerung der Feder gegenüber ihrer statischen Gleichgewichtslage, so ist die Dehnungsenergie der Feder gleich $\frac{k x^2}{2}$. Die kinetische Energie des Systems ist

$$\frac{W l^2 \dot{x}^2}{2 g a^2} + \int_0^b \frac{q\,dc}{2g}\left(\frac{\dot{x} c}{a}\right)^2 = \left(\frac{W}{2g}\,\frac{l^2}{a^2} + \frac{q b}{3}\,\frac{1}{2g}\cdot\frac{b^2}{a^2}\right)\dot{x}^2$$

Setzt man kinetische und potentielle Energie einander gleich und führt $\dot{x} = p x_{\max}$ ein, so ergibt sich

$$k = \frac{p^2}{g}\left(\frac{W l^2}{a^2} + \frac{q b}{3}\,\frac{b^2}{a^2}\right)$$

und daraus folgt

$$p = \sqrt{\frac{kg}{W}} \sqrt{\frac{1}{\frac{l^2}{a^2} + \frac{1}{3}\frac{qb}{W}\frac{b^2}{a^2}}}\,.$$

Setzt man

$$k = \frac{4{,}5\cdot 6}{1{,}2} = 22{,}5\,\mathrm{kg/cm}\,,$$

so findet man für die gegebenen Zahlenwerte

$$f = \frac{p}{2\pi} = 1{,}83\ \text{Schwing./sek.}$$

3. Bestimme die Frequenz der Torsionsschwingung des Stators nach Abb. 24, wenn die Federkonstante k kg/cm beträgt und die Entfernung zwischen den Federn gleich l cm ist. Das Trägheitsmoment des Stators um seine Achse ist I.

Lösung: Es sei φ der kleine Drehwinkel um die O-Achse; dann ist die Dehnungsenergie in den Federn gleich

$$\left(\frac{\varphi l}{2}\right)^2 k$$

und die kinetische Energie des oszillierenden Stators

$$\frac{I\,\dot{\varphi}^2}{2}\,.$$

Führt man

$$\varphi = \varphi_{\max} \quad \text{und} \quad \dot{\varphi}_{\max} = p\,\varphi_{\max}$$

ein und setzt potentielle Energie und kinetische Energie einander gleich, so ergibt sich

$$\frac{k\,l^2}{4} = \frac{I\,p^2}{2}$$

und daraus

$$p = l\sqrt{\frac{k}{2I}} \quad \text{und} \quad f = \frac{p}{2\pi} = \frac{l}{2\pi}\sqrt{\frac{k}{2I}}\,.$$

4. Bestimme die Frequenz des starren Stabes (Abb. 43), der am Ende A gelenkig gestützt und am Ende B an der Feder befestigt ist, wenn das Gewicht des Stabes W und die Federkonstante k ist.

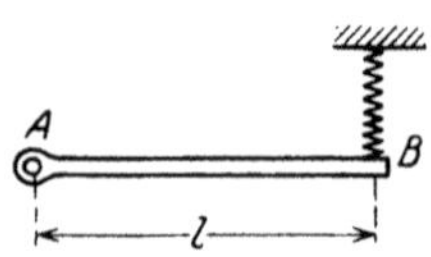

Abb. 43.

Lösung:

$$f = \frac{1}{2\pi}\sqrt{\frac{3\,k\,g}{W}}\,.$$

5. Bestimme die Eigenfrequenz des in Abb. 41 dargestellten Instrumentes, wenn $W = 0{,}5$ kg, $I = 0{,}01$ kg cm sec^2, $b = 5$ cm, $k_1 = 2$ kg/cm, $k_2 = 0{,}2$ kg/cm und $c = 2{,}5$ cm.

14. Rayleighsche Methode.

In allen oben betrachteten Fällen, wie in den durch die Abb. 1, 3 und 4 veranschaulichten, wurde das Problem unter Einführung gewisser Vereinfachungen auf die elementarsten Aufgaben über Schwingungen eines Systems mit einem Freiheitsgrad zurückgeführt. So wurde beispielsweise bei der in Abb. 1 dargestellten Vorrichtung die Federmasse gegenüber der Masse des Gewichtes W vernachlässigt, während bei der Vorrichtung nach Abb. 3 die Masse des Stabes als verschwindend angesehen wurde, und in dem durch Abb. 4 veranschaulichten Falle durfte das Trägheitsmoment der Welle gegenüber dem Trägheitsmoment der Scheibe unberücksichtigt bleiben. Obwohl diese Vereinfachungen in manchen praktischen Fällen noch hinreichend genaue Resultate ermöglichen, gibt es doch zahlreiche technische Aufgaben, bei denen auf die Frage der Zulässigkeit derartiger vereinfachender Näherungen eingegangen werden muß.

Um den Einfluß solcher Vereinfachungen auf die Ermittelung der Schwingungsfrequenz zu bestimmen, besprechen wir im nachstehenden ein von Rayleigh[1] entwickeltes Näherungsverfahren. Der Anwendbarkeit dieses Verfahrens liegt eine gewisse Annahme über die Gestalt des Systems während der Schwingungsbewegung zugrunde. Die Schwingungsfrequenz ergibt sich dann aus der Betrachtung der Systemenergie. Die Rayleighsche Methode soll hier an Hand eines einfachen Beispiels erläutert werden, und als solches nehmen wir hier wieder den in Abb. 1 dargestellten und in § 13 besprochenen Fall auf.

Setzen wir voraus, daß die Masse der Feder gegenüber der Masse des Gewichtes W klein ist, so müssen wir schließen, daß der Schwingungstypus durch die Masse der Feder nicht wesentlich beeinflußt wird, und man kann mit hinreichender Genauigkeit annehmen, daß die Verschiebung eines Federquerschnitts im Abstand c vom festgehaltenen Ende die gleiche ist wie im Falle einer masselosen Feder, also gleich

$$\frac{x\,c}{l}, \tag{a}$$

worin l die Länge der Feder ist.

Wenn die Verschiebungen, wie eben angenommen, von der Masse der Feder nicht beeinflußt sind, so ist der Ausdruck für die potentielle Energie des Systems der gleiche wie im Falle einer masselosen Feder, s. Gl. (d), S. 67, und es ist nur die kinetische Energie des Systems von neuem zu berechnen. Ist q das Gewicht der Feder pro Längeneinheit, so ist die Masse eines Federelementes von der Länge dc gleich $\frac{q\,dc}{g}$, und die ent-

[1] Siehe Lord Rayleigh: Theory of Sound, 1, 2. Aufl., S. 111 u. 287.

sprechende kinetische Energie ist unter Benutzung der Gl. (a)

$$\frac{q}{2g}\left(\frac{\dot{x}c}{l}\right)^2 dc.$$

Die gesamte kinetische Energie der Feder ist

$$\frac{q}{2g}\int_0^l \left(\frac{\dot{x}c}{l}\right)^2 dc = \frac{\dot{x}^2}{2g}\frac{ql}{3}.$$

Diese Größe muß zu der kinetischen Energie des Gewichtes W addiert werden und damit lautet das Energieprinzip

$$\frac{\dot{x}^2}{2g}\left(W + \frac{ql}{3}\right) + \frac{kx^2}{2} = \frac{kx_0^2}{2}. \tag{b}$$

Vergleicht man dieses Ergebnis mit der Gl. (f) des vorigen Paragraphen, so sieht man, daß der Einfluß der Federmasse auf die Eigenschwingungsperiode zum Ausdruck gebracht wird, indem man zu dem Gewicht W ein Drittel des Federgewichtes addiert.

Dieses Ergebnis, gewonnen aus der Annahme, daß das Federgewicht gegenüber dem Gewicht der Last sehr klein ist, ist auch in jenen Fällen hinreichend genau, in denen das Gewicht der Feder von der gleichen Ordnung ist wie W. Für $ql = 0{,}5\,W$ beträgt der Fehler, den man mit der Näherungslösung begeht, ca. ½%. Für $ql = W$ wird der Fehler etwa ¾%, für $ql = 2\,W$ beträgt er rund 3%[1].

Als ein zweites Beispiel untersuchen wir hier den Fall der Schwingungsbewegung eines in der Mitte belasteten Balkens von konstantem Querschnitt (Abb. 44). Wenn das Gewicht ql des Balkens gegenüber der Last W gering ist, so darf man mit hinreichender Genauigkeit annehmen, daß die Durchbiegungskurve des Balkens bei der Schwingungsbewegung die gleiche Gestalt hat wie die statische Durchbiegungskurve. Bezeichnet man mit x die Verschiebung der Last W während der Schwingungsbewegung, so ist die Verschiebung irgendeines Elementes $q\,dc$ des Balkens im Abstand c vom Lager gleich

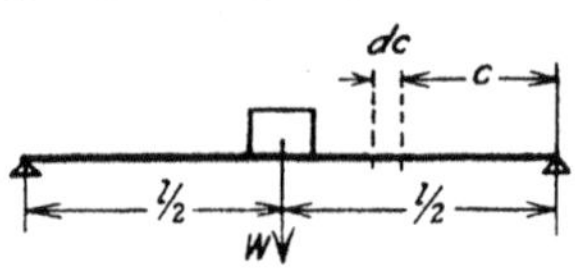

Abb. 44.

$$x \cdot \frac{3cl^2 - 4c^3}{l^3}.$$

Die kinetische Energie des Balkens wird

$$2\int_0^{l/2} \frac{q}{2g}\left(\dot{x}\,\frac{3cl^2 - 4c^3}{l^3}\right)^2 dc = \frac{17}{35}\,ql\,\frac{\dot{x}^2}{2g}. \tag{42}$$

Diese kinetische Energie des schwingenden Balkens muß zu dem Energie-

[1] Eine ausführlichere Erörterung dieses Problems findet man in § 48.

betrage $\frac{W\dot{x}^2}{2g}$ der in der Balkenmitte konzentrierten Last addiert werden, um den Einfluß des Balkengewichtes auf die Schwingungsperiode abzuschätzen, d. h. die Schwingungsperiode wird die gleiche sein wie für einen masselosen Balken, der in der Mitte die Last

$$W + \frac{17}{35} q\, l$$

trägt.

Zu bemerken ist, daß die Gl. (42), obwohl unter der Voraussetzung entwickelt, daß das Balkengewicht gegenüber dem Gewicht W klein ist, praktisch richtig bleibt, auch wenn diese Voraussetzung nicht erfüllt ist. Sogar im extremen Fall, daß $W = 0$ und die Last $\frac{17}{35}\, q l$ in der Balkenmitte konzentriert erscheint, erweist sich die Näherung als hinreichend genau. Unter der Einwirkung einer in der Mitte angreifenden Last von der Größe $\frac{17}{35}\, q l$ wird die Durchbiegung des Balkens gleich

$$\delta_{st} = \frac{17}{35} q\, l \cdot \frac{l^3}{48\, E\, I}\,.$$

Substituiert man dies in die Gl. (5), S. 3, so ergibt sich die Eigenschwingungsperiode zu

$$\tau = 2\pi \sqrt{\frac{\delta_{st}}{g}} = 0{,}632 \sqrt{\frac{q\, l^4}{E\, I\, g}}\,.$$

Die genaue Lösung lautet[1]

$$\tau = \frac{2}{\pi} \sqrt{\frac{q\, l^4}{E\, I\, g}} = 0{,}637 \sqrt{\frac{q\, l^4}{E\, I\, g}}\,.$$

Wie man sieht, beträgt der Fehler, den man mit der Näherungslösung im betrachteten Extremfall begeht, weniger als 1%.

Das gleiche Verfahren darf auch auf den durch Abb. 45 veranschaulichten Fall angewandt werden. Nimmt man an, daß bei der Schwingungsbewegung die Form der Durchbiegungskurve des Balkens die gleiche ist wie im Falle einer am Ende wirkenden statischen Belastung, und bezeichnet man mit x die Vertikalverschiebung der Last W, so wird die kinetische Energie des eingespannten Balkens von konstantem Querschnitt gleich

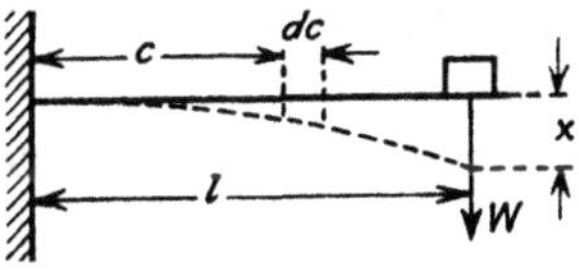

Abb. 45.

$$\int_0^l \frac{q}{2g} \left(\dot{x}\, \frac{3\, c^2 l - c^3}{2\, l^3}\right)^2 d\,c = \frac{33}{140}\, q\, l\, \frac{\dot{x}^2}{2g}\,. \tag{43}$$

Die Schwingungsperiode wird die gleiche sein wie im Falle eines ein-

[1] Siehe § 42, Gl. (137′).

gespannten Balkens von verschwindender Masse und mit einer Last

$$W + \frac{33}{140} q l$$

am freien Ende. Dieses Ergebnis folgt aus der Annahme, daß das Gewicht ql des Balkens gegenüber dem Gewicht W klein ist, doch ist es auch dann noch genau genug, wenn ql nicht klein ist. Wendet man das Resultat auf den Extremfall $W = 0$ an, so erhält man

$$\delta_{st} = \frac{33}{40} q l \frac{l^3}{3 E I}.$$

Die entsprechende Schwingungsperiode ist

$$\tau = 2\pi \sqrt{\frac{\delta_{st}}{g}} = \frac{2\pi}{3{,}567} \sqrt{\frac{q l^4}{E I g}}. \tag{c}$$

Die genaue Lösung aber lautet[1]

$$\tau = \frac{2\pi}{3{,}515} \sqrt{\frac{q l^4}{E I g}}. \tag{d}$$

Wie man sieht, ist die Näherungslösung mit einem Fehler von ca. 1½ % behaftet. Im Falle $W = 0$ ist eine bessere Näherung erreichbar. Hierzu hat man nur von der Annahme auszugehen, daß während des Schwingungsvorganges die Gestalt der Durchbiegungskurve des Balkens die gleiche sein wird wie im Falle einer gleichförmig über den Balken verteilten Last. Die Durchbiegung y_0 in einem Querschnitt im Abstande c von der Einspannstelle ist durch die Gleichung

$$y_0 = x_0 \left\{ -\frac{1}{3} + \frac{4}{3} \frac{c}{l} + \frac{1}{3} \left(1 - \frac{c}{l}\right)^4 \right\}, \tag{e}$$

worin

$$x_0 = \frac{q l^4}{8 E I}$$

die Durchbiegung am Ende des eingespannten Balkens bedeutet, gegeben.

Die potentielle Energie der Biegung ist

$$V = \frac{q}{2} \int_0^l y_0 \, d c = \frac{8}{5} \cdot \frac{E I x_0^2}{l^3}.$$

Die kinetische Energie des schwingenden Balkens ist

$$T = \frac{1}{2} \int_0^l \frac{q}{g} \dot{y}^2 \, d c.$$

Setzt man (vgl. S. 68)

$$y = y_0 \cos p t, \qquad (\dot{y})_{\max} = y_0 p,$$

---

[1] Siehe § 43.

so wird die Gleichung zur Bestimmung von p [s. Gl. (g), S. 68]

$$\frac{1}{2}\int_0^l \frac{q}{g}(y_0 p)^2\, d c = \frac{8}{5}\,\frac{E I x_0^2}{l^3}\,.$$

Substituiert man (e) für y_0, so erhält man nach Ausführung der Integration

$$p = 3{,}530\sqrt{\frac{E I g}{q l^4}}\,.$$

Die entsprechende Schwingungsperiode ist

$$\tau = \frac{2\pi}{3{,}530}\sqrt{\frac{q l^4}{E I g}}\,. \tag{f}$$

Vergleicht man dieses Ergebnis mit der genauen Lösung (d), so sieht man, daß im betrachteten Falle die Näherungslösung mit einem Fehler von nur etwa ½ % behaftet ist.

Es ist zu beachten, daß ein elastischer Balken ein System mit unendlich vielen Freiheitsgraden darstellt. Er kann, wie eine Saite, Schwingungen verschiedener Art ausführen. Daher ist die Wahl einer bestimmten Form für die Durchbiegungskurve bei der Benutzung des Rayleighschen Verfahrens mit der Einführung zusätzlicher Beschränkungen gleichbedeutend, die das System auf eines mit einem Freiheitsgrad reduzieren. Solche zusätzliche Beschränkungen können die Steifigkeit und damit auch die Schwingungsfrequenz des Systems nur erhöhen. Hieraus folgt, daß in allen oben behandelten Fällen die Näherungswerte der Frequenzen, wie sie sich nach der Rayleighschen Methode ergeben, etwas höher sind als die genauen Werte.

Im Falle von Torsionsschwingungen (s. Abb. 4) kann man zur Bestimmung des Einflusses, den die Trägheit der Welle auf die Schwingungsfrequenz ausübt, das gleiche Näherungsverfahren benutzen. Sei i das Trägheitsmoment der Welle pro Längeneinheit, und es werde ferner angenommen, daß die Schwingungsform die gleiche ist wie im Falle einer masselosen Welle. Der Verdrehungswinkel eines Querschnitts im Abstand c vom eingespannten Wellenende ist gleich $\frac{c\varphi}{l}$ und die kinetische Energie eines Wellenelementes ist

$$\frac{1}{2}\, i\, d c\left(\frac{c\dot{\varphi}}{l}\right)^2.$$

Die kinetische Energie der ganzen Welle ist

$$\frac{i}{2}\int_0^l \left(\frac{c\dot{\varphi}}{l}\right)^2 d c = \frac{\dot{\varphi}^2}{2}\,\frac{i\,l}{3}\,. \tag{44}$$

Diesen Betrag muß man zu der kinetischen Energie der Scheibe addieren, um den Einfluß der Wellenmasse auf die Schwingungsfrequenz zu bestimmen; mit anderen Worten, die Schwingungsperiode wird die gleiche sein wie im Falle einer masselosen Welle mit einer Scheibe am Ende, deren Trägheitsmoment gleich ist

$$I + \frac{i\,l}{3}.$$

Die Anwendung des Rayleighschen Verfahrens auf die Berechnung der kritischen Geschwindigkeit einer rotierenden Welle soll im folgenden Paragraphen besprochen werden.

15. Kritische Geschwindigkeit einer rotierenden Welle.

Es ist wohlbekannt, daß rotierende Wellen bei gewissen Geschwindigkeiten dynamisch unstabil werden und zu starken Schwingungen neigen. Diese Erscheinung trägt den Charakter eines Resonanzvorgangs; ein einfaches Beispiel wird uns zeigen, daß die kritische Geschwindigkeit einer Welle die Geschwindigkeit ist, bei der die sekundliche Umdrehungszahl der Welle gleich ist der Frequenz ihrer freien Querschwingungen[1].

Welle mit einer Scheibe. Wir suchen uns die Aufgabe möglichst einfach zu gestalten und legen daher unserer Darstellung eine mit einer Kreisscheibe belastete vertikal angeordnete Welle nach Abb. 46a zugrunde, da auf diese Weise das Gewicht der Welle von der Betrachtung ausgeschlossen bleibt. Der Schwerpunkt C der Scheibe möge in einem kleinen Abstand von der Wellenachse liegen; wir nennen diesen Abstand die Exzentrizität und bezeichnen ihn mit e. Bei der Drehbewegung entsteht infolge des Vorhandenseins der Exzentrizität eine Zentrifugalkraft, die eine Durchbiegung der Welle hervorruft. Die Größe der Durchbiegung x ergibt sich leicht aus der Bedingung, daß sich die Welle unter der Einwirkung der Zentrifugalkraft und der Reaktionskraft der durchgebogenen Welle im Gleichgewicht befinden muß. Die letzte Kraft ist der Durchbiegung x proportional und kann daher in der Form

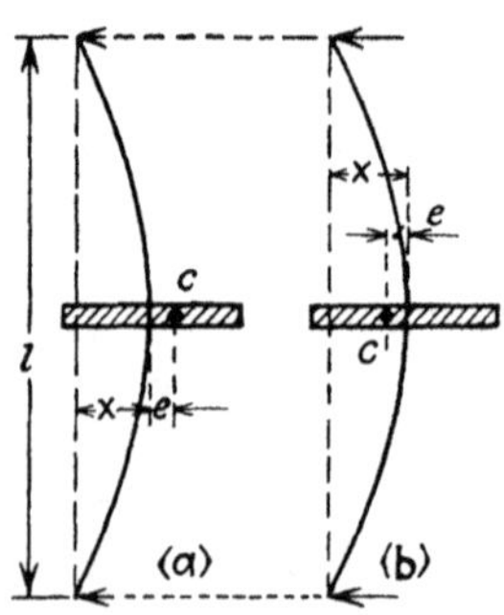

Abb. 46.

$$P = k\,x$$

dargestellt werden. Der Faktor k läßt sich aus den Abmessungen und den Lagerungsbedingungen der Welle berechnen. Nimmt man beispielsweise

[1] Eine ausführlichere Darstellung der Querschwingungen einer Welle ist in § 32 gegeben.

an, daß die Welle konstanten Querschnitt besitzt, und daß die Scheibe in der Mitte zwischen den beiden Lagern sitzt, so ist

$$k = \frac{48\,E\,J}{l^3}\,.$$

Die Gleichgewichtsbedingung, die zur Bestimmung der Durchbiegung x führt, lautet

$$\frac{W}{g}(x + e)\,\omega^2 = k\,x\,, \tag{a}$$

wenn man mit $\frac{W}{g}$ die Scheibenmasse und mit ω die Winkelgeschwindigkeit der Welle bezeichnet.

Aus Gl. (a) folgt

$$x = \frac{e}{\frac{k}{\omega^2}\,\frac{g}{W} - 1}\,. \tag{b}$$

Nun ist aber nach Gl. (3)

$$\frac{k\,g}{W} = p^2\,,$$

und daher ist aus der Gl. (b) zu schließen, daß die Durchbiegung x rasch zunimmt, sobald sich ω dem Werte p, d. h. sobald sich die sekundliche Umdrehungszahl der Welle der Frequenz der Biegungsschwingungen des aus Welle und Scheibe bestehenden Systems nähert. Der kritische Wert der Geschwindigkeit ist

$$\omega_{kr} = \sqrt{\frac{k\,g}{W}}\,. \tag{44}$$

Bei dieser Geschwindigkeit wird der Nenner von (b) gleich Null und in der Welle treten starke Querschwingungen auf. Sehr wichtig ist der Umstand, daß nach Überschreitung des kritischen Punktes die Drehbewegung mit wachsender Geschwindigkeit immer ruhiger wird. Die Versuche zeigen, daß in diesem Falle der Schwerpunkt C zwischen der Verbindungsgeraden der Lager und der durchgebogenen Wellenachse liegt, wie in Abb. 46b dargestellt. Die Gleichung zur Ermittlung der Durchbiegung ist dann

$$\frac{W}{g}(x - e)\,\omega^2 = k\,x\,,$$

woraus folgt

$$x = \frac{e}{1 - \frac{k\,g}{\omega^2\,W}}\,. \tag{c}$$

Diese Gleichung zeigt, daß die Durchbiegung x mit zunehmender Winkelgeschwindigkeit ω abnimmt und dem Grenzwerte e zustrebt, d. h. bei sehr hohen Geschwindigkeiten nähert sich der Scheibenschwerpunkt der Verbindungsgeraden der Lager, und die durchgebogene Welle rotiert um den Schwerpunkt C.

Welle mit mehreren Scheiben. Wir haben an einem einfachen Beispiel gezeigt, daß die kritische Umdrehungszahl einer Welle der Eigenfrequenz ihrer Biegungsschwingungen gleich ist. Die Bestimmung dieser Eigenfrequenz mit Hilfe der Rayleighschen Methode ergibt leicht die kritische Geschwindigkeit auch im Falle einer Welle mit mehreren Scheiben. Bezeichnet man mit W_1, W_2, W_3 die Lasten, mit x_1, x_2, x_3 die entsprechenden Durchbiegungen (s. Abb. 47), so wird in der gebogenen Welle ein gewisser Vorrat an potentieller Energie der Deformation, gleich

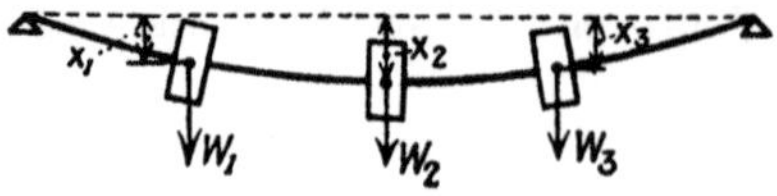

Abb. 47.

$$V = \frac{W_1 x_1}{2} + \frac{W_2 x_2}{2} + \frac{W_3 x_3}{2}, \tag{d}$$

aufgespeichert.

Der Berechnung der tiefsten Schwingungsfrequenz kann die statische Durchbiegungskurve nach Abb. 47 als gute Näherungsdarstellung der Durchbiegungskurve des Balkens während der Schwingungsbewegung zugrunde gelegt werden. Die Vertikalverschiebungen der Lasten W_1, W_2 und W_3 während der Bewegung können in der Form

$$x_1 \cos pt, \qquad x_2 \cos pt, \qquad x_3 \cos pt \tag{e}$$

geschrieben werden. Dann entspricht Abb. 47 dem Zustand der Maximalverschiebung der Welle, von der Gleichgewichtslage aus gemessen; daher ist die Zunahme der potentiellen Energie der schwingenden Welle bei der von der Gleichgewichtslage aus gemessenen Durchbiegung bis zur Extremlage durch die Gl. (d) gegeben. Andererseits aber erreicht die kinetische Energie des Systems während der Schwingungsbewegung ihren Maximalwert beim Durchgang durch die Mittellage. Aus (e) schließt man, daß die Geschwindigkeiten der Lasten in der bezeichneten Lage entsprechend gleich sind

$$p x_1, \quad p x_2, \quad p x_3,$$

und damit wird die kinetische Energie des Systems gleich

$$\frac{p^2}{2g}(W_1 x_1^2 + W_2 x_2^2 + W_3 x_3^2). \tag{f}$$

Setzt man die Ausdrücke (d) und (f) einander gleich, so ergibt sich folgender Ausdruck für p^2:

$$p^2 = \frac{g(W_1 x_1 + W_2 x_2 + W_3 x_3)}{W_1 x_1^2 + W_2 x_2^2 + W_3 x_3^2}. \tag{45}$$

Die Schwingungsperiode ist

$$\tau = \frac{2\pi}{p} = 2\pi \sqrt{\frac{W_1 x_1^2 + W_2 x_2^2 + W_3 x_3^2}{g(W_1 x_1 + W_2 x_2 + W_3 x_3)}}. \tag{46}$$

Allgemein ist, wenn man mit n die Anzahl der auf der Welle befestigten

Massen bezeichnet, die Schwingungsperiode gleich

$$\tau = 2\pi \sqrt{\frac{\sum_1^n W_i x_i^2}{g \sum_1^n W_i x_i}}. \qquad (47)$$

Wie man sieht, ist zur Berechnung von τ nur die Kenntnis der statischen Durchbiegungen $x_1, x_2, \ldots$ der Welle erforderlich. Diese Größen kann man mit Hilfe üblicher Methoden ermitteln. Handelt es sich um eine Welle von veränderlichem Querschnitt, so lassen sich die Durchbiegungen auf graphischem Wege bestimmen. Auch der Einfluß des Eigengewichts der Welle kann berücksichtigt werden. Zu diesem Zweck ist es notwendig, die Welle in mehrere Teile zu teilen, die einzelnen Teilgewichte in den zugehörigen Schwerpunkten angreifen zu lassen und als konzentrierte Lasten zu behandeln.

Betrachten wir z. B. die in Abb. 48a dargestellte Welle mit den in der Zeichnung angegebenen Kräften und Durchmessern. Durch Konstruktion des Kräftepolygons (Abb. 48b) und des entsprechenden Seilpolygons (Abb. 48c) erhält man das Diagramm der Biegungsmomente. Um den numerischen Wert des Biegungsmomentes in irgendeinem Querschnitt mn der Welle zu berechnen, ist es nur notwendig, die entsprechende Ordinate e der Momentenfläche in dem gleichen Maßstab, der für die Wellenlänge benutzt wurde, abzugreifen, und sie mit dem Polabstand h, im Kräftemaßstab des Kräftepolygons gemessen (in unserem Falle ist $h = 36000$ kg[1]), zu multiplizieren. Die Ermittlung der Durchbiegungskurve ist mit der Konstruktion eines zweiten Seilpolygons identisch, wobei der Flächeninhalt des erwähnten Diagramms der Biegungsmomente als gedachte Belastung zu gelten hat. Die sprunghafte Veränderlichkeit des Wellenquerschnitts wird dadurch berücksichtigt, daß die Intensität dieser gedachten Belastung in jedem Querschnitt mit $\frac{I_0}{I}$ multipliziert wird, worin I_0 das Trägheitsmoment des größten Wellenquerschnitts und I das Trägheitsmoment des Wellenquerschnitts an der betrachteten Stelle ist. In dieser Weise erhält man die endgültige Gestalt der gedachten Belastung in der schraffierten Fläche der Abb. 48c. Diese Fläche ist in mehrere Teile zu unterteilen, ihre Flächeninhalte in cm² zu ermitteln und mit dem in kg gemessenen Polabstand zu multiplizieren, dann hat man die gedachten Lasten in kg cm². Mit diesen Lasten konstruiert man das zweite Kräftepolygon (Abb. 48d), wobei der Polabstand h_1 gleich $\frac{1}{n} E I_0$ genommen wird mit $E I_0$ als größter Biegungssteifigkeit der Welle, während n eine ganze Zahl ist (in unserem Falle ist $n = 800$). Zu beachten ist, daß die gedachten Be-

[1] In der Abb. 48, der das englische Maß- und Gewichtssystem zugrunde liegt, gleich 80000 lbs. Die Umrechnungsfaktoren sind in der Abbildung angegeben

lastungen und der Polabstand $\frac{1}{n} E I_0$ von gleicher Dimension sind, nämlich kg cm², und daher im Kräftepolygon im gleichen Maßstab darzustellen sind. Unter Benutzung des zweiten Kräftepolygons zeichnet

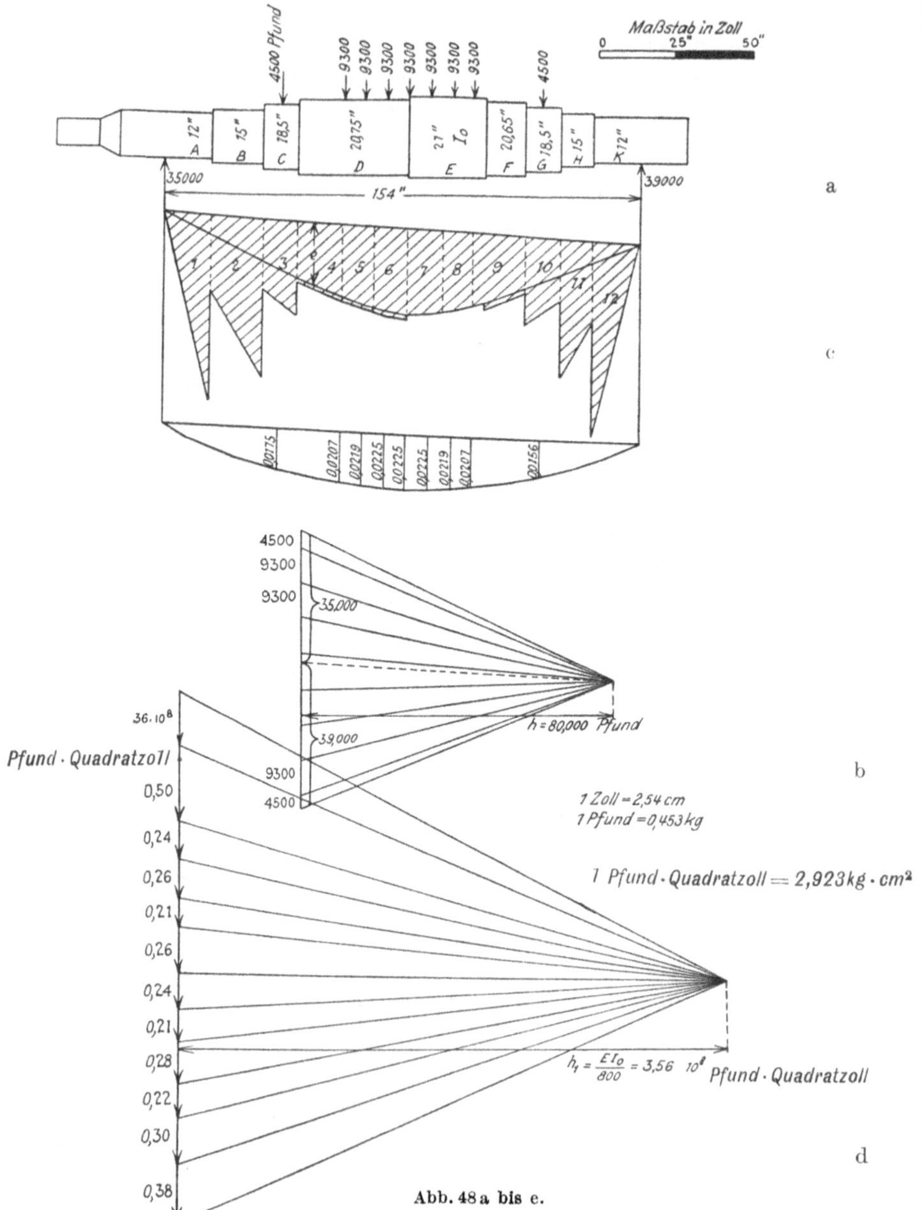

Abb. 48 a bis e.

man dann das zweite Seilpolygon (Abb. 48e), das nichts anderes ist als das Tangentenpolygon der Durchbiegungskurve, die danach leicht eingezeichnet werden kann. Um die Zahlenwerte der Durchbiegung e zu erhalten, ist es nur notwendig, sie im gleichen Maßstab zu messen, in dem die Wellenlänge aufgetragen worden ist, und sie durch die bereits bei der Konstruktion des zweiten Polygons benutzte Zahl n zu dividieren. Alle aus der Zeichnung erhaltenen und für die Benutzung der Gl. (47) erforderlichen Zahlenwerte sind in der nebenstehenden Tabelle gegeben.

W kg	$10^2 \cdot x_i$ cm	$10^4 \cdot x_i^2$ cm²	$W \cdot x_i$ cm kg	$W \cdot x_i^2$ cm² kg
2040	4,45	19,80	90,5	4,06
4200	5,26	27,80	220,1	11,68
4200	5,56	31,10	233,0	13,07
4200	5,73	32,90	240,5	13,81
4200	5,73	32,90	240,5	13,81
4200	5,73	32,90	240,5	13,81
4200	5,56	31,10	233,0	13,07
4200	5,26	27,80	220,1	11,68
2040	3,97	15,80	81,0	3,23
			1799,2 $= \Sigma W x_i$	98,22 $= \Sigma W x_i^2$

Der kritische Wert der minutlichen Umdrehungszahl ergibt sich nun zu

$$N_{kr} = \frac{60}{\tau} = \frac{30}{\pi}\sqrt{\frac{g\sum_1^n W_i x_i}{\sum_1^n W_i x_i^2}} = \frac{30}{\pi}\sqrt{\frac{981 \cdot 1799{,}2}{98{,}22}} = 1280 \text{ Umdr. p. Min.}$$

Zu bemerken ist, daß Naben von Radsternen oder Schwungrädern beim Aufschrumpfen auf die Welle deren Steifigkeit erheblich verstärken und ihre kritische Geschwindigkeit erhöhen. Bei der rechnerischen Behandlung des Problems kann angenommen werden, daß die durch die Schwingungsbewegung entstehenden Spannungen gering sind und daß die Schrumpfpressung zwischen Nabe und Welle hinreichend stark ist, um gegenseitige Bewegungen der beiden Teile zu verhindern, so daß die Nabe als ein Teil der Welle von verstärktem Durchmesser angesehen werden darf. Daher kann der Einfluß der Nabe auf die Höhe der kritischen Geschwindigkeit dadurch zum Ausdruck gebracht werden, daß man dem oben entwickelten graphischen Verfahren an den entsprechenden Stellen diesen verstärkten Durchmesser zugrunde legt[1].

Abb. 49.

Im Falle einer mit Eindrehungen versehenen Welle (Abb. 49), bei der die Abstände zwischen den Eindrehungen von der gleichen Größen-

[1] A. Stodola gibt in seinem Werk über Dampf- und Gas-Turbinen, 6. Aufl., S. 383 (1924), ein Beispiel für den Einfluß der Schrumpfversteifungen, wobei der berechnete Wert der kritischen Geschwindigkeit mit der experimentell gefundenen gut übereinstimmt. Siehe auch die Arbeit von B. Eck: Versteifender Einfluß der Turbinenscheiben. Z. V. d. I. 72, 51 (1928).

ordnung sind wie ihre Tiefe, nimmt das Material zwischen zwei Eindrehungen nur einen geringen Anteil an Biegung auf und die Biegungssteifigkeit einer solchen Welle unterscheidet sich wenig von derjenigen einer Welle vom Durchmesser d gleich dem Eindrehungsdurchmesser der ersten Welle[1].

Man beachte, daß bei der Anordnung nach Abb. 47 starre Lagerungen vorausgesetzt wurden. In gewissen Fällen sind aber die Lager nicht so steif, um diese Voraussetzung zu rechtfertigen, und dadurch wird die Höhe der kritischen Geschwindigkeit beeinflußt. Wenn die zusätzliche Biegsamkeit infolge der Deformation der Lagerungen in der horizontalen Richtung ebenso groß ist wie in der vertikalen, so kann der Einfluß dieser Biegsamkeit leicht berücksichtigt werden. Hierzu ist es nur nötig, den vorangehend berechneten Durchbiegungen x_1, x_2 und x_3 die Vertikalverschiebung infolge der Nachgiebigkeit der Lager unter der Einwirkung der Lasten W_1, W_2 und W_3 zu addieren. Derartige zusätzliche Durchbiegungen erniedrigen die kritische Geschwindigkeit der Welle.

II. Nichtharmonische Schwingungen.

16. Allgemeines.

Alle im vorangehenden Kapitel erörterten Schwingungsprobleme stellten sich als Lösungen von Differentialgleichungen der Form

$$\ddot{x} + 2n\dot{x} + p^2 x = f(t)$$

dar, worin die Koeffizienten als konstante Größen betrachtet wurden. Es wurde vorausgesetzt, daß die Dämpfung und die Federkonstante, oder eigentlich die Federungszahl, des Systems, von der Verschiebung x und von der Zeit t unabhängig sind. Bei manchen technischen Problemen kann man diese Voraussetzung ohne empfindliche Fehler machen, und die Lösung der Gl. (a) stellt in solchen Fällen die wirklich eintretende Bewegung des Systems mit hinreichender Genauigkeit dar. Aus der Gestalt der Lösung konnten wir folgende Schlüsse über die Art der Schwingungsbewegung ziehen: 1. die Eigenschwingungsfrequenz solcher Systeme ist von der Schwingungsamplitude unabhängig, d. h. die Schwingungen sind isochron; 2. im Falle des Vorhandenseins einer periodischen Störungskraft können die Schwingungen des Systems in zwei Klassen eingeteilt werden, in freie und erzwungene Schwingungen; 3. der Nacheilwinkel der erzwungenen harmonischen Schwingungen von gegebener Frequenz hängt von den Anfangsbedingungen der Bewegung nicht ab und bleibt während der Schwingungsbewegung kon-

[1] Eck, B.: a. a. O.

stant; 4. sind die erzwungenen Schwingungen durch mehrere Kräfte bedingt, so ist die resultierende Bewegung gleich der Summe der Schwingungen, die durch die Einzelkräfte hervorgerufen werden; 5. wenn die Frequenz der Störungskraft mit derjenigen der freien Schwingungen des Systems zusammenfällt, so tritt Resonanz ein, und als Folge hiervon wächst die Amplitude der erzwungenen Schwingung stark an. Diese fünf Eigenschaften sind für die einfache harmonische Bewegung charakteristisch.

Doch kann es auch Fälle geben, in denen die Gl. (a) mit konstanten Koeffizienten nur unter der Voraussetzung angewandt werden darf, daß die Verschiebungen x sehr klein sind. Es gibt auch Fälle, in denen der Bewegungsvorgang mittels einer Differentialgleichung mit variablen Koeffizienten beschrieben werden kann.

In der folgenden Erörterung werden zwei wichtige Schwingungsarten untersucht: 1. Schwingungen, bei denen die Elastizität des Systems von der Verschiebung x abhängt und die im nachstehenden als pseudoharmonische Schwingungen bezeichnet werden sollen, und 2. Schwingungen, bei denen die Federungszahl von der Zeit t abhängt und die wir quasiharmonische Schwingungen nennen wollen. Genaue Lösungen sind für die beiden Probleme nur in gewissen einfachen Fällen bekannt; daher benutzt man bei der Behandlung praktisch wichtiger technischer Aufgaben graphische oder numerische Näherungsverfahren um zur Lösung zu gelangen.

17. Beispiele pseudoharmonischer Schwingungen.

Es gibt Fälle, in denen die Federungszahl des schwingenden Systems mit der Verschiebung veränderlich, die Wiederherstellungskraft also der Verschiebung nicht mehr proportional ist. Dies tritt bei Federn ein, deren Material dem Hookeschen Gesetz nicht gehorcht. Manchmal wird beispielsweise ein organischer Stoff, wie Gummi oder Leder, für Kupplungen oder Schwingungsdämpfer benutzt. Für derartige Stoffe hat das Festigkeitsdiagramm die in Abb. 50 dargestellte Form; der Elastizitätsmodul wächst demnach mit der Dehnung. Bei kleinen Schwingungsamplituden kann diese Veränderlichkeit des Moduls vernachlässigt werden, bei wachsender Amplitude dagegen führt die Erhöhung des Moduls zu einer wesentlichen Erhöhung der Schwingungsfrequenz.

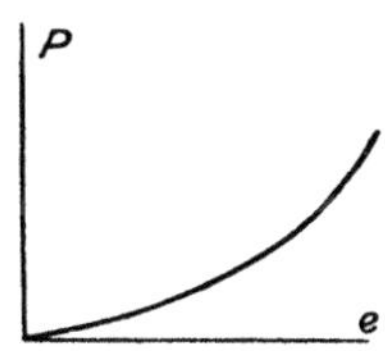

Abb. 50.

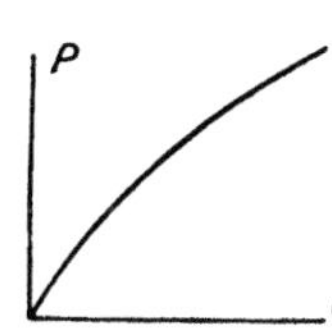

Abb. 51.

Ein anderes Beispiel veränderlicher Biegsamkeit bieten Konstruktionen aus Stoffen, wie Gußeisen oder Zement. Diese beiden Materialien haben ein Festigkeitsdiagramm nach Abb. 51: der

Elastizitätsmodul sinkt mit der Deformation. Daher verursacht eine Zunahme der Amplitude eine gewisse Abnahme der Frequenz.

Manchmal werden Stahlfedern besonderer Art benutzt, deren elastische Eigenschaften mit der Verschiebung veränderlich sind. Die Eigenfrequenz von Systemen, die derartige Federn enthalten, hängt von der Amplitudengröße ab. Die Verwendung von Federn dieser Art kann das unerwünschte Resonanzphänomen reduzierend beeinflussen. Wenn die Schwingungsamplitude infolge der Resonanz zu wachsen beginnt, so ändert sich nämlich die Schwingungsfrequenz, und die Resonanz wird aufgehoben. Ein einfaches Beispiel einer derartigen Feder zeigt Abb. 52. Im Punkte A ist eine Blattfeder eingespannt, die durch ein Gewicht W belastet ist. Bei der Schwingungsbewegung berührt die Feder teilweise jede der beiden zylindrischen Flächen AB und AC.

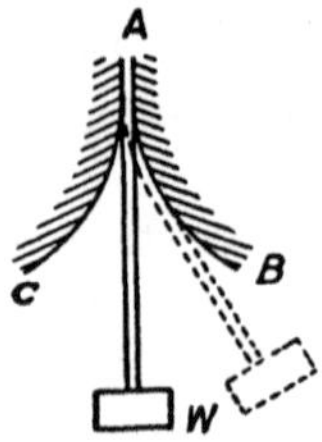

Abb. 52.

Infolgedessen ist die freie Länge des eingespannten Stabes mit der Amplitude veränderlich, so daß die Steifigkeit der Feder mit der Durchbiegung zunimmt. Der Fall entspricht den Verhältnissen der Abb. 50, d. h. die Schwingungsfrequenz nimmt mit wachsender Amplitude zu.

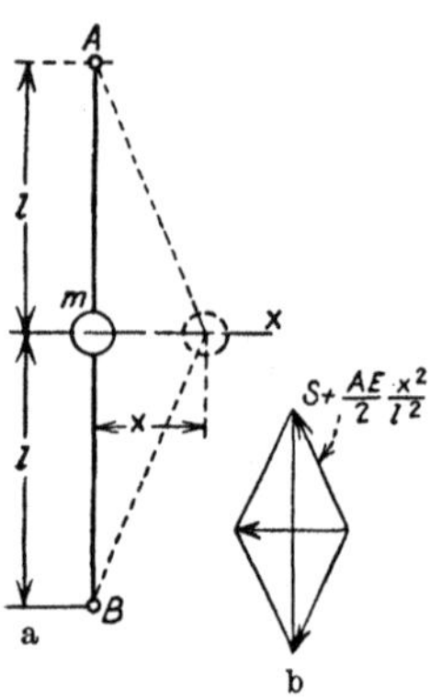

Abb. 53.

Wenn die Abmessungen der Feder und die Form der Kurven AB und AC bekannt sind, so kann man den Funktionalzusammenhang der Wiederherstellungskraft mit der Durchbiegung am Federende leicht durch eine Kurve darstellen.

Als ein weiteres Beispiel nichtharmonischer Bewegung sei hier die längs der x-Achse erfolgende Schwingung einer Masse m untersucht, die nach Abb. 53 an einem gestreckten Draht befestigt ist. Sei

S = die Anfangsspannung im Draht,

x = eine kleine Verschiebung der Masse m in horizontaler Richtung,

F = der Flächeninhalt des Drahtquerschnitts,

E = der Elastizitätsmodul des Drahtmaterials.

Dann ist die spezifische Dehnung des Drahtes bei der Verschiebung x gleich

$$\frac{\sqrt{l^2 + x^2} - l}{l} = \frac{x^2}{2\,l^2}.$$

Die entsprechende Spannkraft im Draht ist

$$S + EF \cdot \frac{x^2}{2\,l^2},$$

und die auf die Masse m wirkende Wiederherstellungskraft ist (s. Abb. 53b)

$$\left(S + FE \cdot \frac{x^2}{2\,l^2}\right) \frac{2\,x}{\sqrt{l^2 + x^2}} \approx \frac{2\,S\,x}{l} + FE\,\frac{x^3}{l^3}.$$

Für die Bewegung der Masse m gilt somit die Differentialgleichung

$$m\ddot{x} + \frac{2Sx}{l} + FE\frac{x^3}{l^3} = 0. \tag{a}$$

Man sieht, daß im Falle sehr kleiner Verschiebungen und einer hinreichend großen Anfangsspannung S im Draht das letzte Glied der linken Seite der Gl. (a) vernachlässigt werden darf; dann ergibt sich eine einfache harmonische Schwingung der Masse m in horizontaler Richtung. Sonst müssen alle drei Glieder der Gl. (a) berücksichtigt werden. In diesem Falle wächst die Wiederherstellungskraft in stärkerem Maße wie die Verschiebung und die Schwingungsfrequenz wächst mit der Amplitude.

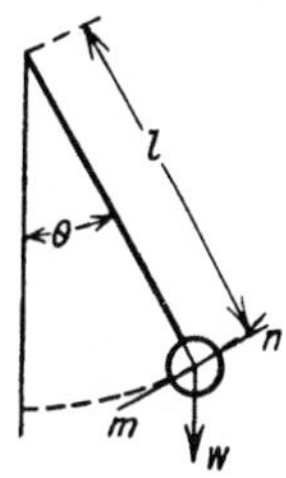

Abb. 54.

Im Falle eines einfachen mathematischen Pendels (Abb. 54) findet man durch Anwendung des d'Alembertschen Prinzips, indem man die das Gewicht darstellende Kraft W und den Trägheitswiderstand auf die Richtung mn der zugehörigen Tangente projiziert, folgende Bewegungsgleichung:

$$\frac{Wl}{g}\ddot{\theta} + W\sin\theta = 0$$

oder

$$\ddot{\theta} + \frac{g}{l}\sin\theta = 0, \tag{b}$$

worin l die Pendellänge und θ der Winkel zwischen dem Pendel und der Vertikalen ist. Wie man sieht, dürfen die Schwingungen eines solchen Pendels nur dann als einfach harmonisch angesehen werden, wenn die Amplituden klein sind, d. h. wenn $\sin\theta$ annähernd gleich θ ist. Sind aber die Amplituden nicht klein, so tritt eine kompliziertere Bewegung ein, und die Schwingungsperiode hängt dann von der Größe der Amplitude ab. Es ist klar, daß die Wiederherstellungskraft nicht proportional ist der Verschiebung; sie wächst vielmehr in geringerem Maße, so daß die Frequenz mit wachsender Schwingungsamplitude abnehmen wird. Entwickelt man $\sin\theta$ in eine Potenzreihe und nimmt nur die ersten zwei Glieder der Reihe, so erhält man statt (b) folgende Gleichung:

$$\ddot{\theta} + \frac{g}{l}\left(\theta - \frac{1}{6\theta^3}\right) = 0. \tag{c}$$

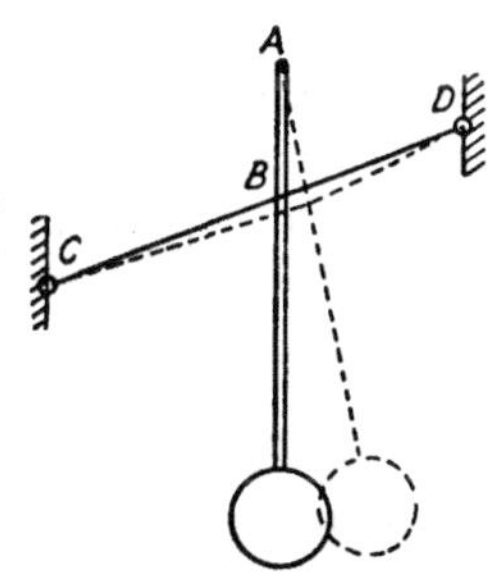

Abb. 55.

Der Vergleich dieser Gleichung mit Gl. (a) zeigt, daß die Kombination des Pendels mit einer gespannten, auf der Schwingungsebene senkrecht stehenden mit dem Pendelstab in einem Punkte B verbundenen Schnur (Abb. 55) eine bessere Annäherung an die isochronen Schwingungen ergibt.

Abb. 56 veranschaulicht ein System, bei dem die Schwingungsperiode von der Amplitude abhängt. Die Masse m führt eine Schwingungsbewegung zwischen zwei Federn aus, indem sie auf einem Stab AB ohne Reibung hin und her gleitet. Mißt man die Verschiebungen der Masse m von ihrer Mittellage aus, so ist die Veränderlichkeit der Wiederherstellungskraft mit der Verschiebung durch Abb. 57 graphisch dargestellt. Die Schwingungsfrequenz hängt nicht nur von der Federungszahl ab, sondern auch von der Größe der Strecke a und von den Anfangsbedingungen. Nimmt man z. B. an, daß sich die Masse m am Anfang in ihrer Mittellage befindet, und bezeichnet man mit v ihre Anfangsgeschwindigkeit in der x-Richtung, so ist die zum Zurücklegen der Strecke a erforderliche Zeit

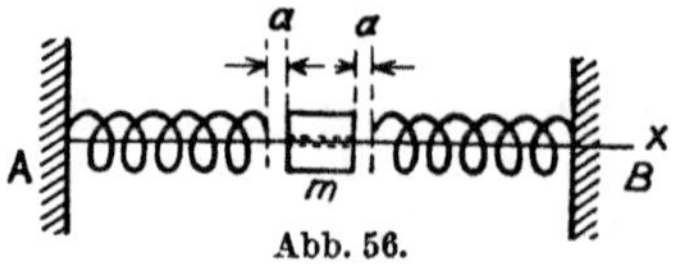

Abb. 56.

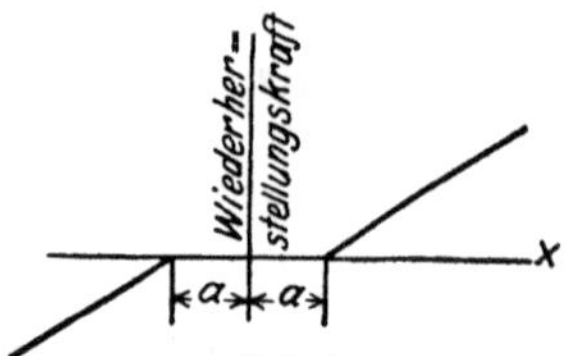

Abb. 57.

$$t_1 = \frac{a}{v}. \tag{d}$$

Im Augenblick $t = t_1$ kommt die Masse m mit der Feder in Berührung und die weitere Bewegung in der x-Richtung wird einfach harmonisch. Die Zeit, während der die Geschwindigkeit der Masse von v auf Null zurückgeht (der vierte Teil der Periode einer einfachen harmonischen Bewegung), ist nach Gl. (5)

$$t_2 = \frac{1}{2}\pi\sqrt{\frac{m}{k}}, \tag{e}$$

worin k die Federungszahl ist. Die gesamte Schwingungsperiode der Masse m ist demnach

$$\tau = 4(t_1 + t_2) = \frac{4a}{v} + 2\pi\sqrt{\frac{m}{k}}. \tag{f}$$

Bei gegebenem Spiel a, gegebener Masse m und bekannter Federungszahl k hängt die Schwingungsperiode nur von der Anfangsgeschwindigkeit v ab. Für kleine Werte von v wird die Periode sehr groß, mit wachsendem v nimmt sie ab und nähert sich für $\lim v = \infty$ dem Grenzwert $\tau_0 = 2\pi\sqrt{\frac{m}{k}}$ (Abb. 58). Der beschriebene Fall tritt immer dann ein, wenn zwischen der schwingenden Masse und der Feder des Systems Spiel vorhanden ist.

Wenn das Spiel sehr klein ist, so bleibt die Periode τ praktisch konstant für den größeren Teil der v-Achse, wie man aus der Kurve I der Abb. 58 ersieht. Mit wachsendem Spiel dagegen tritt für einen erheblichen Teil der v-Achse eine ausgesprochene Veränderlichkeit der Schwingungsperiode ein, s. Kurve *II* der Abb. 58. Die Schwingungsperiode eines derartigen Systems kann Werte zwischen $\tau = \infty$ und $\tau = \tau_0$ annehmen. Hat man es mit einer periodischen Störungskraft zu tun, deren Periode größer ist als τ_0, so wird es immer möglich sein, der Masse m einen derartigen Impuls zu erteilen, daß die entsprechende Schwingungsperiode gleich τ wird, und auf diese Weise wird die Voraussetzung für die Entstehung der Resonanz erfüllt. Auf diesem Wege konnte man einige Schwingungsvorgänge in elektrischen Lokomotiven erklären[1].

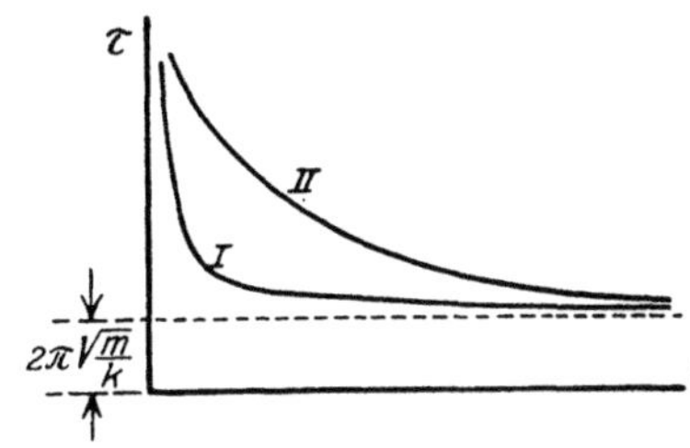

Abb. 58.

18. Freie pseudoharmonische Schwingungen.

Wird die Dämpfung vernachlässigt, so kann die allgemeine Bewegungsgleichung in der Form

$$\frac{W}{g}\ddot{x} + k^2 f(x) = 0 \tag{a}$$

oder

$$\ddot{x} + p^2 f(x) = 0 \tag{48}$$

geschrieben werden, wobei $p^2 f(x)$ die pro Masseneinheit genommene Wiederherstellungskraft als Funktion der Verschiebung x darstellt. Um das erste Integral der Gl. (48) zu erhalten, multiplizieren wir sie mit $\frac{dx}{dt}$ und geben ihr die Gestalt

$$\frac{dx}{dt}\, d\left(\frac{dx}{dt}\right) + p^2 f(x)\, dx = 0$$

oder

$$\frac{1}{2}\, d\left(\frac{dx}{dt}\right)^2 + p^2 f(x)\, dx = 0,$$

woraus durch Integration

$$\frac{1}{2}\left(\frac{dx}{dt}\right)^2 + p^2 f(x)\, dx = 0 \tag{b}$$

folgt. Wenn die Funktion $f(x)$ und die Anfangsbedingungen gegeben sind, so kann die Bewegungsgeschwindigkeit für irgendeine Lage des Systems aus der Gl. (b) berechnet werden. Nehmen wir z. B. an, daß die Veränderlichkeit der Wiederherstellungskraft mit der Verschiebung durch die

---

[1] Siehe A. Wiechert: Schüttelerscheinungen bei elektrischen Lokomotiven. Forsch.-Arb. Ing. **1924**, H. 266.

Kurve Om (s. Abb. 59) gegeben ist und daß zur Zeit $t = 0$ die Verschiebung des Systems gleich x_0, die Anfangsgeschwindigkeit dagegen gleich Null ist. Dann erhalten wir aus der Gl. (b) für irgendeine Lage des Systems die Beziehung

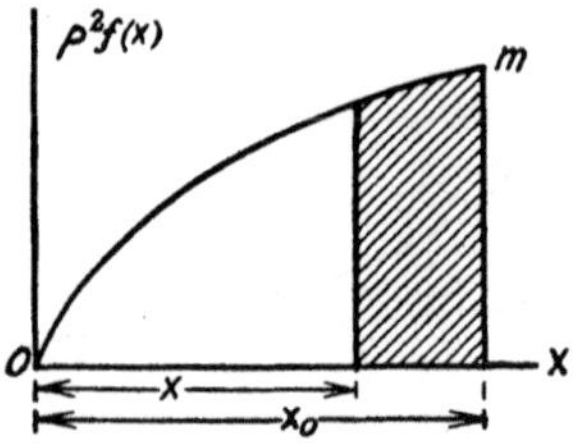

Abb. 59.

$$\frac{1}{2}\left(\frac{dx}{dt}\right)^2 = p^2 \int_x^{x_0} f(x)\,dx \tag{c}$$

und dies bedeutet, daß in jeder Lage des Systems die kinetische Energie gleich ist der Differenz der potentiellen Energie, die in der Feder im Anfangsmoment infolge der Verschiebung x_0 aufgespeichert war, und der potentiellen Energie des betrachteten Augenblicks. In Abb. 59 ist diese Abnahme der potentiellen Energie durch die schraffierte Fläche dargestellt. Aus der Gl. (c) erhalten wir[1]

$$dt = \frac{dx}{-\sqrt{2p^2\int_x^{x_0} f(x)\,dx}}. \tag{d}$$

Die Integration dieser Gleichung liefert die Zeit t als Funktion der Verschiebung

$$t = \int \frac{dx}{-\sqrt{2p^2\int_x^{x_0} f(x)\,dx}}. \tag{e}$$

Nehmen wir als Beispiel den Fall der einfachen harmonischen Schwingung. Hierfür wird

$$f(x) = x,$$

und man erhält nach Gl. (e)

$$t = \int \frac{dx}{-p\sqrt{x_0^2 - x^2}} = \int \frac{d\left(\frac{x}{x_0}\right)}{-p\sqrt{1-\left(\frac{x}{x_0}\right)^2}}$$

oder

$$t = \frac{1}{p}\arccos\frac{x}{x_0},$$

woraus folgt

$$x = x_0 \cos pt.$$

Dies stimmt mit dem überein, was wir früher für einfache harmonische Bewegung erhielten.

[1] Das Minuszeichen soll zum Ausdruck bringen, daß in unserem Falle x mit wachsender Zeit abnimmt.

Nehmen wir ferner, um ein zweites Beispiel zu haben,

$$f(x) = x^{2n-1}$$

an, so erhalten wir nach Gl. (e)

$$t = \frac{\sqrt{n}}{p} \int \frac{dx}{-\sqrt{x_0^{2n} - x^{2n}}}.$$

Die Schwingungsperiode ist

$$\tau = \frac{4\sqrt{n}}{p} \frac{1}{x_0^{n-1}} \int_0^{x_0} \frac{d\left(\frac{x}{x_0}\right)}{\sqrt{1 - \left(\frac{x}{x_0}\right)^{2n}}}. \tag{49}$$

Der Wert des Integrals hängt hier von der Zahl n ab; man sieht ferner, daß nur für $n = 1$, d. h. nur für den Fall einfacher harmonischer Bewegung, die Periode von der Anfangsverschiebung x_0 unabhängig wird. Für $n = 2$ erhalten wir

$$\int_0^{x_0} \frac{d\left(\frac{x}{x_0}\right)}{\sqrt{1 - \left(\frac{x}{x_0}\right)^4}} = \int_0^1 \frac{du}{\sqrt{1 - u^4}} = 1{,}31.$$

Damit ergibt Gl. (49)

$$\tau = 5{,}24 \frac{\sqrt{2}}{p} \cdot \frac{1}{x_0},$$

d. h. die Schwingungsperiode ist der Amplitude umgekehrt proportional. Derartige Schwingungen entstehen beispielsweise in dem durch Abb. 53 veranschaulichten Falle, wenn die Anfangsspannung S im Draht gleich Null ist.

Ein allgemeiner Fall liegt vor, wenn $f(x)$ die Gestalt

$$f(x) = ax + bx^2 + cx^3$$

hat; die Lösung der Gl. (48) führt in diesem Falle auf elliptische Funktionen[1]. Doch sind diese Lösungen kompliziert und für technische Anwendungen nicht geeignet. Daher entwickeln wir nachstehend einige graphische und numerische Verfahren zur Lösung der Gl. (48).

19. Graphisches Verfahren.

Die Lösung des durch die Gl. (48) ausgedrückten allgemeinen Problems der pseudoharmonischen Schwingung besteht in zwei Integrationen entsprechend den Gln. (b) und (e) des vorigen Paragraphen.

---

[1] Einige Beispiele dieser Art behandelt G. Duffing: Erzwungene Schwingungen bei veränderlicher Eigenfrequenz. Braunschweig 1918.

Nur in den seltensten Fällen wird es gelingen, die Integration in geschlossener Form auszuführen, dagegen wird es stets möglich sein, eine Näherungslösung auf graphischem Wege zu erhalten, aus der dann die Periode der freien Schwingung für irgendeine Amplitude mit hinreichender Genauigkeit berechnet werden kann.

In der Abb. 60 möge die Kurve *om* in einem gewissen Maßstab die Wiederherstellungskraft als Funktion der von der Mittellage aus gemessenen Verschiebung x des Systems darstellen. Nach Gl. (b) des vorigen Paragraphen erhält man die Größe $\dot{x}^2$ als Funktion der Verschiebung x, indem man zur Kurve *om* die Integralkurve verzeichnet. Diese graphische Integration kann folgenderweise ausgeführt werden: die stetige

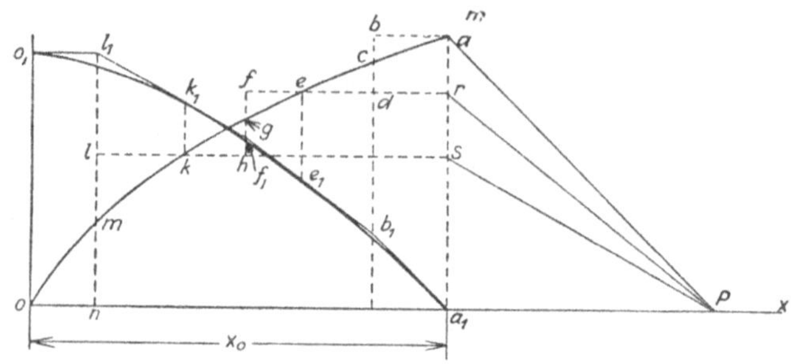

Abb. 60.

Kurve *om* wird durch den stufenweise gebrochenen Linienzug *abdfhlno* derart ersetzt, daß die Dreiecke *abc* und *cde*, *efg* und *ghk*, *klm* und *mno* paarweise gleichen Flächeninhalt haben, so daß also die zwischen der Abszissenachse und dem Linienzug *abdfhln* eingeschlossene Fläche gleich wird der zwischen der Abszissenachse und der Kurve *om* eingeschlossenen.

Nun wähle man einen Polabstand Pa_1 von der Länge eins in dem Ordinatenmaßstab der Kurve *om* und ziehe dann die Fahrstrahlen Pa, Pr, Ps. Zieht man dann weiter $a_1b_1 \parallel Pa$, $b_1f_1 \parallel Pr$, $f_1l_1 \parallel Ps$ und $l_1o_1 \parallel Pa_1$, so erhält man den Linienzug $a_1b_1f_1l_1o_1$, und die Seitenneigungen dieses Polygons sind den entsprechenden Werten der durch den Linienzug *abdfhln* dargestellten Funktion gleich. Dies bedeutet, daß $a_1b_1f_1l_1o_1$ die der Kurve *abdfhln* entsprechende Integralkurve ist. Infolge der Inhaltsgleichheit der oben bezeichneten Dreiecksflächen (Abb. 61) müssen die Seiten des Polygons $a_1b_1f_1l_1o_1$ die Integralkurve *om* tangieren, und zwar in den Punkten a_1, e_1, k_1 und o_1. Daher stellt die Kurve $a_1e_1k_1o_1$, die den gebrochenen Linienzug $a_1b_1f_1l_1o_1$ in den Punkten a_1, e_1, k_1 und o_1 berührt, das Integral der Kurve *om* dar und gibt in einem gewissen Maßstab die Veränderlichkeit der kinetischen Energie des Systems während der Bewegung von der Extremlage ($x = x_0$)

bis zur Mittelstellung ($x = 0$) wieder. Sind die Ordinaten der Kurve om in einem gewissen Maßstab gleich $2\,p^2 f(x)$, s. Gl. (b) des vorigen Paragraphen, und der Polabstand Pa_1 im gleichen Maßstab gleich eins, so stellen die Ordinaten der Kurve $a_1 e_1 k_1 o_1$, im gleichen Maßstab wie die Verschiebung x_0 gemessen, die Größe $\dot{x}^2$ dar. Hieraus ergibt sich leicht die Geschwindigkeit $\dot{x}$ und die dazu reziproke Größe $\frac{1}{\dot{x}}$, worauf die Kurve pn aufgezeichnet werden kann, die die letztere Größe als Funktion von x darstellt (s. Abb. 61). Die Zeit, die das System braucht, um von seiner Extremlage ($x = x_0$) aus die Mittelstellung ($x = 0$) zu erreichen, ist durch das Integral

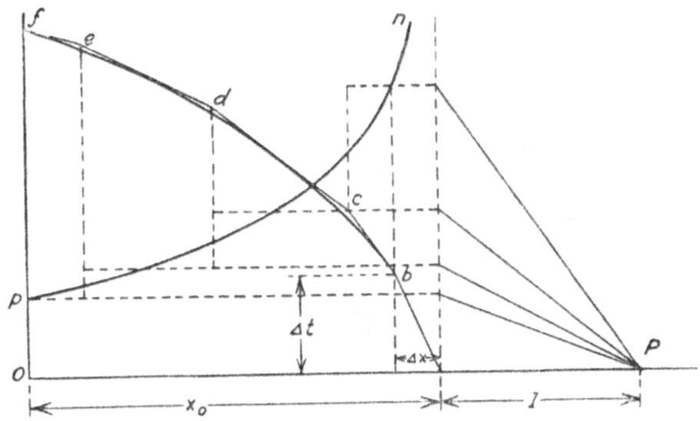

Abb. 61.

$$t = \int_{x_0}^{0} - \frac{d\,x}{\dot{x}}$$

darstellbar, s. Gl. (e) des vorigen Paragraphen. Danach kann t durch Aufzeichnung der der Kurve pn (Abb. 61) zugehörigen Integralkurve genau in der gleichen Weise wie oben ermittelt werden. Die Endordinate of, im gleichen Maßstab wie x_0 gemessen, ergibt die Zeit t. Ist das in Frage stehende System in bezug auf seine Mittelstellung symmetrisch, so ist die Zeit t gleich der Viertelperiode der freien Schwingung für die Amplitude x_0. Zu beachten ist, daß für $x = x_0$ die Geschwindigkeit $\dot{x} = 0$ ist, d. h. in diesem Punkte wird $\frac{1}{\dot{x}}$ unendlich groß. Um diese Schwierigkeit zu beseitigen, kann man mit der Aufzeichnung der Integralkurve bei einem gewissen Punkt b beginnen, dessen kleine Koordinaten x und t aus der Annahme bestimmt werden können, daß am Anfang die Bewegung längs einer kurzen Strecke x mit einer konstanten Beschleunigung von der Größe $p^2 f(x)$ erfolgt, s. Gl. (48). Dann ist

$$\varDelta x = \frac{\varDelta t^2}{2}\, p^2 f(x_0)$$

und

$$\varDelta t = \sqrt{\frac{2\,\varDelta x}{p^2 f(x_0)}}.$$

Bei der Behandlung der Differentialgleichung der freien pseudoharmonischen Schwingung kann man sich auch eines anderen von Lord Kelvin[1] entwickelten graphischen Verfahrens bedienen. Im allgemeinen Falle kann die Differentialgleichung der Bewegung in der Form

$$\ddot{x} = f(x, t, \dot{x}) \tag{50}$$

geschrieben werden. Die Lösung dieser Gleichung ist eine Beziehung, die die Verschiebung x als Funktion der Zeit t ausdrückt. Diese Funktion kann graphisch durch eine Zeit-Verschiebungs-Kurve dargestellt werden (Abb. 62). Soll sich eine bestimmte Lösung ergeben, so müssen die Anfangsbedingungen des Systems, d. h. Anfangsverschiebung und Anfangsgeschwindigkeit, bekannt sein. Sei beispielsweise $x = x_0$ und $\dot{x} = \dot{x}_0$ für $t = 0$. Damit sind also die Anfangsordinate und die Anfangsneigung der Zeit-Verschiebungs-Kurve bekannt. Setzt man die Anfangswerte von x und $\dot{x}$ in Gl. (50) ein, so kann man den Anfangswert von $\ddot{x}$ berechnen. Jetzt ergibt sich aus der bekannten Gleichung

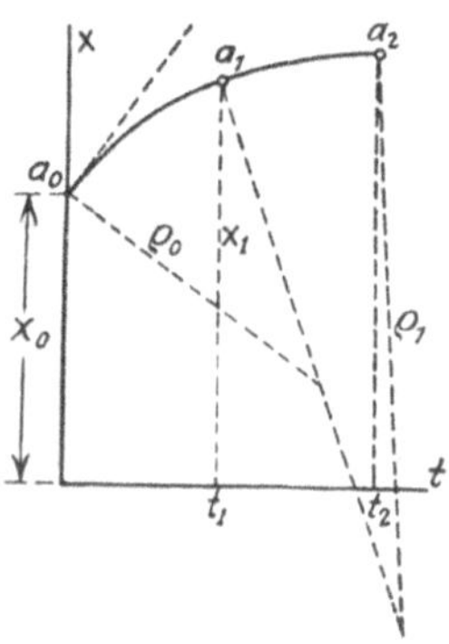

Abb. 62.

$$\varrho = \frac{\sqrt{(1 + \dot{x}^2)^3}}{\ddot{x}} \tag{a}$$

der Krümmungsradius ϱ_0 am Anfang der Zeit-Verschiebungs-Kurve. Mit diesem Radius kann ein kleiner Bogen $a_0 a_1$ der Zeit-Verschiebungs-Kurve als Kreisbogen gezeichnet werden (Abb. 62); auf diesem Wege erhält man für einen neuen Punkt a_1 der Kurve die Werte der Ordinate $x = x_1$ und der Neigung $\dot{x} = \dot{x}_1$; mit diesen der Zeichnung entnommenen Werten läßt sich der entsprechende Wert von $\ddot{x}$ aus der Gl. (50) berechnen. Hierauf folgt wieder aus Gl. (a) die Größe des zugehörigen Krümmungsradius $\varrho = \varrho_1$, und damit kann das nächste Element $a_1 a_2$ der Kurve gezeichnet werden. Setzt man das Verfahren wie beschrieben fort, so erhält man graphisch den Funktionalzusammenhang zwischen Zeit und Weg. Die hierbei vorkommenden Rechnungen können manchmal vereinfacht werden, indem man den Neigungswinkel der Tangente der Zeit-Verschiebungs-Kurve einführt. Bezeichnet man diesen Winkel mit θ, so wird

$$\dot{x} = \operatorname{tg}\theta \quad \text{und} \quad \ddot{x} = f(x, t, \operatorname{tg}\theta).$$

[1] Siehe Lord Kelvin: On Graphic Solution of Dynamical problems. Phil. Mag. **34** (1892). Die Beschreibung dieses wie verschiedener anderer graphischer Verfahren zur Integration von Differentialgleichungen findet man bei W. Hort: Die Differentialgleichungen des Ingenieurs, 2. Aufl. Berlin 1925. Dieses Buch enthält auch Anwendungen dieser Verfahren auf die Lösung technischer Probleme. Siehe auch K. v. Sanden: Praktische Analysis.

Damit folgt aus der Gl. (a)

$$\varrho = \frac{\sqrt{(1 + \operatorname{tg}^2\theta)^3}}{f(x, t, \operatorname{tg}\theta)} = \frac{1}{\cos^3\theta\, f(x, t, \operatorname{tg}\theta)}. \tag{b}$$

Die Quadratwurzel wird hier positiv eingeführt, so daß das Vorzeichen von ϱ mit dem der Größe $\ddot{x}$ identisch ist. Ist $\ddot{x}$ negativ, so muß der Krümmungsmittelpunkt so liegen, daß die Kurve nach oben konvex wird (Abb. 62).

Im Falle freier Schwingung nimmt die Gl. (50), wenn man die Dämpfung vernachlässigt, die durch die Gl. (48) gegebene Gestalt an und die oben beschriebene graphische Integration wird sehr einfach, da die Funktion f in diesem Fall nur von der Größe der Verschiebung x abhängt. Nimmt man als Anfangsbedingungen $x = x_0$ und $\dot{x} = 0$ für $t = 0$ an, so erhält man allgemein eine Zeit-Verschiebungs-Kurve nach Abb. 63. Wenn das System in bezug auf die Mittelstellung symmetrisch ist, so ergibt der Schnitt dieser Kurve mit der t-Achse die Eigenschwingungsperiode τ des Systems. Die Größe von τ kann in dieser Weise stets mit für praktische Anwendungen hinreichender Genauigkeit ermittelt werden. So stellt beispielsweise Abb. 63 den Fall einer einfachen harmonischen Schwingung dar gemäß der Gleichung

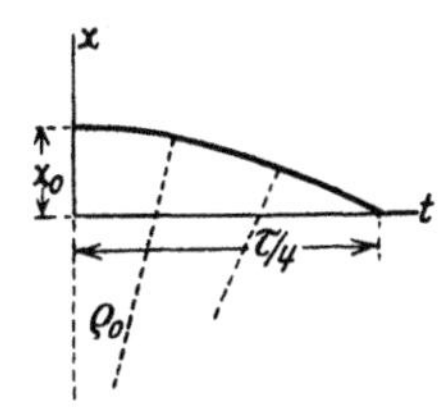

Abb. 63.

$$\ddot{x} + p^2 x = 0,$$

deren genaue Lösung auf

$$\tau = \frac{2\pi}{p}$$

führt. Dagegen ergibt Gl. (b) für diesen Fall

$$\varrho = \frac{1}{\cos^3\theta \cdot p^2 x}. \tag{b'}$$

Die Anfangsverschiebung x_0 ist in Abb. 63 zu 20 Längeneinheiten und ϱ_0 zu 100 Längeneinheiten angenommen worden. Damit erhalten wir aus der Gl. (b′) für $\theta = 0$

$$\frac{1}{p} = \sqrt{20 \cdot 100} = 44{,}7 \text{ Einheiten}. \tag{c}$$

Die Größe $\frac{1}{p}$ hat die Dimension einer Zeit und die durch Gl. (c) gegebene Länge ist zur Bestimmung der Periode nach Abb. 63 zu benutzen. Durch Abgreifen erhalten wir nämlich aus dieser Figur

$$\frac{\tau}{4} = 69{,}5 \text{ Einheiten}$$

oder durch Benutzung von (c)

$$\tau = \frac{1}{p} \cdot \frac{4 \cdot 69{,}5}{44{,}7} = \frac{6{,}22}{p}.$$

Nimmt man also beim graphischen Verfahren nur 7 Intervalle, so wird die Lösung bis auf 1% genau.

20. Numerische Lösung.

Die Untersuchung pseudoharmonischer Schwingungen nach den Gln. (48) u. (50) kann auch auf numerischem Wege erfolgen. Als Beispiel erörtern wir hier den Fall freier Schwingungen ohne Dämpfung. Die entsprechende Differentialgleichung ist

$$\ddot{x} + p^2 f(x) = 0, \tag{a}$$

die Anfangsbedingungen mögen lauten

$$x = x_0, \qquad \dot{x} = 0 \quad \text{für} \quad t = 0. \tag{b}$$

Substituiert man x_0 für x in die Gl. (a), so ergibt sich der Betrag von $\ddot{x}_0$. Unter Benutzung des Wertes $\ddot{x}_0$, der Beschleunigung im Augenblick $t = 0$, kann man die Werte von $\dot{x}_1$ und x_1, d. h. die Geschwindigkeit und die Verschiebung in einem Augenblick $t = t_1$ in der Umgebung des Zeitpunktes $t = 0$ berechnen. Das kleine Zeitintervall zwischen $t = 0$ und $t = t_1$ bezeichnen wir mit Δt. Die Näherungswerte von $\dot{x}_1$ und x_1 erhält man dann aus den Gleichungen

$$\dot{x}_1 = \dot{x}_0 + \ddot{x}_0 \Delta t; \qquad x_1 = x_0 + \frac{\dot{x}_0 + \dot{x}_1}{2} \Delta t. \tag{c}$$

Wird der Wert x_1 von x in die Gl. (a) substituiert, so ergibt sich der Wert von $\ddot{x}_1$. Unter Benutzung dieser letzteren Größe kann man bessere Näherungswerte für $\dot{x}_1$ und x_1 aus den Gleichungen

$$\dot{x}_1 = \dot{x}_0 + \frac{\ddot{x}_0 + \ddot{x}_1}{2} \cdot \Delta t, \qquad x_1 = x_0 + \frac{\dot{x}_0 + \dot{x}_1}{2} \cdot \Delta t \tag{d}$$

berechnen. Eine weitere Verbesserung des Näherungswertes für $\ddot{x}_1$ erhält man jetzt durch Einsetzen des zweiten Näherungswertes von x_1 nach Gl. (d) in die Gl. (a). Hierauf können wir in einem zweiten Schritt unter Benutzung der Werte x_1, $\dot{x}_1$ und $\ddot{x}_1$ die Werte x_2, $\dot{x}_2$ und $\ddot{x}_2$ für den Zeitpunkt $t = t_2 = 2\Delta t$ genau in der oben beschriebenen Weise berechnen. Nimmt man die Intervalle Δt hinreichend klein und führt die Berechnung zur Gewinnung der zweiten Näherungen für jeden Wert von t zweimal durch, wie oben erklärt, so hat man hierin ein numerisches Integrationsverfahren, das für praktische Anwendungen stets genügend genaue Resultate liefert[1].

---

[1] Dieses Verfahren kann auch bei Differentialgleichungen von allgemeinerem Typus, wie z. B. Gl. (50), benutzt werden. Der Verfasser bediente sich dieser Methode in erfolgreicher Weise bei der Behandlung des Problems der Spannungsverteilung in rotierenden Scheiben (s. Ber. d. Technol. Inst. St. Petersburg **1912**).

Um das Berechnungsverfahren an einem Beispiel zu zeigen und dem Leser eine gewisse Vorstellung von der Genauigkeit der Methode zu vermitteln, behandeln wir nachstehend den Fall einfacher harmonischer Schwingungen, deren Bewegungsgleichung

$$\ddot{x} + p^2 x = 0$$

lautet. Die genaue Lösung dieser Differentialgleichung für die Anfangsbedingungen (b) ist

$$x = x_0 \cos p t; \qquad \dot{x} = - x_0 p \sin p t. \tag{e}$$

Die Zahlenwerte der numerischen Integration sind in der nachstehenden Tabelle zusammengestellt. Die Zeitintervalle wurden zu $\Delta t = \frac{1}{4p}$ angenommen. Erinnert man sich, daß die Schwingungsperiode im betrachteten Falle gleich $\tau = \frac{2\pi}{p}$ ist, so sieht man, daß das gewählte Intervall Δt annähernd gleich ist einem Sechstel der Viertelperiode $\frac{\tau}{4}$. Die zweite Zeile der Tabelle gibt die Anfangsbedingungen an. Die ersten Näherungen für $\dot{x}_1$ und x_1 für den Zeitpunkt $t = \Delta t = \frac{1}{4p}$ wurden mit Hilfe der Gln. (c) erhalten. Die ermittelten Zahlen sind in der dritten Zeile der Tabelle gegeben. Verbesserte Näherungswerte für die Größen $\dot{x}_1$ und x_1 werden hierauf aus den Gln. (d) gewonnen; die Resultate sind in der vierten Zeile der Tabelle untergebracht. In dieser Weise wurde die ganze Tabelle hergestellt. In den letzten zwei Kolonnen sind die Werte von $\sin pt$ und $\cos pt$ gegeben, denen die genauen Lösungen nach (e) proportional sind, so daß die Tabelle einen Schluß über den Ge-

Tabelle 1. Zur numerischen Integration.

t	$\frac{x}{x_0}$	$\frac{\dot{x}}{p x_0}$	$\frac{\ddot{x}}{p^2 x_0}$	$\cos p t$	$\sin p t$
0	1,0000	0,0000	— 1,0000	1,0000	0,0000
Δt	0,9687	— 0,2500	— 0,9687		
Δt	0,9692	— 0,2461	— 0,9692	0,9689	0,2474
$2\Delta t$	0,8774	— 0,4884	— 0,8774		
$2\Delta t$	0,8788	— 0,4769	— 0,8788	0,8776	0,4794
$3\Delta t$	0,7321	— 0,6966	— 0,7321		
$3\Delta t$	0,7344	— 0,6783	— 0,7344	0,7317	0,6816
$4\Delta t$	0,5419	— 0,8619	— 0,5419		
$4\Delta t$	0,5449	— 0,8378	— 0,5449	0,5403	0,8415
$5\Delta t$	0,3184	— 0,9740	— 0,3184		
$5\Delta t$	0,3220	— 0,9457	— 0,3220	0,3153	0,9490
$6\Delta t$	0,0755	— 1,0262	— 0,0755		
$6\Delta t$	0,0794	— 0,9954	— 0,0794	0,0707	0,9975
$7\Delta t$	— 0,1719	— 1,0153	+ 0,1719		
$7\Delta t$	— 0,1680	— 0,9838	+ 0,1680	— 0,1782	0,9840

nauigkeitsgrad der vorangehenden Rechnungen ermöglicht. Wir sehen, daß die berechneten Geschwindigkeiten stets sehr genau sind. Der größte Fehler bei der Berechnung der Verschiebung findet sich in der letzten Zeile der Tabelle und beträgt ca. 1% der Anfangsverschiebung x_0.

Diese Resultate ergaben sich bei der Unterteilung einer Viertelperiode in nur 6 Intervalle. Bei einer feineren Unterteilung kann die Genauigkeit erhöht werden, doch wird dabei auch die Rechenarbeit erheblich vermehrt.

Mit Hilfe der Tabelle kann auch die Schwingungsperiode berechnet werden. Aus der ersten und zweiten Kolonne ist ersichtlich, daß für $t = 6\,\Delta t$ die Zeit-Verschiebungs-Kurve eine positive Ordinate gleich $0{,}0794\, x_0$ hat. Für $t = 7\,\Delta t$ ist die Ordinate der gleichen Kurve negativ und gleich $-0{,}1680\, x_0$. Der Schnittpunkt der Zeit-Verschiebungs-Kurve mit der t-Achse ergibt eine Zeitstrecke gleich der Viertelperiode der Schwingung. Mit Hilfe einer linearen Interpolation ergibt sich diese Zeit aus der Gleichung

$$\frac{1}{4}\tau = 6\,\Delta t + \Delta t\,\frac{0{,}0794}{0{,}0794 + 0{,}1680} = 6{,}32\,\Delta t = \frac{6{,}32}{4p} = \frac{1{,}58}{p}.$$

Der genaue Wert einer Viertelperiode der Schwingung ist $\frac{\pi}{2p} = \frac{1{,}57}{p}$. Man sieht, daß die angegebene Näherungsberechnung der Schwingungsperiode mit einem Fehler, kleiner als 1%, behaftet ist. Das Beispiel zeigt den großen Nutzen der beschriebenen numerischen Methode bei der Berechnung der Schwingungsperiode von Systemen, deren Elastizität mit der Verschiebung veränderlich ist.

21. Erzwungene pseudoharmonische Schwingungen.

Wir denken uns ein System, dessen Steifigkeit mit der Verschiebung veränderlich ist. Dieses System möge unter der Einwirkung einer periodischen Kraft, proportional $\sin mt$, stehen. Dann gilt für die erzwungenen Schwingungen anstatt der Gl. (48) folgende Gleichung:

$$\ddot{x} + p^2 f(x) = a \sin m t\,. \tag{51}$$

Im nachstehenden behandeln wir den Spezialfall eines Systems, für das die Gl. (51) die Gestalt

$$\ddot{x} + p^2 x - \gamma x^3 = a \sin m t \tag{52}$$

annimmt. Dieses System ist symmetrisch in bezug auf seine Mittelstellung, was daraus zu ersehen ist, daß bei der Vertauschung von x mit $-x$ der Betrag der Wiederherstellungskraft unverändert bleibt. Die freien Schwingungen dieses Systems können mit Hilfe eines der oben beschriebenen Verfahren untersucht werden und man kann zeigen, daß im Falle eines positiven γ die Schwingungsperiode des Systems mit wachsender Amplitude zunimmt. Zu beachten ist, daß Gl. (52) nicht linear ist; man kann daher ihr allgemeines Integral nicht in der Weise erhalten, daß man den freien Schwingungen die durch eine Partikularlösung der Gl. (52) dargestellte erzwungene Schwingung superponiert. Aus dem gleichen Grunde kann, wenn statt einer sinusförmigen Kraft $a \sin mt$ eine kompliziertere, durch eine Fouriersche Reihe darstellbare Kraft auf das System einwirkt, die entstehende Bewegung nicht mit Hilfe einfacher Superposition der Bewegungen erhalten werden, die durch die einzelnen sinusförmigen Glieder der Reihe bedingt sind.

Eine allgemeine Lösung der Gl. (52) ist nicht bekannt, so daß man beim Studium der erzwungenen Schwingungen irgendeine Näherungsmethode benutzen muß. Die oben bei der Untersuchung der freien Schwingungen benutzten graphisch-analytischen Verfahren können auch hier zur Anwendung gebracht werden, doch ist die stufenweise Integration zu mühevoll und nicht genau genug, wenn mehrere Umläufe untersucht werden müssen, um die Veränderlichkeit der Amplitude der erzwungenen Schwingungen mit der Zeit zu ermitteln. Ein besseres Resultat ergibt sich bei der Benutzung der Methode sukzessiver Approximationen, die jetzt erörtert werden soll.

Betrachten wir zunächst den Fall einfacher harmonischer Bewegung, in dem also γ in Gl. (52) gleich Null wird. Die Bewegungsgleichung geht dann über in

$$\ddot{x} + p^2 x = a \sin m t$$

oder

$$\ddot{x} = -p^2 x + a \sin m t. \tag{a}$$

Wir wollen hier nicht auf die Anfangsbedingungen eingehen und nehmen als erste Näherungslösung der Gl. (a) den Ausdruck

$$x_1 = A \sin m t \tag{b}$$

an. Setzt man dies in die rechte Seite der Gl. (a) ein, so ergibt sich folgende Gleichung zur Berechnung der zweiten Approximation:

$$\frac{d^2 x_2}{d t^2} = (a - p^2 A) \sin m t,$$

woraus folgt

$$x_2 = \frac{A p^2 - a}{m^2} \sin m t. \tag{c}$$

Die willkürliche Konstante A ist nun so zu wählen, daß die Schwingungsamplituden x_1 und x_2 einander gleich werden; dies führt auf

$$A = \frac{A p^2 - a}{m^2},$$

woraus

$$A = \frac{a}{p^2 - m^2} \tag{d}$$

in Übereinstimmung mit der genauen Lösung für den Fall erzwungener harmonischer Schwingungen, s. Gl. (19), S. 11.

In analoger Weise wollen wir auch im allgemeinen Falle der Gl. (52), in dem $\gamma \neq 0$ ist, verfahren und führen

$$x_1 = A \sin m t$$

als erste Näherungslösung der Differentialgleichung ein. Damit ergibt sich zur Berechnung der zweiten Näherung nach Gl. (52) die Beziehung

$$\frac{d^2 x_2}{dt^2} = -p^2 x_1 + \gamma x_1^3 + a \sin mt = (a - A p^2) \sin mt + A^3 \gamma \sin^3 mt. \tag{e}$$

Unter Benutzung der Identität

$$\sin^3 m t = \tfrac{1}{4}(3 \sin m t - \sin 3 m t)$$

erhält man durch Integration der Gl. (e)

$$x_2 = \frac{1}{m^2}(A p^2 - a - \tfrac{3}{4} A^3 \gamma) \sin m t + \frac{A^3 \gamma}{36 m^2} \sin 3 m t .$$

Jetzt bestimmen wir die willkürliche Konstante A derart, daß die Amplitude der Grundschwingung bei der ersten und zweiten Näherung gleichen Wert hat; dies gibt

$$\frac{1}{m^2}(A p^2 - a - \tfrac{3}{4} A^3 \gamma) = A$$

und wir erhalten

$$a + A(m^2 - p^2) = -\tfrac{3}{4} A^3 \gamma . \tag{53}$$

Die zweite Näherung lautet demnach

$$x_2 = A \sin m t + \frac{A^3 \gamma}{36 m^2} \sin 3 m t , \tag{54}$$

worin A aus der kubischen Gl. (53) zu berechnen ist.

Mit diesem Resultat kann man aus Gl. (52) die dritte Näherung erhalten usw. Dieses Verfahren der sukzessiven Approximationen gründet sich auf die Annahme, daß die Größe $\frac{\gamma}{m^2} A^2$ gegen 1 klein ist, doch zeigt eine eingehende Betrachtung über die Konvergenz des erörterten Berechnungsprozesses[1], daß die Näherungslösung (54) für technische Anwendungen stets hinreichend genau ist.

[1] Das Problem der freien und erzwungenen pseudoharmonischen Schwingungen ist im Werke von Georg Duffing, Erzwungene Schwingungen bei veränderlicher Eigenfrequenz, Braunschweig 1918, behandelt. Siehe auch R. Rüdenberg: Einige unharmonische Schwingungsformen mit großer Amplitude. Z. ang. Math. Mech. **3**, 454 (1923).

Die Auflösung der kubischen Gl. (53) geschieht vorteilhafterweise auf graphischem Wege. Schreibt man die Gleichung in der Form

$$A\left(1 - \frac{m^2}{p^2}\right) - \frac{a}{p^2} = \frac{3}{4}\,\frac{\gamma}{p^2}\,A^3\,, \tag{53'}$$

so ergeben sich die Wurzeln als die Abszissen der Schnittpunkte der geraden Linie

$$y = A\left(1 - \frac{m^2}{p^2}\right) - \frac{a}{p^2} \tag{f}$$

mit der kubischen Parabel

$$y = \frac{3}{4}\,\frac{\gamma}{p^2}\,A^3. \tag{g}$$

Die beiden Linien sind in Abb. 64 eingetragen.

Die drei Geraden OB, OC und OD entsprechen den drei verschiedenen Beziehungen zwischen m und p in Gl. (f) bei einem festgehaltenen Werte von $\frac{a}{p^2}$. Wenn eine Schwingung von sehr kleiner Amplitude entsteht, so ist die Verschiebung x sehr klein, und das Glied mit x^3 in Gl. (52) darf vernachlässigt werden. In diesem Falle ergibt sich eine einfache harmonische Bewegung mit der Periode $\tau = \frac{2\pi}{p}$. Die gerade Linie OB in Abb. 64 entspricht dem Fall, daß die Frequenz der Störungskraft höher liegt als die Frequenz dieser harmonischen Bewegung ($m > p$). Aus der Zeichnung ist ersichtlich, daß hierfür nur ein Schnittpunkt vorhanden ist, der die Amplitude der erzwungenen Schwingung vollständig bestimmt. Diese Amplitude nimmt ab mit wachsender Frequenz der Störungskraft, d. h. mit wachsendem Wert von $\frac{m}{p}$.

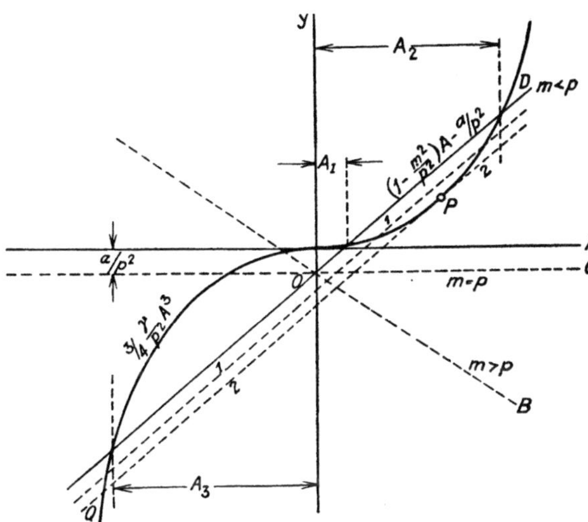

Abb. 64.

Im Falle $m = p$ ist gleichfalls nur eine reelle Lösung möglich. Die entsprechende Schwingungsamplitude ergibt sich wieder als Abszisse des Schnittpunktes der Linie OC mit der kubischen Parabel.

Betrachten wir nun den Fall $m < p$. Hierfür möge OD die durch Gl. (f) gegebene gerade Linie darstellen. Der Schnittpunkt dieser Linie

7*

mit der A-Achse ergibt sich aus der Gleichung

$$\left(1 - \frac{m^2}{p^2}\right) A - \frac{a}{p^2} = 0$$

zu

$$A = \frac{a}{p^2 - m^2}.$$

Dies ist die Amplitude einer einfachen harmonischen Bewegung, siehe Gl. (d), und im Fall kleiner Amplituden unterscheidet sich dieser Wert nur wenig von der Wurzel A_1 der kubischen Gl. (53). Dies bedeutet, daß unter der Einwirkung einer sehr kleinen Störungskraft Schwingungen entstehen, die sich nur wenig von einer einfachen harmonischen Bewegung unterscheiden. Nun wollen wir uns vorstellen, daß die Störungskraft dem Betrage nach, d. h. die Größe a, bei festgehaltener Frequenz allmählich anwächst. Die Gerade OD verschiebt sich dann parallel zu sich selbst nach unten, also z. B. in die Lage *1—1* der Abb. 62. Die Amplitude der erzwungenen Schwingung wächst gleichfalls an. Aus der Abbildung ersieht man, daß das allmähliche Anwachsen der Kraft bis zu einer gewissen Grenzlage der erwähnten Geraden möglich ist; diese Grenzlage ist durch die Gerade *2—2* dargestellt, die den positiven Ast der kubischen Parabel berührt. Nach Überschreitung dieser Grenzlage werden die Wurzeln A_1 und A_2 imaginär und die Amplitude der erzwungenen Schwingung ist dann durch die dritte Wurzel A_3 gegeben, die dem Schnittpunkt der geraden Linie mit dem negativen Ast der kubischen Parabel entspricht. Angestellte Versuche[1] haben gezeigt, daß bei einem allmählichen Anwachsen der Störungskraft Schwingungen entstehen, die der Wurzel A_1 (Abb. 64) entsprechen. Nach Überschreitung der durch die Gerade *2—2* dargestellten Grenzlage sind die der Wurzel A_1 entsprechenden Schwingungen durch Dämpfung zum Verschwinden gebracht und es beginnt eine neue Schwingungsbewegung mit einer Phasenverschiebung gleich π und einer durch die Wurzel A_3 gegebenen Amplitude.

Zu beachten ist, daß das oben beschriebene Verfahren auch bei der Untersuchung freier pseudoharmonischer Schwingungen mit Vorteil benutzt werden kann. Hierzu ist es nur notwendig, in unserer obigen Betrachtung $a = 0$ zu setzen. Dann fällt der Punkt O der Abb. 64

[1] Sehr wichtige experimentelle Untersuchungen über pseudoharmonische Schwingungen wurden von O. Martienssen durchgeführt (Phys. Z. **1910**, 48). Er hat als erster auf versuchsmäßigem Wege gezeigt, daß im Falle pseudoharmonischer Schwingungen eine und dieselbe Störungskraft erzwungene Schwingungen von zwei voneinander getrennt liegenden verschiedenen Amplituden erzeugen kann. Einige an einem Pendel ausgeführte Versuche über pseudoharmonische erzwungene Schwingungen beschreibt G. Duffing in seinem oben erwähnten Werke.

mit dem Koordinatenursprung zusammen. Für irgendeine für das betrachtete System mögliche Schwingungsfrequenz ($0 < m < p$) kann die gerade Linie

$$y = A\left(1 - \frac{m^2}{p^2}\right)$$

konstruiert werden. Die Abszisse des Schnittpunktes dieser Geraden mit der kubischen Parabel nach Gl. (g) ergibt dann die entsprechende Amplitude der freien Schwingung des Systems.

Aus dieser Erörterung geht hervor, daß man mit Hilfe der Methode der sukzessiven Approximationen eine Lösung der Gleichung für erzwungene pseudoharmonische Schwingungen erhalten kann, die die gleiche Periode hat wie die Störungskraft. Die Amplitude dieser Schwingung bleibt stets endlich, und eine Erscheinung, die im Falle harmonischer Schwingungen als „Resonanz" bekannt ist, tritt bei Systemen mit variabler Elastizität nicht auf. Wenn der Begriff der Resonanz für solche Systeme auf den Fall $m = p$ angewandt wird, so kann man sagen, daß in diesem Falle und stets dann, wenn die Frequenz der Störungskraft größer ist als die der „Resonanz", die Schwingungsamplitude eine bestimmte Größe hat. Im Falle $m < p$ kann unter gewissen Umständen ein großer Sprung in der Amplitude und im Nacheilwinkel der erzwungenen Schwingung eintreten, nämlich entsprechend dem plötzlichen Sprung von P auf Q in der Abb. 64. Um einen stabilen Zustand herzustellen und die Möglichkeit starker Amplitudenschwankungen der erzwungenen Schwingungen zu beseitigen, muß man m entweder größer als p oder um ein Vielfaches kleiner als p wählen. Aus der Abb. 64 kann man ersehen, daß, wenn sich m von p stark unterscheidet, die die Amplitude der erzwungenen Schwingungen kennzeichnenden Schnittpunkte auf dem flachen Teil der kubischen Parabel angeordnet sind; der Bewegungstypus unterscheidet sich dann wenig von der einfachen harmonischen Schwingung.

22. Quasiharmonische Schwingungen.

Bei einer gewissen Art von technischen Problemen ist das schwingende System durch eine von der Zeit abhängige Steifigkeit gekennzeichnet. Die Bewegung solcher Systeme wird als quasiharmonisch bezeichnet; sie kann durch eine Gleichung von der Form

$$\ddot{x} + 2n\,\dot{x} + p^2 x = f(t)\,,$$

worin die Steifigkeit p^2 oder der Dämpfungsfaktor $2n$ periodische Funktionen der Zeit sind, dargestellt werden. Diese Schwingungsform wollen wir nun an einigen Beispielen studieren und insbesondere das Schwingungsproblem bei einem gewissen Typus elektrischer Lokomotiven ausführlich behandeln.

Ein einfaches Beispiel bieten die Schwingungen eines Pendels von veränderlicher Länge l. Abb. 65 stellt ein solches Pendel dar, das unter der Einwirkung einer an der Schnur OA angreifenden Zugkraft T Längenänderungen erleidet. Die Differentialgleichung der Bewegung läßt sich aus dem Satz von der zeitlichen Änderung des Momentes der Bewegungsgröße ableiten. Die Bewegungsgröße der Masse $\frac{W}{g}$ kann in zwei Komponenten zerlegt werden, von denen die eine in die Richtung der Schnur OA fällt und die andere darauf senkrecht steht. Bei der Berechnung des Momentes der Bewegungsgröße in bezug auf den Punkt O kommt es nur auf die zweite Komponente an, und diese ist gleich $\frac{W}{g} l \dot{\theta}$. Die zeitliche Ableitung des Momentes der Bewegungsgröße muß dem Moment der äußeren Kräfte in bezug auf den Punkt O gleich sein. Hieraus folgt die Gleichung

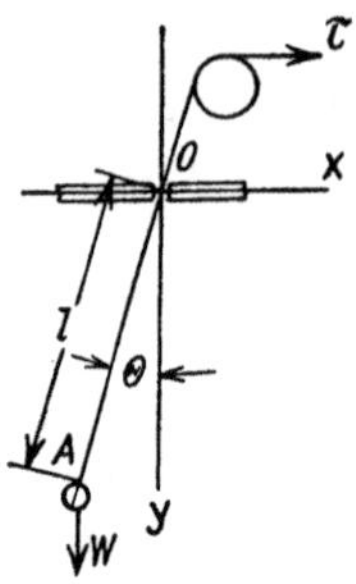

Abb. 65.

$$\frac{d}{dt}\left(\frac{W}{g} l^2 \dot{\theta}\right) = - W l \sin\theta$$

oder

$$\ddot{\theta} + \frac{2}{l}\frac{dl}{dt}\dot{\theta} + \frac{g}{l}\sin\theta = 0\,. \tag{55}$$

Im Falle kleiner Schwingungsamplituden kann man $\sin\theta$ in Gl. (55) durch θ ersetzen, und erhält damit

$$\ddot{\theta} + \frac{2}{l}\frac{dl}{dt}\dot{\theta} + \frac{g}{l}\theta = 0\,. \tag{55'}$$

Vergleicht man diese Gleichung mit der Gl. (25) für gedämpfte Schwingungen, so sieht man, daß das Glied mit der Ableitung $\frac{dl}{dt}$ an Stelle des Gliedes tritt, das den Einfluß der Dämpfung in der Gl. (25) darstellt. Durch passende Änderung der Länge l mit der Zeit kann derselbe Effekt erzielt werden wie mit „negativer Dämpfung". In einem solchen Falle tritt beim System eine fortschreitende Energieansammlung an Stelle einer Energiezerstreuung ein und die Schwingungsamplitude des Pendels nimmt mit der Zeit zu. Es ist leicht zu sehen, daß eine solche Energieansammlung von der Arbeit herrührt, die von der Zugkraft T bei der Variation der Pendellänge l verrichtet wird. Man kann sich verschiedene Verfahren zur Änderung der Pendellänge l denken, die zu einer Energieansammlung im schwingenden System führen.

Als Beispiel diene der in Abb. 66 zum Ausdruck gebrachte Fall, veranschaulicht durch Diagramme der Winkelgeschwindigkeit $\frac{d\theta}{dt}$ und der Geschwindigkeit $\frac{dl}{dt}$ der Längenveränderung des Pendels in Abhängigkeit von der Zeit. Die Periode der Längenänderung des Pendels ist halb so groß angenommen wie die der Pendelschwingung und die Kurve der Werte $\frac{d\theta}{dt}$ ist gegenüber der Kurve der Werte $\frac{d\theta}{dl}$ derart angeordnet, daß der maximale Betrag der negativen Dämpfungswirkung zeitlich mit der maximalen Geschwindigkeit zusammenfällt. Dies bedeutet, daß eine Verminderung der Länge l einzutreten hat, wenn die Geschwindigkeit $\frac{d\theta}{dl}$ groß ist, ein Anwachsen der Länge l dagegen, wenn die Geschwindigkeit verhältnismäßig gering ist. Bedenkt man, daß die Zugkraft T gegen die Radialkomponente des Gewichtes W und die Zentrifugalkraft wirkt, so ist es leicht zu sehen, daß in dem durch Abb. 66 veranschaulichten Falle die von der Kraft T während der Längenverminderung des Pendels geleistete Arbeit größer sein wird als die bei zunehmender Länge l wiedergewonnene Arbeit; der Arbeitsüberschuß vergrößert die Schwingungsenergie des Pendels.

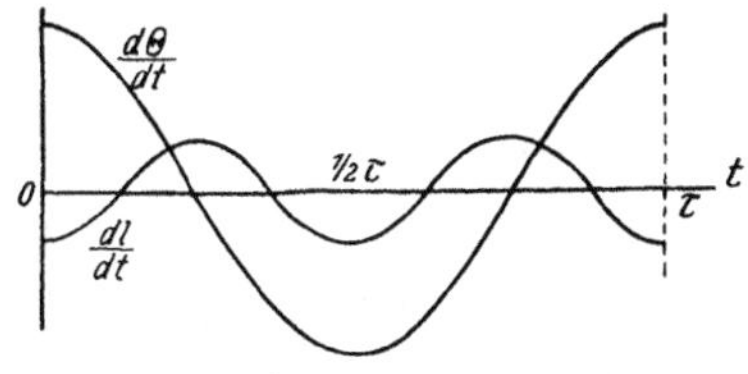

Abb. 66.

Die Berechnung der Energiezunahme des schwingenden Pendels wird besonders einfach in dem durch Abb. 67 veranschaulichten Falle. Es ist hier angenommen, daß die Pendellänge um den Betrag Δl plötzlich abnimmt, wenn sich das Pendel in seiner Mittellage befindet, und daß sie um den gleichen Betrag plötzlich wieder zunimmt, wenn sich das Pendel in einer der beiden Extremlagen befindet. Die Kurve, die hierbei von der Masse $\frac{W}{g}$ beschrieben wird, ist in der Figur durch die ausgezogene Linie dargestellt. Die Masse führt zwei volle Schwingungen während einer Pendelschwingung aus. Während der Verkürzung der Pendellänge l wird die Arbeit

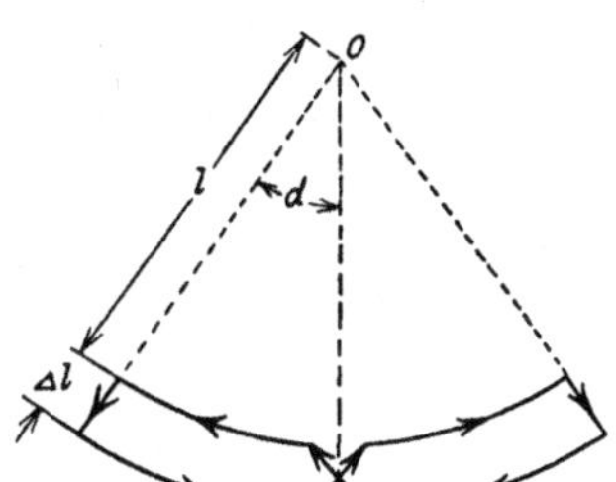

Abb. 67.

$$\left(W + \frac{W}{g}\frac{v^2}{l}\right)\Delta l \tag{a}$$

geleistet[1]. Hierin bedeutet v die Geschwindigkeit der Pendelmasse $\frac{W}{g}$ in der Mittellage. Die in den Extremlagen des Pendels wiedergewonnene Arbeit ist

$$W \Delta l \cos\alpha\,. \tag{b}$$

[1] Bei dieser Berechnung wird die Änderung der Fliehkraft bei der Verkürzung der Pendellänge vernachlässigt.

Der Energiegewinn bei einer vollen Pendelschwingung ist

$$\Delta E = 2\left\{\left(W + \frac{W}{g}\frac{v^2}{l}\right)\Delta l - W\Delta l \cos\alpha\right\}.$$

Führt man hierin

$$v^2 = 2\,g\,l(1 - \cos\alpha)$$

ein, so wird

$$\Delta E = 6\,W\Delta l(1 - \cos\alpha)\,. \qquad \text{(c)}$$

Infolge dieser Energiezunahme tritt in dem durch Abb. 67 dargestellten Falle eine fortschreitende Vergrößerung der Amplitude der Pendelschwingung ein.

Ein anderes Beispiel bietet die Betrachtung der Biegungsschwingungen eines rotierenden Stabes mit einer Randlast W (Abb. 68). Diese Anordnung entspricht der üblichen Art der Beanspruchung eines in der Festigkeits-Prüfmaschine eingespannten Stabes Wenn die Biegungssteifigkeit des Stabes in allen Axialschnitten die gleiche ist, so bleibt die Durchbiegung am Ende B bei der Drehbewegung konstant, und Schwingungen treten nicht ein.

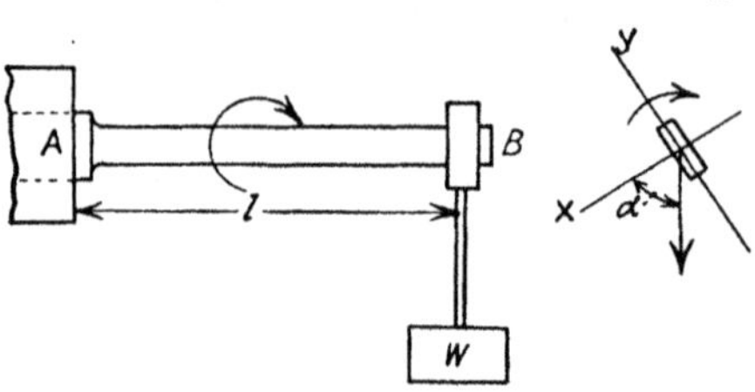

Abb. 68.

Nun wollen wir aber annehmen, daß die Hauptträgheitsmomente I_x und I_y des Stabquerschnittes verschieden sind (Abb. 68b). Dann wird die statische vertikale Durchbiegung des Stabendes B von der Größe des Winkels α zwischen der Lastrichtung und der x-Achse abhängig sein, und man kann sie durch den Ausdruck

$$\frac{W\,l^3}{6\,E\,I_x}\left\{1 + \frac{I_x}{I_y} - \left(1 - \frac{I_x}{I_y}\right)\cos 2\,\alpha\right\} \qquad \text{(d)}$$

darstellen. Infolge dieser Veränderlichkeit der vertikalen Durchbiegung wird die Frequenz der freien vertikalen Schwingung der am Ende B des Stabes AB befestigten Last von der Größe des Winkels α abhängen.

Jetzt wollen wir annehmen, daß der Stab AB mit einer konstanten Winkelgeschwindigkeit ω rotiert. Dann dürfen wir $\alpha = \omega t$ in Gl. (d) setzen und die Federungszahl im Falle vertikaler Schwingung der Last W wird nach Gl. (d)

$$k = \frac{6\,E\,I_x}{l^3\left[1 + \frac{I_x}{I_y} - \left(1 - \frac{I_x}{I_y}\right)\cos 2\,\omega\,t\right]}, \qquad \text{(e)}$$

d. h. die Federungszahl ist eine periodische Funktion der Zeit von einer

Frequenz, die doppelt so groß ist wie die Frequenz der Drehbewegung des Stabes. An einer Vorrichtung der beschriebenen Art wurde mit $I_y = 0{,}84\, I_r$ eine Reihe von Versuchen durchgeführt und es wurde gefunden, daß es zwei kritische Drehgeschwindigkeiten gibt, bei denen große vertikale Schwingungen der Last W entstehen. Die Ergebnisse eines derartigen Versuchs sind in Abb. 69 veranschaulicht. In dieser Abbildung ist die Schwingungsamplitude als Funktion des Gewichtes W bei einer konstant gehaltenen Drehgeschwindigkeit des Stabes von 1300 Umdrehungen pro Minute dargestellt. Es ergaben sich zwei kritische Gebiete. Die Resonanzschwingungen mit dem größeren Gewicht entsprechen der Eigenfrequenz der vertikal gerichteten Schwingung des am Stabe befestigten Gewichtes, wenn man als Trägheitsmoment des Stabquerschnittes den Mittelwert zwischen den beiden Extremwerten des Trägheitsmomentes einführt. In diesem Falle kommen zwei volle Perioden der veränderlichen Biegungssteifigkeit auf eine Schwingungsperiode. Das andere kritische Gebiet (W_{kr} = ein Viertel des zuerst erwähnten Gewichtes) entspricht einer Eigenfrequenz des Gewichtes von 2600 Perioden in der Minute. In diesem Falle kommt eine Periode der veränderlichen Biegungssteifigkeit auf eine Schwingungsperiode.

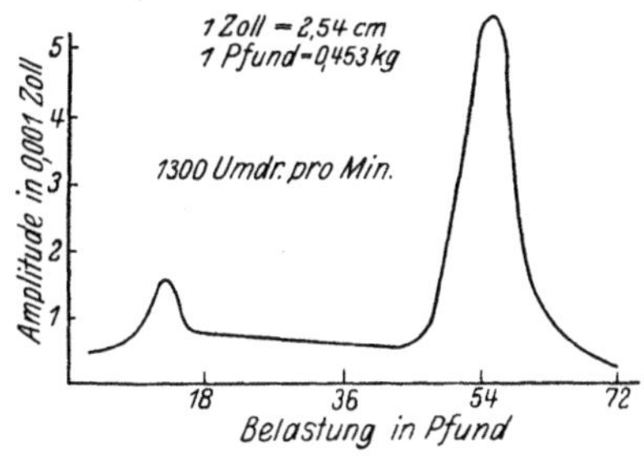

Abb. 69.

Schwingungen ähnlicher Art können in rotierenden Körpern von veränderlicher Biegungssteifigkeit auftreten, beispielsweise in einem Zweipolrotor eines Turbogenerators. Die Durchbiegung eines solchen Rotors unter der Einwirkung seines eigenen Gewichtes variiert während der Drehung und bei einer gewissen Geschwindigkeit entstehen infolge dieser veränderlichen Biegsamkeit heftige Schwingungen.

23. Schwingungen im Kuppelstangenantrieb bei elektrischen Lokomotiven.

Allgemeines. Ein äußerst wichtiges technisches Beispiel quasiharmonischer Schwingungen bieten die elektrischen Lokomotiven mit Kuppelstangenantrieb. Die Elastizität des Systems zwischen der Motorwelle und den Antriebsachsen hängt von der Kurbelstellung ab und ist bei der gleichförmigen Bewegung der Lokomotive gewöhnlich eine komplizierte Funktion, deren Periode einer Umdrehung der Antriebsachsen entspricht. Wir sahen im vorangehenden Paragraphen, daß solche Systeme von veränderlicher Elastizität unter gewissen Bedingungen in den Zustand heftiger Schwingungsbewegung geraten können. Da solche Schwingungen bei den schweren rotierenden Massen des Motors Schwankungen der Winkelgeschwindigkeit erzeugen, so entstehen im Triebwerk der Lokomotive große dynamische Zusatzkräfte. Manche Betriebsstörungen, besonders in der früheren Bauperiode der elektrischen Lokomotiven, müssen auf diese dynamische Ursache zurückgeführt werden[1].

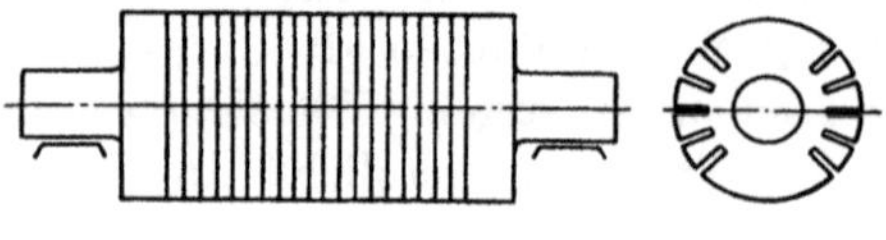

Abb. 70.

Veränderliche Elastizität des Kuppelstangenantriebes. Um zu zeigen, wie die Elastizität eines Kuppelstangenantriebes bei einer Umdrehung des Motors variiert, wollen wir hier ein einfaches Beispiel, veranschaulicht durch Abb. 71, behandeln. Am Rotor möge ein Torsionsmoment M_T angreifen, das sich durch die Motorwelle $O\,O$, die Kurbeln $O\,1$ und $O\,2$ und die Kuppelstangen $1\,1$ und $2\,2$ auf die Treibachse $O_1 O_1$ überträgt. Betrachten wir nun den Winkel, um den sich der Rotor gegenüber der Treibachse $O_1 O_1$ in seiner Drehrichtung infolge der Verdrehung der Welle OO und der Deformation der Kuppelstangen verschiebt. Sind M'_T und M''_T die Torsionsmomente, die durch die Kuppelstangen $1\,1$ bzw. $2\,2$ auf die Treibachse übertragen werden, so ist zunächst

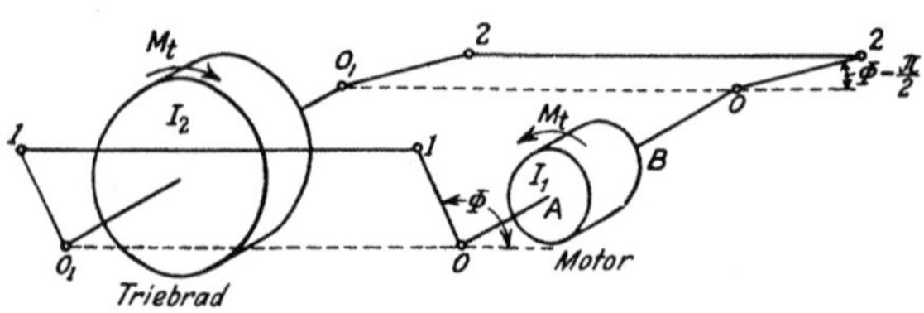

Abb. 71.

$$M_T = M'_T + M''_T. \tag{a}$$

Ist K_1 die Federungszahl für das Wellenende OA, so ist der Verdrehungswinkel am Motor infolge der Wellentorsion gleich

$$\Delta_1 \varphi = \frac{M'_T}{K_1}. \tag{b}$$

Jetzt berechnen wir die Winkeländerung $\Delta_2\,\varphi$ infolge der Verkürzung der Kuppelstange $1\,1$. Sei S_1 die Druckkraft in der Kuppelstange,

[1] Die wichtigsten Arbeiten über Schwingungserscheinungen bei elektrischen Lokomotiven sind: 1. Meißner, Prof. E.: Über Schüttelerscheinungen in Systemen mit periodisch veränderlicher Elastizität. Schweiz. Bauzg. **72**, 95 (1918). 2. Müller, K. E.: Über die Schüttelschwingungen des Kuppelstangenantriebes. Schweiz. Bauzg. **74**, 141 (1919). 3. Dreyfus, L.: Eigenschwingungen von Systemen mit periodisch veränderlicher Elastizität. A. Föppl zum siebzigsten Geburtstag **1924**, 89. 4. Wiechert, A.: Schüttelerscheinungen. Forsch.-Arb. Ing. **1924**, H. 266. 5. Seefehlner, E. E.: Elektrische Zugförderung **1924**. 6. Schwerin, E.: Z. techn. Phys. **10**, 37 (1929).

$\delta = \frac{S_1 l}{F E}$ die entsprechende Verkürzung der Kuppelstange und r der Kurbelradius. Dann ist

$$M'_T = S_1 r \sin\varphi . \tag{c}$$

Aus einer geometrischen Betrachtung nach Abb. 72 schließen wir ferner

$$\delta = r \Delta_2 \varphi \sin\varphi . \tag{d}$$

Bedenkt man, daß

$$S_1 = \delta \frac{F E}{l},$$

so erhält man aus den Gln. (c) und (d)

$$\Delta_2 \varphi = \frac{M'_T l}{F E r^2 \sin^2\varphi} .$$

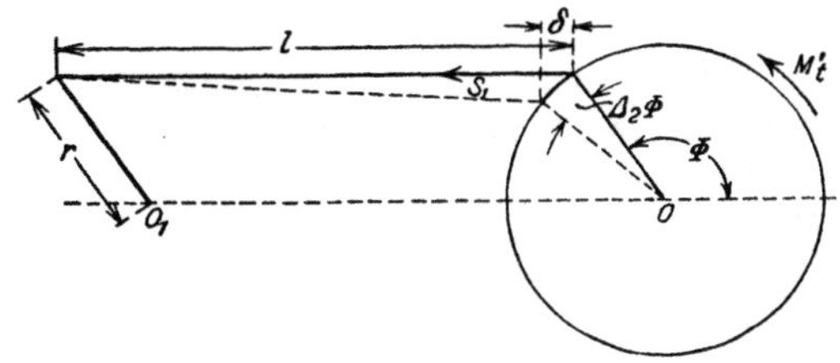

Abb. 72.

Setzen wir

$$\frac{F E r^2}{l} = K_2,$$

so wird

$$\Delta_2 \varphi = \frac{M'_T}{K_2 \sin^2\varphi} . \tag{e}$$

Die gesamte Winkeländerung am Motor gegenüber der Treibachse ist somit[1]

$$\Delta\varphi = \Delta_1\varphi + \Delta_2\varphi = M'_T\left(\frac{1}{K_1} + \frac{1}{K_2 \sin^2\varphi}\right) . \tag{f}$$

Der gleiche Winkel müßte sich aus der Betrachtung der Torsion am Wellenteil *OB* und der Verkürzung der Kuppelstange *2 2* ergeben. Unter der Voraussetzung, daß die Anordnung des Motors in bezug auf die Längsachse der Lokomotive symmetrisch ist, erhalten wir in ganz analoger Weise

$$\Delta\varphi = M''_T\left(\frac{1}{K_1} + \frac{1}{K_2 \cos^2\varphi}\right) . \tag{g}$$

Aus den Gln. (a), (f) und (g) folgt

$$M_T = \Delta\varphi \frac{\frac{2}{K_1}\sin^2\varphi\cos^2\varphi + \frac{1}{K_2}}{\left(\frac{1}{K_1}\sin^2\varphi + \frac{1}{K_2}\right)\left(\frac{1}{K_1}\cos^2\varphi + \frac{1}{K_2}\right)}$$

$$= \Delta\varphi \frac{\frac{2}{K_1} + \frac{8}{K_2} - \frac{2}{K_1}\cos 4\varphi}{\frac{8}{K_2^2} + \frac{8}{K_1 K_2} + \frac{1}{K_1^2} - \frac{1}{K_1^2}\cos 4\varphi} . \tag{h}$$

[1] Bei dieser Berechnung wurde nur die Deformation der Kuppelstangen und der Welle *OO* in Betracht gezogen.

Setzt man

$$\varphi = \omega t, \quad \frac{2}{K_1} + \frac{8}{K_2} = a, \quad \frac{2}{K_1} = b,$$

$$\frac{8}{K_2^2} + \frac{8}{K_1 K_2} + \frac{1}{K_1^2} = c, \quad \frac{1}{K_1^2} = d,$$

so wird

$$M_T = \Delta\varphi \frac{a - b\cos 4\omega t}{c - d\cos 4\omega t}. \tag{56}$$

Wie man sieht, ist die Elastizität des Systems eine Funktion der Zeit mit einer Periode, die gleich ist dem vierten Teil der Periode der Wellendrehung. Abb. 73 ist eine graphische Darstellung der mit dem Winkel veränderlichen Elastizität. Bei einem Torsionsmoment von gegebener Größe wird der Torsionswinkel zu einem Maximum gleich $M_T\left(\frac{1}{K_1} + \frac{1}{K_2}\right)$, wenn

$$\varphi = \omega t = 0,\ \tfrac{1}{2}\pi,\ \pi, \ldots$$

wird. Er wird dagegen zu einem Minimum gleich $M_T\left(\frac{1}{2K_1} + \frac{1}{K_2}\right)$, wenn

$$\varphi = \omega t = \tfrac{1}{4}\pi,\ \tfrac{3}{4}\pi, \ldots$$

wird.

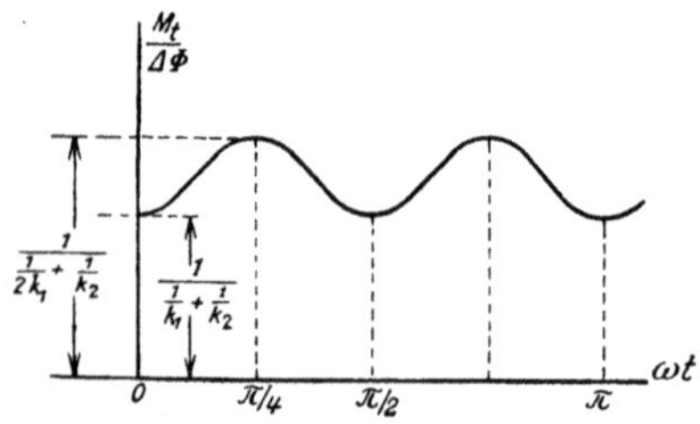

Abb. 73.

Es ist leicht zu sehen, daß die Schwankung in der Elastizität des Systems mit wachsender Steifigkeit der Welle, d. h. mit wachsendem Wert der Größe K_1, abnimmt. Bei einer absolut steifen Welle würde die Elastizität bei der Drehbewegung konstant bleiben.

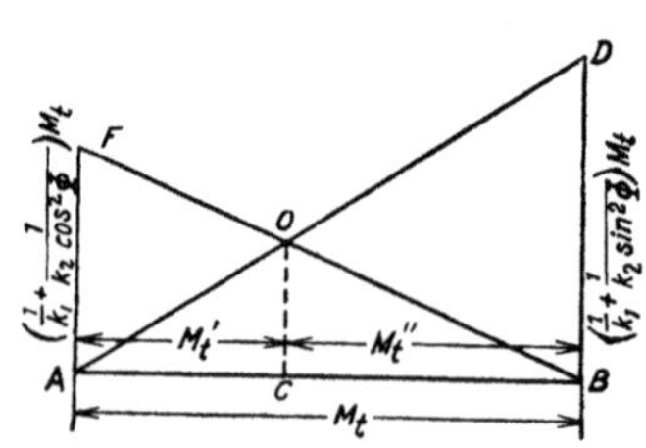

Abb. 74.

In unserer obigen Betrachtung wurden die Gln. (a), (f) und (g) analytisch behandelt. Dieselben Gleichungen können aber auf graphischem Wege leicht gelöst werden[1]. Möge AB in Abb. 74 in einem gewissen Maßstab die Größe des Torsionsmomentes M_T darstellen; macht man dann die Endordinaten AF und BD gleich

$$\left(\frac{1}{K_1} + \frac{1}{K_2 \cos^2\varphi}\right) M_T \quad \text{bzw.} \quad \left(\frac{1}{K_1} + \frac{1}{K_2 \sin^2\varphi}\right) M_T,$$

so bestimmt die Vertikale OC durch den Schnittpunkt der Geraden BF und AD die Strecken AC und CB, und diese stellen die Momente M'_T und M''_T dar.

[1] Das im Text folgende Verfahren wurde von A. Wiechert (siehe Fußnote S. 106) benutzt.

Aus der Abbildung folgt auch

$$OC = M'_T\left(\frac{1}{K_1} + \frac{1}{K_2 \sin^2\varphi}\right) = \varDelta\varphi,$$

d. h. OC ist gleich der am Motor gemessenen Winkeländerung infolge der durch das Torsionsmoment M_T hervorgerufenen Deformation des Kuppelstangenantriebs.

Dieses graphische Verfahren ist besonders in den Fällen mit Vorteil anwendbar, in denen nicht nur elastische Deformationen, sondern auch toter Gang eine Rolle spielen. Untersuchen wir z. B. den Einfluß eines Spielraumes zwischen Kuppelstange und Kurbelzapfen. Ist a der Betrag dieses Spieles[1], so ist die Verschiebung (s. Abb. 72) gleich der Verkürzung der Kuppelstange vermehrt um das Spiel a, und es ist

$$\delta = \frac{S_1 l}{FE} + a$$

oder auf Grund von (c) und (d)

$$r\varDelta_2 \sin\varphi = \frac{M'_T}{r\sin\varphi}\,\frac{l}{FE} + a,$$

$$\varDelta_2\varphi = \frac{M'_T}{K_2 \sin^2\varphi} + \frac{a}{r\sin\varphi}.$$

Die gesamte Winkeländerung ist

$$\varDelta\varphi = \varDelta_1\varphi + \varDelta_2\varphi = \frac{M'_T}{K_1} + \frac{M'_T}{K_2\sin^2\varphi} + \frac{a}{r\sin\varphi}. \qquad \text{(k)}$$

In analoger Weise ergibt sich für die andere Kurbel

$$\varDelta\varphi = \frac{M''_T}{K_1} + \frac{M''_T}{K_2\cos^2\varphi} - \frac{a}{r\cos\varphi}. \qquad \text{(l)}$$

Aus den Gln. (k), (l) und (a) lassen sich die Momente M'_T und M''_T und der Winkel $\varDelta\varphi$ berechnen. Eine graphische Lösung dieser Gleichungen ist in Abb. 75 gegeben. AB stellt, wie früher, das gesamte Torsionsmoment M_T dar. Die geraden Linien DF und LK bringen die rechten Seiten der Gln. (k) und (l), also Linearfunktionen von M'_T bzw. M''_T, zum Ausdruck. Der Schnittpunkt O dieser beiden Linien ergibt die Lösung der Aufgabe. Es ist nämlich leicht zu sehen, daß die Ordi-

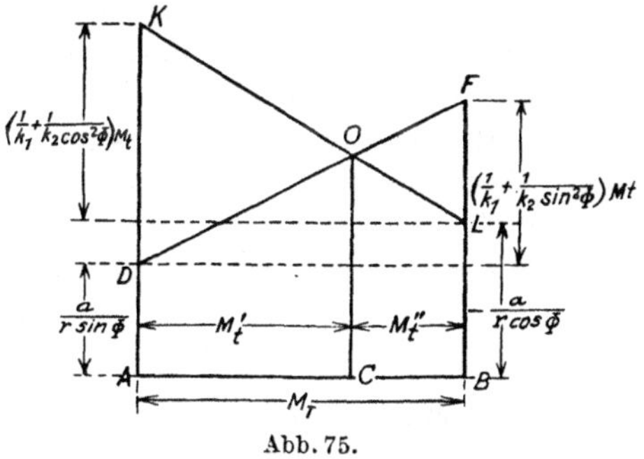

Abb. 75.

[1] a bezeichnet die Differenz zwischen dem Halbmesser der Bohrung und dem des Zapfens.

nate OC gleich ist dem Winkel $\Delta\varphi$ und daß die Strecken AC und CB die Torsionsmomente M'_T und M''_T darstellen.

Aus Abb. 75 ersieht man, daß in der Kurbelstellung, die durch

$$-\frac{a}{r\cos\varphi} = \frac{a}{r\sin\varphi} + \left(\frac{1}{K_1} + \frac{1}{K_2\sin^2\varphi}\right) M_T \tag{m}$$

gegeben ist, M''_T gleich Null wird. Für kleinere Werte von φ[1] als der nach Gl. (m) nimmt die Kuppelstange *1–1* das gesamte Torsionsmoment auf, und es wird $M'_T = M_T$. In gleicher Weise findet man, daß für Winkel, die größer sind als der aus der Gleichung

$$\frac{a}{r\sin\varphi} = -\frac{a}{r\cos\varphi} + \left(\frac{1}{K_1} + \frac{1}{K_2\cos^2\varphi}\right) M_T \tag{n}$$

folgende, $M'_T = 0$ ist, und das gesamte Torsionsmoment wird durch die Kuppelstange *2–2* aufgenommen. Die Anwendung des in Abb. 75 gegebenen graphischen Verfahrens innerhalb der durch die Gln. (m) und (n) bezeichneten Grenzen in Verbindung mit den Gln. (k) und (l) für Gebiete außerhalb dieser Grenzen ergibt ein vollständiges Bild für die Veränderlichkeit des Winkels $\Delta\varphi$ in den Grenzen $\frac{1}{2}\pi < \varphi < \pi$. In ähnlicher Weise können auch andere Kurbelstellungen untersucht werden; man erhält dann ein Diagramm für die Veränderlichkeit der Federungszahl $\frac{M_T}{\Delta\varphi}$ mit dem Winkel ωt, entsprechend der in Abb. 73 gegebenen Darstellung.

Schwingungserscheinungen im Kuppelstangenantrieb. Unter Beziehung auf das in Abb. 71 veranschaulichte Bewegungssystem bezeichnen wir mit

I_1 das Trägheitsmoment der um die Achse OO rotierenden Massen,

I_2 das Trägheitsmoment der um die Achse O_1O_1 rotierenden Massen,

φ_1, φ_2 die zugehörigen Drehwinkel um die Achse OO bzw. O_1O_1,

$\Delta\varphi = \varphi_1 - \varphi_2$ die im Drehwinkel gemessene Verschiebung des Motors gegenüber der Treibachse, hervorgerufen durch die Deformation in den Wellen und Kuppelstangen;

ψ die veränderliche Elastizität des Kuppelstangenantriebes, ausgedrückt durch das Torsionsmoment, das erforderlich ist, um eine Winkelverschiebung $\Delta\varphi$ gleich der Winkeleinheit hervorzurufen; im oben behandelten Spezialfall, s. Gl. (56), hatten wir

$$\psi = \frac{M_T}{\Delta\varphi} = \frac{a - b\cos 4\,\omega t}{c - d\cos 4\,\omega t}; \tag{56'}$$

M_T, M_r die Momente der äußeren Kräfte an den Massen I_1, I_2. Auf die Masse vom Trägheitsmoment I_1 (Abb. 71) kommt ein Torsionsmoment zur Wirkung und entgegengesetzt dazu entsteht ein Moment

[1] Hier wird die Anordnung der Abb. 72 zugrunde gelegt, in der die Kurbeln im ersten und zweiten Quadranten liegen.

von der Größe $\psi\,(\varphi_1 - \varphi_2)$; dieses Moment stellt die Reaktion der elastischen Kräfte der tordierten Welle O–O dar. Die Differentialgleichung der Bewegung ist

$$-I_1 \frac{d^2 \varphi_1}{dt^2} + M_T - \psi(\varphi_1 - \varphi_2) = 0\,. \tag{a}$$

In derselben Weise findet man die Differentialgleichung der Bewegung für die zweite Masse:

$$-I_2 \frac{d^2 \varphi_2}{dt^2} - M_r + \psi\,(\varphi_2 - \varphi_2) = 0\,. \tag{b}$$

In den wirklichen Fällen stellen I_1 und I_2 gewöhnlich äquivalente Trägheitsmomente dar, deren Größe aus der Betrachtung der Konstitution des Systems berechnet werden kann.

Aus den Gln. (a) und (b) erhalten wir

$$\frac{d^2 (\varphi_1 - \varphi_2)}{dt^2} + \psi \frac{I_1 + I_2}{I_1 I_2} (\varphi_1 - \varphi_2) = \frac{M_T}{I_1} + \frac{M_r}{I_2}\,.$$

Setzt man

$$\varphi_1 - \varphi_2 = x\,, \qquad \psi \frac{I_1 + I_2}{I_1 I_2} = \theta\,, \tag{57}$$

so ergibt sich die Gleichung

$$\ddot{x} + \theta x = \frac{M_T}{I_1} + \frac{M_r}{I_2}\,, \tag{c}$$

worin θ eine gewisse periodische Funktion der Zeit ist. In dem durch Abb. 71 veranschaulichten Falle haben wir nach Gl. (56)

$$\theta = \psi \frac{I_1 + I_2}{I_1 I_2} = \frac{I_1 + I_2}{I_1 I_2} \frac{a - b \cos 4\,\omega t}{c - d \cos 4\,\omega t}\,. \tag{57'}$$

Ist die Steifigkeit der Welle gegenüber derjenigen der Kuppelstangen sehr groß, so dürfen die Größen b und d in Gl. (57′) vernachlässigt werden (s. S. 108), und man erhält

$$\theta = K_2 \frac{I_1 + I_2}{I_1 I_2}\,.$$

Wir kommen so zu einem System von konstanter Elastizität, für das die Eigenschwingungsperiode aus folgender Gleichung (s. S. 7) leicht berechnet werden kann:

$$\tau = 2\pi \sqrt{\frac{I_1 I_2}{K_2 (I_1 + I_2)}}\,. \tag{58}$$

Unter der Einwirkung eines veränderlichen Torsionsmomentes M_T entstehen dann im System starke Schwingungen, wenn die Periode von M_T der Eigenschwingungsperiode des Systems oder einem Vielfachen[1]

[1] Es wird angenommen, daß $M_{\tilde{T}}$ durch eine trigonometrische Reihe dargestellt ist (siehe § 12); Resonanz tritt ein, wenn die Periode eines der Glieder der Reihe gleich τ wird.

davon gleich ist. In dieser Weise ergibt sich eine Reihe kritischer Geschwindigkeiten des Systems.

Im Falle veränderlicher Elastizität wird das Problem komplizierter. An die Stelle bestimmter kritischer Geschwindigkeiten treten bestimmte Gebiete von Geschwindigkeiten, innerhalb derer starke Schwingungen entstehen können. Zur Bestimmung der Grenzen dieser kritischen Gebiete wird die Untersuchung der Gleichung

$$\ddot{x} + \theta x = 0\,, \tag{59}$$

die die freien Schwingungen des Systems darstellt, erforderlich. Der Faktor θ in dieser Gleichung ist eine periodische Funktion der Zeit; sie hängt von der veränderlichen Elastizität des Systems ab und ist durch die Gl. (57) definiert. Sei T die Periode dieser Funktion und $x(t)$ eine Lösung der Gl. (59). Dann haben, wie E. Meißner[1] gezeigt hat, die Werte von T, die den Grenzen der kritischen Gebiete entsprechen, die Eigenschaft, daß sie eine der beiden folgenden Gleichungen befriedigen:

$$x(t+T) = x(t)\,, \tag{d}$$

$$x(t+T) = -x(t)\,. \tag{e}$$

In der nachstehenden Betrachtung bezeichnen wir den Fall (d) der Gl. (59) als periodische Lösung erster Art und den Fall (e) als periodische Lösung zweiter Art. Mit anderen Worten, die Werte von T, die die Grenzen der kritischen Gebiete bestimmen, sind diejenigen Werte, bei denen die Gl. (59) periodische Lösungen erster oder zweiter Art besitzt.

Bevor wir diese allgemeine Schlußfolgerung auf die Berechnung der kritischen Gebiete anwenden, bringen wir zunächst eine ausführlichere Diskussion der Gl. (59).

Diskussion der Differentialgleichung (59)[2]. Die allgemeine Lösung der linearen Differentialgleichung (59), die von der 2. Ordnung ist, kann immer auf die Gestalt

$$x = a_1\,\eta_1(t) + a_2\,\eta_2(t) \tag{60}$$

gebracht werden, worin a_1 und a_2 zwei willkürliche Konstanten bezeichnen, während $\eta_1(t)$ und $\eta_2(t)$ zwei partikuläre Lösungen der Gl. (59) sind, die den Anfangsbedingungen

$$\eta_1(0) = 1\,; \qquad \dot{\eta}_1(0) = 0\,; \qquad \eta_2(0) = 0\,; \qquad \dot{\eta}_2(0) = 1 \tag{a}$$

---

[1] Siehe den S. 106 erwähnten Artikel.

[2] Die nachstehende Untersuchung hat nur theoretisches Interesse und kann ohne Nachteil für das Verständnis der nachfolgenden Abschnitte beim Studium fortgelassen werden.

genügen. Im Falle konstanter Elastizität, wenn $\theta = p^2$, haben wir beispielsweise

$$\eta_1(t) = \cos p\,t; \qquad \eta_2(t) = \frac{\sin p\,t}{p}.$$

Nimmt man an, daß die Bedingungen (a) erfüllt sind, so haben die willkürlichen Konstanten der allgemeinen Lösung (60) eine sehr einfache Bedeutung, nämlich

$$a_1 = (x)_{t=0} = x_0, \qquad a_2 = (\dot{x})_{t=0} = \dot{x}_0.$$

Dies bedeutet, daß sich die aus der allgemeinen Lösung (60) ergebende Gesamtverschiebung des Systems bei der Schwingungsbewegung aus zwei Teilen zusammensetzen läßt, wovon der eine von der Anfangsverschiebung x_0, der andere von der Anfangsgeschwindigkeit $\dot{x}_0$ des Systems abhängt.

Sind Anfangsverschiebung und Anfangsgeschwindigkeit gegeben, so kann man mit Hilfe der in den §§ 19 und 20 beschriebenen graphischen und analytischen Verfahren stets eine Näherungslösung der Gl. (59) erhalten.

Um sich ein Bild von der allmählichen Entstehung der Schwingungen zu machen, muß man die Integration über einen Zeitabschnitt ausdehnen, der ein Vielfaches der Periode T der Funktion θ beträgt. Dies verlangt eine beträchtliche Arbeit und zugleich vermindert sich die Genauigkeit dieser Berechnungen mit wachsendem t. Wir wollen nun zeigen, daß allgemeine Schlußfolgerungen über den Charakter der Lösung (60) möglich sind, wenn man nur voraussetzt, daß die Funktionen $\eta_1(t)$ und $\eta_2(t)$ innerhalb der Grenzen $0 \leqq t \leqq T$ bekannt sind. Zur Ermittelung dieser Funktionen im bezeichneten Intervall ist es nur notwendig, die Lösungen der Gl. (60) für zwei spezielle Systeme von Anfangsbedingungen zu finden, nämlich für

$$x_0 = 1, \qquad \dot{x}_0 = 0$$

und

$$x_0 = 0, \qquad \dot{x}_0 = 1.$$

Diese kann man mit Hilfe irgendeines Näherungsverfahrens ermitteln und damit sind die Funktionen $\eta_1(t)$ und $\eta_2(t)$ im Intervall $0 \leqq t \leqq T$ gefunden.

Da die Funktion θ in Gl. (59) die Periode T hat, so ändert sich diese Gleichung nicht, wenn t mit $t + T$ vertauscht wird. Daher sind $\eta_1(t + T)$ und $\eta_2(t + T)$ gleichfalls Lösungen der Gl. (59) und diese Funktionen müssen dieselbe Form wie (60) haben, d. h.

$$\left.\begin{aligned} \eta_1(t + T) &= a\,\eta_1(t) + b\,\eta_2(t), \\ \eta_2(t + T) &= c\,\eta_1(t) + d\,\eta_2(t). \end{aligned}\right\} \tag{b}$$

Setzt man in diese Gleichungen und in deren zeitliche Ableitungen $t = 0$ ein, so ergeben sich folgende Werte für die Konstanten a, b, c und d:

$$\left.\begin{aligned} a &= \eta_1(T), \qquad & c &= \eta_2(T), \\ b &= \dot{\eta}_1(T), \qquad & d &= \dot{\eta}_2(T). \end{aligned}\right\} \tag{c}$$

Man sieht nun, daß, wenn $\eta_1(t)$ und $\eta_2(t)$ im Intervall $0 \leqq t \leqq T$ bekannt sind, die Werte dieser Funktionen für das Intervall $T < t < 2T$ mit Hilfe der Gl. (b) und (c) berechnet werden können. Durch Wiederholung des Verfahrens läßt sich das Intervall der bekannten Funktionswerte $\eta_1(t)$ und $\eta_2(t)$ ausdehnen.

Nach diesen vorbereitenden Bemerkungen kehren wir wieder zur Gl. (59) zurück und suchen eine Lösung $N(t)$ dieser Gleichung von der Eigenschaft, daß sich nach Ablauf einer Zeit, die gleich ist der Periode T, die Schwingung selbst reproduziert, aber mit vergrößerten Amplituden. Diese Bedingung drückt sich durch die Gleichung

$$N(t + T) = k\,N(t) \tag{d}$$

aus. Da jede Lösung $N(t)$ der Gl. (59) die Gestalt

$$N(t) = a_1\,\eta_1(t) + a_2\,\eta_2(t) \tag{e}$$

hat, so ist

$$N(t + T) = a_1\,\eta_1(t + T) + a_2\,\eta_2(t + T)$$

oder auf Grund der Gl. (*b*)

$$N(t + T) = a_1\{a\,\eta_1(t) + b\,\eta_2(t)\} + a_2\{c\,\eta_1(t) + d\,\eta_2(t)\}. \tag{f}$$

Substituiert man nun (e) und (f) in die Gl. (d), so wird

$$a_1\{a\,\eta_1(t) + b\,\eta_2(t)\} + a_2\{c\,\eta_1(t) + d\,\eta_2(t)\} = k\{a_1\,\eta_1(t) + a_2\,\eta_2(t)\}.$$

Diese Gleichung ist für jeden Wert von t erfüllt, wenn

$$\begin{aligned} a a_1 + c a_2 &= k a_1, \\ b a_1 + d a_2 &= k a_2. \end{aligned}$$

Aus diesen Gleichungen folgt

$$\frac{a_1}{a_2} = -\frac{c}{a - k} = -\frac{d - k}{b}, \tag{g}$$

d. h. der Faktor k muß die Gleichung

$$(a - k)(d - k) = bc$$

oder

$$k^2 - (a + d)\,k + ad - bc = 0 \tag{h}$$

befriedigen. Diese Gleichung läßt sich vereinfachen, wenn man beachtet, daß $\eta_1(t)$ und $\eta_2(t)$ Lösungen der Gl. (59) sind, so daß

$$\begin{aligned} \ddot{\eta}_1(t) + \theta\,\eta_1(t) &= 0, \\ \ddot{\eta}_2(t) + \theta\,\eta_2(t) &= 0. \end{aligned}$$

Eliminiert man aus diesen Gleichungen θ, so wird

$$\ddot{\eta}_1(t)\,\eta_2(t) - \ddot{\eta}_2(t)\,\eta_1(t) = 0\,,$$

woraus durch Integration

$$\dot{\eta}_1(t)\,\eta_2(t) - \dot{\eta}_2(t)\,\eta_1(t) = \text{const}$$

folgt.

Substituiert man in diese Gleichung $t = 0$ und $t = T$, so ergibt sich wegen der Gln. (a) und (c)

$$-1 = bc - ad\,.$$

Jetzt geht (h) über in

$$k^2 - (a + d)\,k + 1 = 0\,, \tag{k}$$

woraus folgt

$$k_{1,2} = \frac{a+d}{2} \pm \sqrt{\left(\frac{a+d}{2}\right)^2 - 1}\,. \tag{l}$$

Für jede dieser beiden Wurzeln kann der entsprechende Wert des Quotienten $\frac{a_1}{a_2}$ aus der Gl. (g) berechnet werden und in dieser Weise ergeben sich zwei Normalintegrale [s. Gl. (e)] $N_1(t)$ und $N_2(t)$ zu

$$N_1(t + T) = k_1 N_1(t)\,, \qquad N_2(t + T) = k_2\,N_2(t)\,.$$

Man sieht, daß die Veränderlichkeit der Integrale $N_1(t)$ und $N_2(t)$ mit der Zeit von den Zahlenwerten k_1 und k_2 der Wurzeln der Gl. (k) abhängt.

Wenn

$$\left(\frac{a+d}{2}\right)^2 > 1 \tag{p}$$

ist, so sind beide Wurzeln reell, und da $k_1 k_2 = 1$ ist, so ist eine dieser Wurzeln dem absoluten Betrage nach größer als 1. Dies bedeutet, daß das entsprechende Integral mit der Zeit unbeschränkt zunimmt. Nehmen wir beispielsweise $|k_1| > 1$ an; dann ist nach Ablauf einer Zeit nT

$$N_1(t + n\,T) = k_1^n\,N_1(t)\,.$$

Wie man sieht, wird das Verhältnis, in dem die Schwingungsamplitude zunimmt, von der Größe $|k_1|$ abhängen.

Die Bedingung (p) bezeichnet die kritischen Gebiete, in denen starke Schwingungen zu erwarten sind. Ist

$$\left(\frac{a+d}{2}\right)^2 < 1\,, \tag{q}$$

so werden beide Wurzeln der Gl. (k) imaginär, und die entsprechenden Schwingungen weisen stets eine endliche Amplitude auf[1]. Die Grenzen der kritischen Gebiete folgen aus der Bedingung

$$\left(\frac{a+d}{2}\right)^2 = 1\,.$$

---

[1] Siehe die S. 106 erwähnte Arbeit von Meißner.

In diesem Falle ist

$$k_1 = k_2 = +1$$

oder

$$k_1 = k_2 = -1$$

und die Gl. (59) hat entweder eine periodische Lösung erster Art oder eine zweiter Art (s. S. 112). Ist

$$k_1 = k_2 = 1\,,$$

so haben wir

$$N(t + T) = N(t)\,;$$

dies ist eine periodische Lösung erster Art; ist aber

$$k_1 = k_2 = -1\,,$$

so wird

$$N(t + T) = -N(t)\,,$$

und dies ist eine periodische Lösung zweiter Art (s. S. 112).

Im ersten Falle kann die Periode durch die Formel $\frac{2T}{n}$ dargestellt werden, worin $n = 2, 4, 6, \ldots$ Im zweiten Falle ist die Periode durch die gleiche Formel gegeben, doch ist darin $n = 1, 3, 5, \ldots$ zu setzen. Hieraus ist ersichtlich, daß es zur Bestimmung der Grenzen der kritischen Gebiete für ein System mit veränderlicher Elastizität nur erforderlich ist, solche Werte der Periode T der Funktion θ in Gl. (59) zu finden, bei denen diese Gleichung entweder eine periodische Lösung erster Art oder eine periodische Lösung zweiter Art hat. Diese Werte von T stellen die Grenzen der kritischen Gebiete dar.

Berechnung der kritischen Geschwindigkeitsgebiete[1]. Bei einer elektrischen Lokomotive ist die Elastizitätsschwankung des Systems gewöhnlich klein und die Gebiete der kritischen Geschwindigkeiten können durch sukzessive Approximation berechnet werden. Der Verlauf dieser Berechnungen soll nun an einem Beispiel gezeigt werden, bei dem die Funktion θ in der allgemeinen Gleichung

$$\ddot{x} + \theta x = 0 \tag{59'}$$

die Gestalt

$$\theta = \frac{a + b\cos 2\omega t + c\cos 4\omega t}{p + q\cos 2\omega t + r\cos 4\omega t}\,\frac{I_1 + I_2}{I_1 I_2} \tag{61}$$

hat. Im Falle der oben erörterten symmetrischen Anordnung ist $b = q = 0$, und wir gelangen zu der in Gl. (57′) gegebenen Funktion.

Setzt man voraus, daß die Funktion θ bei der Bewegung der Lokomotive nur kleinen Schwankungen unterliegt, so werden die Größen b, c, q und r in der Gl. (61) im Vergleich mit a und p klein, und die Glei-

---

[1] Siehe Karl E. Müller: Über die Schüttelschwingungen des Kuppelstangenantriebes. Dissertation der Eidgen. Techn. Hochschule in Zürich.

chung kann nach Ausführung der Division in der Gestalt

$$\theta = \left\{\frac{a}{p} + \frac{b}{p}\cos 2\omega t + \frac{c}{p}\cos 4\omega t\right\}$$

$$\times\left\{1 - \left(\frac{q}{p}\cos 2\omega t + \frac{r}{p}\cos 4\omega t\right) + \left(\frac{q}{p}\cos 2\omega t + \frac{r}{p}\cos 4\omega t\right)^2 - \cdots\right\}\frac{I_1+I_2}{I_1 I_2} \quad \text{(a)}$$

geschrieben werden. Sei nun

$$\frac{a}{p}\frac{I_1+I_2}{I_1 I_2} = g_0; \quad \frac{b}{p}\frac{I_1+I_2}{I_1 I_2} = g_1\varepsilon; \quad \frac{c}{p}\frac{I_1+I_2}{I_1 I_2} = g_2\varepsilon; \quad \frac{q}{p} = g_3\varepsilon; \quad \frac{r}{p} = g_4\varepsilon,$$

worin g_1, g_2, g_3 und g_4 Größen von derselben Ordnung sind wie g_0 und ε eine kleine Größe bezeichnet. Wegen der Identität

$$2\cos 2mt\cos 2nt = \cos 2(m+n)t + \cos 2(m-n)t \quad \text{(b)}$$

kann Gl. (a) in der Form

$$\theta = \pi^2\{a_0 + \varepsilon\,(a_1\cos 2\omega t + a_2\cos 4\omega t) + \varepsilon^2(a_3\cos 2\omega t + a_4\cos 4\omega t$$
$$+ a_5\cos 6\omega t + a_6\cos 8\omega t) + \varepsilon^3(a_7\cos 2\omega t + \cdots) + \cdots\} \quad \text{(c)}$$

geschrieben werden, worin sich die Konstanten $a_0, a_1, a_2, \ldots$ durch die oben gegebenen Größen $g_0, g_1, \ldots$ ausdrücken lassen.

Jetzt sieht man, daß die von der veränderlichen Elastizität des Systems abhängige Funktion θ die Periode

$$T = \frac{\pi}{\omega} \quad \text{(d)}$$

hat, d. h. zwei volle Perioden von θ entsprechen einer Umdrehung der Kurbel.

In der folgenden Erörterung der Differentialgleichung (59′) benutzen wir an Stelle der Zeit t als neue unabhängige Veränderliche den Winkel φ. Diese Veränderliche ist durch die Gleichung

$$\varphi = \omega t \quad \text{(e)}$$

definiert und stellt den Drehwinkel der Kurbel dar; damit ist

$$\dot{x} = \frac{dx}{dt} = \omega\frac{dx}{d\varphi}, \qquad \ddot{x} = \frac{d^2x}{dt^2} = \omega^2\frac{d^2x}{d\varphi^2}.$$

Nach Substitution in die Gl. (59′) erhalten wir unter Benutzung der Gl. (d)

$$\frac{d^2x}{d\varphi^2} + \frac{T^2}{\pi^2}\theta x = 0, \quad (62)$$

worin nach Gl. (c)

$$\theta = \pi^2\{a_0 + \varepsilon\,(a_1\cos 2\varphi + a_2\cos 4\varphi) + \varepsilon^2(a_3\cos 2\varphi + a_4\cos 4\varphi$$
$$+ a_5\cos 6\varphi + a_6\cos 8\varphi) + \varepsilon^3(a_7\cos 2\varphi + \cdots)\}; \quad \text{(f)}$$

d. h. die Periode der Funktion θ ist jetzt gleich π.

Nach der obigen Diskussion entsprechen die Grenzen der kritischen Gebiete der Bewegung des Systems solchen Werten der Periode T, bei denen die Gl. (62) periodische Lösungen erster oder zweiter Art hat, für die also

$$\left.\begin{aligned} x(\varphi+\pi) &= x(\varphi) \\ \text{oder} \qquad x(\varphi+\pi) &= -x(\varphi) \end{aligned}\right\} \tag{g}$$

ist. Für die Durchführung der Berechnung dieser speziellen Werte von T nehmen wir für T und $x(\varphi)$ die Reihenentwickelungen

$$\left.\begin{aligned} T &= \alpha_0 + \alpha_1\varepsilon + \alpha_2\varepsilon^2 + \alpha_3\varepsilon^3 + \cdots, \\ x(\varphi) &= x_0(\varphi) + \varepsilon x_1(\varphi) + \varepsilon^2 x_2(\varphi) + \cdots \end{aligned}\right\} \tag{h}$$

an, worin ε dieselbe kleine Größe wie in der obigen Gl. (f) bedeutet.

Setzt man die Reihen (f) und (h) in die Gl. (62) ein, so folgt

$$\begin{aligned} \frac{d^2x_0(\varphi)}{d\varphi^2} &+ \varepsilon\frac{d^2x_1(\varphi)}{d\varphi^2} + \varepsilon^2\frac{d^2x_2(\varphi)}{d\varphi^2} + \cdots + (\alpha_0 + \alpha_1\varepsilon + \alpha_2\varepsilon + \cdots)^2 \\ &\times \{a_0 + \varepsilon(a_1\cos 2\varphi + a_2\cos 4\varphi) + \varepsilon^2(a_3\cos 2\varphi + \cdots) \\ &\times \{x_0(\varphi) + \varepsilon x_1(\varphi) + \varepsilon^2 x_2(\varphi) + \cdots\} = 0. \end{aligned}$$

Ordnet man die linke Seite dieser Gleichung nach steigenden Potenzen von ε und setzt die Koeffizienten einer jeden Potenz von ε gleich Null, so erhält man folgendes Gleichungssystem:

$$\frac{d^2x_0(\varphi)}{d\varphi^2} + \alpha_0^2 a_0 x_0(\varphi) = 0, \tag{k}$$

$$\frac{d^2x_1(\varphi)}{d\varphi^2} + \alpha_0^2 a_0 x_1(\varphi) + x_0(\varphi)\{2a_0\alpha_0\alpha_1 + \alpha_0^2(a_1\cos 2\varphi + a_2\cos 4\varphi)\} = 0. \tag{l}$$

. . . .

Gl. (k) stellt eine einfache harmonische Bewegung dar; die Lösung dieser Gleichung kann in der Gestalt

$$x_0 = A\cos(n\varphi - \delta_0) \tag{m}$$

geschrieben werden; hierin ist

$$n = \sqrt{a_0\alpha_0^2}, \tag{n}$$

während A und δ_0 willkürliche Konstanten sind.

Um die Bedingungen (g) zu erfüllen, ist es erforderlich, für die periodischen Lösungen erster Art $n = 2, 4, 6, \ldots$, für diejenigen zweiter Art $n = 1, 3, 5, \ldots$ zu setzen. Substituiert man dies in die Gl. (n) und beachtet dabei, daß nach Gl. (h) α_0 die erste Näherung für die Periode T ist, während $\pi^2\alpha_0 = \theta_0$ einen gewissen Mittelwert von θ

darstellt, so hat man

$$T_n = \frac{n}{\sqrt{a_0}} = \frac{n\pi}{\sqrt{\theta_0}} \tag{63}$$

mit $n = 1, 2, 3, \ldots$

Vergleicht man dieses Ergebnis mit der Eigenschwingungsperiode $\tau = \frac{2\pi}{\sqrt{\theta_0}}$ eines Systems von konstanter Elastizität $\theta = \theta_0$, so sieht man, daß sich als erste Näherung für die kritischen Geschwindigkeitsgebiete bestimmte kritische Werte der Geschwindigkeit ergeben. Bei einer solchen kritischen Geschwindigkeit ist die Periode $2T$ einer Kurbelumdrehung gleich der Eigenschwingungsperiode τ des Systems (oder einem Vielfachen von τ) für den Fall konstant angenommener Steifigkeit entsprechend einem gewissen Mittelwert θ_0 der Funktion θ.

Die zweite Näherungslösung der Gl. (59′) ergibt sich nun durch Substitution der ersten Näherung (m) in die Gl. (l). Dies gibt

$$\frac{d^2 x_1(\varphi)}{d\varphi^2} + a_0 \alpha_0^2 x_1(\varphi) = -2 a_0 \alpha_0 \alpha_1 A \cos(n\varphi - \delta_0) - \alpha_0^2 A \cos(n\varphi - \delta_0)(a_1 \cos 2\varphi + a_2 \cos 4\varphi)$$

oder unter Benutzung der Gl. (b)

$$\begin{aligned} \frac{d^2 x_1(\varphi)}{d\varphi^2} + a_0 \alpha_0^2 x_1(\varphi) &= -2 a_0 \alpha_0 \alpha_1 A \cos(n\varphi - \delta_0) \\ &- \frac{\alpha_0^2 a_1}{2} A \{\cos[(n+2)\varphi - \delta_0] + \cos[(n-2)\varphi - \delta_0]\} \\ &- \frac{\alpha_0^2 a_2}{2} A \{\cos[(n+4)\varphi - \delta_0] + \cos[(n-4)\varphi - \delta_0]\}. \end{aligned} \tag{o}$$

Die allgemeine Lösung dieser Gleichung besteht aus zwei Teilen: der erste ist die freie Schwingung, dargestellt durch

$$B \cos(n\varphi - \delta_1),$$

worin B und δ_1 zwei willkürliche Konstanten sind, während $n = \sqrt{a_0 \alpha_0^2}$; der zweite ist eine erzwungene Schwingung. Zur Berechnung dieser zweiten Schwingung benutzen wir den allgemeinen Ausdruck (24) S. 24. Bezeichnet man mit $R(\varphi)$ die rechte Seite der Gl. (o), so kann man die erzwungene Schwingung durch das Integral

$$\frac{1}{n} \int_0^{\varphi} R(\xi) \sin n(\varphi - \xi)\, d\xi \tag{p}$$

darstellen. Die Glieder der rechten Seite der Gl. (o) sind von der allgemeinen Form

$$N \cos[(n \pm m)\varphi - \delta].$$

Substituiert man dies in (p), so wird

$$\frac{N}{n}\int_0^{\varphi}\cos[(n\pm m)\xi-\delta]\sin n(\varphi-\xi)\,d\xi$$
$$=-\frac{N}{2n}\cdot\frac{1}{\pm m}\{\cos[(n\pm m)\varphi-\delta]-\cos(n\varphi-\delta)\}$$
$$+\frac{N}{2n}\frac{1}{2n\pm m}\{\cos[(n\pm m)\varphi-\delta]-\cos(n\varphi+\delta)\}. \qquad \text{(q)}$$

Hierbei sind zwei Ausnahmefälle $m=0$ und $2n\pm m=0$ zu beachten. Im ersten Ausnahmefalle ($m=0$) wird das erste Glied der rechten Seite der Gl. (q)

$$\frac{N}{2n}\varphi\sin(n\varphi-\delta).$$

Im zweiten Ausnahmefall ($2n\pm m=0$) wird das zweite Glied der rechten Seite der Gl. (q)

$$\frac{N}{2n}\varphi\sin(n\varphi+\delta).$$

Nach dieser vorbereitenden Erörterung kann die allgemeine Lösung der Gl. (o) in der Form

$$\left.\begin{aligned}
x_1 &= B\cos(n\varphi-\delta_1)-2a_0\alpha_0\alpha_1A\frac{1}{2n}\varphi\sin(n\varphi-\delta_0)\\
&-\frac{2a_0\alpha_0\alpha_1A}{(2n)^2}[\cos(n\varphi-\delta_0)-\cos(n\varphi+\delta_0)]\\
&-\frac{\alpha_0^2a_1A}{2}\left|\begin{aligned}
&\cos[(n+2)\varphi-\delta_0]\left(-\frac{1}{2n}\cdot\frac{1}{2}+\frac{1}{2n}\cdot\frac{1}{2n+2}\right)\\
&+\cos[(n-2)\varphi-\delta_0]\left(\frac{1}{2n}\cdot\frac{1}{2}+\frac{1}{2n}\cdot\frac{1}{2n-2}\right)\\
&+\cos(n\varphi-\delta_0)\left(\frac{1}{2n}\cdot\frac{1}{2}-\frac{1}{2n}\cdot\frac{1}{2}\right)\\
&+\cos(n\varphi+\delta_0)\left(-\frac{1}{2n}\cdot\frac{1}{2n+2}-\frac{1}{2n}\cdot\frac{1}{2n-2}\right)
\end{aligned}\right.\\
&-\frac{\alpha_0^2a_2A}{2\cdot 2n}\left|\begin{aligned}
&\cos[(n+4)\varphi-\delta_0]\left(-\frac{1}{4}+\frac{1}{2n+4}\right)\\
&+\cos[(n-4)\varphi-\delta_0]\left(\frac{1}{4}+\frac{1}{2n-4}\right)\\
&+\cos(n\varphi-\delta_0)\left(\frac{1}{4}-\frac{1}{4}\right)\\
&+\cos(n\varphi+\delta_0)\left(\frac{1}{2n+4}-\frac{1}{2n-4}\right)
\end{aligned}\right.
\end{aligned}\right| \qquad \text{(r)}$$

dargestellt werden. Wie man sieht, sind alle Glieder der gewonnenen

Lösung mit Ausnahme des Gliedes

$$- 2\,a_0\,\alpha_0\,\alpha_1\,A\,\frac{1}{2\,n}\,\varphi \sin (n\,\varphi - \delta)$$

periodisch oder halbperiodisch; daher sind die Bedingungen (g) erfüllt, wenn man

$$\alpha_1 = 0$$

setzt. In dieser Weise ergibt sich die zweite Näherung für T aus der ersten der Gln. (h) und diese Näherung fällt mit der ersten Näherung zusammen. Ausnahmefälle treten nur für $n = 1$ und $n = 2$ ein.

Im Falle $n = 1$ nehmen die Glieder

$$-\frac{\alpha_0^2\,a_1\,A}{2}\left\{\cos\left[(n-2)\,\varphi - \delta_0\right]\frac{1}{2\,n}\cdot\frac{1}{2\,n-2} - \cos(n\,\varphi + \delta_0)\,\frac{1}{2\,n}\,\frac{1}{2\,n-2}\right\}$$

der allgemeinen Lösung (r) die Form $\infty - \infty$ an und müssen durch das Glied

$$-\frac{\alpha_0^2\,a_1\,A}{2}\cdot\frac{1}{2}\cdot\varphi \sin(\varphi + \delta_0)$$

ersetzt werden. Um die Lösung (r) periodisch oder halbperiodisch zu machen, ist es notwendig, in diesem Falle

$$- 2\,a_0\,\alpha_0\,\alpha_1\,A\,\frac{1}{2}\,\varphi \sin(\varphi - \delta_0) - \frac{\alpha_0^2\,a_1\,A}{2}\,\frac{1}{2}\,\varphi \sin(\varphi + \delta_0) = 0$$

oder

$$\sin\varphi \cos\delta_0\left(- a_0\,\alpha_0\,\alpha_1 - \frac{\alpha_0^2\,a_1}{4}\right) + \cos\varphi \sin\delta_0\left(a_0\,\alpha_0\,\alpha_1 - \frac{\alpha_0^2\,a_1}{4}\right) = 0 \qquad \text{(s)}$$

zu setzen.

Es gibt zwei Möglichkeiten, diese Gleichung zu befriedigen: entweder ist

$$\delta_0 = 0, \qquad -a_0\,\alpha_0\,\alpha_1 - \frac{\alpha_0^2\,a_1}{4} = 0, \qquad \alpha_1 = -\frac{\alpha_0\,a_1}{4\,a_0} \qquad (1)$$

oder

$$\delta_0 = \frac{1}{2}\,\pi, \qquad a_0\,\alpha_0\,\alpha_1 - \frac{\alpha_0^2\,a_1}{4} = 0, \qquad \alpha_1 = \frac{\alpha_0\,a_1}{4\,a_0}. \qquad (2)$$

Substituiert man die erhaltenen Werte von α_1 in die erste der Gln. (h) und beachtet dabei, daß nach Gl. (n) für $n = 1$ die Größe $\alpha_0 = \frac{1}{\sqrt{a_0}}$ wird, so ergibt sich als zweite Näherung für T_1, den Grenzen des kritischen Gebietes entsprechend,

$$\left.\begin{aligned} T_{1\,\min} &= \frac{1}{\sqrt{a_0}} - \varepsilon\,\frac{1}{\sqrt{a_0}}\,\frac{a_1}{4\,a_0}, \\ T_{1\,\max} &= \frac{1}{\sqrt{a_0}} + \varepsilon\,\frac{1}{\sqrt{a_0}}\,\frac{a_1}{4\,a_0}. \end{aligned}\right\} \qquad (64)$$

Demnach erhält man statt einer kritischen Geschwindigkeit, die für

$n = 1$ aus der Gl. (63) folgt, ein **kritisches Gebiet** zwischen den Grenzen $(T_1)_{\min}$ und $(T_1)_{\max}$. Die Ausdehnung dieses Gebietes hängt von der kleinen Größe ε ab; der Bereich vermindert sich mit abnehmender Schwankung der Elastizität des Systems. Beachtenswert ist ferner, daß die Phasendifferenz δ_0 zwischen der Funktion θ und der freien Schwingung des Systems je einen bestimmten Wert für die beiden Grenzfälle annimmt, $\delta_0 = 0$ und $\delta_0 = \frac{1}{2}\pi$. Wesentlich ist der Umstand, daß das oben erörterte kritische Gebiet ($n = 1$) der höchsten Drehgeschwindigkeit entspricht und praktisch das gefährlichste Gebiet ist.

Für den Fall $n = 2$, d. h. für das nächst tiefere kritische Gebiet, erhält man unter Benutzung der gleichen Methode wie oben

$$(T_2)_{\substack{\min\\\max}} = \sqrt{\frac{4}{a_0}} \mp \varepsilon \sqrt{\frac{4}{a_0}}\,\frac{a_2}{4a_0}. \tag{65}$$

Um die kritischen Gebiete für $n = 3$ und $n = 4$ zu ermitteln, muß man die dritte Näherung und die Gleichung für x_2 benutzen. Diese Gleichung kann man aus der allgemeinen Gl. (o) in der gleichen Weise ableiten wie die Gln. (k) und (l), die wir oben zur Berechnung der ersten und der zweiten Näherung verwendet haben.

Unter Benutzung des beschriebenen Verfahrens können die kritischen Gebiete für die durch Gl. (59) dargestellten freien Schwingungen einer Lokomotive gefunden werden. Diese Gebiete sind genau diejenigen, bei denen unter der Einwirkung von äußeren Kräften [siehe Gl. (c) S. 111] heftige Schwingungen eintraten [1]. Die Untersuchung wirklicher Fälle zeigt [2], daß die kritischen Gebiete ihrer Ausdehnung nach klein sind und daß sich die erste Näherung, bei der die veränderliche Steifigkeit durch eine gewisse konstante mittlere Steifigkeit ersetzt wird und bei der die kritischen Geschwindigkeiten durch Gl. (63) gegeben sind, an die wirkliche Verteilung der kritischen Geschwindigkeiten gut anschließt.

Wir haben in unserer Untersuchung nur Verschiebungen infolge von elastischen Formänderungen betrachtet. Das wirkliche Problem der Lokomotivschwingungen ist erheblich verwickelter wegen des Vorhandenseins von totem Gang verschiedener Art, der in ausgeführten Konstruktionen unvermeidlich ist und dessen Einfluß auf die Elastizität des Systems bereits besprochen wurde. Wenn die Geschwindigkeit einer fahrenden Lokomotive ein kritisches Gebiet erreicht, so gerät das System in einen Zustand heftiger Schwingungen, bei denen die bewegten Massen bei jeder Periode zweimal die Spielräume durchlaufen [3].

[1] Siehe die S. 106 erwähnte Arbeit von Prof. E. Meißner.

[2] Siehe die S. 116 erwähnte Arbeit von K. E. Müller.

[3] Die Möglichkeit des Auftretens derartiger Schwingungen kann in erheblichem Maße verringert werden, indem man nachgiebige Antriebsübertragungen benutzt.

Es treten dann Verhältnisse ein, die den durch Abb. 54 S. 85 veranschaulichten analog sind. Eine Bewegung dieser Art ist mit Stoßwirkungen verbunden und ist für den Betrieb sehr schädlich. Manche ungünstige Erscheinungen, besonders in der früheren Bauperiode elektrischer Lokomotiven, lassen sich auf solche Schwingungen zurückführen. Um Schwingungsvorgänge dieser Art auszuschließen, muß man die Elastizität des Systems derart beeinflussen, daß die Arbeitsgeschwindigkeit der Lokomotive von den kritischen Gebieten so weit als möglich entfernt bleibt. Die Erfahrung zeigt, daß sich die schädliche Einwirkung dieser Schwingungen auf ein Minimum reduzieren läßt, wenn man in das System biegsame Konstruktionsteile, wie beispielsweise nachgiebige Antriebsübertragungen, einbaut. In dieser Weise kann man den Elastizitätsschwankungen des Systems entgegenwirken und die Ausdehnung der kritischen Geschwindigkeitsgebiete vermindern. Die Einführung einer zusätzlichen Dämpfung in das System kann gleichfalls sehr nützlich sein, da hierdurch die Möglichkeit eines fortlaufenden Anwachsens der Schwingungsamplituden beseitigt wird[1].

III. Systeme mit mehreren Freiheitsgraden.

24. Das d'Alembertsche Prinzip und das Prinzip virtueller Verschiebungen.

Wir haben oben bei der Erörterung der Schwingungsvorgänge bei Systemen mit einem Freiheitsgrad das d'Alembertsche Prinzip häufig angewandt (s. § 1). Dieses Prinzip kann auch bei Systemen mit mehreren Freiheitsgraden benutzt werden.

Als erstes Beispiel behandeln wir hier die räumliche Bewegung eines freien Massenpunktes. Die Lage eines solchen Massenpunktes wird durch die Angabe von drei Koordinaten gekennzeichnet. Unter Benutzung kartesischer Koordinaten bezeichnen wir mit X, Y, Z die Komponenten, in die sich die Resultierende aller auf den Massenpunkt einwirkenden Kräfte zerlegen läßt, und es gelten dann, wenn der Massenpunkt im Gleichgewicht ist, die Gleichungen

$$X = 0, \qquad Y = 0, \qquad Z = 0. \tag{66}$$

Befindet sich aber der Massenpunkt in einem Bewegungszustand, so können die Differentialgleichungen der Bewegung auf Grund des d'Alembertschen Prinzips als Verallgemeinerung der statischen Gleichungen niedergeschrieben werden. Zu diesem Zweck ist es nur erforder-

[1] Verschiedene Dämpfungsmethoden sind im S. 106 erwähnten Werke von A. Wiechert besprochen.

lich, die Trägheitskraft den gegebenen äußeren Kräften hinzuzufügen. Die Komponenten der Trägheitskraft nach den Koordinatenachsen sind $-m\ddot{x}$, $-m\ddot{y}$, $-m\ddot{z}$ und die Bewegungsgleichungen lauten

$$X - m\ddot{x} = 0; \qquad Y - m\ddot{y} = 0; \qquad Z - m\ddot{z} = 0. \tag{67}$$

Handelt es sich um ein System von mehreren im Raume freien Massenpunkten, so müssen die Gln. (67) für jeden Massenpunkt des Systems angeschrieben werden.

Nun wollen wir Systeme betrachten, bei denen die Verschiebungen der einzelnen Teilchen, aus denen das System besteht, nicht gänzlich voneinander unabhängig sind, sondern gewissen Beschränkungen unterliegen, die in der Gestalt von Gleichungen zwischen den Koordinaten dieser Punkte ausgedrückt sein mögen. Abb. 76 veranschaulicht einige einfache Beispiele solcher Systeme. Im Falle eines sphärischen Pendels (Abb. 76a) muß der Abstand des Massenpunktes m vom Koordinatenursprung während der Bewegung konstant gleich der Pendellänge l bleiben. Demzufolge sind die Koordinaten x, y, z dieses Massenpunktes nicht mehr unabhängig voneinander, vielmehr müssen sie der Gleichung

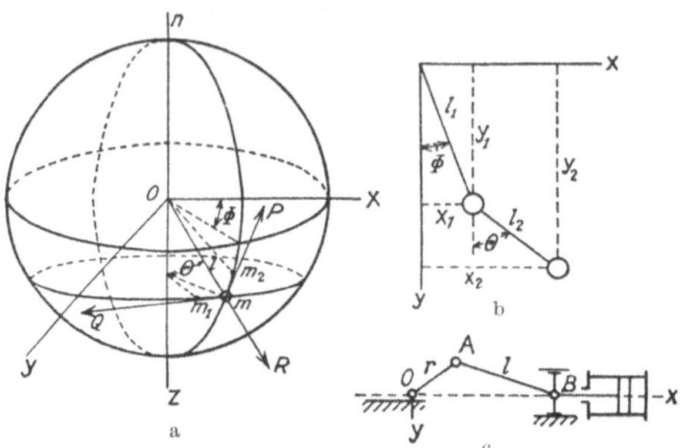

Abb. 76.

$$x^2 + y^2 + z^2 = l^2 \tag{a}$$

genügen[1].

Im Falle eines Doppelpendels nach Abb. 76b drücken sich die Beschränkungsbedingungen durch die Gleichungen

$$x_1^2 + y_1^2 = l_1^2, \tag{b}$$

$$(x_2 - x_1)^2 + (y_2 - y_1)^2 = l_2^2 \tag{c}$$

aus.

[1] Die Fälle, in denen die Bedingungsgleichungen nicht nur die Koordinaten der Massenpunkte, sondern auch die Geschwindigkeiten und die Zeit enthalten, sollen hier nicht behandelt werden. Von unseren Betrachtungen schließen wir z. B. die Schwingungsbewegung eines Pendels aus, dessen Länge durch eine besondere Vorrichtung während der Bewegung derart variiert wird, daß die Länge l eine gewisse Funktion der Zeit ist.

Beim Schubkurbelmechanismus nach Abb. 76c bewegt sich der Punkt A in einer kreisförmigen Bahn vom Radius r, während sich der Punkt B längs der x-Achse bewegt. Zur Charakterisierung der Lage des Systems genügt die Angabe einer einzigen Koordinate, d. h. das System hat nur einen Freiheitsgrad.

Bei der Aufstellung der Gleichgewichtsbedingungen für solche Systeme wollen wir vom Prinzip der virtuellen Verschiebungen Gebrauch machen. Dieses Prinzip besagt, daß bei einem im Gleichgewicht befindlichen System die durch die äußeren Kräfte bei jeder virtuellen Verschiebung (eine kleine mögliche Verschiebung, d. h. eine Verschiebung, deren das System fähig ist, ohne daß die Bedingungen des Systems verletzt werden) geleistete Arbeit gleich Null sein muß. Bezeichnen wir beispielsweise im Falle eines sphärischen Pendels mit X, Y, Z die Komponenten der Resultierenden aller auf die Masse m wirkenden Kräfte, so drückt sich das Prinzip der virtuellen Verschiebungen in der Gestalt

$$X\delta x + Y\delta y + Z\delta z = 0 \tag{d}$$

aus, wenn man mit δx, δy, δz die Komponenten der virtuellen Verschiebung des Punktes m, also kleine der Bedingungsgleichung (a) entsprechende Änderungen der Koordinaten x, y, z von m bezeichnet. Nach (a) ist aber

$$(x + \delta x)^2 + (y + \delta y)^2 + (z + \delta z)^2 = l^2$$

und hieraus folgt unter Vernachlässigung kleiner Größen höherer Ordnung

$$x\delta x + y\delta y + z\delta z = 0 .$$

Diese Gleichung zeigt, daß die virtuelle Verschiebung auf der Pendellänge l senkrecht steht und daß demnach irgendeine kleine Verschiebung des Punktes m auf der Kugeloberfläche vom Radius l als virtuelle Verschiebung angesehen werden kann. Die Gl. (d) ist erfüllt, wenn die Resultierende aller auf m wirkenden Kräfte senkrecht auf der Kugeloberfläche steht, denn nur in diesem Falle ist die durch diese Kräfte bei jeder virtuellen Verschiebung geleistete Arbeit gleich Null.

Verknüpft man nun das Prinzip der virtuellen Verschiebungen mit dem d'Alembertschen Prinzip, so erhält man leicht die Differentialgleichungen der Bewegung für den Fall eines Systems mit Bedingungsgleichungen. So ergibt sich beispielsweise für das sphärische Pendel, indem man die Trägheitskräfte zu den äußeren Kräften hinzufügt, die am Massenpunkt m wirken, folgende allgemeine Bewegungsgleichung:

$$(X - m\ddot{x})\delta x + (Y - m\ddot{y})\delta y + (Z - m\ddot{z})\delta z = 0. \tag{68}$$

Hierin sind δx, δy, δz Komponenten einer virtuellen Verschiebung, also einer kleinen Verschiebung, die der Bedingungsgleichung (a) genügt. In derselben Weise ergibt sich für ein System von n Massenpunkten $m_1, m_2, m_3, \ldots$ unter der Einwirkung der Kräfte X_1, Y_1, Z_1, X_2, Y_2, Z_2, ... die allgemeine Bewegungsgleichung

$$\sum_{i=1}^{i=n} \{(X_i - m_i \ddot{x}_i)\,\delta x_i + (Y_i - m_i \ddot{y}_i)\,\delta y_i + (Z_i - m_i \ddot{z}_i)\,\delta z_i\} = 0. \quad (69)$$

Hierin sind $\delta x_i, \delta y_i, \delta z_i, \ldots$ Komponenten virtueller Verschiebungen, also kleine Verschiebungsgrößen, die den Bedingungsgleichungen des Systems genügen. So müssen z. B. die virtuellen Verschiebungen im Falle eines Doppelpendels (Abb. 76b) den Gleichungen

$$(x_1 + \delta x_1)^2 + (y_1 + \delta y_1)^2 = l_1^2,$$

$$(x_2 + \delta x_2 - x_1 - \delta x_1)^2 + (y_2 + \delta y_2 - y_1 - \delta y_1)^2 = l_2^2$$

[s. Gln. (b), (c)] genügen. Es ist zu bemerken, daß X_i, Y_i, Z_i die Komponenten der Resultierenden aller Kräfte sind, die am Massenpunkt m_i wirken, doch gibt es verschiedene Kräfte, die bei den virtuellen Verschiebungen keine Arbeit leisten; unter solchen Kräften sind z. B. die Reaktionen von Schubstangen unveränderlicher Länge, die Reaktionen an Zapfenlagerungen, die Reaktionen glatter Oberflächen oder Kurven, mit denen die bewegten Teile gezwungen sind, in Berührung zu bleiben, besonders hervorzuheben. In der Folge werden unter X_i, Y_i, Z_i nur Kräfte verstanden, die bei virtuellen Verschiebungen des Systems wirklich Arbeit leisten.

Sind Bedingungsgleichungen nicht vorhanden, sind also die Teile des Systems vollständig frei, so sind die kleinen Größen δx_i, δy_i, δz_i in Gl. (69) vollständig unabhängig voneinander, und die Gl. (69) ist nur dann für jedes Wertesystem der virtuellen Verschiebungen erfüllt, wenn für jeden der Massenpunkte, aus denen das System besteht, die Gleichungen

$$X_i - m\ddot{x}_i = 0, \qquad Y_i - m\ddot{y}_i = 0, \qquad Z_i - m\ddot{z}_i = 0$$

erfüllt sind. Dies sind die Gln. (67), die wir oben für die Bewegung freier Massenpunkte erhalten haben.

Gl. (69) ist die allgemeine Bewegungsgleichung für ein System von Massenpunkten, aus der die erforderliche Anzahl von Bewegungsgleichungen, gleich der Anzahl der Freiheitsgrade des Systems, gewonnen werden kann. Das Verfahren zur Herleitung dieser Gleichungen wird in § 26 angegeben.

25. Verallgemeinerte Koordinaten und verallgemeinerte Kräfte.

Im vorigen Paragraphen haben wir kartesische Koordinaten benutzt und es wurde hervorgehoben, daß diese Koordinaten bei der

Anwendung auf die Beschreibung der Lage eines Systems gewöhnlich voneinander nicht unabhängig sind. Sie müssen gewissen Bedingungsgleichungen genügen, z. B. den Gln. (a), (b), (c) des vorigen Paragraphen entsprechend der Anordnung des Systems. In der Regel ist es viel bequemer, die Lage des Systems mit Hilfe von Größen zu kennzeichnen, die voneinander völlig unabhängig sind. Es ist hierbei nicht notwendig, daß diese Größen die Dimension einer Länge haben. Wir werden es in der Tat mit Koordinaten anderer Dimensionen zu tun bekommen; so ist es beispielsweise zuweilen vorteilhaft, Winkel zwischen gewissen Richtungen oder Inhalte gewisser Flächen oder Räume als Koordinaten zu benutzen. Voneinander unabhängige Größen dieser Art, mit denen sich die Lage des Systems beschreiben läßt, nennt man üblicherweise generalisierte oder verallgemeinerte Koordinaten[1].

Betrachten wir z. B. den oben behandelten Fall eines sphärischen Pendels (Abb. 76a). Die Lage des Pendels ist durch Angabe der zwei in der Abbildung markierten Winkel φ und θ völlig bestimmt. Diese zwei voneinander unabhängigen Größen können im vorliegenden Fall als generalisierte Koordinaten genommen werden. Die kartesischen Koordinaten des Massenpunktes m können mit Hilfe der neuen Koordinaten φ und θ leicht ausgedrückt werden. Projiziert man die Pendellänge Om auf die Koordinatenachsen, so folgt

$$\left.\begin{aligned} x &= l\sin\theta\cos\varphi\,, \\ y &= l\sin\theta\sin\varphi\,, \\ z &= l\cos\theta\,. \end{aligned}\right\} \tag{a}$$

Im Falle eines Doppelpendels (Abb. 76b) können die in der Abbildung mit φ und θ bezeichneten Winkel als generalisierte Koordinaten benutzt werden und die kartesischen Koordinaten drücken sich dann durch die neuen Koordinaten wie folgt aus:

$$\left.\begin{aligned} x_1 &= l_1\sin\varphi\,, & y_1 &= l_1\cos\varphi\,, \\ x_2 &= l_1\sin\varphi + l_2\sin\theta & y_2 &= l_1\cos\varphi + l_2\cos\theta\,. \end{aligned}\right\} \tag{b}$$

Wenn ein fester Körper aus homogenem isotropem Material einem äußeren gleichförmigen Druck vom Betrage p ausgesetzt wird, so verkleinern sich alle seine Abmessungen in gleichem Verhältnis, und seine jeweilige Gestalt ist durch die Angabe der zugehörigen Volumenänderung völlig bestimmt. Daher kann man die Größe der

[1] Die Bezeichnungen „verallgemeinerte Koordinaten, Geschwindigkeiten, Kräfte" sind durch Thomson u. Tait, Natural Philosophy, 1. Aufl., Oxford 1867, eingeführt worden.

Volumenveränderung v in diesem Falle als generalisierte Koordinate verwenden.

Betrachten wir nun das Beispiel eines gebogenen Balkens auf zwei Stützen (Abb. 77), so ist zur Beschreibung der Gestalt dieses elastischen Systems eine unendlich große Anzahl von Koordinaten erforderlich. Die Durchbiegungskurve kann definiert werden, indem man die Durchbiegung in jedem Punkte des Balkens angibt, oder aber anders, indem man die Durchbiegungskurve durch eine trigonometrische Reihe von der Form

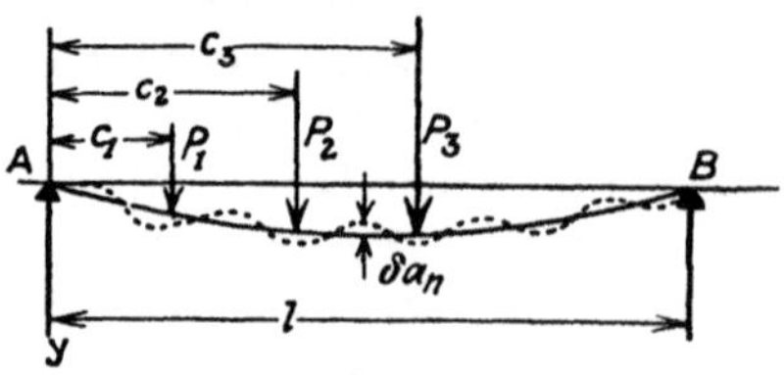

Abb. 77.

$$y = a_1 \sin \frac{\pi x}{l} + a_2 \sin \frac{2\pi x}{l} + a_3 \sin \frac{3\pi x}{l} + \cdots \tag{c}$$

darstellt. Die Durchbiegungskurve ist dann völlig bestimmt, wenn die Koeffizienten $a_1, a_2, a_3, \ldots$ gegeben sind. Diese Größen können im Falle eines gebogenen Balkens mit gestützten Enden als verallgemeinerte Koordinaten benutzt werden.

Bei der Benutzung verallgemeinerter Koordinaten zur Beschreibung der Lage eines Systems kann man alle voneinander unabhängigen Typen von virtuellen Verschiebungen des Systems dadurch erhalten, daß man jeder dieser Koordinaten nacheinander kleine Zunahmen erteilt. Erfährt beispielsweise im Falle des sphärischen Pendels der Winkel φ eine kleine Zunahme $\delta\varphi$, so erhält man eine kleine Verschiebung $mm_1 = l \sin\theta\, \delta\varphi$ längs des Parallelkreises. Eine Vergrößerung der Koordinate θ um eine kleine Größe $\delta\theta$ entspricht einer kleinen Verschiebung $mm_2 = l\delta\theta$ in der Meridianrichtung. Jede andere kleine Verschiebung des Punktes m kann immer in zwei Komponenten wie mm_1 und mm_2 zerlegt werden.

Beim gebogenen Balken mit gestützten Enden (Abb. 77) bedingt eine kleine Zunahme δa_n irgendeiner verallgemeinerten Koordinate a_n [s. Gl. (c)] eine virtuelle Durchbiegung $\delta a_n \sin \frac{n\pi x}{l}$, die in der Abbildung durch die punktierte Linie, bestehend aus n halben Wellen, dargestellt ist. Jede Verschiebung des Balkens aus der Gleichgewichtslage kann durch Superposition solcher sinusförmiger Partialverschiebungen erhalten werden.

Durch Einführung verallgemeinerter Koordinaten in unsere Betrachtungen gelangen wir zu dem Begriff der **verallgemeinerten Kräfte**. Zwischen den verallgemeinerten Koordinaten und den entsprechenden verallgemeinerten Kräften besteht eine gewisse Beziehung, die wir zunächst an einfachen Beispielen erklären wollen. Beziehen wir uns wieder auf den Fall des sphärischen Pendels, so mögen P, Q, R die

Komponenten der Kraft bezeichnen, die auf den Massenpunkt m in Richtung der Tangenten an den Meridian- und Parallelkreis und in radialer Richtung wirken. Wenn die Koordinate φ eine kleine Zunahme $\delta\varphi$ erfährt, so erleidet der Punkt m eine kleine Verschiebung $mm_1 = l \sin\theta\delta\varphi$, und die am Massenpunkt wirkende Kraft leistet eine Arbeit, die gleich ist

$$Q\,\overline{mm_1} = Ql\sin\theta\,\delta\varphi.$$

Der Faktor $Ql \sin\theta$, den man mit der Zunahme $\delta\varphi$ der verallgemeinerten Koordinate φ zu multiplizieren hat, um die bei der Verschiebung $\delta\varphi$ geleistete Arbeit zu erhalten, wird als die der Koordinate φ entsprechende verallgemeinerte Kraft bezeichnet. In dieser Weise ergibt sich eine vollständige Analogie mit dem Ausdruck $X\delta x$ für die von der Kraft X bei der in Richtung der Kraft genommenen Verschiebung δx verrichtete Arbeit. Im speziell vorliegenden Falle hat die neue „Kraft“ eine einfache physikalische Bedeutung. Sie stellt das Moment der auf den Massenpunkt m einwirkenden Kräfte um den vertikalen Durchmesser nn dar. In der gleichen Weise kann man zeigen, daß die der Koordinate θ entsprechende verallgemeinerte Kraft für den Fall des sphärischen Pendels durch ein Moment von Kräften gegeben ist, die dem Punkt m eine Drehung um den auf der Ebene mon senkrecht stehenden Durchmesser zu erteilen bestrebt sind.

Im Falle des unter der Einwirkung eines gleichförmigen hydrostatischen Druckes p stehenden Körpers hat man bei der Einführung der Volumenabnahme v als verallgemeinerte Koordinate die Pressung p als entsprechende verallgemeinerte Kraft anzusehen, denn das Produkt pv stellt die Arbeit dar, die die äußeren Kräfte bei der „Verschiebung“ v leisten.

Wir behandeln jetzt einen komplizierteren Fall, nämlich den Fall eines Balkens unter der Einwirkung biegender Kräfte $P_1, P_2, \ldots$ (siehe Abb. 77). Setzt man den Ausdruck (c) für die Durchbiegungskurve an und betrachtet $a_1, a_2, a_3, \ldots$ als verallgemeinerte Koordinaten, so ergibt sich die irgendeiner von diesen Koordinaten, z. B. a_n, entsprechende generalisierte Kraft aus dem Ausdruck für die Arbeit, die von allen Kräften bei der Verschiebung δa_n geleistet wird. Diese Verschiebung ist in der Abbildung durch die punktierte Linie dargestellt.

Bei der Berechnung der bei dieser Verschiebung geleisteten Arbeit müssen sowohl die äußeren Lasten P_1, P_2, P_3, als auch die inneren elastischen Kräfte des Balkens berücksichtigt werden. Die Vertikalverschiebungen der Angriffspunkte der Lasten P_1, P_2, P_3 bei der Zunahme δa_n der Koordinate a_n sind entsprechend

$$\delta a_n \sin\frac{n\pi c_1}{l}, \qquad \delta a_n \sin\frac{n\pi c_2}{l}, \qquad \delta a_n \sin\frac{n\pi c_3}{l}.$$

Bei dieser Verschiebung leisten die Kräfte P_1, P_2, P_3 eine Arbeit gleich

$$\delta a_n \left(P_1 \sin\frac{n\pi c_1}{l} + P_2 \sin\frac{n\pi c_2}{l} + P_3 \sin\frac{n\pi c_3}{l}\right). \tag{d}$$

Um die Arbeit der elastischen Kräfte zu finden, gehen wir vom Ausdruck für die potentielle Energie der Biegung aus. Im Falle eines Balkens von konstantem Querschnitt ist diese Energie gleich

$$V = \frac{1}{2} E I \int_0^l \left(\frac{d^2 y}{d x^2}\right)^2 d x\,, \tag{e}$$

worin EI die Biegungssteifigkeit des Balkens ist.

Substituiert man in diese Gleichung die Reihe (c) für y und beachtet, daß

$$\int_0^l \sin\frac{m\pi x}{l} \sin\frac{n\pi x}{l}\, dx = 0; \qquad \int_0^l \sin^2\frac{m\pi x}{l}\, dx = \frac{l}{2}\,,$$

worin m und n voneinander verschiedene ganze Zahlen sind, so ergibt sich

$$V = \frac{E I}{2}\left(\frac{a_1^2 \pi^4}{2 l^2} + \frac{a_2^2\, 2^4 \pi^4}{2 l^3} + \cdots\right) = \frac{E I \pi^4}{4 l^3} \sum_{n=1}^{n=\infty} a_n^2 n^4. \tag{f}$$

Die Zunahme der potentiellen Energie der Biegung bei der Zunahme δa_n der Koordinate a_n ist nach der Gl. (f)

$$\frac{\partial V}{\partial a_n} \delta a_n = \frac{E I \pi^4}{2 l^3} n^4 a_n \delta a_n\,. \tag{g}$$

Diese Zunahme der potentiellen Energie ist durch die Arbeit der elastischen Kräfte bedingt. Die Arbeit dieser Kräfte ist durch den Ausdruck (g) gegeben, jedoch mit umgekehrtem Vorzeichen. Danach ist den Gln. (d) u. (g) gemäß die der Koordinate a_n des Systems nach Abb. 77 entsprechende verallgemeinerte Kraft gleich

$$P_1 \sin\frac{n\pi c_1}{l} + P_2 \sin\frac{n\pi c_2}{l} + P_3 \sin\frac{n\pi c_3}{l} - \frac{E I \pi^4}{2 l^3} n^4 a_n\,. \tag{h}$$

In entsprechender Weise kann man die verallgemeinerten Kräfte in jedem anderen Falle finden. Bezeichnet man allgemein mit $q_1, q_2, q_3, \ldots$ die generalisierten Koordinaten des Systems, so lassen sich die zugehörigen generalisierten Kräfte $Q_1, Q_2, Q_3, \ldots$ aus der Bedingung bestimmen, daß $Q_1 \delta q_1$ die Arbeit darstellt, die von allen Kräften bei der Verschiebung δq_1 geleistet wird, usw.

26. Die Lagrangeschen Gleichungen.

Bei der Ableitung der allgemeinen Bewegungsgleichung (69) aus dem d'Alembertschen Prinzip wurde hervorgehoben, daß die Komponenten δx_i, δy_i, δz_i der virtuellen Verschiebungen nicht alle voneinander unabhängig sind, daß sie vielmehr gewissen einschränkenden Bedingungen genügen müssen, die von den Besonderheiten des Systems herrühren. Eine große Vereinfachung bei der Ableitung der Bewegungsgleichungen eines Systems tritt durch Benutzung unabhängiger verallgemeinerter Koordinaten und verallgemeinerter Kräfte ein. Seien $q_1, q_2, q_3, \ldots, q_n$ die generalisierten Koordinaten eines Systems mit n Freiheitsgraden und mögen die Gleichungen

$$x_i = \varphi_i(q_1, q_2 \ldots q_n); \quad y_i = \psi_i(q_1, q_2 \ldots q_n); \quad z_i = \theta_i(q_1, q_2 \ldots q_n) \tag{a}$$

die Beziehungen ausdrücken, die zwischen den kartesischen und den verallgemeinerten Koordinaten bestehen. Hierbei wird vorausgesetzt, daß diese Gleichungen die Zeit t und die Geschwindigkeiten $\dot{q}_1, \dot{q}_2, \ldots \dot{q}_n$ nicht explizite enthalten.

Um die allgemeine Gl. (69) auf die neuen Koordinaten zu transformieren, schreiben wir sie in der Gestalt

$$\sum_{i=1}^{i=n} m_i(\ddot{x}_i\,\delta x_i + \ddot{y}_i\,\delta y_i + \ddot{z}_i\,\delta z_i) = \sum_{i=1}^{i=n} X_i\,\delta x_i + Y_i\,\delta y_i + Z_i\,\delta z_i \tag{b}$$

und betrachten diejenige virtuelle Verschiebung, die einer Zunahme δq_i irgendeiner generalisierten Koordinate q_i allein entspricht. Aus der Definition der generalisierten Koordinate und der generalisierten Kraft (s. § 25) folgt dann sofort, daß die rechte Seite der Gl. (b), welche die bei der virtuellen Verschiebung geleistete Arbeit darstellt, dem Produkt

$$Q_i\,\delta q_i \tag{c}$$

gleich sein muß, worin Q_i die verallgemeinerte Kraft ist, die der Koordinate q_i entspricht.

Um aber die linke Seite der Gl. (b) auf die neuen Koordinaten zu bringen, hat man zu beachten, daß im betrachteten Falle, wenn sich die Koordinate q_i allein ändert, die Änderungen der Koordinaten x_i, y_i, z_i gleich

$$\delta x_i = \frac{\partial x_i}{\partial q_i}\delta q_i\,, \qquad \delta y_i = \frac{\partial y_i}{\partial q_i}\delta q_i\,, \qquad \delta z_i = \frac{\partial z_i}{\partial q_i}\delta q_i$$

sein müssen, wenn man mit $\frac{\partial}{\partial q_i}$ die partielle Ableitung nach q_i bezeichnet und x_i, y_i, z_i durch (a) gegeben sind. Damit wird

$$\left.\begin{aligned}
&\sum_{i=1}^{i=n} m_i(\ddot x_i\,\delta x_i + \ddot y_i\,\delta y_i + \ddot z_i\,\delta z_i)\\
&= \sum_{i=1}^{i=n} m_i\left(\ddot x_i\frac{\partial x_i}{\partial q_i} + \ddot y_i\frac{\partial y_i}{\partial q_i} + \ddot z_i\frac{\partial z_i}{\partial q_i}\right)\delta q_i\\
&= \frac{d}{dt}\sum_{i=1}^{i=n} m_i\left(\dot x_i\frac{\partial x_i}{\partial q_i} + \dot y_i\frac{\partial y_i}{\partial q_i} + \dot z_i\frac{\partial z_i}{\partial q_i}\right)\delta q_i\\
&\quad - \sum_{i=1}^{i=n} m_i\left(\dot x_i\frac{d}{dt}\frac{\partial x_i}{\partial q_i} + \dot y_i\frac{d}{dt}\frac{\partial x_i}{\partial q_i} + \dot z_i\frac{d}{dt}\frac{\partial z_i}{\partial q_i}\right)\delta q_i\,.
\end{aligned}\right\}\tag{d}$$

Diese Gleichung läßt sich vereinfachen, indem man für die kinetische Energie des Systems den Ausdruck

$$T = \tfrac{1}{2}\sum_{i=1}^{i=n} m_i(\dot x_i^2 + \dot y_i^2 + \dot z_i^2)$$

einführt.

Berücksichtigt man ferner, daß den Gln. (a) gemäß die Geschwindigkeiten $\dot x_i, \dot y_i, \dot z_i$ als Funktionen der verallgemeinerten Koordinaten q_i und der verallgemeinerten Geschwindigkeiten $\dot q_i$ dargestellt werden können, so ergeben sich folgende Ausdrücke für die partiellen Ableitungen $\frac{\partial T}{\partial \dot q_i}$ und $\frac{\partial T}{\partial q}$:

$$\frac{\partial T}{\partial \dot q_i} = \sum_{i=1}^{i=n} m_i\left(\dot x_i\frac{\partial \dot x_i}{\partial \dot q_i} + \dot y_i\frac{\partial \dot y_i}{\partial \dot q_i} + \dot z_i\frac{\partial \dot z_i}{\partial \dot q_i}\right), \tag{e}$$

$$\frac{\partial T}{\partial q_i} = \sum_{i=1}^{i=n} m_i\left(\dot x_i\frac{\partial \dot x_i}{\partial q_i} + \dot y_i\frac{\partial \dot y_i}{\partial q_i} + \dot z_i\frac{\partial \dot z_i}{\partial q_i}\right). \tag{f}$$

Mit Rücksicht darauf, daß

$$\dot x = \frac{dx}{dt} = \frac{\partial x}{\partial q_1}\dot q_1 + \frac{\partial x}{\partial q_2}\dot q_2 + \cdots \frac{\partial x}{\partial q_n}\dot q_n\,, \tag{g}$$

erhalten wir

$$\frac{\partial \dot x}{\partial \dot q_1} = \frac{\partial x}{\partial q_1}; \qquad \frac{\partial \dot x}{\partial \dot q_2} = \frac{\partial x}{\partial q_2}; \qquad \frac{\partial \dot x}{\partial \dot q_n} = \frac{\partial x}{\partial q_n}.$$

Also kann Gl. (e) folgenderweise geschrieben werden:

$$\frac{\partial T}{\partial \dot q_i} = \sum_{i=1}^{i=n} m_i\left(\dot x_i\frac{\partial x_i}{\partial q_i} + \dot y_i\frac{\partial y_i}{\partial q_i} + \dot z_i\frac{\partial z_i}{\partial q_i}\right). \tag{h}$$

Ferner bemerken wir, daß

$$\frac{d}{dt}\frac{\partial x_i}{\partial q_i} = \frac{\partial^2 x_i}{\partial q_1 \partial q_i}\dot{q}_1 + \frac{\partial^2 x_i}{\partial q_2 \partial q_i}\dot{q}_2 + \cdots + \frac{\partial^2 x_i}{\partial q_n \partial q_i}\dot{q}_n,$$

oder auf Grund von (g)

$$\frac{d}{dt}\frac{\partial x_i}{\partial q_i} = \frac{\partial}{\partial q_i}\frac{d x_i}{dt} = \frac{\partial \dot{x}}{\partial q_i}.$$

In gleicher Weise ergibt sich

$$\frac{d}{dt}\frac{\partial y_i}{\partial q_i} = \frac{\partial \dot{y}}{\partial q_i}, \qquad \frac{d}{dt}\frac{\partial z_i}{\partial q_i} = \frac{\partial \dot{z}_i}{\partial q_i}.$$

Setzt man dies in die Gl. (f) ein, so folgt

$$\frac{\partial T}{\partial q_i} = \sum_{i=1}^{i=n} m_i \left(\dot{x}_i \frac{d}{dt}\frac{\partial x_i}{\partial q_i} + \dot{y}_i \frac{d}{dt}\frac{\partial y_i}{\partial q_i} + \dot{z}_i \frac{d}{dt}\frac{\partial z_i}{\partial q_i}\right). \tag{k}$$

Jetzt kann man die linke Seite der Gl. (b) oder also den Ausdruck (d) auf Grund der Gln. (h) u. (k) folgenderweise schreiben:

$$\left[\frac{d}{dt}\left(\frac{\partial T}{\partial \dot{q}_i}\right) - \frac{\partial T}{\partial q_i}\right]\delta q.$$

Setzt man ferner für die rechte Seite der bezeichneten Gleichung den Ausdruck (c) ein, so erhält man endlich

$$\frac{d}{dt}\left(\frac{\partial T}{\partial \dot{q}_i}\right) - \frac{\partial T}{\partial q_i} = Q_i. \tag{70}$$

Dies ist die **Lagrangesche** Form[1] der Differentialgleichung der Bewegung. Eine solche Gleichung kann für jede verallgemeinerte Koordinate des Systems hingeschrieben werden, so daß schließlich die Anzahl der Gleichungen gleich wird der Anzahl der verallgemeinerten Koordinaten oder also auch gleich der Anzahl der Freiheitsgrade des Systems.

Bisher sind die Kräfte $Q_1, Q_2, \ldots$ keinen beschränkenden Bedingungen unterworfen worden. Sie können entweder konstant oder Funktionen der Zeit, der Lage oder der Geschwindigkeit sein. Betrachten wir nun den Sonderfall, daß die Kräfte ein Potential besitzen, und sei V die potentielle Energie des Systems. Dann erhält man aus der Bedingung, daß die bei einer virtuellen Verschiebung verrichtete Arbeit der Abnahme der potentiellen Energie gleich ist, die Gleichung

$$Q_1\delta q_1 + Q_2\delta q_2 + Q_3\delta q_3 + \cdots = -\frac{\partial V}{\partial q_1}\delta q_1 - \frac{\partial V}{\partial q_2}\delta q_2 - \frac{\partial V}{\partial q_3}\delta q_3 - \cdots$$

Da aber die kleinen Verschiebungen $\delta q_1, \delta q_2, \ldots$ voneinander unabhängig sind, so folgt hieraus

$$Q_1 = -\frac{\partial V}{\partial q_1}; \qquad Q_2 = -\frac{\partial V}{\partial q_2}; \qquad Q_3 = -\frac{\partial V}{\partial q_3}; \ \ldots$$

[1] Lagrange, J. L.: Mécanique analytique. Paris 1788.

und die Lagrangesche Gl. (70) geht über in

$$\frac{d}{dt}\left(\frac{\partial T}{\partial \dot{q}_i}\right) - \frac{\partial T}{\partial q_i} + \frac{\partial V}{\partial q_i} = 0. \tag{71}$$

Steht das System unter der Einwirkung von Kräften zweier verschiedener Arten, nämlich zum Teil von Potentialkräften, zum Teil aber von Kräften, die sich nicht von einem Potential herleiten lassen und die wir wie oben mit $Q_1, Q_2, Q_3, \ldots$ bezeichnen wollen, so nehmen die Lagrangeschen Gleichungen die Form

$$\frac{d}{dt}\left(\frac{\partial T}{\partial \dot{q}_i}\right) - \frac{\partial T}{\partial q_i} + \frac{\partial V}{\partial q_i} = Q_i \tag{72}$$

an.

In unserer obigen Betrachtung wurde angenommen, daß die Gln. (a), die die geometrischen Beziehungen zwischen den kartesischen und den verallgemeinerten Koordinaten darstellen, die Zeit t explizite nicht enthalten. Mit Hilfe der obigen Methode kann aber gezeigt werden, daß die Lagrangeschen Gleichungen ihrer Gestalt nach auch in dem Falle bestehen bleiben, wo die Gln. (a) eine stetige Veränderlichkeit mit der Zeit mitenthalten, indem sie von der Form

$$x_i = \varphi_i(t, q_1, q_2 \ldots q_n); \quad y_i = \psi_i(t, q_1, q_2 \ldots q_n); \quad z_i = \theta_i(t, q_1, q_2 \ldots q_n)$$

sind. Ein System dieser Art erhält man, wenn man beispielsweise annimmt, daß die Länge l des in Abb. 76 dargestellten sphärischen Pendels nicht konstant bleibt, sondern durch irgendeine besondere Vorrichtung mit der Zeit stetig variiert wird.

27. Das sphärische Pendel.

Als einfaches Beispiel für die Anwendung der Lagrangeschen Gleichungen auf die Lösung dynamischer Probleme behandeln wir hier das Problem des sphärischen Pendels (Abb. 76a). Werden die Winkel φ und θ als verallgemeinerte Koordinaten des Massenpunktes m benutzt, so ist die Geschwindigkeit desselben durch

$$v = \sqrt{(l\,\dot{\theta})^2 + (l \sin\theta \cdot \dot{\varphi})^2}$$

gegeben und die kinetische Energie des Systems ist

$$T = \frac{1}{2} m \left\{(l\,\dot{\theta})^2 + (l \sin\theta \cdot \dot{\varphi})^2\right\}. \tag{a}$$

Nimmt man ferner an, daß die einzige am Massenpunkte m wirkende Kraft das Gewicht mg ist, so findet man durch das in § 25 auseinandergesetzte Verfahren, daß die der Koordinate φ entsprechende verallgemeinerte Kraft gleich Null, die der Koordinate θ entsprechende

Kraft gleich

$$\Theta = -m g l \sin\theta \tag{b}$$

ist. Mit den Gln. (a) u. (b) erhält man nun aus der allgemeinen Beziehung (70) folgende zwei Bewegungsgleichungen:

$$\ddot{\theta} - \cos\theta \sin\theta \cdot \dot{\varphi}^2 = -\frac{g \sin\theta}{l}, \tag{c}$$

$$\sin^2\theta \cdot \dot{\varphi} = h. \tag{d}$$

Hierin bezeichnet h eine gewisse Konstante. Wir betrachten nun einige Spezialfälle der Bewegung.

Wenn die Anfangsgeschwindigkeit des Massenpunktes m in die Richtung einer Meridiantangente fällt, so fällt die Bewegung des Punktes in diesen Meridian, d. h. $\dot{\varphi} = 0$, und die obige Gl. (c) reduziert sich auf die bekannte Gleichung

$$\ddot{\theta} + \frac{g}{l} \sin\theta = 0,$$

die die Bewegung des einfachen Pendels kennzeichnet.

Der Fall eines konischen Pendels ergibt sich bei der Annahme, daß der Winkel θ bei der Bewegung konstant bleibt; dann ist nach Gl. (d) auch $\dot{\varphi}$ konstant. Sei

$$\theta = \alpha; \qquad \dot{\varphi} = \omega;$$

damit folgt aus den Gln. (c) u. (d)

$$\omega^2 = \frac{g}{l \cos\alpha} = \frac{h^2}{\sin^4\alpha}, \tag{e}$$

woraus die einem gegebenen Winkel α des konischen Pendels entsprechenden Werte der Winkelgeschwindigkeit ω und der Konstante h berechnet werden können.

Nun wollen wir einen komplizierteren Fall untersuchen, bei dem die stationäre Bewegung des Massenpunktes m am konischen Pendel längs eines Horizontalkreises etwas gestört wird, so daß der Massenpunkt um diesen leicht zu schwingen beginnt. Sei

$$\theta = \alpha + \xi, \tag{f}$$

worin ξ die kleine Schwankung des Winkels θ bei dieser Bewegung bedeutet. Wegen der Kleinheit der Größe ξ sollen deren höhere Potenzen in den folgenden Rechnungen vernachlässigt werden. Mit dieser Vereinfachung ist

$$\sin\theta = \sin\alpha + \xi \cos\alpha; \qquad \cos\theta = \cos\alpha - \xi \sin\alpha.$$

Substituiert man dies in die Gl. (c), so wird wegen der Gl. (d)

$$\ddot{\xi} - \frac{h^2}{\sin^3\alpha}\left\{\cos\alpha - \xi\left(\frac{3\cos^2\alpha}{\sin\alpha} + \sin\alpha\right)\right\} = -\frac{g}{l}(\sin\alpha + \xi\cos\alpha).$$

Unter der Voraussetzung, daß die Konstante α der Gl. (e) genügt, erhält man

$$\ddot{\xi} + (1 + 3\cos^2\alpha)\,\omega^2\,\xi = 0,$$

woraus zu schließen ist, daß die Schwankung ξ von θ die Periode

$$\frac{2\pi}{\omega\sqrt{1 + 3\cos^2\alpha}}$$

besitzt. Wenn α klein ist, so nähert sich dieser Wert der Größe $\frac{\pi}{\omega}$, d. h. jeder Umdrehung des konischen Pendels entsprechen annähernd zwei Schwingungen.

28. Freie Schwingungen (allgemeine Diskussion).

Ein System, das sich zuerst im Zustand stabilen Gleichgewichts befindet, möge eine Störung infolge eines Stoßes oder infolge der Einwirkung einer plötzlich verschwindenden Zusatzkraft erleiden. In der gestörten Lage sind die am System angreifenden Kräfte nicht mehr im Gleichgewicht miteinander und es tritt eine Schwingungsbewegung ein. Wir betrachten zunächst den Fall, daß veränderliche äußere Kräfte am System fehlen, so daß nur freie Schwingungen möglich sind. Wir nehmen ferner an, daß das System bei dieser Schwingungsbewegung nur kleine Verschiebungen ausführt, und bezeichnen mit $q_1, q_2, \ldots, q_n$ die verallgemeinerten Koordinaten, die so gewählt sind, daß sie verschwinden, wenn sich das System im Gleichgewichtszustand befindet. Setzt man noch voraus, daß die auf die Systemteile einwirkenden Kräfte die Natur elastischer Kräfte haben, so drücken sie sich durch homogene lineare Funktionen der kleinen Verschiebungen des Systems aus, d. h. durch lineare Funktionen der Koordinaten $q_1, q_2, \ldots, q_n$. Die potentielle Energie des Systems ist dann eine homogene quadratische Funktion dieser Größen:

$$2V = c_{11}q_1^2 + c_{22}q_2^2 + \cdots + 2c_{12}q_1q_2 + \cdots. \tag{73}$$

Die kinetische Energie des Systems dagegen ist durch die Formel

$$2T = \sum m_i(\dot{x}_i^2 + \dot{y}_i^2 + \dot{z}_i^2)$$

gegeben. Substituiert man hierin für die kartesischen Koordinaten die entsprechenden Ausdrücke in den verallgemeinerten Koordinaten [s. § 25 Gl. (a)], so folgt

$$2T = a_{11}\dot{q}_1^2 + a_{22}\dot{q}_2^2 + \cdots + 2a_{12}\dot{q}_1\dot{q}_2 + \cdots \tag{74}$$

Im allgemeinen Falle werden die Koeffizienten $a_{11}, a_{22}, \ldots$ Funktionen der Koordinaten $q_1, q_2, \ldots$ sein; sind aber die Verschiebungen klein, so dürfen die Koeffizienten als konstant angesehen werden, und zwar gleich den Werten, die sie in der Gleichgewichtslage annehmen.

Substituiert man nun die Gln. (73) u. (74) in die **Lagrange**sche Gleichung

$$\frac{d}{dt}\left(\frac{\partial T}{\partial \dot{q}_i}\right) - \frac{\partial T}{\partial q_i} + \frac{\partial V}{\partial q_i} = 0\,, \tag{a}$$

so erhält man die allgemeinen Gleichungen der Bewegung.

Zuerst betrachten wir den Fall eines Systems mit nur zwei Freiheitsgraden. Hierfür ist

$$2\,V = c_{11}\,q_1^2 + c_{22}\,q_2^2 + 2\,c_{12}\,q_1\,q_2\,, \tag{b}$$

$$2\,T = a_{11}\,\dot{q}_1^2 + a_{22}\,\dot{q}_2^2 + 2\,a_{12}\,\dot{q}_1\,\dot{q}_2\,. \tag{c}$$

Nach Substitution in die Gl. (a) folgt

$$\left.\begin{aligned} a_{11}\,\ddot{q}_1 + a_{12}\,\ddot{q}_2 + c_{11}\,q_1 + c_{12}\,q_2 = 0\,,\\ a_{22}\,\ddot{q}_2 + a_{12}\,\ddot{q}_1 + c_{22}\,q_2 + c_{12}\,q_1 = 0\,. \end{aligned}\right\} \tag{d}$$

Dies sind zwei lineare Gleichungen mit konstanten Koeffizienten; ihre Lösungen haben die allgemeine Gestalt

$$q_1 = \lambda_1 \cos(pt + \alpha)\,; \qquad q_2 = \lambda_2 \cos(pt + \alpha)\,. \tag{e}$$

Hierin sind λ_1, λ_2, p und α Konstanten, die so zu bestimmen sind, daß sie die Gln. (d) befriedigen.

Substituiert man (e) in die Gln. (d), so folgt

$$\left.\begin{aligned} \lambda_1(a_{11}\,p^2 - c_{11}) + \lambda_2(a_{12}\,p^2 - c_{12}) = 0\,,\\ \lambda_1(a_{12}\,p^2 - c_{12}) + \lambda_2(a_{22}\,p^2 - c_{22}) = 0\,. \end{aligned}\right\} \tag{f}$$

Durch Elimination von λ_1 und λ_2 ergibt sich

$$(a_{11}\,p^2 - c_{11})(a_{22}\,p^2 - c_{22}) - (a_{12}\,p^2 - c_{12})^2 = 0\,. \tag{g}$$

Dies ist eine quadratische Gleichung in p^2 und es kann gezeigt werden, daß beide Wurzeln dieser Gleichung reell sind.

Aus der Bedingung, daß die Ausdrücke (b) und (c) für die potentielle bzw. kinetische Energie wesentlich positiv sind, ergeben sich folgende Beziehungen zwischen den Koeffizienten dieser Ausdrücke:

$$c_{11} > 0\,, \qquad c_{22} > 0\,, \qquad c_{12}^2 - c_{11}\,c_{22} < 0\,. \tag{h}$$

$$a_{11} > 0\,, \qquad a_{22} > 0\,, \qquad a_{12}^2 - a_{11}\,a_{22} < 0\,. \tag{k}$$

Für $p^2 = 0$ oder $p^2 = +\infty$ hat die linke Seite der Gl. (g), wie man auf Grund von (h) und (k) schließen kann, einen positiven Wert. Setzt man andererseits $p^2 = \frac{c_{11}}{a_{11}}$ oder $p^2 = \frac{c_{22}}{a_{22}}$, so wird die linke Seite der Gl. (g) negativ. Dies bedeutet, daß die die linke Seite der Gl. (g) darstellende Kurve die Abszissenachse zwischen $p^2 = 0$ und $p^2 = +\infty$ in zwei Punkten schneidet, die den beiden positiven Wurzeln der Gleichung für p^2 entsprechen. Sei p_1^2 eine dieser Wurzeln. Substituiert man diese in die erste der Gln. (f), so folgt

$$\frac{\lambda_1}{a_{12} p_1^2 - c_{12}} = \frac{\lambda_2}{c_{11} - a_{11} p_1^2} = \mu_1 ,$$

wenn man mit μ_1 eine Konstante bezeichnet. Man sieht hieraus, daß für die spezielle Wurzel p_1^2 die Amplituden λ_1 und λ_2 in einem bestimmten Verhältnis zueinander stehen, das die Schwingungsart kennzeichnet; die Lösung (e) geht hierbei in

$$q_1 = \mu_1 (a_{12} p_1^2 - c_{12}) \cos (p_1 t + \alpha_1); \qquad q_2 = \mu_1 (c_{11} - a_{11} p_1^2) \cos (p_1 t + \alpha_1)$$

über. Bei dieser Lösung kann man sich auf den positiven Wert von p_1 beschränken, da sich die erhaltenen Ausdrücke nicht ändern, wenn man bei p_1 und α_1 das Vorzeichen umkehrt. Die zweite Wurzel p_2^2 der Gl. (g) ergibt eine analoge Lösung mit den Konstanten μ_2 und α_2. Kombiniert man die beiden Resultate, so ergibt sich die allgemeine Lösung der Gln. (d):

$$\left.\begin{aligned} q_1 &= \mu_1 (a_{12} p_1^2 - c_{12}) \cos (p_1 t + \alpha_1) + \mu_2 (a_{12} p_2^2 - c_{12}) \cos (p_2 t + \alpha_2) , \\ q_2 &= \mu_1 (c_{11} - a_{11} p_1^2) \cos (p_1 t + \alpha_1) + \mu_2 (c_{11} - a_{11} p_2^2) \cos (p_2 t + \alpha_2) . \end{aligned}\right\} \quad (1)$$

Hierin sind μ_1, μ_2, α_1 und α_2 willkürliche Konstanten, die berechnet werden können, wenn die Anfangswerte der Koordinaten q_1 und q_2 und der entsprechenden Geschwindigkeiten $\dot{q}_1$ und $\dot{q}_2$ gegeben sind.

Wir sehen also, daß im Falle eines Systems mit zwei Freiheitsgraden zwei **Schwingungsarten** möglich sind, entsprechend den zwei verschiedenen Wurzeln der Gl. (g), die als **Frequenzgleichung** bezeichnet wird. Bei jeder dieser Schwingungsarten sind die verallgemeinerten Koordinaten q_1 und q_2 einfache harmonische Funktionen gleicher Periode und gleicher Phase. Jede dieser Schwingungsarten wird als **Normalschwingung** oder Hauptschwingung bezeichnet. Ihre Periode ist bestimmt durch die Konstruktion des Systems und ebenso ihr **Typus**, da die Amplituden λ_1 und λ_2 in einem bestimmten Verhältnis zueinander stehen, während der Absolutwert der Amplitude willkürlich ist. Schwingt ein System in einer der Normalschwingungsarten, so vollzieht jeder Punkt eine einfache harmonische Bewegung gleicher Periode und gleicher Phase, wobei alle Teile des Systems ihre Gleichgewichtslagen gleichzeitig passieren.

Die verallgemeinerten Koordinaten q_1 und q_2 zur Bestimmung der jeweiligen Lage des Systems können in verschiedener Weise gewählt werden; eine spezielle Wahl erweist sich wegen ihrer Einfachheit für die Durchführung der analytischen Diskussion als besonders günstig. Nehmen wir an, die Koordinaten seien so gewählt, daß die die Produkte der Koordinaten und der entsprechenden Geschwindigkeiten enthaltenden Glieder in den Ausdrücken (b) und (c) verschwinden; dann ist

$$2V = c_{11} q_1^2 + c_{22} q_2^2,$$
$$2T = a_{11} \dot{q}_1^2 + a_{22} \dot{q}_2^2.$$

Die entsprechenden Bewegungsgleichungen lauten

$$a_{11} \ddot{q}_1 + c_{11} q_1 = 0; \qquad a_{22} \ddot{q}_2 + c_{22} q_2 = 0;$$

wir erhalten also zwei voneinander unabhängige Differentialgleichungen, so daß jede Normalschwingungsart durch Veränderung nur einer Koordinate gekennzeichnet ist. Solche Koordinaten nennt man Normal- oder Hauptkoordinaten des Systems.

Im allgemeinen Falle eines Systems mit n Freiheitsgraden erhalten wir durch Substitution der Ausdrücke (73) und (74) für die potentielle bzw. kinetische Energie in die Lagrangesche Gleichung (a) folgende Bewegungsgleichungen:

$$\left.\begin{array}{l} a_{11} \ddot{q}_1 + a_{12} \ddot{q}_2 + a_{13} \ddot{q}_3 + \cdots + c_{11} q_1 + c_{12} q_2 + c_{13} q_3 + \cdots = 0, \\ \cdots\cdots\cdots\cdots\cdots\cdots\cdots\cdots\cdots\cdots \\ \cdots\cdots\cdots\cdots\cdots\cdots\cdots\cdots\cdots\cdots \\ a_{n1} \ddot{q}_1 + a_{n2} \ddot{q}_2 + a_{n3} \ddot{q}_3 + \cdots + c_{n1} q_1 + c_{n2} q_2 + c_{n3} q_3 + \cdots = 0. \end{array}\right\} \quad (m)$$

Dies ist ein System linearer Differentialgleichungen mit konstanten Koeffizienten. Partikularlösungen dieser Gleichungen erhält man durch den Ansatz

$$q_1 = \lambda_1 \cos(pt + \alpha) \cdots \qquad q_n = \lambda_n \cos(pt + \alpha).$$

Durch Substitution dieser Ausdrücke in die Gln. (m) folgt

$$\left.\begin{array}{l} \lambda_1 (a_{11} p^2 - c_{11}) + \lambda_2 (a_{12} p^2 - c_{12}) + \cdots + \lambda_n (a_{1n} p^2 - c_{1n}) = 0, \\ \cdots\cdots\cdots\cdots\cdots\cdots\cdots\cdots\cdots\cdots \\ \lambda_1 (a_{n1} p^2 - c_{n1}) + \lambda_2 (a_{n2} p^2 - c_{n2}) + \cdots + \lambda_n (a_{nn} p^2 - c_{nn}) = 0. \end{array}\right\} \quad (n)$$

Verfährt man nun weiter wie im Falle eines Systems mit zwei Freiheitsgraden, so ergibt sich durch Elimination der Größen $\lambda_1, \lambda_2, \ldots, \lambda_n$ aus den Gln. (n) die Frequenzgleichung

$$\Delta(p^2) = 0, \tag{75}$$

worin $\Delta(p^2)$ die Determinante

$$\begin{vmatrix} (a_{11} p^2 - c_{11}), & (a_{12} p^2 - c_{12}) \ldots & (a_{1n} p^2 - c_{1n}) \\ \cdots\cdots & \cdots\cdots & \cdots\cdots \\ (a_{n1} p^2 - c_{n1}), & (a_{n2} p^2 - c_{n2}), \ldots & (a_{nn} p^2 - c_{nn}) \end{vmatrix}$$

bezeichnet.

Die Gl. (75) ist vom n-ten Grade in p^2 und es kann gezeigt werden[1], daß alle n-Wurzeln dieser Gleichung reell und positiv sind, vorausgesetzt, daß die Schwingungen um eine stabile Gleichgewichtslage des Systems erfolgen. Sei p^2 eine dieser Wurzeln. Substituiert man sie in die Gln. (n), so ergeben sich die $(n-1)$ Verhältnisse

$$\lambda_1 : \lambda_2 : \lambda_3 : \ldots : \lambda_n,$$

und alle Amplituden können als Funktionen einer willkürlichen Konstanten, die etwa mit μ_s bezeichnet werden mag, bestimmt werden. Die entsprechende Lösung der Gl. (m) ist

$$q_1 = \lambda_1 \cos(p_s t + \alpha_s), \quad \ldots, \quad q_n = \lambda_n \cos(p_s t + \alpha_s). \tag{o}$$

Diese Lösung enthält zwei willkürliche Konstanten μ_s und α_s und stellt eine der **Hauptschwingungsarten** des Systems dar. Die **Frequenz** dieser Schwingung hängt von der Größe p_s ab, der **Typus** der Schwingung von den Verhältnissen $\lambda_1 : \lambda_2 : \ldots$; beide sind vollständig bestimmt durch die Konstitution des Systems. Bei dieser Schwingung führen alle Teile des Systems einfache harmonische Bewegungen von gleicher Periode $\frac{2\pi}{p_s}$ und gleicher Phase α_s aus, wobei sie ihre Gleichgewichtslagen gleichzeitig passieren.

Die allgemeine Lösung der Gl. (m) ergibt sich durch Superposition von n Hauptschwingungsarten vom Typus (o) entsprechend den n verschiedenen Wurzeln der Frequenzgleichung (75)[2].

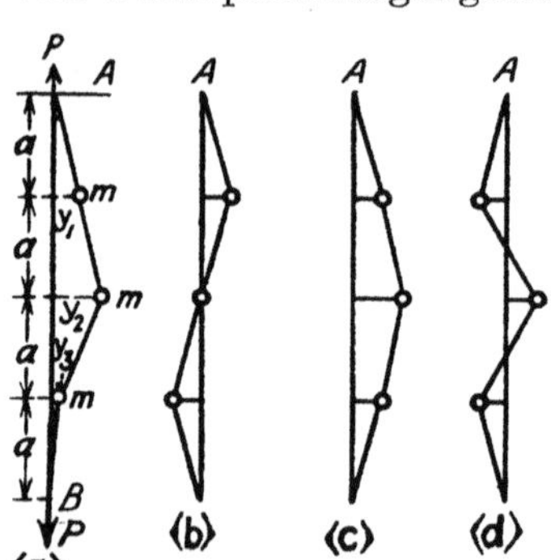

Abb. 78.

Um diese allgemeine Theorie an einem einfachen Beispiel zu erläutern, behandeln wir jetzt die Schwingungsbewegung einer gestreckten Schnur AB mit drei gleichen und gleichweit voneinander wie von den Schnurenden entfernten Massenpunkten m (Abb. 78a). Unter der Voraussetzung, daß die seitlichen Verschiebungen y der Schnur während der Schwingungsbewegung sehr klein sind, und unter Vernachlässigung der entsprechenden kleinen Schwankungen der Zugkraft P erhält man die potentielle Energie des Zuges durch Multiplikation von P mit der Verlängerung der Schnur:

$$V = Pa\left(\frac{1}{2}\frac{y_1^2}{a^2} + \frac{1}{2}\frac{(y_2-y_1)^2}{a^2} + \frac{1}{2}\frac{(y_3-y_2)^2}{a^2} + \frac{1}{2}\frac{y_3^2}{a^2}\right)$$
$$= \frac{P}{a}\left(y_1^2 + y_2^2 + y_3^2 - y_1 y_2 - y_2 y_3\right).$$

---

[1] Siehe z. B. H. Lamb: Higher Mechanics, S. 222.

[2] Zum Spezialfall der Gleichheit der Wurzeln der Frequenzgleichung siehe z. B. H. Lamb: Higher Mechanics, S. 222.

Die kinetische Energie des Systems ist

$$T = \frac{m}{2}(\dot{y}_1^2 + \dot{y}_2^2 + \dot{y}_3^2).$$

Durch Substitution in das Lagrangesche Gleichungssystem (71) folgt

$$\left.\begin{aligned} m\ddot{y}_1 + \frac{P}{a}(2y_1 - y_2) &= 0, \\ m\ddot{y}_2 + \frac{P}{a}(2y_2 - y_1 - y_3) &= 0, \\ m\ddot{y}_3 + \frac{P}{a}(2y_3 - y_2) &= 0. \end{aligned}\right\} \qquad \text{(r)}$$

Setzt man

$$y_1 = \lambda_1 \cos(pt - \alpha); \qquad y_2 = \lambda_2 \cos(pt - \alpha); \qquad y_3 = \lambda_3 \cos(pt - \alpha),$$

so folgt aus den Gln. (r)

$$\left.\begin{aligned} \lambda_1(p^2 - 2\beta) + \lambda_2\beta &= 0, \\ \lambda_1\beta + \lambda_2(p^2 - 2\beta) + \lambda_3\beta &= 0, \\ \lambda_2\beta + \lambda_3(p^2 - 2\beta) &= 0, \end{aligned}\right\} \qquad \text{(s)}$$

worin

$$\beta = \frac{P}{m a}.$$

Durch Ausrechnung der Determinante des Gleichungssystems (s) gelangt man zur Frequenzgleichung

$$(p^2 - 2\beta)(p^4 - 4p^2\beta + 2\beta^2) = 0. \qquad \text{(t)}$$

Substituiert man die Wurzel $p^2 = 2\beta$ dieser Gleichung in die Gln. (s), so ergibt sich

$$\lambda_2 = 0; \qquad \lambda_1 = -\lambda_3;$$

der entsprechende Schwingungstypus ist in Abb. 78b dargestellt. Die beiden anderen Wurzeln $p^2 = (2 \pm \sqrt{2})\beta$ derselben Gl. (t) ergeben nach Substitution in die Gln. (s)

$$\lambda_1 = \lambda_3 = \pm \frac{1}{\sqrt{2}}\lambda_2.$$

Die entsprechenden Schwingungstypen sind in Abb. 78c, d gezeigt. Der Typus (c), bei dem sich alle Teilchen gleichzeitig in einer und derselben Richtung bewegen, stellt den tiefsten oder Fundamentaltypus der Schwingung dar; er hat die größte Periode. Der Typus (d) entspricht der höchsten Frequenz.

29. Erzwungene Schwingungen.

Wenn periodisch wirkende Störungskräfte am System angreifen, so entstehen erzwungene Schwingungen. Aus den Lagrangeschen Gleichungen in ihrer allgemeinen Gestalt (72) erhält man durch Einsetzen der allgemeinen Ausdrücke (73) und (74) für V bzw. T die Bewegungsgleichungen

$$\left.\begin{array}{l} a_{11}\ddot{q}_1 + a_{12}\ddot{q}_2 + a_{13}\ddot{q}_3 + \cdots + c_{11}q_1 + c_{12}q_2 + c_{13}q_3 + \cdots = Q_1, \\ \cdots\cdots\cdots\cdots\cdots\cdots\cdots\cdots\cdots\cdots \\ \cdots\cdots\cdots\cdots\cdots\cdots\cdots\cdots\cdots\cdots \\ a_{n1}\ddot{q}_1 + a_{n2}\ddot{q}_2 + a_{n3}\ddot{q}_3 + \cdots + c_{n1}q_1 + c_{n2}q_2 + c_{n3}q_3 + \cdots = Q_n. \end{array}\right\} \quad \text{(a)}$$

Nachstehend behandeln wir den wichtigsten Fall, bei dem die verallgemeinerten Kräfte von einfachem harmonischem Typus mit gleicher Periode und gleicher Phase sind, so daß jede dieser Kräfte in der Form $Q_s = b_s \cos(mt + \beta)$ darstellbar ist, worin m und β konstant sind.

Eine partikuläre Lösung der Gln. (a) kann in der Form

$$q_1 = \lambda_1 \cos(mt + \beta); \qquad q_2 = \lambda_2 \cos(mt + \beta); \ \ldots \ q_n = \lambda_n \cos(mt + \beta)$$

geschrieben werden. Durch Substitution in die Gln. (a) folgt

$$\left.\begin{array}{l} (c_{11} - a_{11}m^2)\lambda_1 + (c_{12} - a_{12}m^2)\lambda_2 + \cdots + (c_{1n} - a_{1n}m^2)\lambda_n = b_1, \\ \cdots\cdots\cdots\cdots\cdots\cdots\cdots\cdots\cdots\cdots \\ (c_{n1} - a_{n1}m^2)\lambda_1 + (c_{n2} - a_{n2}m^2)\lambda_2 + \cdots + (c_{nn} - a_{nn}m^2)\lambda_n = b_n. \end{array}\right\} \quad \text{(b)}$$

Aus diesen Gleichungen können die Schwingungsamplituden $\lambda_1, \lambda_2, \ldots, \lambda_n$ ermittelt werden.

Zu bemerken ist, daß, wenn die Determinante der Gln. (b) der Null zustrebt, d. h. wenn sich die Periode der Störungskräfte einer der Eigenschwingungsperioden nähert, die Schwingungsamplituden sehr groß werden. Dies ist das Resonanzprinzip, das oben für den Fall von Systemen mit einem Freiheitsgrad besprochen wurde.

Wenn die verallgemeinerten Koordinaten $q_1, q_2, \ldots, q_n$ Haupt- oder Normalkoordinaten des Systems sind, so lauten die Ausdrücke für die kinetische bzw. potentielle Energie

$$2T = a_{11}\dot{q}_1^2 + a_{22}\dot{q}_2^2 + \cdots + a_{nn}\dot{q}_n^2,$$
$$2V = c_{11}q_1^2 + c_{22}q_2^2 + \cdots + c_{nn}q_n^2.$$

Substituiert man dies in die Lagrangesche Gl. (72), so folgt

$$\left.\begin{array}{l} a_{11}\ddot{q}_1 + c_{11}q_1 = Q_1, \\ \cdots\cdots\cdots\cdots \\ \cdots\cdots\cdots\cdots \\ a_{nn}\ddot{q}_n + c_{nn}q_n = Q_n. \end{array}\right\} \quad (76)$$

Nimmt man wieder an

$$\begin{aligned} Q_s &= b_s \cos(mt + \beta), \\ q_1 &= \lambda_1 \cos(mt + \beta), \\ &\ldots\ldots\ldots\ldots \\ q_n &= \lambda_n \cos(mt + \beta), \end{aligned}$$

so ist nach den Gln. (76)

$$\lambda_s = \frac{b_s}{c_{ss} - m^2 a_{ss}} = \frac{b_s}{c_{ss}} \frac{1}{1 - \frac{m^2}{p^2}}.$$

Hierin stellt $\frac{b_s}{c_{ss}}$ die statische Durchbiegung dar, die durch die Kraft Q_s in ihrem Angriffspunkte hervorgerufen wird, während $\frac{m^2}{p^2}$ das Quadrat des Quotienten von Kraftfrequenz durch Eigenschwingungsfrequenz ist. Ein analoges Resultat ergab sich oben für Systeme mit einem Freiheitsgrad [s. Gl. (20)].

In der obigen Untersuchung wurde der Einfluß der Reibung vernachlässigt. Wenn diese gering ist und die Reibungskräfte den verallgemeinerten Geschwindigkeiten proportional sind, so sind, wie sich zeigen läßt[1], die Verhältnisse $\lambda_1 : \lambda_2 : \lambda_3 : \ldots : \lambda_n$ und die Frequenzen p der freien Schwingungen von den entsprechenden Werten, die sich bei verschwindender Reibung ergeben, nur wenig verschieden; vielmehr äußert sich der Einfluß der geringen Reibung in der Einwirkung auf die Amplitude der Schwingungsbewegung, ähnlich wie sich dies oben für Systeme mit einem Freiheitsgrade ergab.

Die entwickelte allgemeine Theorie soll nun auf die Lösung einiger spezieller Probleme angewandt werden.

30. Fahrzeugschwingungen.

Allgemeine Gleichungen. Das Problem der Schwingungsbewegung eines Vierradfahrzeuges als eines Systems mit mehreren Freiheitsgraden ist sehr kompliziert. In der nachstehenden Darstellung wird dieses Problem in vereinfachter Gestalt behandelt, indem die Schwingung nur in einer Ebene betrachtet wird (Abb. 79)[2]. Bei dieser Vereinfachung hat man es mit einem System von zwei Freiheitsgraden zu tun, dessen Lage während der Schwingungsbewegung demnach durch zwei Koordinaten gekennzeichnet werden kann: die Vertikalverschiebung z des

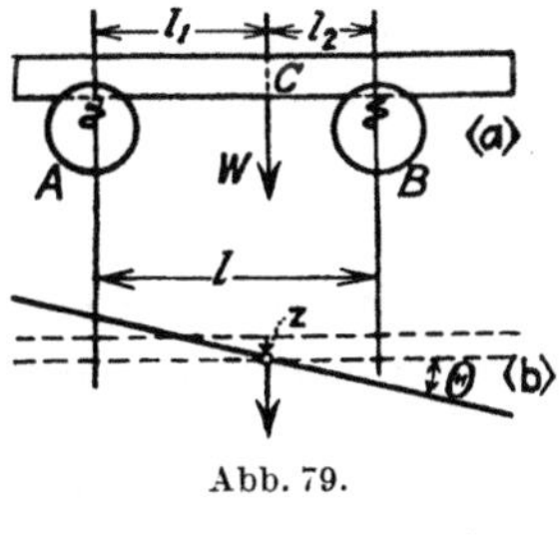

Abb. 79.

[1] Siehe Lord Rayleigh: Theorie des Schalles 1.

[2] Die rollende Bewegung des Fahrzeuges und die Federung der Reifen werden in der folgenden Betrachtung nicht mit berücksichtigt.

Schwerpunktes C und den in Abb. 79b angegebenen Neigungswinkel θ. Diese beiden Koordinaten werden von der Gleichgewichtslage aus gemessen.

Bezeichnet man mit

W das abgefederte Gewicht des Fahrzeuges,

$I = \left(\frac{W}{g}\right) i^2$ das Trägheitsmoment der abgefederten Masse bezüglich der Schwerpunktsachse,

i den Trägheitsradius,

k_1, k_2 die Federungskonstanten an den Achsen A und B,

l_1, l_2 die Abstände dieser Achsen vom Schwerpunkt C*,

so ist die kinetische Energie gleich

$$T = \frac{1}{2}\frac{W}{g}\dot{z}^2 + \frac{1}{2}\frac{W}{g} i^2 \dot{\theta}^2. \tag{a}$$

Für die Berechnung der potentiellen Energie führen wir die Größen δ_a, δ_b als Anfangsdurchbiegungen der Federn an den Achsen A und B ein:

$$\delta_a = \frac{W l_2}{l k_1}, \qquad \delta_b = \frac{W l_1}{l k_2}. \tag{b}$$

Dann ist der Zuwachs der potentiellen Energie der Federdeformation während der Bewegung gleich

$$V_1 = \frac{k_1}{2}\{(z - l_1\theta) + \delta_a\}^2 + \frac{k_2}{2}\{(z + l_2\theta) + \delta_b\}^2 - \frac{k_1\delta_a^2}{2} - \frac{k_2\delta_b^2}{2}$$

oder unter Benutzung der Gl. (b)

$$V_1 = \frac{k_1}{2}(z - l_1\theta)^2 + \frac{k_2}{2}(z + l_2\theta)^2 + Wz.$$

Die Verminderung der potentiellen Energie des Systems infolge der Senkung des Schwerpunktes ist gleich

$$V_2 = Wz.$$

Daher ist die potentielle Energie des Systems bei der Bewegung gegeben durch

$$V = V_1 - V_2 = \frac{k_1}{2}(z - l_1\theta)^2 + \frac{k_2}{2}(z + l_2\theta)^2. \tag{c}$$

Substituiert man (a) und (c) in die Lagrangeschen Gln. (71), so ergeben sich folgende Gleichungen für die freien Schwingungen des Fahrzeuges:

$$\frac{W}{g}\ddot{z} = -k_1(z - l_1\theta) - k_2(z + l_2\theta),$$

$$\frac{W}{g} i^2 \ddot{\theta} = l_1 k_1(z - l_1\theta) - l_2 k_2(z + l_2\theta).$$

---

* Diese Abstände werden in der folgenden Darstellung als konstant angesehen.

Setzt man

$$\frac{(k_1 + k_2)\,g}{W} = a; \qquad \frac{(-k_1 l_1 + k_2 l_2)\,g}{W} = b; \qquad \frac{(l_1^2 k_1 + l_2^2 k_2)\,g}{W} = c, \tag{d}$$

so wird

$$\left.\begin{aligned} \ddot{z} + a z + b\theta &= 0, \\ \ddot{\theta} + \frac{b}{i^2} z + \frac{c}{i^2}\theta &= 0. \end{aligned}\right\} \tag{e}$$

Diese zwei simultanen Differentialgleichungen zeigen, daß die Koordinaten z und θ im allgemeinen voneinander nicht unabhängig sind; verschiebt man beispielsweise, um Schwingungen zu erzeugen, den Fahrzeugrahmen parallel zu sich selbst in der z-Richtung und läßt ihn dann plötzlich wieder los, so entsteht während der darauf folgenden Schwingungsbewegung nicht nur eine Vertikalverschiebung z, sondern auch eine Drehung θ des Rahmens. Die Koordinaten z und θ werden nur dann voneinander unabhängig sein, wenn in den Gln. (e) die Konstante b gleich Null wird. Dies tritt ein für

$$k_1 l_1 = k_2 l_2, \tag{f}$$

d. h. wenn die Federkonstanten den Abständen vom Schwerpunkt umgekehrt proportional sind. In solchen Fällen erzeugt eine im Schwerpunkt angreifende Last nur Vertikalverschiebungen des Rahmens ohne Winkeländerungen. Die durch die Gl. (f) ausgedrückte Forderung ist bei Schienenwagen, bei denen üblicherweise $l_1 = l_2$ und $k_1 = k_2$, verwirklicht.

Zum allgemeinen Fall zurückkehrend, setzen wir die Lösung der Gln. (e) in der Form

$$z = A\cos(pt + \alpha); \qquad \theta = B\cos(pt + \alpha)$$

an. Durch Substitution in die Gln. (e) folgt

$$\left.\begin{aligned} A(a - p^2) + bB &= 0, \\ \frac{b}{i^2} A + \left(\frac{c}{i^2} - p^2\right) B &= 0. \end{aligned}\right\} \tag{g}$$

Eliminiert man nun A und B aus den Gln. (g), so ergibt sich folgende Gleichung für die Frequenz:

$$(a - p^2)\left(\frac{c}{i^2} - p^2\right) - \frac{b^2}{i^2} = 0. \tag{h}$$

Die Wurzeln der Gl. (h) sind

$$\begin{aligned} p^2 &= \frac{1}{2}\left(\frac{c}{i^2} + a\right) \pm \sqrt{\frac{1}{4}\left(\frac{c}{i^2} + a\right)^2 - \frac{ac}{i^2} + \frac{b^2}{i^2}} \\ &= \frac{1}{2}\left(\frac{c}{i^2} + a\right) \pm \sqrt{\frac{1}{4}\left(\frac{c}{i^2} - a\right)^2 + \frac{b^2}{i^2}}. \end{aligned} \tag{k}$$

Beachtet man, daß nach (d)

$$ac - b^2 = \frac{g^2}{W^2} k_1 k_2 (l_1 + l_2)^2,$$

so sieht man, daß beide Wurzeln der Gl. (h) reell und positiv sind.

Hauptschwingungsarten. Substituiert man (k) in die erste der Gln. (g), so ergeben sich folgende Werte für das Verhältnis $\frac{A}{B}$ der Amplituden:

$$\frac{A}{B} = \frac{b}{p^2 - a} = \frac{b}{\frac{1}{2}\left(\frac{c}{i^2} - a\right) \pm \sqrt{\frac{1}{4}\left(\frac{c}{i^2} - a\right)^2 + \frac{b^2}{i^2}}}. \tag{l}$$

Wie aus (k) ersichtlich ist, entspricht das Pluszeichen der Schwingungsart mit der höheren, das Minuszeichen derjenigen mit der tieferen Frequenz.

Für die weitere Diskussion nehmen wir an

$$b > 0 \quad \text{oder} \quad k_2 l_2 > k_1 l_1.$$

Dies bedeutet, daß sich die Verschiebung des Fahrzeuges unter der Einwirkung seines Eigengewichtes nach Abb. 80 gestaltet; sie ist nach unten gerichtet und mit einer Neigung in Richtung der negativen Winkel θ verbunden. Unter dieser Voraussetzung besitzen die Amplituden A und B verschiedene Vorzeichen, wenn man die Quadratwurzel im Nenner von (l) mit dem negativen Zeichen nimmt, sie sind dagegen von gleichem Vorzeichen, wenn dieser Wurzel das Pluszeichen erteilt wird. Die entsprechenden zwei Schwingungstypen sind in Abb. 81 dargestellt. Der Schwingungstypus (a) ist durch eine tiefere Frequenz gekennzeichnet und kann als Drehung um einen gewissen Punkt Q rechts vom Schwerpunkt C betrachtet werden. Der Typus (b) dagegen zeichnet sich durch eine höhere Frequenz aus und besteht in einer Drehung um einen gewissen Punkt P links von C. Die Abstände m und n der Punkte Q und P vom Schwerpunkt sind durch die Absolutwerte der rechten Seite der Gl. (l) gegeben, und es gilt die sehr einfache Beziehung

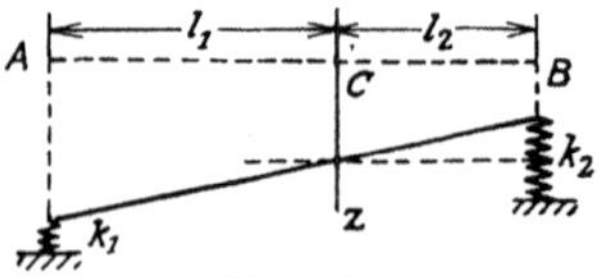

Abb. 80.

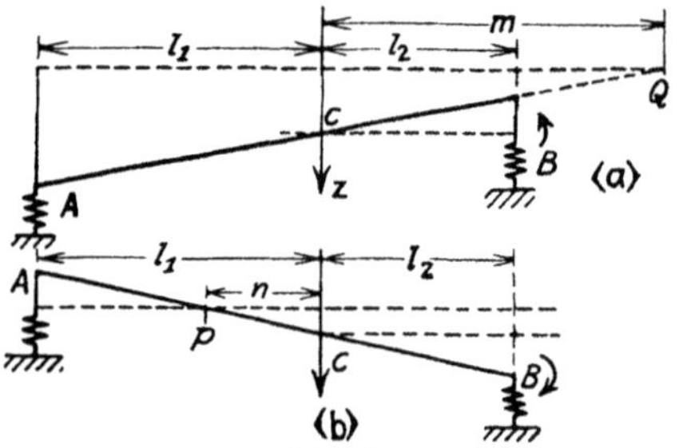

Abb. 81.

$$m \cdot n = -\frac{b}{\frac{1}{2}\left(\frac{c}{i^2} - a\right) + \sqrt{\frac{1}{4}\left(\frac{c}{i^2} - a\right)^2 + \frac{b^2}{i^2}}} \times \frac{b}{\frac{1}{2}\left(\frac{c}{i^2} - a\right) - \sqrt{\frac{1}{4}\left(\frac{c}{i^2} - a\right)^2 + \frac{b^2}{i^2}}} = i^2. \tag{m}$$

Im Spezialfall $b = 0$, d. h. $k_1 l_1 = k_2 l_2$, wird der Abstand n gleich Null, und m wächst über alle Grenzen. Dies bedeutet, daß im betreffenden Falle eine der Hauptschwingungsarten in einer Drehung um den Schwerpunkt besteht, die andere dagegen in einer translatorischen Bewegung ohne Drehung. Eine im Schwerpunkt wirkende Vertikalbelastung erzeugt in diesem Falle nur eine Vertikalverschiebung und beide Federn werden gleich stark gespannt.

Wenn neben b auch $\frac{c}{i^2} - a$ verschwindet, so werden beide Frequenzen nach Gl. (k) einander gleich, und die zwei Schwingungstypen haben gleiche Periode.

Zahlenbeispiel. Zur Erläuterung der obigen Theorie möge folgendes Zahlenbeispiel dienen[1]: sei $W = 437$ kg, $i^2 = 12100\ \text{cm}^2$, $l_1 = 122$ cm, $l_2 = 152$ cm, $k_1 = 24$ kg/cm, $k_2 = 36$ kg/cm; die entsprechenden statischen Durchbiegungen sind nach Gl. (b)

$$\delta_a = 10\ \text{cm}; \qquad \delta_b = 5{,}5\ \text{cm};$$

nach den Gln. (d) ist

$$a = 133{,}3; \qquad b = 186{,}7; \qquad c = 2853;$$

substituiert man dies in (k), so ergeben sich die beiden Wurzeln $p_1^2 = 109$, $p_2^2 = 244$; die zugehörigen Frequenzen sind

$$p_1 = 10{,}5\ \text{Radian}\ \left(\frac{180^0}{\pi}\right)\ \text{pro Sekunde,}$$

$$p_2 = 15{,}6\ \text{Radian}\ \left(\frac{180^0}{\pi}\right)\ \text{,,} \qquad \text{,,}$$

oder $N_1 = 100$ und $N_2 = 150$ volle Schwingungen pro Minute.

Aus der Gl. (l) folgt nun

$$\frac{A}{B} = -235\ \text{cm}, \qquad \text{bzw.} \qquad \frac{A}{B} = 51{,}5\ \text{cm}.$$

Dies bedeutet, daß bei der tieferen Schwingungsart das abgefederte Gewicht um 235 cm pro Radian der Stampfbewegung oder 4,1 cm pro Grad oszilliert.

Bei der höheren Schwingungsart oszilliert das abgefederte Gewicht um 51,5 cm pro Radian der Stampfbewegung oder um 0,9 cm pro Grad.

Roh gesprochen führt das Fahrzeug bei der tieferen Schwingung eine Prallbewegung aus, indem die beiden Federdurchbiegungen gleiches Vorzeichen haben und im Verhältnis

$$\frac{\delta_b'}{\delta_a'} = \frac{235 - 152}{235 + 122} = 0{,}23$$

zueinander stehen. Bei der höheren Schwingung führt der Wagen meistens eine Stampfbewegung aus.

[1] Siehe die Arbeit von H. S. Rowell: Proc. Inst. Automobile Eng. **17**, Teil 2, S. 455. London 1923.

Bemerkenswert ist, daß eine gute Näherung für die Frequenzen der Hauptschwingungsarten aus der Theorie eines Systems mit einem Freiheitsgrad gewonnen werden kann. Nehmen wir zunächst an, daß die Feder im Punkte B (s. Abb. 79) entfernt ist, so daß das Fahrzeug um die Achse B drehbar auf der Feder A hoch- und niedergeht, so lautet die Bewegungsgleichung

$$\left(I + \frac{W}{g} l_2^2\right)\ddot{\theta} + k_1 l^2 \theta = 0,$$

so daß die „erzwungene" Frequenz gleich ist

$$p_1' = l\sqrt{\frac{k_1}{I + \frac{W}{g} l_2^2}}.$$

Setzt man hierin die Zahlenwerte des obigen Beispiels ein, so folgt

$$p_1' = 274\sqrt{\frac{24 \cdot 981}{437\,(12100 + 152^2)}} = 10{,}7$$

in guter Übereinstimmung mit dem für die Frequenz des tieferliegenden Schwingungstypus des Fahrzeuges oben erhaltenen Werte von 10,5. Behandelt man in derselben Weise die gegen die Feder B gerichtete Prallbewegung des um die Achse A drehbaren Wagens, so ergibt sich $p_2' = 15{,}0$ gegenüber dem oben für die höherliegende Schwingungsform erhaltenen Werte $p_2 = 15{,}6$.

Auf dieser Grundlage hat man folgendes bequeme Verfahren zur Ermittelung der Frequenzen der Hauptschwingungsarten auf experimentellem Wege: man schließt die Vorderfedern und läßt den Wagen schwingen, dann schließt man die Hinterfedern und läßt den Wagen wieder schwingen. Die auf diese Weise erhaltenen Frequenzen bieten gute Näherungswerte.

Schwebungserscheinungen. Kehren wir nun wieder zur allgemeinen Lösung der Gln. (e) zurück: Sind p_1 und p_2 die beiden Lösungen der Gl. (k), so ist

$$\left.\begin{aligned} z &= A_1 \cos(p_1 t + \alpha_1) + A_2 \cos(p_2 t + \alpha_2), \\ \theta &= B_1 \cos(p_1 t + \alpha_1) + B_2 \cos(p_2 t + \alpha_2), \end{aligned}\right\} \tag{r}$$

worin nach Gl. (l)

$$\frac{A_1}{B_1} = \frac{b}{p_1^2 - a}; \quad \frac{A_2}{B_2} = \frac{b}{p_2^2 - a}. \tag{s}$$

Die allgemeine Lösung (r) enthält vier willkürliche Konstanten A_1, A_2, α_1 und α_2, die in jedem Spezialfall aus den Anfangsbedingungen bestimmt werden. Nehmen wir beispielsweise an, daß zur Zeit $t = 0$ eine nach unten gerichtete Verschiebung λ ohne Drehung vorhanden ist und der Wagen dann plötzlich losgelassen wird, so lauten hierfür die Anfangsbedingungen

$$(z)_{t=0} = \lambda; \qquad (\dot{z})_{t=0} = 0; \qquad (\theta)_{t=0} = 0; \qquad (\dot{\theta})_{t=0} = 0.$$

Diese Forderungen sind erfüllt, wenn man in den Gln. (r)

$$\alpha_1 = \alpha_2 = 0,$$

$$\left.\begin{aligned} A_1 &= \lambda \frac{a - p_2^2}{p_1^2 - p_2^2}; \qquad & A_2 &= \lambda \frac{p_1^2 - a}{p_1^2 - p_2^2}; \\ B_1 &= A_1 \frac{(p_1^2 - a)}{b}; \qquad & B_2 &= A_2 \frac{(p_2^2 - a)}{b} \end{aligned}\right\} \qquad \text{(t)}$$

setzt. Wie man sieht, entstehen unter den vorausgesetzten Bedingungen Schwingungen beider Arten, die zuerst gleiche Phase haben; später jedoch, nach Ablauf einer gewissen Zeit, verschieben sie sich gegeneinander infolge der Frequenzenverschiedenheit, und es entsteht eine komplizierte kombinierte Bewegung. Ist die Frequenzenverschiedenheit sehr gering, so haben wir es mit einer „Schwebung“ zu tun, d. h. mit Schwingungen von periodisch veränderlicher Amplitude. Für die Behandlung dieses Spezialfalles nehmen wir an, daß in Gl. (k)

$$\frac{c}{i^2} - a = 0 \quad \text{und} \quad \frac{b}{i} = \delta,$$

worin δ eine kleine Größe ist. Damit wird

$$p_1^2 = a - \delta; \qquad p_2^2 = a + \delta$$

und aus (t) ergibt sich

$$A_1 = \frac{\lambda}{2}; \qquad A_2 = \frac{\lambda}{2}; \qquad B_1 = -\frac{\lambda}{2i}; \qquad B_2 = \frac{\lambda}{2i}.$$

Die Lösung (n) geht über in

$$\left.\begin{aligned} z &= \frac{\lambda}{2}(\cos p_1 t + \cos p_2 t) = \lambda \cos \frac{p_1 + p_2}{2} t \cos \frac{p_1 - p_2}{2} t, \\ \theta &= \frac{\lambda}{2i}(-\cos p_1 t + \cos p_2 t) = \frac{\lambda}{i} \sin \frac{p_1 + p_2}{2} t \sin \frac{p_1 - p_2}{2} t. \end{aligned}\right\} \qquad \text{(u)}$$

Aus der Kleinheit der Differenz $p_1 - p_2$ folgt die schnelle Veränderlichkeit der Größen $\cos\left[\frac{1}{2}(p_1 + p_2)t\right]$ und $\sin\left[\frac{1}{2}(p_1 + p_2)t\right]$; diese Funktionen müssen mehrere Umläufe ausführen, bevor sich die langsam variierende Funktion $\sin\left[\frac{1}{2}(p_1 - p_2)t\right]$ bzw. $\cos\left[\frac{1}{2}(p_1 - p_2)t\right]$ um einen wesentlichen Betrag geändert hat. Auf diese Weise erhält man Schwingungen mit periodisch veränderlicher Amplitude (s. Abb. 9).

Erzwungene Schwingungen. Die erzwungenen Schwingungen eines Fahrzeuges entstehen unter der Einwirkung von Störungskräften, die durch die Federn übertragen werden. In der oben entwickelten allgemeinen Darstellung wurde gezeigt, daß die beiden Hauptschwingungsarten Schwingungsbewegungen um zwei bestimmte Punkte P und Q sind

(Abb. 81). Die entsprechenden verallgemeinerten Kräfte hierfür sind die um die Punkte P und Q genommenen Momente der Federkräfte. Hieraus ist zu schließen, daß irgendeine Schwankung der Federkraft, hervorgerufen durch irgendeine Unebenheit der Straße, gleichzeitig beide Schwingungsarten erzeugen wird, vorausgesetzt, daß diese Federkraft nicht durch einen der beiden Punkte P und Q hindurchgeht. Nehmen wir beispielsweise an, daß das Vorderräderpaar eines sich auf der Straße fortbewegenden Fahrzeuges auf ein Hindernis auftrifft; die Vorderfedern werden dann zusammengedrückt, und das Fahrzeug gerät in Schwingungen. Wird nun das Hindernis vom Hinterräderpaar erreicht, so erhält das schwingende Fahrzeug einen zusätzlichen Impuls. Die durch diesen neuen Impuls verursachten Schwingungen überlagern sich den zuerst hervorgerufenen, und die entstandene Bewegung ist dann vom Zeitintervall t, das zwischen den beiden Impulsen liegt, oder, wenn man mit l den Radstand und mit v die Geschwindigkeit des Wagens bezeichnet, von der Größe $\frac{l}{v}$ abhängig. Es ist leicht zu sehen, daß sich die beiden Impulse bei einem gewissen Wert von v der Wirkung nach addieren; damit ist der Begriff der kritischen Geschwindigkeiten definiert, die für den Betrieb sehr ungünstig sind. Sind nämlich τ_1 und τ_2 die Perioden der beiden Hauptschwingungsarten und ist ferner, wie wir annehmen wollen, das Intervall $t = \frac{l}{v}$ ein Vielfaches dieser Perioden, so daß

$$t = m_1 \tau_1 = m_2 \tau_2 ,$$

worin m_1 und m_2 ganze Zahlen sind, so wiederholen sich die Impulse nach einer ganzen Anzahl von Schwingungen, und es tritt ein Resonanzvorgang ein[1]. Wenn die Federreibung nicht hinreichend groß ist, so können heftige Schwingungserscheinungen die Folge sein.

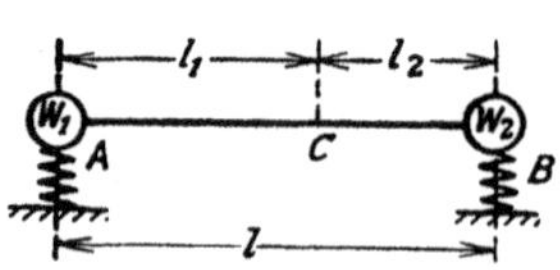

Abb. 82.

Ergibt eine der Federn einen Impuls, der die andere Feder nicht beeinflußt, so ist damit laut obigem eine Anordnung von praktischem Interesse gewonnen. Die angegebene Bedingung ist erfüllt, wenn der Fahrzeugkörper durch ein dynamisches Modell mit zwei in den Federn A und B konzentrierten Massen W_1 und W_2 (Abb. 82) ersetzt werden kann. In diesem Falle ist

$$w_1 = \frac{W l_2}{l}; \qquad w_2 = \frac{W l_1}{l}, \qquad W_1 l_1^2 + W_2 l_2^2 = W i^2,$$

woraus folgt

$$l_1 l_2 = i^2. \tag{77}$$

---

[1] Siehe P. Lemaire: Techn. Mod., Jan. 1921. Vgl. auch die oben angegebene Arbeit von H. S. Rowell: S. 481.

Der Vergleich mit der Gl. (m) führt zu dem Schluß, daß die Punkte P und Q (Abb. 81) in diesem Falle mit den Punkten A und B derart zusammenfallen, daß die Schwankungen der Federkräfte voneinander unabhängig werden und die Resonanzgefahr ausgeschlossen ist. Zu beachten ist, daß im Falle $l_1 = l_2$ die Bedingung (77) in die von Prof. Reißner angegebene Regel übergeht, wonach der Trägheitsradius der abgefederten Masse dem halben Radstand gleich sein muß. Bei den meisten modernen Fahrzeugen ist der Radstand größer als der nach Gl. (77). Diese Abweichung dürfte durch Rücksichten auf die Steuerung und das Schleudern des Wagens, die eine Vergrößerung des Radstandes verlangen, bedingt sein.

Bahndruck. Infolge dynamischer Ursachen unterscheidet sich gewöhnlich der während der Bewegung gemessene Raddruck gegen die Bahn vom statischen Raddruck. Mit Bezug auf den einfachen durch Abb. 82 dargestellten Fall kann der Bahndruck aus der Betrachtung der Bewegung des in Abb. 83 veranschaulichten Systems ermittelt werden; in dieser ist W_1 das Gewicht, das unmittelbar auf die Bahn übertragen wird[1], W_2 das auf der Feder lastende Gewicht, v die konstante Bewegungsgeschwindigkeit des Rades längs der Horizontalachse, x_1 und x_2 die nach oben gerichteten Verschiebungen der Gewichte W_1 und W_2 von ihren in Abb. 83 gezeigten Gleichgewichtslagen aus. Weist die Fahrstraße keine Unebenheiten auf, so entstehen bei der Bewegung keine Schwingungen, und die Bahnpressung ist dem statischen Bahndruck gleich. Nun nehmen wir aber an, daß das starre Bahnprofil darstellbar ist durch die Gleichung

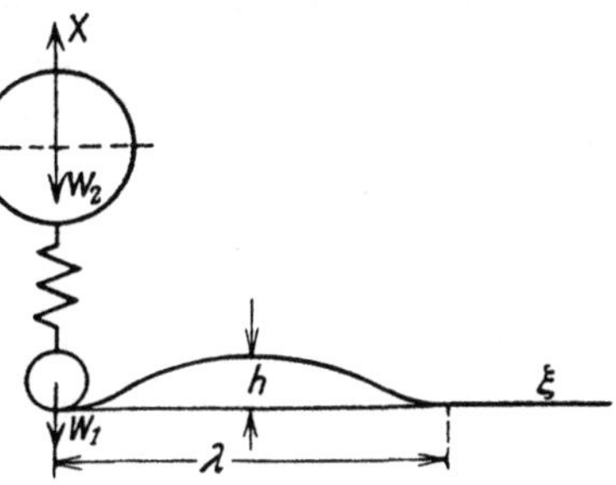

Abb. 83.

$$x = \frac{h}{2}\left(1 - \cos\frac{2\pi\xi}{\lambda}\right),$$

worin ξ längs der Horizontalachse gemessen wird und λ die Wellenlänge bezeichnet. Die Bewegung längs dieser Wellen möge mit der konstanten Geschwindigkeit v erfolgen. Dann ist die Vertikalverschiebung des als starr betrachteten Rades durch die Gleichung

$$x_1 = \frac{h}{2}\left(1 - \cos\frac{2\pi v t}{\lambda}\right) \tag{a}$$

gegeben. Die entsprechende Beschleunigung in vertikaler Richtung ist

$$\ddot{x}_1 = \frac{h}{2}\,\frac{4\pi^2 v^2}{\lambda^2}\cos\frac{2\pi v t}{\lambda}.$$

[1] Die Federung des Radreifens ist bei dieser Untersuchung vernachlässigt.

Addiert man die hieraus folgende Trägheitskraft zu dem Gewicht, so ergibt sich der Bahndruck aus der unabgefederten Masse allein zu

$$W_1 + \frac{W_1}{g} \frac{h}{2} \frac{4\pi^2 v^2}{\lambda^2} \cos \frac{2\pi v t}{\lambda}. \tag{b}$$

Der Maximaldruck tritt dann auf, wenn das Rad die tiefste Stelle des Bahnprofils erreicht, und ist dann gleich

$$W_1 + \frac{W_1}{g} \frac{h}{2} \frac{4\pi^2 v^2}{\lambda^2}.$$

Wie man sieht, wächst der dynamische Effekt der Trägheitskraft mit dem Quadrat der Geschwindigkeit.

Um den gesamten Bahndruck zu erhalten, muß man zu dem oben berechneten Druck (b) die aus der Federkraft sich ergebende Pressung addieren. Diese Kraft ist durch den Ausdruck

$$W_2 - k(x_2 - x_1) \tag{c}$$

gegeben, worin das zweite Glied die Änderung der Federspannung infolge der relativen Verschiebung $x_2 - x_1$ der Massen W_1 und W_2 darstellt. Diese Verschiebung läßt sich aus der Differentialgleichung

$$\frac{W_2}{g} \ddot{x}_2 + k(x_2 - x_1) = 0, \tag{d}$$

die die Bewegungsgleichung des abgefederten Gewichtes W_2 ist, berechnen.

Substituiert man (a) für x_1, so erhält man

$$\frac{W_2}{g} \ddot{x}_2 + k x_2 = \frac{kh}{2}\left(1 - \cos \frac{2\pi v t}{\lambda}\right). \tag{e}$$

Diese Gleichung stellt die Schwingungen des abgefederten Gewichtes dar, hervorgerufen durch das wellenartige Bahnprofil. Nimmt man an, daß am Beginn der Bewegung $x_1 = x_2 = 0$ und $\dot{x}_1 = \dot{x}_2 = 0$, so lautet die Lösung der Gl. (e)

$$x_2 = \frac{h}{2}\left(1 + \frac{\tau_1^2}{\tau_2^2 - \tau_1^2} \cos \frac{2\pi t}{\tau_1} - \frac{\tau_2^2}{\tau_2^2 - \tau_1^2} \cos \frac{2\pi t}{\tau_2}\right). \tag{f}$$

Hierin ist $\tau_1 = 2\pi \sqrt{\frac{W_2}{kg}}$ die Eigenschwingungsperiode des abgefederten Gewichtes, $\tau_2 = \frac{\lambda}{v}$ die zum Zurücklegen der Wellenlänge λ erforderliche Zeit. Die Federkraft ist nach den Gln. (a) und (c) gleich

$$W_2 - \frac{kh}{2} \frac{\tau_1^2}{\tau_2^2 - \tau_1^2}\left(\cos \frac{2\pi t}{\tau_1} - \cos \frac{2\pi t}{\tau_2}\right). \tag{g}$$

Also ist der sich der statischen Bahnpressung überlagernde Druck nach (b) und (g) gleich

$$\frac{W_1}{g} \frac{h}{2} \frac{4\pi^2}{\tau_2^2} \cos \frac{2\pi t}{\tau_2} - \frac{kh}{2} \frac{\tau_1^2}{\tau_2^2 - \tau_1^2}\left(\cos \frac{2\pi t}{\tau_1} - \cos \frac{2\pi t}{\tau_2}\right). \tag{h}$$

Hierin erlangt das erste Glied mit wachsender Geschwindigkeit, das zweite dagegen im Resonanzfalle, steigende Bedeutung. Hieraus kann man schließen, daß im Falle guter Straßenfläche und hoher Geschwindigkeit die nicht abgefederte Masse den Bahndruck bestimmt, im Falle einer rauhen Straßenfläche dagegen die abgefederte Masse stark ins Gewicht fällt.

31. Torsionsschwingungen von Wellen und Zahnantrieben.

Wir haben bereits früher, in § 2, den Fall von Torsionsschwingungen besprochen, doch handelt es sich dort um ein einfaches System, bestehend aus einer Welle mit zwei rotierenden an den Wellenenden angebrachten Massen. Nachstehend dagegen soll der allgemeinere Fall der Schwingungsbewegung einer Welle mit mehreren rotierenden Massen untersucht werden (Abb. 84). Auf die Betrachtung eines derartigen Systems führen viele Untersuchungen über die Torsionsschwingungen im Elektro- und Dieselmaschinenbau sowie im Propellerwellenbau[1]. Bezeichnet man

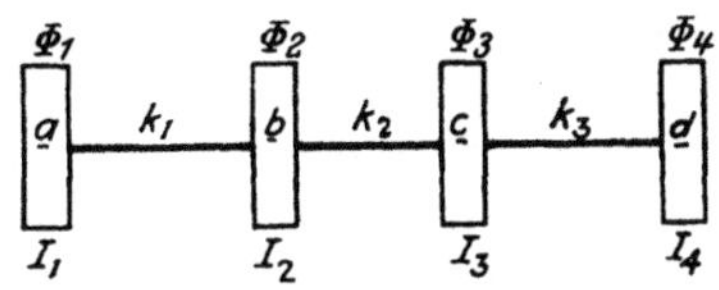

Abb. 84.

mit $I_1, I_2, I_3, \ldots$ die Trägheitsmomente der rotierenden Massen um die Wellenachse, mit $\varphi_1, \varphi_2, \varphi_3, \ldots$ die Verdrehungswinkel der Welle in den entsprechenden Punkten während der Schwingungsbewegung, mit $k_1, k_2, k_3, \ldots$ die Federungskonstanten der Welle für die Längen ab, bc, cd, ..., so stellen die Größen $k_1(\varphi_1 - \varphi_2)$, $k_2(\varphi_2 - \varphi_3), \ldots$ die Verdrehungsmomente für die bezeichneten Längen dar. Vernachlässigt man nun das Trägheitsmoment der rotierenden Welle gegenüber den Trägheitsmomenten $I_1, I_2, \ldots$ der rotierenden Massen, so wird die kinetische Energie des schwingenden Systems gleich

$$T = \tfrac{1}{2} I_1 \dot{\varphi}_1^2 + \tfrac{1}{2} I_2 \dot{\varphi}_2^2 + \tfrac{1}{2} I_3 \dot{\varphi}_3^2 + \cdots \qquad \text{(a)}$$

Die potentielle Energie des Systems besteht im vorliegenden Falle in der Energie der Verdrehung und ist durch den Ausdruck

$$V = \tfrac{1}{2} k_1 (\varphi_1 - \varphi_2)^2 + \tfrac{1}{2} k_2 (\varphi_2 - \varphi_3)^2 + \tfrac{1}{2} k_3 (\varphi_3 - \varphi_4)^2 + \cdots \qquad \text{(b)}$$

gegeben.

Substituiert man (a) und (b) in die Lagrangeschen Gln. (71), so erhält man folgendes System von Differentialgleichungen für die freien

[1] Die Bibliographie des Gegenstandes findet man in der sehr vollständigen Untersuchung über die Torsionsschwingungen in einer Dieselmaschine, durchgeführt von F. M. Lewis: Trans. Soc. Nav. Arch. Mar. Engg. **33**, 109. New-York 1925.

Schwingungen der Welle:

$$\left.\begin{array}{l} I_1\ddot{\varphi}_1 + k_1(\varphi_1 - \varphi_2) = 0\,,\\ I_2\ddot{\varphi}_2 + k_2(\varphi_2 - \varphi_3) - k_1(\varphi_1 - \varphi_2) = 0\,,\\ I_3\ddot{\varphi}_3 + k_3(\varphi_3 - \varphi_4) - k_2(\varphi_2 - \varphi_3) = 0\,,\\ \dots\dots\dots\dots\dots\dots\dots\dots\\ \dots\dots\dots\dots\dots\dots\dots\dots\\ I_{n-1}\ddot{\varphi}_{n-1} + k_{n-1}(\varphi_{n-1} - \varphi_n) - k_{n-2}(\varphi_{n-2} - \varphi_{n-1}) = 0\,,\\ I_n\ddot{\varphi}_n - k_{n-1}(\varphi_{n-1} - \varphi_n) = 0\,. \end{array}\right\} \quad (c)$$

Durch Summation dieser Gleichungen erhält man

$$I_1\ddot{\varphi}_1 + I_2\ddot{\varphi}_2 + \cdots + I_n\ddot{\varphi}_n = 0;$$

demnach ist das Moment der Bewegungsgröße des Systems bezüglich der Wellenachse bei der freien Schwingung konstant. Für das Folgende nehmen wir dieses Moment der Bewegungsgröße gleich Null an. In dieser Weise wird jede Drehung der Welle als starrer Körper ausgeschlossen und es ist nur die Schwingungsbewegung infolge der Wellenverdrehung zu betrachten.

Durch Anwendung der allgemeinen Methode (s. S. 139) und Substitution der Ausdrücke

$$\varphi_1 = \lambda_1 \cos(pt + \alpha)\,, \qquad \varphi_2 = \lambda_2 \cos(pt + \alpha)\,, \quad \dots$$

in die Gln. (c) erhält man

$$\left.\begin{array}{l} I_1\lambda_1 p^2 - k_1(\lambda_1 - \lambda_2) = 0\,,\\ I_2\lambda_2 p^2 + k_1(\lambda_1 - \lambda_2) - k_2(\lambda_2 - \lambda_3) = 0\,,\\ \dots\dots\dots\dots\dots\dots\\ \dots\dots\dots\dots\dots\dots\\ I_n\lambda_n p^2 + k_{n-1}(\lambda_{n-1} - \lambda_n) = 0\,. \end{array}\right| \quad (d)$$

Eliminiert man aus diesen Gleichungen die Größen $\lambda_1, \lambda_2, \dots,$ so erhält man die Frequenzgleichung zur Berechnung der Größe p^2.

Der Fall von drei Scheiben. Betrachten wir zunächst den einfachen Fall von drei rotierenden Massen. Hierfür lautet das Gleichungssystem (d)

$$\left.\begin{array}{l} I_1\lambda_1 p^2 - k_1(\lambda_1 - \lambda_2) = 0\,,\\ I_2\lambda_2 p^2 + k_1(\lambda_1 - \lambda_2) - k_2(\lambda_2 - \lambda_3) = 0\,,\\ I_3\lambda_3 p^2 + k_2(\lambda_2 - \lambda_3) = 0\,. \end{array}\right| \quad (e)$$

Die Summation dieser Gleichungen ergibt

$$I_1\lambda_1 + I_2\lambda_2 + I_3\lambda_3 = 0\,. \qquad (f)$$

Nach der ersten und der dritten der Gln. (e) ist

$$\lambda_1 = -\frac{k_1 \lambda_2}{I_1 p^2 - k_1}, \qquad \lambda_3 = -\frac{k_2 \lambda_2}{I_3 p^2 - k_2}. \tag{g}$$

Durch Substitution in die Gl. (f) ergibt sich folgende Frequenzgleichung:

$$\frac{I_1 I_2 I_3}{k_1 k_2} p^4 - \left(\frac{I_1 I_2 + I_1 I_3}{k_1} + \frac{I_2 I_3 + I_1 I_3}{k_2}\right) p^2 + (I_1 + I_2 + I_3) = 0. \tag{77}$$

Dies ist eine in p^2 quadratische Gleichung; ihre beiden den zwei Hauptschwingungsarten entsprechenden Wurzeln p_1^2 und p_2^2 sind leicht zu berechnen. Durch Einsetzen dieser Wurzeln p_1^2 und p_2^2 in die Gln. (g) erhält man die Werte der Quotienten $\frac{\lambda_1}{\lambda_2}$ und $\frac{\lambda_2}{\lambda_3}$ für die beiden Hauptschwingungsarten[1]; auf diese Weise ergeben sich die zugehörigen Schwingungsformen des Systems. Abb. 85 ist eine graphische Darstellung der zwei Schwingungsarten, und zwar entspricht Abb. 85a der tiefsten Schwingungsform mit einem Knoten, Abb. 85b dagegen der höheren Schwingungsform mit zwei Knoten.

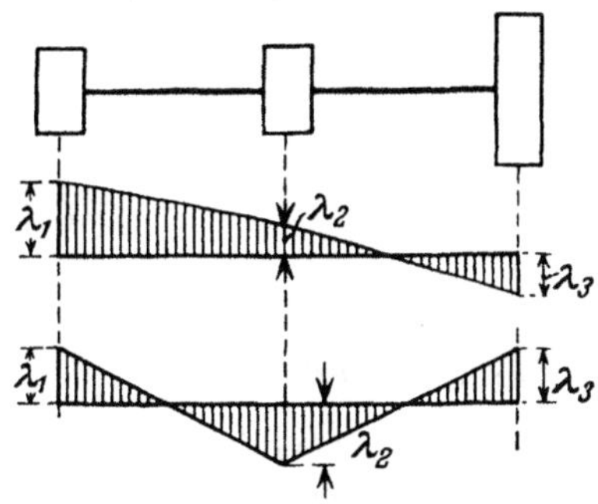

Abb. 85.

Der Fall mehrerer Scheiben. Im allgemeinen Falle erhält man die Frequenzgleichung, indem man die Determinante des Gleichungssystems (d) gleich Null setzt [s. Gl. (75)]. So ergibt sich beispielsweise für den Fall von vier rotierenden Massen die Gleichung

$$\begin{vmatrix} I_1 p^2 - k_1 & k_1 & 0 & 0 \\ k_1 & I_2 p^2 - k_1 - k_2 & k_2 & 0 \\ 0 & k_2 & I_3 p^2 - k_2 - k_3 & k_3 \\ 0 & 0 & k_3 & I_4 p^2 - k_3 \end{vmatrix} = 0.$$

Dividiert man die Zeilen dieser Determinante durch I_1, I_2, I_3 und I_4, so nimmt die Frequenzgleichung mit den Bezeichnungen

$$p^2 = x, \quad \frac{k_1}{I_1} = x_1, \quad \frac{k_1 + k_2}{I_2} = x_2, \quad \frac{k_2 + k_3}{I_3} = x_3, \quad \frac{k_3}{I_4} = x_4,$$

$$\frac{k_1}{I_2} = n_{12}; \quad \frac{k_2}{I_2} = n_{22}; \quad \frac{k_2}{I_3} = n_{23}; \quad \frac{k_3}{I_3} = n_{33}$$

[1] Für den Fall von vier Scheiben findet man die Frequenzgleichung in der Hütte 1, 25. Aufl., S. 409 (1925).

die Gestalt

$$\begin{vmatrix} x-x_1 & x_1 & 0 & 0 \\ n_{12} & x-x_2 & n_{22} & 0 \\ 0 & n_{23} & x-x_3 & n_{33} \\ 0 & 0 & x_4 & x-x_4 \end{vmatrix} = 0$$

an.

Diese Determinante entwickeln wir nun in üblicher Weise und erhalten

$$(x-x_1)\begin{vmatrix} x-x_2 & n_{22} & 0 \\ n_{23} & x-x_3 & n_{33} \\ 0 & x_4 & x-x_4 \end{vmatrix} - x_1 \begin{vmatrix} n_{12} & n_{22} & 0 \\ 0 & x-x_3 & n_{33} \\ 0 & x_4 & x-x_4 \end{vmatrix} = 0$$

oder

$$(x-x_1)(x-x_2)\begin{vmatrix} x-x_3 & n_{33} \\ x_4 & x-x_4 \end{vmatrix} - (x-x_1)\,n_{22}\begin{vmatrix} n_{23} & n_{33} \\ 0 & x-x_4 \end{vmatrix}$$

$$- x_1 n_{12}\begin{vmatrix} x-x_3 & n_{33} \\ x_4 & x-x_4 \end{vmatrix} = 0\,,$$

woraus folgt

$$(x-x_1)(x-x_2)(x-x_3)(x-x_4) - (x-x_1)(x-x_2)\,x_4\,n_{33}$$
$$-(x-x_1)(x-x_4)\,n_{22}\,n_{23} - (x-x_3)(x-x_4)\,x_1\,n_{12} + x_1\,n_{12}\,n_{33}\,x_4 = 0\,. \qquad \text{(h)}$$

Beachtet man, daß

$$x_2 = n_{12} + n_{22}\,, \qquad x_3 = n_{23} + n_{33}\,,$$

so sieht man, daß das konstante Glied in der Gl. (h), ebenso wie eine der Wurzeln, gleich Null wird. Dieses Resultat ergibt sich als eine Folge davon, daß die Welle wie ein starrer Körper um ihre Achse rotieren kann. Die drei übrig bleibenden Wurzeln der Gl. (h) sind von Null verschieden und liefern uns die Frequenzen der drei Hauptschwingungsarten des betrachteten Systems.

Zahlenbeispiel. Zur Erläuterung bringen wir hier ein numerisches Beispiel mit folgenden Zahlenwerten[1]:

$$I_1 = 348 \quad \text{cm kg sec}^2 \qquad k_1 = 364\cdot 10^5 \text{ cm kg pro } \frac{180^0}{\pi}$$
$$I_2 = 101\,000 \quad ,, \qquad k_2 = 132\cdot 10^5 \quad ,, \quad ,, \quad \frac{180^0}{\pi}$$
$$I_3 = 1380 \quad ,, \qquad k_3 = 1{,}25\cdot 10^6 \quad ,, \quad ,, \quad \frac{180^0}{\pi}$$
$$I_4 = 0{,}43 \quad ,,$$

[1] Die im Text angeführten Daten entstammen einer vom Berechnungsingenieur J. Ormondroyd (Westinghouse Elec. & Mfg. Co., East Pittsburgh, Pa.) an einem wirklichen Synchronkondensator in der Praxis durchgeführten Untersuchung.

Substituiert man diese Werte in die obige Gl. (h) und benutzt von hier an die neue Bezeichnung $x = 0{,}0001\, p^2$, so ergibt sich

$$x^3 - 407\, x^2 + 34492\, x - 296230 = 0\,. \tag{k}$$

Bei der Berechnung der Wurzeln von Gleichungen höheren Grades bedient man sich mit Vorteil des Hornerschen Schemas, wie dies nachstehend auch geschieht[1]. Dieses Schema bietet das einfachste Mittel zur Berechnung des numerischen Wertes einer ganzen rationalen Funktion von der Form

$$f(x) = a_n x^n + a_{n-1} x^{n-1} + \cdots + a_1 x + a_0 \tag{l}$$

für irgendeinen gegebenen Wert k des Argumentes x. Anstatt die Potenzen $k^n, k^{n-1}, \ldots$ zu berechnen und mit den Koeffizienten $a_n, a_{n-1}, \ldots$ zu multiplizieren und die Produkte schließlich zu summieren, wenden wir folgendes Verfahren an. Zuerst multiplizieren wir a_n mit k und addieren $a_n k$ zu dem Werte a_{n-1}. Sei a'_{n-1} die Summe $a_n k + a_{n-1}$. Nach Multiplikation der Größe a'_{n-1} mit k addieren wir die Größe a_{n-2} hinzu und erhalten die Summe $a'_{n-2} = a'_{n-1} k + a_{n-2}$. Fährt man in dieser Weise fort, so findet man $a'_{n-3} = a'_{n-2}\, k + a_{n-3}$ und endlich $a'_1 = a'_2 k + a_1$ und $a'_0 = a'_1 k + a_0$. Alle diese Rechnungen lassen sich auf folgendes Schema bringen:

$$\left.\begin{array}{ccccccc} a_n & a_{n-1} & a_{n-2} & \ldots & a_2 & a_1 & a_0 \\ & a_n k & a'_{n-1} k & \ldots & a'_3 k & a'_2 k & a'_1 k \\ \hline a_n & a'_{n-1} & a'_{n-2} & \ldots & a'_2 & a'_1 & \boxed{a'_0} \end{array}\right\} \tag{m}$$

Wie man ohne weiteres sieht, stellt der in der angegebenen Weise berechnete Wert von a'_0 den Wert $f(k)$ der Funktion (*l*) für $x = k$ dar. Das gleiche Rechnungsschema kann auch dazu verwendet werden, die Funktion $f(x)$ in eine Taylorsche Reihe der Form

$$f(x) = a'_0 + A_1(x-k) + A_2(x-k)^2 + \cdots + A_n(x-k)^n,$$

worin

$$a'_0 = f(k)\,, \qquad A_1 = f'(k)\,, \qquad A_2 = \frac{f''(k)}{1\cdot 2}\,, \ldots\; A_n = \frac{f^{(n)}(k)}{1\cdot 2\cdot 3\ldots n}\,,$$

zu entwickeln. Nehmen wir beispielsweise

$$f(x) = a_4 x^4 + a_3 x^3 + a_2 x^2 + a_1 x + a_0$$

an. Um dieser Funktion die Gestalt der Reihe

$$f(x) = a'_0 + A_1(x-k) + A_2(x-k)^2 + A_3(x-k)^3 + A_4(x-k)^4 \tag{n}$$

[1] Über Näherungsmethoden zur Berechnung der Wurzeln von algebraischen Gleichungen höheren Grades siehe v. Sanden: Praktische Analysis.

zu geben, führen wir die Berechnungen zunächst genau in der gleichen Weise aus, wie oben am Schema (m) erklärt wurde, und gelangen so zum Werte $f(k) = a_0'$ der folgenden Tabelle (o):

	a_4	a_3	a_2	a_1	a_0	
I		$k a_4$	$k a_3'$	$k a_2'$	$k a_1'$	I
	a_4	a_3'	a_2'	a_1'	a_0'	
II		$k a_4$	$k a_3''$	$k a_2''$		II
	a_4	a_3''	a_2''	$a_1'' = A_1$		
III		$k a_4$	$k a_3'''$			III
	a_4	a_3'''	$a_2''' = A_2$			
IV		$k a_4$				IV
	$a_4 = A_4$	$a_3'''' = A_3$				

(o)

Mit den Zahlen $a_4, a_3', a_2', \ldots, a_0'$ der dritten Zeile dieser Tabelle verfahren wir genau in der gleichen Weise wie mit den Zahlen $a_4, a_3, a_2, \ldots$ der ersten Zeile mit Ausnahme der letzten Zahl a_0'. Auf diesem Wege ergeben sich die Zahlen unter der Zeile II—II. Die letzte dieser Zahlen, nämlich die Größe a_1'', stellt den Koeffizienten A_1 der Reihe (n) dar. Fährt man in dieser Art fort, so gelangt man zu den Werten $a_2''' = A_2$, $a_3'''' = A_3$ und $a_4 = A_4$. So werden alle Koeffizienten der Reihe (n) berechnet. Das Schema (o) kann jetzt zur Berechnung der reellen Wurzeln einer algebraischen Gleichung mit reellen Koeffizienten von der Form

$$f(x) = a_n x^n + a_{n-1} x^{n-1} + \cdots + a_1 x + a_0 = 0 \tag{p}$$

benutzt werden. Sei k eine rohe Näherung für die zu berechnende Wurzel. Verfährt man dann nach Tabelle (o) und setzt $x - k = u$, so ergibt sich folgende Gleichung:

$$f(x) = A_n u^n + A_{n-1} u^{n-1} + \cdots + A_1 u + a_0' = 0. \tag{q}$$

Hierin ist u die Differenz zwischen dem wahren Wert der Wurzel und ihrem ersten Näherungswert k. Unter der Voraussetzung, daß diese Differenz klein ist und unter Vernachlässigung der Glieder mit höheren Potenzen von u in der Gl. (q) erhalten wir als Näherung

$$u_1 = -\frac{a_0'}{A_1};$$

der zweite Näherungswert für die Wurzel der Gl. (p) ist

$$x = k + u_1.$$

Um eine weitere Näherung zu erhalten, verfahren wir mit der Gl. (q) genau ebenso wie mit der Gl. (p). Setzt man

$$u - u_1 = v$$

und befolgt wiederum das Berechnungsschema der Tabelle (o), so ergibt sich folgende Gleichung für v:

$$B_n v^n + B_{n-1} v^{n-1} + \cdots + B_1 v + a_0'' = 0.$$

Eine weitere Korrektion ist demnach gegeben durch

$$v_1 = -\frac{a_0''}{B_1}.$$

Und die dritte Näherung für x ist

$$x = k + u_1 + v_1.$$

Fährt man in dieser Weise fort, so kann man eine Wurzel der Gl. (p) mit jeder beliebigen Genauigkeit berechnen.

Wendet man nun diese Methode zur numerischen Lösung der Gl. (k) an, indem man als erste Näherung den Wert $x = 9$ einführt, so ergibt sich folgende Tabelle:

1	− 407	34492	− 296230
	9	− 3582	278190
1	− 398	30910	**− 18040**
	9	− 3501	
1	− 389	**27409**	
	9		
1	**− 380**		

Die Gleichung für die erste Korrektion $u = x - 9$ lautet

$$u^3 - 380\,u^2 + 27409\,u - 18040 = 0. \tag{q}$$

Führt man für diese Korrektion den Näherungswert

$$u_1 = \frac{18040}{27409} = \sim 0{,}6$$

ein und verfährt man mit der Gl. (q) wie oben, so ergibt sich folgende Tabelle:

1	− 380	27409	− 18040
	0,6	− 227,6	16309
1	− 379,4	27181	− 1731
	0,6	227	
1	− 378,8	26954	

Die Gleichung für die zweite Korrektion ist

$$v^3 - 378{,}8\, v^2 + 26954\, v - 1731 = 0,$$

woraus folgt

$$v_1 = \frac{1731}{26954} = \sim 0{,}064.$$

Danach kann die Wurzel der Gl. (k) gleich

$$x_1 = 9 + u_1 + v_1 = 9{,}664$$

genommen werden. Die zwei anderen Wurzeln derselben Gleichung sind

$$x_2 = 105; \qquad x_3 = 292.$$

Die entsprechenden Frequenzen sind

$$\frac{100\sqrt{x_1}}{2\pi} = 49{,}5 \text{ pro sec.}; \quad \frac{100\sqrt{x_2}}{2\pi} = 163 \text{ pro sec.}; \quad \frac{100\sqrt{x_3}}{2\pi} = 272 \text{ pro sec.}$$

Zu beachten ist, daß im oben gegebenen numerischen Beispiel die Trägheitsmomente I_1 und I_3 gegenüber I_2 klein sind; ferner ist I_4 gegenüber I_3 klein. In einem solchen Falle kann man eine gute Näherung für die Frequenzen mit Hilfe der einfachen Gl. (12) erhalten, die wir oben (S. 6) für den Fall einer einzigen Scheibe abgeleitet haben. Betrachtet man I_2 als unendlich groß, so erhält man unter Vernachlässigung von I_4 für die Torsionsschwingungen der Scheibe I_3 die Frequenz

$$\frac{1}{2\pi}\sqrt{\frac{k_2}{I_3}} = \frac{1000}{2\pi}\sqrt{\frac{132}{1380}} = 49{,}3 \text{ pro sec.}$$

in guter Übereinstimmung mit dem Werte 49,5, der sich oben für die Grundschwingung des Systems mit vier Scheiben ergeben hat.

Behandelt man in entsprechender Weise die Schwingungen der Scheibe I_1, wobei man I_2 als unendlich groß betrachten wird, und die Schwingungen von I_4, wobei man I_3 als unendlich groß ansehen wird, so ergeben sich folgende Werte für die Frequenzen:

$$\frac{1}{2\pi}\sqrt{\frac{k_1}{I_1}} = \frac{1000}{2\pi}\sqrt{\frac{364}{348}} = 163 \text{ pro sec}$$

bzw.

$$\frac{1}{2\pi}\sqrt{\frac{k_3}{I_3}} = \frac{1000}{2\pi}\sqrt{\frac{1{,}25}{0{,}43}} = 272 \text{ pro sec}$$

in Übereinstimmung mit den oben berechneten Werten. Eine ähnlich vereinfachte Behandlung von Schwingungsproblemen ist häufig dann möglich, wenn es sich um die Näherungsberechnung von Frequenzen handelt. Eine derartige Vereinfachung ist insbesondere in den Fällen wichtig, wo komplizierte Systeme mit einer großen Anzahl rotierender Massen, wie etwa Dieselmaschinen, zur Behandlung vorliegen.

Betrachten wir beispielsweise das in Abb. 86 dargestellte System, worin die Trägheitsmomente des Generators, des Schwungrades, von sechs Zylindern und zwei Luftpumpen sowie die Abstände zwischen diesen Massen gegeben sind[1]. Die Welle ist ersetzt durch eine **gleichwertige Welle** konstanten Querschnitts (s. S. 171) von der Torsionssteifigkeit $C = 10^{10}$ kgcm². Infolge der Tatsache, daß die Massen des Generators und des Schwungrades viel größer sind als die anderen Massen, kann man für die Frequenz der tiefsten Schwingung eine gute Näherung dadurch ermitteln, daß man alle kleinen Massen durch eine einzige vom Trägheitsmoment $I_3 = 93.6 + 7 + 6{,}5 =$ rd. 572 ersetzt und sich diese Masse dann im Abstand $57{,}5 + 2{,}5 \cdot 48{,}5 =$ rd. 179 cm

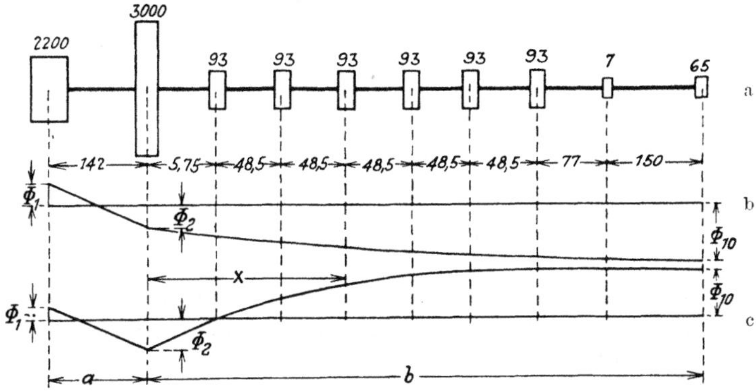

Abb. 86.

vom Schwungrad angebracht denkt. Reduziert man in dieser Weise das gegebene System auf nur drei Massen, so kann man die Frequenzen nach Gl. (77) leicht berechnen und erhält $p_1^2 = 49000$ und $p_2^2 = 123000$. Die genaue Lösung ergibt für das gleiche Problem die Werte $p_1^2 = 49840$ und $p_2^2 = 141000$. Wie man sieht, ergibt sich in dieser Weise ein guter Näherungswert für die Grundschwingung. Zur Gewinnung einer noch besseren Näherung kann man sich der Rayleighschen Methode bedienen (s. § 14).

Rayleighsche Methode. Seien a und b die Abstände des Schwungrades von den Wellenenden und mögen die zwei Hauptschwingungsarten die in Abb. 86 (b und c) dargestellte Form besitzen. Ferner nehmen wir an, daß der Teil b der Deformationskurve durch einen Parabelbogen derart ersetzt werden kann, daß der Verdrehungswinkel φ für einen Querschnitt im Abstand x vom Schwungrad durch die Gleichung

$$\varphi = \varphi_2 + \frac{(\varphi_{10} - \varphi_2)(2b - x)x}{b^2} \tag{r}$$

[1] Dieses Beispiel ist dem Buche von Holzer: Die Berechnung der Drehschwingungen, Berlin: Julius Springer 1921, entnommen. Die Einheiten sind kg und cm.

darstellbar ist. Es ist leicht zu sehen, daß der Winkel φ in der Gl. (r) für $x = 0$ und $x = b$ die Werte φ_2 bzw. φ_{10} annimmt. Aus der Gl. (r) und der ersten der Gln. (d) folgt:

$$\varphi_2 = \varphi_1 \left(1 - \frac{I_1 p^2}{k_1}\right). \tag{s}$$

Die Drehungswinkel aller anderen Massen lassen sich als Funktionen von φ_1 und φ_{10} darstellen und diese zwei Winkel können als generalisierte Koordinaten des gegebenen Systems betrachtet werden.

Damit ist die potentielle Energie des Systems

$$V = \frac{(\varphi_1 - \varphi_2)^2 C}{2a} + \frac{1}{2} C \int_0^b \left(\frac{d\varphi}{dx}\right)^2 dx = \frac{C}{2}\left\{\frac{\varphi_1^2 \gamma^2}{a} + \frac{4}{3} \frac{\{\varphi_{10} - \varphi_1(1-\gamma)\}^2}{b}\right\}, \tag{t}$$

worin

$$\gamma = \frac{I_1 p^2}{k_1}. \tag{u}$$

Die kinetische Energie des Systems ist

$$T = \frac{1}{2} \sum_{k=1}^{k=10} \frac{I_k \dot{\varphi}_k^2}{2},$$

oder, unter Benutzung der Gln. (r) und (s) und mit der Bezeichnung x_k für den Abstand des Schwungrades von irgendeiner rotierenden Masse k sowie mit $\alpha_k = \frac{(2b - x_k)\, x_k}{b^2}$,

$$T = \frac{1}{2} I_1 \dot{\varphi}_1^2 + \frac{1}{2} \sum_{k=2}^{k=10} I_k \{\dot{\varphi}_{10} \alpha_k + \dot{\varphi}_1 (1-\gamma)(1-\alpha_k)\}^2. \tag{v}$$

Substituiert man (v) und (t) in die Lagrangeschen Gleichungen (71) und setzt man, wie früher,

$$\varphi_1 = \lambda_1 \cos(pt + \beta); \qquad \varphi_{10} = \lambda_{10} \cos(pt + \beta),$$

so ergeben sich die folgenden zwei Gleichungen

$$\lambda_1 \left\{\gamma - \frac{4}{3} \frac{a}{b} (1-\gamma) + \frac{\gamma(1-\gamma)}{I_1} \sum_{k=2}^{k=10} I_k (1-\alpha_k)^2\right\}$$

$$+ \lambda_{10} \left\{\frac{4}{3} \frac{a}{b} + \frac{\gamma}{I_1} \sum_{k=2}^{k=10} I_k \alpha_k (1-\alpha_k)\right\} = 0,$$

$$\lambda_1 \left\{\frac{4}{3} \frac{a}{b} (1-\gamma) + \frac{\gamma(1-\gamma)}{I_1} \sum_{k=2}^{k=10} I_k \alpha_k (1-\alpha_k)\right\}$$

$$+ \lambda_{10} \left\{-\frac{4}{3} \frac{a}{b} + \frac{\gamma}{I_1} \sum_{k=2}^{k=10} I_k \alpha_k^2\right\} = 0.$$

Setzt man die Determinante dieser Gleichungen gleich Null, so hat man die Frequenzgleichung; die zwei Wurzeln dieser Gleichung geben die Frequenzen der zwei in Abb. 86 angedeuteten Schwingungsarten. Alle erforderlichen Berechnungen sind in der nebenstehenden Tabelle gegeben. Hiernach ergibt sich die kleinere Wurzel der Frequenzgleichung zu

$$\gamma = 1{,}563;$$

und aus (u) erhalten wir

$$p^2 = 50000.$$

Die Abweichung dieser Näherungslösung von der oben gegebenen genauen Lösung beträgt nur $\frac{1}{6}$ %.

Die zweite Wurzel der Frequenzgleichung ergibt die Frequenz der zweiten Schwingungsart mit einer Genauigkeit von 4,5%. Zu bemerken ist, daß mit Hilfe dieser Näherungsmethode der Einfluß der Wellenmasse auf die Frequenz des Systems leicht berechnet werden kann[1].

In den vorangehenden Betrachtungen haben wir die freien Torsionsschwingungen von Wellen besprochen und die zugehörigen Eigenfrequenzen bestimmt. Wenn an der Welle veränderliche Torsionsmomente wirken, so treten zu den oben betrachteten freien Schwingungen erzwungene Schwingungen hinzu. Die Periode dieser erzwungenen Schwingungen ist gleich der Periode der

Rechnungstabelle zur voranstehenden Erläuterung der Rayleighschen Methode.

k	I_k	x_k	$\frac{x_k}{b}$	$2 - \frac{x_k}{b}$	α_k	$1 - \alpha_k$	α_k^2	$I_k \alpha_k^2$	$(1-\alpha_k)^2$	$I_k(1-\alpha_k)^2$	$\alpha_k(1-\alpha_k)$	$I_k\alpha_k(1-\alpha_k)$
1	2200	—	—	—	—	—	—	—	—	—	—	—
2	3000	0,0	0,0000	2,0000	0,0000	1,0000	0,0000	0	1,0000	3000	0,0000	0
3	93	57,5	0,1091	1,8909	0,2062	0,7938	0,0425		0,6301		0,1637	
4	93	106,0	0,2011	1,7989	0,3618	0,6382	0,1309		0,4073		0,2309	
5	93	154,5	0,2932	1,7068	0,5004	0,4996	0,2504		0,2496		0,2500	
6	93	203,0	0,3852	1,6148	0,6220	0,3780	0,3869	186,2	0,1429	133,8	0,2351	121,2
7	93	251,5	0,4772	1,5228	0,7268	0,2732	0,5282		0,0746		0,1986	
8	93	300,0	0,5693	1,4307	0,8145	0,1855	0,6634		0,0344		0,1511	
9	7	377,0	0,7154	1,2846	0,9190	0,0810	0,8446	5,91	0,0065		0,0744	0,52
10	6,5	527,0	1,0000	1,0000	1,0000	0,0000	1,0000	6,50	0,0000	0	0,0000	0
								198,6 $= \sum_{k=2}^{k=10} I_k\alpha_k^2$		3133,8 $= \sum_{k=2}^{=10} I_k(1-\alpha_k)^2$		121,7 $= \sum_{k=2}^{k=10} I_k\alpha_k(1-\alpha_k)$

[1] Siehe des Verfassers Arbeit in den Nachr. Polytechn. Inst. St. Petersburg **1905**.

veränderlichen Torsionsmomente. Die Amplitude der erzwungenen Schwingungen hängt nicht nur von der Größe der veränderlichen Torsion ab, sondern auch von ihrer Frequenz. Wenn sich diese Frequenz einer der oben berechneten Eigenfrequenzen der Welle nähert, so tritt Resonanz ein und die Amplitude der erzwungenen Schwingungen wird, wenn die Dämpfung nicht genügend ist, sehr groß. Nachstehend entwickeln wir ein Näherungsverfahren zur Berechnung der Eigenfrequenzen und der Amplitude der erzwungenen Schwingungen.

Berechnung der Frequenzen durch sukzessive Approximationen. Die den verschiedenen Torsions-Schwingungsarten entsprechenden Frequenzen können aus den Gln. (d) auch durch sukzessive Approximationen ermittelt werden. Zu diesem Zweck schreibt man diese Gleichungen in der Form

$$\lambda_2 = \lambda_1 - \frac{I_1 p^2}{k_1} \lambda_1, \tag{w}$$

$$\lambda_3 = \lambda_2 - \frac{p^2}{k_2} (I_1 \lambda_1 + I_2 \lambda_2), \tag{y}$$

$$\lambda_4 = \lambda_3 - \frac{p^2}{k_3} (I_1 \lambda_1 + I_2 \lambda_2 + I_3 \lambda_3), \tag{z}$$

. . . .

. . . .

Mit einem roh geschätzten Wert von p^2 und einem willkürlichen Wert für λ_1, den Drehungswinkel der ersten Scheibe, findet man mit Hilfe der Gl. (w) den entsprechenden Wert von λ_2. Dann ergibt sich aus der

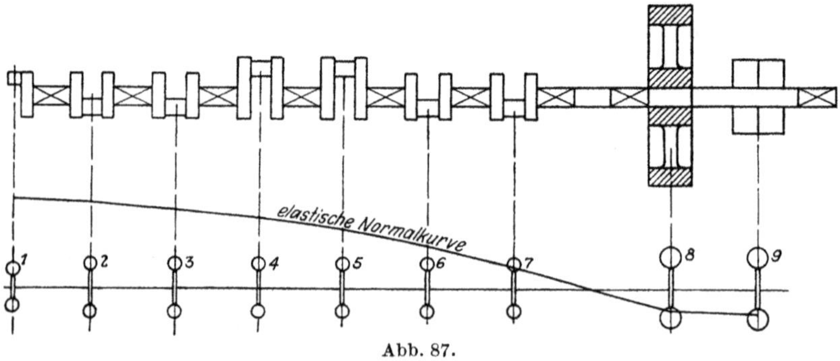

Abb. 87.

Gl. (y) der Wert von λ_3, aus der Gl. (z) der Wert von λ_4 usw. Ist die Größe von p^2 richtig gewählt worden, so ist die durch Summierung der Gl. (d) entstandene Bedingung

$$I_1 \lambda_1 p^2 + I_2 \lambda_2 p^2 + \cdots + I_n \lambda_n p^2 = 0$$

erfüllt. Sonst müssen die Winkel λ_2, λ_3, . . . von neuem, und zwar mit einer neuen Schätzung für p^2, berechnet werden[1]. Üblicherweise stellt man die Ergebnisse dieser Berechnungen tabellarisch zusammen. Als Beispiel geben wir nachstehend die tabellenmäßige Behandlung für den Fall der in Abb. 87 angedeuteten Diesel-Anlage[2].

Tabelle für $p = 96,2$; $p^2 = 9250$.

Masse	1	2	3	4	5	6	7
Nr.	I	Ip^2	λ	$Ip^2\lambda$	$\Sigma Ip^2\lambda$	k	$\frac{1}{k}\Sigma Ip^2\lambda$
1	816	$7,55 \cdot 10^6$	1,0000	$7,55 \cdot 10^6$	$7,55 \cdot 10^6$	$2380 \cdot 10^6$	0,0032
2	4515	$41,75 \cdot 10^6$	0,9969	$41,70 \cdot 10^6$	$49,25 \cdot 10^6$	$840 \cdot 10^6$	0,0585
3	4515	$41,75 \cdot 10^6$	0,9383	$39,20 \cdot 10^6$	$88,45 \cdot 10^6$	$840 \cdot 10^6$	0,1054
4	4515	$41,75 \cdot 10^6$	0,8333	$34,75 \cdot 10^6$	$123,20 \cdot 10^6$	$840 \cdot 10^6$	0,1468
5	4515	$41,75 \cdot 10^6$	0,6871	$28,70 \cdot 10^6$	$151,90 \cdot 10^6$	$840 \cdot 10^6$	0,1803
6	4515	$41,75 \cdot 10^6$	0,5068	$21,20 \cdot 10^6$	$173,10 \cdot 10^6$	$840 \cdot 10^6$	0,2060
7	4515	$41,75 \cdot 10^6$	0,3008	$12,50 \cdot 10^6$	$185,60 \cdot 10^6$	$463 \cdot 10^6$	0,4010
8	161500	$1496 \cdot 10^6$	−0,1002	$-149,9 \cdot 10^6$	$35,70 \cdot 10^6$	$1535 \cdot 10^6$	0,0233
9	30400	$282 \cdot 10^6$	−0,1235	$-34,8 \cdot 10^6$	900000		

Tabelle für $p = 96,8$; $p^2 = 9380$.

Masse	1	2	3	4	5	6	7
Nr.	I	Ip^2	λ	$Ip^2\lambda$	$\Sigma Ip^2\lambda$	k	$\frac{1}{k}\Sigma Ip^2\lambda$
1	816	$7,66 \cdot 10^6$	1,0000	$7,66 \cdot 10^6$	$7,66 \cdot 10^6$	$2380 \cdot 10^6$	0,0032
2	4515	$42,45 \cdot 10^6$	0,9968	$42,15 \cdot 10^6$	$49,81 \cdot 10^6$	$840 \cdot 10^6$	0,0594
3	4515	$42,45 \cdot 10^6$	0,9374	$39,80 \cdot 10^6$	$89,61 \cdot 10^6$	$840 \cdot 10^6$	0,1069
4	4515	$42,45 \cdot 10^6$	0,8305	$35,30 \cdot 10^6$	$124,91 \cdot 10^6$	$840 \cdot 10^6$	0,1487
5	4515	$42,45 \cdot 10^6$	0,6818	$28,90 \cdot 10^6$	$153,81 \cdot 10^6$	$840 \cdot 10^6$	0,1830
6	4515	$42,45 \cdot 10^6$	0,4988	$21,22 \cdot 10^6$	$175,03 \cdot 10^6$	$840 \cdot 10^6$	0,2080
7	4515	$42,45 \cdot 10^6$	0,2908	$12,30 \cdot 10^6$	$187,33 \cdot 10^6$	$463 \cdot 10^6$	0,4040
8	161500	$1563 \cdot 10^6$	−0,1132	$-171,0 \cdot 10^6$	$16,33 \cdot 10^6$	$1535 \cdot 10^6$	0,0106
9	30400	$286 \cdot 10^6$	−0,1238	$-35,33 \cdot 10^6$	$-19,0 \cdot 10^6$		

Die erste Kolonne der Tabellen enthält die Trägheitsmomente der Massen in den Einheiten cm, kg und sec. Die dritte Kolonne beginnt mit einem willkürlichen Wert des Drehungswinkels der ersten Masse. Dieser Winkel wurde gleich 1 angenommen. Die vierte Kolonne gibt die Momente der Trägheitskräfte der aufeinander folgenden Massen, die fünfte Kolonne dagegen das gesamte Torsionsmoment der Trägheitskräfte aller links vom betrachteten Querschnitt liegenden Massen. Durch Division der Torsionsmomente durch die in der sechsten Kolonne gegebenen Federkonstanten erhält man die Verdrehungswinkel für aufeinander folgende Wellenteile. Diese Verdrehungswinkel sind in der sie-

[1] Einige Beispiele dieser Berechnung findet man in dem oben erwähnten Buche von H. Holzer. Siehe auch F. M. Lewis: l. c., und Max Tolle: Regelung der Kraftmaschinen. 3. Aufl. (1921).

[2] Die Berechnungen sind der oben erwähnten Arbeit von F. M. Lewis entnommen.

benten Kolonne zusammengestellt. Die letzte Zahl der fünften Kolonne stellt die Summe der Momente der Trägheitskräfte aller Massen dar. Diese Summe muß im Falle freier Schwingungen gleich Null sein. Für $p = 96{,}2$ in der ersten Tabelle wird die letzte Zahl der fünften Kolonne positiv, für $p = 96{,}8$ wird der entsprechende Wert negativ. Dies zeigt, daß der genaue Wert von p zwischen den bezeichneten zwei Werten liegt und die Werte der dritten bzw. fünften Kolonne durch Interpolation korrigiert werden müssen. Unter Benutzung der in der dritten Kolonne angegebenen Werte kann man die in Abb. 87 angedeutete elastische Kurve konstruieren, die für die Schwingungsart charakteristisch ist. Die fünfte Kolonne gibt die entsprechenden Torsionsmomente für jeden Wellenteil, wenn die Amplitude der ersten Masse mit $\frac{180^0}{\pi}$ angesetzt wird. Hat diese Amplitude irgendeinen anderen Wert λ_1, so ergeben sich die Amplituden und die Torsionsmomente der anderen Massen durch Multiplikation der in den Kolonnen 3 und 5 enthaltenen Werte mit λ_1.

Berechnung der erzwungenen Schwingungen[1]. Wenn keine Reibung vorhanden ist und eine der rotierenden Massen unter der Einwirkung eines einfach harmonischen Drehmomentes von der Größe $M \sin mt$ steht, so treten erzwungene Schwingungen von der Periode $\tau = \frac{2\pi}{m}$ auf, und die Schwingungsbewegung einer jeden Masse ist dann durch einen Ausdruck von der Form $\lambda \sin mt$ dargestellt. Die Amplituden der erzwungenen Schwingungen können mit Hilfe einer Tabelle der oben für den Fall der freien Schwingungen benutzten Art ermittelt werden. Setzt man die Amplitude der ersten Masse mit x an, so kann man das Torsionsmoment für jedes Intervall in der gleichen Weise berechnen wie oben; es ist nur notwendig, das Maximum M des äußeren Torsionsmomentes in seinem Angriffspunkte zu dem Moment der Trägheitskräfte der rotierenden Massen hinzuzufügen. Die letzte Größe der 5. Kolonne wird in der Gestalt $ax + b$ erscheinen und man erhält eine lineare Gleichung zur Bestimmung von x, indem man die angegebene Größe gleich Null setzt, da ja diese das Moment hinter der letzten Masse darstellt.

Wenn die Periode des äußeren harmonischen Torsionsmomentes mit einer der Eigenschwingungen des Systems zusammenfällt, so sind die Bedingungen für das Zustandekommen der Resonanz erfüllt. Eine

---

[1] Die angenäherte Methode zur Berechnung der erzwungenen Schwingungen mit Dämpfung ist von H. Wydler in seinem Buch, Drehschwingungen in Kolbenmaschinenanlagen, Berlin 1922, entwickelt worden. Siehe auch die S. 153 erwähnte Arbeit von F. M. Lewis und John F. Fox: Some Experiences with Torsional Vibration Problems in Diesel Engine Installations, J. Am. Soc. Naval Engs. **1926**. Siehe auch G. Eichelberg: Torsionsschwingungsausschlag. Stodola Festschrift, S. 122. Zürich 1929.

Schwingungsbewegung dieser Art ist sehr auffallend; will man die hierbei wirklich auftretende Schwingungsamplitude ermitteln, so muß man auf die Dämpfungskräfte Rücksicht nehmen. Unter der Voraussetzung, daß die Dämpfungskraft der Geschwindigkeit proportional ist, und unter Vernachlässigung des Einflusses, den diese Kraft auf den Schwingungstypus ausübt, d. h. unter der Annahme, daß die Verhältnisse zwischen den Amplituden der stationären erzwungenen Schwingungsbewegung der rotierenden Massen die gleichen sind, wie für den entsprechenden Typus der freien Schwingung, kann man für die Amplituden der erzwungenen Schwingung Näherungswerte wie folgt ermitteln: Sei während der Schwingung $\varphi_m = \lambda_m \sin pt$ der Drehungswinkel der Masse, an der die Dämpfung wirksam ist; das widerstehende Moment der Dämpfungskräfte ist dann

$$- \alpha \frac{d\varphi_m}{dt} = - \alpha \lambda_m p \cos pt,$$

worin α eine von den Dämpfungseinflüssen abhängige Konstante ist. Im Falle der Resonanz muß die Phasendifferenz zwischen dem die erzwungenen Schwingungen hervorrufenden Torsionsmoment und der Verschiebung gleich 90^0 sein. Setzt man dieses Moment in der Form $M \cos pt$ und den Drehungswinkel der Masse, an der das Torsionsmoment angreift, in der Form $\varphi_n = \lambda_n \sin pt$ an, so ergibt sich die Amplitude der erzwungenen Schwingung aus der Bedingung, daß im Zustand der stationären erzwungenen Schwingungsbewegung die vom harmonischen Torsionsmoment bei einer Schwingung verrichtete Arbeit der im Dämpfungspunkte absorbierten Energie gleich sein muß. In dieser Weise erhält man

$$\int_0^{\frac{2\pi}{p}} \alpha \frac{d\varphi_m}{dt} \frac{d\varphi_m}{dt} dt = \int_0^{\frac{2\pi}{p}} M \cos pt \frac{d\varphi_n}{dt} dt;$$

substituiert man

$$\varphi_m = \lambda_m \sin pt; \qquad \varphi_n = \lambda_n \sin pt,$$

so folgt

$$\lambda_m = \frac{M}{\alpha p} \frac{\lambda_n}{\lambda_m}, \tag{a'}$$

und die Schwingungsamplitude der ersten Masse wird

$$\lambda_1 = \frac{M}{\alpha p} \frac{\lambda_n}{\lambda_m} \frac{\lambda_1}{\lambda_m}. \tag{b'}$$

Kennt man die Dämpfungskonstante α, so kann man mit der elastischen Normalkurve (s. Abb. 87) entnommenen Werten der Verhältnisse $\frac{\lambda_n}{\lambda_m}$ und $\frac{\lambda_1}{\lambda_m}$ die Amplituden der erzwungenen Schwingung für den Fall eines einfachen harmonischen Torsionsmomentes mit Dämpfungswirkung an einem gewissen Wellenquerschnitt berechnen.

Steht aber die Welle unter der Einwirkung mehrerer einfacher harmonischer Torsionsmomente, so erhält man die resultierende Amplitude λ_1 der ersten Masse aus der obigen Gl. (b') auf Grund des Superpositionsprinzips. Sie ist gleich

$$\lambda_1 = \frac{1}{\alpha p} \frac{\lambda_1}{\lambda_m^2} \Sigma M \lambda_n, \tag{c}$$

worin das Summenzeichen vektoriell zu verstehen ist, da jedes Torsionsmoment mit der entsprechenden Phase genommen werden muß.

In den wirklichen Fällen ist das äußere Torsionsmoment gewöhnlich von komplizierterer Natur. Bei der Dieselmaschine beispielsweise hängt die durch einen einzigen Zylinder erzeugte Drehkraft von der Kurbelstellung, dem Gasdruck und den Trägheitskräften ab. Die Drehkraftkurve eines jeden Zylinders kann aus dem entsprechenden Gasdruckdiagramm abgeleitet werden, wobei jedoch die Trägheitskräfte der hin- und hergehenden Massen zu berücksichtigen sind. Bei Untersuchungen über erzwungene Schwingungen muß diese Kurve durch eine trigonometrische Reihe[1] der Form

$$f(\varphi) = a_0 + a_1 \cos\varphi + a_2 \cos 2\varphi + \cdots + b_1 \sin\varphi + b_2 \sin 2\varphi + \cdots \tag{d'}$$

dargestellt werden, worin $\varphi = 2\pi$ die Periode der Kurve ist. Diese Periode ist gleich einer Umdrehung der Kurbelwelle bei einer Zweitaktmaschine und gleich zwei Umdrehungen bei einer Viertaktmaschine. Die Bedingung für das Auftreten der Resonanz ist erfüllt und eine kritische Geschwindigkeit entsteht immer dann, wenn die Frequenz eines der Glieder der Reihe (d') mit einer der Eigenfrequenzen der Welle zusammenfällt. Im Falle einer Einzylinder-Zweitaktmaschine erhält man in dieser Weise kritische Geschwindigkeiten von der Ordnung 1, 2, 3, ..., entsprechend der Anzahl der Schwingungszykel pro Umdrehung der Kurbelwelle. Bei einer Viertaktmaschine hat man kritische Geschwindigkeiten von der Ordnung $\frac{1}{2}$, 1, $1\frac{1}{2}$, ..., d. h. also mit ganzen und halben Ordnungszahlen. Für jede Eigenschwingung gibt es eine Folge solcher kritischen Geschwindigkeiten. Die Amplitude einer erzwungenen Schwingung von gegebenem Typus in einer Einzylindermaschine kann, wie oben auseinandergesetzt, berechnet werden. Die zusammengesetzte Wirkung aller Zylinder ergibt sich durch Anwendung des Superpositionsprinzips, indem die Drehkraft jedes Zylinders bei entsprechender Phase genommen

[1] Beispiele einer solchen Analyse findet man in der S. 166 erwähnten Arbeit von H. Wydler und in der S. 153 angegebenen Arbeit von F. M. Lewis.

wird. In speziellen Fällen, wenn die Anzahl der Schwingungen pro Umdrehung der Anzahl der Zündungen (eine obere kritische Geschwindigkeit) gleich oder ihr Vielfaches ist, dann ist die Phasendifferenz gleich Null und die durch die Einzelzylinder erzeugten Schwingungen addieren sich einfach. Einige Beispiele für die Berechnung der Amplituden erzwungener Schwingungen findet man in den oben erwähnten Arbeiten von K. Wydler und F. M. Lewis. Diese enthalten auch Angaben über die Größe der Dämpfung in Konstruktionsteilen wie Marinepropeller, Generatoren und Zylinder, ebenso wie Angaben über die Verluste infolge innerer Reibung[1]. Für die Berechnung der Amplituden der erzwungenen Schwingung und der entsprechenden maximalen Spannungen ist die Anwendung des beschriebenen Näherungsverfahrens auf die Behandlung von Spezialfällen durch hinreichende Genauigkeit gekennzeichnet.

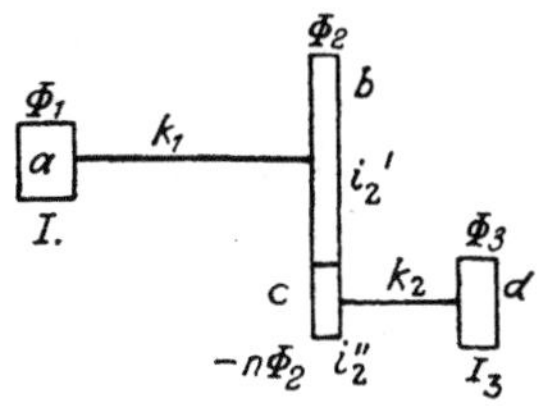

Abb. 88a.

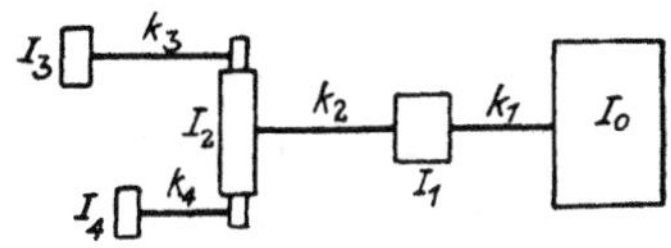

Abb. 88b.

Zahntriebe. Das zur Frequenzenberechnung von Torsionsschwingungen bei Wellen oben entwickelte Verfahren kann auch im Falle von Zahntrieben der in Abb. 88a dargestellten Art benutzt werden. Bezeichnet man mit

I_1, I_3 die Trägheitsmomente der rotierenden Massen,
φ_1, φ_3 die entsprechenden Drehwinkel,
i_2', i_2'' die Trägheitsmomente der Zahnräder,
n das Übersetzungsverhältnis des Zahntriebes,
$\varphi_2, -n\varphi_2$ die Drehwinkel der Zahnräder,
k_1, k_2 die Federungskonstanten der Wellen,

so ist die kinetische Energie des Systems gegeben durch

$$T = \frac{I_1 \dot\varphi_1^2}{2} + \frac{i_2' \dot\varphi_2^2}{2} + \frac{i_2''(n\dot\varphi_2)^2}{2} + \frac{I_3 \dot\varphi_3^2}{2}. \tag{e'}$$

Die potentielle Energie des Systems ist

$$V = \tfrac{1}{2} k_1 (\varphi_1 - \varphi_2)^2 + \tfrac{1}{2} k_2 (\varphi_3 + n\varphi_2)^2. \tag{f'}$$

Setzt man

$$i_2' + n^2 i_2'' = I_2; \qquad n^2 I_3 = I_3', \qquad \varphi_3 = -n\varphi_3'; \qquad k_2 n^2 = k_2', \tag{g'}$$

[1] Eine Bibliographie des Gegenstandes und einige neue Angaben über die innere Reibung findet man bei E. Lehr: Die Abkürzungsverfahren zur Ermittelung der Schwingungsfestigkeit. Dissertation Stuttgart 1925. Siehe auch E. Jaquet: Stodolas Festschrift, S. 308 und O. Föppl: Z. V. d. I. **74**, 1391 (1930).

so gehen die Gln. (a) und (b) über in

$$T = \frac{I_1 \dot{\varphi}_1^2}{2} + \frac{I_2 \dot{\varphi}_2^2}{2} + \frac{I_3' (\dot{\varphi}_3')^2}{2},$$

$$V = \tfrac{1}{2} k_1 (\varphi_1 - \varphi_2)^2 + \tfrac{1}{2} k_2' (\varphi_2 - \varphi_3')^2.$$

Diese Ausdrücke haben die gleiche Form wie die oben für die Torsionsschwingungen der Welle erhaltenen Ausdrücke (a) und (b). Hieraus ist zu schließen, daß die Differentialgleichungen der Schwingungsbewegung des in Abb. 88a dargestellten Systems die gleichen sein werden wie im Falle einer mit Scheiben besetzten Welle, vorausgesetzt, daß die in den Gln. (g') angegebenen Bezeichnungen benutzt werden. Dieser Schluß kann auch auf den Fall eines Zahntriebes mit mehr als zwei Wellen erweitert werden[1].

Ein anderer Zahntrieb ist in Abb. 88b dargestellt, in der $I_0, I_1, I_2, \ldots$ die Trägheitsmomente der rotierenden Massen sind, während $k_1, k_2, \ldots$ die Torsionssteifigkeiten der Wellen bedeuten. Ferner bezeichnen wir mit n das Übersetzungsverhältnis des Zahntriebes und mit $\varphi_0, \varphi_1, \varphi_2, \ldots$ die Drehwinkel der Scheiben $I_0, I_1, I_2, \ldots$ Ist I_0 sehr groß gegenüber den anderen Trägheitsmomenten, so können wir $\varphi_0 = 0$ setzen; dann ist die kinetische bzw. potentielle Energie des Systems gegeben durch

$$T = \tfrac{1}{2} (I_1 \dot{\varphi}_1^2 + I_2 \dot{\varphi}_2^2 + I_3 \dot{\varphi}_3^2 + I_4 \dot{\varphi}_4^2),$$

$$V = \tfrac{1}{2} \{k_1 \varphi_1^2 + k_2 (\varphi_2 - \varphi_1)^2 + k_3 (\varphi_3 + n \varphi_2)^2 + k_4 (\varphi_4 + n \varphi_2)^2\}$$

und die Lagrangeschen Differentialgleichungen der Bewegung lauten

$$\begin{aligned} I_1 \ddot{\varphi}_1 + k_1 \varphi_1 - k_2 (\varphi_2 - \varphi_1) &= 0, \\ I_2 \ddot{\varphi}_2 + k_2 (\varphi_2 - \varphi_1) + n k_3 (\varphi_3 + n \varphi_2) + n k_4 (\varphi_4 + n \varphi_2) &= 0, \\ I_3 \ddot{\varphi}_3 + \quad k_3 (\varphi_3 + n \varphi_2) &= 0, \\ I_4 \ddot{\varphi}_4 + \quad k_4 (\varphi_4 + n \varphi_2) &= 0; \end{aligned}$$

hieraus ergibt sich die Frequenzgleichung in der gleichen Weise wie oben, und die Frequenzen folgen daraus als Wurzeln der Gleichung.

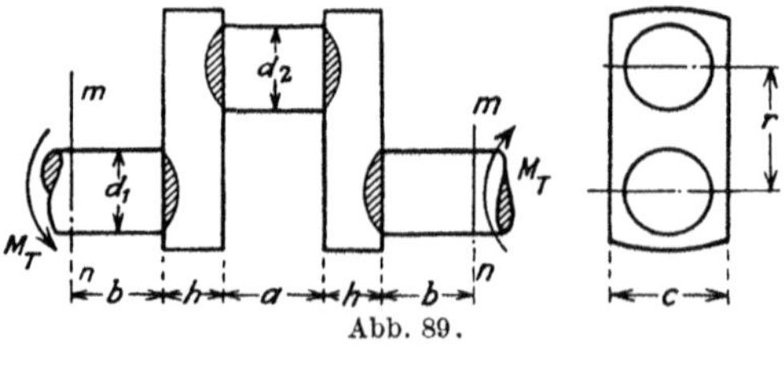

Abb. 89.

Torsionsschwingungen bei Kurbelwellen. Bei der Untersuchung von Kurbelwellen haben wir uns zuerst mit der Frage der Torsionssteifigkeit einer Kurbel (s. Abb. 89) zu befassen. Diese Steifigkeit hängt von den Zwangsbedingungen in den Lagerungen ab. Nimmt man an, daß das Spiel in den Lagern freie Verschiebungen der Querschnitte m—n während der Verdrehung gestattet, so kann man den vom Torsionsmoment M_T er-

[1] Derartige Systeme untersucht T. H. Smith: Nodal Arrangements of Geared Drives. Engg. **1922**, 438 u. 467.

zeugten Verdrehungswinkel leicht ermitteln. Dieser Winkel besteht aus drei Teilen:

a) Verdrehung der Lagerzapfen,
b) Verdrehung des Kurbelzapfens,
c) Biegung des Kurbelarmes.

Nun bezeichnen wir mit

$C_1 = \frac{\pi d_1^4 G}{32}$ Torsionssteifigkeit des Lagerzapfens,

$C_2 = \frac{\pi d_2^4 G}{32}$ Torsionssteifigkeit des Kurbelzapfens,

$B = \frac{h c^3}{12} E$ Biegungssteifigkeit des Kurbelarmes.

Die infolge der Verdrehung entstehenden örtlichen Deformationen des Kurbelarmes in den schraffierten Teilen der Abbildung lassen sich in der Weise berücksichtigen, daß man die Länge des Lagerzapfens bzw. des Kurbelzapfens zu $2\,b_1 = 2\,b + 0{,}9\,h$ bzw. $a_1 = a + 0{,}9\,h$ annimmt[1]. Der Verdrehungswinkel θ der Kurbel, hervorgerufen durch das Torsionsmoment M_T, ist dann

$$\theta = \frac{2\,b_1 M_T}{C_1} + \frac{a_1 M_T}{C_2} + \frac{2\,r\,M_T}{B}.$$

Bei der Berechnung der Torsionsschwingungen einer Kurbelwelle kann man jede Kröpfung durch eine gleichwertige Welle von gleichförmigem Querschnitt mit der Torsionssteifigkeit C ersetzen. Die Länge der äquivalenten Welle folgt aus

$$\frac{M_T\,l}{C} = \theta,$$

worin θ der oben berechnete Verdrehungswinkel ist. Danach ist die Länge der gleichwertigen Welle gleich

$$l = C\left(\frac{2\,b_1}{C_1} + \frac{a_1}{C_2} + \frac{2\,r}{B}\right). \tag{78}$$

Ein anderer Extremfall liegt vor, wenn man annimmt, daß die Welle in den Lagerungen völlig eingezwängt ohne Spiel läuft. In diesem Falle ergibt sich die Länge l der gleichwertigen Welle aus der Gleichung[2]

$$l = C\left\{\frac{2\,b_1}{C_1} + \frac{a_1}{C_2}\left(1 - \frac{r}{k}\right) + \frac{2\,r}{B}\left(1 - \frac{r}{2\,k}\right)\right\}. \tag{79}$$

[1] Diese Annahme stimmt mit den hierzu durchgeführten Versuchen gut überein; siehe hierüber Dr. Seelmann: Z. V. d. I. **69**, 601 (1925). Saß, F.: Maschinenbau **4**, 1223 (1925). Siehe auch die S. 153 erwähnte Arbeit von F. M. Lewis. Eine empirische Formel zur Berechnung der Steifigkeit von Kurbelwellen wurde von B. C. Carter: Engg. **1928** gegeben. Siehe auch A. Stieglitz: Jahrb. d. deutschen Versuchsanstalt für Luftfahrt **1929**, **426**.

[2] Eine ausführliche Betrachtung über die Torsion einer Kurbelwelle ist vom Verfasser in Trans. Am. Soc. Mech. Eng. **44**, 653 (1922) gegeben. Siehe auch dessen Festigkeitslehre; ferner auch C. B. Biezeno: De Ingenieur **1927** und A. Geßner: Mehrfach gelagerte, abgesetzte und gekröpfte Kurbelwellen. Berlin: Julius Springer.

Hierin ist

$$k = \frac{\frac{r\,(a+h)^2}{4\,C_3} + \frac{a\,r^2}{2\,C_2} + \frac{a^3}{24\,B_1} + \frac{r^3}{3\,B} + \frac{1{,}2}{G}\left(\frac{a}{2\,F} + \frac{r}{F_1}\right)}{\frac{a\,r}{2\,C_2} + \frac{r^2}{2\,B}}, \qquad (80)$$

wobei

$C_3 = \frac{c^3\,h^3\,G}{3{,}6\,(c^2+h^2)}$ die Torsionssteifigkeit des Kurbelarmes als eines Stabes von rechteckigem Querschnitt mit den Seiten h und c,

$B_1 = \frac{\pi\,d_2^4\,E}{64}$ die Biegungssteifigkeit des Kurbelzapfens,

F_1 und F_2 die Flächeninhalte des Kurbelzapfen- bzw. des Armquerschnitts sind.

Nimmt man $a_1 = 2\,b_1$ und $C_1 = C_2$, so wird für den Fall einer in den Lagern völlig eingezwängten Welle, wie aus den Gln. (78) und (79) hervorgeht, die Länge der äquivalenten Welle im Verhältnis $1 : \left[1 - \frac{r}{2\,k}\right]$ verringert. In der Wirklichkeit wird die Länge der äquivalenten Welle zwischen den beiden oben betrachteten Extremlängen liegen.

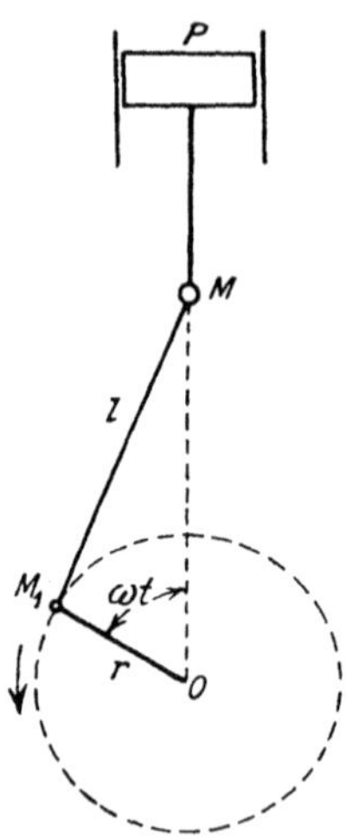

Abb. 90.

Bei der Untersuchung der Torsionsschwingungen von Kurbelwellen haben wir uns noch mit der Frage der Berechnung des Trägheitswiderstandes bewegter Massen zu beschäftigen. Die Schubstangenmasse m wollen wir uns in üblicher Weise[1] in zwei Teilmassen, $m_1 = \frac{I}{l^2}$ am Kurbelzapfen und $m_2 = m - \frac{I}{l^2}$ am Kreuzkopf, zerlegt denken, wobei I das Trägheitsmoment der Schubstange in bezug auf den Mittelpunkt des Kreuzkopfes bedeutet. Auch alle anderen bewegten Massen können durch Teilmassen ersetzt werden, die in den gleichen zwei Punkten konzentriert zu denken sind, so daß schließlich nur zwei Massen M und M_1 (Abb. 90) zu betrachten sind. Bezeichnet man die konstante Winkelgeschwindigkeit mit ω, so ist der von der Totlage aus gemessene Kurbelwinkel nach Abb. 90 gleich ωt. Dementsprechend ist die Geschwindigkeit der Masse M_1 gleich ωr, und die der Masse M, wie in § 12 gezeigt, gleich

$$\omega\,r \sin\omega\,t + \frac{r^2\,\omega}{2\,l}\sin 2\,\omega\,t.$$

Die kinetische Energie der bewegten Massen einer Kurbel ist

$$T = \tfrac{1}{2}\,M_1\,\omega^2\,r^2 + \tfrac{1}{2}\,M\,\omega^2\,r^2\left(\sin\omega\,t + \frac{r}{2\,l}\sin 2\,\omega\,t\right)^2.$$

[1] Siehe z. B. Max Tolle: Regelung der Kraftmaschinen, 3. Aufl., S. 116 (1921).

Der Mittelwert von T während einer Umdrehung ist gleich

$$T_0 = \frac{1}{2\pi}\int_0^{2\pi} T\,d(\omega t) = \frac{1}{2}\left\{M_1 + \frac{1}{2}M\left(1 + \frac{r^2}{4l^2}\right)\right\}\omega^2 r^2 .$$

Bei der Benutzung dieses Mittelwertes kann die Trägheit der mit einer Kurbel verbundenen bewegten Teile ersetzt werden durch die Trägheit einer äquivalenten Scheibe vom Trägheitsmoment

$$I = \left\{M_1 + \frac{1}{2}M\left(1 + \frac{r^2}{4l^2}\right)\right\} r^2 .$$

Nachdem alle Kurbeln durch Wellenstücke äquivalenter Länge und alle bewegten Massen durch äquivalente Scheiben ersetzt worden sind, erscheint das Schwingungsproblem der Kurbelwellen auf die Frage der Torsionsschwingungen glatter Wellen zurückgeführt, und die kritischen Geschwindigkeiten können wie oben gezeigt berechnet werden. Zu bemerken ist aber, daß eine derartige Methode zur Untersuchung der Schwingungen nur als rohe Näherung anzusehen ist. In Wirklichkeit ist das Problem erheblich komplizierter und im einfachsten Falle von nur einer Kurbel mit einem Schwungrad läßt sich dieses Problem zurückführen auf ein solches über Torsionsschwingungen einer Welle mit zwei Scheiben, von denen eine ein veränderliches Trägheitsmoment besitzt. Weitergehende Untersuchungen zeigen[1], daß „erzwungene Schwingungen" in einem solchen System nicht nur vom Druck der expandierenden Gase auf den Kolben herrühren; vielmehr sind sie durch die Unvollständigkeit des Massenausgleichs der hin- und hergehenden Teile mitverursacht. Praktisch würden alle mit dem Auftreten gefährlicher kritischer Geschwindigkeiten verbundenen Vorgänge in Erscheinung treten, wenn die Maschine bei verhindertem Brennstoffzutritt und ausgeschaltetem Widerstand mit der verlangten Geschwindigkeit laufen würde.

Die kritischen Geschwindigkeiten solcher Systeme ergeben sich näherungsweise mit Hilfe der üblichen Methode, d. h. mittels Ersetzung der bewegten Massen durch äquivalente Scheiben.

Aufgaben.

1. Bestimme die Frequenzen der natürlichen Torsionsschwingungen der Stahlwelle mit drei Scheiben (Abb. 85), wenn die Gewichte dieser Scheiben gleich **3000** lbs (**1360** kg), **2000** lbs (**907** kg), **1000** lbs (**453** kg) sind, die Trägheitsradien **10** ins (**254** mm), die Entfernungen zwischen den Scheiben $l_1 = l_2 = 30$ ins (762 mm), der Durchmesser der Welle 5 ins (127 mm) und der Schubmodulus $G = 11{,}5 \cdot 10^6$ lbs pro squ. in

[1] Siehe G. R. Goldsbrough: Torsional Vibration in Reciprocating Engine Shafts. Proc. Roy. Soc. **109**, 99 (1925); **113**, 259 (1927). Siehe auch F. Kluge: Zur Ermittlung kritischer Drehzahlen von Kurbelwellen. Ing.-Arch. **2**, 119 (1931).

($11{,}5 \cdot 0{,}07303 \cdot 10^6$ kg pro cm^2). Bestimme das Verhältnis der Verdrehungswinkel λ_1, λ_2 und λ_3 für zwei Hauptschwingungsarten.

Lösung: Benützt man Gl. (77), so erhält man zur Bestimmung der Frequenzen

$$p^4 - 221 \cdot 10^3 p^2 + 8{,}970 \cdot 10^6 = 0$$

und daraus

$$p^2 = 167700 \quad \text{und} \quad 53{,}300, \qquad f_1 = 65{,}2, \qquad f_2 = 36{,}8$$

$$\lambda_1 = -1{,}45\,\lambda_2 \quad \text{und} \quad \lambda_1 = -0{,}233\,\lambda_2$$

$$\lambda_3 = +2{,}29\,\lambda_2 \quad \text{und} \quad \lambda_3 = -1{,}30\,\lambda_2.$$

Die Gestalt der Deformationskurve ersieht man aus der Abb. 91.

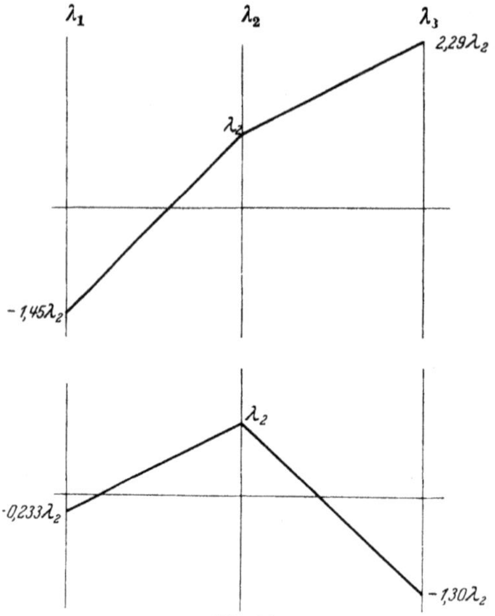

Abb. 91.

2. Bestimme die Grundfrequenz der freien Schwingung für eine Welle mit 4 Scheiben (Abb. 84). Das Gewicht der Scheiben beträgt 3000 lbs, 2000 lbs, 500 lbs, 500 lbs (1360 kg, 907 kg, 227 kg, 227 kg),

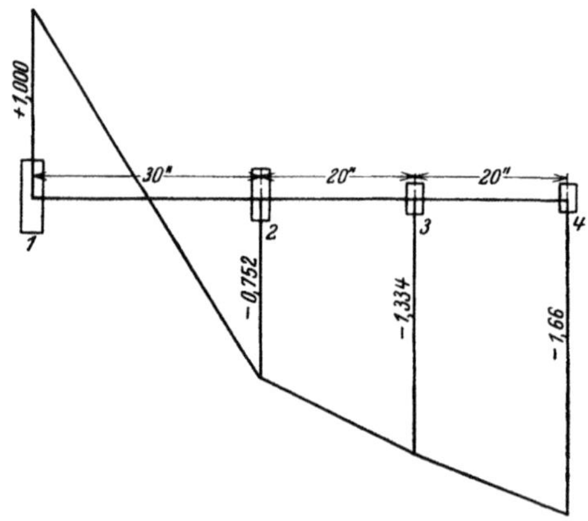

Abb. 92.

die Trägheitsradien all dieser Scheiben sind gleich groß und gleich 10 ins (25,4 cm). Die Entfernungen zwischen den Scheiben sind: 30 ins, 20 ins und 20 ins (76,2 cm, 50,8 cm, 50,8 cm). Der Durchmesser der Welle ist 5 ins (12,70 cm).

Lösung: Durch Verwendung der Methode der sukzessiven Approximation (S. 164) erhält man mit genügender Annäherung $p^2 = 55{,}380$. Die entsprechenden Berechnungen gibt die folgende Tabelle. Die entsprechende Gestalt der Biegungskurve ersieht man aus Abb. 92.

3. Bestimme die erzwungene Schwingung der Welle der vorigen Aufgabe und konstruiere das Biegungsdiagramm, unter der Annahme, daß

Nr.	I	k	λ	$\lambda I p^2$	$\Sigma \lambda I p^2$	$\frac{1}{k} \Sigma \lambda I p^2$
1	777	$24{,}6 \cdot 10^6$	λ_1	$43{,}03 \cdot 10^6 \lambda_1$	$43{,}03 \cdot 10^6 \lambda_1$	$1{,}752 \lambda_1$
2	518	$36{,}8 \cdot 10^6$	$-0{,}752 \lambda_1$	$-21{,}57 \cdot 10^6 \lambda_1$	$21{,}46 \cdot 10^6 \lambda_1$	$0{,}582 \lambda_1$
3	130	$36{,}8 \cdot 10^6$	$-1{,}33 \lambda_1$	$-9{,}57 \cdot 10^6 \lambda_1$	$11{,}89 \cdot 10^6 \lambda_1$	$0{,}323 \lambda_1$
4	130		$-1{,}66 \lambda_1$	$-11{,}88 \cdot 10^6 \lambda_1$	$0{,}01 \cdot 10^6 \lambda_1$	

auf die erste Scheibe ein pulsierendes Moment $M \cos mt$ wirkt. Die Frequenz dieses Moments ist der 0,75. Teil der Frequenz derGrundschwingung des Systems. Die Größe von M ist derart, daß $\frac{16 M}{\pi d^3} = 1000$ lbs pro squ. in (70 kg pro cm²).

Lösung: Nimmt man $\varphi_1 = \lambda_1 \cos mt$, $\varphi_2 = \lambda_2 \cos mt$, $\varphi_3 = \lambda_3 \cos mt$ und $\varphi_4 = \lambda_4 \cos mt$ an und benützt man die Bewegungsgleichungen der Scheiben

$$I_1 \ddot{\varphi}_1 + k_1(\varphi_1 - \varphi_2) = M \cos m t\,,$$
$$I_2 \ddot{\varphi}_2 + k_2(\varphi_2 - \varphi_3) - k_1(\varphi_1 - \varphi_2) = 0\,,$$
$$I_3 \ddot{\varphi}_3 + k_3(\varphi_3 - \varphi_4) - k_2(\varphi_2 - \varphi_3) = 0\,,$$
$$I_4 \ddot{\varphi}_4 + k_3(\varphi_3 - \varphi_4) = 0\,,$$

so ergibt sich

$$\lambda_2 = \lambda_1 - \frac{\lambda_1 I_1 m^2}{k_1} - \frac{M}{k_1}\,,$$
$$\lambda_3 = \lambda_2 - \frac{\lambda_1 I_1 m^2}{k_2} - \frac{\lambda_2 I_2 m^2}{k_2} - \frac{M}{k_2}\,,$$
$$\lambda_4 = \lambda_3 - \frac{\lambda_1 I_1 m^2}{k_3} - \frac{\lambda_2 I_2 m^2}{k_3} - \frac{\lambda_3 I_3 m^2}{k_3} - \frac{M}{k_3}\,.$$

Benutzt man die Abbildungen der vorigen Aufgabe, und nimmt man als Amplitude der ersten Scheibe λ_1 an, so lassen sich die übrigen Amplituden aus den obigen Gleichungen berechnen, und zwar in der durch die folgende Tabelle angegebenen Weise.

$I_1 = 777$; $I_2 = 518$; $I_3 = 130$;
$k_1 = 24{,}6 \cdot 10^6$; $k_2 = 36{,}8 \cdot 10^6$; $m^2 = 31150$;

	λ	$\lambda I m^2$	$\Sigma \lambda I m^2$	$\frac{1}{k} \Sigma \lambda I m^2$
1	λ_1	$+24{,}2 \cdot 10^6 \lambda_1$	$+24{,}2 \cdot 10^6 \lambda_1$	$+0{,}9855 \lambda_1$
2	$\lambda_2 = 0{,}0145 \lambda_1 - \frac{4{,}072}{10^8} M$	$-0{,}234 \cdot 10^6 \lambda_1 - 0{,}657 M$	$24{,}43 \cdot 10^6 \lambda_1 - 0{,}657 M$	$+0{,}6633 \lambda_1 - \frac{1{,}783}{10^8} M$
3	$\lambda_3 = -0{,}6488 \lambda_1 - \frac{5}{10^8} M$	$-2{,}62 \cdot 10^6 \lambda_1 - 0{,}2017 M$	$21{,}82 \cdot 10^6 \lambda_1 - 0{,}8587 M$	$+5922 a_1 - \frac{2{,}333}{10^8} M$
4	$\lambda_4 = -1{,}24 \lambda_1 - \frac{5{,}383}{10^8} M$	$-5 \cdot 10^6 \lambda_1 - 0{,}217 M$	$+16{,}81 \cdot 10^6 \lambda_1 - 1{,}76 M$	

Aus der Bedingung, daß die Trägheitskräfte mit den äußeren Torsionsmomenten im Gleichgewicht sind, ergibt sich

$$16{,}8 \cdot 10^6 \lambda_1 - 0{,}076\, M = 0\,.$$

Hieraus läßt sich λ_1 berechnen. Die anderen Amplituden findet man dann nach der zweiten Kolonne obiger Tabelle.

32. Querschwingungen von mehrfach gelagerten Wellen.

Allgemeines. Wir haben oben (§ 15) den einfachsten Fall einer Welle in zwei Lagern betrachtet und es wurde hierfür gezeigt, daß die kritische Drehgeschwindigkeit der Welle diejenige Geschwindigkeit ist, bei der die sekundliche Umdrehungszahl der Eigenfrequenz ihrer Querschwingungen gleich ist. In der Praxis begegnet man aber dem Falle mehrfach gelagerter Wellen, und wir haben im folgenden die verschiedenen Methoden zu erörtern, die zur Berechnung der Eigenfrequenzen der Querschwingungen solcher Wellen dienen[1].

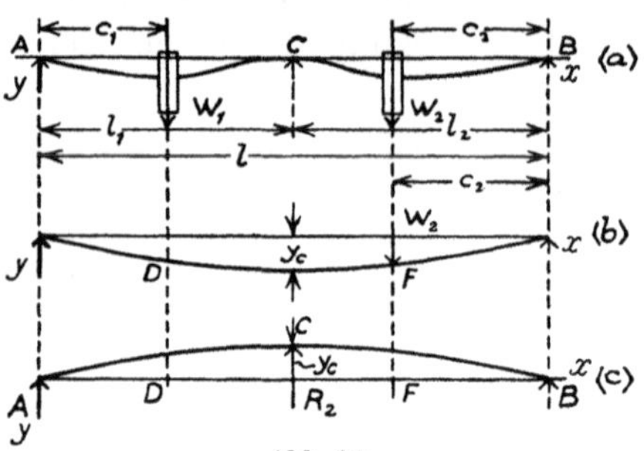

Abb. 93.

Analytische Methode. Diese Methode ist im Falle einer mit mehreren Scheiben besetzten Welle von konstantem Querschnitt ohne Schwierigkeiten anwendbar.

Betrachten wir zuerst das einfache Beispiel einer dreifach gelagerten Welle mit zwei Scheiben (Abb. 93) vom Gewicht w_1 bzw. w_2. Die statischen Durchbiegungen der Welle unter diesen Lasten sind durch die Ausdrücke

$$y_1 = a_{11} w_1 + a_{12} w_2\,, \tag{a}$$

$$y_2 = a_{21} w_1 + a_{22} w_2 \tag{b}$$

gegeben, wenn man mit a_{11}, a_{12}, a_{21}, a_{22} Konstanten bezeichnet, die in folgender Weise zu berechnen sind. Wir denken uns das zwischenliegende Lager C entfernt und betrachten die durch die Last w_2 allein erzeugten Durchbiegungen (Abb. 93b); die Durchbiegungskurve des linken Wellenteils ist dann durch die Gleichung

$$y = \frac{w_2 c_2}{6 l E I}\left(-x^3 + l^2 x - c_2^2 x\right) \tag{c}$$

dargestellt, und die Durchbiegung im Punkte C wird

$$y_c = \frac{w_2 c_2}{6 l E I}\left(-l_1^3 + l^2 l_1 - c_2^2 l_1\right).$$

[1] Diese Aufgabe wird ausführlich erörtert von A. Stodola in seinem Werke über Dampf- und Gasturbinen, 6. Aufl. Berlin 1922.

Nun ermitteln wir die Reaktion R_2 aus der Bedingung, daß die Durchbiegung im Punkte C gleich Null wird (Abb. 93c). Unter Anwendung der Gl. (c) läßt sich die Durchbiegung infolge von R_2 berechnen; setzt man diese letzte Durchbiegung der Durchbiegung y_c gleich, so folgt

$$\frac{w_2 c_2}{6 l E I}(-l_1^3 + l^2 l_1 - c_2^2 l_1) = \frac{R_2 l_2}{6 l E I}(-l_1^3 + l^2 l_1 - l_2^2 l_1),$$

und dies ergibt

$$R_2 = \frac{w_2 c_2 (l^2 - l_1^2 - c_2^2)}{2 l_1 l_2^2}.$$

In der gleichen Weise läßt sich auch die Reaktion R_1 berechnen, die durch die Last w_1 erzeugt wird, und damit ist auch die Gesamtreaktion $R = R_1 + R_2$ am mittleren Lager berechnet. Jetzt kann man unter Benutzung der Gl. (c) die durch die Lasten w_1 und w_2 und die Reaktion R_2 verursachte Durchbiegung y_1 aus der Formel (a) erhalten, wenn man darin

$$\left.\begin{aligned} a_{11} &= \frac{1}{12 l l_1^2 E I}\{4 l_1^2 (l-c_1)^2 c_1^2 - c_1(-c_1^3 + l^2 c_1 - l_2^2 c_1)(l^2 - l_2^2 - c_1^2)\}, \\ a_{12} &= \frac{1}{12 l l_1 l_2 E I}\{2 l_1 l_2 c_1 c_2 (l^2 - c_1^2 - c_2^2) - c_2 c_1 (l^2 - l_2^2 - c_1^2)(l^2 - l_1^2 - c_2^2)\} \end{aligned}\right\} \quad \text{(d)}$$

setzt. Vertauscht man in den obigen Gleichungen die Größen l_2 und l_1 bzw. c_2 und c_1 miteinander, so erhält man die Konstanten a_{21} und a_{22} der Gl. (b), und findet, daß $a_{12} = a_{21}$; danach erzeugt eine in D (Abb. 93c) angebrachte Last in F die gleiche Durchbiegung, wie eine in F angebrachte gleich große Last in D. Ein derartiges Ergebnis war auf Grund des Reziprozitätstheorems zu erwarten.

Nun wollen wir die in der Bildebene erfolgenden Schwingungen der Lasten w_1 und w_2 um ihre oben gefundenen Gleichgewichtslagen untersuchen. Bezeichnet man mit y_1 und y_2 die von diesen Gleichgewichtslagen aus gemessenen variablen Verschiebungen während der Schwingungsbewegung, so wird die kinetische Energie des Systems unter Vernachlässigung der Wellenmasse gleich

$$T = \frac{w_1}{2g}(\dot{y}_1)^2 + \frac{w_2}{2g}(\dot{y}_2)^2. \quad \text{(e)}$$

Bei der Verschiebung aus der Gleichgewichtslage nimmt die potentielle Energie des Systems zu; die Berechnung dieser Energiezunahme erfolgt mit Hilfe der Gln. (a) und (b) für die statischen Durchbiegungen. Setzt man zur Vereinfachung $a_{11} = a$, $a_{12} = b$, $a_{22} = c$ *, so erhält man aus den obigen Gln. (a) und (b) folgende Ausdrücke für die zur Erzeugung der Durchbiegungen y_1 und y_2 erforderlichen Kräfte:

$$P_1 = \frac{c y_1 - b y_2}{a c - b^2}; \qquad P_2 = \frac{a y_2 - b y_1}{a c - b^2};$$

* Die Konstanten a, b und c können für jeden Spezialfall mit Hilfe der Gln. (d) berechnet werden.

damit wird[1]

$$V = \frac{P_1 y_1}{2} + \frac{P_2 y_2}{2} = \frac{1}{2(ac - b^2)}(c y_1^2 - 2 b y_1 y_2 + a y_2^2). \qquad \text{(f)}$$

Substituiert man die Ausdrücke (e) und (f) in die Lagrangeschen Gln. (71), so ergeben sich folgende Differentialgleichungen für die freien Querschwingungen der Welle:

$$\left.\begin{aligned} \frac{w_1}{g}\ddot{y}_1 + \frac{c}{ac-b^2}y_1 - \frac{b}{ac-b^2}y_2 = 0\,, \\ \frac{w_2}{g}\ddot{y}_2 - \frac{b}{ac-b^2}y_1 + \frac{a}{ac-b^2}y_2 = 0\,. \end{aligned}\right\} \qquad \text{(g)}$$

Unter der Voraussetzung, daß die Welle eine ihrer Eigenschwingungen ausführt, erhält man durch Substitution der Ausdrücke

$$y_1 = \lambda_1 \cos(pt - \alpha)\,, \qquad y_2 = \lambda_2 \cos(pt - \alpha)$$

in die Gln. (g) die Beziehungen

$$\left.\begin{aligned} \lambda_1\left(\frac{c}{ac-b^2} - \frac{w_1}{g}p^2\right) - \frac{b}{ac-b^2}\lambda_2 = 0, \\ -\frac{b}{ac-b^2}\lambda_1 + \lambda_2\left(\frac{a}{ac-b^2} - \frac{w_2}{g}p^2\right) = 0. \end{aligned}\right\} \qquad \text{(h)}$$

Setzt man die Determinante dieser Gleichungen gleich Null, so ergibt sich folgende Frequenzgleichung:

$$\left(\frac{c}{ac-b^2} - \frac{w_1}{g}p^2\right)\left(\frac{a}{ac-b^2} - \frac{w_2}{g}p^2\right) - \frac{b^2}{(ac-b^2)^2} = 0; \qquad \text{(k)}$$

hieraus folgt

$$p^2 = \frac{g}{2(ac-b^2)}\left\{\frac{c}{w_1} + \frac{a}{w_2} \pm \sqrt{\left(\frac{c}{w_1} + \frac{a}{w_2}\right)^2 - \frac{4(ac-b^2)}{w_1 w_2}}\right\}. \qquad (81)$$

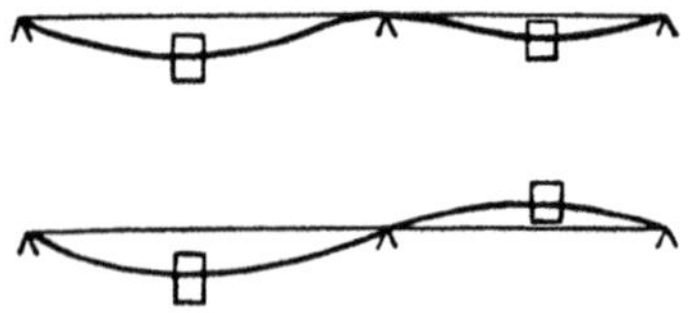

Abb. 94.

In dieser Weise erhält man zwei positive Wurzeln für p^2 entsprechend den zwei Hauptschwingungsarten der Welle. Substituiert man diese zwei Wurzeln in eine der Gln. (h), so erhält man zwei verschiedene Werte für das Verhältnis $\frac{\lambda_1}{\lambda_2}$. Für den größeren Wert von p^2 wird der Quotient $\frac{\lambda_1}{\lambda_2}$ positiv, d. h. beide Scheiben bewegen sich während der Schwingung gleichzeitig in der gleichen Richtung; der Schwingungstypus ist durch Abb. 94a

[1] Infolge der Tatsache, daß die Gewichte w_1 und w_2 mit den anfänglichen Biegungsspannungen, die durch die statische Durchbiegung der Welle hervorgerufen werden, stets im Gleichgewicht stehen, enthält der Ausdruck (f) für die potentielle Energie nur Glieder, die der Änderung der Wellenbiegung entsprechen (siehe § 13).

veranschaulicht. Wird aber der kleinere Wert von p^2 in die Gln. (h) substituiert, so wird der Quotient $\frac{\lambda_1}{\lambda_2}$ negativ; der entsprechende Schwingungstypus ist in Abb. 94b gezeigt. Betrachten wir beispielsweise den Spezialfall $w_1 = w_2$, $l_1 = l_2 = \frac{1}{2}\,l$ und $c_1 = c_2 = \frac{1}{4}\,l$ (Abb. 93). Substituiert man diese Werte in die Gln. (d), so folgt mit Rücksicht auf die Symmetrie

$$a = c = \frac{23}{48.256}\,\frac{l^3}{EI}\,, \qquad b = -\frac{9}{48.256}\,\frac{l^3}{EI}\,.$$

Durch Substitution dieser Werte in die Gl. (81) erhält man

$$p_1^2 = \frac{g}{(a-b)\,w} = \frac{48\,E\,I\,g}{w\left(\frac{l}{2}\right)^3}\,; \qquad p_2^2 = \frac{768\,E\,I\,g}{7\,w\left(\frac{l}{2}\right)^3}.$$

Diese zwei Frequenzen können auch durch Substitution der statischen Durchbiegungen

$$\delta_{st}' = \frac{w\left(\frac{l}{2}\right)^3}{48\,E\,I} \quad \text{bzw.} \quad \delta_{st}'' = \frac{7\,w\left(\frac{l}{2}\right)^3}{768\,E\,I}$$

in die Gl. (5) für die in Abb. 95 dargestellten Fälle leicht hergeleitet werden.

Ein anderes Verfahren zur Lösung des Problems der Querschwingungen von Wellen ergibt sich aus der Anwendung des d'Alembertschen Prinzips. Nach diesem Prinzip sind die Gleichungen der Schwingungsbewegung genau in der gleichen Weise hinzuschreiben, als ob es sich um Gleichungen der Statik handeln würde. Es ist nur nötig, zu den auf die Welle wirkenden Lasten die Trägheitskräfte hinzuzufügen. Bezeichnet man, wie früher, die von der Gleichgewichtslage aus gerechneten Wellendurchbiegungen unter den Lasten w_1 und w_2 mit y_1 bzw. y_2, so sind die Trägheitskräfte gleich $-\left(\frac{w_1}{g}\right)\ddot{y}_1$ bzw. $-\left(\frac{w_2}{g}\right)\ddot{y}_2$. Diese Trägheitskräfte müssen den sich aus der zusätzlichen Durchbiegung ergebenden elastischen Kräften das Gleichgewicht halten; demnach müssen die folgenden den Beziehungen (a) und (b) gleichwertigen Gleichungen gelten:

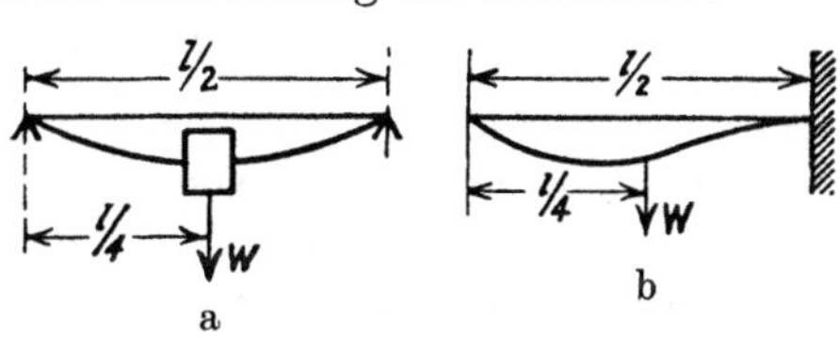

Abb. 95.

$$\left.\begin{aligned} y_1 &= -\,a\,\frac{w_1}{g}\,\ddot{y}_1 - b\,\frac{w_2}{g}\,\ddot{y}_2\,, \\ y_2 &= -\,b\,\frac{w_1}{g}\,\ddot{y}_1 - c\,\frac{w_2}{g}\,\ddot{y}_2\,. \end{aligned}\right\} \qquad (l)$$

Substituiert man die oben eingeführten Ausdrücke

$$y_1 = \lambda_1 \cos(pt - \alpha); \qquad y_2 = \lambda_2 \cos(pt - \alpha),$$

in die Gln. (l), so ergibt sich

$$\left.\begin{aligned} \lambda_1\left(1 - \frac{a\,w_1}{g}\,p^2\right) - \lambda_2 b\,\frac{w_2}{g}\,p^2 &= 0, \\ -\lambda_1 b\,\frac{w_1}{g}\,p^2 + \lambda_2\left(1 - \frac{c\,w_2}{g}\,p^2\right) &= 0. \end{aligned}\right\} \qquad \text{(m)}$$

Setzt man die Determinante dieser beiden Gleichungen gleich Null, so ergibt sich die bereits oben erhaltene Frequenzgleichung (k).

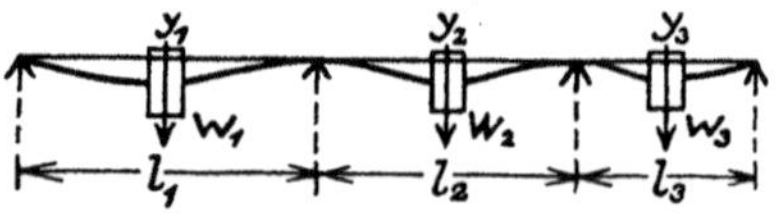

Abb. 96.

Die oben entwickelten Verfahren zur Berechnung von Frequenzen bei Querschwingungen können auch in den Fällen benutzt werden, wo die Anzahl der Scheiben oder der Spannweiten größer als zwei ist. Betrachten wir beispielsweise den in Abb. 96 dargestellten Fall. Unter Benutzung einer Methode, die einer der im obigen Beispiel befolgten analog ist, kann man die statischen Durchbiegungen der Welle unter den Scheiben in der Gestalt

$$\left.\begin{aligned} y_1 &= a_{11} w_1 + a_{12} w_2 + a_{13} w_3, \\ y_2 &= a_{21} w_1 + a_{22} w_2 + a_{23} w_3, \\ y_3 &= a_{31} w_1 + a_{32} w_2 + a_{33} w_3 \end{aligned}\right\} \qquad \text{(n)}$$

darstellen, worin a_{11}, a_{12}, ... Konstanten sind, die von den Abständen zwischen den Lagern, den Abständen der Scheiben von den Lagern und von der Biegungssteifigkeit der Welle abhängen. Aus dem Reziprozitätssatz können wir sofort schließen: $a_{12} = a_{21}$, $a_{13} = a_{31}$, $a_{23} = a_{32}$. Wendet man nun das d'Alembertsche Prinzip an und bezeichnet mit y_1, y_2 und y_3 die von der Gleichgewichtslage aus gemessenen Verschiebungen der Scheiben während der Schwingungsbewegung, so ergeben sich aus den statischen Gleichungen (n) folgende Gleichungen zur Beschreibung der Schwingungsbewegung:

$$y_1 = -a_{11}\frac{w_1}{g}\ddot{y}_1 - a_{12}\frac{w_2}{g}\ddot{y}_2 - a_{13}\frac{w_3}{g}\ddot{y}_3,$$

$$y_2 = -a_{21}\frac{w_1}{g}\ddot{y}_1 - a_{22}\frac{w_2}{g}\ddot{y}_2 - a_{23}\frac{w_3}{g}\ddot{y}_3,$$

$$y_3 = -a_{31}\frac{w_1}{g}\ddot{y}_1 - a_{32}\frac{w_2}{g}\ddot{y}_2 - a_{33}\frac{w_3}{g}\ddot{y}_3.$$

Aus diesem Gleichungssystem ergibt sich in üblicher Weise die Frequenzgleichung, die in p^2 vom dritten Grade ist. Die drei Wurzeln dieser Gleichung ergeben die Frequenzen der drei Hauptschwingungsarten des betrachteten Systems[1].

Zu bemerken ist, daß die Frequenzgleichungen für die Querschwingungen von Wellen auch zur Berechnung der kritischen Drehgeschwindigkeiten benutzt werden können. Eine kritische Drehgeschwindigkeit ist eine Geschwindigkeit, bei der die Fliehkräfte der rotierenden Massen hinreichend groß sind, um die Welle in gebogenem Zustand im Gleichgewicht zu halten (s. § 15). Betrachten wir nun wieder den Fall von zwei Scheiben (Abb. 94a), wobei y_1 und y_2 Durchbiegungen bedeuten mögen, die durch die Fliehkräfte[2] $\left(\frac{w_1}{g}\right)\omega^2 y_1$ bzw. $\left(\frac{w_2}{g}\right)\omega^2 y_2$ der rotierenden Scheiben hervorgerufen werden. Solche Durchbiegungen können nur dann bestehen, wenn die Fliehkräfte den folgenden Gleichgewichtsbedingungen genügen [s. Gln. (a) u. (b)]:

$$\left.\begin{aligned} y_1 &= a_{11}\frac{w_1}{g}\omega^2 y_1 + a_{12}\frac{w_2}{g}\omega^2 y_2, \\ y_2 &= a_{21}\frac{w_1}{g}\omega^2 y_1 + a_{22}\frac{w_2}{g}\omega^2 y_2. \end{aligned}\right\} \qquad \text{(o)}$$

Diese Gleichungen können für y_1 und y_2 nur dann nichtverschwindende Lösungen ergeben, wenn die Determinante dieses Gleichungssystems gleich Null wird. Beachtet man, daß die Gln. (o) mit den obigen Gln. (m) identisch sind, und setzt man ihre Determinante gleich Null, so ergibt sich eine mit der Gl. (k) identische Beziehung zur Ermittlung der kritischen Drehgeschwindigkeiten.

Zeichnerisches Verfahren. Im Falle von Wellen veränderlichen Querschnitts oder solcher mit mehreren Scheiben wird das oben beschriebene analytische Verfahren zur Berechnung der kritischen Geschwindigkeiten sehr kompliziert und man muß dann zu zeichnerischen Methoden Zuflucht nehmen. Als ein einfaches Beispiel sei hier der Fall einer an den Enden gestützten Welle untersucht (s. Abb. 47). Wir nehmen irgendeine Anfangsdurchbiegung der rotierenden Welle in Übereinstimmung mit den Randbedingungen und mit y_1, y_2, ... als Durchbiegungen an den Scheiben w_1, w_2, ... an. Bezeichnet man die Winkelgeschwindigkeit mit ω, so sind die entsprechenden Fliehkräfte gleich $\left(\frac{w_1}{g}\right)\omega^2 y_1$, $\left(\frac{w_2}{g}\right)\omega^2 y_2$, ... Wenn diese Kräfte, wie wir uns denken wollen, auf die Welle statisch einwirken, so ergeben sie eine bestimmte Durchbiegungskurve, die sich nach dem in § 15 auseinandergesetzten Verfahren graphisch ermitteln läßt. Entspricht die angenommene anfängliche Durchbiegungskurve

[1] Ein graphisches Verfahren zur Lösung von Frequenzgleichungen ist von C. R. Soderberg, Phil. Mag. 5, 47 (1928) entwickelt worden.

[2] Der Einfluß des Wellengewichtes auf die kritischen Geschwindigkeiten wird später erörtert werden.

ihrer Form nach der Wirklichkeit, so sind die graphisch erhaltenen Durchbiegungen y_1', y_2', ... den anfänglich angenommenen Durchbiegungen y_1, y_2, ... proportional, und die kritische Geschwindigkeit ergibt sich aus der Gleichung

$$\omega_{kr} = \omega \sqrt{\frac{y_1}{y_1'}}\,. \tag{82}$$

Dieses Verfahren läßt sich folgenderweise erklären.

Führt man bei der Berechnung der oben gegebenen Fliehkräfte an Stelle von ω_{kr} die durch (82) gegebene Größe ein, so wachsen alle diese Kräfte im Verhältnis $\frac{y_1}{y_1'}$; die graphisch abgeleiteten Durchbiegungen wachsen dann gleichfalls im angegebenen Verhältnis, und die graphisch konstruierte Durchbiegungskurve fällt mit der anfänglich angenommenen Durchbiegungskurve zusammen. Dies bedeutet, daß bei einer durch die Gl. (82) gegebenen Geschwindigkeit die Fliehkräfte hinreichen, um die rotierende Welle in durchgebogenem Zustand zu erhalten. Eine Geschwindigkeit aber, die dieser Forderung genügt, heißt eine kritische Geschwindigkeit (s. § 29).

In der vorangehenden Betrachtung wurde vorausgesetzt, daß die Ordinaten der graphisch erhaltenen Durchbiegungskurve denjenigen der anfänglich angenommenen Kurve proportional sind. Unterscheiden sich aber diese beiden Kurven ihrer Form nach sehr erheblich voneinander und wird für ω_{kr} eine bessere Näherung gewünscht, so hat man die oben beschriebene Konstruktion mit der graphisch erhaltenen Durchbiegungskurve als Ausgangskurve zu wiederholen[1].

Wir untersuchen nun den Fall einer dreifach gelagerten Welle mit je einer Scheibe auf jeder Spannweite (Abb. 93). Die Behandlung dieser Aufgabe erfolgt genau in der gleichen Weise wie in der oben gegebenen analytischen Lösung und führt zu den Gleichungen

$$y_1 = a_{11} w_1 + a_{12} w_2\,, \tag{a'}$$

$$y_2 = a_{21} w_1 + a_{22} w_2 \tag{b'}$$

zwischen den wirkenden Kräften und den resultierenden Durchbiegungen.

Um die Werte der Konstanten a_{11}, a_{12}, ... graphisch zu ermitteln, nehmen wir zuerst an, daß die Last w_1 allein wirkt und daß das Mittellager entfernt ist (Abb. 97a); die entsprechenden Durchbiegungen y_1', y_2' und y_c' können mit Hilfe der in § 15 beschriebenen graphischen Methode leicht ermittelt werden. Jetzt konstruieren wir mit

---

[1] Bei der Erörterung der Rayleighschen Methode (§ 13) wurde hervorgehoben, daß ein erheblicher Fehler in der Form der angenommenen Durchbiegungskurve nur einen geringen Einfluß auf die Größe von ω_{kr} ausübt, wenn nur die Randbedingungen erfüllt sind.

Hilfe der gleichen Methode die Durchbiegungskurve, die durch eine in C angebrachte nach oben wirkende Vertikalkraft R' hervorgerufen wird; dieser Kurve entnehmen wir dann die Durchbiegungen y_1'', y_c'' und y_2''. Beachtet man, daß die Durchbiegung am Lager C gleich Null sein muß, so ergibt sich die Reaktion R dieses Lagers aus der Gleichung

$$R = R' \frac{y_c'}{y_c''} \, {}^{*} \tag{p}$$

und die wirklichen durch die Last w_1 erzeugten Durchbiegungen in D und E sind

$$\left.\begin{aligned} y_{11} &= y_1' - y_1'' \frac{y_c'}{y_c''}, \\ y_{21} &= y_2' - y_2'' \frac{y_c'}{y_c''}. \end{aligned}\right\} \tag{q}$$

Der Vergleich mit (a') und (b') ergibt

$$a_{11} w_1 = y_1' - y_1'' \frac{y_c'}{y_c''},$$

$$a_{21} w_1 = y_2' - y_2'' \frac{y_c'}{y_c''},$$

woraus die Konstanten a_{11} und a_{21} berechnet werden können. In derselben Weise kann man aus der Betrachtung der Last w_2 die Konstanten a_{12} und a_{22} finden. Nach Ermittlung aller Konstanten der Gln. (a') und (b') lassen sich die zwei kritischen Geschwindigkeiten der Welle mit Hilfe der Formeln (81) bestimmen, wenn man darin $a = a_{11}$, $b = a_{12} = a_{21}$, $c = a_{22}$ setzt.

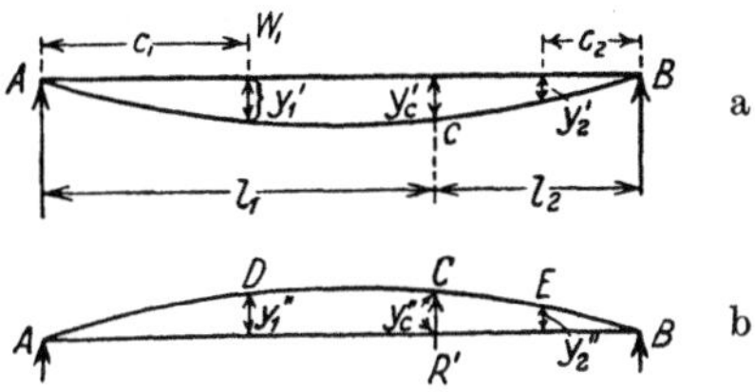

Abb. 97.

In den obigen Berechnungen wurde die Reaktion R des Mittellagers als eine statisch unbestimmte Größe betrachtet. Im Falle mehrerer Lager ist es einfacher, die Biegungsmomente an den dazwischenliegenden Lagern als statisch unbestimmte Größen einzuführen. Als Beispiel für diese Berechnungsmethode wollen wir hier eine Generatoranlage besprechen, bestehend aus einem Induktionsmotor und einem dreifach gelagerten Gleichstrom-Generator[1]. Die Welle besitzt veränderlichen Querschnitt; ihre Abmessungen sind in Abb. 98a angegeben. Wir wollen annehmen, daß die Armaturenmasse des Induktionsmotors, die des Gleichstrom-

* In dieser Gleichung handelt es sich nur um die absolute Größe der Durchbiegungen.

[1] Die weiter folgenden numerischen Daten entsprechen einem wirklichen, von J. P. Den Hartog von der Westinghouse Electric and Manufacturing Company, East Pittsburgh, Pennsylvania, durchgerechneten Fall.

Generators und die Kommutatormasse des Gleichstrom-Generators im jeweiligen Schwerpunkt konzentriert sind (s. Abb. 98b). Um die Wellenmasse zu berücksichtigen, wurde die halbe Wellenmasse der linken Spannweite zu der Masse des Induktionsmotors addiert, während die halbe Wellenmasse der rechten Spannweite zwischen der Armatur des Generators und seinem Kommutator zu gleichen Teilen verteilt wird. In dieser Weise ist das Problem auf ein solches mit drei Freiheitsgraden zurückgeführt, wobei die Durchbiegungen

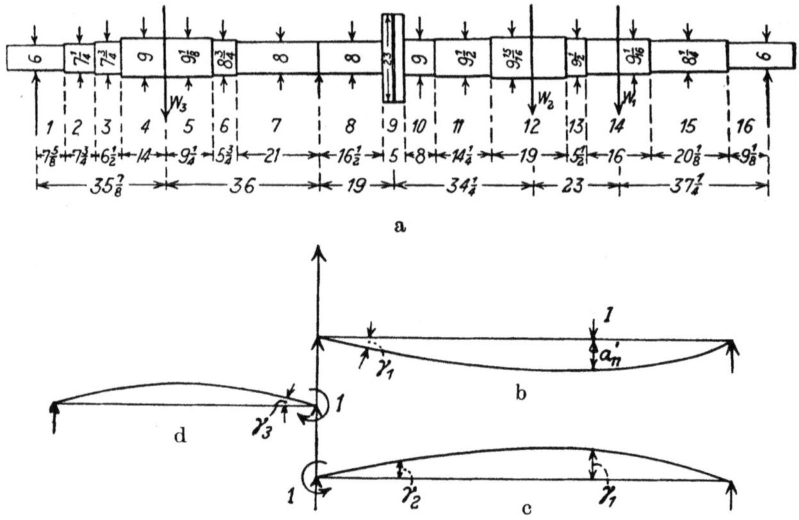

Abb. 98.

y_1, y_2, y_3 an den Massen W_1, W_2, W_3 während der Schwingungsbewegung als Koordinaten genommen werden. Die statischen Durchbiegungen unter der Einwirkung der Lasten W_1, W_2, W_3 können durch die Gln. (n) dargestellt werden, und die Konstanten a_{11}, a_{12}, ... dieser Gleichungen lassen sich nun ermitteln, indem das Biegungsmoment am Zwischenlager als statisch unbestimmte Größe eingeführt wird. Um a_{11} zu finden, nehmen wir an, daß die Welle am Mittellager in zwei Teile zerschnitten wird und daß die rechte Spannweite mit einem Gewicht gleich 1 kg in dem Querschnitt belastet ist, in dem W_1 angreift (Abb. 98b). Mit Hilfe der im § 15 auseinandergesetzten graphischen Methode erhalten wir die Durchbiegung a'_{11} unter der Last gleich $13{,}68 \cdot 10^{-6}$ cm und den Neigungswinkel γ_1 am linken Lager gleich $13{,}09 \cdot 10^{-8} \cdot \frac{180^0}{\pi}$. Wirkt nun am Zwischenlager ein Biegungsmoment vom Betrage 1 cmkg, so liefert die gleiche graphische Methode die Neigungswinkel $\gamma_2 = 3{,}68 \cdot 10^{-9} \cdot \frac{180^0}{\pi}$ (Abb. 98c u. d) bzw. $\gamma_3 = 3{,}04 \cdot 10^{-9} \cdot \frac{180^0}{\pi}$.

Aus dem Reziprozitätssatz folgt nun, daß die Durchbiegung im Punkte W_1 in diesem Falle numerisch gleich ist dem Neigungswinkel γ_1 für den in Abb. 98b gegebenen Fall. Kombiniert man diese Ergebnisse, so kann man schließen, daß eine in W_1 angebrachte Last von 1 kg am Zwischenlager ein Biegungsmoment von der Größe

$$M = \frac{\gamma_1}{\gamma_2 + \gamma_3}\,\mathrm{cmkg}$$

hervorruft und daß die Durchbiegung unter dieser Last

$$a_{11} = a'_{11} - \frac{\gamma_1^2}{\gamma_2 + \gamma_3} = 111{,}3 \cdot 10^{-7}\,\mathrm{cm}$$

beträgt. Geht man in der gleichen Weise auch bei den anderen Konstanten der Gln. (n) vor, so erhält man folgende numerische Werte:

$$a_{22} = 111{,}0 \cdot 10^{-7}\,\mathrm{cm}; \quad a_{33} = 42{,}5 \cdot 10^{-7}\,\mathrm{cm}; \quad a_{12} = a_{21} = 101{,}4 \cdot 10^{-7}\,\mathrm{cm};$$
$$a_{13} = a_{31} = -19{,}6 \cdot 10^{-7}\,\mathrm{cm}; \quad a_{23} = a_{32} = -25{,}8 \cdot 10^{-7}\,\mathrm{cm}.$$

Jetzt substituiere man in die Gln. (n) die Fliehkräfte $\frac{W_1 \omega^2 y_1}{g}$, $\frac{W_2 \omega^2 y_2}{g}$ und $\frac{W_3 \omega^2 y_3}{g}$ an Stelle der Lasten W_1, W_2 und W_3, wodurch sich dann folgende Gleichungen ergeben:

$$\left(1 - a_{11}\frac{W_1\omega^2}{g}\right) y_1 - a_{12}\frac{W_2\omega^2}{g} y_2 - a_{13}\frac{W_3\omega^2}{g} y_3 = 0,$$
$$- a_{21}\frac{W_1\omega^2}{g} y_1 + \left(1 - a_{22}\frac{W_2\omega^2}{g}\right) y_2 - a_{23}\frac{W_3\omega^2}{g} y_3 = 0,$$
$$- a_{31}\frac{W_1\omega^2}{g} y_1 - a_{32}\frac{W_2\omega^2}{g} y_2 + \left(1 - a_{33}\frac{W_3\omega^2}{g}\right) y_3 = 0.$$

Setzt man die Determinante dieses Gleichungssystems gleich Null und führt dann für die Konstanten a_{11}, a_{12}, ... die oben berechneten Größen ein, so erhält man folgende Frequenzgleichung zur Berechnung der kritischen Geschwindigkeiten:

$$(10^{-7}\omega^2)^3 - 3{,}76\,(10^{-7}\omega^2)^2 + 1{,}93\,(10^{-7}\omega^2) - 0{,}175 = 0;$$

hieraus folgen die drei kritischen Drehzahlen pro Minute zu

$$n_1 = \frac{30}{\pi}\omega_1 = 1070; \quad n_2 = \frac{30}{\pi}\omega_2 = 2240; \quad n_3 = \frac{30}{\pi}\omega_3 = 5620.$$

Im Anschluß an das obige Verfahren möge hier auch die direkte oben für die Welle in zwei Lagern beschriebene graphische Methode auf den Fall einer dreifach gelagerten Welle angewandt werden. Man hat in diesem Falle eine anfängliche, den Lagerungsbedingungen der Abb. 94a u. b entsprechende Durchbiegungskurve und eine gewisse

Winkelgeschwindigkeit ω anzunehmen. Die an der Welle wirkenden Fliehkräfte sind dann

$$\frac{W_1}{g}\omega^2 y_1 \quad \text{und} \quad \frac{W_2}{g}\omega^2 y_2.$$

Mit Hilfe der graphischen Methode kann man die Durchbiegungskurve konstruieren, die durch diese zwei Kräfte erzeugt wird, und wenn die anfängliche Kurve richtig gewählt wurde, so wird ihr die konstruierte Durchbiegungskurve geometrisch ähnlich sein, worauf dann die kritische Geschwindigkeit aus einer der Gl. (82) ähnlichen Beziehung folgt. Besteht aber zwischen den beiden Kurven der Form nach ein erheblicher Unterschied, so muß die Konstruktion unter Zugrundelegung der erhaltenen Durchbiegungskurve als Anfangskurve wiederholt werden[1].

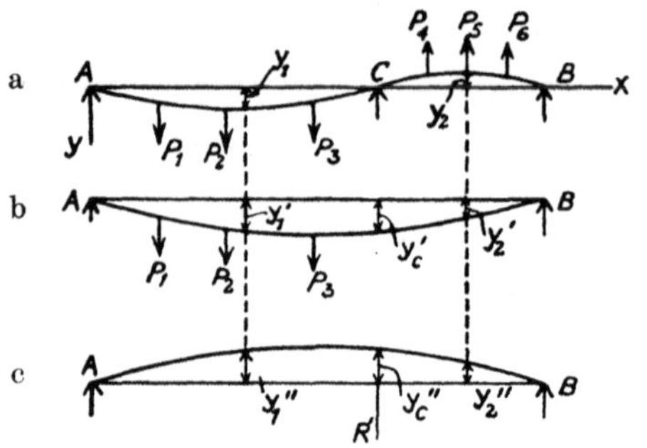

Abb. 99.

Dieses Verfahren kann auch im Falle mehrerer Scheiben oder auch in den Fällen, in denen die Wellenmasse zu berücksichtigen ist, benutzt werden. Wir gehen dann wiederum von einer angenommenen anfänglichen Durchbiegungskurve (Abb. 99) und einer gewissen angenommenen Winkelgeschwindigkeit ω aus. Danach kann man die an den Scheiben und an den Wellenteilen wirkenden Fliehkräfte P_1, P_2, . . . leicht berechnen und die entsprechende Durchbiegungskurve wie folgt konstruieren: man betrachte zunächst die an der linken Wellenspanne wirkenden Kräfte und konstruiere nach Entfernung des Mittellagers C die in Abb. 99b gezeigte Durchbiegungskurve. In der gleichen Weise kann man auch die Durchbiegungskurve erhalten, die durch eine in C angebrachte und nach oben wirkende Vertikallast R' erzeugt wird (Abb. 99c), worauf sich die Reaktion R am Mittellager, erzeugt durch die Belastung der linken Wellenspanne, mit Hilfe der obigen Gl. (p) ermitteln läßt. Die Durchbiegung in irgendeinem Punkte, hervorgerufen durch die Belastung der linken Wellenseite, kann dann aus Gleichungen gefunden werden, die der Gl. (q) ähnlich sind.

Nimmt man beispielsweise die Querschnitte, in denen die anfängliche Kurve die Maximaldurchbiegungen y_1 und y_2 (Abb. 99a) aufweist, so

[1] Es kann gezeigt werden, daß dieses Verfahren konvergiert, wenn es sich um die Berechnung der tiefsten kritischen Geschwindigkeit handelt, und daß man sich durch Wiederholung der oben beschriebenen Konstruktion dem wirklichen Werte der kritischen Geschwindigkeit nähert. Siehe das oben erwähnte Werk von A. Stodola.

sind die Durchbiegungen, die in diesen Querschnitten durch die Belastung der linken Wellenseite hervorgerufen werden, gleich

$$y_{1a} = y_1' - y_1'' \frac{y_c'}{y_c''},$$

$$y_{2a} = y_2' - y_2'' \frac{y_c'}{y_c''}.$$

In derselben Weise kann man die Durchbiegungen y_{1b} und y_{2b} ermitteln, die in diesen Querschnitten durch die Belastung der rechten Wellenseite hervorgerufen werden, und man hat dann in $y_{1a} + y_{1b}$ und $y_{2a} + y_{2b}$ die Gesamtdurchbiegungen[1]. Wurde die anfängliche Durchbiegungskurve richtig gewählt, so gilt die Gleichung

$$\frac{y_{1a} + y_{1b}}{y_{2a} + y_{2b}} = \frac{y_1}{y_2}, \tag{r}$$

und die kritische Geschwindigkeit folgt dann aus der Gleichung

$$\omega_{kr} = \omega \sqrt{\frac{y_1}{y_{1a} + y_{1b}}}. \tag{83}$$

Im Falle einer erheblichen Abweichung von der durch die Gl. (r) dargestellten Bedingung wird die Berechnung einer zweiten Näherung erforderlich, und zu diesem Zweck können wir folgendes Verfahren benutzen[2]. Es ist leicht zu sehen, daß die oben gefundenen Durchbiegungen y_{1a} und y_{2a} der Größe ω^2 und der anfänglichen Durchbiegung y_1 proportional sind, so daß die Gleichungen

$$y_{1a} = a_1 y_1 \omega^2,$$

$$y_{2a} = a_2 y_1 \omega^2$$

gelten, aus denen sich die Konstanten a_1 und a_2 berechnen lassen. In gleicher Weise ergeben sich aus den Gleichungen

$$y_{1b} = b_1 y_2 \omega^2,$$

$$y_{2b} = b_2 y_2 \omega^2$$

die Konstanten b_1 und b_2.

Falls nun die anfängliche Durchbiegungskurve richtig gewählt wurde und $\omega = \omega_{kr}$ ist, müssen die Gleichungen

$$y_1 = y_{1a} + y_{1b} = a_1 y_1 \omega^2 + b_1 y_2 \omega^2,$$

$$y_2 = y_{2a} + y_{2b} = a_2 y_1 \omega^2 + b_2 y_2 \omega^2$$

[1] Die nach unten gerichteten Durchbiegungen werden positiv gerechnet.

[2] Das im Text folgende Verfahren ist von Herrn Borowicz in seiner Dissertation, Beiträge zur Berechnung kritischer Geschwindigkeiten zwei- und mehrfach gelagerter Wellen. München 1915, entwickelt worden. Siehe auch E. Rausch: Ing.-Arch. 1, 203 (1930), sowie K. A. Traenkle: Ing.-Arch. 1, 499 (1930).

gelten, die auch in der Gestalt

$$\left.\begin{aligned}(1 - a_1\omega^2)\,y_1 - b_1\omega^2 y_2 = 0\,,\\ - a_2 y_1\omega^2 + (1 - b_2\omega^2)\,y_2 = 0\end{aligned}\right\}\tag{s}$$

geschrieben werden können. Die Gleichung zur Berechnung der kritischen Geschwindigkeit ergibt sich nun durch Nullsetzen der Determinante dieser Gleichungen, und wir erhalten

$$(a_1 b_2 - a_2 b_1)\,\omega^4 - (a_1 + b_2)\,\omega^2 + 1 = 0\,.$$

Diejenige Wurzel dieser Gleichung, die dem Verhältnis $\frac{y_1}{y_2}$ der Gln. (s) einen negativen Wert erteilt, entspricht der vorausgesetzten Gestalt der Kurve nach Abb. 100a und ergibt die tiefste kritische Geschwindigkeit. Wird eine bessere Näherung gewünscht, so hat man das Verhältnis $\frac{y_1}{y_2}$ nach (s) der Aufzeichnung der neuen Gestalt der Anfangskurve zugrundezulegen, und mit dieser neuen Kurve ist dann das zeichnerische Verfahren zu wiederholen. In den wirklichen Fällen ist diese weitere Näherung gewöhnlich unnötig.

33. Gyroskopische Einflüsse auf die kritischen Geschwindigkeiten rotierender Wellen.

Allgemeines. In unserer vorangehenden Besprechung der kritischen Geschwindigkeiten rotierender Wellen wurden nur die Fliehkräfte der rotierenden Massen berücksichtigt. Unter gewissen Bedingungen hat man außer diesen Kräften auch die Momente der Trägheitskräfte in Betracht zu ziehen, die durch die Raumbewegungen der Drehachsen der rotierenden Massen verursacht werden, da sie die Höhe der kritischen Geschwindigkeiten beeinflussen. Im folgenden betrachten wir den einfachsten Fall, nämlich den einer Welle mit einer einzigen Kreisscheibe (Abb. 100).

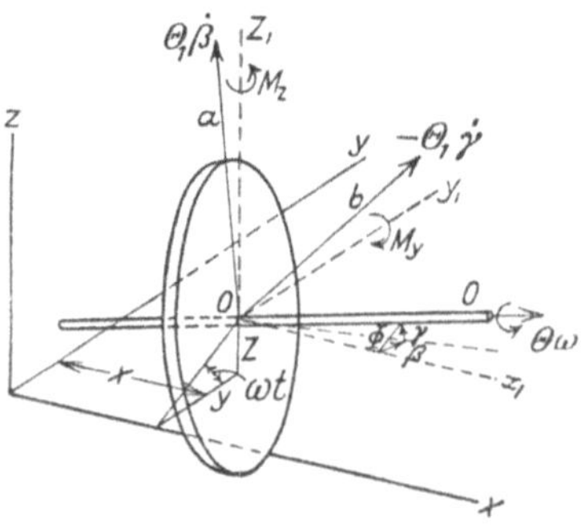

Abb. 100.

Unter der Voraussetzung, daß die Durchbiegungen y und z der Welle während der Schwingungsbewegung sehr klein sind und daß der Scheibenschwerpunkt O auf der Wellenachse liegt, ist die Lage der Scheibe völlig bestimmt durch die Koordinaten y und z des Scheibenmittelpunktes und die Winkel β und γ, welche die Achse O—O, die auf der Scheibenebene senkrecht steht und die Durchbiegungskurve der Welle berührt, mit jenen aufeinander senkrecht stehenden festen Ebenen xz

und xy einschließt, welche durch die die Lagermittelpunkte verbindende x-Achse hindurchgehen. Ist W das Gewicht der Scheibe, so lauten die Bewegungsgleichungen des Scheibenquerschnitts, wenn man die elastischen Reaktionen allein[1] in Betracht zieht,

$$\frac{W}{g}\ddot{y} = Y, \qquad \frac{W}{g}\ddot{z} = Z, \tag{a}$$

worin Y und Z die Komponenten der Wellenreaktion in der y- bzw. z-Richtung sind. Sie sind Linearfunktionen der Koordinaten y, z und der Winkel β, γ, die sich aus der Betrachtung der Wellenbiegung leicht ermitteln lassen.

Betrachten wir beispielsweise die Biegung einer Welle mit einfach gestützten Enden in der xy-Ebene (Abb. 101) unter der Einwirkung einer Kraft P und eines Kräftepaares M. Geht man in der üblichen Weise mit der Durchbiegungskurve der Welle vor, so ergibt sich die Durchbiegung in O zu[2]

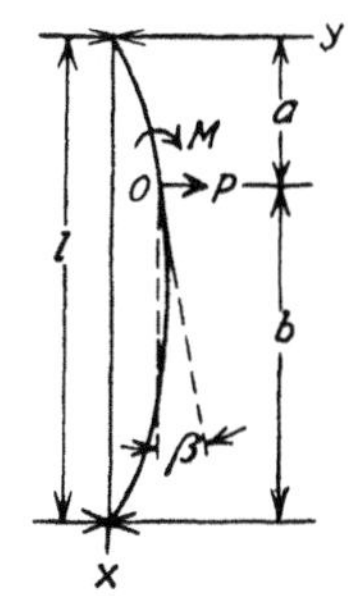

Abb. 101.

$$y = \frac{P a^2 b^2}{3 l E I} + \frac{M a b (a - b)}{3 l E I}, \tag{b}$$

während der Neigungswinkel im gleichen Punkte den Wert

$$\beta = \frac{P a b (b - a)}{3 l E I} - \frac{M (a^2 - a b + b^2)}{3 l E I} \tag{c}$$

besitzt. Aus den Gln. (b) und (c) erhalten wir

$$P = 3 l E I \left(\frac{a^2 - a b + b^2}{a^3 b^3} y + \frac{a - b}{a^2 b^2} \beta\right), \tag{d}$$

$$M = 3 l E I \left(\frac{b - a}{a^2 b^2} y - \frac{1}{a b} \beta\right). \tag{e}$$

Auf Grund der Gl. (d) gehen die Gln. (a) für die Bewegung des Scheibenschwerpunktes über in

$$\frac{W}{g}\ddot{y} + m y + n \beta = 0; \qquad \frac{W}{g}\ddot{z} + m z + n \gamma = 0, \tag{84}$$

worin

$$m = 3 l E I \frac{a^2 - a b + b^2}{a^3 b^3}; \qquad n = 3 l E I \frac{a - b}{a^2 b^2}. \tag{h}$$

Bei der Betrachtung der Relativbewegung der Scheibe hinsichtlich ihres Schwerpunktes wird vorausgesetzt, daß das Moment der äußeren auf die Scheibe wirkenden Kräfte in bezug auf die Achse O—O stets gleich

[1] Die hier vorausgesetzten Bedingungen entsprechen dem Fall einer senkrecht stehenden Welle, bei der das Scheibengewicht die Wellendurchbiegungen nicht beeinflußt. Der Einfluß dieses Gewichtes wird später untersucht werden (siehe § 34).

[2] Siehe Timoshenko u. Lessels: Festigkeitslehre, S. 67 u. S. 83.

Null ist; dann bleibt die Winkelgeschwindigkeit ω hinsichtlich dieser Achse konstant. Die Momente M_y und M_z um die y_1- bzw. z_1-Achse (Abb. 100) stellen die Wirkung der elastischen Kräfte der Welle auf die Scheibe dar und können in der Gestalt

$$\left.\begin{aligned} M_y &= -m' z + n'\gamma, \\ M_z &= m' y - n'\beta \end{aligned}\right\} \tag{g}$$

geschrieben werden, worin m' und n' Konstanten sind, die der Durchbiegungskurve der Welle entnommen werden können[1]. Der positive Sinn für die Winkel β und γ und für die Momente M_y und M_z ist in der Abbildung angegeben.

Im oben betrachteten Falle [s. Gl. (e)] haben wir

$$m' = 3\,l E I \frac{b-a}{a^2 b^2}; \qquad n' = \frac{3\,l E I}{a\,b}. \tag{k}$$

Die Gleichungen der Relativbewegung der Scheibe hinsichtlich ihres Schwerpunktes ergibt sich nun mit Hilfe des Prinzips von der Erhaltung des Drehimpulses (Impulssatz), wonach die Änderungsgeschwindigkeit des Gesamtmomentes der Bewegungsgröße eines bewegten Systems in bezug auf eine feste Achse (Drehimpuls) dem Gesamtmoment der äußeren Kräfte hinsichtlich dieser Achse gleich ist. Bei der Berechnung der Änderungsgeschwindigkeit des Drehimpulses in bezug auf eine feste durch die augenblickliche Lage des Schwerpunktes O gehende Achse haben wir nur die Relativbewegung in Betracht zu ziehen[2].

Bei der Berechnung der Komponenten des Drehimpulses beziehen wir uns auf die Hauptträgheitsachsen der Scheibe. Die Drehachse OO ist eine dieser Achsen. Die beiden anderen Achsen sind zwei aufeinander senkrecht stehende Scheibendurchmesser. Einer dieser Durchmesser, den wir mit Oa bezeichnen wollen, nehmen wir in der Ebene OOz_1 an (s. Abb. 100). Er schließt einen kleinen Winkel γ mit der Achse Oz_1 ein. Der andere Durchmesser Ob schließt mit der Achse Oy_1 den Winkel β ein. Sei θ das Trägheitsmoment der Scheibe bezüglich der Achse OO und $\theta_1 = \frac{1}{2}\,\theta$ das Trägheitsmoment der Scheibe bezüglich eines Durchmessers. Dann ist die Komponente des Drehimpulses bezüglich der Achse OO gleich $\theta\omega$, die Komponenten bezüglich der Durchmesser Oa und Ob sind θ_1, $\dot\beta$ bzw. $-\theta_1\dot\gamma$*. Die positiven Richtungen

[1] Es wird vorausgesetzt, daß die Biegsamkeit der Welle unter Berücksichtigung der Lagerungsnachgiebigkeit nach beiden Richtungen hin die gleiche ist.

[2] Siehe z. B. H. Lamb: Higher Mechanics **1920**, 94.

* Hierbei ist, wie oben, vorausgesetzt, daß β und γ klein sind. Dann sind $\dot\beta$ und $-\dot\gamma$ die Näherungswerte der Winkelgeschwindigkeiten bezüglich der Achsen Oa und Ob.

dieser Komponenten des Drehimpulses sind in Abb. 100 angedeutet. Projiziert man diese Komponenten auf die festen Achsen Oy_1 und Oz_1 die durch die augenblickliche Stellung des Schwerpunktes O hindurchgehen, so erhält man $\theta\omega\beta - \theta_1\dot{\gamma}$ bzw. $\theta\omega\gamma + \theta_1\dot{\beta}$. Hierauf erhalten wir nach dem Impulssatz

$$\frac{d}{dt}(\theta\,\omega\,\beta - \theta_1\dot{\gamma}) = M_y\,,$$

$$\frac{d}{dt}(\theta\,\omega\gamma + \theta_1\dot{\beta}) = M_z$$

oder unter Benutzung der Gln. (g)

$$\left.\begin{aligned}\theta\,\omega\,\dot{\beta} - \theta_1\ddot{\gamma} &= -\,m'z + n'\gamma\,,\\ \theta\,\omega\dot{\gamma} + \theta_1\ddot{\beta} &= m'y - n'\beta\,.\end{aligned}\right\} \qquad (85)$$

Die zur Beschreibung der Scheibenbewegung dienenden Gln. (84) und (85) lassen sich durch den Ansatz

$$y = A\sin pt; \qquad z = B\cos pt; \qquad \beta = C\sin pt; \qquad \gamma = D\cos pt \qquad (\text{m})$$

befriedigen. Damit erhalten wir vier lineare homogene Gleichungen für die Größen A, B, C, D. Setzt man die Determinante dieser Gleichungen gleich Null, so ergibt sich die Gleichung zur Ermittelung der Eigenfrequenzen p*. Wir besprechen nun einige Spezialfälle.

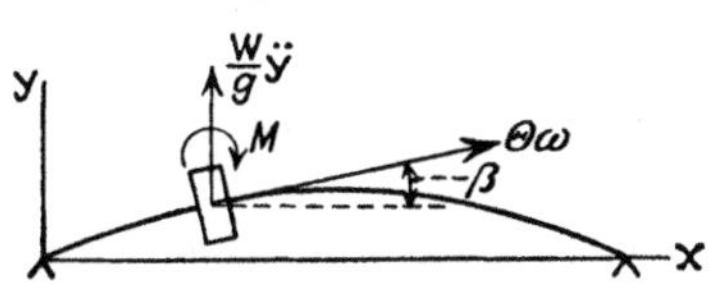

Abb. 102.

Als erstes Beispiel erörtern wir den Fall, in dem die Hauptachse OO, die auf der Scheibenebene senkrecht steht, stets in einer Ebene verbleibt, die die x-Achse enthält und mit derselben konstanten Winkelgeschwindigkeit ω wie die Scheibe rotiert. Bezeichnet man mit r die Wellendurchbiegung und mit φ den Winkel zwischen OO und der x-Achse (Abb. 100), so erhält man für den bezeichneten Spezialfall

$$y = r\cos\omega t; \qquad z = r\sin\omega t; \qquad \beta = \varphi\cos\omega t; \qquad \gamma = \varphi\sin\omega t\,. \qquad (\text{n})$$

Behandelt man r und φ als Konstanten und betrachtet die Momentanstellung, bei der die Ebene der Durchbiegungskurve der Welle mit der xy-Ebene (Abb. 102) zusammenfällt, so hat man aus den Gln. (n)

$$\begin{aligned}\beta &= \varphi, & \dot{\beta} &= 0, & \ddot{\beta} &= -\,\varphi\,\omega^2,\\ \gamma &= 0, & \dot{\gamma} &= \varphi\,\omega, & \ddot{\gamma} &= 0,\\ y &= r, & \dot{y} &= 0, & \ddot{y} &= -\,r\,\omega^2,\\ z &= 0, & \dot{z} &= r\,\omega, & \ddot{z} &= 0.\end{aligned}$$

* Siehe die Arbeit von A. Stodola in der Z. ges. Turbinenw. **1918**, 253 und **1920**, 1.

Durch Substitution in die Gln. (84) und (85) erhält man

$$\left.\begin{aligned} \frac{W}{g}\ddot{y} + m y + n\beta &= 0, \\ (\theta - \theta_1)\beta\omega^2 &= m' y - n'\beta. \end{aligned}\right\} \tag{o}$$

Man sieht nun, daß die Welle nicht nur durch Fliehkräfte gebogen wird, sondern auch durch das Moment $M = (\theta - \theta_1)\beta\omega^2$, das in diesem Falle den gyroskopischen Effekt der rotierenden Scheibe darstellt und die Welle versteift. Substituiert man

$$y = r\cos\omega t, \qquad \beta = \varphi\cos\omega t$$

in die Gln. (o), so folgt

$$\left.\begin{aligned} \left(m - \omega^2\frac{W}{g}\right) r + n\varphi &= 0, \\ -m' r + \{n' + (\theta - \theta_1)\omega^2\}\varphi &= 0. \end{aligned}\right\} \tag{p}$$

Die oben angenommene Wellendurchbiegung wird möglich, wenn die Gln. (p) für r und φ von Null verschiedene Wurzeln haben, d. h. wenn die Winkelgeschwindigkeit ω so groß wird, daß die Determinante dieser Gleichungen gleich Null wird. In dieser Weise ergibt sich folgende Gleichung zur Berechnung der kritischen Geschwindigkeiten:

$$\left(m - \frac{\omega^2 W}{g}\right)\{n' + (\theta - \theta_1)\omega^2\} + n m' = 0. \tag{r}$$

Setzt man

$$\frac{mg}{W} = p^2; \qquad \frac{n'}{\theta - \theta_1} = q^2$$

und beachtet, daß nach (h) und (k)

$$n m' = -c m n', \quad \text{worin} \quad c = \frac{(a-b)^2}{a^2 - ab + b^2},$$

so folgt

$$(p^2 - \omega^2)(q^2 + \omega^2) - c p^2 q^2 = 0$$

oder

$$\omega^4 - (p^2 - q^2)\omega^2 - p^2 q^2 (1 - c) = 0. \tag{s}$$

Es ist leicht zu sehen, daß die Gl. (s) für $c < 1$ nur eine einzige positive Wurzel hat, nämlich

$$\omega^2 = \tfrac{1}{2}(p^2 - q^2) + \sqrt{\tfrac{1}{4}(p^2 - q^2)^2 + (1 - c) p^2 q^2}. \tag{t}$$

Kann der gyroskopische Effekt vernachlässigt werden, so setzt man $\theta - \theta_1 = 0$ in die Gl. (r) ein; dies gibt

$$\frac{\omega^2 W}{g} = \frac{m n' + n m'}{n'} = \frac{3 l E I}{a^2 b^2},$$

woraus folgt

$$\omega_{kr} = \sqrt{\frac{g\, 3 l E I}{a^2 b^2 W}} \quad \text{oder} \quad \omega_{kr} = \sqrt{\frac{g}{\delta}},$$

worin

$$\delta = \frac{a^2 b^2 W}{3 l E I}$$

die statische Durchbiegung der Welle unter der Last W darstellt. Dieses Ergebnis fällt vollständig mit dem oben in § 15 gefundenen zusammen, wenn man die Scheibe auf der Welle als ein System mit einem Freiheitsgrade betrachtet.

In der obigen Erörterung wurde vorausgesetzt, daß die Winkelgeschwindigkeit der Ebene, in der die durchgebogene Welle liegt, die gleiche ist wie die der rotierenden Scheibe. Es ist aber möglich, daß diese zwei Geschwindigkeiten voneinander verschieden sind. Nimmt man beispielsweise an, daß die Winkelgeschwindigkeit der Ebene, in der die durchgebogene Welle liegt, gleich λ ist, und substituiert man

$$y = r \cos \lambda t; \qquad z = r \sin \lambda t; \qquad \beta = \varphi \cos \lambda t; \qquad \gamma = \varphi \sin \lambda t$$

in die Gln. (f) und (l), so folgt

$$\left.\begin{aligned} \frac{W}{g} \ddot{y} + m y + n \beta = 0, \\ (\theta \omega \lambda - \theta_1 \lambda^2) \beta = m' y - n' \beta \end{aligned}\right\} \qquad (\mathrm{o'})$$

an Stelle der Gln. (o).

Mit $\lambda = \omega$ würde man das obige Resultat erhalten. Mit $\lambda = -\omega$ würde man aus der zweiten der Gln. (o′) die Beziehung

$$-(\theta + \theta_1) \omega^2 \beta = m' y - n' \beta \qquad (\mathrm{u})$$

erhalten. Diese Gleichung zeigt, daß der gyroskopische Effekt durch das Moment

$$M = -(\theta + \theta_1) \omega^2 \beta$$

dargestellt wird, wenn die Ebene der gebogenen Welle mit der Geschwindigkeit ω in der zur Scheibendrehung entgegengesetzten Richtung rotiert. Das Minuszeichen bedeutet, daß das gyroskopische Moment unter solchen Bedingungen im Sinne einer Zunahme der Wellendurchbiegung wirkt und dadurch die kritische Geschwindigkeit der Welle senkt. Wird die Welle mit der Scheibe von der Ruhelage aus auf die Geschwindigkeit ω gebracht, so tritt gewöhnlich der Fall $\lambda = \omega$ ein. Sind aber Störungskräfte der gleichen Frequenz wie die kritische Geschwindigkeit für den Fall $\lambda = -\omega$ vorhanden, dann kann eine Drehung der gebogenen Welle in einer zur Scheibendrehung entgegengesetzten Richtung eintreten[1]. Sitzen mehrere Scheiben auf der Welle und muß der gyroskopische Effekt in Betracht gezogen werden, so kann man auch das in § 32 beschriebene graphische Verfahren benutzen. Es ist nur nötig, den Fliehkräften die aus dem gyroskopischen Effekt

[1] Siehe A. Stodola: Dampf- und Gasturbinen, S. 367 (1922).

folgenden Momente hinzuzufügen. Abb. 103 stellt den Fall einer einzigen Scheibe für den Fall $\lambda = \omega$ dar. Um das Biegungsmomentendiagramm für diesen Fall zu erhalten, hat man den durch das Kräftepaar M (Abb. 103c) erzeugten Biegungsmomenten die von der Fliehkraft (Abb. 103b) herrührenden Biegungsmomente zu superponieren. Das resultierende Biegungsmomentendiagramm ist in Abb. 103d dargestellt. Mit diesem Diagramm hat man dann weiter in genau der gleichen Weise zu verfahren wie oben erklärt (s. § 15).

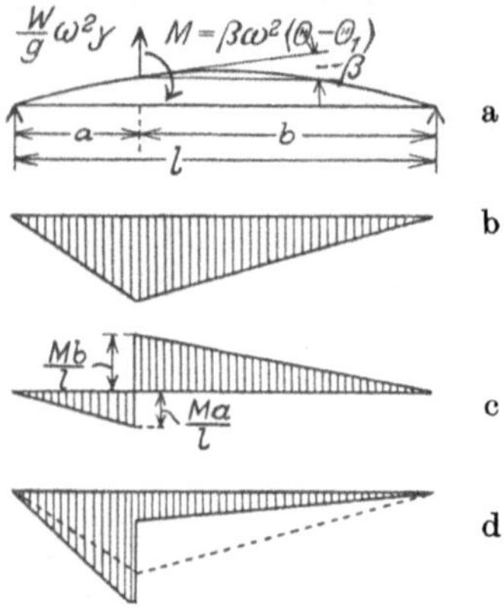

Abb. 103.

Der gyroskopische Effekt bei der Schwingungsbewegung von Schwungrädern. Als zweites Beispiel wollen wir hier die kritischen Geschwindigkeiten eines Schwungrades untersuchen, dessen Speichen in der Richtung der Wellenachse biegsam sind (s. Abb. 104), während die Welle absolut starr sein soll. Eine Schwingung des Schwungrades parallel zur Wellenachse wird durch eine Drehbewegung des Schwungrades nicht beeinflußt, und die entsprechende Periode kann aus der Gl. (5) berechnet werden, worin jetzt δ die Durchbiegung des Radkranzes unter der Einwirkung seines Gewichtes bei senkrechter Wellenlage bedeutet.

Bei der Betrachtung der mit räumlichen Bewegungen der Radkranzebene verbundenen Schwingungen bedienen wir uns der obigen Theorie. Da die Welle starr ist, so sind die Durchbiegungen y und z in den Gln. (85) gleich Null zu setzen und wir erhalten

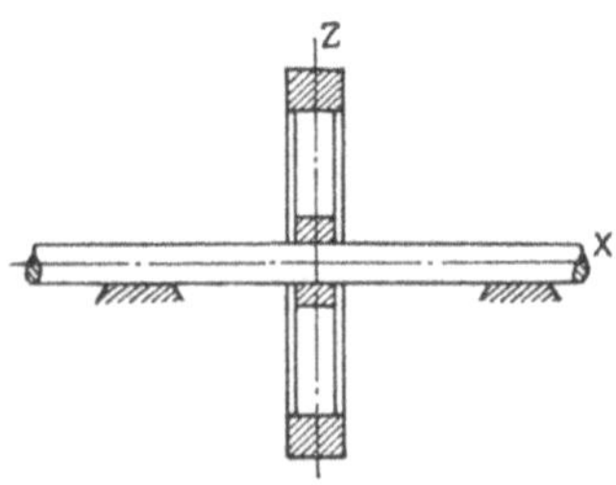

Abb. 104.

$$\left.\begin{aligned} \theta\,\omega\,\dot\beta - \theta_1\,\ddot\gamma &= n'\gamma\,, \\ \theta\,\omega\,\dot\gamma + \theta_1\,\ddot\beta &= -n'\beta\,, \end{aligned}\right\} \qquad (v)$$

oder

$$\left.\begin{aligned} \theta_1\,\ddot\beta &= -\theta\,\omega\,\dot\gamma - n'\beta\,, \\ \theta_1\,\ddot\gamma &= \theta\,\omega\,\dot\beta - n'\gamma\,, \end{aligned}\right\} \qquad (86)$$

worin die Federkonstante n' von der Biegsamkeit der Speichen abhängt. Diese Konstante n' läßt sich aus der Bedingung ermitteln, daß $n'\beta$ das Kräftepaar um die z-Achse darstellt, das erforderlich ist, um eine Drehung der Schwungradkranzebene um diese Achse um einen Winkel β hervorzurufen.

Zwischen den Gln. (86) und den Gleichungen der ebenen Bewegung eines materiellen Punktes besteht eine bemerkenswerte Analogie. Sei O

ein fester Punkt, der Schwerpunkt des Kranzes (Abb. 105), und OO eine Momentanlage der zur Kranzebene senkrechten Hauptachse. Nun denken wir uns eine Kugel, deren Mittelpunkt im festen Punkt O liegt und deren Radius gleich 1 ist. Sei C der Punkt, in dem die ungestörte Schwungradachse die Einheitskugel trifft, und C' der Punkt, in dem die Momentanachse OO die gleiche Kugel schneidet. Beschränkt man sich auf die Betrachtung von Fällen, in denen die Winkel β und γ klein sind, so kann man annehmen, daß sich der Punkt C', der „Pol" des Gyroskops, in der $y_1 z_1$-Ebene bewegt, die die Einheitskugel im Punkte C berührt. Die äußeren Kräfte, die die Wirkung der elastischen Spannungen der Speichen auf den Kranz darstellen, sind durch die

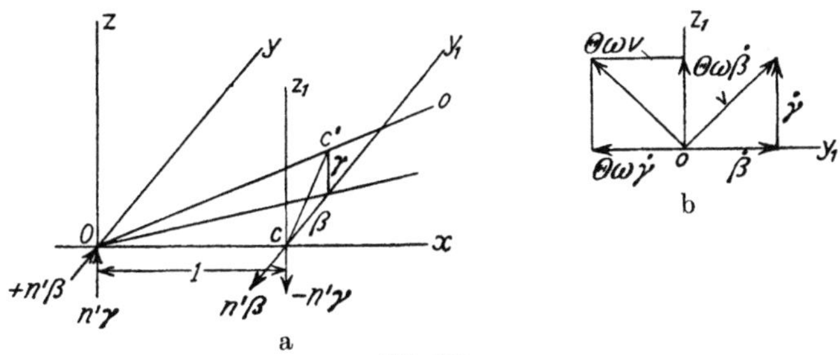

Abb. 105.

Kräftepaare $-n'\beta$ und $-n'\gamma$ der Abb. 105 gegeben. Jetzt wollen wir uns vorstellen, daß der Pol C' ein materieller Punkt von der Masse θ_1 ist und daß auf diesen materiellen Punkt außer den oben erwähnten Kräften $-n'\beta$ und $-n'\gamma$ noch eine gedachte „ablenkende Kraft" $\theta\omega v$ proportional der Geschwindigkeit v des Poles stets in einer Richtung einwirkt, die, von der Außenseite der Kugel gesehen, links vom Wege weist (Abb. 105b). Die Bewegung des Poles ist dann durch Gleichungen beschrieben, die mit den obigen Gln. (v) völlig übereinstimmen. Diese Analogie ist sehr nützlich bei der Behandlung von Problemen betreffend die Bewegung des Gyroskopes.

Zur Untersuchung der Schwungradschwingungen setzen wir die Lösung der Gln. (v) in der Gestalt

$$\beta = A\cos pt\,, \qquad \gamma = B\sin pt$$

an. Die Substitution in (v) liefert

$$A(n' - \theta_1 p^2) + B\theta\omega p = 0\,,$$

$$A\theta\omega p + B(n' - \theta_1 p^2) \quad = 0\,,$$

und hieraus folgt die Frequenzgleichung

$$(n' - \theta_1 p^2)^2 - \theta^2\omega^2 p^2 = 0\,.$$

Die Lösung dieser Gleichung lautet

$$p^2 = \frac{n'}{\theta_1}\left\{1 + \frac{\theta^2\omega^2}{2\theta_1 n'} \pm \sqrt{\left(1 + \frac{\theta^2\omega^2}{2\theta_1 n'}\right)^2 - 1}\right\}. \tag{87}$$

Danach erhalten wir zwei verschiedene Schwingungsfrequenzen, und die Bahn des Poles C, die die Schwungradschwingung darstellt, besteht aus zwei übereinander gelagerten Kreisschwingungen. Abb. 106 bietet ein Beispiel für eine vom Pol beschriebene Kurve.

Abb. 106.

Im Spezialfall $\omega = 0$ erhalten wir

$$p = \sqrt{\frac{n'}{\theta_1}}\,.$$

Nehmen wir beispielsweise[1]

$$\frac{\theta^2\omega^2}{2\theta_1 n'} = 2$$

an, so ist nach Gl. (87)

$$p = \sqrt{\frac{n'}{\theta_1}}\sqrt{3 \pm \sqrt{8}}\,,$$

und wir erhalten

$$p_1 = 2{,}415\sqrt{\frac{n'}{\theta_1}}\,; \qquad p_2 = 0{,}415\sqrt{\frac{n'}{\theta_1}}\,.$$

Die Bahn des Poles C ist das Superpositionsergebnis zweier harmonischer Schwingungen der Perioden $\frac{2\pi}{p_1}$ und $\frac{2\pi}{p_2}$. Wirken auf das Schwungrad äußere periodische Kräfte ein, so entstehen erzwungene Schwingungen. Nehmen wir beispielsweise den Fall an, daß eine einfache harmonische Kraft der gleichen Periode wie die der Maschinenumdrehungen vorhanden ist, so erhalten wir an Stelle der Gln. (86) folgendes Gleichungssystem

$$\left.\begin{aligned} \theta_1\ddot\beta &= -\theta\,\omega\,\dot\gamma - n'\beta + P\cos\omega t\,, \\ \theta_1\ddot\gamma &= \theta\,\omega\,\dot\beta - n'\gamma + P\sin\omega t\,. \end{aligned}\right\} \tag{w}$$

Die erzwungene Schwingung des Schwungrades ist durch die Partikularlösung dieser Gleichungen dargestellt. Setzt man

$$\beta = A\cos\omega t\,; \qquad \gamma = B\sin\omega t$$

an und substituiert dies in die Gln. (w), so folgt

$$A(n' - \theta_1\omega^2) + B\theta\omega^2 = P\,,$$
$$A\theta\omega^2 + B(n' - \theta_1\omega^2) = P\,,$$

woraus

$$A = \frac{P\,[n' - \omega^2(\theta + \theta_1)]}{(n' - \theta_1\omega^2)^2 - \theta^2\omega^4}\,.$$

---

[1] Entsprechend einem der Praxis entnommenen Fall eines Schwungrades mit biegsamen Speichen.

Resonanz tritt ein, wenn

$$(n' - \theta_1 \omega^2)^2 - \theta^2 \omega^4 = 0\,,$$

oder

$$\omega^2 = \frac{n'}{\theta_1\left(\frac{\theta^2}{\theta_1^2} - 1\right)}\left(-1 \pm \frac{\theta}{\theta_1}\right).$$

Die einzige reelle Wurzel, die in diesem Falle die kritische Geschwindigkeit ergibt, ist

$$\omega_{kr} = \sqrt{\frac{n'}{\theta_1\left(\frac{\theta}{\theta_1} + 1\right)}}\,. \tag{88}$$

Schwingungen eines starren Rotors mit biegsamen Lagern. Die Gln. (84) und (85) sind auch auf das Schwingungsproblem eines starren Rotors, dessen Lagerungen auf biegsamen Fußgestellen ruhen (Abb. 107), anwendbar. Seien y_1, z_1 und y_2, z_2 kleine Verschiebungen der Lager während der Schwingungsbewegung. Führt man diese Verschiebungen als Koordinaten des schwingenden Rotors ein, so sind die Verschiebungen des Schwerpunktes und die Winkelverschiebungen der Rotorachse (s. Abb. 107)

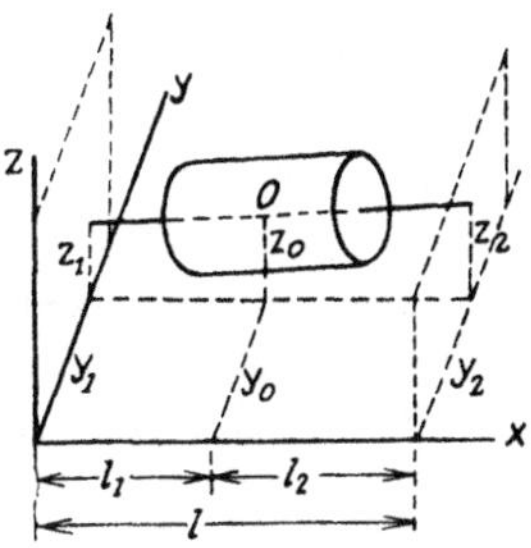

Abb. 107.

$$y_0 = y_1 \frac{l_2}{l} + y_2 \frac{l_1}{l}\,,$$

$$z_0 = z_1 \frac{l_2}{l} + z_2 \frac{l_1}{l}\,,$$

$$\beta = \frac{y_2 - y_1}{l}\,,$$

$$\gamma = \frac{z_2 - z_1}{l}\,.$$

Mit c_1, c_2, d_1, d_2 bezeichnen wir gewisse, von der Biegsamkeit der Fußgestelle in horizontaler und vertikaler Richtung abhängige Konstanten, derart, daß $-c_1 y_1$, $-c_2 y_2$ die horizontalen, $-d_1 z_1$, $-d_2 z_2$ dagegen die vertikalen, durch die kleinen Verschiebungen y_1, y_2, z_1 und z_2 in der y- bzw. z-Richtung erzeugten Lagerreaktionen sind. Die Gln. (84) der Schwerpunktsbewegung gehen dadurch in

$$\left.\begin{aligned} \frac{W}{g\,l}(l_2 \ddot{y}_1 + l_1 \ddot{y}_2) + c_1 y_1 + c_2 y_2 = 0\,,\\ \frac{W}{g\,l}(l_2 \ddot{z}_1 + l_1 \ddot{z}_2) + d_1 z_1 + d_2 z_2 = 0 \end{aligned}\right\} \tag{a'}$$

über. Die Gln. (85) für die Drehung des Rotors um die y- bzw. z-Achse nehmen in diesem Falle die Gestalt

$$\left.\begin{aligned} \theta\,\omega\,\frac{\dot y_2-\dot y_1}{l}-\theta_1\,\frac{\ddot z_2-\ddot z_1}{l} &= z_2 d_2 l_2 - z_1 d_1 l_1\,,\\ \theta\,\omega\,\frac{\dot z_2-\dot z_1}{l}+\theta_1\,\frac{\ddot y_2-\ddot y_1}{l} &= -y_2 c_2 l_2 + y_1 c_1 l_1 \end{aligned}\right\} \qquad (\mathrm{b}')$$

an.

Die vier Gln. (a′) und (b′) beschreiben vollständig die freien Schwingungen eines starren Rotors auf nachgiebigen Lagergestellen. Substituiert man in diese Gleichungen

$$y_1 = A\sin pt;\qquad y_2 = B\sin pt;\qquad z_1 = C\cos pt;\qquad z_2 = D\cos pt\,,$$

so ergeben sich vier homogene lineare Gleichungen für die Größen A, B, C und D. Setzt man die Determinante dieser Gleichungen gleich Null, so erhält man die Frequenzgleichung, aus der die vier Eigenfrequenzen des Rotors ermittelt werden können.

Betrachten wir nun eine erzwungene Schwingung des Rotors, hervorgerufen durch irgendeine exzentrisch daran befestigte Masse. Der Effekt einer solchen Unbalanz ist gleich der Wirkung einer Störungskraft mit den Komponenten

$$Y = A\cos\omega t \qquad Z = B\sin\omega t\,,$$

deren Angriffspunkt im Schwerpunkt liegt, und eines Kräftepaares mit den Komponenten

$$M_y = C\sin\omega t;\qquad M_z = D\cos\omega t\,.$$

An Stelle der Gln. (a′) und (b′) erhalten wir

$$\left.\begin{aligned} &\frac{W}{g\,l}(l_2\ddot y_1 + l_1\ddot y_2) + c_1 y_1 + c_2 y_2 = A\cos\omega t\,,\\ &\frac{W}{g\,l}(l_2\ddot z_1 + l_1\ddot z_2) + d_1 z_1 + d_2 z_2 = B\sin\omega t\,,\\ &\theta\,\omega\,\frac{\dot y_2-\dot y_1}{l} - \theta_1\,\frac{\ddot z_2-\ddot z_1}{l} = z_2 d_2 l_2 - z_1 d_1 l_1 + C\sin\omega t\,,\\ &\theta\,\omega\,\frac{\dot z_2-\dot z_1}{l} + \theta_1\,\frac{\ddot y_2-\ddot y_1}{l} = -y_2 c_2 l_2 + y_1 c_1 l_1 + D\cos\omega t\,. \end{aligned}\right| \qquad (\mathrm{c}')$$

Die Partikularlösung dieses Gleichungssystems, die die erzwungene Schwingung des Rotors darstellt, bietet sich in der Form

$$y_1 = A\cos\omega t;\qquad y_2 = B\cos\omega t;\qquad z_1 = C\sin\omega t;\qquad z_2 = D\sin\omega t\,.$$

Substituiert man dies in die Gln. (c′), so findet man die Amplitude der erzwungenen Schwingung. Bei dieser Schwingungsbewegung beschreibt die Rotorachse eine durch das Gleichungssystem

$$\begin{aligned} y &= (a + bx)\cos\omega t\,,\\ z &= (c + dx)\sin\omega t \end{aligned}$$

dargestellte Fläche, wenn man mit a, b, c, d Konstanten bezeichnet. Wir sehen, daß jeder Punkt der Achse eine Ellipse beschreibt, deren Gleichung

$$\frac{y^2}{(a+bx)^2} + \frac{z^2}{(c+dx)^2} = 1$$

lautet. Für zwei Punkte der Achse, nämlich für

$$x_1 = -\frac{a}{b} \quad \text{und} \quad x_2 = -\frac{c}{d},$$

reduzieren sich die Ellipsen auf gerade Linien, und die allgemeine Form der Oberfläche, die durch die Rotorachse beschrieben wird, ist dann durch Abb. 108 charakterisiert. Man sieht, daß die Verschiebungen eines Punktes der Rotorachse nicht nur von der Größe der Störungskraft (Betrag der Unbalanz), sondern auch von der Lage des Punktes auf der Achse und von der Richtung, in der die Verschiebung gemessen wird, abhängen.

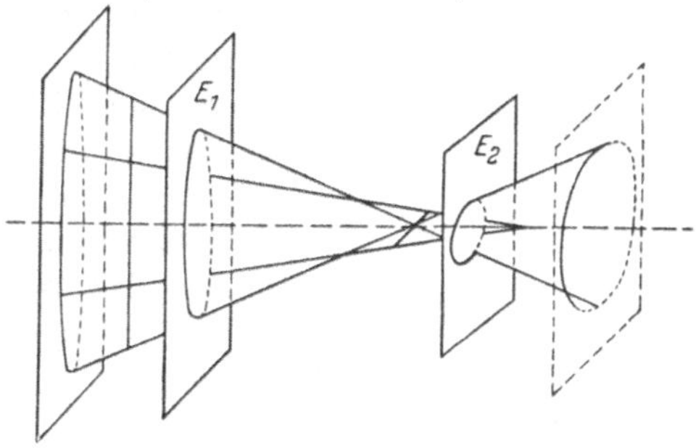

Abb. 108.

Im allgemeinen Fall kann die Unbalanz durch zwei exzentrisch angebrachte Massen (s. § 10) dargestellt werden, und die erzwungenen Schwingungen des Rotors lassen sich durch Superposition zweier in der Phase gegeneinander verschobener Schwingungen[1] der oben betrachteten Art ermitteln. Aus der Linearität der Gln. (c′) kann man auch schließen, daß es stets möglich ist, durch Anbringung von Korrektionsgewichten in zwei Ebenen die Unbalanz zu beseitigen; man muß nur die Korrektionsgewichte derart bestimmen, daß zwischen den entsprechenden Fliehkräften und den durch die Unbalanz erzeugten Störungskräften Gleichgewicht herrscht[2].

34. Einfluß des Wellen- und Scheibengewichtes auf die kritische Geschwindigkeit.

In unserer obigen Erörterung durfte der Einfluß des Gewichtes der rotierenden Scheiben selbst unberücksichtigt bleiben, da die Wellenachse in senkrechter Lage vorausgesetzt war. Im Falle horizontal angeordneter Wellen sind die Scheibengewichte als Störungskräfte zu behandeln, die bei einer gewissen Geschwindigkeit erhebliche Wellen-

---

[1] Diese Frage wird in der Arbeit von V. Blaeß, Über den Massenausgleich raschumlaufender Körper, Z. ang. Math. Mech. **6**, 429 (1926), ausführlich behandelt.

[2] Der Einfluß der Wellenbiegsamkeit wird später erörtert werden (siehe § 35).

schwingungen hervorrufen. Diese Geschwindigkeit wird gewöhnlich als „kritische Geschwindigkeit zweiter Ordnung" bezeichnet[1]. Um diese Geschwindigkeit bestimmen zu können, ist ein tieferes Eingehen auf die Bewegung der Scheiben erforderlich. Im folgenden untersuchen wir den einfachsten Fall, den einer einzigen Scheibe, und wir setzen voraus, daß die Scheibe an der Welle in demjenigen Querschnitt befestigt ist, in dem die Tangente an die Durchbiegungskurve der Welle zur Zentrallinie der Lager parallel bleibt. Auf diese Weise ist der „gyroskopische Einfluß", den wir im vorigen Paragraphen erörtert haben, eliminiert und wir haben nur die Bewegung der Scheibe in ihrer eigenen Ebene zu betrachten. Möge die xy-Ebene die Horizontalebene der Scheibe, der Punkt O den Mittelpunkt der senkrechtstehenden Welle in undeformierter Lage darstellen (s. Abb. 109). Während der Schwingungsbewegung möge S die Momentanlage des Wellenmittelpunktes, C dagegen die Momentanlage des Scheibenschwerpunktes darstellen, derart, daß $CS = e$ die Exzentrizität ist, mit der die Scheibe auf der Welle befestigt ist. Ferner bezeichnen wir mit

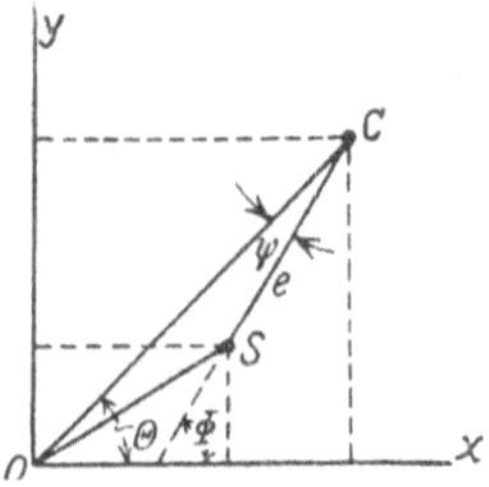

Abb. 109.

m die Masse der Scheibe,

mi^2 das Trägheitsmoment der Scheibe um die durch C hindurchgehende und auf der Scheibe senkrecht stehende Achse,

α die Federungskonstante der Welle, gleich der in der xy-Ebene gelegenen Kraft, die erforderlich ist, um in dieser Ebene eine Durchbiegung gleich Eins hervorzurufen,

$\omega_{kr} = \sqrt{\frac{\alpha}{m}}$ die kritische Geschwindigkeit erster Ordnung (§ 15),

x, y die Koordinaten des Scheibenschwerpunktes C während der Bewegung,

φ den Drehwinkel der Scheibe gleich dem Winkel zwischen dem Radius SC und der x-Achse,

θ den Drehwinkel der Vertikalebene OC,

ψ den Drehwinkel der Scheibe in bezug auf die Ebene OC.

Demnach ist stets $\varphi = \psi + \theta$. Die Koordinaten x und y des Scheibenschwerpunktes C und der Drehwinkel φ sollen als Koordinaten zur Bestimmung der Scheibenstellung in der xy-Ebene benutzt werden.

Die Differentialgleichungen der Bewegung des Schwerpunktes C können in üblicher Weise leicht hingeschrieben werden, wenn man beachtet, daß nur eine einzige Kraft, nämlich die elastische Reaktion

[1] A. Stodola hat dieses Problem zuerst untersucht. Die Literatur des Gegenstandes ist in seinem Werke, 6. Aufl., S. 929 angegeben. Siehe auch die Arbeit von T. Pöschl: Z. ang. Math. Mech. **3**, 297 (1923).

der Welle, in der xy-Ebene auf die Scheibe einwirkt. Diese Kraft ist der Wellendurchbiegung OS proportional; die Komponenten dieser Kraft in der x- bzw. y-Richtung sind demnach den Koordinaten des Punktes S proportional; sie sind daher gleich $-\alpha(x - e\cos\varphi)$ bzw. $-\alpha(y - e\sin\varphi)$. Folglich lauten die Differentialgleichungen der Bewegung des Schwerpunktes C

$$m\ddot{x} = -\alpha(x - e\cos\varphi); \qquad m\ddot{y} = -\alpha(y - e\sin\varphi)$$

oder

$$\left.\begin{aligned} m\ddot{x} + \alpha x &= \alpha e\cos\varphi, \\ m\ddot{y} + \alpha y &= \alpha e\sin\varphi. \end{aligned}\right\} \tag{a}$$

Die dritte Gleichung ergibt sich aus der Betrachtung der Drehbewegung der Scheibe; das Gesamtmoment der Bewegungsgröße der Scheibe bezüglich der Achse O setzt sich aus zwei Teilen zusammen, von denen der erste $mi^2\dot{\varphi}$ von der Scheibe geliefert wird, die mit der Winkelgeschwindigkeit $\dot{\varphi}$ um ihren Schwerpunkt rotiert, während der zweite $m(x\dot{y} - y\dot{x})$ durch die im Scheibenschwerpunkt konzentrierte Scheibenmasse m bedingt ist. Demnach gilt die Gleichung

$$\frac{d}{dt}\{mi^2\dot{\varphi} + m(x\dot{y} - y\dot{x})\} = M$$

oder

$$mi^2\ddot{\varphi} + m(x\ddot{y} - y\ddot{x}) = M, \tag{b}$$

worin M das Torsionsmoment ist, das durch die Welle auf die Scheibe übertragen wird.

Die Gln. (a) und (b) beschreiben die Bewegung der Scheibe vollständig. Wenn $M = 0$ ist, so ergibt sich eine Partikularlösung der Gln. (a) und (b) aus dem Ansatz, daß der Scheibenschwerpunkt C in der Ebene OS der Wellendurchbiegungskurve verbleibt und bei der Drehbewegung mit konstanter Winkelgeschwindigkeit $\dot{\varphi} = \omega$ einen Kreis vom Radius r beschreibt. Substituiert man nun $x = r\cos\omega t$ und $y = r\sin\omega t$ in die Gln. (a) und setzt $\varphi = \omega t$ für den in Abb. 110a dargestellten Fall, bzw. $\varphi = \omega t + \pi$ für den der Abb. 110b, so erhält man

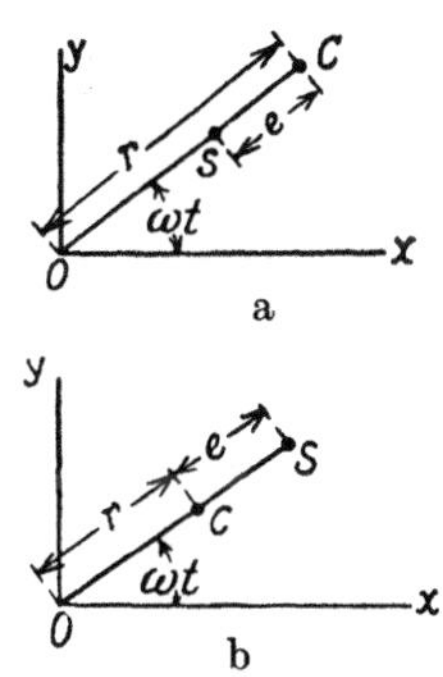

Abb. 110.

$$r_0 = \frac{\alpha e}{\alpha - m\omega^2} = \frac{e\,\omega_{kr}^2}{\omega_{kr}^2 - \omega^2} \qquad \text{für} \quad \omega < \omega_{kr},$$

$$r_0 = -\frac{\alpha e}{\alpha - m\omega^2} = \frac{e\,\omega_{kr}^2}{\omega^2 - \omega_{kr}^2} \qquad \text{für} \quad \omega > \omega_{kr}.$$

Diese Ergebnisse fallen mit den obigen, aus Elementarbetrachtungen hergeleiteten zusammen (s. § 15).

Jetzt gehen wir zur Erörterung des Falles über, daß das Torsionsmoment M von Null verschieden, und zwar gleich

$$M = m(x\ddot{y} - y\ddot{x}) \tag{c}$$

ist[1]. Dann ist nach Gl. (b)

$$\dot{\varphi} = \omega = \text{const},$$

und durch Integration

$$\varphi = \omega t + \varphi_0, \tag{d}$$

worin φ_0 eine willkürliche Konstante ist, die die anfängliche Größe des Winkels φ angibt.

Substituiert man (d) in die Gln. (a), so ergibt sich mit $\omega_{kr}^2 = \frac{\alpha}{m}$

$$\left.\begin{aligned} \ddot{x} + \omega_{kr}^2 x &= \omega_{kr}^2 e \cos(\omega t + \varphi_0), \\ \ddot{y} + \omega_{kr}^2 y &= \omega_{kr}^2 e \sin(\omega t + \varphi_0). \end{aligned}\right\} \tag{e}$$

Durch Einsetzen ist leicht zu zeigen, daß

$$\left.\begin{aligned} x &= -\frac{M_1}{e\alpha}\cos(\omega_{kr} t + \gamma_1 + \varphi_0) + \frac{e\omega_{kr}^2}{\omega_{kr}^2 - \omega^2}\cos(\omega t + \varphi_0), \\ y &= -\frac{M_1}{e\alpha}\sin(\omega_{kr} t + \gamma_1 + \varphi_0) + \frac{e\omega_{kr}^2}{\omega_{kr}^2 - \omega^2}\sin(\omega t + \varphi_0) \end{aligned}\right\} \tag{f}$$

eine Lösung der Gln. (e) ist.

Setzt man (f) in die Gln. (c) ein, so folgt

$$M = M_1 \sin\{(\omega_{kr} - \omega)t + \gamma_1\}. \tag{g}$$

Man kann schließen, daß die Scheibe unter der Einwirkung des pulsierenden Momentes (g) mit konstanter Winkelgeschwindigkeit rotiert, während zugleich ihr Schwerpunkt eine zusammengesetzte Schwingungsbewegung nach den Gln. (f) beschreibt.

In derselben Weise läßt sich zeigen, daß unter der Einwirkung eines pulsierenden Momentes von der Größe

$$M = M_2 \sin\{\omega_{kr} + \omega)t + \gamma_2\}$$

die Scheibe gleichfalls mit einer konstanten Geschwindigkeit ω rotiert, während ihr Mittelpunkt eine Schwingungsbewegung nach dem Gleichungssystem

$$\left.\begin{aligned} x &= \frac{M_2}{e\alpha}\cos(\omega_{kr} t + \gamma_2 - \varphi_0) + \frac{e\omega_{kr}^2}{\omega_{kr}^2 - \omega^2}\cos(\omega t + \varphi_0), \\ y &= -\frac{M_2}{e\alpha}\sin(\omega_{kr} t + \gamma_2 - \varphi_0) + \frac{e\omega_{kr}^2}{\omega_{kr}^2 - \omega^2}\sin(\omega t + \varphi_0) \end{aligned}\right\} \tag{h}$$

ausführt.

---

[1] Dieser Fall ist von P. Schröder in seiner Dissertationsschrift, Die kritischen Zustände zweiter Art rasch umlaufender Wellen, Stuttgart 1924, ausführlich besprochen worden. Diese Arbeit enthält auch sehr vollständige Literaturverweisungen zur bezeichneten Frage.

Kombiniert man die Lösungen (f) und (h), so erhält man die vollständige Lösung der Gln. (e), in der vier willkürliche Konstanten, M_1, M_2, γ_1 und γ_2, vorkommen. Mit Hilfe dieses Ergebnisses sind wir nun imstande, die durch das Scheibengewicht selbst hervorgerufenen Schwingungen zu erklären.

Nehmen wir an, daß die Welle horizontal gelagert ist, so haben wir unter Hinzufügung des Scheibengewichtes bei nach oben gerichteter y-Achse die Abb. 109 durch Abb. 111 zu ersetzen. Die Gln. (a) und (b) sind in diesem Falle durch das Gleichungssystem

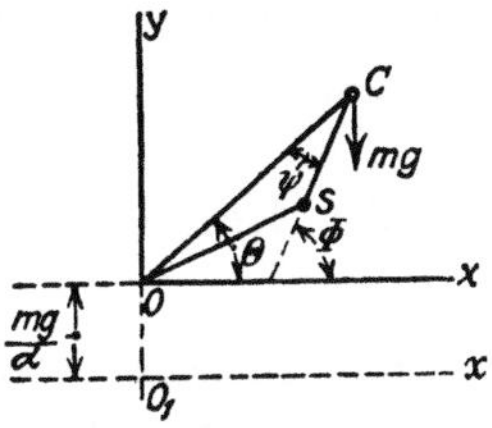

Abb. 111.

$$\left.\begin{aligned} m\ddot{x} + \alpha x &= \alpha e \cos\varphi, \\ m\ddot{y} + \alpha y &= \alpha e \sin\varphi - mg, \\ m i^2 \ddot{\varphi} + m(x\ddot{y} - r\ddot{x}) &= M - mgx \end{aligned}\right\} \tag{k}$$

zu ersetzen. Verschiebt man den Koordinatenursprung aus dem Punkte O nach dem Punkte O_1, wie es die Abbildung zeigt, und setzt

$$y_1 = y + \frac{mg}{\alpha},$$

so lassen sich die Gln. (k) in der Form

$$\left.\begin{aligned} m\ddot{x} \;+ \alpha x \;&= \alpha e \cos\varphi, \\ m\ddot{y}_1 + \alpha y_1 &= \alpha e \sin\varphi, \\ m i^2 \ddot{\varphi} + m(x\ddot{y}_1 - y_1\ddot{x}) &= M - mge\cos\varphi \end{aligned}\right\} \tag{l}$$

schreiben. Dieses Gleichungssystem fällt mit dem der Gln. (a) und (b) zusammen, und der Einfluß des Scheibengewichtes ist durch das pulsierende Moment $-mge\cos\varphi$ dargestellt. Nun nehmen wir $M = 0$ an und setzen voraus, daß die Welle mit konstanter Winkelgeschwindigkeit $\omega = \frac{1}{2}\omega_{kr}$ rotiert. Der Einfluß des Scheibengewichtes läßt sich in der Form

$$\begin{aligned} -mge\cos\varphi = -mge\cos(\omega t) &= mge\sin\left(\omega t - \frac{\pi}{2}\right) \\ &= mge\sin\left\{(\omega_{kr} - \omega)\,t - \frac{\pi}{2}\right\} \end{aligned} \tag{m}$$

schreiben. Dieses Störungsmoment hat genau die gleiche Gestalt wie das oben durch die Gl. (g) gegebene pulsierende Moment, und man kann daraus schließen, daß bei der Geschwindigkeit $\omega = \frac{1}{2}\omega_{kr}$ das vom Scheibengewicht erzeugte pulsierende Moment die durch die Gln. (f) gegebenen Wellenschwingungen hervorrufen wird. Dies ist die sogenannte kritische Geschwindigkeit zweiter Ordnung; sie wurde in manchen wirklichen Fällen beobachtet[1]. Es muß allerdings bemerkt

[1] Foeppl, O.: Z. V. d. I. **63**, 867 (1919).

werden, daß Schwingungen derselben Frequenz auch durch veränderliche Biegsamkeit der Welle bedingt sein können (§ 22), und es ist durchaus möglich, daß in einigen der Fälle, in denen eine kritische Geschwindigkeit zweiter Art beobachtet wurde, die Schwingungen durch diese letztgenannte Ursache entstanden waren[1].

35. Der Einfluß der Biegsamkeit von Wellen auf den Maschinenausgleich.

Bei unserer obigen Erörterung des Maschinenausgleiches (s. § 10 wurde angenommen, daß der Rotor ein absolut steifer Körper ist. In einem solchen Falle läßt sich vollständiger Ausgleich dadurch erreichen, daß man in zwei willkürlich gewählten Ebenen Korrektionsgewichte anbringt. Die Voraussetzung, wonach die Biegsamkeit der Welle vernachlässigt werden darf, ist bei tiefliegenden Geschwindigkeiten genau genug, bei schnellaufenden Maschinen dagegen und besonders bei solchen, deren Arbeitsgeschwindigkeit oberhalb der kritischen liegt, kann die Wellendurchbiegung einen erheblichen Einfluß ausüben; eine Folge davon ist, daß der Rotor nur für eine bestimmte Geschwindigkeit ausgeglichen werden kann, oder daß er sich unter gewissen Umständen überhaupt nicht ausgleichen läßt und durch seine Schwingungen stets Störungen verursacht.

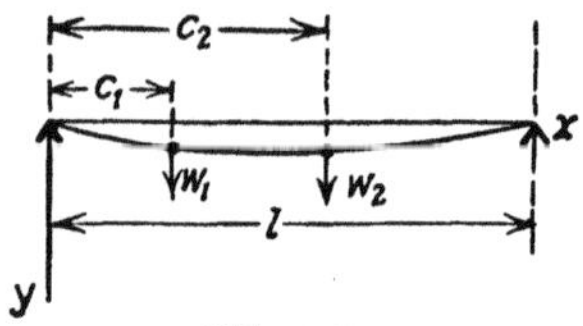

Abb. 112.

Wir wollen nun den Einfluß der Wellenbiegsamkeit an dem einfachen Beispiel einer an den Enden gestützten Welle mit zwei Scheiben (Abb. 112) erklären. Die Wellendurchbiegung y_1 unter der Last W_1 hängt nicht nur von der Größe dieser Last ab, sondern auch von der Größe der Last W_2. Der gleiche Schluß gilt auch für die Durchbiegung y_2 unter der Last W_2. Unter Benutzung der Gleichungen der Durchbiegungskurve für den Fall einer Welle in zwei Lagern kann man für die Durchbiegungen folgende Ausdrücke leicht erhalten:

$$\left.\begin{aligned} y_1 &= a_{11} W_1 + a_{12} W_2, \\ y_2 &= a_{21} W_1 + a_{22} W_2. \end{aligned}\right\} \tag{a}$$

Hierin bleiben a_{11}, a_{12}, a_{21} und a_{22} konstant für eine gegebene Welle bei gegebener Belastungsart. Diese Gleichungen kann man nun zur Berechnung der Durchbiegungen, die in der Welle durch die aus den Exzentrizitäten der Scheiben sich ergebenden Fliehkräfte erzeugt werden, verwenden.

[1] Siehe C. R. Soderberg, Trans. Am. Soc. Mech. Eng. Applied Mechanics Division, 1931.

Im folgenden bezeichnen wir mit

m_1, m_2 die Massen der Scheiben I und II,

ω die Winkelgeschwindigkeit,

y_1, y_2 die Durchbiegungen an den Scheiben I bzw. II,

c_1, c_2 die Abstände der Scheiben I bzw. II vom linken Lager,

Y_1, Y_2 die an der Welle wirkenden Fliehkräfte.

Setzt man voraus, daß nur die Scheibe I eine gewisse Exzentrizität e_1 aufweist, und nimmt man die Durchbiegung in der Ebene dieser Exzentrizität, so sind die an der Welle wirkenden Fliehkräfte gleich

$$Y_1 = (e_1 + y_1) m_1 \omega^2; \qquad Y_2 = y_2 m_2 \omega^2,$$

oder, mit Hilfe von Gleichungen, die den Gln. (a) ähnlich sind,

$$\begin{aligned} Y_1 &= e_1 m_1 \omega^2 + m_1 \omega^2 (a_{11} Y_1 + a_{12} Y_2), \\ Y_2 &= m_2 \omega^2 (a_{21} Y_1 + a_{22} Y_2), \end{aligned}$$

und hieraus

$$\left.\begin{aligned} Y_1 &= \frac{e_1 m_1 \omega^2 (1 - a_{22} m_2 \omega^2)}{(1 - a_{11} m_1 \omega^2)(1 - a_{22} m_2 \omega^2) - m_1 m_2 a_{12} a_{21} \omega^4}, \\ Y_2 &= \frac{e_1 a_{21} m_1 m_2 \omega^4}{(1 - a_{11} m_1 \omega^2)(1 - a_{22} m_2 \omega^2) - m_1 m_2 a_{12} a_{21} \omega^4}. \end{aligned}\right\} \tag{b}$$

Wie man sieht, treten an Stelle einer Fliehkraft von der Größe $e_1 m_1 \omega^2$ im Falle einer starren Welle zwei Kräfte Y_1 und Y_2 im Falle einer biegsamen Welle. Die Unbalanz wird die gleiche sein wie bei der starren Welle, an der eine Kraft $R_1 = Y_1 + Y_2$ im Abstand

$$l_1 = \frac{Y_1 c_1 + Y_2 c_2}{Y_1 + Y_2} \tag{c}$$

vom linken Lager angreift.

Mit Hilfe der Gln. (b) ist es leicht zu sehen, daß l_1 nicht vom Betrage e_1 der Exzentrizität, sondern von den elastischen Eigenschaften der Welle, von Lage und Größe der Massen m_1 und m_2 und von der Geschwindigkeit ω der Maschine abhängt.

Genau ebenso wie oben kann auch die Wirkung der Exzentrizität der Scheibe II untersucht werden, worauf sich die Wirkung der Exzentrizitäten der beiden Scheiben nach dem Superpositionsprinzip ergibt. Hieraus ist zu schließen, daß bei einer gegebenen Geschwindigkeit die Unbalanz zweier Scheiben auf einer biegsamen Welle der Unbalanz zweier bestimmter Ebenen einer starren Welle dynamisch gleichwertig ist. Die Lage dieser Ebenen kann mit Hilfe der Gl. (c) für eine der Ebenen und einer analogen Gleichung für die zweite Ebene ermittelt werden.

Ähnliche Schlüsse können auch für eine biegsame Welle bei einer beliebigen Anzahl n von Scheiben gezogen werden[1], und es läßt sich

[1] Eine allgemeine Untersuchung über den Einfluß der Biegsamkeit der Welle auf den Ausgleich findet man in der obenerwähnten Arbeit von V. Blaeß, der wir die folgenden Abb. 113 und 114 entnommen haben.

zeigen, daß die Unbalanz in diesen Scheiben der Unbalanz in n bestimmten Ebenen einer starren Welle gleichwertig ist. Diese Ebenen sind an eine gegebene Geschwindigkeit der Welle gebunden, und für diese Geschwindigkeit wird der Ausgleich durch Anbringung von Korrektionsgewichten in zwei willkürlich gewählten Ebenen verwirklicht. Bei einer anderen Geschwindigkeit sind die Ebenen der Unbalanz in der gleichwertigen starren Welle anders angeordnet und der Rotor ist nicht mehr ausgeglichen. Dies gibt uns die Erklärung dafür, warum ein Rotor, der in der Ausgleichsmaschine bei einer verhältnismäßig tiefen Drehzahl ausbalanciert wurde, in der Maschine bei der Betriebs-

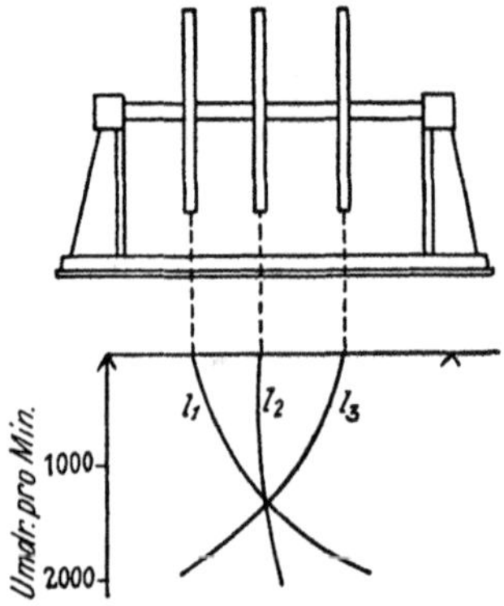

Abb. 113.

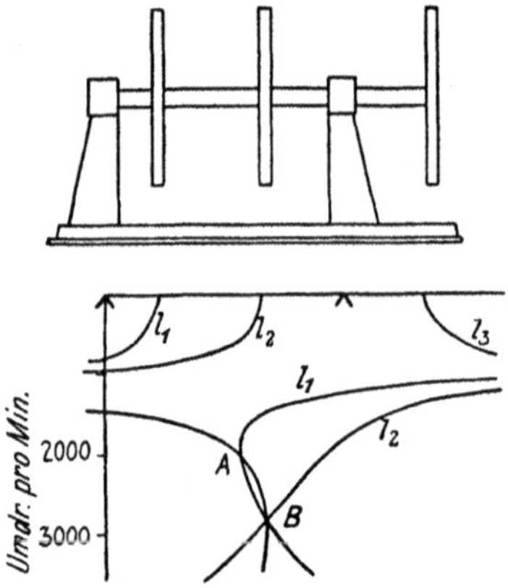

Abb. 114.

geschwindigkeit nicht ausbalanciert ist. Daher ist der Ausgleich im Betrieb unter den wirklichen Arbeitsbedingungen erforderlich. Die Verschiebung der Unbalanzebenen mit der Geschwindigkeitsveränderung ist unten für zwei Spezialfälle gezeigt. Abb. 113 zeigt eine Welle mit drei Scheiben. Die Kurven l_1, l_2 und l_3 der Abbildung stellen die mit Änderung der Drehzahl eintretenden Veränderungen in den Abständen l_1, l_2, l_3 der Unbalanzebenen in der gleichwertigen starren Welle dar. Man sieht, daß sich diese Kurven mit steigender Geschwindigkeit zunächst einander nähern, um bei der kritischen Geschwindigkeit durch einen gemeinschaftlichen Schnittpunkt zu gehen und dann wieder zu divergieren. Mit Ausnahme eines gewissen Gebietes in der Nähe der kritischen Geschwindigkeit kann der Rotor bei jeder anderen Geschwindigkeit ausgeglichen werden, indem man Korrektionsgewichte an irgend zwei der drei Scheiben anbringt. Größere Schwierigkeiten bietet der in Abb. 114 dargestellte Fall. Wie man sieht, gehen die Kurven l_1 und l_3 bei einer Geschwindigkeit von etwa 2150 Umdrehungen pro Minute durch einen und denselben Punkt A. Die zwei Ebenen der gleichwertigen starren Welle fallen zusammen, und es wird unmöglich, durch Unterbringung von Korrektionsgewichten an den Scheiben *1* und *3* die Maschine auszugleichen. Praktisch gibt es in der Nähe des Punktes A ein erhebliches Gebiet, in dem es schwierig ist, befriedigenden Ausgleich zu erreichen, und man hat dann in diesem Gebiete schwere Störungen durch Schwingungsvorgänge zu erwarten.

36. Theorie der dynamischen Schwingungsdämpfer.

Der nachstehend erörterte Schwingungsdämpfer besteht aus einem kleinen schwingenden System, das auf die Betriebsgeschwindigkeit einer größeren Maschine abgestimmt und an einer passenden Stelle der Maschine befestigt wird[1]. In dieser Weise kann an der Maschine eine periodische Kraft angebracht werden, die der Störungskraft der Frequenz und Größe nach gleich ist, aber in entgegengesetztem Sinne wirkt, wodurch die entsprechende Schwingung eliminiert wird. Die Wirkung des Schwingungsaufnehmers soll nun an einigen sehr einfachen elastischen Systemen nach Abb. 115 erklärt werden.

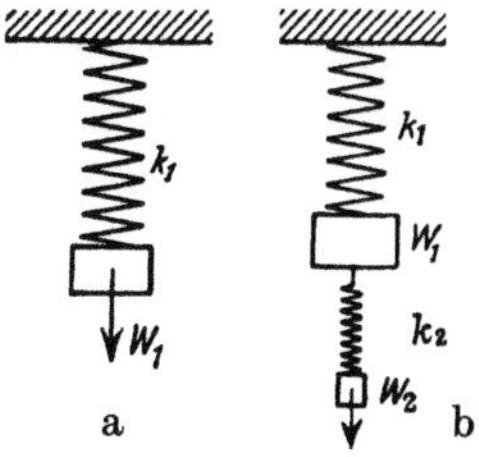

Abb. 115.

Schwingungsdämpfer ohne Reibung. An einer Feder, deren Federkonstante gleich k_1 ist, möge ein Gewicht W_1 befestigt sein (Abb. 115a); die Schwingungsperiode eines solchen Systems ist $\tau = 2\pi\sqrt{\frac{W_1}{k_1 g}}$. An der Masse W_1 wirke nun eine Störungskraft $Q_0 \cos mt$ mit der Periode $\tau_1 = \frac{2\pi}{m}$. Die durch diese Kraft hervorgerufene stationäre erzwungene Schwinging ist (s. § 3)

$$x = \frac{Q_0}{k_1} \frac{1}{1 - \frac{\tau^2}{\tau_1^2}} \cos mt. \tag{a}$$

Diese Schwingung kann eine erhebliche Amplitude haben, wenn der Quotient $\frac{\tau}{\tau_1}$ der Einheit zustrebt. Um die Konstruktion zu verbessern, befestigen wir am großen Gewicht W_1 ein kleines Gewicht W_2 mit Hilfe einer Feder, deren Federkonstante gleich k_2 ist (Abb. 115b). Auf diese Weise erhalten wir ein schwingendes System mit zwei Freiheitsgraden, und die erzwungene Schwingung (a) kann unter Benutzung gewisser Proportionen für k_2 und W_2 eliminiert werden. Betrachtet

[1] Siehe die Arbeit von J. Ormondroyd u. J. P. Den Hartog: Trans. Am. Soc. Mech. Eng. **1928**. Siehe auch H. Holzer: Stodolas Festschrift, S. 234. Zürich 1929.

man die senkrechten Verschiebungen x_1 und x_2 der Lasten W_1 und W_2 als Koordinaten, so ergibt sich die kinetische bzw. die potentielle Energie des Systems in der Gestalt

$$T = \frac{W_1}{2g}\dot{x}_1^2 + \frac{W_2}{2g}\dot{x}_2^2; \qquad V = \frac{k_1 x_1^2}{2} + \frac{k_2(x_2 - x_1)^2}{2}, \tag{b}$$

und die Lagrangeschen Gln. (72) lauten

$$\left.\begin{aligned} &\frac{W_1}{g}\ddot{x}_1 + k_1 x_1 - k_2(x_2 - x_1) = Q_0 \cos m t, \\ &\frac{W_2}{g}\ddot{x}_2 + k_2(x_2 - x_1) = 0. \end{aligned}\right\} \tag{c}$$

Der stationäre Zustand der erzwungenen Schwingung ergibt sich, wenn man die Lösung der Gln. (c) in der Form $x_1 = A \cos mt$, $x_2 = B \cos mt$ ansetzt. Substituiert man dies in die Gln. (c), so folgt

$$\left.\begin{aligned} x_1 &= Q_0 \frac{k_2 - m^2 \frac{W_2}{g}}{\left(k_1 + k_2 - \frac{W_1}{g} m^2\right)\left(k_2 - \frac{W_2}{g} m^2\right) - k_2^2} \cos m t, \\ x_2 &= Q_0 \frac{k_2}{\left(k_1 + k_2 - \frac{W_1}{g} m^2\right)\left(k_2 - \frac{W_2}{g} m^2\right) - k_2^2} \cos m t. \end{aligned}\right\} \tag{d}$$

Wie man sieht, ist die Schwingung der Masse W_1 eliminiert, wenn man

$$k_2 - m^2 \frac{W_2}{g} = 0 \tag{e}$$

setzt, wonach

$$m = \sqrt{\frac{k_2 g}{W_2}} \tag{f}$$

wird, d. h. die Frequenz des kleinen angeschlossenen Schwingungssystems muß der Frequenz der Störungskraft gleich sein. Dann ist nach den Gln. (d)

$$x_1 = 0; \qquad x_2 = -\frac{Q_0}{k_2} \cos m t. \tag{g}$$

Man sieht nun, daß die Bewegung x_2 der Last W_2 derart ist, daß die auf W_1 wirkende Kraft gleich wird $k_2 x_2 = -Q_0 \cos mt$, und dies ist genau entgegengesetzt gleich der aufgezwungenen Kraft. Somit ist durch Anhängung eines Zusatzgewichtes W_2 an das ursprüngliche System die Bewegung von W_1 vollständig eliminiert, vorausgesetzt, daß die Gl. (e) erfüllt ist. Zu bemerken ist, daß bei den praktischen Anwendungen nicht nur das Verhältnis der Größen k_2 und W_2 zueinander, sondern auch deren absolute Beträge von Bedeutung sind. Die zweite der Gln. (g) zeigt folgendes: Wird k_2 zu klein genommen, so wird x_2 groß und die Spannungen in der Feder können übermäßig große Werte annehmen, oder die Grenzen der möglichen Bewegung x_2 können überschritten werden. Beide Gln. (e) und (g) müssen bei dem praktischen Entwurf eines Schwingungsaufnehmers in Betracht gezogen werden, und der Wert von Q_0 bestimmt die kleinstmöglichen Werte von k_2 und W_2.

Das beschriebene Verfahren zur Eliminierung von Schwingungen kann auch im Falle von Torsionssystemen nach Abb. 116 benutzt werden. Ein System, bestehend aus zwei Massen, deren Trägheitsmomente I_1 bzw. I_2 sind, und einer Welle, deren Federungskonstante gleich k ist, hat eine Eigenschwingungsperiode gleich [s. Gl. (15)]

$$\tau = 2\pi \sqrt{\frac{1}{k} \frac{I_1 I_2}{I_1 + I_2}}. \tag{h}$$

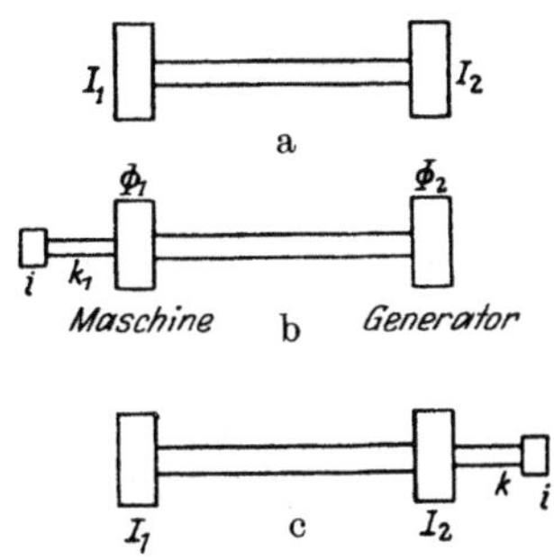

Abb. 116.

Wirkt ein pulsierendes Torsionsmoment $M_t \cos mt$ an der Masse I_1, so können die durch dieses Torsionsmoment hervorgerufenen erzwungenen Torsionsschwingungen der beiden Scheiben I_1 und I_2 beseitigt werden durch Anbringung eines kleinen schwingenden Systems an I_1, das aus einer Scheibe vom Trägheitsmoment i und einer Welle von der Federkonstante k_1 besteht (Abb. 116b). Es ist nur nötig, k_1 und i so zu bemessen, daß die Frequenz des angebrachten Systems derjenigen des pulsierenden Momentes gleich wird. Ist dieses Torsionsmoment mit dem Hauptsystem in Resonanz, so muß die Bedingung

$$\frac{k_1}{i} = \frac{k(I_1 + I_2)}{I_1 I_2} \tag{i}$$

erfüllt sein. Die Drehwinkel der Scheiben I_1, I_2 und i während der Schwingungsbewegung sind

$$\varphi_1 = \varphi_2 = 0; \qquad \varphi_3 = -\frac{M_t}{k_1} \cos mt$$

und das Federungsmoment der hinzugefügten kleinen Welle ist genau entgegengesetzt gleich dem auferlegten Torsionsmoment $M_t \cos mt$. Bisher wurde die Wirkung des Schwingungsdämpfers nur bei einer einzigen Frequenz untersucht. Der allgemeine Fall der Schwingungsbewegung des Systems ist durch die Gln. (c) gegeben, und man kann aus diesen Gleichungen schließen, daß das System Eigenschwingungen zweier Arten ausführt. Die Frequenzen dieser Schwingungen sind bestimmt durch die zwei Wurzeln m_1^2 und m_2^2 der in m^2 quadratischen Gleichung, die sich aus dem Nullsetzen des gemeinschaftlichen Nenners der Ausdrücke (d) ergibt. Der Quotient $\frac{x_1}{x_2}$ für diese zwei Frequenzen ist dann nach den Gln. (d)

$$\left(\frac{x_1}{x_2}\right)_1 = 1 - \frac{m_1^2 W_2}{g k_2}; \qquad \left(\frac{x_1}{x_2}\right)_2 = 1 - \frac{m_2^2 W_2}{g k_2}.$$

Die entsprechenden Schwingungstypen sind in Abb. 117 für einen Spezialfall schematisch dargestellt. Wenn die Störungskraft eine Frequenz nach Gl. (f) hat, so wird die Schwingung durch den Schwingungsaufnehmer beseitigt. Bei irgendeiner anderen Frequenz der Störungskraft dagegen wird die Schwingung nicht eliminiert und wenn $m = m_1$ oder $m = m_2$ wird, so tritt Resonanz ein.

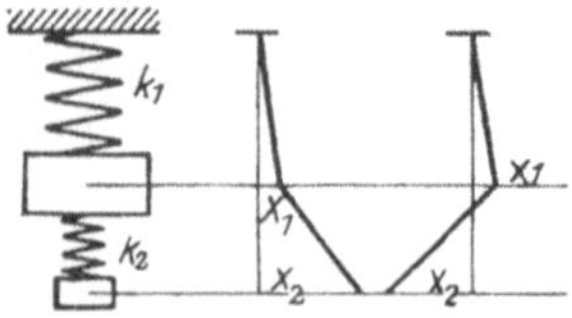

Abb. 117.

Hieraus ist ersichtlich, daß die Anwendbarkeit des Schwingungsaufnehmers ohne Dämpfung auf Maschinen mit konstanter Geschwindigkeit, wie beispielsweise elektrische Synchron- oder Induktionsmaschinen, beschränkt ist. Eine Anwendung des Schwingungsaufnehmers ist in Abb. 118 veranschaulicht, in der das Außenbord-Fußgestell des Generatorteils eines 30000-kW-Turbogenerators dargestellt ist. Dieses Fußgestell führte bei 1800 Umdrehungen pro Minute erhebliche Schwingungen in der Richtung der Generatorachse aus. Nachdem zwei Schwingungsaufnehmer, bestehend aus je einem einzuspannenden Stab von 51 cm Länge bei einem Querschnitt von 2,2 × 6,7 cm und mit einem Gewicht von 11,3 kg am freien Ende, am Fußgestell befestigt worden waren, ergab sich eine Amplitude ungefähr gleich einem Drittel der ursprünglichen.

Abb. 118.

Schwingungsdämpfer mit Reibung. Um die Wirksamkeit des Schwingungsaufnehmers auf ein weiteres Frequenzengebiet auszudehnen, ist es erforderlich, ein Dämpfungselement in den Aufnehmer einzuführen. Aus Abb. 117 ist ersichtlich, daß die Masse des Aufnehmers bedeutend heftiger schwingt als die Hauptmasse, daher ist eine der Geschwindigkeit proportionale Dämpfung bedeutend stärker ausgesprochen, wenn das Dämpfungsmittel im Schwingungsaufnehmer anstatt im Hauptsystem untergebracht wird. Nehmen wir z. B. an, daß das Dämpfungselement zwischen den Massen W_1 und W_2 (Abb. 115b) eingeschaltet wird und daß die Dämpfung der Relativgeschwindigkeit $\dot{x}_1 - \dot{x}_2$ der beiden Massen proportional ist. Unter Berücksichtigung der Reibungskraft ergeben sich die Differentialgleichungen der

Bewegung aus den Gln. (c), und zwar in folgender Gestalt:

$$\left.\begin{aligned} \frac{W_1}{g}\ddot{x}_1 + k_1 x_1 - k_2(x_2 - x_1) &= Q_0 \cos m t + \alpha(\dot{x}_2 - \dot{x}_1), \\ \frac{W_2}{g}\ddot{x}_2 + k_2(x_2 - x_1) &= \alpha(\dot{x}_1 - \dot{x}_2). \end{aligned}\right\} \quad \text{(k)}$$

Hierin hängt der Faktor α von den Dämpfungsverhältnissen ab. Macht man diesen Faktor sehr klein, so nähert man sich dem Fall eines Schwingungsdämpfers ohne Reibung. Die diesem Spezialfall entsprechende Wirkung wurde oben erklärt. Im Falle eines unendlich großen Wertes von α gibt es keine Relativbewegung zwischen den zwei Massen, der Schwingungsdämpfer wirkt nicht und die Hauptmasse gerät in einen Zustand heftiger Schwingungen im Falle der Resonanz. Für jeden Spezialfall existiert ein bestimmter Wert von α, für den die Amplitude der erzwungenen Schwingung zu einem Minimum wird. Diese günstigste Dämpfung ist durch die Gln. (k) gegeben; für den Sonderfall

$$\frac{k_1 g}{W_1} = \frac{k_2 g}{W_2}$$

ergibt sich daraus folgender Ausdruck für die Amplitude der erzwungenen Schwingung[1]:

$$\frac{x_1}{x_{st}} = p \sqrt{\frac{\left(\frac{\alpha^2}{m_0^2 W_1^2}\right)\beta g^2 p^2 + (1-\beta)^2}{\left(\frac{\alpha^2}{m_0^2 W_1^2}\right)\frac{p^2 g^2}{\beta}[p(1-\beta)+1]^2 + \frac{1}{\beta^2}[p(1-\beta)^2 - \beta]^2}}. \quad \text{(l)}$$

Hierin ist

$\frac{W_1}{g}$ die Masse des Hauptsystems,

$x_{st} = \frac{Q_0}{k_1}$ die statische Durchbiegung an der Hauptmasse, hervorgerufen durch die Kraft Q_0,

$$m_0 = \sqrt{\frac{k_1 g}{W_1}} = \sqrt{\frac{k_2 g}{W_2}}; \qquad \beta = \left(\frac{m_0}{m}\right)^2; \qquad p = \frac{W_1}{W_2} = \frac{k_1}{k_2}.$$

Der Ausdruck (l) gestattet die Berechnung des Quotienten $\frac{x_1}{x_{st}}$ für ein bestimmtes System und einen bestimmten Wert α des Dämpfungsfaktors und für verschiedene Werte von β, d. h. für verschiedene Frequenzen der Störungskraft $Q_0 \cos mt$. In der Abb. 119 sind die Ergebnisse derartiger Berechnungen für den Fall $p = 20$, $m_0 = 120$ und $W_1 = 100$ Pfd. dargestellt. Für $\alpha = 0{,}32$ (im englischen Maßsystem) weist die Kurve, die den Quotienten $\frac{x_1}{x_{st}}$ als Funktion von $\frac{m}{m_0}$ darstellt, zwei

[1] Siehe die oben erwähnte Arbeit von J. Ormondroyd u. J. P. DenHartog.

deutliche Maxima auf, entsprechend den zwei Resonanzfrequenzen der Schwingung. Für $\alpha = 1$ ist der zweite Resonanzgipfel abgedämpft. Die Maximalamplitude der Abb. 119 tritt stets im ersten Gipfel auf. Trägt man diese Maximalamplitude als Funktion des Dämpfungsfaktors α auf, so erhält man die in Abb. 120 dargestellte Kurve, aus der sich für das betrachtete System die beste Dämpfung bestimmen läßt. Eine Reihe von Kurven der in Abb. 120 dargestellten Art wurde nun für verschiedene Werte von p berechnet und die jeweilig entsprechende beste Dämpfung ermittelt. Die Ergebnisse dieser Berechnungen sind in Abb. 121 mit Hilfe zweier Kurven dargestellt, die die beste Dämpfung α bzw. die Maximalamplitude bei dieser Dämpfung, beides als Funktionen von p, angeben. Zu bemerken ist, daß die Berechnungen für $W_1 = 100$ Pfd. und $m_0 = 120$ durchgeführt wurden, doch können die erhaltenen Resultate auch für andere numerische Werte dieser Größen benutzt werden; man hat hierzu nur zu beachten, daß die Gl. (l) bei solchen Änderungen von W_1, m_0 und α, die die Größe $\frac{\alpha}{m_0 W_1}$ konstant erhalten, ungeändert bleibt. Daher ist es erforderlich, wenn das Diagramm 121 für andere Werte von W_1 oder m_0 verwendet werden soll, die Werte $\frac{100 \cdot 120}{m_0 W_1} \alpha_{opt}$ an Stelle der Werte α_{opt} als Ordinaten einzuführen.

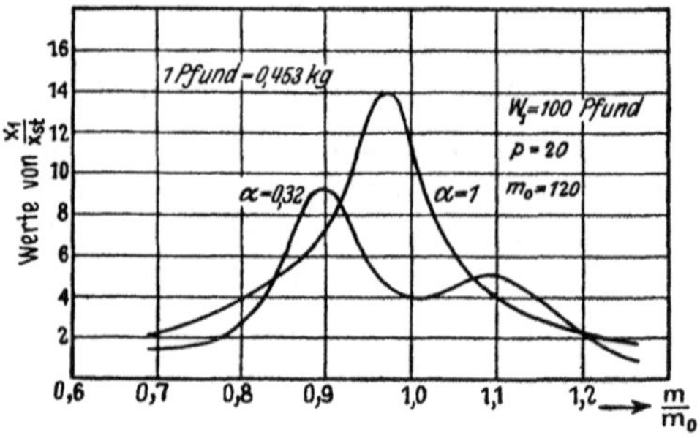

Abb. 119.

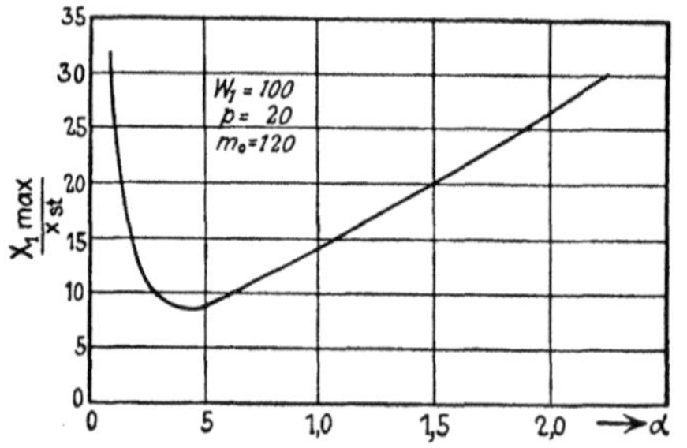

Abb. 120.

Der Schwingungsdämpfer in der Gestalt eines Torsionssystems wird an verschiedenen Automobilmotoren verwendet. Er kann auch dazu benutzt werden, die Torsionsschwingungen in Kurbelwellen von Dieselmaschinen auf ein Minimum zu reduzieren. Das gleiche Prinzip beherrscht auch den berühmten „Schlingertank", den H. Frahm im Jahre 1911 für die Stabilisierung von Schiffen vorgeschlagen hat[1]. Dieser besteht aus zwei Behältern, die partiell mit Wasser gefüllt und

[1] Frahm, H.: Neuartige Schlingertanks zur Abdämpfung von Schiffsrollbewegungen. Jahrb. Schiffsbaut. Ges. **12**, 283 (1911).

durch zwei Rohre miteinander verbunden sind (Abb. 122). Das obere Rohr enthält eine Luftdrossel. Das im Wasser schlingernde Schiff entspricht dem Hauptsystem der Abb. 115, die Wellenimpulse treten an die Stelle der Störungskraft und das zwischen den zwei Behältern wogende Wasser ist der Schwingungsdämpfer. Die Dämpfung des Systems ist mit Hilfe der Luftdrossel regulierbar. Die Vorrichtung hat sich auf großen Passagierdampfern ausgezeichnet bewährt. Ein Schwingungsdämpfer anderer Art wurde von H. Frahm benutzt, um die Schwingungen in einer Schiffshülle zu beseitigen. Ein Schwingungssystem analog demjenigen eines Pallographen (s. Abb. 12) wurde amHeck des Schiffes befestigt und die heftigen Schwingungen der Masse dieses Schwingungssystems, hervorgerufen durch die Schwingungen der Hülle, wurden durch eine besondere hydraulische Dämpfungsvorrichtung abgedämpft. In dieser Weise war es möglich, die durch unausgeglichene Maschinenteile erzeugten Schwingungen der Schiffshülle bis zu einem sehr hohen Grade zu beseitigen.

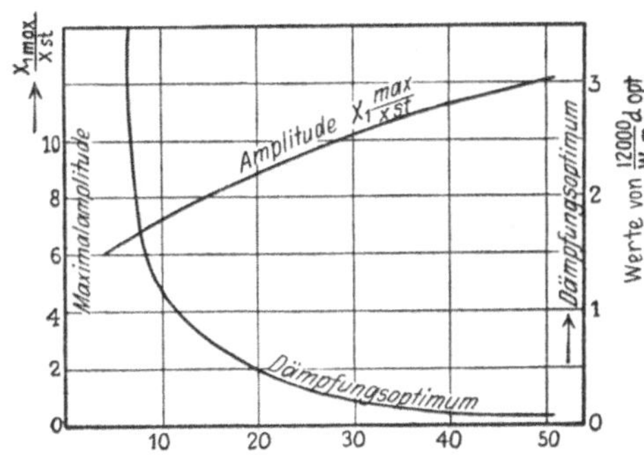

Abb. 121.

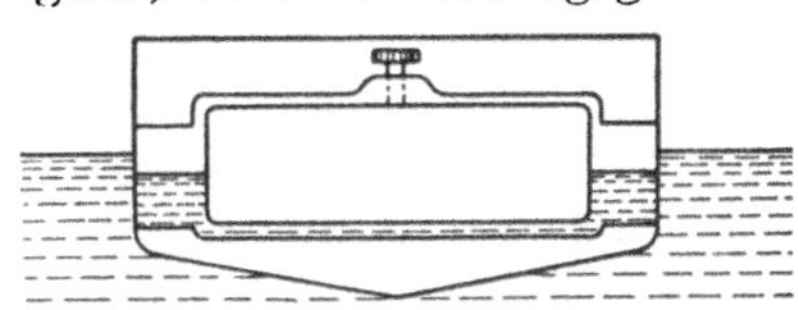
Abb. 122.

Dämpfer mit konstanter Reibung[1]. Dieser Dämpfer, gewöhnlich unter dem Namen des Lanchester-Dämpfers bekannt, wird bei Gas- und Dieselmaschinen vielfach verwendet, um die Amplituden der kritischen Torsionsschwingungen zu beschränken. Der Dämpfer (Abb. 123) besteht aus zwei Schwungrädern *a*, die auf Büchsen *b* frei um das eine Ende der Kurbelwelle rotieren können, von der sie mit Hilfe der Reibungsringe *c* getrieben werden. Die Schwungräder werden mittels belasteter Federn und passend angezogenen Muttern *d* gegen die Reibungsringe gepreßt.

Der Zweck des Dämpfers besteht darin, die Energie zu zerstreuen, wenn die Schwingungsamplitude an der Dämpfernabe *e* zu stark anwächst, wie im Falle der Torsionsresonanz der Maschine. Treten an der Dämpfernabe heftige Schwingungen auf, so ist das Schwungrad durch

[1] Die Theorie wurde von J. P. Den Hartog und J. Ormondroyd entwickelt Trans. Am. Soc. Mech. Eng., Appl. Mech. Div. **1930**. Siehe auch B. C. Carter: Verhandl. d. 3. Intern. Kongr. Stockholm **1930**, III. Teil, S. 198.

eigene Trägheit verhindert, der Bewegung zu folgen; die entstehende Relativbewegung zwischen der Nabe und den Schwungrädern veranlaßt Gleiten der Reibflächen und somit Energieverlust. Wenn die Schwingungen an der Nabe schwach sind, so schließen sich die Schwungräder an die Reibungsringe an; sie folgen dann der Bewegung der Nabe und es treten keine Energieverluste ein. Somit hat das mittels der Reibungsräder angetriebene Schwungrad die wertvolle Eigenschaft, nur dann energiezerstreuend zu wirken, wenn Energie abgeführt werden soll, d. h. wenn die Schwingungen der Kurbelwelle zu stark zu werden drohen.

Es ist klar, daß die günstigste Stellung des Dämpfers an der Maschine jene ist, wo die Amplituden der Torsionsschwingungen am stärksten sind. Da eine Gas- oder Dieselmaschine meistens ein großes Schwungrad trägt, dessen Torsionsschwingungen kleine Amplituden haben, so ist der Dämpfer logischerweise an demjenigen Ende der Kurbelwelle anzubringen, das vom Hauptschwungrad weiter entfernt liegt.

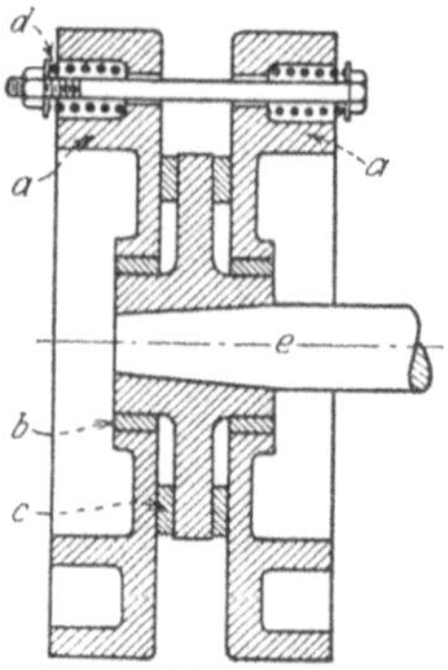

Abb. 123.

Im stationären Zustand rotiert das Dämpfer-Schwungrad mit einer durchschnittlichen Winkelgeschwindigkeit, die gleich der mittleren Winkelgeschwindigkeit der Kurbelwelle ist. Die Übereinanderlagerung der beiden Bewegungen ergibt eine Bewegung relativ zur schwingenden Nabe. Diese Bewegung ist ihrer Natur nach periodisch und ihre Frequenz ist die gleiche wie die der schwingenden Nabe. Das Dämpfer-Schwungrad kann drei Arten von Bewegung ausführen:

1. Wenn die Beschleunigung der Dämpfernabe dem Werte nach stets kleiner ist als $\frac{T}{I}$, so gleitet das Schwungrad nie, sondern folgt gänzlich der Bewegung der Nabe. Hierbei bedeutet T das Torsionsmoment infolge der Reibung, während I das Trägheitsmoment des Dämpfer-Schwungrades ist;

2. das Dämpferschwungrad kann fortwährend gleiten;

3. das Schwungrad folgt der Bewegung der Nabe möglicherweise während eines Teiles der Periode und gleitet dann während des Restes der Periode.

Wir wollen annehmen, daß die Bewegung der Dämpfernabe sinusförmige Gestalt hat. Zwei Störungsfaktoren sind hier zu unterscheiden. Erstens, das aufgezwungene Torsionsmoment der Maschine ist nicht rein harmonisch. Die Wirkung des Dämpfers soll jedoch nur in der Nähe des Resonanzgebietes untersucht werden, wo die Amplituden der Bewegung infolge des harmonischen Torsions-Grundmomentes verhältnismäßig groß sind, während die höheren harmonischen Komponenten des Torsionsmomentes die Bewegung kaum beeinflussen. Zweitens, das Reaktionsmoment T des Dämpfers gegen das System ist nicht harmonisch. Wieder kann der Einfluß der höheren Komponenten aus dem gleichen Grunde vernachlässigt werden.

Die drei oben bezeichneten möglichen Arten der Bewegung können am besten durch Betrachtung des Geschwindigkeitsdiagrammes Abb. 124 verstanden werden. Während der Gleitphase der Schwungradbewegung steht das Rad unter dem Einfluß eines konstanten Reibungs-Drehmomentes. Daher muß die Winkelgeschwindigkeit des Schwungrades eine lineare Funktion der Zeit sein. Infolge der Tatsache, daß die Bewegung der Nabe nach einem symmetrischen Gesetz erfolgt, muß auch die Bewegung des Dämpfer-Schwungrades symmetrisch sein. Diese Verhältnisse können nun auf dem in Abb. 124a gezeigten Wege wiedergegeben werden. Die Geschwindigkeit des Schwungrades wächst, wenn die Geschwindigkeit der Nabe größer ist, und sie nimmt ab, wenn die Geschwindigkeit der Nabe kleiner ist als die Geschwindigkeit des Schwungrades. Die Neigung der Geschwindigkeitskurve des Schwungrades ist gleich $\frac{T}{I}$. Sobald die Federn des Dämpfers angezogen sind, wird die Geschwindigkeitskurve des Schwungrades steiler. Wenn die Dämpfernabe eine bestimmte Amplitude hat, die unabhängig ist vom Torsionsmoment des Dämpfers, so schneiden sich die Geschwindigkeitskurven der Nabe und des Schwungrades schließlich in Punkten, in denen ihre Neigungen gleich sind, wie in Abb. 124b gezeigt. Damit ist der Grenzwert für das Torsionsmoment des Dämpfers gegeben, unterhalb dessen andauerndes Gleiten stattfindet. Wächst das Torsionsmoment des Dämpfers weiter, so schließt sich das Schwung-

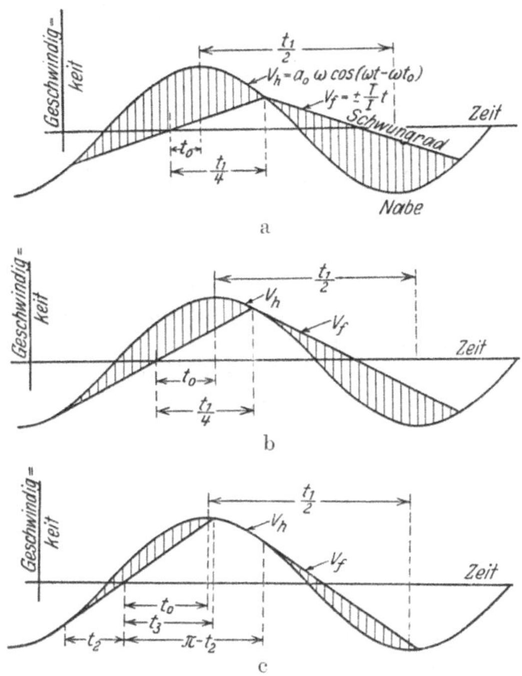

Abb. 124.

rad an die Nabe an bis die Beschleunigung der Nabe groß genug ist, um sie loszukriegen (siehe Abb. 124 c).

Im folgenden bezeichnen wir mit

W die während einer Periode der Nabenbewegung gegen die Reibung geleistete Arbeit,

v_f die superponierte momentane Winkelgeschwindigkeit des Dämpfer-Schwungrades,

v_h die superponierte momentane Winkelgeschwindigkeit der Dämpfernabe,

$\alpha = \alpha_0 \sin \omega t$ den Drehwinkel der Dämpfernabe,

ω das 2π-fache der Bewegungsfrequenz der Dämpfernabe,

t die Zeit,

$t_1 = \frac{2\pi}{\omega}$ die Bewegungsperiode der Dämpfernabe,

T das Torsionsmoment, das erforderlich ist, um das Dämpfer-Schwungrad gegen die Reibungsringe zum Gleiten zu bringen,

I das gesamte Trägheitsmoment des Dämpfer-Schwungrades,

θ die relative Winkelverschiebung zwischen der Dämpfernabe und dem Schwungrad.

Die während einer Periode der Nabenbewegung gegen die Dämpferreibung verrichtete Arbeit ist

$$W = \int T\,d\theta = \int_0^{\frac{2\pi}{\omega}} T \frac{d\theta}{dt}\,dt = \int_0^{\frac{2\pi}{\omega}} T\,(v_h - v_f)\,dt = 2\,T \int_{-\frac{\pi}{2\omega}}^{\frac{\pi}{2\omega}} (v_h - v_f)\,dt\,, \tag{m}$$

d. h. W ist das $2\,T$-fache der schraffierten Fläche in Abb. 124 a, b oder c.

Diese Fläche soll nun berechnet werden. Bei der Betrachtung der Abbildungen a, b und c nehmen wir jenen Zeitpunkt als Nullpunkt an, wo die superponierte Geschwindigkeit des Schwungrades gleich Null ist und eben positiv zu werden beginnt, oder, genauer ausgedrückt, jenen Zeitpunkt, wo die Geschwindigkeit des Schwungrades ihrem Mittelwert gleich ist und zu wachsen beginnt. Es ist

$$v_f = \pm \frac{T}{I}\,t\,, \tag{n}$$

worin das Vorzeichen von der Stellung in der Periode abhängt. Ferner ist

$$v_h = \alpha_0 \cos(\omega t - \omega t_0)\,. \tag{o}$$

Diese Formeln gelten ganz allgemein. Die weitere Untersuchung aber ist nach verschiedenen Richtungen hin zu führen, je nachdem es sich um den Fall der Abb. a oder den der Abb. c handelt. Zuerst berechnen wir den Fall des dauernden Gleitens (Abb. 124 a). Die Zeit t_0 folgt aus der

Bemerkung, daß $v_f = v_h$ für $t = \pm \frac{t_1}{4}$, oder

$$\frac{T}{I} \cdot \frac{2\pi}{4} = \alpha_0 \omega \cos\left(\frac{\pi}{2} - \omega t_0\right).$$

Löst man diese Gleichung nach t_0 auf, so folgt

$$\sin \omega t_0 = \frac{\pi}{2} \cdot \frac{T}{I \omega^2 \alpha_0}. \tag{p}$$

Substituiert man (n) und (o) in (m), so erhält man nach Ausführung der Integration unter Benutzung der Formel (p)

$$W = 4 T \alpha_0 \sqrt{1 - \left(\frac{\pi}{2}\right)^2 \left(\frac{T}{I \omega^2 \alpha_0}\right)^2}. \tag{r}$$

Dieses Ergebnis läßt sich bequemer in folgender dimensionsloser Gestalt schreiben:

$$\frac{W}{I \omega^2 \alpha_0} = \frac{4 T}{I \omega^2 \alpha_0} \sqrt{1 - \left(\frac{\pi}{2}\right)^2 \left(\frac{T}{I \omega^2 \alpha_0}\right)^2}. \tag{s}$$

Dieser Ausdruck wird zu einem Maximum, wenn

$$T = \sqrt{\frac{2}{\pi}} \cdot I \omega^2 \alpha_0 \tag{t}$$

wird. Für diesen Wert von T wird die zerstreute Energie gleich

$$W_{\max} = \frac{4}{\pi} \cdot I \omega^2 \alpha_0^2. \tag{u}$$

Die Gln. (p), (r) und (s) gelten nur, solange

$$\frac{d v_f}{d t} \leqq - \frac{d v_h}{d t} \quad \text{bei} \quad t = \frac{t_1}{4}$$

ist, was hinreichend klar aus Abb. 124 hervorgeht. Die Grenze, bis zu der die Gleichungen gelten (s. Abb. b) ist daher durch die Bedingung

$$\left(\frac{d v_f}{d t}\right)_{t = \frac{\pi}{2\omega}} = \left(\frac{d v_h}{d t}\right)_{t = \frac{\pi}{2\omega}}$$

gegeben. Substituiert man (n) und (o) in diese Gleichung, so folgt nach einiger Rechnung

$$\frac{T}{I \omega^2 \alpha_0} = \sqrt{1 - \left(\frac{\pi}{2}\right)^2 \left(\frac{T}{I \omega^2 \alpha_0}\right)^2} = \sqrt{\frac{1}{1 + \left(\frac{\pi}{2}\right)^2}} = 0{,}536. \tag{v}$$

Bei diesem Werte von $\frac{T}{I \omega^2 \alpha_0}$ beginnt das Dämpfer-Schwungrad sich zeitweise mit der Dämpfernabe zu bewegen. Für diesen Fall sind die Bewegungsverhältnisse in Abb. 124c graphisch dargestellt. Im Augenblick $t = -t_2$ ist, wie man sieht, $v_h = v_f$ und auch $\frac{dv_h}{dt} = \frac{dv_f}{dt}$. Mathematisch ausgedrückt, lauten diese Bedingungen

$$\frac{T}{I} t_2 = -\alpha_0 \omega \cos\omega (t_0 + t_2)\,, \tag{w}$$

$$\frac{T}{I} = \alpha_0 \omega \sin\omega (t_0 + t_2)\,. \tag{w'}$$

Nach Elimination von t_2 und Auflösung nach t_0 hat man

$$\omega t_0 = \pi - \operatorname{arc\,sin} \frac{T}{I\,\omega^2 \alpha_0} - \sqrt{\frac{1 - \left(\frac{T}{I\,\omega^2 \alpha_0}\right)^2}{\left(\frac{T}{I\,\omega^2 \alpha_0}\right)^2}}\,. \tag{y}$$

Substituiert man (n) und (o) in (m), so wird

$$\frac{W}{I\,\omega^2 \alpha_0^2} = 2 \frac{T}{I\,\omega^2 \alpha_0} \int\limits_{-\omega t_2}^{+\omega t_3} \left[\cos\omega (t - t_0) - \frac{T}{I\,\omega^2 \alpha_0} \omega t\right] \omega\, dt\,. \tag{z}$$

Die untere Integrationsgrenze ist durch (w) bestimmt, die obere dagegen durch die ähnliche Gleichung

$$\frac{T}{I} t_3 = \alpha_0 \omega \cos (t_3 - t_0)\,, \tag{A}$$

die die Tatsache ausdrückt, daß an der oberen Grenze die Geschwindigkeiten der Nabe und des Schwungrades gleich sind.

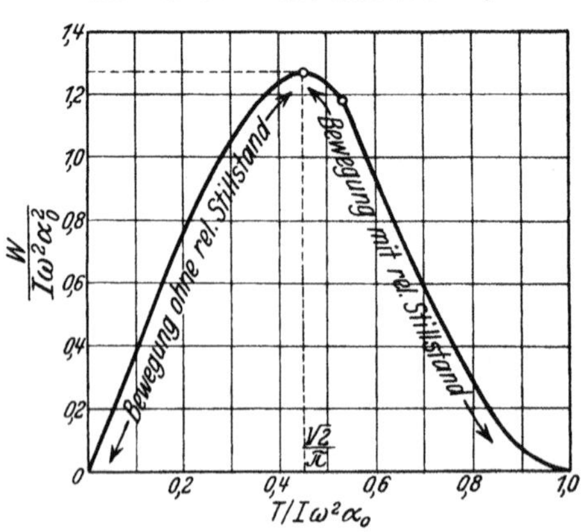

Abb. 125.

Die numerische Auswertung von (z) geschieht folgendermaßen: Zuerst wird für einen bestimmten Wert von $\frac{T}{I\,\omega^2 \alpha_0}$ die Größe t_0 aus der Gl. (y) berechnet; dann lassen sich aus den Gln. (w) und (A) die Größen t_2 und t_3 numerisch bestimmen, und da beide Gleichungen transzendent sind, so kann die Lösung nur durch Probieren gefunden werden. Nach numerischer Ermittelung der Werte t_0, t_2 und t_3 bietet die Berechnung von $\frac{W}{I\,\omega^2 \alpha_0^2}$ aus (z) keine Schwierigkeiten. In dieser Weise wurde der rechte Teil der Kurve Abb. 125 Punkt für Punkt bestimmt.

Nun wollen wir die Wirkung des Dämpfers auf ein vereinfachtes

System untersuchen, und zwar insbesondere im Resonanzpunkt oder in der Nähe desselben. Die bei der Resonanz wirklich auftretende Amplitude findet man, indem man die in dem Dämpfer verzehrte Energie gleich der von der Maschine dem System erteilten Energie setzt. Wir berechnen nun diese letztgenannte Energie.

Im Falle der Resonanz kann man die Wirkungen aller Gasdruck-Torsionsmomente vernachlässigen, mit Ausnahme des einen, das mit der Eigenfrequenz synchron ist. Wir dürfen also annehmen, daß nur ein einziges einfach harmonisches Torsionsmoment an der Maschine wirkt.

Dieses Torsionsmoment sei

$$M = M_0 \sin \omega t\,, \tag{B}$$

worin ω gleich dem $2\,\pi$-fachen der Eigenfrequenz des Systems ist. Methoden zur Berechnung des Wertes von M_0 findet man in der Abhandlung von Lewis[1]. Dieses Moment veranlaßt eine Schwingung im System, bei der I_1 und I_2 die relativen im Diagramm der Abb. 126 gezeigten Resonanzamplituden haben. Die Bewegung von I_1 sei

$$\alpha = \alpha_0 \sin(\omega t - \varphi)\,. \tag{C}$$

Dies ist auch die Bewegung der Dämpfernabe im vereinfachten Schema der Abb. 126. Ist α_0 bekannt, so sind die Bewegungen und Spannungen im ganzen System bekannt.

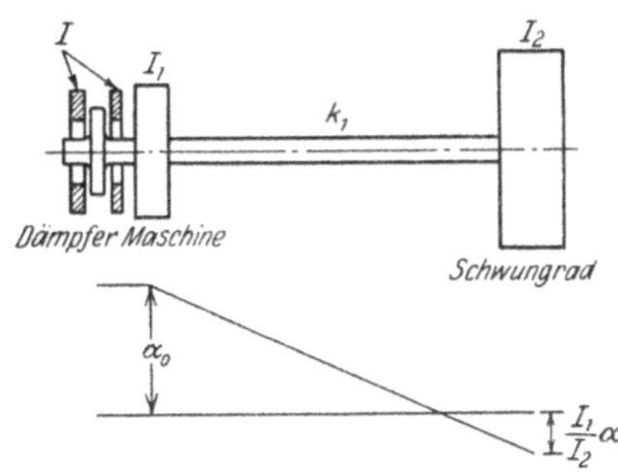

Abb. 126.

M wird dem konstanten mittleren Torsionsmoment der Maschine, α der stetigen Rotation der Maschine superponiert.

Es sei W die Arbeit, die M pro Periode bei der Schwingung leistet. Dann ist

$$W = \int_0^{\frac{2\pi}{\omega}} M\,d\alpha = \pi\,M_0\,\alpha_0 \sin\varphi\,; \tag{D}$$

M und α sind in den Gln. (B) und (C) als Funktionen der Zeit gegeben und $\frac{2\pi}{\omega}$ ist eine vollständige Periode. Bei der Resonanz ist, entsprechend der ersten Annahme, $\varphi = 90^0$ und die Arbeit pro Periode beträgt

$$W = \pi\,M_0\,\alpha_0\,. \tag{E}$$

Setzt man diesen Ausdruck für die aufgewandte Energie gleich dem

[1] Siehe Fußnote S. 153 dieses Buches.

Ausdruck (s) für die in dem Dämpfer zerstreute Energie, so erhält man

$$\frac{I\,\omega^2\,\alpha_0}{\pi\,M_0} = 2\pi\,\frac{\left(\frac{T}{\pi}\,M\right)^2}{\sqrt{16\left(\frac{T}{\pi\,M}\right)^2 - 1}}\,. \tag{F}$$

Dieser Ausdruck ist in Abb. 127 durch den linken Teil der Kurve *A* dargestellt. Der rechte Teil dieser Kurve entspricht einer Bewegung mit teilweisem Stillstand und die Kurve läßt sich mit Hilfe der Abb. 125 punktweise berechnen.

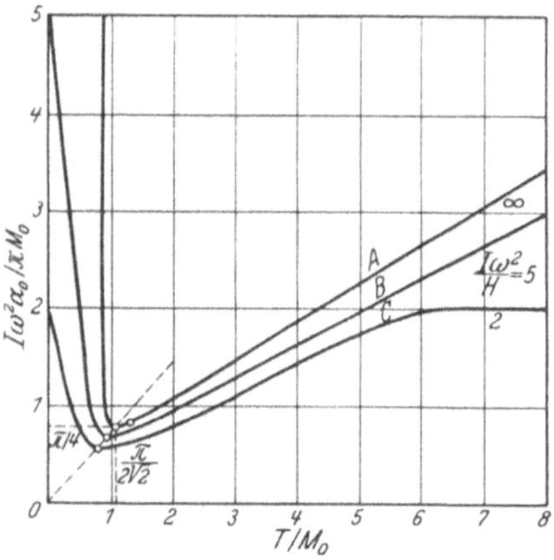

Abb. 127.

Die Kurven *B* und *C* dieser Abbildung findet man, wenn man noch gewisse andere Dämpfungen berücksichtigt, die außerhalb des Dämpfers durch Hysteresis der Welle hervorgerufen werden.

Es hat sich gezeigt, daß die Diagramme der Abb. 127 sehr gut mit den Versuchen übereinstimmen, sowohl mit den im Laboratorium angestellten, als auch mit den Betriebsprüfungen.

Die Anwendung dieses Dämpfers beschränkt sich nicht nur auf Torsionssysteme, sondern erstreckt sich auch auf die Dämpfung linearer Schwingungen an nicht rotierenden Systemen.

IV. Schwingungen elastischer Körper.

Bei der Betrachtung der Schwingungen elastischer Körper soll angenommen werden, daß die Körper homogen und isotrop sind und dem Hookeschen Gesetze folgen. Die im vorigen Kapitel für ein System von Massenpunkten aufgestellten Differentialgleichungen der Bewegung finden auch hier Anwendung.

Im Falle elastischer Körper jedoch haben wir an Stelle mehrerer konzentrierter Massen ein System von unendlich vielen Teilchen, zwischen denen elastische Kräfte wirken. Dieses System erfordert zur Bestimmung seiner Lage unendlich viele Koordinaten und besitzt somit unendlich viele Freiheitsgrade, da jede kleine Verschiebung, die der Stetigkeitsbedingung genügt, d. h. keine Risse in dem Körper verursacht, sich als mögliche oder virtuelle Verschiebung auffassen läßt. Man sieht also, daß jeder elastische Körper unendlich viele Eigenschwingungen besitzen kann.

Im Falle dünner Stäbe oder Platten läßt sich das Schwingungsproblem wesentlich vereinfachen. Diese Probleme, die für viele technische Anwendungen von großer Wichtigkeit sind, sollen in diesem Kapitel eingehender[1] besprochen werden.

37. Longitudinale Schwingungen von prismatischen Stäben.

Differentialgleichung longitudinaler Schwingungen. Die folgende Überlegung gründet sich auf die Annahme, daß die Stabquerschnitte während der Longitudinalschwingung eines prismatischen Stabes eben bleiben und die Teilchen in diesen Querschnitten nur Bewegungen in der Achsenrichtung des Stabes ausführen. Die während einer solchen Schwingung des Stabes stattfindenden longitudinalen Ausdehnungen und Zusammenziehungen werden sicherlich gewisse seitliche Formänderungen mit sich bringen, doch wollen wir im folgenden nur solche Fälle betrachten, wo die Wellenlänge gegenüber den Querschnittsdimensionen des Stabes groß ist. In derartigen Fällen kann man die seitlichen Verschiebungen während der Longitudinalschwingung ohne wesentlichen Fehler vernachlässigen[2].

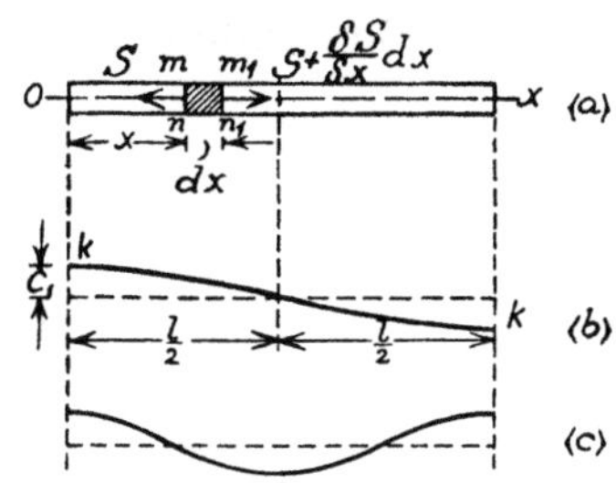

Abb. 128.

Bei dieser Annahme läßt sich die Differentialgleichung der Bewegung für ein Stabelement zwischen zwei benachbarten Querschnitten mn und m_1n_1 (s. Abb. 128) genau so niederschreiben wie für ein Einzelteilchen.

Es sei

u = longitudinale Verschiebung eines beliebigen Stabquerschnittes mn während der Schwingung,

e = Dehnung (pro Längeneinheit),

E = Elastizitätsmodul,

F = Flächeninhalt des Querschnittes,

$S = FEe$ = longitudinale Zugkraft,

γ = Gewicht des Materials pro Volumeneinheit,

l = Länge des Stabes.

---

[1] Die vollständigste Diskussion der Schwingungsprobleme elastischer Systeme findet man in dem bekannten Werk von Lord Rayleigh: Theory of Sound. Siehe auch H. Lamb: The Dynamical Theory of Sound. Love, A. E. H.: Mathematical Theory of Elasticity, 4. Aufl. (1927); Handb. Physik **6** (1928). Barré de Saint-Venant: Théorie de l'élasticité des corps solides. Note finale du par. **61.** Paris 1883.

[2] Eine vollständige Lösung des Problems der longitudinalen Schwingungen eines zylindrischen Stabes von kreisförmigem Querschnitt, welche auch die seitlichen Verschiebungen berücksichtigt, stammt von L. Pochhammer: Jahrb. Math. **81**, 324 (1876).

Dann ist die Dehnung und die Zugkraft in einem beliebigen Stabquerschnitt mn

$$e = \frac{\partial u}{\partial x}; \qquad S = FE\frac{\partial u}{\partial x}.$$

Für einen benachbarten Querschnitt ist die Zugkraft

$$S + dS = FE\left(\frac{\partial u}{\partial x} + \frac{\partial^2 u}{\partial x^2}dx\right).$$

Bedenkt man, daß der Trägheitswiderstand eines Stabelements $m n m_1 n_1$

$$-\frac{F\gamma\, d x}{g}\frac{\partial^2 u}{\partial t^2}$$

beträgt, und berücksichtigt man das d'Alembertsche Prinzip, so erhält man folgende Differentialgleichung für die Bewegung des Elementes $m n m_1 n_1$:

$$-\frac{F\gamma}{g}\frac{\partial^2 u}{\partial t^2} + FE\frac{\partial^2 u}{\partial x^2} = 0$$

oder

$$\frac{\partial^2 u}{\partial t^2} = a^2\frac{\partial^2 u}{\partial x^2}, \tag{89}$$

worin[1]

$$a^2 = \frac{Eg}{\gamma}. \tag{90}$$

Lösung durch trigonometrische Reihen. Die Verschiebung u, die von der Koordinate x und von der Zeit t abhängt, muß eine Funktion von x und t sein, welche die partielle Differentialgleichung (89) befriedigt. Partikuläre Lösungen dieser Gleichung lassen sich leicht finden, wenn man zunächst bedenkt, daß sich im allgemeinen Fall jede Schwingung eines Systems in die Eigenschwingungen auflösen läßt und daß ferner bei einer solchen Eigenschwingung alle Punkte des Systems eine einfach harmonische Schwingung ausführen und dabei miteinander gleichen Schritt halten, so daß sie gleichzeitig durch ihre Gleichgewichtslagen hindurchgehen. Nimmt man nun an, daß der Stab eine Eigenschwingung von der Frequenz $\frac{p}{2\pi}$ ausführt, so stellt sich die Lösung der Gl. (89) in der Form

$$u = X(A\cos p t + B\sin p t) \tag{a}$$

dar, worin A und B willkürliche Konstante sind und X eine gewisse nur von x abhängige Funktion ist, welche die Form der betrachteten Eigenschwingung bestimmt und „Eigenfunktion" genannt wird. Diese Funktion muß in jedem einzelnen speziellen Fall so bestimmt werden, daß sie den Bedingungen an den Enden des Stabes genügt. Als ein

[1] Später (S. 315) wird gezeigt werden, daß a die Geschwindigkeit der Wellenfortpflanzung längs des Stabes ist.

Beispiel betrachten wir nun die longitudinalen Schwingungen eines Stabes mit freien Enden. In diesem Falle muß die Zugkraft an den Enden während der Schwingung gleich Null sein, und wir erhalten folgende Randbedingungen (s. Abb. 128):

$$\left(\frac{\partial u}{\partial x}\right)_{x=0} = 0; \qquad \left(\frac{\partial u}{\partial x}\right)_{x=l} = 0. \tag{b}$$

Setzen wir (a) in Gl. (89) ein, so ergibt sich

$$-p^2 X = a^2 \frac{d^2 X}{d x^2}$$

und daraus

$$X = C \cos \frac{p x}{a} + D \sin \frac{p x}{a}. \tag{c}$$

Um die erste der Bedingungen (b) zu erfüllen, ist es notwendig, $D = 0$ zu setzen. Die zweite der Bedingungen (b) ist erfüllt, wenn

$$\sin \frac{p l}{a} = 0 \tag{91}$$

ist. Dies ist die „Frequenzgleichung" für den betrachteten Fall; aus ihr lassen sich die Frequenzen der longitudinalen Eigenschwingungen eines Stabes mit freien Enden berechnen. Die Gleichung wird befriedigt, indem man

$$\frac{p l}{a} = i \pi \tag{d}$$

setzt, wobei i eine ganze Zahl ist. Läßt man i die Werte $1, 2, 3, \ldots$ durchlaufen, so erhält man die Frequenzen der verschiedenen Schwingungsarten. Die Frequenz der Grundschwingung findet man, indem man $i = 1$ setzt; dann wird

$$p_1 = \frac{a \pi}{l} = \frac{\pi}{l} \sqrt{\frac{E g}{\gamma}}. \tag{92}$$

Die entsprechende Schwingungsperiode ist

$$\tau_1 = \frac{2 \pi}{p_1} = 2 l \sqrt{\frac{\gamma}{E g}}. \tag{93}$$

Die Form dieser Schwingung ist in Abb. 128b durch die Kurve kk dargestellt; die Ordinaten dieser Kurve sind

$$X_1 = C_1 \cos \frac{p_1 x}{a} = C_1 \cos \frac{\pi x}{l}.$$

Abb. 128c stellt die zweite Schwingungsart dar, für die

$$\frac{p_2 l}{a} = 2 \pi \quad \text{und} \quad X_2 = C_2 \cos \frac{2 \pi x}{l}.$$

Die allgemeine Form einer partikulären Lösung (a) der Gl. (89) wird

$$u = \cos\frac{i\pi x}{l}\left(A_i\cos\frac{i\pi a t}{l} + B_i\sin\frac{i\pi a t}{l}\right) \tag{e}$$

sein.

Durch Superposition derartiger partikulärer Lösungen läßt sich jede beliebige Longitudinalschwingung des Stabes[1] in folgender Form darstellen:

$$u = \sum_{1}^{\infty}{}_i \cos\frac{i\pi x}{l}\left(A_i\cos\frac{i\pi a t}{l} + B_i\sin\frac{i\pi a t}{l}\right). \tag{94}$$

Die willkürlichen Konstanten A_i, B_i können immer so gewählt werden, daß sie beliebigen Anfangsbedingungen genügen[1].

Nehmen wir z. B. an, daß zur Anfangszeit $t = 0$ die Verschiebungen u durch die Gleichung

$$(u)_{t=0} = f(x)$$

und die Anfangsgeschwindigkeiten durch die Gleichung

$$(\dot{u})_{t=0} = f_1(x)$$

gegeben seien. Setzen wir in Gl. (94) $t = 0$, so erhalten wir

$$f(x) = \sum_{1}^{\infty}{}_i A_i\cos\frac{i\pi x}{l}. \tag{f}$$

Differenziert man Gl. (94) nach t und setzt dann $t = 0$, so ergibt sich

$$f_1(x) = \sum_{1}^{\infty}{}_i \frac{i\pi a}{l} B_i\cos\frac{i\pi x}{l}. \tag{g}$$

Die Koeffizienten A_i und B_i in den Gln. (f) und (g) lassen sich nun berechnen, und zwar, wie bereits erklärt wurde (s. § 12), mit Hilfe der Formeln:

$$A_i = \frac{2}{l}\int_0^l f(x)\cos\frac{i\pi x}{l}\,dx, \tag{h}$$

$$B_i = \frac{2}{i\pi a}\int_0^l f_1(x)\cos\frac{i\pi x}{l}\,dx. \tag{k}$$

Als Beispiel untersuchen wir den Fall, daß ein prismatischer Stab, der durch an den Enden wirkende Kräfte zusammengedrückt wurde, zur Zeit $t = 0$ plötzlich von diesem Druck befreit wird. Setzen wir

$$(u)_{t=0} = f(x) = \frac{e\,l}{2} - e\,x; \qquad f_1(x) = 0,$$

[1] Verschiebungen des Stabes als starrer Körper werden hier nicht betrachtet. Ein Beispiel, bei dem eine derartige Verschiebung berücksichtigt werden muß, wird auf S. 229 besprochen.

worin e die Verkürzung der Längeneinheit des Stabes zur Zeit $t = 0$ bezeichnet, so erhalten wir aus den Gln. (h) und (k)

$$A_i = \frac{4el}{\pi^2 i^2} \quad \text{für ungerades } i;$$

$$A_i = 0 \quad \text{für gerades } i;$$

$$B_i = 0$$

und die allgemeine Lösung (94) erhält die Gestalt

$$u = \frac{4el}{\pi^2} \sum_{1,3,5}^{\infty} \frac{\cos\frac{i\pi x}{l} \cos\frac{i\pi a t}{l}}{i^2}.$$

In dieser Lösung kommen nur ungerade ganze Zahlen $i = 1, 3, 5, \ldots$ vor; sie ist in bezug auf den Mittelquerschnitt des Stabes symmetrisch.

Der allgemeinen Lösung (94), welche die Schwingung des Stabes darstellt, läßt sich jede longitudinale Verschiebung des Stabes als starrer Körper superponieren.

Lösung durch generalisierte Koordinaten. Nimmt man im betrachteten Falle die eingeklammerten Ausdrücke in Gl. (e) als generalisierte Koordinaten und bezeichnet sie mit q_i, so wird

$$u = \sum_{1}^{\infty} q_i \cos\frac{i\pi x}{l}.$$

Die potentielle Energie des Systems, die hier in der Energie der elastischen Formänderung besteht, ist

$$V = \frac{FE}{2}\int_0^l \left(\frac{\partial u}{\partial x}\right)^2 dx = \frac{FE\pi^2}{2l^2}\int_0^l \left(\sum_1^{\infty} i q_i \sin\frac{i\pi x}{l}\right)^2 dx$$

$$= \frac{FE\pi^2}{4l}\sum_1^{\infty} i^2 q_i^2 \ldots. \tag{m}$$

Bei der Berechnung von

$$\int_0^l \left(\sum i q_i \sin\frac{i\pi x}{l}\right)^2 dx$$

ergeben nur jene Glieder, welche die Quadrate der Koordinaten q_i enthalten, von Null verschiedene Integrale (s. § 12).

Die kinetische Energie zur gleichen Zeit ist

$$T = \frac{F\gamma}{2g}\int_0^l \left(\frac{\partial u}{\partial t}\right)^2 dx = \frac{F\gamma l}{4g}\sum_1^{\infty} \dot{q}_i^2. \tag{n}$$

Setzt man T und V in die Lagrangeschen Gln. (71) ein, so erhält man für jede Koordinate q_i die Differentialgleichung

$$\ddot{q}_i + \frac{a^2 \pi^2 i^2}{l^2} q_i = 0, \tag{p}$$

und daraus

$$q_i = A_i \cos \frac{i \pi a t}{l} + B_i \sin \frac{i \pi a t}{l}.$$

Dieses Resultat stimmt mit unserem früheren Ergebnis vollkommen überein [s. Gl. (e)]. Wir sehen, daß jede der Gln. (p) nur eine Koordinate q_i enthält. Die gewählten Koordinaten sind voneinander unabhängig und die entsprechenden Schwingungen sind „Hauptschwingungen" des Stabes (s. S. 138).

Die Verwendung generalisierter Koordinaten eignet sich besonders für die Diskussion erzwungener Schwingungen. Als Beispiel wollen wir einen Stab mit einem eingespannten und einem freien Ende betrachten. Die Lösung für diesen Fall erhält man sofort aus (94). Man hat nur anzunehmen, daß in dem früheren Falle der Stab mit freien Enden Schwingungen ausführt, die in bezug auf die Stabmitte symmetrisch sind. Diese Bedingung wird erfüllt, indem man in der Lösung (94) $i = 1, 3, 5, \ldots$ setzt. Dann kann man den Mittelquerschnitt als fest betrachten, und jede Stabhälfte schwingt nun genau so wie ein Stab mit einem festen und einem freien Ende. Bezeichnet man mit l die Länge eines solchen Stabes und nimmt den Koordinatenursprung in dem festen Ende an, so erhält man die Lösung für diesen Fall, indem man $2l$ für l und $\sin \frac{i \pi x}{2l}$ für $\cos \frac{i \pi x}{l}$ in Gl. (94) setzt. Auf diesem Wege ergibt sich

$$u = \sum_{1,3,5,\ldots}^{\infty} \sin \frac{i \pi x}{2l} \left(A_i \cos \frac{i \pi a t}{2l} + B_i \sin \frac{i \pi a t}{2l} \right). \tag{95}$$

Betrachten wir nun die eingeklammerten Ausdrücke dieser Lösung als generalisierte Koordinaten und bezeichnen wir sie mit q_i, so erhalten wir

$$u = \sum_{1,3,5,\ldots}^{\infty} q_i \sin \frac{i \pi x}{2l}. \tag{q}$$

Setzen wir dies in die Ausdrücke für die potentielle und kinetische Energie ein, so ergibt sich

$$V = \frac{FE}{2} \int_0^l \left(\frac{\partial u}{\partial x} \right)^2 dx = \frac{\pi^2 F E}{16 l} \sum_{1,3,5,\ldots}^{\infty} i^2 q_i^2, \tag{96}$$

$$T = \frac{F \gamma}{2g} \int_0^l (\dot{u})^2 dx = \frac{F \gamma l}{4g} \sum_{1,3,5,\ldots}^{\infty} \dot{q}_i^2. \tag{97}$$

Die Lagrangesche Gleichung der freien Schwingung lautet dann für eine beliebige Koordinate q_i:

$$\ddot{q}_i + \frac{a^2 i^2 \pi^2}{4 l^2} q_i = 0;$$

daraus folgt

$$q_i = A_i \cos \frac{i \pi a t}{2 l} + B_i \sin \frac{i \pi a t}{2 l}$$

in Übereinstimmung mit dem Früheren [s. Gl. (95)].

Erzwungene Schwingungen. Wenn störende Kräfte auf den Stab einwirken, so lauten die Lagrangeschen Gln. (72)

$$\frac{F \gamma l}{2 g} \ddot{q}_i + \frac{\pi^2 i^2 F E}{8 l} q_i = Q_i$$

oder

$$\ddot{q}_i + \frac{a^2 \pi^2 i^2}{4 l^2} q_i = \frac{2 g}{F \gamma l} Q_i, \tag{r}$$

worin Q_i die der generalisierten Koordinate q_i entsprechende generalisierte Kraft bezeichnet. Zur Bestimmung dieser Kraft werden wir uns der oben (s. S. 129) angegebenen allgemeinen Methode bedienen. Wir erteilen der Koordinate q_i einen Zuwachs δq_i. Die entsprechende Verschiebung im Stab, wie sie sich aus (q) bestimmt, ist

$$\delta u = \delta q_i \sin \frac{i \pi x}{2 l}.$$

Die von den Störungskräften bei dieser Verschiebung geleistete Arbeit muß berechnet werden. Die durch δq_i dividierte Arbeit stellt dann die generalisierte Kraft Q_i dar. Setzt man diese in Gl. (r) ein, so läßt sich die allgemeine Lösung dieser Gleichung leicht finden, indem man zu den oben erhaltenen freien Schwingungen die durch die Störungskraft Q_i erzeugten Schwingungen addiert. Diese letztgenannten Schwingungen setzt man gewöhnlich in die Form eines bestimmten Integrales[1]. Man erhält also

$$q_i = A_i \cos \frac{i \pi a t}{2 l} + B_i \sin \frac{i \pi a t}{2 l} + \frac{4 g}{F \gamma a \pi i} \int_0^t Q_i \sin \frac{i \pi a}{2 l} (t - t_1) \, d t_1. \tag{s}$$

Die ersten zwei Glieder dieser Lösung stellen eine durch die Anfangsverschiebung und den Anfangsimpuls verursachte freie Schwingung dar. Das dritte Glied stellt die durch die Störungskraft hervorgerufene Schwingung dar. Setzt man die Lösung (s) in Gl. (q) ein, so erhält man den allgemeinen Ausdruck für die Schwingungen des Stabes. Als Beispiel wollen wir nun die Schwingung betrachten, die eine auf das freie Stabende (s. Abb. 129) wirkende Kraft $S = f(t)$ hervorruft.

---

[1] Siehe Gl. (24) S. 24.

Erteilen wir der Koordinate q_i einen Zuwachs δq_i, so ist die entsprechende Verschiebung [s. Gl. (q)]

$$\delta u = \delta q_i \sin \frac{i \pi x}{2 l}.$$

Die durch die Störungskraft bei dieser Verschiebung geleistete Arbeit ist

$$S \delta q_i \sin \frac{i \pi}{2},$$

und wir erhalten

$$Q_i = S \sin \frac{i \pi}{2} = (-1)^{\frac{i-1}{2}} S.$$

Setzt man dies in (s) ein und betrachtet nur den durch die Störungskraft hervorgerufenen Teil der Schwingung, so erhält man

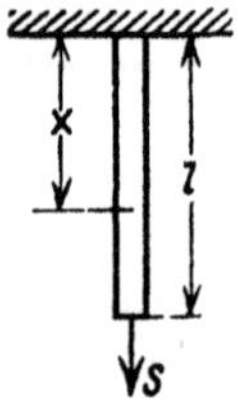

Abb. 129.

$$q_i = (-1)^{\frac{i-1}{2}} \frac{4 g}{F \gamma a \pi i} \int_0^t S \sin \frac{i \pi a}{2 l} (t - t_1)\, d t_1.$$

Setzt man dies in (q) ein und betrachtet die Bewegung des unteren Stabendes ($x = l$), so wird

$$(u)_{x=l} = \frac{4 g}{F \gamma a \pi} \sum_{1,3,5,\ldots}^{\infty} \frac{1}{i} \int_0^t S \sin \frac{i \pi a}{2 l} (t - t_1)\, d t_1. \tag{u}$$

In jedem einzelnen Fall muß man nur $S = f(t_1)$ in (u) einsetzen und die angedeutete Integration ausführen. Nehmen wir z. B. als speziellen Fall die Schwingungen, die im Stab durch eine zur Anfangszeit ($t = 0$) plötzlich einsetzende konstante Kraft erzeugt werden. Hierfür erhalten wir aus (u)

$$(u)_{x=l} = \frac{8 g l S}{F \gamma a^2 \pi^2} \sum_{1,3,5,\ldots}^{\infty} \frac{1}{i^2} \left(1 - \cos \frac{i \pi a t}{2 l}\right). \tag{98}$$

Man sieht, daß auf diesem Wege alle Schwingungsarten erzeugt werden, deren Perioden bzw. Frequenzen

$$\tau_i = \frac{4 l}{a i}, \qquad f_i = \frac{1}{\tau_1} = \frac{a i}{4 l}$$

sind. Die Maximalverschiebung tritt ein, wenn $\cos \frac{i \pi a t}{2 l} = -1$ wird. Dann ist

$$(u)_{\substack{x=l \\ t=\frac{2l}{a}}} = \frac{16 g l S}{F \gamma a^2 \pi^2} \sum_{1,3,5,\ldots}^{\infty} \frac{1}{i^2}$$

oder, wenn man berücksichtigt, daß

$$a^2 = \frac{E g}{\gamma} \quad \text{und} \quad \sum_{1,3,5,\ldots}^{\infty} \frac{1}{i^2} = \frac{1}{1} + \frac{1}{3^2} + \frac{1}{5^2} \cdots = \frac{\pi^2}{8}$$

ist:
$$(u)_{x=l} = \frac{2\,l\,S}{F\,E}.$$

So gelangt man zu dem bekannten Satz, daß eine plötzlich angreifende Kraft eine doppelt so große Verschiebung erzeugt wie eine allmählich auf den Endbetrag gebrachte[1].

Als zweites Beispiel wollen wir die Längsschwingung eines Stabes mit freien Enden (Abb. 128) betrachten, die durch eine am Ende $x = l$ plötzlich angreifende Längskraft S erzeugt wird. Wenn man der durch Gl. (l) gegebenen Schwingung des Stabes eine Verschiebung q_0 des Stabes als starrer Körper superponiert, so läßt sich die Verschiebung u in folgender Form darstellen:

$$u = q_0 + q_1 \cos\frac{\pi x}{l} + q_2 \cos\frac{2\pi x}{l} + q_3 \cos\frac{3\pi x}{l} + \cdots \tag{v}$$

Die Ausdrücke für die potentielle und kinetische Energie lauten dann nach (m) und (n)

$$V = \frac{F E \pi^2}{4 l} \sum_1^\infty {}_i\, i^2 q_i^2; \qquad T = \frac{F\gamma l}{2g}\dot{q}_0^2 + \frac{F\gamma l}{4g}\sum_1^\infty {}_i\, \dot{q}_i^2$$

und die Bewegungsgleichungen nehmen die Form

$$\left.\begin{array}{l} \dfrac{F\gamma l}{g}\ddot{q}_0 = Q_0 \\ \ldots\ldots\ldots\ldots\ldots\ldots \\ \ldots\ldots\ldots\ldots\ldots\ldots \\ \dfrac{F\gamma l}{g}\ddot{q}_i + \dfrac{F E \pi^2 i^2}{2l} q_i = Q_i \\ \ldots\ldots\ldots\ldots\ldots\ldots \end{array}\right| \tag{w}$$

an. Mit Hilfe der früheren Methode (s. S. 227) läßt sich zeigen, daß in diesem Falle

$$Q_0 = S \quad \text{und} \quad Q_i = (-1)^i S$$

ist. Nimmt man ferner an, daß die Anfangsgeschwindigkeiten und Anfangsverschiebungen Null sind, so ergibt sich aus den Gln. (w):

$$q_0 = \frac{g S t^2}{2 F\gamma l},$$

$$Q_i = (-1)^i \frac{2g}{F\pi a \gamma i}\int_0^t S \sin\frac{i\pi a}{l}(t - t_1)\,dt_1 = \frac{(-1)^i\, 2 g l S}{F\pi^2 i^2 \gamma a^2}\left(1 - \cos\frac{i\pi a t}{l}\right).$$

Setzt man dies in Gl. (v) ein, so erhält man für die durch die plötzlich angreifende Kraft S hervorgerufenen Verschiebungen

$$u = \frac{g S t^2}{2 F\gamma l} + \frac{2 g l S}{F\pi^2 a^2 \gamma}\sum_1^\infty {}_i \frac{(-1)^i}{i^2}\cos\frac{i\pi x}{l}\left(1 - \cos\frac{i\pi a t}{l}\right).$$

[1] Eine eingehendere Erörterung dieses Problems findet sich S. 237.

Das erste Glied der rechten Seite stellt die wie für einen starren Körper berechnete Verschiebung dar. Zu dieser Verschiebung sind Schwingungen des Stabes mit freien Enden addiert. Mit den Bezeichnungen

$\delta = \frac{S\,l}{F\,E}$ = Verlängerung des durch die Kraft S gleichmäßig gedehnten Stabes,

$\tau = \frac{2\,l}{a}$ = Periode der Grundschwingung,

ist die Verschiebung des Stabendes $x = l$ gegeben durch

$$(u)_{x=l} = \frac{2\,\delta\,t^2}{\tau^2} + \frac{2\,\delta}{\pi^2} \sum_1^\infty \frac{1}{i^2}\left(1 - \cos\frac{2\,i\,\pi\,t}{\tau}\right).$$

Die von der Schwingung herrührende Maximalverschiebung erhält man für $t = \frac{\tau}{2}$. Hierfür ist

$$(u)_{x=l} = \frac{\delta}{2} + \frac{4\,\delta}{\pi^2}\left(\frac{1}{1} + \frac{1}{9} + \frac{1}{25} + \cdots\right) = \frac{\delta}{2} + \frac{4\,\delta}{\pi^2}\frac{\pi^2}{8} = \delta.$$

Einem analogen Problem begegnet man, wenn man die Schwingungen untersucht, die beim Heben eines langschaftigen Bohrers entstehen, wie er in tiefen Ölquellen verwendet wird.

38. Schwingungen eines Stabes mit belastetem Ende.

Eigenschwingungen. Das Schwingungsproblem eines Stabes mit belastetem Ende findet nicht nur im Falle von prismatischen Stäben eine praktische Anwendung, sondern auch dann, wenn das Gewicht durch eine Spiralfeder getragen wird wie bei einer Indikatorfeder (s. S. 18). Wenn die Masse des Stabes oder der Feder klein ist im Vergleich zu der Masse des Gewichtes am Ende, so darf sie vernachlässigt werden, und das Problem ist zurückgeführt auf das eines Systems mit einem Freiheitsgrad (s. Abb. 1). Im folgenden soll die Wirkung der Stabmasse eingehend untersucht werden.

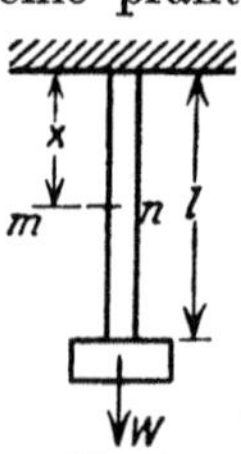

Abb. 130.

Wenn man die Längsverschiebungen aus der Gleichgewichtslage mit u bezeichnet, so ergibt sich mit Hilfe der im vorigen Kapitel entwickelten Differentialgleichung (89) für die Längsschwingungen

$$\frac{\partial^2 u}{\partial t^2} = a^2 \frac{\partial^2 u}{\partial x^2}, \tag{89'}$$

worin

$$a^2 = \frac{E\,g}{\gamma}$$

für einen prismatischen Stab und

$$a^2 = \frac{k\,l\,g}{q}$$

für eine Spiralfeder. In diesem zweiten Fall ist k die Federkonstante; das ist die Belastung, die erforderlich ist, um eine totale Verlängerung der Feder um eine Einheit zu bewirken. l ist die Länge der Feder und q das Gewicht der Feder pro Längeneinheit. Die Randbedingungen sind dann folgende:

Am eingespannten Ende muß die Verschiebung während der Schwingung Null sein, und dies ergibt

$$(u)_{x=0} = 0. \tag{a}$$

Am freien Stabende, an dem das Gewicht befestigt ist, muß die Zugkraft im Stab gleich sein dem Trägheitswiderstand des schwingenden Gewichtes W, und dies ergibt[1]

$$F E \left(\frac{\partial u}{\partial x}\right)_{x=l} = -\frac{W}{g}\left(\frac{\partial^2 u}{\partial t^2}\right)_{x=l}. \tag{b}$$

Nimmt man an, daß das System eine seiner Hauptschwingungsarten ausführt, so erhält man

$$u = X(A\cos p t + B\sin p t), \tag{c}$$

worin X eine nur von x abhängige Eigenfunktion ist und die Form der Schwingungsart bestimmt.

Setzt man (c) in Gl. (89′) ein, so erhält man

$$a^2 \frac{\partial^2 X}{\partial x^2} + p^2 X = 0$$

und daraus

$$X = C\cos\frac{p x}{a} + D\sin\frac{p x}{a}, \tag{d}$$

worin C und D willkürliche Integrationskonstanten sind.

Um die Bedingung (a) zu erfüllen, müssen wir in der Lösung (d) die Konstante $C = 0$ setzen. Aus der Bedingung (b) erhalten wir

$$F E \frac{p}{a}\cos\frac{p l}{a} = \frac{W}{g} p^2 \sin\frac{p l}{a}. \tag{b′}$$

Es sei $\alpha = \frac{F \gamma l}{W}$ das Verhältnis des Stabgewichtes zum Gewicht der Belastung W und $\beta = \frac{p l}{a}$. Dann lautet Gl. (b′)

$$\alpha = \beta \operatorname{tg} \beta. \tag{99}$$

Dies ist die Frequenzgleichung für den betrachteten Fall; ihre Wurzeln lassen sich graphisch leicht finden, wenn das Verhältnis α bekannt ist. Die Grundschwingung ist für die praktischen Anwendungen gewöhnlich am wichtigsten und die Werte β_1 der kleinsten Wurzel

[1] Das konstante Gewicht W, das der gleichförmigen Dehnung des Stabes in seiner Ruhelage das Gleichgewicht hält, beeinflußt die Randbedingung nicht.

von Gl. (99) sind für verschiedene Werte von α durch folgende Tabelle gegeben:

$\alpha =$	0,01	0,10	0,30	0,50	0,70	0,90	1,00	1,50	2,00	3,00	4,00	5,00	10,0	20,0	100,0	∞
$\beta_1 =$	0,10	0,32	0,52	0,65	0,75	0,82	0,86	0,98	1,08	1,20	1,27	1,32	1,42	1,52	1,568	$\frac{\pi}{2}$

Wenn das Stabgewicht im Vergleich zur Belastung W klein ist, so sind die Größe α und die Wurzel β_1 klein, und Gl. (99) kann dadurch vereinfacht werden, daß man $\operatorname{tg}\beta = \beta$ setzt; dann ist

$$\beta^2 = \alpha = \frac{F\gamma l}{W};$$

man erhält dann

$$\beta = \frac{pl}{a} = \sqrt{\frac{F\gamma l}{W}} \tag{e}$$

und

$$p = \frac{a}{l}\sqrt{\frac{F\gamma l}{W}} = \sqrt{\frac{g}{\delta_{st}}}, \tag{f}$$

worin $\delta_{st} = \frac{Wl}{FE}$ die statische Verlängerung des Stabes unter der Einwirkung der Belastung W darstellt.

Dieses Resultat stimmt mit dem überein, das wir früher für ein System mit einem Freiheitsgrad erhalten haben [s. Gl. (3), S. 2]. Eine bessere Näherung ergibt sich, wenn wir in Gl. (99) $\operatorname{tg}\beta = \beta + \frac{\beta^3}{3}$ setzen. Dann ist

$$\beta\left(\beta + \frac{\beta^3}{3}\right) = \alpha$$

oder

$$\beta = \sqrt{\frac{\alpha}{1 + \frac{\beta^2}{3}}}. \tag{g}$$

Setzt man die erste Näherung (e) für β in die rechte Seite dieser Gleichung ein, so erhält man

$$\beta = \sqrt{\frac{\alpha}{1 + \frac{\alpha}{3}}} \quad \text{und} \quad p = \sqrt{\frac{g}{\delta_{st}\left(1 + \frac{\alpha}{3}\right)}}. \tag{h}$$

Der Vergleich von (h) mit (f) zeigt, daß man die bessere Näherung erhält, indem man ein Drittel des Stabgewichtes zu dem Gewicht der Belastung addiert. Dies ist die bekannte Näherungslösung, die wir früher durch Benutzung der Rayleighschen Methode erhielten (s. S. 76).

Vergleicht man die Näherungslösung (h) mit den Angaben der obigen Tabelle, so sieht man, daß für $\alpha = 1$ der durch Verwendung der Näherungsformel entstehende Fehler kleiner als 1% ist; diese Genauigkeit genügt für die Praxis in allen Fällen, in denen das Gewicht des Stabes kleiner als das der Belastung ist.

Nimmt man an, daß für ein gegebenes α die aufeinanderfolgenden Wurzeln $\beta_1, \beta_2, \beta_3, \ldots$ der Frequenzgleichung (99) berechnet sind, und setzt man $\frac{\beta_i a}{l}$ für p in der Lösung (c), so erhält man

$$u_i = \sin\frac{\beta_i x}{l}\left(A_i \cos\frac{\beta_i a t}{l} + B_i \sin\frac{\beta_i a t}{l}\right).$$

Diese Lösung stellt für unser System eine Hauptschwingungsart von der Ordnung i dar. Durch Superposition derartiger Schwingungen läßt sich jede Schwingung eines Stabes mit einem belasteten Ende in der Reihenform

$$u = \sum_1^\infty \sin\frac{\beta_i x}{l}\left(A_i \cos\frac{\beta_i a t}{l} + B_i \sin\frac{\beta_i a t}{l}\right) \qquad \text{(k)}$$

darstellen; die hierin auftretenden willkürlichen Konstanten A_i und B_i bestimmen sich aus den Anfangsbedingungen.

Wir nehmen für den Augenblick an, daß der Stab unter Einwirkung einer am unteren Ende angreifenden Zugkraft S in Ruhe ist und daß zur Anfangszeit $t = 0$ diese Kraft plötzlich entfernt wird. In diesem Falle müssen alle Koeffizienten B_i in Gl. (k) gleich Null genommen werden, da die Anfangsgeschwindigkeiten Null sind. Die Koeffizienten A_i müssen so bestimmt werden, daß sich mit ihnen die Anfangsstellung des Systems darstellen läßt. Die gleichförmige Verlängerung des Stabes zur Anfangszeit ist durch

$$(u)_{t=0} = \frac{S x}{F E}$$

gegeben. Gl. (k) gibt für $t = 0$

$$(u)_{t=0} = \sum_1^\infty A_i \sin\frac{\beta_i x}{l}.$$

Die Koeffizienten A_i müssen nun so bestimmt werden, daß sie der Beziehung

$$\sum_1^\infty A_i \sin\frac{\beta_i x}{l} = \frac{S x}{F E} \qquad \text{(l)}$$

genügen. Diese Koeffizientenbestimmung erfolgt genau nach den in § 12 gegebenen Vorschriften. Um einen beliebigen Koeffizienten A_i zu bekommen, müssen wir beide Seiten der obigen Gleichung mit

$\sin \frac{\beta_i x}{l} dx$ multiplizieren und von $x = 0$ bis $x = l$ integrieren. Durch einfache Rechnungen erhalten wir

$$\int_0^l \sin^2 \frac{\beta_i x}{l} dx = \frac{l}{2}\left(1 - \frac{\sin 2\beta_i}{2\beta_i}\right),$$

$$\frac{S}{FE}\int_0^l x \sin \frac{\beta_i x}{l} dx = \frac{S l^2}{FE}\left(-\frac{\cos\beta_i}{\beta_i} + \frac{\sin\beta_i}{\beta_i^2}\right)$$

und wenn wir Gl. (99) berücksichtigen, so erhalten wir ferner für jedes ganzzahlige $m \neq i$

$$\int_0^l \sin \frac{\beta_i x}{l} \sin \frac{\beta_m x}{l} = -\frac{W}{F\gamma} \sin\beta_i \sin\beta_m = -\frac{l}{\alpha} \sin\beta_i \sin\beta_m .$$

Damit ergibt sich aus Gl. (l)

$$\int_0^l \sin \frac{\beta_i x}{l} \sum_1^\infty A_i \sin \frac{\beta_i x}{l} dx = \frac{S}{FE}\int_0^l x \sin \frac{\beta_i x}{l} dx$$

oder

$$A_i \frac{l}{2}\left(1 - \frac{\sin 2\beta_i}{2\beta_i}\right) - \frac{l}{\alpha}\sin\beta_i \sum_{1,2,\ldots(i-1),(i+1),\ldots}^{\infty} A_m \sin\beta_m$$
$$= \frac{S l^2}{FE}\left(-\frac{\cos\beta_i}{\beta_i} + \frac{\sin\beta_i}{\beta_i^2}\right).$$

Bedenkt man, daß nach Gl. (k)

$$\sum_{1,2,\ldots(i-1),(i+1),\ldots}^{\infty} A_m \sin\beta_m = (u)_{\substack{x=l\\t=0}} - A_i \sin\beta_i = \frac{S l}{FE} - A_i \sin\beta_i$$

ist, so folgt

$$A_i \frac{l}{2}\left(1 - \frac{\sin 2\beta_i}{2\beta_i}\right) - \frac{l}{\alpha}\sin\beta_i\left(\frac{S l}{FE} - A_i \sin\beta_i\right) = \frac{S l^2}{FE}\left(-\frac{\cos\beta_i}{\beta_i} + \frac{\sin\beta_i}{\beta_i^2}\right);$$

berücksichtigt man ferner, daß nach Gl. (99)

$$\frac{l}{\alpha}\sin\beta_i = \frac{l\cos\beta_i}{\beta_i}$$

ist, so folgt aus der letzten Gleichung

$$A_i = \frac{4 S l \sin\beta_i}{FE\beta_i(2\beta_i + \sin 2\beta_i)},$$

die Anfangsverschiebung ist damit

$$(u)_{t=0} = \frac{S x}{FE} = \frac{4 S l}{FE}\sum_1^\infty \frac{\sin\beta_i \sin \frac{\beta_i x}{l}}{\beta_i(2\beta_i + \sin 2\beta_i)} \qquad (100)$$

und die Schwingung des Stabes wird in diesem Falle durch folgende Reihe dargestellt:

$$u = \frac{4\,S\,l}{F\,E} \sum_{1}^{\infty} \frac{\sin\beta_i \sin\frac{\beta_i x}{l}\cos\frac{\beta_i a t}{l}}{\beta_i\,(2\,\beta_i + \sin 2\,\beta_i)}\,. \tag{101}$$

Erzwungene Schwingungen. Im folgenden wollen wir die erzwungenen Schwingungen des Systems betrachten, indem wir die eingeklammerten Ausdrücke der Gl. (k) als generalisierte Koordinaten einführen. Dann ist

$$u = \sum_{1}^{\infty} q_i \sin\frac{\beta_i x}{l}\,. \tag{m}$$

Die potentielle Energie des Systems ist

$$V = \frac{F\,E}{2}\int_0^l \left(\frac{\partial u}{\partial x}\right)^2 d\,x = \frac{F\,E}{2\,l^2}\int_0^l \left(\sum_{1}^{\infty} \beta_i\, q_i \cos\frac{\beta_i x}{l}\right)^2 d\,x\,.$$

Es läßt sich durch einfache Umrechnungen zeigen, daß wegen Gl. (99)

$$\int_0^l \cos\frac{\beta_n x}{l}\cos\frac{\beta_m x}{l}\,d\,x = 0 \quad \text{für}\, m \neq n\text{*}$$

und

$$\int_0^l \cos^2\frac{\beta_m x}{l}\,d\,x = \frac{l}{2}\left(1 + \frac{\sin 2\,\beta_m}{2\,\beta_m}\right)$$

gilt.

Setzt man dies in den obigen Ausdruck für V ein, so erhält man

$$V = \frac{F\,E}{4\,l}\sum_{1}^{\infty} \beta_i^2\, q_i^2 \left(1 + \frac{\sin 2\,\beta_i}{2\,\beta_i}\right). \tag{n}$$

Die kinetische Energie des Systems setzt sich aus zwei Teilen zusammen, aus der kinetischen Energie des schwingenden Stabes und der kinetischen Energie der am Stabende angreifenden Last; wir erhalten also

$$T = \frac{F\,\gamma}{2\,g}\int_0^l (\dot{u})^2\,d\,x + \frac{W}{2\,g}\,(\dot{u})^2_{x=l}\,.$$

---

* Dasselbe läßt sich auch aus der Tatsache, daß die Koordinaten $q_1, q_2, \ldots$ Hauptkoordinaten sind, schließen; danach nämlich dürfen die potentielle und die kinetische Energie nur Quadrate dieser Koordinaten enthalten.

Setzt man den Ausdruck (*m*) für die Verschiebung u ein und führt die Integrationen aus, so ergibt sich

$$\int_0^l \sin^2 \frac{\beta_m x}{l} dx = \frac{l}{2}\left(1 - \frac{\sin 2\beta_m}{2\beta_m}\right);$$

$$\int_0^l \sin \frac{\beta_m x}{l} \sin \frac{\beta_n x}{l} dx = -\frac{W}{F\gamma} \sin \beta_m \sin \beta_n ,$$

worin $n \neq m$. Man erhält damit

$$T = \frac{F\gamma l}{4g} \sum_1^\infty \dot{q}_i^2 \left(1 - \frac{\sin 2\beta_i}{2\beta_i}\right) + \frac{W}{2g} \sum_1^\infty \dot{q}_i^2 \sin^2 \beta_i .$$

Nun ergibt sich aus Gl. (99)

$$\alpha = \frac{F\gamma l}{W} = \beta_i \operatorname{tg} \beta_i$$

oder

$$W = \frac{F\gamma l}{\beta_i \operatorname{tg} \beta_i} .$$

Setzt man dies in den obigen Ausdruck für die kinetische Energie ein, so erhält man

$$T = \frac{F\gamma l}{4g} \sum_1^\infty \dot{q}_i^2 \left(1 + \frac{\sin 2\beta_i}{2\beta_i}\right). \tag{o}$$

Man sieht, daß die Ausdrücke (n) und (o) für die potentielle und die kinetische Energie nur Quadrate von q_i und $\dot{q}_i$ enthalten. Die Produkte dieser Größen fehlen, da die Glieder der Reihen (k) und (l) die Haupt- oder Eigenschwingungen des betrachteten Systems und die Koordinaten q_i die Hauptkoordinaten sind (s. S. 139). Substituiert man (n) und (o) in die Lagrangesche Gl. (72), so erhält man für eine beliebige Koordinate q_i die folgende Gleichung:

$$\frac{F\gamma l}{2g}\left(1 + \frac{\sin 2\beta_i}{2\beta_i}\right)\ddot{q}_i + \frac{FE}{2l}\beta_i^2\left(1 + \frac{\sin 2\beta_i}{2\beta_i}\right) q_i = Q_i ; \tag{p}$$

hierin bezeichnet Q_i die der generalisierten Koordinate q_i entsprechende generalisierte Kraft.

Betrachtet man nur Schwingungen, die durch eine Störungskraft erzeugt werden, und vernachlässigt die von den Anfangsverschiebungen und Anfangsimpulsen herrührenden freien Schwingungen, so lautet die Lösung von Gl. (p)*

$$q_i = \frac{2g}{F\gamma l} \cdot \frac{l}{a\beta_i} \frac{2\beta_i}{2\beta_i + \sin 2\beta_i} \int_0^t Q_i \sin \frac{a\beta_i}{l}(t - t_1) dt ,$$

* Siehe Gl. (24) S. 24.

worin, wie oben,

$$a = \sqrt{\frac{E g}{\gamma}}.$$

Setzt man dies in (m) ein, so erhält man die folgende allgemeine Lösung des Problems:

$$u = \frac{4 g}{F a \gamma} \sum_1^\infty \frac{\sin \frac{\beta_i x}{l}}{2 \beta_i + \sin 2 \beta_i} \int_0^t Q_i \sin \frac{a \beta_i}{l} (t - t_1) d t_1 . \tag{102}$$

In jedem speziellen Fall muß man dann den entsprechenden Wert von Q_i in diese Lösung einsetzen. Setzt man $x = l$, so folgen die Verschiebungen der Last W während der Schwingung.

Plötzlich angreifende Kraft. Als Beispiel untersuchen wir die Schwingung, die entsteht, wenn eine konstante Kraft S plötzlich am unteren Ende des Stabes angreift. In diesem Falle (s. S. 129) ist die einer beliebigen Koordinate q_i entsprechende generalisierte Kraft

$$Q_i = S \sin \beta_i .$$

Setzt man dies in Gl. (102) ein, so ergibt sich für die Verschiebungen der Last W der folgende Ausdruck:

$$(u)_{x=l} = \frac{4 g S l}{F a^2 \gamma} \sum_1^\infty \frac{\sin^2 \beta_i}{\beta_i (2 \beta_i - \sin 2 \beta_i)} \left(1 - \cos \frac{a \beta_i t}{l}\right) \cdots \tag{103}$$

Wir betrachten nun den speziellen Fall, daß die Belastung am Ende des Stabes bis auf Null abnimmt und sich die Bedingungen des Problems denen des vorigen Paragraphen nähern. In diesem Falle wird die Größe α in Gl. (99) unendlich groß, und die Wurzeln dieser transzendenten Gleichung werden

$$\beta_i = \frac{(2 i - 1) \pi}{2} .$$

Setzt man dies in Gl. (103) ein, so erhält man dasselbe Resultat wie im vorigen Paragraphen [s. Gl. (98), S. 228].

Ein zweiter extremer Fall ist der, daß die Last W im Vergleich mit dem Gewicht des Hebels sehr groß ist und die Größe α in Gl. (99) sich der Null nähert. Die Wurzeln dieser Gleichung nähern sich dann den Werten:

$$\beta_i = (i - 1) \pi .$$

Alle Glieder der Reihe (103) mit Ausnahme des ersten gehen gegen Null, und das System nähert sich einem solchen mit nur einem Freiheitsgrade. Die Verschiebung des unteren Stabendes ist in diesem Falle durch das erste Glied von (103) gegeben, d. h.

$$(u)_{x=l} = \frac{4 g S l}{F a^2 \gamma} \frac{\sin^2 \beta_1}{\beta_1 (2 \beta_1 + \sin 2 \beta_1)} \left(1 - \cos \frac{a \beta_1 t}{l}\right)$$

oder, wenn man $\sin\beta_1 = \beta_1$ und $\sin 2\beta_1 = 2\beta_1$ setzt,

$$(u)_{x=l} = \frac{g S l}{F a^2 \gamma}\left(1 - \cos\frac{a\beta_1 t}{l}\right).$$

Dies wird zu einem Maximum für

$$\cos\frac{a\beta_1 t}{l} = -1$$

und ist dann gleich

$$(u)_{\max} = \frac{2 g S l}{F a^2 \gamma} = \frac{2 S l}{F E}.$$

Dies zeigt, daß die durch eine plötzlich angreifende Kraft hervorgerufene Maximalverschiebung doppelt so groß ist wie die durch eine gleichgroße Kraft bewirkte statische Verlängerung.

Dieser Satz gilt auch für den Fall $W = 0$ (s. S. 229), ist aber nicht mehr richtig für den durch Gl. (103) gegebenen allgemeinen Fall. Um dies zu beweisen, hat man nur zu beachten, daß das System in den beiden oben erwähnten Spezialfällen am Ende einer halben Periode der Grundschwingung in einem Zustand momentaner Ruhe sein wird. In diesem Augenblick wird die kinetische Energie gleich Null, und die durch die plötzlich angreifende konstante Kraft geleistete Arbeit ist vollständig umgewandelt in potentielle Energie der Formänderung; durch eine Überlegung auf statischer Grundlage läßt sich erkennen, daß die Verschiebung des Angriffspunktes der Kraft doppelt so groß wie im Gleichgewichtszustand ist.

In dem durch Gl. (103) dargestellten allgemeinen Fall sind die Wurzeln der Gl. (99) irrational, und das System kommt niemals in eine Lage, in der die Energie rein potentiell ist. Immer bleibt ein Teil der Energie in Form kinetischer Energie, und die Verschiebung des Angriffspunktes der Kraft wird immer kleiner sein als das Doppelte der Verschiebung im Gleichgewichtszustand.

Vergleich mit der statischen Deformation. Die oben angewandte Methode der generalisierten Koordinaten eignet sich besonders dazu, die Verschiebungen eines schwingenden Systems mit den statischen Verschiebungen zu vergleichen, die im System entstehen, wenn die störenden Kräfte sich sehr langsam ändern. Solche Vergleiche sind z. B. notwendig bei der Untersuchung von Indikatordiagrammen von Dampf- und Gasmaschinen und bei den verschiedenen Methoden zur Registrierung von Explosions-Gasdrucken. Der Fall eines Indikators ist durch das Schema der Abb. 130 dargestellt. Wir nehmen an, daß eine pulsierende Kraft $S \sin pt$ auf die Last W einwirkt, welche die reduzierte Masse des Kolbens darstellt (s. S. 18). Um in diesem Falle die generalisierte Kraft zu finden, benutze man den Ausdruck (m) für die Verschiebungen. Erteilt man einer Koordinate q_i einen Zuwachs δq_i, so ist die entsprechende Verschiebung im Stabe

$$\delta q_i \sin \frac{\beta_i x}{l}$$

und die von der pulsierenden Last $S \sin pt$ während dieser Verschiebung geleistete Arbeit

$$S \sin pt \sin \beta_i \, \delta q_i \,.$$

Daraus ergibt sich die generalisierte Kraft:

$$Q_i = S \sin pt \sin \beta_i \,.$$

Setzt man dies in die Lösung (102) ein und führt die Integration aus, so erhält man

$$(u)_{x=l} = \frac{2gS}{F\gamma l} \sum_1^\infty \frac{\sin^2\beta_i \left(\sin pt - \frac{pl}{a\beta_i} \sin \frac{a\beta_i t}{l}\right)}{\left(1 + \frac{\sin 2\beta_i}{2\beta_i}\right)\left(\frac{a^2\beta_i^2}{l^2} - p^2\right)} \,. \qquad \text{(q)}$$

Man sieht, daß die Schwingung aus zwei Teilen besteht: 1. aus erzwungenen Schwingungen, die proportional $\sin pt$ sind und die gleiche Periode wie die störende Kraft haben, und 2. aus freien der Größe $\sin \frac{a\beta_i t}{l}$ proportionalen Schwingungen. Wenn sich die Frequenz der störenden Kraft einer der Eigenfrequenzen nähert, so nähert sich für diese Schwingungsart p dem Wert $\frac{a\beta_i}{l}$ und die Bedingung für die Entstehung der Resonanz ist erfüllt. Die Schwingungsamplitude des entsprechenden Gliedes der Reihe (q) wird dann, wie oben (s. S. 11 und 143) auseinandergesetzt, unbegrenzt wachsen. Um eine Annäherung an die statischen Bedingungen zu erzielen, muß man die Größe p als klein im Vergleich mit $\frac{a\beta_i}{l}$ in Reihe (q) betrachten. Vernachlässigt man dann Glieder, die $\frac{pl}{a\beta_i}$ als Faktor enthalten, so erhält man für eine sehr langsame Änderung der pulsierenden Last

$$(u)_{x=l} = \frac{4lS \sin pt}{FE} \sum_1^\infty \frac{\sin^2\beta_i}{\beta_i(2\beta_i + \sin 2\beta_i)} \,; \qquad \text{(r)}$$

dies stellt die statische Verlängerung des Stabes dar [s. Gl. (100)]. Durch Vergleich der Reihen (r) und (q) läßt sich die Differenz zwischen statischer und dynamischer Verschiebung feststellen[1]. Man sieht, daß eine brauchbare Registrierung des Dampf- oder Gasdruckes nur dann möglich ist, wenn die Frequenz der Grundschwingung des Indikators hoch ist im Vergleich mit der Frequenz der pulsierenden Kraft.

[1] Bei dieser Überlegung wurde die Wirkung der Dämpfung nicht berücksichtigt.

39. Torsionsschwingungen von Wellen mit kreisförmigem Querschnitt.

Freie Schwingungen. Bei unseren früheren Untersuchungen (s. S. 5 u. 153) wurde die Masse der Welle gegenüber den an der Welle befestigten rotierenden Massen entweder vernachlässigt oder als klein vorausgesetzt. Im folgenden wird eine vollständigere Theorie der Torsionsschwingungen einer Welle von kreisförmigem Querschnitt mit Scheiben an beiden Enden gegeben[1], auf Grund deren der Genauigkeitsgrad unserer früheren Lösung erörtert werden soll. Bei der folgenden Untersuchung wird angenommen, daß die kreisförmigen Querschnitte der Welle während der Torsionsschwingungen eben bleiben und daß die Radien der Querschnitte gerade Linien bleiben[2]. Es sei

$GI_p = C =$ Torsionssteifigkeit der Welle,
$\gamma =$ Gewicht pro Volumeneinheit der Welle,
$\theta =$ Drehwinkel eines beliebigen Querschnittes mn (s. Abb. 5) während der Torsionsschwingung,
$I_1, I_2 =$ Trägheitsmomente der an den Wellenenden befindlichen Scheiben in bezug auf die Wellenachse.

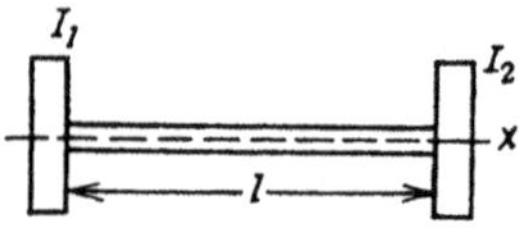

Abb. 131.

Betrachtet man ein Element der Welle zwischen zwei benachbarten Querschnitten mn und m_1n_1, so sind die an diesen beiden Querschnitten angreifenden Drehmomente

$$GI_p \frac{\partial\theta}{\partial x} \quad \text{und} \quad GI_p \left(\frac{\partial\theta}{\partial x} + \frac{\partial^2\theta}{\partial x^2}dx\right).$$

Die Differentialgleichung für die Rotationsbewegung der Elementarscheibe $mn\, m_1n_1$ während der Torsionsbewegung ist dann

$$\frac{\gamma I_p}{g} \frac{\partial^2\theta}{\partial t^2} = GI_p \frac{\partial^2\theta}{\partial x^2}$$

oder, wenn man die Bezeichnung

$$\frac{Gg}{\gamma} = a^2 \tag{104}$$

verwendet,

$$\frac{\partial^2\theta}{\partial t^2} = a^2 \frac{\partial^2\theta}{\partial x^2}. \tag{105}$$

Diese Gleichung ist mit der für die Longitudinalschwingung aufgestellten Gl. (89) identisch, und die früheren Resultate lassen sich in verschiedenen Spezialfällen verwenden. Zum Beispiel wird im Fall

[1] Siehe die Arbeit des Verfassers in Bull. Polytechn. Inst. St. Petersburg **1905** und seine Arbeit, Über die erzwungenen Schwingungen von prismatischen Stäben. Z. Math. Phys. **59** (1911).

[2] Eine vollständigere Theorie findet sich in der früher (S. 221) genannten Arbeit von L. Pochhammer.

einer Welle mit freien Enden die Frequenzgleichung mit Gl. (91) identisch sein, und die allgemeine Lösung wird lauten, s. Gl. (94),

$$\theta = \sum_{1}^{\infty} i \cos\frac{i\pi x}{l}\left(A_i \cos\frac{i\pi a t}{l} + B_i \sin\frac{i\pi a t}{l}\right). \tag{106}$$

Im Falle einer Welle mit Scheiben an den Enden wird das Problem mit Rücksicht auf die Randbedingungen komplizierter. Aus der Bedingung, daß die Verdrehung der Welle an den Enden durch die Trägheitswiderstände der Scheiben erzeugt wird, erhält man

$$I_1 \left(\frac{\partial^2 \theta}{\partial t^2}\right)_{x=0} = G I_p \left(\frac{\partial \theta}{\partial x}\right)_{x=0}, \tag{a}$$

$$I_2 \left(\frac{\partial^2 \theta}{\partial t^2}\right)_{x=l} = -G I_p \left(\frac{\partial \theta}{\partial x}\right)_{x=l}. \tag{b}$$

Nimmt man an, daß die Welle eine Eigenschwingung ausführt, so läßt sich diese in der Form

$$\theta = X(A \cos p t + B \sin p t) \tag{c}$$

schreiben, worin X eine Funktion von x allein ist, welche die Form der betrachteten Schwingungsart bestimmt.

Setzt man (c) in Gl. (105) ein, so erhält man

$$a^2 \frac{d^2 X}{d x^2} + p^2 X = 0$$

und daraus

$$X = C \cos\frac{p x}{a} + D \sin\frac{p x}{a}. \tag{d}$$

Die willkürlichen Konstanten C und D sind so zu bestimmen, daß die Randbedingungen erfüllt werden. Setzt man (d) in die Gln. (a) und (b) ein, so erhält man

$$-C p^2 I_1 = D \frac{p}{a} G I_p, \tag{e}$$

$$p^2\left(C \cos\frac{p l}{a} + D \sin\frac{p l}{a}\right) I_2 = \frac{p}{a} G I_p \left(-C \sin\frac{p l}{a} + D \cos\frac{p l}{a}\right).$$

Durch Elimination der willkürlichen Konstanten C und D ergibt sich die folgende Frequenzgleichung

$$p^2\left(\cos\frac{p l}{a} - \frac{p a I_1}{G I_p} \sin\frac{p l}{a}\right) I_2 = -\frac{p}{a} G I_p \left(\sin\frac{p l}{a} + \frac{p a I_1}{G I_p} \cos\frac{p l}{a}\right). \tag{f}$$

Setzt man

$$\frac{p l}{a} = \beta, \qquad \frac{I_1 g}{\gamma l I_p} = \frac{I_1}{I_0} = m, \qquad \frac{I_2}{I_0} = n, \tag{g}$$

worin $I_0 = \frac{\gamma l I_p}{g}$ das Trägheitsmoment der Welle in bezug auf ihre

Achse bedeutet, so erhält man aus Gl. (f) die Frequenzgleichung in der Form

$$\beta n(1 - m\beta \operatorname{tg}\beta) = -(\operatorname{tg}\beta + m\beta)$$

oder

$$\operatorname{tg}\beta = \frac{(m+n)\beta}{m n \beta^2 - 1}. \tag{107}$$

Es seien

$$\beta_1, \beta_2, \beta_3, \ldots$$

die aufeinanderfolgenden Wurzeln dieser transzendenten Gleichung; dann sind die entsprechenden Eigenfunktionen nach (d) und (e)

$$X_i = C_i\left(\cos\frac{\beta_i x}{l} - m\beta_i \sin\frac{\beta_i x}{l}\right)$$

und man bekommt als allgemeine Lösung für diesen Fall

$$\theta = \sum_1^\infty \left(\cos\frac{\beta_i x}{l} - m\beta_i \sin\frac{\beta_i x}{l}\right)\left(A_i \cos\frac{\beta_i a t}{l} + B_i \sin\frac{\beta_i a t}{l}\right). \tag{108}$$

Wenn die Trägheitsmomente I_1 und I_2 der Scheiben gegenüber dem Trägheitsmoment I_0 der Welle klein sind, so werden die Größen m und n in Gl. (107) klein, die aufeinanderfolgenden Wurzeln nähern sich den Werten $\pi, 2\pi, \ldots$ und die allgemeine Lösung (108) nähert sich der oben für eine Welle mit freien Enden gegebenen Lösung (106).

Wir betrachten nun einen anderen extremen Fall, der vom praktischen Standpunkt aus noch interessanter ist, nämlich den, daß I_1 und I_2 gegenüber I_0 groß sind; dann werden die Größen m und n große Zahlen sein. In diesem Falle kann man im Nenner der rechten Seite von Gl. (107) die Einheit gegenüber $mn\beta^2$ vernachlässigen und erhält an Stelle von Gl. (107)

$$\beta \operatorname{tg}\beta = \left(\frac{1}{m} + \frac{1}{n}\right). \tag{109}$$

Diese Gleichung hat dieselbe Form wie Gl. (99) (s. S. 231) der longitudinalen Schwingungen. Die rechte Seite dieser Gleichung ist eine kleine Größe, und man erhält einen Näherungswert für die erste Wurzel, indem man $\operatorname{tg}\beta_1 = \beta_1$ setzt. Dann ist

$$\beta_1 = \sqrt{\frac{1}{m} + \frac{1}{n}}. \tag{h}$$

Die Periode der entsprechenden Schwingungsart wird nach Gl. (108)

$$\tau_1 = 2\pi : \frac{\beta_1 a}{l} = \frac{2\pi l}{\beta_1 a}$$

sein, oder, wenn man die Gln. (104), (g) und (h) benutzt,

$$\tau_1 = 2\pi\sqrt{\frac{l I_1 I_2}{G I_p (I_1 + I_2)}}. \tag{15'}$$

Dieses Resultat stimmt mit der Gl. (15) (s. S. 7) überein, die wir unter der Annahme erhielten, daß das System nur einen Freiheitsgrad besitzt und die Masse der Welle vernachlässigt werden darf.

Die angenäherten Werte der aufeinanderfolgenden Wurzeln der Gl. (109) werden

$$\beta_2 = \pi + \frac{1}{\pi}\left(\frac{1}{m} + \frac{1}{n}\right), \qquad \beta_3 = 2\pi + \frac{1}{2\pi}\left(\frac{1}{m} + \frac{1}{n}\right), \quad \ldots$$

sein. Man sieht, daß alle diese Wurzeln im Vergleich mit β_1 groß sind; die Frequenzen der entsprechenden Schwingungsarten werden dann im Vergleich mit der Frequenz der Grundschwingung sehr groß sein.

Um für die erste Wurzel der Gl. (107) eine bessere Näherung zu gewinnen, setzen wir $\operatorname{tg}\beta_1 = \beta_1 + \frac{1}{3}\beta_1^3$; dann erhalten wir

$$\beta_1 + \frac{1}{3}\beta_1^3 = \frac{\beta_1(m+n)}{m n \beta_1^2 - 1}$$

oder

$$\beta_1^2 = \frac{m+n}{\left(m n - \frac{1}{\beta_1^2}\right)\left(1 + \frac{1}{3}\beta_1^2\right)}.$$

Setzen wir in die rechte Seite dieser Gleichung den Wert von β_1 aus Gl. (h) ein und vernachlässigen wir kleine Größen höherer Ordnung, so erhalten wir

$$\beta_1 = \sqrt{\frac{1}{m} + \frac{1}{n} - \frac{1}{3}\left(\frac{1}{n^2} + \frac{1}{m^2} - \frac{1}{m n}\right)};$$

die entsprechende Frequenz der Grundschwingung ist

$$f_1 = \frac{\beta_1 a}{2\pi l} = \frac{a}{2\pi l}\sqrt{\frac{1}{m} + \frac{1}{n} - \frac{1}{3}\left(\frac{1}{n^2} + \frac{1}{m^2} - \frac{1}{m n}\right)}. \tag{110}$$

Dasselbe Resultat erhält man, wenn man in die aus Gl. (15′) in erster Näherung sich ergebende Frequenz

$$f_1' = \frac{1}{2\pi}\sqrt{\frac{G I_p (I_1 + I_2)}{l I_1 I_2}}$$

für I_1 und I_2 die Werte

$$I_1 + \frac{1}{3} I_0 \frac{I_2}{I_1 + I_2} \quad \text{bzw.} \quad I_2 + \frac{1}{3} I_0 \frac{I_1}{I_1 + I_2}$$

setzt. Dies bedeutet, daß die zweite Näherung (110) mit dem Resultat übereinstimmt, das die Rayleighsche Methode (s. § 14, S. 71) ergeben hätte. Nach dieser Methode müßte man zu dem Trägheitsmoment jeder Scheibe ein Drittel des Trägheitsmoments des zwischen der Scheibe und dem Knotenquerschnitt liegenden Wellenteiles addieren. Diese Näherung reicht in der Praxis zur Berechnung der Frequenz der Grundschwingung immer aus[1].

[1] Eine graphische Methode zur Bestimmung der Eigenfrequenzen von Torsionsschwingungen einer Welle mit Scheiben wurde von F. M. Lewis entwickelt, siehe seine Arbeiten: Torsional Vibrations of Irregular Shafts. J. Am. Soc. Naval Engs. Nov. **1919**, 857 und Critical Speeds of Torsional Vibration. J. Soc. Automotive Engs., Nov. **1920**, 413.

Erzwungene Schwingungen. Bei der Untersuchung von erzwungenen Torsionsschwingungen sind wieder generalisierte Koordinaten von großem Nutzen. Nehmen wir als solche die t enthaltenden Klammerausdrücke in der allgemeinen Lösung (108), so erhalten wir

$$\theta = \sum_1^\infty q_i \left(\cos\frac{\beta_i x}{l} - m\beta_i \sin\frac{\beta_i x}{l}\right), \tag{108'}$$

worin β_i die aufeinanderfolgenden Wurzeln der Gl. (107) sind.

Die potentielle Energie des Systems ist

$$V = \frac{GI_p}{2}\int_0^l \left(\frac{\partial\theta}{\partial x}\right)^2 dx = \frac{GI_p}{2}\int_0^l \left\{\sum_1^\infty \frac{\beta_i}{l} q_i \left(\sin\frac{\beta_i x}{l} + m\beta_i\cos\frac{\beta_i x}{l}\right)\right\}^2 dx$$

$$= \frac{GI_p}{8l}\sum_1^\infty A_i\beta_i q_i^2, \tag{111}$$

worin

$$A_i = 2\beta_i(1 + m^2\beta_i^2) - \sin 2\beta_i + m^2\beta_i^2 \sin 2\beta_i + 2\beta_i m(1 - \cos 2\beta_i). \tag{k}$$

Die Glieder in (111), die Produkte von Koordinaten enthalten, verschwinden bei der Integration wegen Gl. (107). Ein derartiges Resultat ist selbstverständlich, wenn man bedenkt, daß unsere generalisierten Koordinaten Haupt- oder Normalkoordinaten des Systems sind.

Die kinetische Energie des Systems besteht aus der Energie der schwingenden Welle und den Energien der beiden mitschwingenden Scheiben:

$$T = \frac{\gamma I_p}{2g}\int_0^l \dot\theta^2\,dx + \frac{1}{2}I_1\dot\theta^2_{x=0} + \frac{1}{2}I_2\dot\theta^2_{x=l};$$

und wenn man (108′) für θ einsetzt, so erhält man

$$T = \frac{I_0}{8}\sum_1^\infty A_i\frac{1}{\beta_i}\dot q_i^2; \tag{112}$$

A_i ist dabei durch Gl. (k) gegeben.

Mit Benutzung der Gln. (111) und (112) lauten die Lagrangeschen Gleichungen

$$\frac{I_0}{4\beta_i}\ddot q_i + \frac{GI_p\beta_i}{4l}q_i = \frac{1}{A_i}Q_i$$

oder

$$\ddot q_i + \frac{a^2\beta_i^2}{l^2}q_i = \frac{4\beta_i}{I_0 A_i}Q_i, \tag{l}$$

worin Q_i die der generalisierten Koordinate q_i entsprechende generalisierte Kraft bezeichnet.

Betrachtet man nur die durch die störende Kraft hervorgerufene Schwingung, so ist nach Gl. (l)

$$q_i = \frac{4\,l}{a I_0 A_i} \int_0^t Q_i \sin \frac{a \beta_i}{l} (t - t_1)\, d t_1 .$$

Setzt man dies in Gl. (108′) ein, so ergibt sich als allgemeiner Ausdruck für die durch die Störungskräfte hervorgerufenen Schwingungen:

$$\theta = \frac{4\,l}{a\,I_0} \sum_1^\infty \frac{1}{A_i} \left(\cos \frac{\beta_i x}{l} - m \beta_i \sin \frac{\beta_i x}{l} \right) \int_0^t Q_i \sin \frac{a \beta_i}{l} (t - t_1)\, d t_1 . \quad (113)$$

In jedem speziellen Fall muß man, um die erzwungenen Schwingungen zu bekommen, nur noch für Q_i den entsprechenden Ausdruck einsetzen und die angedeutete Integration ausführen. Diese erzwungenen Schwingungen haben die Tendenz, unbeschränkt[1] zuzunehmen, wenn die Periode der störenden Kraft mit der Periode einer der Eigenschwingungen zusammenfällt.

40. Transversalschwingungen von prismatischen Stäben.

Differentialgleichung der Transversalschwingungen. Unter der Annahme, daß die Schwingungsbewegung in einer der Hauptbiegungsebenen des Stabes erfolgt, und daß die Querschnittsdimensionen gegenüber der Stablänge klein sind, geht man von der bekannten Differentialgleichung der Durchbiegungskurve

$$E I \frac{d^2 y}{d x^2} = -M \quad (114)$$

aus; hierin ist

EI = Biegungssteifigkeit,

M = Biegungsmoment für einen beliebigen Querschnitt.

Die Achsenrichtungen und die positiven Richtungen der Biegungsmomente und Schubkräfte sind in Abb. 132 angegeben.

Durch zweimalige Differentiation der Gl. (114) erhalten wir

$$\left.\begin{aligned} \frac{d}{d x}\left(E I \frac{d^2 y}{d x^2}\right) &= -\frac{d M}{d x} = -Q , \\ \frac{d^2}{d x^2}\left(E I \frac{d^2 y}{d x^2}\right) &= -\frac{d Q}{d x} = q . \end{aligned}\right\} \quad (a)$$

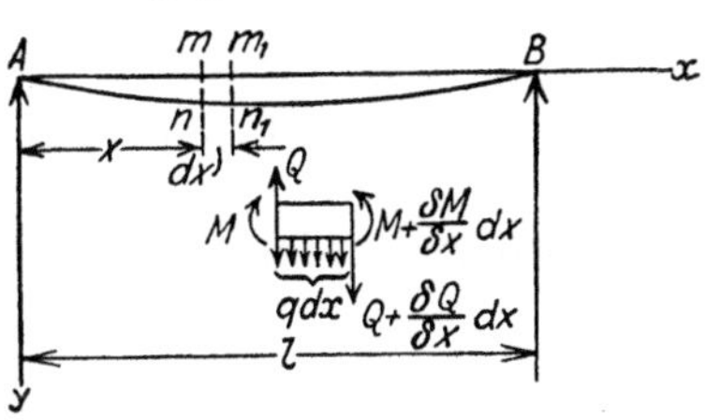

Abb. 132.

Aus der letzten Gleichung, welche die Differentialgleichung eines Stabes ist, an dem eine kontinuierliche Last von der Intensität q angreift, läßt sich die Gleichung der Transversalschwingungen gewinnen. Man muß

[1] Dämpfung wird bei unseren Berechnungen nicht berücksichtigt.

nur das d'Alembertsche Prinzip anwenden und sich vorstellen, daß der schwingende Stab mit Trägheitskräften belastet ist, deren Intensität längs des Stabes variiert und durch

$$-\frac{\gamma F}{g}\frac{\partial^2 y}{\partial t^2} \tag{b}$$

gegeben ist, worin γ = Gewicht des Stabmaterials pro Volumeneinheit und F = Flächeninhalt des Querschnittes.

Setzt man (b) für q in Gl. (a) ein, so lautet die allgemeine Gleichung für die Transversalschwingungen des Stabes[1]

$$\frac{\partial^2}{\partial x^2}\left(E\,I\,\frac{\partial^2 y}{\partial x^2}\right) = -\frac{\gamma F}{g}\frac{\partial^2 y}{\partial t^2}. \tag{115}$$

Im speziellen Fall eines prismatischen Stabes bleibt die Biegungssteifigkeit EI längs des Stabes konstant, und man erhält aus Gl. (115)

$$E\,I\,\frac{\partial^4 y}{\partial x^4} = -\frac{\gamma F}{g}\frac{\partial^2 y}{\partial t^2}$$

oder

$$\frac{\partial^2 y}{\partial t^2} + a^2\frac{\partial^4 y}{\partial x^4} = 0\,, \tag{116}$$

worin

$$a^2 = \frac{E\,I\,g}{F\gamma}. \tag{117}$$

Wir beginnen mit der Untersuchung der Eigenschwingungen. Wenn der Stab eine Eigenschwingung ausführt, so ändert sich die Verschiebung an einer beliebigen Stelle harmonisch mit der Zeit und läßt sich folgendermaßen darstellen:

$$y = X(A\cos pt + B\sin pt)\,, \tag{c}$$

worin X eine Funktion der Koordinate x ist und die Form der betrachteten Eigenschwingung bestimmt. Solche Funktionen nennt man „Eigenfunktionen". Setzt man (c) in Gl. (116) ein, so erhält man

$$\frac{d^4 X}{d x^4} = \frac{p^2}{a^2}X\,, \tag{118}$$

woraus sich die Eigenfunktionen für jeden beliebigen Spezialfall finden lassen.

Mit der Bezeichnung

$$\frac{p^2}{a^2} = \frac{p^2 F\gamma}{E\,I\,g} = k^4 \tag{119}$$

läßt sich leicht verifizieren, daß $\sin kx$, $\cos kx$, $\sinh kx$ und $\cosh kx$ partikuläre Lösungen von Gl. (118) sind, und daß sich die allgemeine

[1] Die entsprechende Differentialgleichung mit Berücksichtigung der Dämpfung wurde von H. Holzer untersucht. Z. ang. Math. Mech. 8, 272 (1928).

Lösung dieser Gleichung darstellen läßt in der Form

$$X = C_1 \sin k x + C_2 \cos k x + C_3 \sinh k x + C_4 \cosh k x\,, \qquad (120)$$

worin $C_1, \ldots, C_4$ willkürliche Konstanten sind, die sich in jedem einzelnen Spezialfall aus den Randbedingungen des Stabes ermitteln lassen. An einem einfach unterstützten Ende, wo also die Verschiebung und das Biegungsmoment gleich Null sind, haben wir

$$X = 0; \qquad \frac{d^2 X}{d x^2} = 0\,. \qquad \text{(d)}$$

An einem eingespannten Ende, an dem die Verschiebung und die Neigung der Durchbiegungskurve gleich Null sind, gilt

$$X = 0; \qquad \frac{d X}{d x} = 0\,. \qquad \text{(e)}$$

An einem freien Ende sind das Biegungsmoment und die Schubkraft gleich Null und es ist dann

$$\frac{d^2 X}{d x^2} = 0; \qquad \frac{d^3 X}{d x^3} = 0\,. \qquad \text{(f)}$$

Die zwei Enden eines schwingenden Stabes liefern immer vier Randbedingungen, aus denen sich die Verhältnisse der willkürlichen Konstanten in der allgemeinen Lösung (120) und die Frequenzgleichung finden lassen. In der geschilderten Art findet man die Eigenschwingungen und ihre Frequenzen. Durch Superposition aller möglichen Eigenschwingungen (c) erhält man als allgemeinen Ausdruck für die freien Transversalschwingungen:

$$y = \sum_{1}^{\infty}{}_{i}\, X_i (A_i \cos p_i t + B_i \sin p_i t) \cdot \cdot \cdot\,. \qquad (121)$$

Anwendungen dieser allgemeinen Theorie auf Spezialfälle sollen später besprochen werden.

Erzwungene Schwingungen. Zur Untersuchung erzwungener Transversalschwingungen von Stäben empfehlen sich generalisierte Koordinaten, und wir werden im folgenden als solche die eingeklammerten Ausdrücke in Gl. (121) verwenden. Bezeichnen wir sie mit q_i, so erhalten wir

$$y = \sum_{1}^{\infty}{}_{i}\, q_i X_i\,. \qquad (122)$$

Um die Lagrangeschen Gleichungen abzuleiten, müssen wir noch Ausdrücke für die potentielle und die kinetische Energie finden.

Die potentielle Energie des Systems ist die Biegungsenergie und berechnet sich folgendermaßen:

$$V = \frac{EI}{2} \int_0^l \left(\frac{\partial^2 y}{\partial x^2}\right)^2 dx = \frac{EI}{2} \sum_{1}^{\infty}{}_{i}\, q_i^2 \int_0^l \left(\frac{d^2 X_i}{d x^2}\right)^2 dx\,. \qquad (123)$$

Die kinetische Energie des schwingenden Stabes ist

$$T = \frac{\gamma F}{2g}\int_0^l \dot{y}^2\,dx = \frac{\gamma F}{2g}\sum_1^\infty \dot{q}_i^2 \int_0^l X_i^2\,dx\,. \tag{124}$$

Die Glieder, die Produkte von Koordinaten enthalten, verschwinden aus den Ausdrücken (123) und (124) wegen der Fundamentaleigenschaft der Eigenfunktionen (s. S. 222ff.). Dies läßt sich auch durch direkte Integration zeigen.

Es seien X_m und X_n zwei Eigenfunktionen, die Eigenschwingungen der Ordnung m bzw. n mit den Frequenzen $\frac{p_m}{2\pi}$ bzw. $\frac{p_n}{2\pi}$ entsprechen. Setzt man sie in Gl. (118) ein, so erhält man

$$\frac{d^4 X_m}{d x^4} = \frac{p_m^2}{a^2} X_m\,,$$

$$\frac{d^4 X_n}{d x^4} = \frac{p_n^2}{a^2} X_n\,.$$

Multipliziert man die erste dieser Gleichungen mit X_n und die zweite mit X_m, subtrahiert sie voneinander und integriert, so wird

$$\frac{p_n^2 - p_m^2}{a^2}\int_0^l X_m X_n\,dx = \int_0^l \left(X_m \frac{d^4 X_n}{d x^4} - X_n \frac{d^4 X_m}{d x^4}\right) dx\,;$$

daraus folgt durch partielle Integration

$$\frac{p_n^2 - p_m^2}{a^2}\int_0^l X_m X_n\,dx$$

$$= \left| X_m \frac{d^3 X_n}{d x^3} - X_n \frac{d^3 X_m}{d x^3} + \frac{d X_n}{d x}\frac{d^2 X_m}{d x^2} - \frac{d X_m}{d x}\frac{d^2 X_n}{d x^2}\right|_0^l \,. \tag{125}$$

Aus den Randbedingungen (d), (e) und (f) läßt sich schließen, daß die rechte Seite dieser Gleichung in allen Fällen gleich Null ist, so daß

$$\int_0^l X_m X_n\,dx = 0 \quad \text{für} \quad m \neq n,$$

daß also die Glieder, die Produkte von Koordinaten enthalten, aus Gl. (124) verschwinden. Eine analoge Überlegung würde zeigen, daß auch aus Gl. (123) die Produkte der Koordinaten verschwinden.

Mit Hilfe der Gl. (125) kann man auch Integrale der Form

$$\int_0^l X_m^2\,dx \quad \text{und} \quad \int_0^l \left(\frac{d^2 X_m}{d x^2}\right)^2 dx \tag{g}$$

ausrechnen, die in den Ausdrücken (123) und (124) für die potentielle bzw. kinetische Energie eines schwingenden Stabes vorkommen.

Es ist leicht, zu sehen, daß man die erforderlichen Formeln nicht einfach dadurch erhalten kann, daß man in dieser Gleichung $m = n$ setzt, da dann beide Seiten der Gleichung gleich Null werden. Deshalb wollen wir zur Berechnung der Integrale (g) folgenden Weg einschlagen. Wir substituieren für X_n in Gl. (125) eine Funktion, die der Funktion X_m sehr nahe kommt und die wir aus den Gln. (118) und (119) erhalten, indem wir der Größe k einen unendlich kleinen Zuwachs δk erteilen, und zwar von der Art, daß X_n gegen X_m geht, wenn sich δk der Null nähert. Dann ist

$$\frac{p_n^2}{a^2} = (k + \delta k)^4 = k^4 + 4\,k^3\,\delta k\,,$$

$$\frac{p_n^2 - p_m^2}{a^2} = 4\,k^3\,\delta k\,,$$

$$X_n = X_m + \frac{d\,X_m}{d\,k}\,\delta k\,.$$

Substituieren wir dies in Gl. (125) und vernachlässigen wir dabei kleine Größen höherer Ordnung, so erhalten wir

$$4\,k^3 \int_0^l X_m^2\,dx$$

$$= \left| X_m \frac{d}{d\,k}\frac{d^3 X_m}{d\,x^3} - \frac{d\,X_m}{d\,k}\frac{d^3 X_m}{d\,x^3} + \frac{d}{d\,k}\frac{d\,X_m}{d\,x}\frac{d^2 X_m}{d\,x^2} - \frac{d\,X_m}{d\,x}\frac{d}{d\,k}\frac{d^2 X_m}{d\,x^2}\right|_0^l. \qquad \text{(h)}$$

Wir bezeichnen im folgenden mit $X', X'', \ldots$ die aufeinanderfolgenden Ableitungen von X nach kx; dann ist

$$\frac{d\,X_m}{d\,x} = k\,X_m'; \qquad \frac{d\,X_m}{d\,k} = x\,X_m'\,.$$

Bei dieser Bezeichnungsweise lautet Gl. (118)

$$X'''' = X$$

und Gl. (h) nimmt folgende Form an:

$$4\,k^3 \int_0^l X_m^2\,dx = \Big| 3\,X_m\,k^2\,X_m''' + k^3 x\,X_m^2 - k^3 x\,X_m' X_m'''$$
$$+ k^2\,X_m''(X_m' + k\,x\,X_m'') - k\,X_m'(2\,k\,X_m'' + k^2 x\,X_m''')\Big|_0^l$$

oder

$$4\,k \int_0^l X_m^2\,dx$$

$$= \Big| 3\,X_m X_m''' + k\,x\,X_m^2 - 2\,k\,x\,X_m' X_m''' - X_m' X_m'' + k\,x\,(X_m'')^2 \Big|_0^l. \qquad \text{(k)}$$

Aus den Randbedingungen (d), (e) und (f) erkennt man leicht, daß diejenigen Glieder der Gl. (k), die Produkte $X_m X_m'''$ und $X_m' X_m''$ enthalten, für jede Befestigungsart der Enden gleich Null sind; daraus folgt

$$\int_0^l X_m^2\,dx = \tfrac{1}{4}\Big|x\{X_m^2 - 2X_m'X_m''' + (X_m'')^2\}\Big|_0^l$$
$$= \frac{l}{4}\{X_m^2 - 2X_m'X_m''' + (X_m'')^2\}_{x=l}\,. \tag{126}$$

Aus dieser Gleichung läßt sich das erste der Integrale (g) für jede Befestigungsart der Stabenden leicht berechnen. Wenn das rechte Stabende ($x = l$) frei ist, gilt

$$(X_m'')_{x=l} = 0; \qquad (X_m''')_{x=l} = 0$$

und man erhält aus (126)

$$\int_0^l X_m^2\,dx = \frac{l}{4}(X_m^2)_{x=l}\,. \tag{127}$$

Wenn dasselbe Stabende eingespannt ist, so erhält man

$$\int_0^l X_m^2\,dx = \frac{l}{4}(X_m'')_{x=l}^2 \tag{128}$$

Für das gelenkig gestützte Ende ergibt sich

$$\int_0^l X_m^2\,dx = -\frac{l}{2}(X_m'X_m''')_{x=l}\,. \tag{129}$$

Zur Berechnung des zweiten der Integrale (g) benutze man Gl. (118). Multipliziert man diese Gleichung mit X und integriert längs des Stabes, so erhält man

$$\frac{p^2}{a^2}\int_0^l X^2\,dx = \int_0^l \frac{d^4X}{dx^4}X\,dx\,.$$

Integriert man die rechte Seite dieser Gleichung partiell, so ergibt sich

$$\int_0^l \left(\frac{d^2X}{dx^2}\right)^2 dx = \frac{p^2}{a^2}\int_0^l X^2\,dx\,. \tag{130}$$

Dieses Resultat, zusammen mit Gl. (126), gibt uns das zweite der Integrale (g), und nun lassen sich die Ausdrücke (123) und (124) für V und T berechnen.

41. Die Wirkung der Schubkraft und der Rotationsträgheit.

In der vorhergehenden Untersuchung wurden die Querschnittsdimensionen des Stabes als sehr klein im Vergleich zur Stablänge betrachtet, und die einfache Gl. (114) wurde für die Durchbiegungskurve verwendet. Wir wollen nun Korrektionen angeben, die den Einfluß der Querschnittsdimensionen auf die Frequenz berücksichtigen. Diese Korrektionen können bei der Untersuchung der Schwingungsarten höherer Frequenz sehr wichtig sein, wenn ein schwingender Stab durch Knotenquerschnitte in verhältnismäßig kurze Abschnitte unterteilt ist.

Rotationsträgheit[1]. Es ist leicht einzusehen, daß die Stabelemente, wie etwa $m n m_1 n_1$ (s. Abb. 132), während der Schwingung nicht nur eine Translationsbewegung ausführen, sondern auch rotieren. Der veränderliche Rotationswinkel, welcher der Neigung der Biegungskurve gleich ist, wird durch $\frac{\partial y}{\partial x}$ ausgedrückt sein und die entsprechende Winkelgeschwindigkeit und Winkelbeschleunigung werden gegeben sein durch

$$\frac{\partial^2 y}{\partial x\, \partial t} \quad \text{und} \quad \frac{\partial^3 y}{\partial x\, \partial t^2}.$$

Somit wird das Moment des Trägheitswiderstandes des Elementes $m n m_1 n_1$ in bezug auf eine Achse, die durch seinen Schwerpunkt geht und auf der xy-Ebene senkrecht steht,

$$-\frac{I\gamma}{g} \frac{\partial^3 y}{\partial x\, \partial t^2}\, dx$$

sein[2]. Dieses Moment muß man berücksichtigen, wenn man die Änderung des Biegungsmomentes längs der Stabachse untersucht. Dann gilt an Stelle der ersten der Gln. (a) S. 245

$$\frac{dM}{dx} = Q - \frac{I\gamma}{g} \frac{\partial^3 y}{\partial x\, \partial t^2}. \tag{a}$$

Setzt man diesen Wert von $\frac{dM}{dx}$ in die Gleichung der Durchbiegungskurve

$$E I \frac{d^4 y}{d x^4} = -\frac{d^2 M}{d x^2}$$

ein und berücksichtigt dabei den Ausdruck (b) S. 246, so folgt

$$E I \frac{\partial^4 y}{\partial x^4} = -\frac{\gamma A}{g} \frac{\partial^2 y}{\partial t^2} + \frac{I\gamma}{g} \frac{\partial^4 y}{\partial x^2\, \partial t^2}. \tag{131}$$

Dies ist die Differentialgleichung für die Transversalschwingungen eines prismatischen Stabes; das zweite Glied auf der rechten Seite stellt den Einfluß der Rotationsträgheit dar.

---

[1] Siehe Lord Rayleigh: Theory of Sound, § 186.

[2] Dieses Moment ist positiv, wenn die Drehung im Sinne des Uhrzeigers erfolgt.

Einfluß der Schubkraft[1]. Eine noch genauere Differentialgleichung erhält man, wenn man nicht nur die Rotationsträgheit, sondern auch die durch die Schubkraft bewirkte Biegung berücksichtigt. Die Neigung der Durchbiegungskurve hängt nicht nur von der Rotation der Stabquerschnitte ab, sondern auch von der Schubkraft. Bezeichnen wir mit ψ die Neigung der Biegungskurve bei Vernachlässigung der Schubkraft und mit β den Schubwinkel in der neutralen Faser im gleichen Querschnitt, so finden wir für die vollständige Neigung der Durchbiegungskurve

$$\frac{dy}{dx} = \psi + \beta .$$

Nach der elementaren Biegungstheorie gelten für das Biegungsmoment und die Schubkraft folgende Gleichungen:

$$M = -EI\frac{d\psi}{dx}; \qquad Q = k'\beta F G = k'\left(\frac{dy}{dx} - \psi\right) F G, \tag{b}$$

worin k' ein numerischer Faktor ist, der von der Gestalt des Querschnittes abhängt. F ist der Flächeninhalt des Querschnitts und G ist der Schubelastizitätsmodul. Für die Drehung eines Elementes $m n m_1 n_1$ (s. Abb. 132) gilt die Differentialgleichung

$$-\frac{\partial M}{\partial x}dx + Q\,dx = \frac{I\gamma}{g}\frac{\partial^2\psi}{\partial t^2}dx .$$

Hieraus erhält man auf Grund von (b)

$$EI\frac{\partial^2\psi}{\partial x^2} + k'\left(\frac{\partial y}{\partial x} - \psi\right) F G - \frac{I\gamma}{g}\frac{\partial^2\psi}{\partial t^2} = 0 . \tag{c}$$

Für die fortschreitende Bewegung desselben Elementes in vertikaler Richtung gilt die Differentialgleichung

$$\frac{\partial Q}{\partial x}dx = \frac{\gamma F}{g}\frac{\partial^2 y}{\partial t^2}dx$$

oder

$$\frac{\gamma F}{g}\frac{\partial^2 y}{\partial t^2} - k'\left(\frac{\partial^2 y}{\partial x^2} - \frac{\partial\psi}{\partial x}\right) F G = 0 . \tag{d}$$

Eliminiert man ψ aus den Gln. (c) und (d), so erhält man die folgende vollständigere Differentialgleichung für die Transversalschwingung eines prismatischen Stabes:

$$EI\frac{\partial^4 y}{\partial x^4} + \frac{\gamma F}{g}\frac{\partial^2 y}{\partial t^2} - \left(\frac{\gamma I}{g} + \frac{EI\gamma}{g\,k'G}\right)\frac{\partial^4 y}{\partial x^2\,\partial t^2} + \frac{\gamma I}{g}\,\frac{\gamma}{g\,k'G}\,\frac{\partial^4 y}{\partial t^4} = 0 . \tag{132}$$

Die Verwendung dieser Gleichung zur Berechnung der Frequenzen soll im nächsten Paragraphen gezeigt werden.

[1] Siehe die Abhandlung des Verfassers in Phil. Mag. (Ser. 6) **41**, 744; **43**, 125.

42. Freie Schwingungen eines Stabes mit frei aufliegenden Enden.

Allgemeine Lösung. Zur Untersuchung spezieller Fälle von Schwingungen empfiehlt es sich, die allgemeine Lösung (120) in folgender Form darzustellen:

$$X = C_1(\cos kx + \cosh kx) + C_2(\cos kx - \cosh kx)$$
$$+ C_3(\sin kx + \sinh kx) + C_4(\sin kx - \sinh kx)\,. \qquad (133)$$

Im Falle frei aufliegender Enden sind die Randbedingungen

$$\left.\begin{array}{llll} 1. & (X)_{x=0} = 0\,, & 2. & \left(\dfrac{\partial^2 X}{\partial x^2}\right)_{x=0} = 0\,, \\ 3. & (X)_{x=l} = 0\,, & 4. & \left(\dfrac{d^2 X}{d x^2}\right)_{x=l} = 0\,. \end{array}\right\} \qquad (a)$$

Aus den ersten zwei Bedingungen (a) läßt sich schließen, daß die Konstanten C_1 und C_2 in Lösung (133) gleich Null zu setzen sind. Aus den Bedingungen (3) und (4) folgt $C_3 = C_4$ und

$$\sin kl = 0\,; \qquad (134)$$

dies ist die Frequenzgleichung für den betrachteten Fall. Die aufeinanderfolgenden Wurzeln dieser Gleichung sind

$$kl = \pi\,, \quad 2\pi\,, \quad 3\pi\,, \ldots \qquad (135)$$

Für die Frequenzen der aufeinanderfolgenden Schwingungsarten erhält man aus Gl. (119):

$$p_1 = a k_1^2 = \frac{a\pi^2}{l^2}\,; \quad p_2 = \frac{4a\pi^2}{l^2}\,; \quad p_3 = \frac{qa\pi^2}{l^2}\,; \quad \ldots \qquad (136)$$

und die Frequenz f_n einer beliebigen Schwingungsart findet man aus der Gleichung

$$f_n = \frac{p_n}{2\pi} = \frac{n^2 a\pi}{2l^2} = \frac{\pi n^2}{2l^2}\sqrt{\frac{EIg}{F\gamma}}\,. \qquad (137)$$

Die entsprechende Schwingungsperiode ist

$$\tau_n = \frac{1}{f_n} = \frac{2l^2}{\pi n^2}\sqrt{\frac{F\gamma}{EIg}}\,. \qquad (137')$$

Man sieht, daß die Schwingungsperiode dem Quadrat der Stablänge direkt und dem Trägheitsradius des Querschnittes umgekehrt proportional ist. Für geometrisch ähnliche Stäbe wächst die Schwingungsperiode im gleichen Verhältnis wie die linearen Dimensionen.

Im Falle rotierender Wellen mit konstantem Kreisquerschnitt stellen die aus Gl. (137) berechneten Frequenzen die kritischen Drehzahlen pro Sekunde dar. Wenn sich die Drehgeschwindigkeit der Welle einer dieser Frequenzen (137) nähert, so sind beträchtliche Transversalschwingungen der Welle zu erwarten.

Die Gestalt der Durchbiegungskurve für die verschiedenen Schwingungsarten wird durch die Eigenfunktion (133) bestimmt. Es wurde gezeigt, daß in unserem Falle $C_1 = C_2 = 0$ und $C_3 = C_4$ ist; daraus folgt

$$X = D \sin k x . \tag{b}$$

Setzt man für k seine Werte aus Gl. (135) ein, so folgt

$$X_1 = D_1 \sin \frac{\pi x}{l}; \quad X_2 = D_2 \sin \frac{2 \pi x}{l}; \quad X_3 = D_3 \sin \frac{3 \pi x}{l}; \ldots$$

Man sieht, daß die Durchbiegungskurve während der Schwingung eine Sinuskurve ist, die bei den Schwingungsarten aufeinanderfolgender Ordnungszahlen aus 1, 2, 3, ... Halbwellenlängen besteht. Durch Superposition derartiger Sinusschwingungen läßt sich jede von beliebigen Anfangsbedingungen herrührende freie Schwingung darstellen. Setzt man (b) in die allgemeine Lösung (121) ein, so erhält man

$$y = \sum_1^\infty \sin \frac{i \pi x}{l} (A_i \cos p_i t + B_i \sin p_i t) . \tag{138}$$

Die willkürlichen Konstanten A_i, B_i sind in jedem einzelnen Fall so zu bestimmen, daß die Anfangsbedingungen erfüllt werden. Nehmen wir z. B. an, daß die Anfangsdurchbiegungen und Anfangsgeschwindigkeiten längs des Stabes durch folgende Gleichungen gegeben seien:

$$(y)_{t=0} = f(x) \quad \text{und} \quad (\dot{y})_{t=0} = f_1(x) .$$

Setzt man $t = 0$ in dem Ausdruck (138) und in der Ableitung dieses Ausdruckes nach t, so erhält man

$$(y)_{t=0} = f(x) = \sum_1^\infty A_i \sin \frac{i \pi x}{l} , \tag{c}$$

$$(\dot{y})_{t=0} = f_1(x) = \sum_1^\infty p_i B_i \sin \frac{i \pi x}{l} . \tag{d}$$

Nun lassen sich die Konstanten A_i und B_i in der üblichen Weise berechnen, indem man (c) und (d) mit $\sin \left(\frac{i \pi x}{l}\right) dx$ multipliziert und dann beide Seiten dieser Gleichungen von $x = 0$ bis $x = l$ integriert. So erhält man

$$A_i = \frac{2}{l} \int_0^l f(x) \sin \frac{i \pi x}{l} dx , \tag{e}$$

$$B_i = \frac{2}{l p_i} \int_0^l f_1(x) \sin \frac{i \pi x}{l} dx . \tag{f}$$

Nehmen wir z. B. an, daß im Anfangszeitpunkt die Achse des Stabes gerade ist und daß eine von einem Stoße herrührende Anfangsgeschwindigkeit v einem kurzen Teil δ des Stabes in der Entfernung c vom linken Auflager erteilt wird. Dann ist $f(x) = 0$ und auch $f_1(x)$ ist für alle Punkte gleich Null, mit Ausnahme des Punktes $x = c$, wo $f_1(c) = v$ ist. Setzt man dies in die Gln. (e) und (f) ein, so erhält man

$$A_i = 0; \qquad B_i = \frac{2}{l\,p_i}\,v\,\delta \sin\frac{i\pi c}{l}.$$

Mit diesen Werten geht (138) in

$$y = \frac{2\,v\,\delta}{l}\sum_1^{\infty}{}_i\,\frac{1}{p_i}\sin\frac{i\pi c}{l}\sin\frac{i\pi x}{l}\sin p_i t \tag{139}$$

über. Wenn $c = \frac{l}{2}$ ist, d. h., wenn der Stoß in der Mitte der Spannweite erfolgt, so ist

$$y = \frac{2\,v\,\delta}{l}\left(\frac{1}{p_1}\sin\frac{\pi x}{l}\sin p_1 t - \frac{1}{p_3}\sin\frac{3\pi x}{l}\sin p_3 t + \frac{1}{p_5}\sin\frac{5\pi x}{l}\sin p_5 t - \cdots\right)$$

$$= \frac{2\,v\,\delta\,l}{a\,\pi^2}\left(\frac{1}{1}\sin\frac{\pi x}{l}\sin p_1 t - \frac{1}{9}\sin\frac{3\pi x}{l}\sin p_3 t + \frac{1}{25}\sin\frac{5\pi x}{l}\sin p_5 t - \cdots\right). \tag{g}$$

Man sieht, daß in diesem Falle nur Schwingungsarten entstehen, die in bezug auf die Mitte der Spannweite symmetrisch sind, und daß die in Gl. (g) eingehenden Amplituden der aufeinanderfolgenden Schwingungsarten wie $\frac{1}{i^2}$ abnehmen.

Die Wirkung von Rotationsträgheit und Schub. Um die Werte der Frequenzen genauer zu bestimmen, muß man Gl. (132) an Stelle von Gl. (116) benutzen. Dividiert man Gl. (132) durch $\frac{F\gamma}{g}$, so ergibt sich mit der Bezeichnung

$$r^2 = \frac{I}{F} \tag{h}$$

die Beziehung

$$a^2\frac{\partial^4 y}{\partial x^4} + \frac{\partial^2 y}{\partial t^2} - r^2\left(1 + \frac{E}{k'G}\right)\frac{\partial^4 y}{\partial x^2\,\partial t^2} + r^2\frac{\gamma}{g\,k'G}\frac{\partial^4 y}{\partial t^4} = 0. \tag{132'}$$

Diese Gleichung und die Randbedingungen sind erfüllt, wenn man

$$y = C\sin\frac{m\pi x}{l}\cos p_m t \tag{k}$$

ansetzt. Substituiert man das in (132′), so erhält man die folgende

Gleichung zur Berechnung der Frequenzen:

$$a^2 \frac{m^4 \pi^4}{l^4} - p_m^2 - p_m^2 \frac{m^2 \pi^2 r^2}{l^2} - p_m^2 \frac{m^2 \pi^2 r^2}{l^2} \frac{E}{k'G} + \frac{r^2 \gamma}{g k' G} p_m^4 = 0. \quad (140)$$

Werden nur die ersten zwei Glieder dieser Gleichung berücksichtigt, so hat man

$$p_m = a \frac{m^2 \pi^2}{l^2} = \frac{a \pi^2}{\lambda^2}, \quad (l)$$

worin

$\lambda = \frac{l}{m}$ = Länge der Halbwellen, in die der Stab während der Schwingung unterteilt ist.

Dies stimmt mit dem oben erhaltenen Resultat (136) überein. Nimmt man die ersten drei Glieder in Gl. (140) und betrachtet $\frac{\pi^2 r^2}{\lambda^2}$ als kleine Größe, so erhält man

$$p_m = \frac{a \pi^2}{\lambda^2}\left(1 - \frac{\pi^2 r^2}{2 \lambda^2}\right). \quad (m)$$

So wird die W i r k u n g d e r R o t a t i o n s t r ä g h e i t berücksichtigt und man sieht, daß diese Korrektion immer mehr an Wichtigkeit gewinnt, je kleiner λ, d. h. je größer die Frequenz der Schwingung wird.

Um die W i r k u n g d e r S c h u b k r a f t zu erhalten, muß man alle Glieder der Gl. (140) berücksichtigen. Setzt man die erste Näherung (l) für p_m in das letzte Glied dieser Gleichung ein, so läßt sich zeigen, daß dieses Glied gegenüber der kleinen Größe $\frac{\pi^2 r^2}{\lambda^2}$ von der zweiten Ordnung klein ist. Vernachlässigt man dieses Glied, so wird

$$p_m = \frac{a \pi^2}{\lambda^2}\left\{1 - \frac{1}{2} \frac{\pi^2 r^2}{\lambda^2}\left(1 + \frac{E}{k'G}\right)\right\}. \quad (141)$$

Nimmt man $E = \frac{8}{3} G$ an und betrachtet einen Stab von rechteckigem Querschnitt, für den $k' = \frac{2}{3}$ ist, so ist

$$\frac{E}{k'G} = 4.$$

Die von der Schubkraft herrührende Korrektion ist viermal so groß wie die von der Rotationsträgheit herrührende.

Nimmt man an, daß die Wellenlänge λ zehnmal so groß wie die Tiefe des Trägers ist, so erhält man

$$\frac{1}{2} \frac{\pi^2 r^2}{\lambda^2} = \frac{1}{2} \cdot \frac{\pi^2}{12} \cdot \frac{1}{100} = 0{,}004$$

und die Korrektion wegen Rotationsträgheit und Schubkraft beträgt insgesamt ungefähr 2%.

43. Andere Befestigungsarten der Enden.

Stab mit freien Enden. In diesem Falle lauten die Randbedingungen:

$$\left.\begin{aligned} &1.\ \left(\frac{d^2X}{dx^2}\right)_{x=0} = 0; \qquad &2.\ \left(\frac{d^3X}{dx^3}\right)_{x=0} = 0; \\ &3.\ \left(\frac{d^2X}{dx^2}\right)_{x=l} = 0; \qquad &4.\ \left(\frac{d^3X}{dx^3}\right)_{x=l} = 0; \end{aligned}\right\} \tag{a}$$

Um die Bedingungen 1. und 2. zu erfüllen, müssen wir in der allgemeinen Lösung (133)

$$C_2 = C_4 = 0$$

setzen, so daß

$$X = C_1(\cos kx + \cosh kx) + C_3(\sin kx + \sinh kx). \tag{b}$$

Aus den Bedingungen (3) und (4) erhalten wir

$$\left.\begin{aligned} C_1(-\cos kl + \cosh kl) + C_3(-\sin kl + \sinh kl) = 0, \\ C_1(\ \ \sin kl + \sinh kl) + C_3(-\cos kl + \cosh kl) = 0. \end{aligned}\right\} \tag{c}$$

Diese Gleichungen (c) ergeben nur dann von Null verschiedene Werte für die Konstanten C_1 und C_3, wenn die Determinante von (c) gleich Null ist. Durch deren Nullsetzung erhält man die folgende Frequenzgleichung:

$$(-\cos kl + \cosh kl)^2 - (\sinh^2 kl - \sin^2 kl) = 0$$

oder, wenn man berücksichtigt, daß

$$\cosh^2 kl - \sinh^2 kl = 1,$$
$$\cos^2 kl + \sin^2 kl = 1$$

ist,

$$\cos kl \cosh kl = 1. \tag{142}$$

Die ersten sechs aufeinanderfolgenden Wurzeln dieser Gleichung sind in folgender Zusammenstellung gegeben:

$k_1 l$	$k_2 l$	$k_3 l$	$k_4 l$	$k_5 l$	$k_6 l$
0	4,730	7,853	10,996	14,137	17,279

Nun lassen sich die Frequenzen mit Hilfe der Gl. (119) berechnen

$$f_1 = 0; \qquad f_2 = \frac{p_2}{2\pi} = \frac{k_2^2 a}{2\pi}; \qquad f_3 = \frac{p_3}{2\pi} = \frac{k_3^2 a}{2\pi}; \qquad \ldots.$$

Setzt man die aufeinanderfolgenden Wurzeln der Gl. (142) in Gl. (c) ein, so kann man die Verhältnisse $\frac{C_1}{C_3}$ für die entsprechenden Schwingungsarten berechnen und aus Gl. (b) erhält man dann die Form der Durchbiegungskurve während der Schwingung. Die Abb. 133 zeigt die ersten drei Eigenschwingungen. Diesen Schwingungen kann man eine

Verschiebung des Stabes superponieren, wie sie bei einem starren Körper möglich ist. Diese Verschiebung entspricht der Frequenz $f_1 = 0$. Dann wird die rechte Seite der Gl. (118) Null und man erhält mit Rücksicht auf die Randbedingung (a) $X = a + bx$. Die entsprechende Bewegung läßt sich ebenso untersuchen, wie wir dies im Falle longitudinaler Schwingungen taten (s. S. 228).

Stab mit eingespannten Enden. Die Randbedingungen lauten in diesem Falle:

$$\left.\begin{array}{ll} 1.\ (X)_{x=0} = 0; & 2.\ \left(\frac{dX}{dx}\right)_{x=0} = 0; \\ 3.\ (X)_{x=l} = 0; & 4.\ \left(\frac{dX}{dx}\right)_{x=l} = 0. \end{array}\right\} \tag{d}$$

Die ersten zwei Bedingungen sind erfüllt, wenn man in der allgemeinen Lösung (133)

$$C_1 = C_3 = 0$$

setzt. Aus den zwei anderen Bedingungen folgen die Gleichungen

$$C_2(\cos kl - \cosh kl) + C_4(\sin kl - \sinh kl) = 0,$$
$$C_2(\sin kl + \sinh kl) + C_4(-\cos kl + \cosh kl) = 0,$$

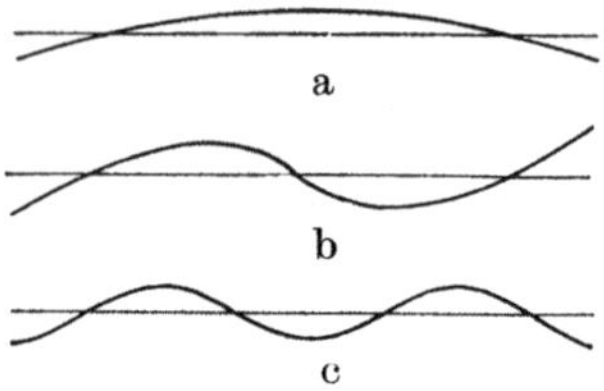

Abb. 133.

aus denen sich dieselbe Frequenzgleichung wie oben, s. Gl. (142), ableiten läßt. Dies bedeutet, daß die aufeinanderfolgenden Schwingungsfrequenzen eines Stabes mit eingespannten Enden dieselben sind wie die eines mit freien Enden[1].

Stab mit einem eingespannten und einem freien Ende. Wenn wir annehmen, daß das linke Ende ($x = 0$) eingespannt ist, so erhalten wir folgende Randbedingungen:

$$\begin{array}{ll} 1.\ (X)_{x=0} = 0; & 2.\ \left(\frac{dX}{dx}\right)_{x=0} = 0; \\ 3.\ \left(\frac{d^2X}{dx^2}\right)_{x=l} = 0; & 4.\ \left(\frac{d^3X}{dx^3}\right)_{x=l} = 0. \end{array}$$

Aus den ersten zwei Bedingungen ergibt sich $C_1 = C_3 = 0$ für die allgemeine Lösung (133). Die anderen zwei Bedingungen ergeben die folgende Frequenzgleichung:

$$\cos kl \cosh kl = -1.$$

Die aufeinanderfolgenden Wurzeln dieser Gleichung sind in folgender Zusammenstellung gegeben:

$k_1 l$	$k_2 l$	$k_3 l$	$k_4 l$	$k_5 l$	$k_6 l$
1,875	4,694	7,855	10,996	14,137	17,279

[1] Aus Gl. (118) läßt sich schließen, daß es in diesem Falle keine Bewegung gibt, die $k_1 l = 0$ entspricht.

Man sieht, daß sich diese Wurzeln mit wachsender Frequenz den für einen Stab mit freien Enden erhaltenen Wurzeln nähern. Die Frequenzen der einzelnen Eigenschwingungen sind

$$f_i = \frac{p_i}{2\pi} = \frac{a k_i^2}{2\pi}.$$

So erhält man beispielsweise für die Grundschwingung

$$f_1 = \frac{a}{2\pi}\left(\frac{1{,}875}{l}\right)^2.$$

Die entsprechende Schwingungsperiode ist

$$\tau_1 = \frac{1}{f_1} = \frac{2\pi}{a}\,\frac{l^2}{1{,}875^2} = \frac{2\pi}{3{,}515}\sqrt{\frac{F\gamma l^4}{EIg}}$$

mit einem Unterschied von weniger als 1,5% gegenüber der mit Hilfe der Rayleighschen Methode (s. S. 74) erhaltenen Näherungslösung.

Stab mit einem eingespannten und einem unterstützten Ende. In diesem Falle ist die Frequenzgleichung

$$\operatorname{tg} kl = \operatorname{tgh} kl.$$

Die aufeinanderfolgenden Wurzeln dieser Gleichung sind:

$k_1 l$	$k_2 l$	$k_3 l$	$k_4 l$	$k_5 l$
3,927	7,069	10,210	13,352	16,493

Mehrfach gelagerter Träger[1]. Wir betrachten nun den Fall eines durchlaufenden Trägers mit n Teilspannen, der an den Enden und in $(n-1)$ Zwischenpunkten einfach unterstützt ist. Es seien $l_1, l_2, \ldots, l_n$ die Längen der aufeinanderfolgenden Felder; die Biegungssteifigkeit des Balkens soll für alle Felder gleich sein. Nimmt man das linke Ende eines Feldes als Koordinatenursprung, so läßt sich die Lösung (120) (s. S. 247) für die Form der Durchbiegungskurve dieses Feldes während der Schwingung verwenden. Berücksichtigt man, daß die Biegung am linken Ende ($x = 0$) gleich Null ist, so ergibt sich als Eigenfunktion des Feldes r

$$X_r = a_r(\cos kx - \cosh kx) + c_r \sin kx + d_r \sinh kx, \tag{e}$$

worin a_r, c_r und d_r willkürliche Konstanten sind. Die aufeinanderfolgenden Ableitungen von (e) sind:

$$X_r' = -a_r k\,(\sin kx + \sinh kx) + c_r k\,\cos kx + d_r k\,\cosh kx, \tag{f}$$

$$X_r'' = -a_r k^2(\cos kx + \cosh kx) - c_r k^2 \sin kx + d_r k^2 \sinh kx. \tag{g}$$

Setzt man $x = 0$ in den Gln. (f) und (g), so folgt

$$(X_r')_{x=0} = k(c_r + d_r); \qquad (X_r'')_{x=0} = -2k^2 a_r.$$

[1] Siehe E. R. Darnley: Phil. Mag. **41**, 81 (1921). Siehe auch D. M. Smith: Engg. **120**, 808 (1925).

Man sieht, daß $c_r + d_r$ der Neigung der Durchbiegungskurve und a_r dem Biegungsmoment an der Auflagerstelle r proportional ist. Aus den Bedingungen für einfach unterstützte Enden kann nun $a_1 = a_{n+1} = 0$ gefolgert werden.

Berücksichtigt man die Bedingungen am rechten Ende des Feldes r, so hat man

$$(X_r)_{x=l_r} = 0; \qquad (X_r')_{x=l_r} = (X_{r+1}')_{x=0}; \qquad (X_r'')_{x=l_r} = (X_{r+1}'')_{x=0},$$

oder mit Benutzung von (e), (f) und (g)

$$a_r(\cos k l_r - \cosh k l_r) + c_r \sin k l_r + d_r \sinh k l_r = 0, \tag{h}$$

$$-a_r(\sin k l_r + \sinh k l_r) + c_r \cos k l_r + d_r \cosh k l_r = c_{r+1} + d_{r+1}, \tag{k}$$

$$a_r(\cos k l_r + \cosh k l_r) + c_r \sin k l_r - d_r \sinh k l_r = 2 a_{r+1}. \tag{l}$$

Durch Addition und Subtraktion von (h) und (l) erhält man

$$a_r \cos k l_r + c_r \sin k l_r = a_r; \quad \cosh k l_r - d_r \sinh k l_r = a_{r+1};$$

daraus folgt, wenn $\sin k l_r$ nicht Null ist,

$$c_r = \frac{a_{r+1} - a_r \cos k l_r}{\sin k l_r}; \qquad d_r = \frac{-a_{r+1} + a_r \cosh k l_r}{\sinh k l_r} \tag{m}$$

und

$$c_r + d_r = a_r(\coth k l_r - \cot k l_r) - a_{r+1}(\operatorname{cosech} k l_r - \operatorname{cosec} k l_r). \tag{n}$$

Mit den Bezeichnungen

$$\left.\begin{aligned} \coth k l_r - \cot k l_r &= \varphi_r, \\ \operatorname{cosech} k l_r - \operatorname{cosec} k l_r &= \psi_r \end{aligned}\right\} \tag{o}$$

wird

$$c_r + d_r = a_r \varphi_r - a_{r+1} \psi_r;$$

ebenso gilt für das Feld $r + 1$

$$c_{r+1} + d_{r+1} = a_{r+1}\varphi_{r+1} - a_{r+2}\psi_{r+1}. \tag{p}$$

Mit (m) und (p) geht Gl. (k) in

$$a_r \psi_r - a_{r+1}(\varphi_r + \varphi_{r+1}) + a_{r+2}\psi_{r+1} = 0 \tag{q}$$

über.

Schreibt man für jeden inneren Stützpunkt eine derartige Gleichung an, so ergibt sich folgendes System von $(n - 1)$ Gleichungen:

$$\left.\begin{aligned} -a_2(\varphi_1 + \varphi_2) + a_3\psi_2 &= 0, \\ a_2\psi_2 - a_3(\varphi_2 + \varphi_3) + a_4\psi_3 &= 0, \\ \cdots\cdots\cdots\cdots\cdots\cdots& \\ \cdots\cdots\cdots\cdots\cdots\cdots& \\ a_{n-1}\psi_{n-1} - a_n(\varphi_{n-1} + \varphi_n) &= 0. \end{aligned}\right\} \tag{r}$$

Geht man nun in der üblichen Weise vor und setzt die Determinante dieser Gleichungen gleich Null, so folgt die Frequenzgleichung für die Schwingungen eines durchlaufenden Trägers.

Denken wir uns z. B. einen dreifach gelagerten Träger, so besteht das System (r) aus nur einer Gleichung, und die Frequenzgleichung lautet

$$\varphi_1 + \varphi_2 = 0$$

oder

$$\varphi_1 = -\varphi_2 \,. \qquad \text{(s)}$$

Die Frequenzen der aufeinanderfolgenden Schwingungsarten erhält man aus der Bedingung

$$\varphi\,(k\,l_1) = -\,\varphi\,(k\,l_2)\,.$$

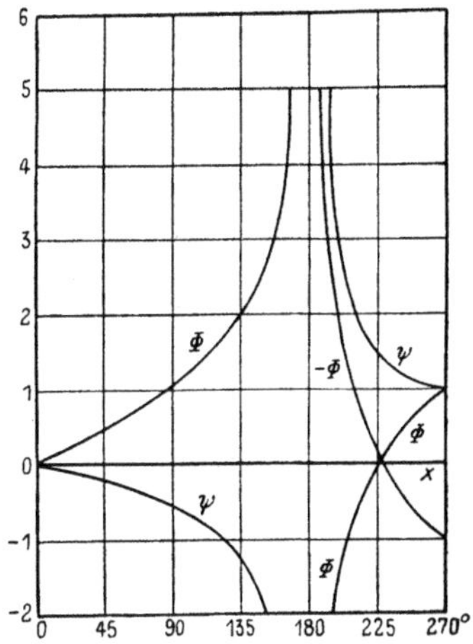

Abb. 134.

Zur Lösung dieser transzendenten Gleichung empfiehlt es sich, die Funktionen φ und $-\varphi$ zu zeichnen. Abb. 134 gibt φ und $-\varphi$ als Funktionen des in Graden ausgedrückten Arguments kl wieder. Das Problem reduziert sich dann darauf, durch wiederholte Versuche eine Parallele zur x-Achse zu finden, die die Kurven φ und $-\varphi$ in Punkten schneidet, deren Abszissen zueinander im gleichen Verhältnis stehen wie die Längen der Felder.

Nimmt man z. B. $l_1 : l_2 = 6 : 4{,}5$, so ergibt sich als kleinste Wurzel

$$k\,l_1 = 3{,}416$$

und danach ist die Frequenz der Grundschwingung

$$f_1 = \frac{k_1^2 a}{2\pi} = \frac{3{,}416^2}{2\,\pi\,l_1^2}\sqrt{\frac{E\,I\,g}{F\gamma}}\,.$$

Für die nächsthöhere Frequenz erhält man

$$k\,l_1 = 4{,}787\,.$$

Die dritte Frequenz ist näherungsweise durch $kl_1 = 6{,}690$ gegeben, so daß die aufeinanderfolgenden Frequenzen im Verhältnis 1 : 1,96 : 3,82 stehen. Wenn die Längen der Felder die Tendenz haben, einander gleich zu werden, so strebt die kleinste Wurzel nach Abb. 134 dem Wert $kl_1 = kl_2 = \pi$ zu. Im Falle der Grundschwingung verhält sich jedes Feld wie ein Stab mit frei gestützten Enden. Eine andere Schwingungsart ergibt sich unter der Annahme, daß die Tangente in den Zwischenlagern horizontal verläuft; dann verhält sich jedes Feld wie ein Stab mit einem eingespannten und einem einfach unterstützten Ende.

Im Falle dreier Felder erhalten wir aus (r)

$$-a_2(\varphi_1+\varphi_2)+a_3\psi_2=0\,,$$
$$a_2\psi_2-a_3(\varphi_2+\varphi_3)=0$$

und die Frequenzgleichung lautet

$$(\varphi_1+\varphi_2)(\varphi_2+\varphi_3)-\psi_2^2=0\,. \tag{t}$$

Mit Hilfe von Tabellen[1] der Funktionen φ und ψ läßt sich die Frequenz der Grundschwingung aus (t) durch systematisches Probieren finden.

44. Erzwungene Schwingungen eines Trägers mit frei gestützten Enden.

Allgemeines. Im Falle eines Trägers mit gestützten Enden ist der allgemeine Ausdruck für Biegungsschwingungen durch Gl. (138) gegeben. Bezeichnet man die generalisierten Koordinaten mit q_i, so ergibt die genannte Gleichung

$$y=\sum_{1}^{\infty}{}_i\, q_i\sin\frac{i\pi x}{l}\,. \tag{a}$$

Die Ausdrücke für die potentielle und die kinetische Energie findet man aus den Gln. (123) und (124), indem man $\sin\frac{i\pi x}{l}$ an Stelle von X_i setzt:

$$V=\frac{EI}{2}\sum_{1}^{\infty}{}_i\, q_i^2\int_0^l\frac{i^4\pi^4}{l^4}\sin^2\frac{i\pi x}{l}\,dx=\frac{EI\pi^4}{4l^3}\sum_{1}^{\infty}{}_i\, i^4 q_i^2\,, \tag{143}$$

$$T=\frac{F\gamma}{2g}\sum_{1}^{\infty}{}_i\,\dot q_i^2\int_0^l\sin^2\frac{i\pi x}{l}\,dx=\frac{F\gamma l}{4g}\sum_{1}^{\infty}{}_i\,\dot q_i^2\,. \tag{144}$$

Wenn störende Kräfte auf den Träger einwirken, so lautet die Lagrangesche Gl. (72) für eine beliebige Koordinate q_i

$$\frac{F\gamma l}{2g}\ddot q_i+\frac{EI\pi^4 i^4}{2l^3}q_i=Q_i$$

oder

$$\ddot q_i+\frac{i^4\pi^4a^2}{l^4}q_i=\frac{2g}{F\gamma l}Q_i\,, \tag{b}$$

worin Q_i die der Koordinate q_i entsprechende generalisierte Kraft

[1] Solche Tabellen finden sich in der S. 259 genannten Arbeit von E. R. Darnley. Eine andere Methode auf nomographischer Grundlage wird in der S. 259 genannten Arbeit von D. M. Smith gegeben; dort wird auch die Anwendung dieses Problems auf die Schwingungen von Kondensatorröhren gezeigt.

bezeichnet und a^2 durch Gl. (117) gegeben ist. Die allgemeine Lösung von Gl. (b) ist

$$q_i = A_i \cos\frac{i^2 \pi^2 a t}{l^2} + B_i \sin\frac{i^2 \pi^2 a t}{l^2} + \frac{l^2}{i^2 \pi^2 a}\,\frac{2g}{F\gamma l}\int_0^t Q_i \sin\frac{i^2 \pi^2 a (t - t_1)}{l^2}\,dt_1\,. \qquad \text{(c)}$$

Die ersten zwei Glieder in dieser Lösung stellen die durch die Anfangsbedingungen bestimmten freien Schwingungen dar, während das dritte Glied die durch die Störungskräfte verursachten Schwingungen darstellt.

Pulsierende Kraft. Als Beispiel wollen wir nun den Fall einer pulsierenden Kraft $P = P_0 \sin n t_1$ betrachten, die in der Entfernung c vom linken Lager angreift (s. Abb. 135). Wir führen eine generalisierte Kraft Q_i ein, indem wir annehmen, daß die Koordinate q_i einen kleinen Zuwachs δq_i erfährt. Die entsprechende Durchbiegung des Trägers ist nach Gl. (a)

Abb. 135.

$$\delta y = \delta q_i \sin\frac{i \pi x}{l}\,,$$

und die von der äußeren Kraft P bei dieser Verschiebung geleistete Arbeit ist

$$P\,\delta q_i \sin\frac{i \pi c}{l}\,.$$

Damit ist

$$Q_i = P \sin\frac{i \pi c}{l} = P_0 \sin\frac{i \pi c}{l} \sin n t_1\,. \qquad \text{(d)}$$

Setzt man dies in Gl. (c) ein und betrachtet nur den durch die pulsierende Kraft erzeugten Teil der Schwingungen, so folgt

$$q_i = \frac{2g}{F\gamma} P_0 \sin\frac{i \pi c}{l}\left(\frac{l^3}{i^4 \pi^4 a^2 - n^2 l^4} \sin n t - \frac{n l^5}{i^2 \pi^2 a (i^4 \pi^4 a^2 - n^2 l^4)} \sin\frac{i^2 \pi^2 a t}{l^2}\right). \qquad \text{(e)}$$

Setzt man dies in Gl. (a) ein, so ergibt sich

$$y = \frac{2 g P_0 l^3}{F\gamma} \sum_1^\infty{}_i \frac{\sin\frac{i \pi c}{l} \sin\frac{i \pi x}{l}}{i^4 \pi^4 a^2 - n^2 l^4} \sin n t - \frac{2 g n P_0 l^5}{F \gamma \pi^2 a} \sum_1^\infty{}_i \frac{\sin\frac{i \pi c}{l} \sin\frac{i \pi x}{l}}{i^2 (i^4 \pi^4 a^2 - n^2 l^4)} \sin\frac{i^2 \pi^2 a t}{l^2}\,. \qquad (145)$$

Wie man sieht, ist die erste Summe in dieser Lösung der Größe $\sin nt$ proportional. Sie hat dieselbe Periode wie die Störungskraft und stellt die erzwungenen Schwingungen des Trägers dar. Die zweite Summe stellt die durch die Wirkung der Kraft hervorgerufenen freien Schwingungen des Trägers dar. Diese letzten Schwingungen werden durch Widerstände verschiedener Art allmählich abgedämpft, und nur die durch

$$y = \frac{2 g P_0 l^3}{F \gamma} \sum_1^\infty {}_i \frac{\sin \frac{i \pi c}{l} \sin \frac{i \pi x}{l}}{i^4 \pi^4 a^2 - n^2 l^4} \sin n t \tag{f}$$

gegebenen erzwungenen Schwingungen sind von praktischer Bedeutung.

Wenn sich die pulsierende Kraft P sehr langsam ändert, so ist n eine sehr kleine Größe, und $n^2 l^4$ kann im Nenner der Reihe (f) vernachlässigt werden. Dann ist

$$y = \frac{2 g P l^3}{F \gamma \pi^4 a^2} \sum_1^\infty {}_i \frac{1}{i^4} \sin \frac{i \pi c}{l} \sin \frac{i \pi x}{l} \tag{j}$$

oder unter Verwendung von Gl. (117)

$$y = \frac{2 P l^3}{E I \pi^4} \sum_1^\infty {}_i \frac{1}{i^4} \sin \frac{i \pi c}{l} \sin \frac{i \pi x}{l} . \tag{g}$$

Dieser Ausdruck stellt die statische, durch die Last P bewirkte Durchbiegung des Trägers dar[1]. Im speziellen Fall, daß die Kraft P in der Mitte wirkt, ist $c = \frac{l}{2}$, und wir erhalten

$$y = \frac{2 P l^3}{E I \pi^4} \left(\sin \frac{\pi x}{l} - \frac{1}{3^4} \sin \frac{3 \pi x}{l} + \frac{1}{5^4} \sin \frac{5 \pi x}{l} - \cdots \right) . \tag{h}$$

Die Reihe konvergiert sehr rasch und ergibt bereits einen brauchbaren Näherungswert für die Durchbiegungen, wenn man nur das erste Glied nimmt. Auf diesem Wege findet man für die Durchbiegung in der Mitte:

$$(y)_{x = \frac{l}{2}} = \frac{2 P l^3}{E I \pi^4} = \frac{P l^3}{48{,}7 \, E I} .$$

Diese Näherung ist mit einem Fehler von etwa 1,5% behaftet.

Bezeichnet man mit α das Verhältnis der Frequenz der Störungskraft zu der Frequenz der freien Grundschwingung, so erhält man

$$\alpha = \frac{n l^2}{a \pi^2} ,$$

und die Reihe (f), die erzwungene Schwingungen darstellt, nimmt die

[1] Siehe Festigkeitslehre S. 124.

Gestalt

$$y = 2\,P_0 \frac{\sin n\,t\,l^3}{E\,I\,\pi^4} \sum_1^\infty \frac{\sin\dfrac{i\,\pi\,c}{l}\sin\dfrac{i\,\pi\,x}{l}}{i^4 - \alpha^2}$$

an. Wirkt die pulsierende Kraft in der Mitte, so ergibt sich

$$y = \frac{2\,P_0 \sin n\,t\,l^3}{E\,I\,\pi^4}\left(\frac{\sin\dfrac{\pi\,x}{l}}{1-\alpha^2} - \frac{\sin\dfrac{3\,\pi\,x}{l}}{3^4-\alpha^2} + \frac{\sin\dfrac{5\,\pi\,x}{l}}{5^4-\alpha^2}\cdots\right). \tag{k}$$

Für kleines α stellt das erste Glied dieser Reihe die Durchbiegung mit ziemlicher Genauigkeit dar und durch Vergleich von (k) und (h) erkennt man, daß das Verhältnis der dynamischen Durchbiegung zur statischen näherungsweise gleich ist

$$\frac{y_d}{y_s} = \frac{1}{1-\alpha^2}. \tag{l}$$

Wenn z. B. die Frequenz der störenden Kraft viermal so groß ist wie die Frequenz der Grundschwingung, so ist die dynamische Durchbiegung ungefähr um 6% größer als die statische.

Dank der Tatsache, daß die Schwingungsprobleme bei Stäben durch lineare Differentialgleichungen dargestellt werden, kann man das Prinzip der Superposition anwenden, wenn mehrere pulsierende Kräfte am Träger angreifen, d. h. die resultierende Schwingung ergibt sich dann durch Superposition der durch die einzelnen Kräfte erzeugten Schwingungen. Der Fall von stetig verteilten pulsierenden Kräften läßt sich auch in gleicher Weise erledigen; man muß nur die Summation durch eine Integration längs des Trägers ersetzen. Nehmen wir z. B. an, daß der Träger eine gleichförmig verteilte Last von der Intensität

$$q = q_0 \sin n\,t$$

trägt. Ein derartiges Belastungsverhältnis herrscht z. B. bei der Triebstange einer Lokomotive unter der Einwirkung transversaler Trägheitskräfte. Um die Schwingungen zu bestimmen, setzt man $q_0 dc$ an Stelle von P_0 in Gl. (f) ein und integriert dann diese Gleichung nach c von $c = 0$ bis $c = l$. So erhält man

$$y = \frac{4\,g\,q_0\,l^4}{F\,\gamma\,\pi} \sum_1^\infty \frac{\sin\dfrac{i\,\pi\,x}{l}}{i(i^4\,\pi^4\,a^2 - n^2\,l^4)} \sin n\,t. \tag{m}$$

Wenn die Frequenz der Last im Vergleich zur Frequenz der Grundschwingung des Stabes sehr klein ist, so kann man das Glied $n^2 l^4$ im Nenner der Summe (m) vernachlässigen und erhält

$$y = \frac{4\,g\,l^4}{E\,I\,\pi^5}\left(\frac{\sin\dfrac{\pi\,x}{l}}{1^5} + \frac{\sin\dfrac{3\,\pi\,x}{l}}{3^5} + \frac{\sin\dfrac{5\,\pi\,x}{l}}{5^5} + \cdots\right). \tag{n}$$

Diese sehr rasch konvergierende Reihe stellt die durch eine gleichförmig verteilte Last q hervorgerufene statische Durchbiegung dar. Für die Durchbiegung in der Mitte erhalten wir, indem wir $x = \frac{l}{2}$ setzen,

$$(y)_{x=\frac{l}{2}} = \frac{4\,g\,l^4}{E\,I\,\pi^5}\left(1 - \frac{1}{3^5} + \frac{1}{5^5} - \cdots\right). \tag{p}$$

Wenn wir nur das erste Glied dieser Reihe berücksichtigen, so erhalten wir die Durchbiegung in der Mitte mit einem Fehler von ungefähr $\frac{1}{4}\%$. Ist die Frequenz der pulsierenden Last nicht genügend klein, um die Anwendung der statischen Gleichung zu rechtfertigen, so läßt sich dieselbe Methode anwenden, die wir für den Fall einer Einzelkraft benutzt haben, und wir gelangen zu der durch Gl. (1) gegebenen Darstellung.

Bewegte konstante Kraft. Wenn sich eine konstante vertikale Kraft P längs eines Trägers bewegt, so erzeugt sie Schwingungen, die sich durch Anwendung der allgemeinen Gl. (c) ohne Schwierigkeit berechnen lassen. Es sei v die konstante Geschwindigkeit der bewegten Kraft und die Kraft möge zu Beginn ($t = 0$) am linken Lager angreifen; dann ist in einem beliebigen Zeitpunkte $t = t_1$ die Entfernung dieser Kraft vom linken Lager $v t_1$. Um die generalisierte Kraft Q_i für diesen Fall zu bestimmen, nehmen wir an, daß die Koordinate q_i im allgemeinen Ausdruck (a) für die Durchbiegungskurve einen unendlich kleinen Zuwachs δq_i erfährt. Die von der Kraft P bei dieser Verschiebung geleistete Arbeit beträgt

$$P(\delta y)_{x=v t_1} = P\,\delta q_i \sin\frac{i\pi v t_1}{l}.$$

Daraus ergibt sich die generalisierte Kraft zu

$$Q_i = P \sin\frac{i\pi v t_1}{l}.$$

Setzt man dies in das dritte Glied des Ausdruckes (c) ein, so findet man für die durch das bewegte Gewicht hervorgerufenen Schwingungen folgenden Ausdruck[1]:

$$y = \frac{2\,g\,P\,l^3}{F\gamma\pi^2}\sum_{1}^{\infty}{}_{i}\frac{\sin\frac{i\pi x}{l}}{i^2(i^2\pi^2 a^2 - v^2 l^2)}\sin\frac{i\pi v t}{l}$$

$$- \frac{2\,g\,P\,l^4 v}{F\gamma\pi^3 a}\sum_{1}^{\infty}{}_{i}\frac{\sin\frac{i\pi x}{l}}{i^3(i^2\pi^2 a^2 - v^2 l^2)}\sin\frac{i^2\pi^2 a t}{l^2}. \tag{146}$$

---

[1] Dieses Problem ist von praktischer Bedeutung für die Untersuchung von Brückenschwingungen. Seine erste Lösung stammt von A. N. Kriloff, Mitglied der Akademie der Wissenschaften in Petersburg; siehe Math. Ann. **61** (1905). Siehe auch die Arbeit des Verfassers in Bull. Polytechn. Inst. Kiew **1908** [deutsche Übersetzung in Z. Math. Phys. **59** (1911)]. Prof. C. E. Inglis kam in den Proc. Inst. Civ. Engs. **218**, London 1924, zu gleichen Resultaten. Siehe auch die Arbeit von H. H. Jeffcott: Phil. Mag. (Ser. 7), **8**, 66 (1929). In dieser Arbeit wird die Trägheit der bewegten Last berücksichtigt. R. I. C. Howland: Transverse Oscillations in Girders. Inst. Civ. Engs. London 1924.

Die erste Reihenentwicklung in dieser Lösung stellt erzwungene, die zweite freie Schwingungen des Trägers dar.

Wenn die Geschwindigkeit der bewegten Kraft sehr klein ist, so dürfen wir in der obigen Lösung $v = 0$ und $vt = c$ setzen; dann ist

$$y = \frac{2gPl^3}{F\gamma\pi^4 a^2} \sum_1^\infty \frac{1}{i^4} \sin\frac{i\pi c}{l} \sin\frac{i\pi x}{l}.$$

Dies ist die statische Durchbiegung des Balkens, verursacht durch die in der Entfernung c vom linken Lager angreifende Last P [s. Gl. (j)]. Mit der Bezeichnung

$$\alpha^2 = \frac{v^2 l^2}{a^2 \pi^2} \tag{q}$$

lassen sich die erzwungenen Schwingungen in der allgemeinen Lösung (146) in folgender Form darstellen:

$$y = \frac{2Pl^3}{EI\pi^4} \sum_1^\infty \frac{\sin\frac{i\pi x}{l} \sin\frac{i\pi vt}{l}}{i^2(i^2 - \alpha^2)}. \tag{r}$$

Es ist interessant zu bemerken, daß diese Durchbiegung vollständig übereinstimmt mit der statischen Durchbiegung eines Trägers[1], auf den außer der in der Entfernung $c = vt$ vom linken Lager angreifenden Querlast P noch ein Axialdruck S einwirkt, der so gewählt ist, daß

$$\frac{S}{S_{kr}} = \frac{Sl^2}{EI\pi^2} = \alpha^2. \tag{s}$$

Hierin bezeichnet S_{kr} die kritische oder Knickbelastung des Trägers.

Aus den Gln. (s) und (q) erhalten wir

$$\frac{Sl^2}{EI\pi^2} = \frac{v^2 l^2}{a^2 \pi^2}$$

oder

$$S = \frac{v^2 F\gamma}{g}. \tag{t}$$

Die Wirkung dieser Kraft auf die statische Durchbiegung des durch P belasteten Trägers ist äquivalent der Wirkung der mit einer gewissen Geschwindigkeit bewegten Kraft P auf die die erzwungenen Schwingungen darstellende Durchbiegung (r).

Wächst die Geschwindigkeit v, so kann ein Zustand erreicht werden, bei dem einer der Nenner in den beiden Summen von (146) gleich Null wird und Resonanz eintritt. Nehmen wir z. B. an, daß

$$a^2 \pi^2 = v^2 l^2. \tag{u}$$

---

[1] Siehe des Verfassers Festigkeitslehre, S. 151. Durch Verwendung des bekannten Ausdruckes für die statische Durchbiegungskurve erhält man einen geschlossenen Ausdruck für die durch die Reihe (r) dargestellte Funktion.

In diesem Falle wird die Periode der Grundschwingung, die sonst gleich $\frac{2l^2}{a\pi}$ ist, gleich $\frac{2l}{v}$, also doppelt so groß wie die Zeit, welche die Kraft P zur Überschreitung des Trägers braucht. Die Nenner der ersten Glieder in den beiden Summen (146) werden bei der Annahme (u) gleich Null und die Summe dieser beiden Glieder wird

$$\frac{2gPl^3}{F\gamma\pi^2}\sin\frac{\pi x}{l}\,\frac{\sin\frac{\pi v t}{l}-\frac{l v}{\pi a}\sin\frac{\pi^2 a t}{l^2}}{\pi^2 a^2-v^2 l^2}.$$

Dieser Ausdruck hat die Gestalt $\frac{0}{0}$ und läßt sich in der üblichen Weise folgendermaßen umformen (s. S. 15)

$$-\frac{Pg}{\gamma F\pi v}\,t\cos\frac{\pi v t}{l}\sin\frac{\pi x}{l}+\frac{Pgl}{\gamma F\pi^2 v^2}\sin\frac{\pi v t}{l}\sin\frac{\pi x}{l}. \tag{v}$$

Dieser Ausdruck erreicht sein Maximum für

$$t=\frac{l}{v}$$

und ist dann gleich

$$\frac{Pgl}{\gamma F\pi^2 v^2}\left(\sin\frac{\pi v t}{l}-\frac{\pi v t}{l}\cos\frac{\pi v t}{l}\right)_{t=\frac{l}{v}}\sin\frac{\pi x}{l}=\frac{Pl^3}{EI\pi^3}\sin\frac{\pi x}{l}. \tag{w}$$

Berücksichtigt man, daß der Ausdruck (v) eine brauchbare Näherung für die durch Gl. (146) gegebene dynamische Durchbiegung darstellt, so kann man sehen, daß die maximale dynamische Durchbiegung bei der Resonanzbedingung (u) um ungefähr 50% größer ist als die maximale statische Durchbiegung, die gleich ist

$$\frac{Pl^3}{48EI}.$$

Es ist interessant zu bemerken, daß das Maximum der dynamischen Durchbiegung in dem Augenblick eintritt, in dem die Kraft P den Träger verläßt. In diesem Augenblick ist die Durchbiegung unter der Kraft P gleich Null und daher verschwindet auch die Arbeit, die diese Kraft bei der Überquerung des Trägers geleistet hat. Um zu erklären, woher die während des Überganges der Kraft P im schwingenden Träger angesammelte Energie kommt, nehmen wir an, daß keine Reibung vorhanden ist und daß der Träger eine Reaktion R in der Normalrichtung ausübt (Abb. 136). Für diesen Fall folgt aus der Gleichgewichtsbedingung, daß eine horizontale Kraft von der Größe $P\frac{dy}{dx}$ vorhanden sein muß. Die von dieser Kraft während ihres Überganges über den Träger ge-

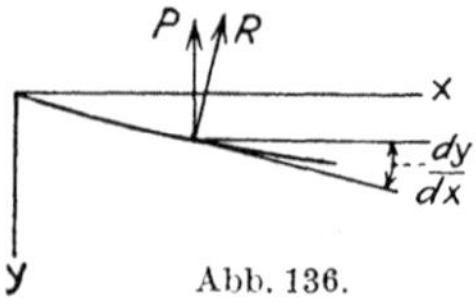

Abb. 136.

leistete Arbeit ist

$$W = -\int_0^{\frac{l}{v}} P\left(\frac{dy}{dx}\right)_{x=vt} v\,dt.$$

Setzt man hierin den Ausdruck (v) für y ein, so folgt

$$W = -\frac{P^2 g}{\gamma F \pi v^2}\int_0^{\frac{l}{v}}\left(\sin\frac{\pi v t}{l} - \frac{\pi v t}{l}\cos\frac{\pi v t}{l}\right)\cos\frac{\pi v t}{l}\,v\,dt = \frac{P^2 g l}{\gamma F \pi^2 v^2}\cdot\frac{\pi^2}{4}$$

oder, wenn man die Gln. (u) und (117) berücksichtigt,

$$W = \frac{\pi^2}{4}\frac{P^2 l^3}{E I \pi^4}.$$

Dieser Arbeitsbetrag ist nahezu gleich[1] dem Betrag der potentiellen Energie der Balkenbiegung im Zeitpunkt $t = \frac{l}{v}$.

Bei Brücken ist die zum Überqueren erforderliche Zeit gegenüber der Periode der Eigenschwingung gewöhnlich groß, und die durch Gl. (q) gegebene Größe α^2 ist klein. Wenn wir nun von jeder der in Gl. (146) auftretenden Reihen nur das erste Glied beibehalten und annehmen, daß sich im ungünstigsten Falle die Amplituden der erzwungenen und freien Schwingungen addieren, so erhalten wir für das Maximum der Durchbiegung

$$y_{\max} = \frac{2 g P l^3}{\gamma F \pi^2}\left(\frac{1}{\pi^2 a^2 - v^2 l^2} + \frac{v l}{a \pi}\frac{1}{\pi^2 a^2 - v^2 l^2}\right)$$

$$= \frac{2 P l^3}{E I \pi^4}\frac{1+\alpha}{1-\alpha^2} = \frac{2 P l^3}{E I \pi^4}\frac{1}{1-\alpha}. \qquad (147)$$

Dieser Wert für das Maximum der dynamischen Durchbiegung ist etwas zu groß, da bei der obigen Überlegung die Dämpfung ganz vernachlässigt wurde.

Durch Anwendung des Superpositionsprinzips läßt sich das Problem auch im Falle eines Systems von konzentrierten bewegten Kräften

---

[1] Die potentielle Energie des durch die in der Mitte angreifende Kraft P gebogenen Trägers beträgt

$$V = \frac{P^2 l^3}{96 E I} \quad \text{und} \quad \frac{W}{V} = 2{,}43\,.$$

Dieses Verhältnis ist nahezu gleich dem Quadrat des Verhältnisses der dynamischen zur statischen Maximaldurchbiegung, wofür sich der Wert $\left(\frac{48}{\pi^3}\right)^2 = 2{,}38$ ergibt. Der Unterschied ist auf die Schwingungen höherer Ordnung in der Durchbiegungskurve zurückzuführen.

und ebenso im Falle von bewegten verteilten Kräften ohne Schwierigkeiten lösen[1].

Bewegte pulsierende Kraft[2]. Wir betrachten nun den Fall einer pulsierenden Kraft, die sich mit einer konstanten Geschwindigkeit v längs des Trägers fortbewegt. Etwas Derartiges tritt z. B. ein, wenn eine nicht ausbalancierte Lokomotive über eine Brücke fährt (Abb. 137). Die von der mangelnden Ausbalancierung herrührende Vertikalkomponente der Fliehkraft P ist[3]

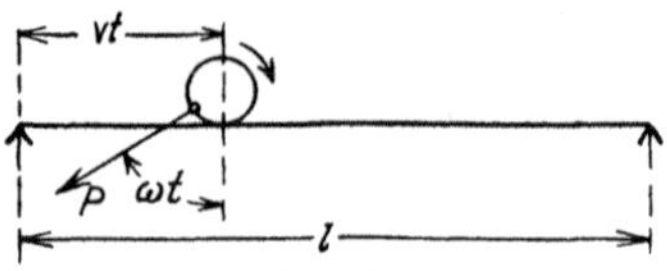

Abb. 137.

$$P \cos \omega t_1,$$

worin ω die Winkelgeschwindigkeit des Triebrades bedeutet. Die gleiche Schlußweise wie früher führt auf den folgenden Ausdruck für die der generalisierten Koordinate q_i entsprechende generalisierte Kraft:

$$Q_1 = P \cos \omega t_1 \sin \frac{i \pi v t_1}{l}.$$

Setzt man dies in das dritte Glied der allgemeinen Lösung (c) ein, so folgt

$$y = \frac{P l^3}{E I \pi^4} \sum_1^{\infty} \sin \frac{i \pi x}{l} \left[\frac{\sin\left(\frac{i \pi v}{l} + \omega\right) t}{i^4 - (\beta + i\alpha)^2} + \frac{\sin\left(\frac{i \pi v}{l} - \omega\right) t}{i^4 - (\beta - i\alpha)^2} \right.$$
$$\left. - \frac{\alpha}{i} \left(\frac{\sin \frac{i^2 \pi^2 a t}{l^2}}{-i^2 \alpha^2 + (i^2 - \beta)^2} + \frac{\sin \frac{i^2 \pi^2 a t}{l^2}}{-i^2 \alpha^2 + (i^2 + \beta)^2} \right) \right], \quad (148)$$

worin

$\alpha = \frac{v l}{a \pi}$ das Verhältnis der Periode $\tau = \frac{2 l^2}{\pi a}$ der Grundschwingung des Trägers zum Doppelten der Zeit $\tau_1 = \frac{l}{v}$, welche die Kraft P zum Überschreiten des Trägers braucht, ist, während

$\beta = \frac{\tau}{\tau_2}$ das Verhältnis der Periode der Grundschwingung des Trägers zur Periode $\tau_2 = \frac{2\pi}{\omega}$ der pulsierenden Kraft bedeutet.

Wenn die Periode τ_2 der pulsierenden Kraft gleich der Periode τ der Grundschwingung ist, dann ist $\beta = 1$, und die Bedingung für die Entstehung der Resonanz ist erfüllt. Die Schwingungsamplitude wird

---

[1] Siehe die obengenannte Arbeit des Verfassers.

[2] Siehe die Arbeit des Verfassers in Phil. Mag. **43**, 1018 (1922). Siehe auch die Arbeit von C. E. Inglis: Proc. Roy. Soc. (Serie A), **118**, 60 (1928).

[3] Es wird angenommen, daß die Fliehkraft zur Zeit $t_1 = 0$ nach abwärts gerichtet ist.

während der Bewegung der pulsierenden Kraft allmählich zunehmen und ihr Maximum in dem Augenblick $t = \frac{l}{v}$ erreichen, wo sich das erste Glied (für $i = 1$) in der Reihe (148), das den wichtigsten Teil von y darstellt, auf die Form

$$\frac{1}{\varkappa} \frac{2 P l^3}{E I \pi^4} \sin \frac{\pi x}{l} \sin \omega t$$

reduzieren läßt und die maximale Durchbiegung durch die Formel

$$\delta_{\max} = \frac{1}{\varkappa} \frac{2 P l^3}{\alpha E I \pi^4} = \frac{2 \tau_1}{\tau} \cdot \frac{2 P l^3}{E I \pi^4} \tag{149}$$

gegeben ist. Infolge der Tatsache, daß in den wirklich vorkommenden Fällen das Zeitintervall $\tau_1 = \frac{l}{v}$ gegenüber der Periode τ der Eigenschwingung groß ist, wird das durch die pulsierende Kraft P erzeugte Maximum der dynamischen Durchbiegung um ein Vielfaches größer sein als die Durchbiegung $\frac{2 P l^3}{E I \pi^4}$, die von derselben Kraft erzeugt würde, wenn sie statisch in der Mitte des Trägers angriffe. Einige Anwendungen der Gl. (149) zur Berechnung der Stoßwirkung bei Brücken wird der nächste Paragraph bringen.

45. Brückenschwingungen.

Es ist eine bekannte Tatsache, daß eine rollende Last in Brücken und Trägern größere Biegung und größere Spannungen hervorruft wie eine statisch wirkende Kraft von gleicher Größe. Dieser „Stoßeffekt" von bewegten Lasten ist bei Brücken praktisch von großer Bedeutung, und viele Ingenieure haben an der Lösung dieses Problems gearbeitet[1]. Die an Brücken beobachteten Stoßerscheinungen rühren von verschiedenen Ursachen her, von denen hier folgende besprochen werden sollen:

1. die dynamische Wirkung einer ruhig bewegten Last;
2. die Stoßwirkung der Gegengewichte in den Lokomotivtriebrädern und
3. der Stoßeffekt, der von den Unregelmäßigkeiten des Gleises und den flachen Stellen der Räder herrührt.

Dynamische Wirkung einer ruhig bewegten Masse. Bei der Erörterung dieses Problems werden wir zwei extreme Fälle betrachten:

1. den Fall, daß die Masse der bewegten Last gegenüber der Masse des Trägers, d. h. des Fahrbahn- oder Gleisträgers, groß ist und

[1] Die Geschichte dieses Problems ist im bekannten Werk von Clebsch, Theorie der Elastizität fester Körper, eingehend erörtert. Siehe die Fußnote S. 597 der von St. Venant besorgten französischen Bearbeitung. Paris 1883.

2. den Fall, daß die Masse der bewegten Last gegenüber der Masse der Brücke klein ist.

Im ersten Falle darf man die Masse des Trägers vernachlässigen. Dann wird bei jeder Lage der Last die Durchbiegung des Trägers unter der Last dem Drucke R, den die rollende Last P auf den Träger ausübt (Abb. 138), proportional sein und sich aus der bekannten Gleichung der statischen Durchbiegung

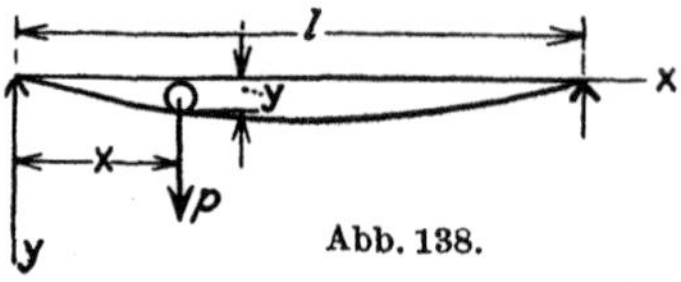

Abb. 138.

$$y = \frac{R x^2 (l-x)^2}{3 l E I} \tag{a}$$

berechnen lassen. Um den Druck R zu ermitteln, muß man zu der rollenden Last P die Trägheitskraft $-\frac{P}{g}\frac{d^2 y}{dt^2}$ addieren. Nimmt man an, daß sich die Last längs des Trägers mit der konstanten Geschwindigkeit v fortbewegt, so erhält man

$$\frac{dy}{dt} = v\frac{dy}{dx}; \qquad \frac{d^2 y}{dt^2} = v^2 \frac{d^2 y}{dx^2}$$

und der Druck auf den Träger ist

$$R = P\left(1 - \frac{v^2}{g}\frac{d^2 y}{dx^2}\right). \tag{b}$$

Setzt man dies in Gl. (a) ein, so folgt

$$y = P\left(1 - \frac{v^2}{g}\frac{d^2 y}{dx^2}\right)\frac{x^2 (l-x)^2}{3 l E I}. \tag{150}$$

Diese Gleichung bestimmt den geometrischen Ort der Berührungspunkte der bewegten Last mit dem Träger[1]. Eine Näherungslösung der Gl. (150) ergibt sich, wenn man annimmt, daß die gleiche Kurve auch bei der Geschwindigkeit Null ($v = 0$) entsteht, und

$$\frac{P x^2 (l-x)^2}{3 l E I}$$

an Stelle von y in der rechten Seite dieser Gleichung setzt. Dann läßt sich durch einfache Rechnungen zeigen, daß y ein Maximum wird, wenn sich die Last in der Mitte der Spannweite befindet, und der maximale Druck wird gleich sein

$$R_{\max} = P\left(1 + \frac{v^2}{g}\frac{P l}{3 E I}\right). \tag{c}$$

Das Maximum der Durchbiegung in der Mitte des Trägers wächst

[1] Diese Gleichung wurde von **Willis** aufgestellt: Appendix to the Report of the Commissioners . . . to inquire into the Application of Iron to Railway Structures. London 1849.

im gleichen Maße wie der darauf wirkende Druck, so daß

$$\delta_d = \delta_{st}\left(1 + \frac{v^2}{g}\frac{Pl}{3EI}\right). \tag{151}$$

Diese Näherungslösung der Gl. (150) ist für praktische Anwendungen hinreichend genau, wie der Vergleich mit dem Ergebnis eines exakten Lösungsverfahrens zeigt[1]. Das zweite Glied im Klammerausdruck ist gewöhnlich sehr klein und der „dynamische Effekt" praktisch bedeutungslos.

Im zweiten Falle, in dem die Masse der Last gegenüber der Masse der Brücke klein ist, kann man die bewegte Last mit genügender Genauigkeit durch eine bewegte Kraft ersetzen und die in §44 gegebenen Resultate verwenden. Nehmen wir z. B. an, daß für drei verschiedene Eisenbahnbrücken mit Spannweiten von 18 m, 36 m, 108 m die Frequenzen der Eigenschwingungen durch folgende Tabelle[2] gegeben sind:

$l =$	18 m	36 m	108 m
$f =$	9	5	2
$(\alpha)_{v = 36\,\text{m pro sec}} =$	$\frac{1}{9}$	$\frac{1}{10}$	$\frac{1}{12}$

Die in der 3. Zeile angegebene Größe α stellt für die Geschwindigkeit $v = 36$ m/sec das Verhältnis der Periode der Grundschwingung zum Doppelten der Zeit $\frac{l}{v}$ dar, die die Last zur Überquerung des Trägers braucht. Nun erkennt man[3] auf Grund der Lösung (147), daß das von der dynamischen Wirkung herrührende Anwachsen der Durchbiegung für eine Spannweite von 18 m und bei einer sehr hohen Geschwindigkeit ungefähr 12% ausmacht und daß dieser Wert mit abnehmender Geschwindigkeit und zunehmender Spannweite noch kleiner

[1] Die exakte Lösung der Gl. (150) gab G. G. Stokes an, siehe Math. Phys. Papers 2, 179. Dasselbe Problem wurde auch von H. Zimmermann erörtert, siehe Die Schwingungen eines Trägers mit bewegter Last. Berlin 1896. Es ist zu bemerken, daß sich die Integration der Gl. (150) auch numerisch mit Hilfe der oben angegebenen Methode ausführen läßt. Auf diesem Wege erhielt Prof. N. P. Petroff Lösungen für einen Träger mit elastischen Auflagern und für durchlaufende Träger, siehe Mem. Russ. Imp. Techn. Soc. 1903.

[2] Einige experimentelle Daten über Schwingungen von Brücken finden sich in folgenden Arbeiten: Bühler, A.: Stoßwirkungen bei eisernen Eisenbahnbrücken. Druckschrift zum Intern. Kongreß für Brückenbau, Zürich 1926 und Hort, W.: Stoßbeanspruchungen und Schwingungen, Die Bautechnik, Berlin 1928. Bernhard, R.: Z. V. d. I. 73, 1675 (1929). Rep. Bridge Stress Committee, Dept. Scientific Industr. Res., London 1928. Streletzky, N.: Ergebnisse der experimentellen Brückenunteruchungen. Berlin 1928.

[3] Die Brücke wird hier als einfacher Träger mit konstantem Querschnitt betrachtet. Schwingungen von Fachwerkträgern wurden untersucht von H. Reissner: Z. Baut. 53, 135 (1903) und E. Pohlhausen: Z. ang. Math. Mech. 1, 28 (1921).

wird. Wenn mehrere bewegte Lasten an der Brücke angreifen, so muß man die ihnen entsprechenden Schwingungen superponieren. Nur im Ausnahmefall des Synchronismus dieser Schwingungen wird der resultierende dynamische Effekt auf das System der Summe der Effekte der einzelnen Lasten gleich sein und das von diesem Effekt herrührende Anwachsen der Durchbiegung in gleichem Verhältnis wie für eine einzelne Last stattfinden. Aus diesen Beispielen ersieht man, daß die dynamische Wirkung einer sich ruhig bewegenden Last kein wichtiger Faktor ist und auch im ungünstigsten Fall 10% kaum übersteigt. Viel bedeutendere Wirkungen können, wie wir sehen werden, durch pulsierende Kräfte erzeugt werden, die von rotierenden Gegengewichten an Dampflokomotiven herrühren.

Stoßwirkungen nicht ausgeglichener Massen. Die ungünstigsten Verhältnisse treten im Falle der Resonanz ein, wenn nämlich die Drehzahl der Triebräder der Frequenz einer Eigenschwingung der Brücke gleich wird. Für Brücken mit kurzer Spannweite ist die Frequenz der Eigenschwingung gewöhnlich so hoch, daß bei jeder praktisch möglichen Geschwindigkeit Synchronismus der pulsierenden Last und der Eigenschwingung ausgeschlossen ist. Nimmt man z. B. 6 Umdrehungen der Triebräder pro Sekunde als obere Grenze an und legt als die Frequenzen der Eigenschwingung die Zahlen der obigen Tabelle zugrunde, so sieht man, daß für Spannweiten kleiner als 30 m Resonanz kaum möglich ist. Für größere Spannweiten muß man Resonanzwirkungen berücksichtigen und den Stoßeffekt aus Gl. (149) berechnen. Es sei

P_1 der von den Gegengewichten herrührende maximale Gesamtdruck auf das Gleis, wenn die Triebräder eine Umdrehung pro Sekunde machen,

n die Gesamtzahl der Umdrehungen der Triebräder während des Brückenüberganges.

Dann ist die von der Stoßwirkung herrührende zusätzliche Durchbiegung nach Gl. (149) gleich

$$\delta_{\max} = \frac{2n}{\tau^2} \frac{2P_1 l^3}{EI\pi^4}. \tag{152}$$

Bei der Berechnung des von den unausgeglichenen Gewichten herrührenden Stoßeffektes haben wir offenbar folgende Faktoren zu berücksichtigen:

1. die durch die Kraft P_1 bewirkte statische Durchbiegung,
2. die Periode τ der Eigenschwingung der Brücke und
3. die Anzahl n der Umdrehungen.

Alle diese Größen werden in den beim Brückenentwurf angewandten auf den Stoß bezüglichen Formeln gewöhnlich unberücksichtigt gelassen.

Um eine Vorstellung von der Größe dieses Stoßeffektes zu gewinnen, wollen wir die Gl. (152) auf ein numerisches Beispiel[1], gegeben durch eine Lokomotive, die eine etwa 36 m lange Brücke überquert, anwenden. Unter der Annahme, daß die Lokomotive durch eine über die Länge von 4,5 m gleichförmig verteilte Last von 21800 kg pro Meter und der der Lokomotive vorangehende und angehängte Eisenbahnzug durch eine gleichförmig verteilte Last von 8200 kg pro Meter ersetzt werden darf, beträgt die maximale zentrale Durchbiegung jedes Trägers näherungsweise $\frac{2\,l^3}{E\,I\,\pi^4}\cdot 125000$. Dieselbe Durchbiegung beträgt, wenn sich die Lokomotive dem Auflagerpunkt nähert und der Eisenbahnzug die Brücke völlig bedeckt, $\frac{2\,l^3}{E\,I\,\pi^4}\cdot 94000$. Nimmt man die Drehzahl n gleich 8 und den maximalen pulsierenden Druck auf jeden Träger beim Eintritt der Resonanz gleich $\frac{P_1}{\tau^2} = 8500$ kg an, so ist die zusätzliche Durchbiegung nach Gl. (152) gleich $\frac{2\,l^3}{E\,I\,\pi^4}\cdot 136000$. Addiert man diese zu der oben für eine sich dem Brückenende nähernde Lokomotive berechneten statischen Durchbiegung, so erhält man für die gesamte Durchbiegung in der Mitte $\frac{2\,l^3}{E\,I\,\pi^4}\cdot 230000$. Vergleichen wir diesen Wert mit der oben angegebenen maximalen statischen zentralen Durchbiegung $\frac{2\,l^3}{E\,I\,\pi^4}\cdot 125000$, so sehen wir, daß die durch die Stoßwirkung erzeugte zusätzliche Durchbiegung in diesem Falle ungefähr 84% beträgt. Wird die Drehzahl n gleich 6 genommen und wieder Resonanz vorausgesetzt, so erhält man für dasselbe numerische Beispiel eine Vergrößerung der Durchbiegung um 56%.

Im Falle von Brücken mit kürzerer Spannweite, bei denen die Frequenz der Eigenschwingung bedeutend größer ist als die sekundliche Drehzahl der Triebräder, erhält man eine brauchbare Näherung, indem man nur das erste Glied in den Summen (148) berücksichtigt und die ungünstigste Annahme macht, nämlich die, daß zur Zeit $t = \frac{l}{2v}$, wo die pulsierende Kraft die Mitte der Spannweite erreicht, $\sin\left(\frac{\pi v}{l} + \omega\right) t$ und $\sin\left(\frac{\pi v}{l} - \omega\right) t$ gleich 1, $\sin\frac{\pi^2 a t}{l^2}$ dagegen gleich -1 wird. Dann beträgt die zusätzliche Durchbiegung nach (148)

$$\frac{P\,l^3}{E\,I\,\pi^4}\left(\frac{1}{1-(\beta+\alpha)^2} + \frac{1}{1-(\beta-\alpha)^2} + \frac{\alpha}{(1-\beta)^2-\alpha^2} + \frac{\alpha}{(1+\beta)^2-\alpha^2}\right)$$
$$= \frac{2P\,l^3}{E\,I\,\pi^4}\,\frac{1-\alpha}{\left[1-\beta\left(1+\frac{\alpha}{\beta}\right)\right]\left[1+\beta\left(1-\frac{\alpha}{\beta}\right)\right]}. \tag{153}$$

[1] Die numerischen Daten sind der früher erwähnten (siehe S. 266) Arbeit von C. E. Inglis entnommen.

Betrachten wir z. B. eine Brücke von 18 m Spannweite und nehmen wir dieselbe Art der Belastung wie im vorigen Beispiel an, so beträgt das Maximum der statischen Durchbiegung näherungsweise $\frac{2\,l^3}{E\,I\,\pi^4}\cdot 78\,500$. Wenn die Triebräder 6 Umdrehungen pro Sekunde machen, so ist das Maximum der auf den Träger wirkenden nach abwärts gerichteten Kraft $8500\cdot(\frac{6}{5})^2 = 12\,200$ kg. Nimmt man die Frequenz der Eigenschwingung der Brücke gleich 9 an, so erhält man aus Gl. (153)

$$\delta = \frac{2\,l^3}{E\,I\,\pi^4}(12\,200\cdot 2{,}57) = \frac{2\,l^3}{E\,I\,\pi^4}\,31\,500\,.$$

Daraus ergibt sich

$$\frac{\text{dynamische Durchbiegung}}{\text{statische Durchbiegung}} = \frac{78{,}5 + 31{,}5}{78{,}5} = 1{,}40\,.$$

Die Stoßwirkung der Gegengewichte beträgt in diesem Falle 40%.

Aus der oben entwickelten Theorie erkennt man, daß im allgemeinen der heftigste Stoßeffekt bei den kürzesten Spannweiten eintritt, bei denen Resonanzerscheinungen vorkommen können; das sind bei den obigen Annahmen Spannweiten von etwa 30 m; denn in diesem Falle tritt die Resonanz gerade dann auf, wenn die pulsierende Kraft am größten ist. Mit der wachsenden Spannweite sinkt die kritische Geschwindigkeit und ebenso die Größe der pulsierenden Last; daher verringert sich auch der Stoßeffekt. Für sehr große Spannweiten, bei denen die Frequenz der Grundschwingung klein ist, wird Synchronismus der pulsierenden Kraft mit der zweiten Schwingungsart, die in der Mitte der Spannweite einen Knoten hat, theoretisch möglich, und aus diesem Grunde kann bei einer Geschwindigkeit, die ungefähr viermal so groß wie die erste kritische Geschwindigkeit ist, eine Vergrößerung des Stoßeffektes eintreten.

Es ist zu bemerken, daß sich alle unsere Berechnungen auf die Annahme gründen, daß sich eine pulsierende Kraft über die Brücke bewegt. In wirklichen Fällen handelt es sich um rollende Massen, die, wegen der wechselnden Lage der Last, Änderungen der Eigenfrequenzen der Brücke bewirken. Diese Veränderlichkeit der Eigenfrequenzen, die besonders bei kurzen Spannweiten zur Geltung kommt, ist sehr günstig, denn die pulsierende Last wird nicht mehr während der ganzen Zeit des Brückenüberganges Resonanz ergeben und die sich anhäufende Wirkung wird nicht so betont sein, wie es die obige Theorie angibt. Aus Experimenten des „Indian Railway Bridge Committee"[1] ersieht man, daß das Maximum der Durchbiegung im allgemeinen dann eintritt, wenn die Maschine ungefähr zwei Drittel der

---

[1] Siehe Bridge Sub-Committee Rep. **1925.** Calcutta: Gouvernement of India Central Publication Branch. Techn. Paper **1926,** Nr. 247.

Spannweite überquert hat, und daß der maximale Stoßeffekt nur ungefähr ein Drittel des durch Gl. (152) gegebenen Wertes beträgt. Es ist ferner zu bemerken, daß der Stoßeffekt der Kraft P_1 proportional ist und somit von der Art der Maschine und der Art der Auswuchtung abhängt. Während bei einer schlecht ausgeglichenen Zweizylindermaschine die Kraft P_1 mehr als 450 kg* betragen kann, läßt sich bei elektrischen Lokomotiven vollkommener Ausgleich erreichen und wechselnder Gleisdruck vermeiden. Diese Beseitigung des Stoßeffektes kann als Entschädigung für das Steigen des Achsdruckes bei den modernen schweren elektrischen Lokomotiven angesehen werden.

Stoßwirkungen, die von Unregelmäßigkeiten des Gleises und flachen Stellen der Räder herrühren. Unregelmäßigkeiten, wie Vertiefungen in den Schienen, Schienenverbindungen, flache Stellen an den Rädern usw., können an bedeutenden Stoßwirkungen Schuld tragen, die insbesondere im Falle kurzer Spannweiten an Bedeutung gewinnen können. Wenn die Form der Vertiefungen im Gleis und der flachen Stellen an den Rädern durch eine sanft verlaufende Kurve gegeben ist, so kann der zusätzliche Raddruck auf das Gleis mit Hilfe der Methode berechnet werden, der wir uns bereits bedient haben, um den Einfluß von Straßenunebenheiten auf die Schwingungen des Fahrzeuges zu untersuchen (s. S. 151). Dieser zusätzliche Raddruck wird der unabgefederten Masse des Rades und dem Quadrat der Zuggeschwindigkeit proportional sein. Er kann beträchtliche Größe erreichen und ist bei kurzen Brücken und Gleisträgern von praktischer Bedeutung. Dieser zusätzliche dynamische Effekt, der von den Unebenheiten des Gleises und den flachen Radstellen herrührt, rechtfertigt den hohen beim Entwurf kurzer Brücken gewöhnlich zugrunde gelegten Stoßfaktor. Dadurch, daß man Schienenstöße von der Brücke fernhält und die Träger beschottert oder solche mit schwerem Holzbelag verwendet, kann man die Wirkung dieser Unregelmäßigkeiten herabsetzen und die Festigkeit beträchtlich vergrößern.

46. Erzwungene Schwingungen bei nicht einfach-unterstützten Enden.

Wenn an den Enden des Trägers Zwangsbedingungen herrschen, so muß man auf die zu ihrer Beschreibung erforderlichen Kräftepaare eingehen. Zu diesem Zwecke kann man Gl. (f) von § 44 heranziehen. Wird nämlich die Kraft $P_0 \sin nt$ gegen das Ende des Trägers bewegt, so ergibt sie schließlich mit der dort auftretenden Reaktion ein Kräfte-

---

* Einige Zahlenangaben für die Werte von P_1 bei verschiedenen Maschinentypen finden sich in dem oben erwähnten Bridge Sub-Committee Report.

paar. Wir verkleinern daher c und vergrößern gleichzeitig P_0, und zwar so, daß das Produkt $P_0 c$ einen endlichen Wert $-M_0$ beibehält[1].

Da bei diesem Vorgang

$$P_0 \sin\frac{i\pi c}{l} \to P_0 \frac{i\pi c}{l} \to -M_0 \frac{i\pi}{l},$$

so ist die Grenzform der Gl. (f) von § 44

$$y = -\frac{2g M_0 \pi l^2}{F\gamma} \sum_1^\infty{}_i \frac{i \sin\frac{i\pi x}{l}}{i^4 \pi^4 a^2 - n^2 l^4} \sin nt. \tag{a}$$

Dies ist die erzwungene Schwingung, die von einem am Ende $x = 0$ wirkenden pulsierenden Kräftepaar $M_0 \sin nt$ herrührt. Differenziert man die Reihe (a) gliedweise zweimal nach x, um das Biegungsmoment zu erhalten, so wird

$$EI\frac{\partial^2 y}{\partial x^2} = \frac{2M_0}{\pi} \sum_1^\infty{}_i \frac{i^3 \sin\frac{i\pi x}{l}}{i^4 - \frac{n^2 l^4}{\pi^4 a^2}} \sin nt \tag{b}$$

und man sieht, daß jedes Glied dieser Reihe im Punkte $x = 0$ verschwindet, wo das Biegungsmoment natürlich gleich $M_0 \sin nt$ sein muß. Die Reihe ist jedoch nicht konvergent und kann eine endliche Summe ergeben, selbst wenn jedes einzelne Glied der Null zustrebt. Man sieht dies ein, wenn man bedenkt, daß

$$\sum_1^\infty{}_i \frac{i^3 \sin\frac{i\pi x}{l}}{i^4 - \frac{n^2 l^4}{\pi^4 a^2}}$$

die gliedweise Summe der beiden Reihen

$$\left.\begin{aligned} &\sum_1^\infty{}_i \frac{1}{i} \sin\frac{i\pi x}{l} \\ \text{und}\quad &\frac{n^2 l^4}{\pi^4 a^2} \sum_1^\infty{}_i \frac{\sin\frac{i\pi x}{l}}{i\left(i^4 - \frac{n^2 l^4}{\pi^4 a^2}\right)} \end{aligned}\right\} \tag{c}$$

ist. Die zweite Reihe konvergiert sehr stark und ihre Summe ist Null, wenn x Null ist. Die erste Reihe aber ist die Fourierentwicklung der

---

[1] Momente, welche Durchbiegungen ergeben, die nach unten konkav sind, werden positiv genommen.

in Abb. 139 angedeuteten Funktion und nähert sich der Grenze $\frac{\pi}{2}$, wenn x sich der Null nähert, ohne wirklich zu verschwinden. Wenn wir also den Punkt $x = 0$ ausschließen, so hat die Reihe (a) für $x \to 0$ den gewünschten Grenzwert. Der Teil des Biegungsmomentes, der von der ersten der Reihen (c) herrührt, ist tatsächlich das Biegungsmoment, das durch ein statisches Kräftepaar von der Größe $M_0 \sin nt$ hervorgerufen wird.

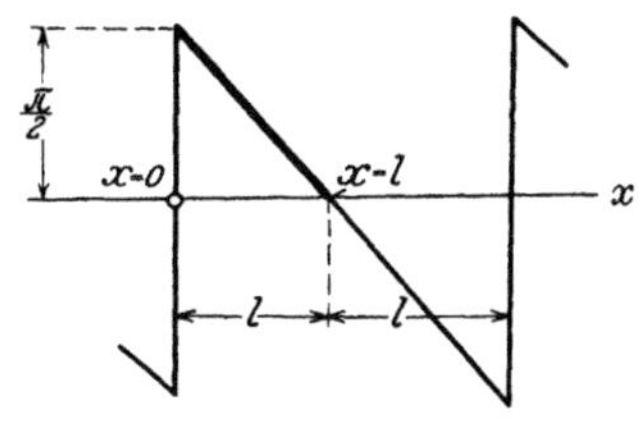

Abb. 139.

Die Reihe (a) läßt sich in folgender endlicher Form ausdrücken[1]

$$y = \frac{g M_0}{4 n a F \gamma} \left[\frac{\cosh p\left(x - \frac{l}{2}\right)}{\cosh \frac{p l}{2}} - \frac{\cos p\left(x - \frac{l}{2}\right)}{\cos \frac{p l}{2}} - \frac{\sinh p\left(x - \frac{l}{2}\right)}{\sin \frac{p l}{2}} + \frac{\sin p\left(x - \frac{l}{2}\right)}{\sin \frac{p l}{2}} \right] \sin nt, \quad \text{(d)}$$

worin $p = \sqrt{\frac{n}{a}}$. Ersetzt man x durch $l - x$, so erhält man die erzwungene Schwingung, die von einem Kräftepaar $M_0 \sin nt$ am Ende $x = l$ herrührt, in der Form

$$y = \frac{g M_l}{4 n a F \gamma} \left[\frac{\cosh p\left(x - \frac{l}{2}\right)}{\cosh \frac{p l}{2}} - \frac{\cos p\left(x - \frac{l}{2}\right)}{\cos \frac{p l}{2}} + \frac{\sinh p\left(x - \frac{l}{2}\right)}{\sinh \frac{p l}{2}} - \frac{\sin p\left(x - \frac{l}{2}\right)}{\sin \frac{p l}{2}} \right] \sin nt. \quad \text{(e)}$$

Setzt man $M_l = M_0$ und addiert (d) und (e), so ergibt sich

$$y = \frac{g M_0}{2 n a F \gamma} \left[\frac{\cosh p\left(x - \frac{l}{2}\right)}{\cosh \frac{p l}{2}} - \frac{\cos p\left(x - \frac{l}{2}\right)}{\cos \frac{p l}{2}} \right] \sin nt \quad \text{(f)}$$

für die erzwungene Schwingung, die durch gleichgroße, aber entgegengesetzte Kräftepaare an den beiden Enden erzeugt wird.

Die Gln. (d), (e) und (f) können bei der Untersuchung über Schwingungen eines Trägers mit eingespannten Enden verwendet werden.

---

[1] Diese Gleichung und die folgenden Anwendungen derselben bei der Untersuchung erzwungener Schwingungen stammen von J. N. Goodier.

Eingespannte Enden. Konzentrierte pulsierende Kräfte. Die erzwungenen Schwingungen eines einfach-unterstützten Trägers, wie sie von einer im Punkte $x = c$ wirkenden Kraft $P_0 \sin nt$ erzeugt werden, lassen sich in folgender endlicher Form darstellen[1]:

$$y = \frac{g P_0 \sin nt}{2 F \gamma \sqrt{n a^3}} \left[\frac{\sin pb}{\sin pl} \sin px - \frac{\sinh ph}{\sinh pl} \sinh px \right.$$
$$\left. - \{ \sin p(x-c) - \sinh p(x-c) \} \right], \qquad \text{(g)}$$

worin $b = l - c$. Die Glieder innerhalb der geschlungenen Klammer sind nur im Falle $x > c$ zu berücksichtigen.

Am Ende $x = 0$ ist die Neigung der elastischen Linie gleich

$$\left(\frac{\partial y}{\partial x}\right)_{x=0} = \frac{g P_0 \sin nt}{2 F \gamma a^2} \left[\frac{\sin pb}{\sin pl} - \frac{\sinh pb}{\sinh pl} \right],$$

am Ende $x = l$ dagegen ist sie

$$\left(\frac{\partial y}{\partial x}\right)_{x=l} = \frac{g P_0 \sin nt}{2 F \gamma a^2} [(\cot pl - 1) \sin ph - (\coth pl - 1) \sinh pb].$$

Diese Neigungen lassen sich durch Anwendung passender Kräftepaare $M_0 \sin nt$ und $M_l \sin nt$ zum Verschwinden bringen. Man superponiert die Schwingungen (d), (e) und (g) und bestimmt M_0 und M_l so, daß die Resultierende die an den Enden auftretenden Neigungswinkel gleich Null macht. Die gesuchten Kräftepaare an den Enden bestimmen sich hieraus zu

$$P \sin nt \cdot \frac{1}{2} \sqrt{\frac{a}{n}} \left[\frac{\operatorname{cosec} pl [\sin pb + \sin pc] - \operatorname{cosech} pl [\sinh pb + \sinh pc]}{\operatorname{tgh} \frac{pl}{2} + \operatorname{tg} \frac{pl}{2}} \right.$$
$$\left. \pm \frac{\operatorname{cosec} pl [\sin pb - \sin pc] - \operatorname{cosech} pl [\sinh pb - \sinh pc]}{\coth \frac{pl}{2} - \cot \frac{pl}{2}} \right];$$

das positive Vorzeichen wird für $M_0 \sin nt$ und das negative Vorzeichen für $M_l \sin nt$ genommen.

Wirkt die pulsierende Kraft in der Mitte, so lautet die vollständige Lösung für die erzwungenen Schwingungen des eingespannten Trägers für Werte von x, die zwischen 0 und $\frac{l}{2}$ liegen,

$$y = \frac{g P_0 \sin nt}{4 F \gamma \sqrt{n a^3}} \left[\sin px - \sinh px + \frac{\operatorname{sech} \frac{pl}{2} - \sec \frac{pl}{2}}{\operatorname{tgh} \frac{pl}{2} + \operatorname{tg} \frac{pl}{2}} (\cos px - \cosh px) \right].$$

[1] Siehe die Arbeit von J. N. Goodier.

Die Amplituden können unendlich groß werden, wenn

$$\operatorname{tgh}\frac{pl}{2}+\operatorname{tg}\frac{pl}{2}=0,$$

d. h., wenn die Frequenz der pulsierenden Kraft mit der Eigenfrequenz einer freien symmetrischen Schwingungsform des eingespannten Trägers zusammenfällt.

[Siehe S. 258. Die Gleichung $\cos kl \cosh kl = 1$ läßt sich in der Form $\left(\operatorname{tgh}\frac{kl}{2}+\operatorname{tg}\frac{kl}{2}\right)\left(\coth\frac{kl}{2}-\cot\frac{kl}{2}\right)=0$ schreiben. Das Verschwinden des ersten Faktors entspricht den symmetrischen, das des zweiten den unsymmetrischen Schwingungsformen.]

Gleichmäßig verteilte pulsierende Kraft. Bei Trägern mit gleichförmig verteilter pulsierender Last von der Intensität $q_0 \sin nt$ läßt sich die Wirkung der Einspannung der Enden analytisch wie folgt darstellen:

Es läßt sich zeigen, daß die Reihe (m) des § 44 für einen einfach unterstützten Träger äquivalent ist mit[1]

$$y=\frac{q_0\sin nt}{n^2F\gamma}\left[\frac{\cosh p\left(x-\frac{l}{2}\right)}{2\cosh\frac{pl}{2}}+\frac{\cos p\left(x-\frac{l}{2}\right)}{2\cos\frac{pl}{2}}-1\right].$$

Aus Symmetriegründen ist die von den fixierenden Kräftepaaren herrührende Durchbiegung durch einen Ausdruck der Form (f) gegeben. Im Falle elastischer Zwangsbedingungen an den Enden sind diese Kräftepaare den zugehörigen Neigungswinkeln proportional, so daß

$$M_0=\frac{1}{\mu}\left(\frac{\partial y}{\partial x}\right)_{x=0},$$

wobei μ für eine gegebene Randkraft eine Konstante ist.

Die erzwungenen Schwingungen sind gegeben durch

$$y=\frac{q_0\sin nt}{n^2F\gamma}$$

$$\times\left[\frac{\left(EI\mu p\cos\frac{pl}{2}-\sin\frac{pl}{2}\right)\cosh p\left(x-\frac{l}{2}\right)+\left(EI\mu p\cosh\frac{pl}{2}-\sinh\frac{pl}{2}\right)\cos p\left(x-\frac{l}{2}\right)}{2EI\mu p\cosh\frac{pl}{2}\cos\frac{pl}{2}-2\cosh\frac{pl}{2}\sin\frac{pl}{2}-\sinh\frac{pl}{2}\cos\frac{pl}{2}}-1\right].$$

Für den eingespannten Träger ist μ gleich Null und wir haben

$$y=\frac{q_0\sin nt}{n^2F\gamma}\left[\frac{\sin\frac{pl}{2}\cosh p\left(x-\frac{l}{2}\right)+\sinh\frac{pl}{2}\cos p\left(x-\frac{l}{2}\right)}{\cosh\frac{pl}{2}\sin\frac{pl}{2}+\sinh\frac{pl}{2}\cos\frac{pl}{2}}-1\right].$$

[1] Inglis, C. E.: Proc. Inst. Civ. Engg. **218**, 239. London 1924.

Die Amplitude wird unendlich groß, wenn

$$\cosh\frac{pl}{2}\sin\frac{pl}{2}+\sinh\frac{pl}{2}\cos\frac{pl}{2}=0;$$

dies tritt ein, wenn

$$\operatorname{tg}\frac{pl}{2}+\operatorname{tgh}\frac{pl}{2}=0,$$

d. h., wenn die Frequenz der pulsierenden Kraft mit der Frequenz einer symmetrischen Grundschwingung des eingespannten Trägers zusammenfällt.

47. Einfluß axialer Kräfte auf Transversalschwingungen.

Stab mit gelenkig gestützten Enden. Als ein erstes Beispiel dieser Schwingungsart wollen wir einen Stab betrachten, der durch zwei Kräfte S zusammengedrückt wird (s. Abb. 140).

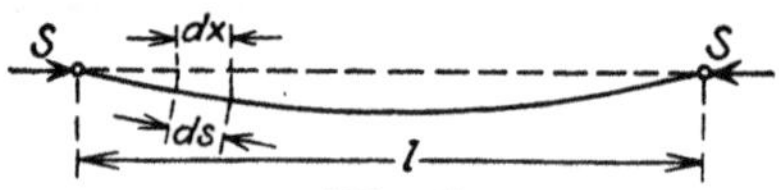

Abb. 140.

Der allgemeine Ausdruck für die Transversalschwingungen wird wie oben [s. Gl. (138)]

$$y=\sum_{1}^{\infty}{}_i\, q_i\sin\frac{i\pi x}{l} \tag{a}$$

sein. Ein Unterschied wird nur im Ausdruck für die potentielle Energie des Systems auftreten. Es ist zu beachten, daß die seitliche Ausbiegung in diesem Falle nicht nur die Biegungsenergie bestimmt, sondern auch die Energie der Zusammendrückung beeinflußt. Infolge der seitlichen Biegung dehnt sich die ursprünglich gedrückte Zentrallinie etwas aus[1] und die potentielle Energie der Zusammendrückung nimmt ab. Der Längenzuwachs der Zentrallinie ist (s. Abb. 140)

$$\int_0^l (ds-dx)=\frac{1}{2}\int_0^l\left(\frac{dy}{dx}\right)^2dx.$$

Die entsprechende Abnahme der Energie der Zusammendrückung ist[2]

$$\frac{S}{2}\int_0^l\left(\frac{dy}{dx}\right)^2dx=\frac{S}{2}\int_0^l\left(\sum_{1}^{\infty}{}_i\, q_i\frac{i\pi}{l}\cos\frac{i\pi x}{l}\right)^2dx=\frac{S\pi^2}{4l}\sum_{1}^{\infty}{}_i\, i^2q_i^2. \tag{b}$$

Wenn die Enden des Stabes in axialer Richtung gleiten können, so

[1] Es soll angenommen werden, daß die Stützpunkte während der Schwingung unbeweglich bleiben.

[2] Es werden hier nur Durchbiegungen betrachtet, die so klein sind, daß jede Änderung der Axialkraft vernachlässigt werden darf.

stellt Gl. (b) die Arbeit der Kräfte S dar. Für die Biegungsenergie ist der oben erhaltene Ausdruck (143) zu verwenden. Damit ist die gesamte potentielle Energie

$$V = \frac{E I \pi^4}{4 l^3} \sum_1^\infty i^4 q_i^2 - \frac{S \pi^2}{4 l} \sum_1^\infty i^2 q_i^2. \tag{154}$$

Die kinetische Energie des Stabes ist nach Gl. (144)

$$T = \frac{\gamma F l}{4 g} \sum_1^\infty \dot{q}_i^2. \tag{155}$$

Nun lautet die Lagrangesche Gleichung für eine beliebige Koordinate q_i

$$\frac{\gamma F l}{2 g} \ddot{q}_i + \frac{E I \pi^4}{2 l^3} \left(i^4 - \frac{S l^2}{E I \pi^2} i^2 \right) q_i = 0 .$$

Mit den Bezeichnungen

$$a^2 = \frac{E I g}{\gamma F}, \qquad \alpha^2 = \frac{S l^2}{E I \pi^2} \tag{156}$$

erhält man

$$\ddot{q}_i + \frac{a^2 \pi^4}{l^4} (i^4 - \alpha^2 i^2) q_i = 0$$

und daraus

$$q_i = C \cos \left(\frac{a \pi^2 i^2}{l^2} \sqrt{1 - \frac{\alpha^2}{i^2}} \right) t + D \sin \left(\frac{a \pi^2 i^2}{l^2} \sqrt{1 - \frac{\alpha^2}{i^2}} \right) t . \tag{157}$$

Setzt man dies in (a) ein, so erhält man den vollständigen Ausdruck für freie Schwingungen.

Der Vergleich dieser Lösung (157) mit (136) zeigt, daß die Frequenzen der freien Schwingung infolge der Druckkraft S im Verhältnis

$$\sqrt{1 - \frac{\alpha^2}{i^2}}$$

abnehmen.

Wenn sich α^2 dem Wert 1 nähert, so nähert sich die Frequenz der Grundschwingung der Null, da bei diesem Werte von α^2 die Druckkraft S ihren kritischen Wert $\frac{E I \pi^2}{l^2}$ erreicht, bei dem die gerade Gleichgewichtsform unstabil wird und der Stab seitlich ausknickt.

Wenn an Stelle der Druckkraft eine Zugkraft S auf den Stab einwirkt, so wächst die Schwingungsfrequenz. Um die freien Schwingungen in diesem Fall zu bekommen, muß man nur das Vorzeichen von α^2 in Gl. (157) umkehren. Dann ist

$$q_i = C \cos \left(\frac{a \pi^2 i^2}{l^2} \sqrt{1 + \frac{\alpha^2}{i^2}} \right) t + D \sin \left(\frac{a \pi^2 i^2}{l^2} \sqrt{1 + \frac{\alpha^2}{i^2}} \right) t . \tag{157'}$$

Ist α^2 eine sehr große Zahl (diese Annahme läßt sich durch dünne Drähte oder Saiten realisieren), so kann man 1 gegenüber $\frac{\alpha^2}{i^2}$ vernachlässigen und erhält aus (157')

$$q_i = C \cos \frac{i\pi}{l} \sqrt{\frac{gS}{F\gamma}}\, t + D \sin \frac{i\pi}{l} \sqrt{\frac{gS}{F\gamma}}\, t .$$

Setzt man dies in (a) ein, so ergibt sich

$$y = \sum_{1}^{\infty} \sin \frac{i\pi x}{l} \left(C \cos \frac{i\pi}{l} \sqrt{\frac{gS}{F\gamma}}\, t + D \sin \frac{i\pi}{l} \sqrt{\frac{gS}{F\gamma}}\, t \right). \qquad (158)$$

Dies ist die allgemeine Lösung für die Transversalschwingungen einer gespannten Saite bei Vernachlässigung der Biegungssteifigkeit.

Einseitig eingespannter Träger. Wir werden für diesen Fall nur eine Näherungslösung mit Hilfe der Rayleighschen Methode entwickeln. Zu diesem Zweck gehen wir von der Gleichung der Durchbiegungskurve

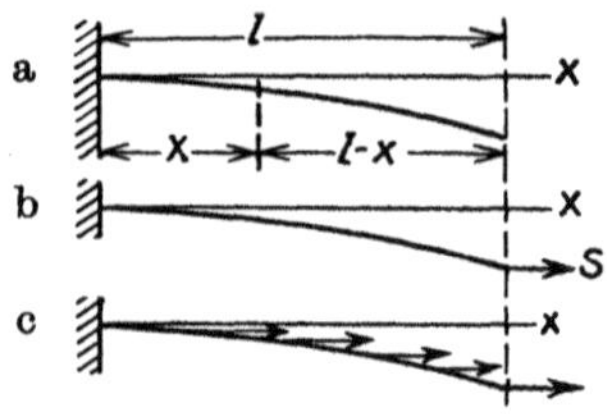

Abb. 141.

$$y = \frac{q}{2EI}\left(\tfrac{1}{2} l^2 x^2 - \tfrac{1}{3} l x^3 + \tfrac{1}{12} x^4\right) \qquad (c)$$

eines einseitig eingespannten Trägers unter dem Einfluß seines Eigengewichtes gleich q kg pro Längeneinheit aus. Die potentielle Energie der Biegung ist in diesem Falle

$$V = \frac{EI}{2} \int_0^l \left(\frac{d^2 y}{dx^2}\right)^2 dx = \frac{q^2 l^5}{40\, EI} . \qquad (d)$$

Wenn die Durchbiegung während der Schwingung durch $y \cos pt$ gegeben ist, so ist das Maximum der kinetischen Energie der Schwingung

$$T = \frac{q p^2}{2g} \int_0^l y^2\, dx = \frac{q^3 p^2 l^9}{E^2 I^2 g} \, \frac{13}{8 \cdot 9 \cdot 90} . \qquad (e)$$

Setzt man die Ausdrücke (d) und (e) einander gleich, so erhält man folgende Formeln für die Schwingungsfrequenz bzw. Periode eines einseitig eingespannten Trägers (Abb. 141a):

$$f = \frac{p}{2\pi} = \frac{1}{2\pi} \sqrt{\frac{90 \cdot 9}{65}} \sqrt{\frac{EIg}{q l^4}} , \qquad (159)$$

$$\tau = \frac{1}{f} = 2\pi \sqrt{\frac{65}{90 \cdot 9}} \sqrt{\frac{q l^4}{EIg}} = \frac{2\pi}{3{,}530} \sqrt{\frac{q l^4}{EIg}} . \qquad (160)$$

Der Fehler, der dieser Näherungslösung anhaftet, ist kleiner als $\frac{1}{2}$% (s. S. 259).

Um die Frequenz für den Fall zu berechnen, daß eine Zugkraft S am freien Ende des Trägers angreift, muß man die Größe

$$\frac{S}{2}\int_0^l \left(\frac{dy}{dx}\right)^2 dx = \frac{S\,q^2\,l^7}{8\cdot 14\cdot E^2 I^2}, \tag{f}$$

die der von der Zugkraft S bei der Biegung geleisteten Arbeit entgegengesetzt gleich ist, zu der oben [Gl. (d)] berechneten potentiellen Energie der Biegung addieren. Dies gibt

$$V = \frac{q^2 l^5}{40\,E\,I}\left(1 + \frac{5}{14}\frac{S\,l^2}{E\,I}\right). \tag{g}$$

Diesem Zuwachs an potentieller Energie entsprechend findet man die Schwingungsfrequenz, indem man den Wert (159) mit

$$\sqrt{1 + \frac{5}{14}\frac{S\,l^2}{E\,I}} \tag{161}$$

multipliziert.

Es ist interessant zu sehen, daß das Glied $\frac{5}{14}\frac{S\,l^2}{E\,I}$ nur um ungefähr 10% von der Größe $\alpha^2 = \frac{4\,S\,l^2}{E\,I\,\pi^2}$ abweicht, die das Verhältnis der Axialkraft S zur kritischen Kraft (Knicklast) für einen einseitig eingespannten Träger darstellt.

Wenn Zugkräfte s gleichförmig längs des Trägers (Abb. 141c) verteilt sind, so hat man der Biegungsenergie das Glied

$$\frac{1}{2}\int_0^l \left(\frac{dy}{dx}\right)^2 s\,(l - x)\,dx = \frac{q^2\,l^7}{8\cdot 14\,E^2 I^2}\,\frac{7\,s\,l}{20} \tag{162}$$

hinzuzufügen.

Vergleicht man dies mit Gl. (f), so sieht man, daß gleichförmig verteilte Zugkräfte auf die Frequenz genau so einwirken, als ob $\frac{7}{20}$ der Summe dieser Kräfte am Ende des Trägers angreifen würden.

Dieses Resultat kann bei Untersuchungen über die Einwirkung der Fliehkräfte auf die Schwingungsfrequenz der Turbinenschaufeln von praktischem Interesse sein (s. S. 301).

48. Schwingungen von Trägern auf elastischer Unterlage.

Wir nehmen an, daß ein Träger mit gelenkig gestützten Enden seiner Länge nach von einer stetigen elastischen Unterlage getragen wird, deren elastischer Widerstand durch die Größe k des „Unterlagsmoduls“ bestimmt ist. k ist die Belastung des Trägers pro Längeneinheit, die erforderlich ist, um die Unterlage um eine Einheit zusammenzudrücken. Wenn die Masse der Unterlage vernachlässigt wird, so lassen sich die Schwingungen eines solchen Trägers leicht mit Hilfe der früheren Methoden untersuchen. Man muß nur bei der Berechnung der potentiellen Energie des Systems die Formänderungsenergie der elastischen Unterlage der Biegungsenergie des Trägers hinzufügen. Der Voraussetzung entsprechend, daß die Enden gelenkig gestützt sind, hat man wie oben

$$y = \sum_{1}^{\infty} q_i \sin \frac{i \pi x}{l}, \tag{a}$$

und es wird

$$V = \frac{E I}{2} \int_0^l \left(\frac{d^2 y}{d x^2}\right)^2 dx + \frac{k}{2} \int_0^l y^2 dx = \frac{E I \pi^4}{4 l^3} \sum_{1}^{\infty} i^4 q_i^2 + \frac{k l}{4} \sum_{1}^{\infty} q_i^2 \ldots \tag{163}$$

Die erste Summe in diesem Ausdruck stellt die Biegungsenergie des Balkens [s. Gl. (143)] dar und die zweite Summe die Formänderungsenergie der Unterlage.

Die kinetische Energie der Schwingung ist nach Gl. (144)

$$T = \frac{\gamma F l}{4 g} \sum_{1}^{\infty} \dot{q}_i^2 .$$

Die Differentialgleichung der Bewegung lautet für eine beliebige Koordinate q_i:

$$\ddot{q}_i + \frac{2 g}{\gamma F l}\left(\frac{E I \pi^4}{2 l^3} i^4 + \frac{k l}{2}\right) q_i = \frac{2 g}{\gamma F l} Q_i$$

oder

$$\ddot{q}_i + \frac{a^2 \pi^4}{l^4} (i^4 + \beta) q_i = \frac{2 g}{\gamma F l} Q_i, \tag{b}$$

worin Q_i die der Koordinate q_i entsprechende äußere Störungskraft bezeichnet und

$$a^2 = \frac{E I g}{\gamma F}, \qquad \beta = \frac{k l^4}{E I \pi^4} \tag{164}$$

ist. Setzt man $\beta = 0$, so erhält man die Gleichung für einen unterstützten Stab ohne elastische Unterlage (s. S. 262). Mit der Bezeichnung

$$p_i^2 = \frac{a^2 \pi^4}{l^4} (i^4 + \beta) \tag{c}$$

lautet die allgemeine Lösung der Gl. (b)

$$q_i = A_i \cos p_i t + B_i \sin p_i t + \frac{2 g}{\gamma F l} \cdot \frac{1}{p_i} \int_0^l Q_i \sin p_i (t - t_1) \, d t_1 . \tag{d}$$

Die ersten zwei Glieder dieser Lösung stellen von den Anfangsbedingungen abhängige Eigenschwingungen des Trägers dar. Das dritte Glied stellt Schwingungen dar, die von der störenden Kraft Q_i herrühren.

Die Frequenzen der freien Schwingungen hängen, wie man aus (c) erkennt, nicht nur von der Steifigkeit des Trägers, sondern auch vom elastischen Widerstand der Unterlage ab.

Als Beispiel wollen wir den Fall betrachten, daß eine pulsierende Kraft $P = P_0 \sin nt$ in einer Entfernung c vom linken Auflagerpunkt auf den Träger einwirkt (Abb. 135). Die der Koordinate q_i entsprechende generalisierte Kraft ist

$$Q_i = P_0 \sin \frac{i\pi c}{l} \sin n t_1 . \tag{e}$$

Setzt man dies in Gl. (d) ein und betrachtet nur Schwingungen, die durch die störende Kraft entstehen, so erhält man

$$q_i = \frac{2g}{\gamma F} P_0 \sin \frac{i\pi c}{l} \left\{ \frac{l^3}{\pi^4 a^2 (i^4 + \beta) - n^2 l^4} \sin n t - \frac{n}{l\, p_i (p_i^2 - n^2)} \sin p_i t \right\}.$$

Durch Einsetzen in (a) ergibt sich

$$y = \frac{2 g P_0 l^3}{\gamma F} \sum_1^\infty{}_i \left\{ \frac{\sin \frac{i\pi c}{l} \sin \frac{i\pi x}{l} \sin n t}{\pi^4 a^2 (i^4 + \beta) - n^2 l^4} - \frac{n \sin \frac{i\pi c}{l} \sin \frac{i\pi x}{l} \sin p_i t}{l^4 p_i (p_i^2 - n^2)} \right\}. \tag{f}$$

Das erste Glied in diesem Ausdruck stellt die erzwungenen und das zweite Glied die freien Schwingungen des Trägers dar. Nimmt man $n = 0$, $P = P_0 \sin nt$, so erhält man die durch eine konstante Kraft P bewirkte Durchbiegung des Trägers:

$$y = \frac{2 P l^3}{E I \pi^4} \sum_1^\infty{}_i \frac{\sin \frac{i\pi c}{l} \sin \frac{i\pi x}{l}}{i^4 + \beta} . \tag{165}$$

Nimmt man $c = \frac{l}{2}$, so erhält man für die durch die Kraft P bewirkte Durchbiegung in der Mitte

$$y = \frac{2 P l^3}{E I \pi^4} \left(\frac{\sin \frac{\pi x}{l}}{1 + \beta} - \frac{\sin \frac{3\pi x}{l}}{3^4 + \beta} + \frac{\sin \frac{5\pi x}{l}}{5^4 + \beta} - \cdots \right). \tag{166}$$

Der Vergleich mit Gl. (h) S. 264 läßt erkennen, daß das Zusatzglied β in den Nennern den Einfluß der elastischen Unterlage auf die Durchbiegung des Trägers darstellt.

Vergleicht man die erzwungenen Schwingungen

$$y = \frac{2 g P_0 l^3 \sin n t}{\gamma F} \sum_1^\infty{}_i \frac{\sin \frac{i\pi c}{l} \sin \frac{i\pi x}{l}}{\pi^4 a^2 (i^4 + \beta) - n^2 l^4} = \frac{2 P l^3}{E I \pi^4} \sum_1^\infty{}_i \frac{\sin \frac{i\pi c}{l} \sin \frac{i\pi x}{l}}{i^4 + \beta - \frac{n^2 l^4}{\pi^4 a^2}}$$

mit der statischen Durchbiegung (165), so sieht man, daß sich die dynamischen Durchbiegungen aus der statischen Formel ergeben, wenn man nur β durch $\beta - \frac{n^2 l^4}{\pi^4 a^2}$ ersetzt.

Mit den Bezeichnungen (164) erhält man

$$\beta - \frac{n^2 l^4}{\pi^4 a^2} = \frac{k l^4}{E I \pi^4} - \frac{n^2 l^4 \gamma F}{\pi^4 E I g} = \frac{l^4}{E I \pi^4}\left(k - \frac{\gamma n^2 F}{g}\right).$$

Dies bedeutet, daß man die dynamische Durchbiegung aus der statischen Formel erhält, indem man den tatsächlichen Unterlagsmodul durch einen verkleinerten Wert $k - \frac{\gamma n^2 F}{g}$ desselben ersetzt. Diese Schlußweise behält ihre Gültigkeit für den Fall eines unendlich langen Stabes auf elastischer Unterlage und mit ihrer Hilfe läßt sich die durch eine pulsierende Last bewirkte Biegung einer Schiene berechnen[1].

49. Die Ritzsche Methode[2].

In früheren Kapiteln (s. § 14) wurde die Frequenzberechnung der Grundschwingung eines komplizierten Systems mit Hilfe der Näherungsmethode von Rayleigh bereits in vielen Fällen durchgeführt. Die Anwendung dieser Methode gründet sich auf gewisse Annahmen über die Gestalt der Durchbiegungskurve eines schwingenden Trägers oder einer schwingenden Welle. Die gesuchte Frequenz ergibt sich dann durch Betrachtung der Energie des Systems. Die Festlegung einer bestimmten Gestalt für die Durchbiegungskurve bei dieser Methode ist der Einführung gewisser Zwangsbedingungen gleichbedeutend, die das System auf eines mit nur einem einzigen Freiheitsgrad reduzieren. Derartige Zwangsbedingungen können die Steifigkeit des Systems nur erhöhen und bewirken, daß die Rayleighsche Methode immer einen etwas zu hohen Wert für die Schwingungsfrequenz ergibt. Bessere Näherungswerte für die Grundfrequenz und auch die Frequenzen der höheren Schwingungsarten ergibt die Ritzsche Methode, die eine Weiterentwicklung der Rayleighschen Methode ist. Bei dieser Methode muß man die Durchbiegungskurve, die die Schwingungsart darstellt, mit mehreren Parametern ansetzen, die dann so gewählt werden, daß die Frequenz der Grundschwingung ein

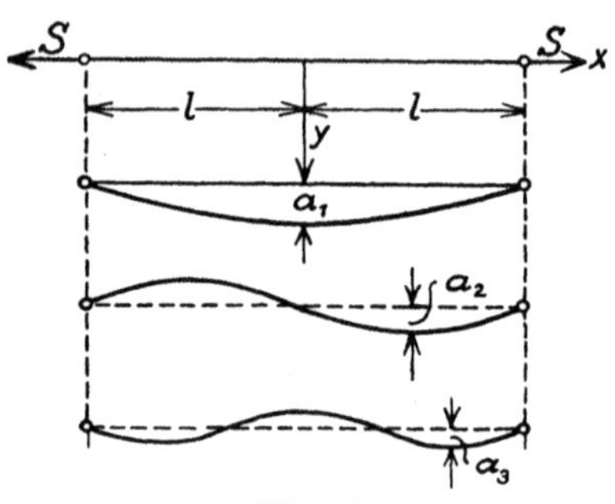

Abb. 142.

[1] Siehe die Arbeit des Verfassers: Statical and Dynamical Stresses in Rails, Intern. Congress for Applied Mechanics, Proceedings, S. 407. Zürich 1926.

[2] Siehe Walther Ritz: Gesammelte Werke, S. 265. Paris 1911.

Minimum wird. Die Art, wie man die Gestalt der Durchbiegungskurve wählt, und das Verfahren zur Berechnung der aufeinanderfolgenden Frequenzen wollen wir nun für den einfachen Fall einer homogenen Saite darlegen (Abb. 142). Es sei

S = der Saitenzug,
q = das Saitengewicht pro Längeneinheit,
$2l$ = die Saitenlänge.

Wenn die Saite eine ihrer Eigenschwingungen ausführt, so läßt sich die Durchbiegung folgendermaßen darstellen:

$$y = X \cos p t, \tag{a}$$

worin X eine Funktion von x ist, welche die Gestalt der schwingenden Saite bestimmt, während p die Schwingungsfrequenz festlegt. Wenn man annimmt, daß die Durchbiegungen sehr klein sind, so kann man die Änderung der Zugkraft S während der Schwingung vernachlässigen, und man erhält den von der Durchbiegung herrührenden Zuwachs an potentieller Energie der Formänderung, indem man S mit dem Längenzuwachs der Saite multipliziert. So erhält man den folgenden Ausdruck für die potentielle Energie

$$V = S \int_0^l \left(\frac{dy}{dx}\right)^2 dx,$$

wenn die Energie der Gleichgewichtslage gleich Null angenommen wird. Das Maximum der potentiellen Energie tritt ein, wenn die schwingende Saite ihre extreme Lage einnimmt. In dieser Lage ist $\cos p t = 1$ und

$$V = S \int_0^l \left(\frac{dX}{dx}\right)^2 dx. \tag{b}$$

Die kinetische Energie der schwingenden Saite ist

$$T = \frac{q}{g} \int_0^l (\dot{y})^2 dx.$$

Ihr Maximum tritt ein, wenn sich die schwingende Saite in ihrer Mittellage befindet, d. h. wenn $\cos p t = 0$; dann ist

$$T = \frac{p^2 q}{g} \int_0^l X^2 dx. \tag{c}$$

Wenn wir annehmen, daß keine Energieverluste stattfinden, so sind die Ausdrücke (b) und (c) einander gleichzusetzen und wir erhalten

$$p^2 = \frac{gS}{q} \frac{\int_0^l \left(\frac{dX}{dx}\right)^2 dx}{\int_0^l X^2 dx}. \tag{d}$$

Kennt man die Formen der verschiedenen Schwingungsarten und setzt man die entsprechenden Ausdrücke für X in die Formel (d) ein, so lassen sich die Frequenzen dieser Schwingungsarten leicht berechnen. Im Fall einer homogenen Saite sind die Biegungskurven während der Schwingung Sinuskurven, und für die ersten drei in Abb. 142 gezeigten Schwingungsarten ist

$$X_1 = a_1 \cos\frac{\pi x}{2l}; \qquad X_2 = a_2 \sin\frac{\pi x}{l}; \qquad X_3 = a_3 \cos\frac{3\pi x}{2l}.$$

Setzt man dies in (d) ein, so erhält man [s. Gl. (158)]

$$p_1^2 = \frac{\pi^2}{4l^2}\frac{gS}{q}, \qquad p_2^2 = \frac{\pi^2}{l^2}\frac{gS}{q}, \qquad p_3^2 = \frac{9}{4}\frac{\pi^2}{l^2}\frac{gS}{q} \tag{e}$$

und die entsprechenden Frequenzen sind

$$f_1 = \frac{p_1}{2\pi} = \frac{1}{4l}\sqrt{\frac{gS}{q}}; \qquad f_2 = \frac{2}{4l}\sqrt{\frac{gS}{q}}; \qquad f_3 = \frac{3}{4l}\sqrt{\frac{gS}{q}}. \tag{f}$$

Wir wollen nun die Ritzsche Methode verwenden, um aus Gl. (d) die Frequenz f_1 der Grundschwingung zu berechnen. Der erste Schritt bei der Anwendung dieser Methode besteht in der Wahl eines passenden Ausdruckes für die Durchbiegungskurve. Es sei $\varphi_1(x), \varphi_2(x), \ldots$ eine Reihe von Funktionen, die den Randbedingungen genügen und zur Darstellung von X geeignet sind. Dann können wir mit dem Ansatz

$$X = a_1\varphi_1(x) + a_2\varphi_2(x) + a_3\varphi_3(x) + \cdots \tag{g}$$

eine passende Biegungskurve für die schwingende Saite erhalten.

Wird der Ausdruck (g) mit einer endlichen Anzahl von Gliedern genommen, so werden, wie wir wissen, den möglichen Formen der Biegungskurve der schwingenden Saite gewisse Einschränkungen auferlegt; dann wird die aus (d) berechnete Frequenz gewöhnlich höher als der exakte Wert dieser Frequenz sein. Um eine möglichst gute Annäherung zu bekommen, schlägt Ritz vor, die Koeffizienten a_1, $a_2, a_3, \ldots$ im Ausdruck (g) so zu wählen, daß der Ausdruck (d) zum Minimum wird. So erhält man ein System von Gleichungen von der Form

$$\frac{\partial}{\partial a_n} \frac{\int_0^l \left(\frac{dX}{dx}\right)^2 dx}{\int_0^l X^2 dx} = 0. \tag{h}$$

Führt man die angedeutete Differentiation aus, so ergibt sich

$$\int_0^l X^2\,dx \frac{\partial}{\partial a_n}\int_0^l \left(\frac{dX}{dx}\right)^2 dx - \int_0^l \left(\frac{dX}{dx}\right)^2 dx \frac{\partial}{\partial a_n}\int_0^l X^2\,dx = 0\,, \tag{k}$$

und wenn man nach (d) beachtet, daß

$$\int_0^l \left(\frac{dX}{dx}\right)^2 dx = \frac{p^2 q}{g S}\int_0^l X^2\,dx$$

ist, so erhält man aus (k)

$$\frac{\partial}{\partial a_n}\int_0^l \left\{\left(\frac{dX}{dx}\right)^2 - \frac{p^2 q}{g S} X^2\right\} dx = 0\,. \tag{l}$$

So ergibt sich ein System linearer homogener Gleichungen in $a_1, a_2, a_3, \ldots$; die Anzahl der Gleichungen ist gleich der Anzahl der Koeffizienten im Ausdruck (g). Ein derartiges Gleichungssystem läßt nur dann von Null verschiedene Lösungen für a_1, a_2, $a_3, \ldots$ zu, wenn die Determinante der Gleichungen gleich Null ist. Diese Bedingung führt uns zur Frequenzgleichung, aus der sich dann die Frequenzen der verschiedenen Schwingungsarten berechnen lassen.

Wir betrachten nun die zur Mittelebene symmetrischen Schwingungen einer gespannten Saite. Es ist leicht zu sehen, daß eine Funktion wie $l^2 - x^2$, die eine symmetrische parabolische Kurve darstellt und den Randbedingungen $\{(y)_{x=\pm l} = 0\}$ genügt, eine für diesen Fall geeignete Funktion ist. Multiplizieren wir diese Funktion mit $x^2, x^4, \ldots,$ so erhalten wir eine Reihe symmetrischer und den Randbedingungen genügender Kurven. Auf diesem Wege gelangen wir zu folgendem Ausdruck für die Durchbiegungskurve einer schwingenden Saite:

$$X = a_1 (l^2 - x^2) + a_2 x^2 (l^2 - x^2) + a_3 x^4 (l^2 - x^2) + \cdots. \tag{m}$$

Um zu zeigen, wie rasch die Genauigkeit unserer Berechnungen mit der Anzahl der Glieder von (m) wächst, beginnen wir mit einem eingliedrigen Ausdruck

$$X_1 = a_1 (l^2 - x^2)$$

und erhalten

$$\int_0^l (X_1)^2\,dx = \frac{8}{15} a_1^2 l^5; \qquad \int_0^l \left(\frac{dX_1}{dx}\right)^2 dx = \frac{4}{3} a_1^2 l^3.$$

Setzt man dies in Gl. (d) ein, so folgt

$$p_1^2 = \frac{5}{2 l^2}\,\frac{g S}{q}.$$

Beim Vergleich mit der exakten Lösung (e) sieht man, daß die Zahl $\frac{5}{2}$ an Stelle von $\frac{\pi^2}{4}$ getreten ist und der Fehler bei der Berechnung der Frequenz nur 0,66% beträgt.

Es ist zu bemerken, daß die Verwendung eines eingliedrigen Ausdruckes (m) die Gestalt der Kurve schon vollständig bestimmt und das System, ebenso wie bei der Rayleighschen Näherungsmethode, auf ein solches mit einem einzigen Freiheitsgrad reduziert erscheint.

Um eine weitere Annäherung zu bekommen, wollen wir nun zwei Glieder des Ausdruckes (m) nehmen. Dann haben wir zwei Parameter a_1 und a_2, und durch Änderung des Verhältnisses dieser zwei Größen können wir auch die Gestalt der Kurve in einem gewissen Ausmaße ändern. Die beste Annäherung erhält man, wenn das Verhältnis so bestimmt wird, daß der Ausdruck (d) zu einem Minimum wird; dies ist der Fall, wenn die Bedingungen (l) erfüllt sind.

Nimmt man

$$X_2 = a_1 (l^2 - x^2) + a_2 x^2 (l^2 - x^2),$$

so wird

$$\int_0^l X_2^2\, dx = \frac{8}{15} a_1^2 l^5 + \frac{16}{105} a_1 a_2 l^7 + \frac{8}{315} a_2^2 l^9,$$

$$\int_0^l \left(\frac{dX_2}{dx}\right)^2 dx = \frac{4}{3} a_1^2 l^3 + \frac{8}{15} a_1 a_2 l^5 + \frac{44}{105} a_2^2 l^7.$$

Setzt man dies in Gl. (l) ein und bildet die Ableitungen nach a_1 und a_2, so folgt

$$\left.\begin{aligned} a_1 (1 - \tfrac{2}{5} k^2 l^2) + a_2 l^2 (\tfrac{1}{5} - \tfrac{2}{35} k^2 l^2) = 0, \\ a_1 (1 - \tfrac{2}{7} k^2 l^2) + a_2 l^2 (\tfrac{11}{7} - \tfrac{2}{21} k^2 l^2) = 0, \end{aligned}\right\} \tag{n}$$

worin

$$k^2 = \frac{p^2 q}{g S}. \tag{p}$$

Die Determinante der Gln. (n) verschwindet, wenn

$$k^4 l^4 - 28 k^2 l^2 + 63 = 0.$$

Die zwei Wurzeln dieser Gleichung sind

$$k_1^2 l^2 = 2{,}46744, \qquad k_2^2 l^2 = 25{,}6.$$

Wenn wir uns erinnern, daß nur Schwingungen betrachtet werden, die in bezug auf die Mitte symmetrisch sind, so erhalten wir für die erste bzw. dritte Schwingungsart unter Benutzung der Gleichung (p)

$$p_1^2 = \frac{2{,}46744}{l^2} \frac{g S}{q}, \qquad p_3^2 = \frac{25{,}6}{l^2} \frac{g S}{q}.$$

Vergleicht man dies mit der exakten Lösung (e)

$$p_1^2 = \frac{\pi^2}{4\,l^2}\,\frac{g\,S}{q} = \frac{2{,}467401}{l^2}\,\frac{g\,S}{q}\,, \qquad p_3^2 = \frac{9}{4}\,\frac{\pi^2}{l^2}\,\frac{g\,S}{q} = \frac{22{,}207}{l^2}\,\frac{g\,S}{q}\,,$$

so sieht man, daß die Genauigkeit, mit der man die Grundfrequenz erhält, sehr groß ist (der Fehler ist kleiner als 0,001%). Der Fehler bei der Frequenz der dritten Schwingungsart beträgt ungefähr 6,5%. Wenn man drei Glieder im Ausdruck (m) nimmt, so ergibt sich die Frequenz der dritten Schwingungsart mit einem Fehler, der kleiner als ½% ist[1].

Wie man sieht, liefert die Ritzsche Methode nicht nur die Frequenz der Grundschwingung, sondern auch diejenigen der höheren Schwingungsarten mit großer Genauigkeit, wenn die Anzahl der Glieder im Ausdruck für die Durchbiegungskurve genügend groß ist. Im nächsten Paragraphen werden wir eine Anwendung dieser Methode auf die Untersuchung von Schwingungen eines Trägers mit veränderlichem Querschnitt zeigen.

50. Schwingungen von Stäben mit veränderlichem Querschnitt.

Allgemeines. Unsere früheren Untersuchungen hatten verschiedene Probleme über Schwingungen prismatischer Stäbe zum Gegenstand. Es gibt jedoch zahlreiche wichtige Probleme in der Technik, wie die Schwingungsprobleme von Turbinenschaufeln, von Schiffskörpern, von Trägern mit veränderlicher Stärke usw., die auf eine Schwingungstheorie eines Stabes mit veränderlichem Querschnitt führen. Die Differentialgleichung der Schwingungen eines solchen Stabes wurde bereits (siehe S. 246) erörtert; sie hat die Form

$$\frac{\partial^2}{\partial x^2}\left(E\,I\,\frac{\partial^2 y}{\partial x^2}\right) + \frac{F\,\gamma}{g}\,\frac{\partial^2 y}{\partial t^2} = 0\,, \tag{115'}$$

worin I und F gewisse Funktionen von x sind. Nur in einigen Spezialfällen, die später betrachtet werden sollen, lassen sich die Eigenfunktionen durch bekannte Funktionen genau ausdrücken; gewöhnlich verwendet man bei der Lösung derartiger Probleme Näherungsmethoden wie die Rayleigh-Ritzsche Methode zur Berechnung der Eigenfrequenzen der Schwingung. Wird die Durchbiegung des Stabes während der Schwingung in der Form

$$y = X\cos p\,t\,, \tag{a}$$

worin X die Schwingungsart bestimmt, angenommen, so erhält man für das Maximum der potentiellen und kinetischen Energie folgende

[1] Siehe W. Ritz: l. c. S. 288.

Ausdrücke:

$$V = \frac{1}{2}\int_0^l EI\left(\frac{d^2X}{dx^2}\right)^2 dx\,, \tag{b}$$

$$T = \frac{p^2}{2g}\int_0^l F\gamma X^2 dx\,; \tag{c}$$

daraus folgt

$$p^2 = \frac{Eg}{\gamma}\,\frac{\int_0^l I\left(\frac{d^2X}{dx^2}\right)^2 dx}{\int_0^l F X^2 dx}\,. \tag{d}$$

Die exakte Lösung für die Frequenz der Grundschwingung ist jene Lösung, welche (d) zu einem Minimum macht. Um einen Näherungswert zu erhalten, gehen wir in der gleichen Weise wie im vorhergehenden Paragraphen vor und setzen für die Durchbiegungskurve die Reihe

$$X = a_1\varphi_1(x) + a_2\varphi_2(x) + a_3\varphi_3(x) + \cdots \tag{e}$$

an, wobei jede der Funktionen φ den Bedingungen am Ende des Stabes genügen soll. Setzen wir (e) in Gl. (d) ein, so ist die Bedingung für ein Minimum

$$\frac{\partial}{\partial a_n}\,\frac{\int_0^l I\left(\frac{d^2X}{dx^2}\right)^2 dx}{\int_0^l F X^2 dx} = 0 \tag{f}$$

oder

$$\int_0^l F X^2 dx \frac{\partial}{\partial a_n}\int_0^l I\left(\frac{d^2X}{dx^2}\right)^2 dx - \int_0^l I\left(\frac{d^2X}{dx^2}\right)^2 dx \frac{\partial}{\partial a_n}\int_0^l F X^2 dx = 0\,. \tag{g}$$

Aus (g) und (d) erhalten wir

$$\frac{\partial}{\partial a_n}\int_0^l\left(I\left(\frac{d^2X}{dx^2}\right)^2 - \frac{p^2F\gamma}{Eg}X^2\right)dx = 0\,. \tag{167}$$

Das Problem reduziert sich darauf, Werte für die Konstanten $a_1, a_2, a_3, \ldots$ in Gl. (e) zu finden, welche das Integral

$$S = \int_0^l\left(I\left(\frac{d^2X}{dx^2}\right)^2 - \frac{p^2F\gamma}{Eg}X^2\right)dx$$

zu einem Minimum machen.

Die Gln. (167) sind homogen und linear in $a_1, a_2, a_3, \ldots$ und ihre Anzahl ist gleich der Anzahl der Glieder in Ausdruck (e). Setzt man die Determinante dieser Gleichungen gleich Null, so erhält man die Frequenzgleichung, aus der sich dann die Frequenzen der verschiedenen Schwingungsarten berechnen lassen.

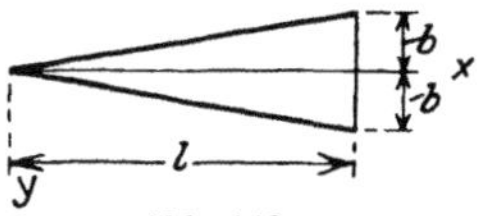

Abb. 143.

Schwingungen eines Keiles. Im Falle eines Keiles von konstanter Breite gleich Eins, mit einem freien und einem eingespannten Ende (Abb. 143), haben wir

$$F = \frac{2\,b\,x}{l},$$

$$I = \frac{1}{12}\left(\frac{2\,b\,x}{l}\right)^3,$$

worin

l = Länge der Ausladung,
$2b$ = Breite des Trägers am eingespannten Ende.

Die Randbedingungen sind:

$$1.\ \left(E I \frac{d^2 X}{d x^2}\right)_{x=0} = 0, \qquad 2.\ \frac{d}{dx}\left(E I \frac{d^2 X}{d x^2}\right)_{x=0} = 0,$$

$$3.\ (X)_{x=l} = 0, \qquad 4.\ \left(\frac{dX}{dx}\right)_{x=l} = 0.$$

Die ersten zwei Bedingungen sind immer erfüllt, da I und $\frac{dI}{dx}$ für $x = 0$ verschwinden. Um den Bedingungen am eingespannten Ende zu genügen, setzen wir für die Durchbiegungskurve die Reihe

$$X = a_1\left(1 - \frac{x}{l}\right)^2 + a_2 \frac{x}{l}\left(1 - \frac{x}{l}\right)^2 + a_3 \frac{x^2}{l^2}\left(1 - \frac{x}{l}\right)^2 + \cdots \tag{k}$$

an. Man erkennt ohne Schwierigkeit, daß jedes einzelne Glied, ebenso wie seine Ableitung nach x, für $x = l$ gleich Null wird. Somit sind die Randbedingungen (3) und (4) erfüllt.

Nimmt man als erste Annäherung

$$X_1 = a_1\left(1 - \frac{x}{l}\right)^2$$

und setzt in (d) ein, so erhält man

$$p^2 = 10 \frac{E g}{\gamma} \frac{b^2}{l^4}; \qquad f = \frac{p}{2\pi} = \frac{5{,}48}{2\pi} \frac{b}{l^2} \sqrt{\frac{E g}{3\gamma}}. \tag{l}$$

Um eine bessere Annäherung zu bekommen, nehmen wir zwei Glieder in (k); dann ist

$$X_2 = a_1\left(1 - \frac{x}{l}\right)^2 + a_2 \frac{x}{l}\left(1 - \frac{x}{l}\right)^2.$$

Setzen wir dies in (h) ein, so ergibt sich

$$S_2 = \frac{2}{3}\frac{b^3}{l^3}\left[(a_1 - 2a_2)^2 + \frac{24}{5}a_2(a_1 - 2a_2) + 6a_2^2\right] - \frac{2b\gamma l p^2}{E g}\left(\frac{a_1^2}{30} + \frac{2a_1 a_2}{105} + \frac{a_2^2}{280}\right).$$

Aus den Bedingungen

$$\frac{\partial S_2}{\partial a_1} = 0, \qquad \frac{\partial S_2}{\partial a_2} = 0$$

erhalten wir nun

$$\left(\frac{E g}{\gamma}\frac{b^2}{3l^4} - \frac{p^2}{30}\right)a_1 + \left(\frac{2}{5}\frac{E g}{\gamma}\frac{b^2}{3l^4} - \frac{p^2}{105}\right)a_2 = 0,$$

$$\left(\frac{2}{5}\frac{E g}{\gamma}\frac{b^2}{3l^4} - \frac{p^2}{105}\right)a_1 + \left(\frac{2}{5}\frac{E g}{\gamma}\frac{b^2}{3l^4} - \frac{p^2}{280}\right)a_2 = 0.$$

Setzen wir die Determinante dieser Gleichungen gleich Null, so ergibt sich

$$\left(\frac{E g}{\gamma}\frac{b^2}{3l^4} - \frac{p^2}{30}\right)\left(\frac{2}{5}\frac{E g}{\gamma}\frac{b^2}{3l^4} - \frac{p^2}{280}\right) - \left(\frac{2}{5}\frac{E g}{\gamma}\frac{b^2}{3l^4} - \frac{p^2}{105}\right)^2 = 0. \tag{m}$$

Aus dieser Gleichung läßt sich p^2 berechnen. Die kleinere der beiden Wurzeln gibt

$$f = \frac{p}{2\pi} = \frac{5{,}319}{2\pi}\frac{b}{l^2}\sqrt{\frac{E g}{3\gamma}}. \tag{n}$$

Es ist bemerkenswert, daß im vorliegenden Fall eine exakte Lösung bekannt ist, in der die Eigenfunktionen durch Besselsche Funktionen ausgedrückt sind[1]. Aus dieser exakten Lösung ergibt sich

$$f = \frac{p}{2\pi} = \frac{5{,}315}{2\pi}\frac{b}{l^2}\sqrt{\frac{E g}{3\gamma}}. \tag{168}$$

Durch Vergleich von (l) und (n) läßt sich erkennen, daß die erste Annäherung mit einem Fehler von ungefähr 3% behaftet ist, während der Fehler in der zweiten Annäherung weniger als 0,1% beträgt; es ist also nur dann nötig, eine größere Anzahl von Gliedern in (e) zu nehmen, wenn auch die Frequenzen der höheren Schwingungsarten berechnet werden sollen.

Des Vergleiches halber ist es wichtig zu erinnern, daß wir für den Fall eines prismatischen einseitig eingespannten Trägers, der denselben Querschnitt hat wie der Keil an seinem dicken Ende, folgendes Resultat erhielten (s. S. 259).

$$f = \frac{p}{2\pi} = \frac{a\,1{,}875^2}{2\pi l^2} = \frac{3{,}515\,b}{2\pi l^2}\sqrt{\frac{E g}{3\gamma}}.$$

[1] Kirchhoff, G.: Monatsbl. Berlin. Bez.-V. d. I. 1879, 815 oder Ges. Abh., S. 339. Siehe auch Todhunter u. Pearson: A History of the Theory of Elasticity 2, Teil 2, S. 92.

Die oben entwickelte Methode läßt sich auch in Fällen anwenden, in denen F und I nicht durch stetige Funktionen von x dargestellt sind. Diese Funktionen können mehrere Unstetigkeitspunkte besitzen oder in verschiedenen Intervallen von l durch verschiedene analytische Ausdrücke gegeben sein. In derartigen Fällen muß man die Integrale (h) so in Intervalle unterteilen, daß I und F in jedem dieser Intervalle durch stetige Funktionen dargestellt werden können. Auch wenn man die Funktionen F und I graphisch bestimmt oder numerischen Tabellen entnimmt, läßt sich diese Methode verwenden; man muß nur eines der Näherungsverfahren zur Berechnung der Integrale (h) anwenden. Hierdurch wird die Ritzsche Methode besonders geeignet für die Untersuchung der Schwingungen von Turbinenschaufeln und derartiger Konstruktionen wie Brücken und Schiffskörper.

Schwingungen eines konischen Stabes. Das Schwingungsproblem eines an der Grundfläche eingespannten konischen Stabes mit freier Spitze wurde zuerst von Kirchhoff untersucht[1]. Er erhielt in diesem Falle für die Grundschwingung

$$f = \frac{p}{2\pi} = \frac{4{,}359}{2\pi} \frac{r}{l^2} \sqrt{\frac{E g}{\gamma}}, \tag{169}$$

worin

r = Radius der Grundfläche,

l = Länge des Stabes.

Des Vergleiches halber erwähnen wir, daß ein zylindrischer Stab von derselben Länge und derselben Grundfläche die Frequenz (s. S. 259)

$$f = \frac{p}{2\pi} = \frac{a}{2\pi} \frac{1{,}875^2}{l^2} = \frac{1{,}758}{2\pi} \frac{r}{l^2} \sqrt{\frac{E g}{\gamma}}$$

hat. Die Frequenzen der Grundschwingungen eines konischen und eines zylindrischen Stabes verhalten sich also wie 4,359 : 1,758. Die Frequenzen der höheren Schwingungsarten eines konischen Stabes lassen sich aus der Gleichung

$$f = \frac{p}{2\pi} = \frac{\alpha}{2\pi} \frac{r}{l^2} \sqrt{\frac{E g}{\gamma}} \tag{170}$$

berechnen; α hat hierin folgende Werte[2]:

α_1	α_2	α_3	α_4	α_5	α_6
4,359	10,573	19,225	30,339	43,921	59,956

Andere Fälle von Schwingungen eines eingespannten Trägers von veränderlichem Querschnitt. Im allgemeinen Fall läßt sich die Frequenz

[1] Kirchhoff: l. c. S. 296.

[2] Siehe Dorothy Wrinch: Proc. Roy. Soc. **101**, 493. London 1922.

der Transversalschwingungen eines eingespannten Trägers durch die Gleichung

$$f = \frac{p}{2\pi} = \frac{\alpha}{2\pi}\frac{i}{l^2}\sqrt{\frac{E g}{\gamma}} \qquad (171)$$

darstellen; hierin ist

i der Trägheitsradius des Einspannungsquerschnittes,

l die Länge des Trägers,

α eine Konstante, die von der Form des Trägers und der Schwingungsart abhängt.

Im folgenden werden wir die Werte dieser Konstanten α für gewisse praktisch wichtige Fälle angeben.

1. Wenn sich die Veränderlichkeit der Querschnittsfläche und des Trägheitsmomentes längs der x-Achse in der Form

$$F = a\,x^m, \qquad I = b\,x^m \qquad (172)$$

ausdrücken läßt, wobei x vom freien Ende aus gemessen wird, so bleibt i längs des Trägers konstant und die Konstante α der Gl. (171) läßt sich mit genügender Genauigkeit durch die Gleichung

$$\alpha = 3{,}47\,(1 + 1{,}05\,\mathrm{m})$$

darstellen[1].

2. Wenn sich die Veränderlichkeit der Querschnittsfläche und des Trägheitsmomentes längs der x-Achse in der Form

$$F = a\left(1 - c\,\frac{x}{l}\right), \qquad I = b\left(1 - c\,\frac{x}{l}\right) \qquad (173)$$

ausdrücken läßt, wobei x vom eingespannten Ende aus gemessen wird, so bleibt i längs des Stabes konstant und die Größe α der Gl. (171) hat die in folgender Tabelle gegebenen Werte[2]:

$c =$	0	0,4	0,6	0,8	1,0
$\alpha =$	3,515	4,098	4,585	5,398	7,16

Stab mit veränderlichem Querschnitt und freien Enden. Wir betrachten nun die Transversalschwingungen eines beiderseitig freien Stabes, der aus zwei gleichen Hälften besteht, die mit dem dicken Ende aneinandergefügt sind (Abb. 144); die linke Hälfte soll durch Rotation der Kurve

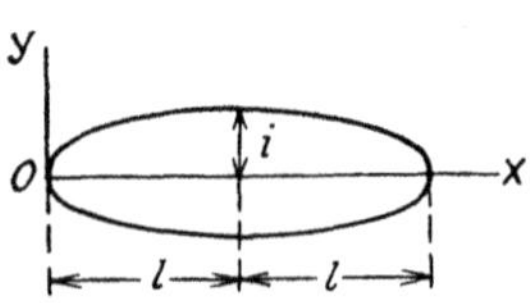

Abb. 144.

$$y = a\,x^n \qquad (o)$$

um die x-Achse entstanden sein. Die durch Besselsche Funktionen ausgedrückte exakte Lösung hat man für diesen Fall für gewisse Werte von n*

[1] Ono, Akimasa: J. Soc. Mech. Engg. **27**, 467. Tokyo 1924.
[2] Ono, Akimasa: J. Soc. Mech. Engg. **28**, 429 (1925).
* Nicholson, J. W.: Proc. Roy. Soc. **93**, 506. London 1917.

gefunden; die Frequenz der Grundschwingung läßt sich in der Form

$$f = \frac{p}{2\pi} = \frac{\alpha r}{4\pi l^2}\sqrt{\frac{E g}{\gamma}} \tag{174}$$

darstellen; hierin ist

r der Radius des stärksten Querschnittes,

$2l$ die Stablänge,

α eine Konstante, die von der Gestalt der Kurve (o) abhängt und deren Werte in der folgenden Tabelle gegeben sind:

$n =$	0	$\frac{1}{4}$	$\frac{1}{2}$	$\frac{3}{4}$	1
$\alpha =$	5,593	6,957	8,203	9,300	10,173

Die Verwendung von Integralgleichungen bei der Untersuchung von Transversalschwingungen bei Stäben mit veränderlichem Querschnitt wurde von E. Schwerin[1] erörtert.

51. Schwingungen von Turbinenschaufeln.

Allgemeines. Es ist eine bekannte Tatsache, daß Turbinenschaufeln unter gewissen Umständen gefährlichen Schwingungserscheinungen ausgesetzt sind, und darauf ist die Mehrzahl der Schaufelbrüche zurückzuführen. Die störende Kraft, die diese Schwingungen verursacht, ist der Dampfdruck. Er läßt sich immer in zwei Komponenten zerlegen, einen Tangentialdruck P und einen Axialdruck Q (Abb. 145), die Biegung der Schaufeln in tangentialer bzw. axialer Richtung bewirken. Diese Komponenten bleiben nicht konstant, sie ändern sich vielmehr mit der Zeit, da sie von der relativen Lage der Laufschaufeln zu den festen Leitschaufeln abhängen. Derartige periodische Kräfte können, wenn sie mit einer der freien Schwingungen der Schaufeln in Resonanz treten, heftige erzwungene Schwingungen mit entsprechend großen Spannungen erzeugen; dies kann schließlich dahin führen, daß an Stellen, wo rasche Querschnittsänderungen und daher hohe Spannungen auftreten, infolge der fortschreitenden Ermüdung des Materials Sprünge entstehen. Dadurch ist der Konstrukteur zum Studium der Schwingungserscheinungen an Turbinenschaufeln gezwungen; er hat die Eigenfrequenzen zu ermitteln und die Schaufelabmessungen mit Rücksicht auf Resonanzgefahr zu bestimmen. Bei derartigen Untersuchungen liefert die Rayleighsche Methode gewöhnlich bereits brauchbare Näherungen. Eine weitere Verfeinerung der Rechnung ist hier untunlich, insbesondere wenn man bedenkt, daß die Eigenfrequenzen gegenüber

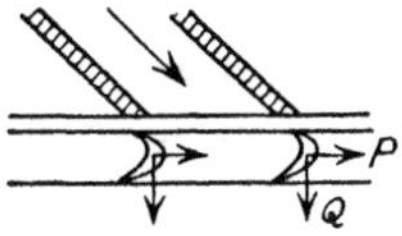

Abb. 145.

[1] Schwerin, E.: Über Transversalschwingungen von Stäben veränderlichen Querschnitts. Z. techn. Phys. 8, 264 (1927).

Abänderungen der Randbedingungen am eingespannten Schaufelende in der Wirklichkeit häufig recht empfindlich sind[1].

Infolge der Verschiedenheit der Hauptträgheitsmomente eines Schaufelquerschnittes müssen die Eigenschwingungen in den zwei Hauptebenen getrennt untersucht werden.

Anwendung der Rayleighschen Methode. Es sei die xy-Ebene eine dieser Hauptebenen (Abb. 146) und es sei ferner

l die Länge der Schaufel,

a der Abstand des eingespannten Endes von der Drehachse,

c eine durch Gl. (173) definierte Konstante,

F der Flächeninhalt des längs der x-Achse veränderlichen Schaufelquerschnitts,

ω die Winkelgeschwindigkeit des Turbinenrades,

γ das Gewicht des Materials pro Volumeneinheit,

X eine Funktion von x, welche die Durchbiegungskurve der Schaufel unter der Wirkung ihres Eigengewichtes darstellt.

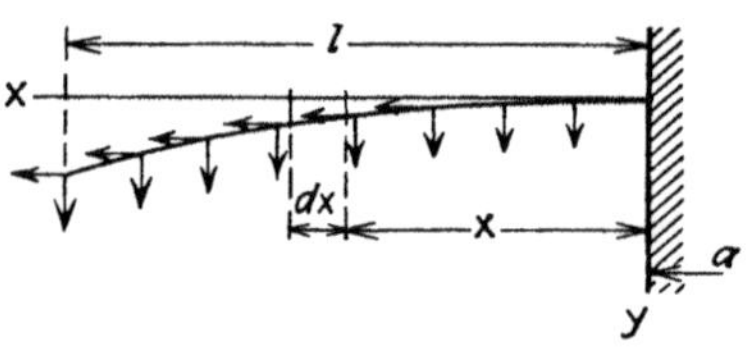

Abb. 146.

Nimmt man die durch die Funktion X dargestellte Kurve als Grundlage für die Berechnung der Grundschwingung, so ist die Durchbiegungskurve während der Schwingung

$$y = X \cos p t\,. \tag{a}$$

Die potentielle Energie erreicht ihr Maximum, wenn die Schaufel ihre extreme Lage einnimmt und die Biegungskurve durch die Gleichung

$$y = X \tag{b}$$

gegeben ist. Diese Energie besteht aus zwei Teilen: 1. der Energie V_1 der Biegung, und 2. der Energie V_2 der Zentrifugalkräfte. Die Energie V_1 ist gleich der durch Gl. (b) gegebenen Arbeit, die von der Querbelastung während der Biegung geleistet wird; sie ist gegeben durch

$$V_1 = \frac{\gamma}{2}\int_0^l F\,X\,dx; \tag{c}$$

hierbei kann X, die Funktion von x, welche die vom Eigengewicht herrührende Biegungskurve der Schaufel darstellt, stets durch analytische oder graphische Methoden gewonnen werden. Im letztgenannten Fall läßt sich das Integral (c) mit Hilfe eines der Näherungsverfahren berechnen.

---

[1] Siehe W. Hort: Z. V. d. I. **70**, 1420 (1926).

Bei der Bestimmung von V_2 ist zu bedenken, daß ein Schaufelelement von der Länge dx (s. Abb. 146) unter der Einwirkung einer Zentrifugalkraft von der Größe

$$\frac{F\gamma\,dx}{g}\,\omega^2(a+x) \tag{d}$$

steht. Die von der Biegung der Schaufel herrührende radiale Verschiebung dieses Elements gegen den Mittelpunkt ist

$$\frac{1}{2}\int_0^x\left(\frac{dX}{dx}\right)^2 dx; \tag{e}$$

die von der Zentrifugalkraft (d) geleistete Arbeit ist demnach

$$-\frac{F\gamma}{2g}\,dx\,\omega^2(a+x)\int_0^x\left(\frac{dX}{dx}\right)^2 dx\,. \tag{f}$$

Die potentielle Energie V_2 erhält man nun, indem man die Arbeitselemente (f) längs der Schaufel summiert und das Vorzeichen der Summe ändert. So findet man

$$V_2=\frac{\gamma\,\omega^2}{2g}\int_0^l F(a+x)\,dx\int_0^x\left(\frac{dX}{dx}\right)^2 dx\,. \tag{g}$$

Die kinetische Energie erreicht ihr Maximum, wenn die schwingende Schaufel ihre Mittellage einnimmt und die aus Gl. (a) berechneten Geschwindigkeiten die Werte

$$\dot{y}=pX$$

haben. Dann ist

$$T=\frac{1}{2}\int_0^l\frac{F\gamma}{g}\,\dot{y}^2\,dx=\frac{\gamma\,p^2}{2g}\int_0^l F\,X^2\,dx\,. \tag{h}$$

Aus der Gleichung

$$T=V_1+V_2$$

erhält man nun

$$p^2=\frac{g\int_0^l F\,X\,dx+\omega^2\int_0^l F(a+x)\,dx\int_0^x\left(\frac{dX}{dx}\right)^2 dx}{\int_0^l F\,X^2\,dx}\,. \tag{175}$$

Dies ist die Gleichung zur Berechnung der Eigenfrequenzen einer Schaufel.

Das zweite Glied im Zähler der rechten Seite dieser Gleichung stellt die Wirkung der Zentrifugalkraft dar. Mit den Bezeichnungen

$$f_1^2 = \frac{g}{(2\pi)^2} \frac{\int\limits_0^l F X\,dx}{\int\limits_0^l F X^2\,dx}, \qquad f_2^2 = \frac{\omega^2}{(2\pi)^2} \frac{\int\limits_0^l F(a+x)\,dx \int\limits_0^x \left(\frac{dX}{dx}\right)^2 dx}{\int\limits_0^l F X^2\,dx} \tag{176}$$

läßt sich die Frequenz der Schaufelschwingung nach Gl. (175) in der Form

$$f = \sqrt{f_1^2 + f_2^2} \tag{177}$$

darstellen; hierin ist f_1 die Frequenz der Schaufel bei stehendem Laufrad und f_2 stellt die Frequenz der Schaufel dar, wenn man die elastischen Kräfte vernachlässigt und nur die von der Zentrifugalwirkung herrührende Wiederherstellungskraft berücksichtigt.

Schwingungen in der Axialrichtung. Bei der Berechnung der Schwingungsfrequenzen in der axialen Richtung erhält man eine gute Näherung bei der Annahme, daß sich Flächeninhalt und Trägheitsmoment des Querschnittes längs der Schaufel nach den Gln. (173) ändern. In diesem Falle findet man die Frequenz f_1 aus der entsprechenden Tabelle (s. S. 298).

Die Frequenz f_2 läßt sich hierfür aus Gl. (176) leicht berechnen und in der Form

$$f_2 = \frac{\beta\,\omega}{2\pi} \tag{178}$$

darstellen; hierin ist β eine von den Schaufelabmessungen abhängige Zahl. Verschiedene Werte von β finden sich in der folgenden Tabelle[1]. Kennt man f_1 und f_2, so kann man dann f aus Gl. (177) berechnen.

$\frac{a}{l}=$ \ $c=$	0	0,2	0,4	0,6	0,8	1,0
0	1,00	1,00	1,00	1,00	1,00	1,00
1	1,57	1,58	1,59	1,61	1,64	1,71
2	1,98	2,00	2,01	2,04	2,09	2,19
4	2,62	2,64	2,66	2,70	2,77	2,92
6	3,13	3,15	3,18	3,23	3,31	3,50
8	3,56	3,59	3,62	3,68	3,78	4,00
10	3,95	3,98	4,02	4,08	4,19	4,44

Schwingungen in der Tangentialrichtung. In tangentialer Richtung haben die Schaufeln gewöhnlich einen veränderlichen Trägheitsradius.

[1] Die Tabelle ist der S. 298 genannten Arbeit von Akimasa Ono entnommen.

Infolgedessen lassen sich die Gln. (173) nicht ohne weiteres anwenden. In einem derartigen Fall erhält man eine Näherung bei der Annahme, daß sich die Änderung von I und F längs der x-Achse (Abb. 147) durch folgende Gleichungen darstellen läßt[1]:

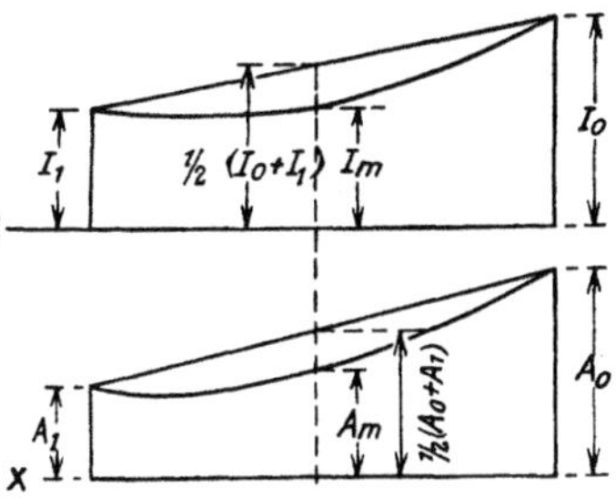

Abb. 147.

$$\left.\begin{aligned} I &= I_0\left(1 - m\frac{x}{l} - m'\sin\frac{\pi x}{l}\right),\\ F &= F_0\left(1 - n\frac{x}{l} - n'\sin\frac{\pi x}{l}\right),\end{aligned}\right\}\qquad(179)$$

worin

$$m = \frac{I_0 - I_1}{I_0},$$

$$n = \frac{F_0 - F_1}{F_0},$$

$$m' = \frac{1}{I_0}\left(\frac{I_0 + I_1}{2} - I_m\right), \qquad n' = \frac{1}{F_0}\left(\frac{F_0 + F_1}{2} - F_m\right).$$

Die Frequenzen berechnet man dann aus der allgemeinen Gl. (171), in der die Konstante α für die Grundschwingung und die höheren Schwingungen durch die Gleichung[2]

$$\alpha_i = \alpha_{0i}\sqrt{\frac{1 - m\beta_i - m'\beta_i'}{1 - n\gamma_i - n'\gamma_i'}} \qquad (180)$$

gegeben ist. Hierin stellt α_{0i} die Werte der Konstanten α für einen eingespannten Träger von gleichförmigem Querschnitt dar (s. die Tabelle S. 258)[3]. Die Konstanten β_i, β_i', γ_i und γ_i' sind für die verschiedenen Schwingungsarten durch obenstehende Tabelle gegeben.

i	β_i	γ_i	β_i'	γ_i'
1	0,193	0,807	0,493	0,493
2	0,405	0,594	0,703	0,703
3	0,468	0,532	0,661	0,661
4	0,483	0,517	0,649	0,649
5	0,490	0,510	0,645	0,645
6	0,493	0,507	0,642	0,642

Wenn ein Ende der Schaufel eingespannt und das andere einfach unterstützt ist, so kann man dieselbe Gl. (180) zur Berechnung von α_i

[1] Hort, W.: Proceedings of the First International Congress for Applied Mechanics, S. 282. Delft 1925. Die oben angegebenen numerischen Ergebnisse erhält man unter der Annahme, daß die Schwingungsart eines Stabes mit veränderlichem Querschnitt die gleiche wie die eines prismatischen Stabes ist.

[2] Wenn die Werte von m, m', n und n' nicht größer als 0,5 sind, so ist die Formel (180) nach Hort korrekt mit einer Fehlergrenze von 2%. Um eine Vorstellung von dem Fehler zu bekommen, der entstünde, wenn m und n gleich eins wären, hat man die exakten Lösungen für die Eigenschwingungen einer konischen und einer keilförmigen Schaufel mit den durch obige Methode gefundenen Werten verglichen. Es ergab sich, daß der Fehler in diesen extremen Fällen für die konische und die keilförmige Schaufel 17% bzw. 18,5% beträgt.

[3] Der Wert $k_i^2 l^2$ dieser Tabelle ist gleich α_{0i} der Gl. (180).

verwenden. In diesem Falle muß man α_{0i} der dritten Tabelle des § 43 entnehmen. Die Konstanten β_i, β_i', γ_i und γ_i' sind in folgender Tabelle gegeben.

i	β_i	γ_i	β_i'	γ_i'
1	0,431	0,569	0,626	0,857
2	0,480	0,520	0,612	0,724
3	0,490	0,510	0,623	0,680
4	0,494	0,506	0,628	0,662
5	0,496	0,504	0,631	0,654
6	0,497	0,503	0,633	0,649

In dieser Weise läßt sich die Größe f_1 der Gl. (177) berechnen. Zur Berechnung der Größe f_2 für die Grundschwingung, kann man Gl. (178) und die obige Tabelle verwenden; die Frequenz (f) erhält man dann wie oben aus Gl. (177).

Es ist zu bemerken, daß die Schaufeln gewöhnlich durch umhüllende Drähte zu Gruppen verbunden sind. Die Drähte beeinflussen die Frequenzen der axialen Schwingungen nicht immer wesentlich, können aber die Frequenzen der tangentialen Schwingungen beträchtlich ändern[1].

52. Schwingungen von Schiffskörpern.

Wir gehen nun zu einer anderen Anwendung der Schwingungslehre von Stäben veränderlichen Querschnittes über, nämlich zum Schwingungsproblem eines Schiffskörpers. Die Störungskraft rührt in diesem Falle gewöhnlich von der Unausgeglichenheit der Maschine her; falls nun die Frequenz dieser Kraft mit der Frequenz einer der Eigenschwingungen des Schiffskörpers zusammenfällt, so können große erzwungene Schwingungen entstehen. Betrachtet man den Schiffskörper als Stab veränderlichen Querschnittes mit freien Enden, so lassen sich die Frequenzen der verschiedenen Schwingungsarten von den Gln. (167) ausgehend mit Hilfe des Ritzschen Verfahrens (s. § 49) stets mit genügender Genauigkeit berechnen.

Um das Problem zu vereinfachen, nehmen wir an, daß der Stab in bezug auf den Mittelquerschnitt symmetrisch ist und daß bei Verlegung des Koordinatenursprungs nach diesem Querschnitt der Flächeninhalt und das Trägheitsmoment für jeden beliebigen Querschnitt durch die Gleichungen

$$F = F_0(1 - cx^2)\,, \qquad I = I_0(1 - bx^2)\,, \tag{a}$$

worin F_0 und I_0 den Flächeninhalt bzw. das Trägheitsmoment des Mittelquerschnittes bezeichnen, dargestellt werden können. Es ist klar, daß x von $-l$ bis $+l$ variieren kann, wenn $2l$ die Länge des Schiffes ist.

[1] Siehe Stodolas Werk, S. 949. Vgl. auch W. Hort: Z. V. d. I. 70, 1422 (1926) und E. Schwerin: Über die Eigenfrequenzen der Schaufelgruppen von Dampfturbinen. Z. techn. Phys. 8, 312 (1927).

Wir wollen ferner annehmen, daß die Durchbiegungskurve während der Schwingung durch

$$y = X \cos pt$$

darstellbar ist, worin X die Gestalt der Reihe

$$X = a_1 \varphi_1(x) + a_2 \varphi_2(x) + a_3 \varphi_3(x) + \cdots \qquad \text{(b)}$$

hat. Hierin müssen wir für $\varphi_1, \varphi_2, \ldots$ geeignete, die Randbedingungen erfüllende Funktionen wählen. Die Koeffizienten $a_1, a_2, a_3, \ldots$ stehen in gewissen Beziehungen zu den Frequenzen und diese Beziehungen folgen dann aus den Gln. (167)[1].

Eine brauchbare Näherung für die Frequenz der Grundschwingung erhält man[2], indem man für die Funktionen $\varphi(x)$ die Eigenfunktionen eines prismatischen Stabes mit freien Enden einführt. Die allgemeine Lösung (133) für symmetrische Schwingungsarten nimmt man in der Form

$$X = C_1(\cos kx + \cosh kx) + C_2(\cos kx - \cosh kx). \qquad \text{(c)}$$

Nun ergeben die Bedingungen an den freien Enden

$$(X'')_{x=\pm l} = (X''')_{x=\pm l} = 0. \qquad \text{(d)}$$

Setzt man (c) in (d) ein, so erhält man

$$\left.\begin{aligned} C_1(-\cos kl + \cosh kl) - C_2(\cos kl + \cosh kl) &= 0, \\ C_1(\sin kl + \sinh kl) - C_2(-\sin kl + \sinh kl) &= 0. \end{aligned}\right\} \qquad \text{(e)}$$

Wird die Determinante dieses Gleichungssystems gleich Null gesetzt, so hat man die Frequenzgleichung in der Form

$$\operatorname{tg} kl + \operatorname{tgh} kl = 0; \qquad \text{(f)}$$

ihre aufeinanderfolgenden Wurzeln sind

$$k_1 l = 0, \qquad k_2 l = 2{,}3650.$$

Setzt man das Verhältnis $\frac{C_1}{C_2}$ aus (e) in Gl. (c) ein, so folgen die der Grundschwingung und den höheren Schwingungsarten entsprechenden Eigenfunktionen in der Gestalt

$$X_i = C_i(\cos k_i x \cosh k_i l + \cosh k_i x \cos k_i l).$$

Die willkürlichen Konstanten mögen zur Vereinfachung in der Form

$$C_i = \frac{1}{\sqrt{\cos^2 k_i l + \cosh^2 k_i l}}$$

gewählt werden.

---

[1] Die Trägheit des Wassers wird bei dieser Berechnung nicht berücksichtigt. Der Einfluß der Wasserträgheit wurde von J. Lockwood Taylor untersucht (Spring Meeting. Inst. Naval Arch. 1930). Siehe auch Phil. Mag. Jan. 1930.

[2] Siehe das Werk des Verfassers: Elastizitätslehre, 2. Petersburg 1916. Siehe auch N. Akimoff: Trans. Soc. Nav. Arch. 26. New York 1918.

Die der ersten Wurzel $k_1 l = 0$ entsprechende Eigenfunktion wird eine Konstante sein und die entsprechende Bewegung eine Verschiebung des Stabes als starrer Körper in der y-Richtung. Diese Konstante soll gleich $\frac{1}{\sqrt{2}}$ genommen werden.

Nimmt man die so erhaltenen Eigenfunktionen als Funktionen $\varphi(x)$ in der Reihe (b), so wird

$$X = a_1 \frac{1}{\sqrt{2}} + a_2 \frac{\cos k_2 x \cosh k_2 l + \cosh k_2 x \cos k_2 l}{\sqrt{\cos^2 k_2 l + \cosh^2 k_2 l}} + \cdots \tag{g}$$

Hiermit geht Gl. (167) in

$$\frac{\partial}{\partial a_n}\left\{I_0 \int_{-l}^{+l} (1 - b x^2) \sum_{i=1,2,3} \sum_{j=1,2,3} a_i a_j \varphi_i'' \varphi_j'' \, dx \right.$$
$$\left. - \frac{p^2 F_0 \gamma}{E g} \int_{-l}^{+l} (1 - c x^2) \sum_1 \sum a_i a_j \varphi_i \varphi_j \, dx \right\} = 0 \tag{h}$$

über. Mit der Bezeichnung

$$\int_{-l}^{+l} (1 - b x^2) \varphi_i'' \varphi_j'' \, dx = \alpha_{ij}, \qquad \int_{-l}^{+l} (1 - c x^2) \varphi_i \varphi_j \, dx = \beta_{ij} \tag{k}$$

ergibt sich nun nach (h)

$$\sum_{i=1,2,3\ldots} a_i (\alpha_{in} - \lambda \beta_{in}) = 0, \tag{l}$$

worin

$$\lambda = \frac{p^2 F_0 \gamma}{E I_0 g} \tag{m}$$

Zur Bestimmung der Grundschwingung genügen in der Praxis zwei Glieder der Reihe (g). Die Gln. (l) lauten hierfür

$$\left.\begin{aligned} a_1(\alpha_{11} - \lambda \beta_{11}) + a_2(\alpha_{21} - \lambda \beta_{21}) = 0, \\ a_1(\alpha_{12} - \lambda \beta_{12}) + a_2(\alpha_{22} - \lambda \beta_{22}) = 0. \end{aligned}\right\} \tag{n}$$

In unserem Falle ist

$$\varphi_1'' = 0, \qquad \varphi_2'' = k_2^2 \frac{-\cos k_2 x \cosh k_2 l + \cosh k_2 x \cos k_2 l}{\sqrt{\cos^2 k_2 l + \cosh^2 k_2 l}}. \tag{o}$$

Setzt man dies in (k) ein und führt die Integration aus, so folgt

$$\alpha_{11} = 0, \qquad \alpha_{12} = 0, \qquad \alpha_{21} = 0,$$

$$\alpha_{22} = \int_{-l}^{+l} (1 - b x^2)(\varphi_2'')^2 \, dx = \frac{31{,}28}{l^3}(1 - 0{,}087\, b l^2), \tag{p}$$

$$\left.\begin{aligned} \beta_{11} = l(1 - 0{,}333\, c l^2), \qquad \beta_{12} = \beta_{21} = 0{,}297\, c l^3, \\ \beta_{22} = l(1 - 0{,}481\, c l^2). \end{aligned}\right\} \tag{q}$$

Nach Substitution dieser Werte in die Gln. (n) liefert das Nullsetzen der Determinante dieses Gleichungssystems die Frequenzgleichung

$$\lambda^2\left(1 - \frac{\beta_{12}^2}{\beta_{11}\beta_{22}}\right) - \lambda\frac{\alpha_{22}}{\beta_{22}} = 0\,. \tag{r}$$

Die erste Wurzel dieser Gleichung ($\lambda = 0$) entspricht einer Verschiebung des Stabes als starrer Körper. Die zweite Wurzel

$$\lambda = \frac{\alpha_{22}}{\beta_{22}}\,\frac{1}{1 - \frac{\beta_{12}^2}{\beta_{11}\beta_{22}}} \tag{s}$$

bestimmt die Frequenz der Grundschwingung. Diese Frequenz ist

$$f_1 = \frac{p}{2\pi} = \frac{\sqrt{\lambda}}{2\pi}\sqrt{\frac{E I_0 g}{F_0\gamma}}\,. \tag{t}$$

Numerisches Beispiel. Es sei $2l = 100$ m; $I_0 = 20$ m⁴; $F_0\gamma = 7\cdot 9{,}81$ t pro m; $b = c = 0{,}0003$ pro m². Das Gewicht des Schiffes ist

$$Q = 2F_0\gamma\int_0^l (1 - c\,x^2)\,dx = 5150\,\text{t}\,.$$

Aus den Gln. (p) und (q) erhalten wir

$$\alpha_{22} = 23{,}40\cdot 10^{-5}\,,\qquad \beta_{11} = 37{,}50\,,\qquad \beta_{12} = 11{,}14\,,\qquad \beta_{22} = 31{,}95\,;$$

damit ist nach Gl. (s)

$$\lambda = 0{,}817\cdot 10^{-5}\,.$$

Nehmen wir $E = 2\cdot 10^7$ t pro m² an, so erhalten wir

$$p = \sqrt{\frac{20}{7}\cdot 2\cdot 10^7\cdot 0{,}817\cdot 10^{-5}} = 21{,}6\,.$$

Die Anzahl der Schwingungen pro Minute ist

$$N = \frac{60\,p}{2\pi} = 206\,.$$

Die oben angegebenen Funktionen $\varphi(x)$ lassen sich auch verwenden, wenn die Veränderlichkeitsgesetze für I und F anders lauten als nach Gl. (a), und auch dann noch, wenn I und F graphisch gegeben sind. Man muß nur in jedem Fall die Integrale (k) berechnen, was sich mit Hilfe irgendeiner der Näherungsmethoden stets durchführen läßt[1].

53. Stäbe unter seitlichem Stoß.

Angenäherte Lösung. Das Problem der Spannungen und Durchbiegungen, die ein fallender Körper an einem Träger hervorruft, ist von großer praktischer Bedeutung. Die exakte Lösung dieses Problems erfor-

[1] Eine weitere Entwicklung des Problems der Schiffsquerschwingungen findet man in folgenden Arbeiten: Moullin, E. B., u. A. D. Browne: Proc. Cambridge philos. Soc. **24**, 400 (1928). Moullin, E. B.: Proc. Cambridge philos. Soc. **24**, 531 (1928).

dert das Studium der Transversalschwingungen des Trägers[1]. In Fällen, wo die Masse des Trägers gegenüber der Masse des fallenden Körpers vernachlässigt werden kann, läßt sich eine Näherungslösung leicht finden, indem man annimmt, daß die Durchbiegungskurve des Trägers während des Stoßes dieselbe Gestalt wie die entsprechende statische Durchbiegungskurve hat. Dann findet man die maximale Durchbiegung und die maximale Spannung aus der Betrachtung der Systemenergie. Denken wir uns z. B. einen Träger, der an beiden Enden unterstützt ist und in der Mitte zwischen den Unterstützungspunkten von einem fallenden Gewicht W getroffen wird. Bezeichnet δ die Durchbiegung in der Mitte des Trägers, so gilt folgende Beziehung zwischen der Durchbiegung und der auf den Träger wirkenden Kraft P:

$$\delta = \frac{P l^3}{48 E I}.$$

Die potentielle Energie der Formänderung ist dann

$$V = \frac{P\delta}{2} = \frac{24 E I \delta^2}{l^3}. \tag{a}$$

Fällt das Gewicht W eine Höhe h herunter, so ist die von ihm hierbei geleistete Arbeit

$$W(h + \delta_d) \tag{b}$$

und die dynamische Durchbiegung δ_d ergibt sich aus der Gleichung

$$W(h + \delta_d) = \frac{24 E I \delta_d^2}{l^3}. \tag{c}$$

Danach ist

$$\delta_d = \delta_{st} + \sqrt{\delta_{st}^2 + 2 h \delta_{st}}. \tag{d}$$

Hierin stellt

$$\delta_{st} = \frac{W l^3}{48 E I}$$

die statische Durchbiegung des Trägers unter der Einwirkung der Last W dar.

Bei dieser Überlegung wurde die Masse des Trägers vernachlässigt, und es wurde angenommen, daß die kinetische Energie des fallenden Gewichtes W vollständig in potentielle Energie der Formänderung im Träger umgewandelt wird. In Wirklichkeit wird ein Teil der kinetischen Energie während des Stoßes verlorengehen. Daher ergeben Berechnungen, wie die obige, nur eine obere Grenze für die dynamische Durchbiegung und die dynamischen Spannungen. Um eine genauere Lösung zu bekommen, muß man die Masse des der Stoßwirkung unterworfenen Trägers berücksichtigen.

[1] Die Literatur dieses Gegenstandes ist in einem Artikel von Th. Pöschl im Handbuch der Physik, Bd. 6 angegeben.

Wenn ein sich bewegender Körper von der Masse $\frac{W}{g}$ und der Geschwindigkeit v_0 einen ruhenden Körper von der Masse $\frac{w}{g}$ zentral trifft und wenn die Formänderung im Treffpunkt vollkommen unelastisch ist, so lautet die Gleichung zur Berechnung der für die beiden Körper gleichen Endgeschwindigkeit nach dem Stoß wie folgt:

$$\frac{W}{g} v_0 = \frac{W + w}{g} v .$$

Danach ist

$$v = v_0 \frac{W}{W + w} . \tag{e}$$

Es ist zu beachten, daß für den Träger im Augenblick des Stoßes nur der Treffpunkt dieselbe Geschwindigkeit v wie der Körper W hat. Andere Punkte des Trägers können von v verschiedene Geschwindigkeiten besitzen. Zum Beispiel haben die Stützpunkte die Geschwindigkeit Null. Es ist also nicht die tatsächliche Masse, sondern eine reduzierte Masse des Trägers bei der Berechnung der Geschwindigkeit v durch Gl. (e) in Betracht zu ziehen. Die Größe dieser reduzierten Masse hängt von der Gestalt der Durchbiegungskurve ab und läßt sich ganz ebenso wie bei der Rayleighschen Methode [s. Gl. (42) S. 72] annähernd bestimmen, indem man nämlich annimmt, daß die dynamische Durchbiegungskurve mit der statischen identisch ist. Hierfür wird

$$v = v_0 \frac{W}{W + \frac{17}{35} w} ,$$

worin $\frac{17}{35} w$ das reduzierte Gewicht des Trägers ist. Die kinetische Energie des Systems ist

$$\frac{\left(W + \frac{17}{35} w\right) v^2}{2 g} = \frac{W v_0^2}{2 g} \frac{1}{1 + \frac{17}{35} \frac{w}{W}} .$$

Diese Größe muß man in der obigen Gl. (c) für $\frac{W v_0^2}{2 g} = W h$ setzen, um der Masse des Trägers Rechnung zu tragen. Damit ist die dynamische Durchbiegung

$$\delta_d = \delta_{st} + \sqrt{\delta_{st}^2 + 2 h \delta_{st} \frac{1}{1 + \frac{17}{35} \frac{w}{W}}} . \tag{181}$$

Dieselbe Methode läßt sich auch in allen anderen Fällen der Theorie des Stoßes anwenden, wenn die Verschiebung der Konstruktion im Stoßpunkt der Kraft proportional ist[1].

[1] Diese Methode wurde von H. Cox. Trans. Cambridge philos. Soc. 9, 73 (1850) entwickelt. Siehe auch Todhunter u. Pearson: History 1, 895.

Stoß und Schwingungen. Die oben beschriebene Methode führt bei dünnen Stangen und Trägern zu hinreichend genauen Ergebnissen, wenn die Masse des fallenden Gewichts gegenüber der Masse des Trägers groß ist. Ist dies jedoch nicht der Fall, so muß man die Schwingungen des Trägers und die örtliche Formänderung im Stoßpunkt in Betracht ziehen.

Die Transversalschwingungen eines Trägers, der von einem sich mit gegebener Geschwindigkeit bewegenden Körper getroffen wird, hat St. Venant[1] untersucht. Unter der Annahme, daß der stoßende Körper nach dem Stoß am Träger haften bleibt, kann man die Schwingungen ermitteln, indem man die Formänderung als Summe einer Reihe von Eigenfunktionen darstellt. Die konstanten Koeffizienten dieser Reihe sind so zu bestimmen, daß die Anfangsbedingungen erfüllt sind. Auf diesem Wege gelang es St. Venant zu zeigen, daß die oben gegebene Näherungslösung eine für die Praxis genügende Genauigkeit besitzt.

Die Annahme, daß der aufschlagende Körper nach dem Stoß mit dem Träger in Berührung bleibt, ist ganz willkürlich, und wir müssen, falls eine exaktere Darstellung des Stoßvorganges erwünscht ist, die örtlichen Formänderungen des Trägers und des aufschlagenden Körpers im Treffpunkt untersuchen. Wir wollen hier einige Ergebnisse einer derartigen Untersuchung wiedergeben. Es möge etwa eine Kugel auf die flache Oberfläche eines rechteckigen Trägers auftreffen[2]. Die örtliche Formänderung ist in diesem Falle durch die bekannte Hertzsche Lösung gegeben[3]. Es sei α die durch diese Formänderung bewirkte Verschiebung der auftreffenden Kugel in bezug auf die Trägerachse und P der entsprechende Druck der Kugel auf den Träger; dann ist

$$\alpha = k P^{\frac{2}{3}}, \tag{f}$$

worin k eine Konstante ist, die von den Elastizitätseigenschaften der Körper und von der Größe des Kugelradius abhängt. Der während des Stoßes wirkende Druck wird mit der Zeit variieren und eine Durchbiegung des Balkens bewirken, die sich durch die allgemeine Lösung (c) des § 44 ausdrücken läßt. Wenn der Balken in der Mitte getroffen wird, so sind die Ausdrücke für die generalisierten Kräfte

$$Q_i = P \sin \frac{i\pi}{2}$$

und die durch den Druck P bewirkte Durchbiegung in der Mitte ist dann

$$y = \sum_{1,3,5,\ldots}^{\infty} \frac{1}{i^2} \frac{l^2}{\pi^2 a} \frac{2g}{\gamma F l} \int_0^t P \sin \frac{i^2 \pi^2 a (t - t_1)\, dt_1}{l^2}. \tag{g}$$

[1] Venant, St.: l. c. S. 271, letzte Fußnote von § 61. S. 490.

[2] Siehe die Arbeit des Verfassers in Z. Math. Phys. **62**, 108 (1913).

[3] Hertz, H.: J. Math. (Crelle) **92** (1881). Love, A. E. H.: Math. Theory of Elasticity, S. 198 (1927).

Die vollständige Verschiebung der Kugel vom Beginn ($t = 0$) des Stoßes an ist gleich

$$d = \alpha + y. \tag{h}$$

Dieselbe Verschiebung kann man aber auch finden, indem man die Bewegung der Kugel betrachtet. Ist v_0 die Geschwindigkeit der Kugel zu Beginn ($t = 0$) des Stoßes, so ist die Geschwindigkeit v in einem beliebigen Zeitpunkt $t = t_1$ gegeben durch[1]

$$v = v_0 - \frac{1}{m}\int_0^{t_1} P\,dt_1, \tag{k}$$

worin

m die Masse der Kugel,

P die von der Zeit abhängige Rückwirkung des Trägers auf die Kugel ist.

Die Verschiebung der Kugel in der Stoßrichtung ist

$$d = v_0 t - \int_0^t \frac{dt_1}{m}\int_0^{t_1} P\,dt_1. \tag{l}$$

Setzt man (h) und (l) einander gleich, so erhält man die folgende Gleichung

$$v_0 t - \int_0^t \frac{dt_1}{m}\int_0^{t_1} P\,dt_1 = k P^{\frac{2}{3}} + \sum_{1,3,5,\ldots}^{\infty} \frac{1}{i^2}\,\frac{l^2}{\pi^2 a}\,\frac{2g}{\gamma F l}\int_0^t P \sin\frac{i^2\pi^2 a(t-t_1)}{l^2}\,dt_1. \tag{m}$$

Diese Gleichung läßt sich numerisch lösen, indem man das Zeitintervall von 0 bis t in kleine Elemente unterteilt und Schritt für Schritt die Verschiebungen der Kugel berechnet. Im folgenden geben wir zwei Beispiele derartiger numerischer Berechnungen.

Beispiele. Im ersten Beispiel möge es sich um einen Stahlstab von quadratischem Querschnitt $1 \cdot 1\ \mathrm{cm}^2$ und einer Länge $= 15{,}35$ cm handeln. Eine Stahlkugel vom Radius $r = 1$ cm treffe auf den Stab mit einer Geschwindigkeit $v = 1$ cm pro Sekunde auf. Nimmt man $E = 2{,}2 \cdot 10^6$ kg pro cm^2 und $\gamma = 7{,}96$ g pro cm^3 an, so ist die Periode der Grundschwingung des Stabes $\tau = 0{,}001$ sec. Bei der numerischen Lösung von Gl. (m) werde diese Periode in 180 gleiche Teile unterteilt, so daß $\delta\tau = \frac{1}{180}\tau$ wird. Der für jedes Teilintervall hiernach berechnete Druck P ist in Abb. 148 durch die Kurve I gegeben. Des Vergleiches halber ist in derselben Abbildung durch die gestrichelte Linie die zeitliche Druckänderung für den Fall einer Kugel veranschaulicht, die auf

[1] Es wird angenommen, daß außer P keine Kräfte auf die Kugel wirken.

einen unendlich großen Körper mit ebener Grenzfläche auftrifft. Man sieht, daß die Kugel nur während eines Zeitintervalls 28 ($\delta\tau$), gleich ungefähr $\frac{1}{6}\tau$, mit dem Stab in Berührung bleibt. Die Verschiebungen der Kugel sind durch die Kurve *II* und die Durchbiegung des Stabes in der Mitte durch die Kurve *III* dargestellt.

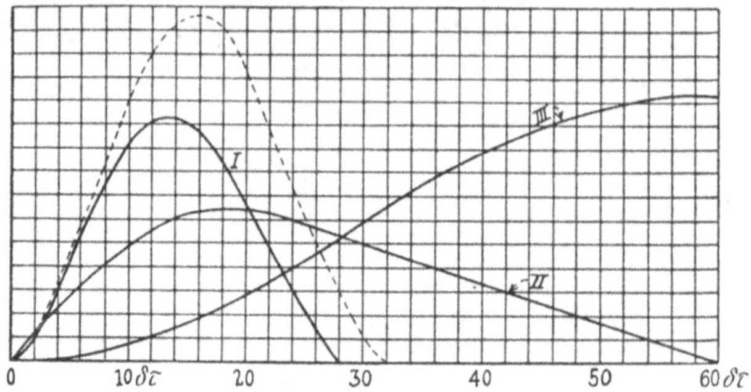

Abb. 148.

Einen komplizierteren Fall stellt Abb. 149 dar. Hier sind Stablänge und Kugelradius doppelt so groß angenommen wie im vorigen Beispiel. Die Periode τ der Grundschwingung des Stabes ist viermal so groß

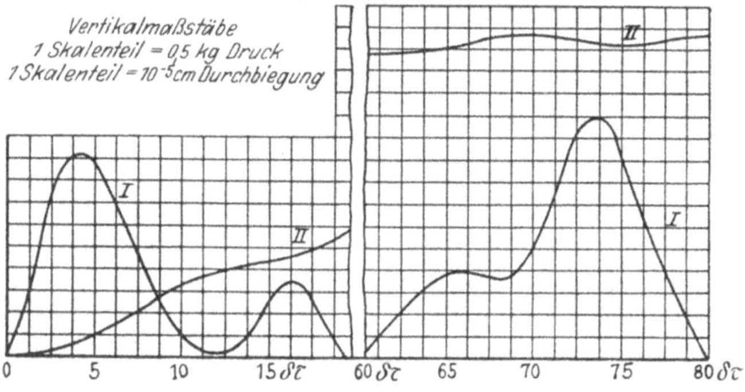

Abb. 149.

wie früher, während die Änderung des Druckes P durch eine kompliziertere Kurve *I* dargestellt ist. Man sieht, daß die Kugel von $t = 0$ bis $t = 19{,}5$ ($\delta\tau$) mit dem Stab in Berührung bleibt. Dann trifft sie den Stab wieder zur Zeit $t = 60$ ($\delta\tau$) und bleibt mit ihm in Berührung bis $t = 80$ ($\delta\tau$). Die Zunahme der Durchbiegung des Stabes ist durch die Kurve *II* gegeben.

Man erkennt aus diesen Beispielen, daß der elastische Stoß einen bedeutend komplizierteren Vorgang darstellt als der von St. Venant untersuchte unelastische Stoß.

54. Prismatische Stäbe unter longitudinalem Stoß.

Allgemeines. Wird ein Stab in der Längsrichtung von einem bewegten Körper getroffen, so lassen sich die in diesem Stab entstehenden Spannungen und Formänderungen mit Hilfe des im vorigen Paragraphen entwickelten Näherungsverfahren ermitteln. Ist jedoch eine genauere Lösung des Problems erwünscht, so muß man auf die longitudinalen Schwingungen des Stabes eingehen.

Young[1] hat zuerst auf die Notwendigkeit hingewiesen, den Einfluß der Stabmasse beim Längsstoß gründlicher zu untersuchen. Er zeigte auch, daß ein kleiner vollkommen starrer Körper beim Stoß im Stabe eine bleibende Vertiefung verursacht, wenn das Verhältnis der Geschwindigkeit v_1 des auftreffenden Körpers zur Schallgeschwindigkeit v im Stab größer ist als die der Elastizitätsgrenze des Materials für Druck entsprechende relative Verkürzung. Um diesen Satz zu beweisen, nimmt er an, daß an der Berührungsfläche von bewegtem Körper und Stab im Augenblick des Stoßes (Abb. 150) eine lokale Verdichtung erzeugt wird[2], die sich längs des Stabes mit der Schallgeschwindigkeit fortpflanzt. Wir wollen ein sehr kleines Zeitintervall t ins Auge fassen, während dessen die Geschwindigkeit des auftreffenden Körpers als konstant angesehen werden darf. Dann ist die Verschiebung des Körpers gleich $v_1 t$ und die Länge des zusammengedrückten Stabteiles gleich vt. Demnach ist die relative Verkürzung gleich $\frac{v_1}{v}$. Daher gilt der obige Satz.

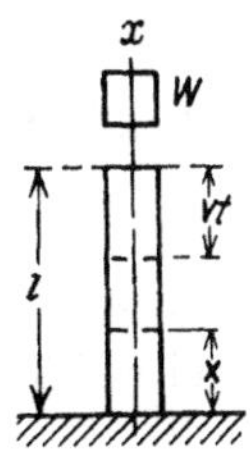

Abb. 150.

Die longitudinalen Schwingungen eines prismatischen Stabes während des Stoßvorgangs wurden von Navier[3] untersucht. Er gründete seine Untersuchung auf die Annahme, daß der auftreffende Körper mindestens während einer halben Periode der Grundschwingung mit dem Stabe in Berührung verbleibt. So wird das Stoßproblem identisch mit dem Schwingungsproblem einer Last, die am Stab angreift und zur Anfangszeit eine gegebene Geschwindigkeit besitzt (s. § 38). Die oben in der Gestalt einer unendlichen Reihe angegebene Lösung dieses Problems ist zur Berechnung der Maximalspannungen während des Stoßes nicht geeignet, und wir werden daher im folgenden eine umfassendere, von St. Venant[4] und J. Boussinesq[5] entwickelte Methode besprechen.

---

[1] Siehe seine Lectures on Natural Philosophy 1, 1244. Die Geschichte des Längsstoßproblems wird eingehend besprochen im Buch von Clebsch: l. c. S. 271; siehe letzte Fußnote von § 60.

[2] Es wird angenommen, daß die Berührungsflächen zwei parallele glatte Ebenen sind.

[3] Navier: Rapport et Mémoire sur les Ponts Suspendus 1823.

[4] Venant, St.: l. c. S. 271.

[5] Boussinesq, J.: Applications des Potentiels.

Stab, der an einem Ende festgehalten und am anderen gestoßen wird[1]. Bei der Betrachtung eines Stabes, der an einem Ende festgehalten und am anderen in der Längsrichtung gestoßen wird (Abb. 150), greifen wir zunächst auf die bereits bekannte Gleichung für Längsschwingungen (s. S. 222) zurück. Diese Gleichung lautet

$$\frac{\partial^2 u}{\partial t^2} = a^2 \frac{\partial^2 u}{\partial x^2}, \tag{a}$$

worin u die von der Gleichgewichtslage aus gemessene longitudinale Verschiebung während der Schwingung bezeichnet und

$$a^2 = \frac{E g}{\gamma} \tag{b}$$

ist. Die Randbedingung am festen Ende ist

$$(u)_{x=0} = 0. \tag{c}$$

Die Randbedingung am freien Ende, an dem die Stabkraft dem Trägheitswiderstand des auftreffenden Körpers gleich sein muß, ist

$$F E \left(\frac{\partial u}{\partial x}\right)_{x=l} = -\frac{W}{g} \left(\frac{\partial^2 u}{\partial t^2}\right)_{x=l}. \tag{d}$$

Bezeichnet man mit m das Verhältnis des Gewichtes W des auftreffenden Körpers zum Gewicht $F \gamma l$ des Stabes, so erhält man aus (d)

$$m l \left(\frac{\partial^2 u}{\partial t^2}\right)_{x=l} = -a^2 \left(\frac{\partial u}{\partial x}\right)_{x=l}. \tag{e}$$

Zur Anfangszeit $t = 0$, wenn der Körper den Stab trifft, gelten die Bedingungen

$$u = \frac{\partial u}{\partial t} = 0 \tag{f}$$

für alle Werte von x zwischen $x = 0$ und $x = l$, während am Ende $x = l$

$$\left(\frac{\partial u}{\partial t}\right)_{t=+0} = -v \tag{g}$$

gilt, da im Augenblick des Stoßes die Geschwindigkeit des getroffenen Stabendes der Geschwindigkeit des auftreffenden Körpers gleich sein muß.

Das Problem besteht nun darin, eine Lösung der Gl. (a) zu finden, die die Randbedingungen (c) und (e) und die Anfangsbedingungen (f) und (g) erfüllt.

Die allgemeine Lösung dieser Gleichung läßt sich in der Form

$$u = f(a t - x) + f_1 (a t + x) \tag{h}$$

schreiben, worin f und f_1 willkürliche Funktionen sind.

[1] Siehe Love: Theory of Elasticity, 4. Aufl., S. 431 (1927).

Werden Differentiationen nach den Argumenten $(at - x)$ oder $(at + x)$ durch Striche bezeichnet, so hat man

$$\frac{\partial f}{\partial x} = -\frac{\partial f_1}{\partial x} = -f'(at - x), \qquad \frac{\partial^2 f}{\partial x^2} = \frac{\partial^2 f_1}{\partial x^2} = f''(at - x),$$

$$\frac{\partial f}{\partial t} = \frac{\partial f_1}{\partial t} = af'(at - x), \qquad \frac{\partial^2 f}{\partial t^2} = \frac{\partial^2 f_1}{\partial t^2} = a^2 f''(at - x);$$

daraus erkennt man, daß der Ausdruck (h) die Gl. (a) befriedigt.

Zur Erfüllung der Randbedingung (c) muß

$$f(at) + f_1(at) = 0$$

oder

$$f_1(at) = -f(at)$$

für jeden Wert des Arguments (at) sein. Die Lösung (h) kann also in der Form

$$u = f(at - x) - f(at + x) \tag{k}$$

geschrieben werden.

Diese Lösung hat einen sehr einfachen physikalischen Sinn, der folgendermaßen erklärt werden kann. Man betrachte das erste Glied $f(at - x)$ der rechten Seite der Gl. (k) und fasse einen bestimmten Zeitpunkt t ins Auge; die Funktion f läßt sich für diesen Zeitpunkt durch eine gewisse Kurve nsr (Abb. 151) darstellen, deren Gestalt von der Art der Funktion f abhängt. Man sieht leicht ein, daß im Verlauf eines Zeitelements Δt das Argument $at - x$ der Funktion f ungeändert bleibt, wenn nur die Abszisse in diesem Zeitintervall um ein Element Δx, gleich $a\Delta t$ wächst. Geometrisch bedeutet dies, daß die Kurve nsr während des Zeitintervalls Δt ohne Gestaltsänderung in eine neue Lage übergeht, die in der Abbildung durch die gestrichelte Linie angedeutet ist. Aus dieser Überlegung läßt sich erkennen, daß das erste Glied der rechten Seite der Gl. (k) eine Welle darstellt, die längs der x-Achse mit einer konstanten Geschwindigkeit

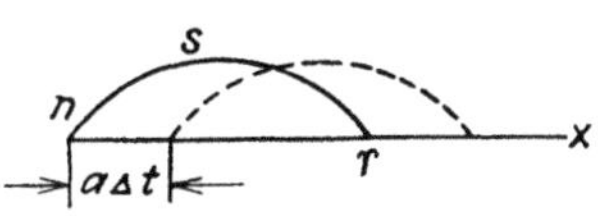

Abb. 151.

$$a = \sqrt{\frac{Eg}{\gamma}} \tag{182}$$

fortschreitet; diese Geschwindigkeit ist auch die Fortpflanzungsgeschwindigkeit der Schallwellen längs des Stabes. In gleicher Weise läßt sich zeigen, daß das zweite Glied der rechten Seite der Gl. (k) eine Welle darstellt, die mit der Geschwindigkeit a in der negativen x-Richtung fortschreitet. Die allgemeine Lösung (k) erhält man durch Superposition von zwei solchen Wellen gleicher Gestalt, die mit der gleichen Geschwindigkeit in entgegengesetzten Richtungen fortschreiten. Der auftreffende Körper erzeugt während des Stoßes eine kontinuierliche Reihe derartiger Wellen, die gegen das feste Ende laufen und dort reflektiert werden. Die Gestalt dieser aufeinanderfolgenden Wellen kann nun festgestellt werden, indem man die Anfangs- und Randbedingungen am Ende $x = l$ beachtet.

Für den Anfangszeitpunkt $t = 0$ haben wir nach Gl. (k)

$$(u)_{t=0} = f(-x) - f(+x),$$

$$\left(\frac{\partial u}{\partial x}\right)_{t=0} = -f'(-x) - f'(+x),$$

$$\left(\frac{\partial u}{\partial t}\right)_{t=0} = af'(-x) - af'(+x).$$

Führt man die Anfangsbedingungen (*f*) ein, so erhält man

$$\left.\begin{aligned} -f'(-x) - f'(+x) &= 0 \quad \text{für} \quad 0 < x < l, \\ f'(-x) - f'(+x) &= 0 \quad \text{für} \quad 0 < x < l. \end{aligned}\right\} \tag{l}$$

Betrachtet man f als Funktion eines Arguments z, das $+x$ oder $-x$ gleichgesetzt werden kann, so läßt sich aus (l) schließen, daß $f'(z)$ für $-l < z < l$ gleich Null ist, da nur unter dieser Bedingung beide Gln. (l) gleichzeitig befriedigt werden können, und daraus folgt nun, daß $f(z)$ eine Konstante ist, die gleich Null genommen werden kann. Man bekommt also

$$f(z) = 0 \quad \text{für} \quad -l < z < l. \tag{m}$$

Nun lassen sich die Werte der Funktion $f(z)$ für die Werte von z außerhalb des Intervalls $-l < z < l$ bestimmen, indem man die Randbedingungen (e) benutzt.

Setzt man (k) in Gl. (e) ein, so erhält man

$$ml\{f''(at - l) - f''(at + l)\} = +f'(at - l) + f'(at + l)$$

oder, wenn man $at + l = z$ setzt,

$$f''(z) + \frac{1}{ml}f'(z) = f''(z - 2l) - \frac{1}{ml}f'(z - 2l). \tag{n}$$

Mit Hilfe dieser Gleichung kann man die Funktion $f(z)$ folgendermaßen schrittweise konstruieren:

Aus (m) wissen wir, daß die rechte Seite der Gl. (n) im Intervall $l < z < 3l$ gleich Null ist. Durch Integration dieser Gleichung erhält man die Funktion $f(z)$ im Intervall $l < z < 3l$. Dadurch wird die rechte Seite der Gl. (n) für das Intervall $3l < z < 5l$ bekannt. Somit ergibt die Integration dieser Gleichung die Funktion $f(z)$ für das Intervall $3l < z < 5l$. Indem man in dieser Weise fortfährt, kann man $f(z)$ für alle Werte von z, die größer als $-l$ sind, bestimmen.

Betrachtet man Gl. (n) als Bestimmungsgleichung für $f'(z)$, so lautet die allgemeine Lösung dieser linearen Gleichung erster Ordnung, wie folgt:

$$f'(z) = C e^{-\frac{z}{ml}} + e^{-\frac{z}{ml}} \int e^{\frac{z}{ml}} \left[f''(z - 2l) - \frac{1}{ml} f'(z - 2l) \right] dz\,, \tag{p}$$

worin C eine Integrationskonstante ist.

Für das Intervall $l < z < 3l$ verschwindet das zweite Glied der rechten Seite der Gl. (n) und wir erhalten

$$f'(z) = C e^{-\frac{z}{ml}}.$$

Auf Grund der Bedingung (g) wird

$$a\{f'(-l + 0) - f'(l + 0)\} = -v$$

oder

$$f'(l + 0) = C e^{-\frac{1}{m}} = \frac{v}{a}; \qquad C = e^{\frac{1}{m}} \frac{v}{a};$$

und für das Intervall $l < z < 3l$ erhalten wir

$$f'(z) = \frac{v}{a} e^{-\frac{(z-l)}{ml}}. \tag{q}$$

Für $3l < z < 5l$ ist nach Gl. (q)

$$f'(z - 2l) = \frac{v}{a} e^{\frac{-(z-3l)}{ml}}$$

und

$$f''(z - 2l) - \frac{1}{ml} f'(z - 2l) = -\frac{2}{ml} \frac{v}{a} e^{\frac{-(z-3l)}{ml}}.$$

Nun kann die Lösung (p) in folgender Form dargestellt werden:

$$f'(z) = C e^{-\frac{z}{ml}} - \frac{2}{ml} \frac{v}{a} (z - 3l) e^{-\frac{(z-3l)}{ml}}. \tag{r}$$

Die Integrationskonstante C bestimmt sich aus der Bedingung, daß die Geschwindigkeit am Ende $x = l$ im Zeitpunkt $t = \frac{2l}{a}$ stetig sein soll. Diese Bedingung drückt sich durch die Beziehung

$$\left(\frac{\partial u}{\partial t}\right)_{\substack{t = \frac{2l}{a-0} \\ x = l}} = \left(\frac{\partial u}{\partial t}\right)_{\substack{t = \frac{2l}{a+0} \\ x = l}}$$

aus oder, wenn man Gl. (k) benutzt, durch

$$f'(l - 0) - f'(3l - 0) = f'(l + 0) - f'(3l + 0).$$

Mit den Gln. (m), (q) und (r) erhält man

$$-\frac{v}{a}e^{-\frac{2}{m}} = \frac{v}{a} - C e^{-\frac{3}{m}}$$

und daraus folgt

$$C = \frac{v}{a}\left(e^{\frac{1}{m}} + e^{\frac{3}{m}}\right);$$

man hat dann für das Intervall $3l < z < 5l$

$$f'(z) = \frac{v}{a} e^{\frac{-(z-l)}{ml}} + \frac{v}{a}\left[1 - \frac{2}{ml}(z - 3l)\right] e^{\frac{-(z-3l)}{ml}}. \tag{s}$$

Kennt man nun $f'(z)$ für $3l < z < 5l$, so kann man mit Hilfe der Gl. (n) den Ausdruck für $f'(z)$ im Intervall $5l - z < 7l$ finden usw.

Ist $f'(z)$ bekannt, so läßt sich daraus $f(z)$ durch Integration finden; die Integrationskonstante bestimmt sich aus der Bedingung, daß die Verschiebung u an der Stelle $x = l$ stetig bleibt. So erhält man für $l < z < 3l$

$$f(z) = \frac{m l v}{a}\left\{1 - e^{\frac{-(z-l)}{ml}}\right\} \tag{t}$$

und für $3l < z < 5l$

$$f(z) = -\frac{m l v}{a} e^{\frac{-(z-l)}{ml}} + \frac{m l v}{a}\left\{1 + \frac{2}{m l}(z - 3l)\right\} e^{\frac{-(z-3l)}{ml}}. \tag{v}$$

Kennt man $f(z)$, so lassen sich die Verschiebungen und Spannungen für jeden Stabquerschnitt berechnen, indem man in Gl. (k) die entsprechenden Werte der Funktionen $f(at - x)$ und $f(at + x)$ einsetzt. Für $0 < t < \frac{l}{a}$ ist das Glied $f(at - x)$ in Gl. (k) wegen (m) gleich Null und wir haben daher nur die in negativer x-Richtung fortschreitende Welle $f(at + x)$. Die Gestalt dieser Welle erhält man aus (t), indem man $at + x$ an Stelle von z setzt. Zur Zeit $t = \frac{l}{a}$ wird die Welle am festen Ende reflektiert und wir haben dann im Intervall $\frac{l}{a} < t < \frac{2l}{a}$ zwei Wellen, nämlich die in der positiven x-Richtung fortschreitende Welle $f(at - x)$ und die in der negativen x-Richtung fortschreitende Welle $f(at + x)$. Beide Wellen können wir aus (t) erhalten, indem wir für z die Argumente $(at - x)$ bzw. $(at + x)$ setzen. Fahren wir auf diesem Wege fort, so gelangen wir zu einer vollkommenen Beschreibung der Vorgänge beim longitudinalen Stoß.

Die obige Lösung stellt die tatsächlichen Verhältnisse nur so lange dar, als ein positiver Druck zwischen dem stoßenden Körper und dem Stab besteht, d. h. solange die Dehnung

$$\left(\frac{\partial u}{\partial x}\right)_{x=l} = -f'(at - l) - f'(at + l) \tag{w}$$

negativ bleibt. Für $0 < at < 2l$ wird die rechte Seite der Gl. (w) durch die mit dem negativen Zeichen versehene Funktion (q) dargestellt und bleibt negativ. Für $2l < at < 4l$ lautet die rechte Seite von Gl. (w)

$$-\frac{v}{a} e^{-\frac{at}{ml}} \left\{1 + 2 e^{\frac{2}{m}} \left(1 - \frac{at - 2l}{ml}\right)\right\}.$$

Dies verschwindet, wenn

$$1 + 2 e^{\frac{2}{m}} \left(1 - \frac{at - 2l}{ml}\right) = 0$$

oder

$$\frac{2at}{ml} = \frac{4}{m} + 2 + e^{-\frac{2}{m}}. \tag{x}$$

Diese Gleichung kann im Intervall $2l < at < 4l$ nur dann eine Wurzel haben, wenn

$$2 + e^{-\frac{2}{m}} < \frac{4}{m}$$

und dies tritt für $m = 1{,}73$ ein.

Ist also das Verhältnis des Stoßkörpergewichts zum Stabgewicht kleiner als 1,73, so hört der Stoß in einem Zeitpunkt t des Intervalls $2l < at < 4l$ auf, und dieser Zeitpunkt läßt sich aus Gl. (x) berechnen. Für größere Werte des Verhältnisses m muß man eine Untersuchung darüber anstellen, ob der Stoß in einem Zeitpunkt des Intervalls $4l < at < 6l$ aufhört oder nicht usw.

Das Maximum der Druckspannungen während des Stoßvorgangs tritt am festen Ende auf. Für große Werte von m ($m > 24$) läßt sich diese Spannung mit genügender Genauigkeit aus der folgenden Näherungsformel berechnen:

$$p_{\max} = E \frac{v}{a} (\sqrt{m} + 1). \tag{183}$$

Des Vergleichs halber ist es interessant zu bemerken, daß man unter Anwendung des im vorigen Paragraphen angegebenen Näherungsverfahrens und Vernachlässigung der Größe δ_{st} gegen h in Gl. (d) (s. S. 308) zu folgender Gleichung gelangt:

$$p_{\max} = E \frac{v}{a} \sqrt{m}. \tag{184}$$

Für $5 < m < 24$ ist die Gleichung

$$p_{\max} = E \frac{v}{a} (\sqrt{m} + 1{,}1) \tag{185}$$

an Stelle von Gl. (183) zu verwenden. Für $m < 5$ leitet St. Venant die folgende Formel ab:

$$p_{\max} = 2 E \frac{v}{a} \left(1 + e^{-\frac{2}{m}}\right). \tag{186}$$

Die obige Methode ist auch auf den Fall einer Stange anwendbar, die an einem Ende frei ist und am anderen von einem Längsstoß getroffen wird; ebenso auf den Längsstoß zweier primatischer Stäbe gegeneinander[1]. Es ist zu beachten, daß die obige Untersuchung des Längsstoßes sich auf die Annahme gründet, daß die Berührungsflächen zwischen Stoßkörper und Stab zwei ideal glatte parallele Ebenen sind. In Wirklichkeit wird die Oberfläche stets irgendwelche Unregelmäßigkeiten aufweisen und es wird eine gewisse Zeitspanne zum Herunterschaffen der Vorsprünge erforderlich sein. Wenn diese Zeitspanne von der Größenordnung der Zeit ist, die der Schall braucht, um die Stablänge zu durchlaufen, so ist keine befriedigende Übereinstimmung zwischen Theorie und Praxis zu erwarten[2]. Viel bessere Resultate erhält man bei einer Anordnung, wo die Zeit $\frac{l}{a}$ verhältnismäßig groß ist. So erzielte beispielsweise C. Ramsauer[3] eine gute Übereinstimmung zwischen Theorie und Experiment, indem er den festen Stab durch eine Spiralfeder ersetzte. In gleicher Weise läßt sich die Theorie mit Aussicht auf zufriedenstellende Ergebnisse auch auf die Untersuchung der Fortpflanzung von Stoßwellen längs gleichmäßig beladener Eisenbahnzüge anwenden. Ein derartiges Problem kann von praktischer Bedeutung für die Schätzung der Kräfte sein, die bei der Kuppelung von Waggons auftreten.

Zur Erzielung einer besseren Übereinstimmung zwischen Theorie und Erfahrung kann man auch in der Weise verfahren, daß man sich für eine Anordnung mit besser realisierbaren Berührungsbedingungen entscheidet. Beispielsweise erreichte J. E. Sears[4] eine sehr gute Übereinstimmung zwischen theoretischen und praktischen Ergebnissen, indem er einen Stab mit einem abgerundeten Ende nahm und die Hertzsche Theorie für die lokale Formänderung im Berührungspunkt mit der St. Venantschen Theorie für längs des Stabes fortschreitende Wellen kombinierte.

55. Schwingungen eines Kreisringes.

Auf das Schwingungsproblem eines Kreisringes wird man bei der Untersuchung der Schwingungsfrequenzen verschiedenartiger Kreisrahmen für rotierende elektrische Maschinen geführt. Solche Untersuchungen sind beim Studium der Geräuschursachen in derartigen

---

[1] Siehe A. E. H. Love, Elasticity, S. 435. Eine eingehende Untersuchung über den longitudinalen Stoß verdankt man L. Donnell: Trans. Am. Soc. Mech. Eng. 1930.

[2] Experimente mit massiven Stahlstäben wurden von W. Voigt angestellt: Wied. Ann. **19**, 43 (1883).

[3] Ramsauer, C.: Ann. Physik **30** (1909).

[4] Sears, I. E.: Trans. Cambridge philos. Soc. **21**, 49 (1908). Weitere Experimente beschreibt J. E. P. Wagstaff: Royal Soc. Proc. (Ser. A) **105**, 544 (1924).

Maschinen erforderlich. Im folgenden werden wir mehrere einfache Schwingungsprobleme eines Kreisringes von konstantem Querschnitt behandeln, und zwar unter der Annahme, daß 1. die Querschnittsdimensionen des Ringes gegenüber seinem mittleren Radius klein sind und 2. eine der Hauptachsen des Querschnittes in der Ringebene liegt.

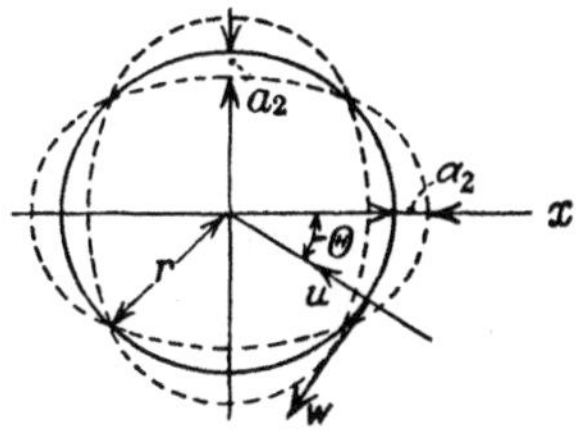

Abb. 152.

Reine Radialschwingungen. In diesem Falle bildet die Mittellinie des Ringes einen Kreis mit periodisch variierendem Radius und alle Querschnitte bewegen sich radial ohne Drehung.

Es sei

r der mittlere Halbmesser des Ringes,

u die für alle Querschnitte gleiche radiale Verschiebung,

F der Flächeninhalt des Ringquerschnittes.

Dann beträgt die Dehnung (Verlängerung pro Längeneinheit) des Ringes in der Umfangsrichtung $-\frac{u}{r}$. Die potentielle Energie der Formänderung besteht in diesem Fall in der Energie der einfachen Dehnung und ist durch die Gleichung

$$V = \frac{F E u^2}{2 r^2} 2 \pi r \tag{a}$$

gegeben, während die kinetische Energie der Schwingung gleich ist

$$T = \frac{F \gamma}{2 g} \dot{u}^2 2 \pi r . \tag{b}$$

Aus (a) und (b) erhalten wir

$$\ddot{u} + \frac{E g}{\gamma} \frac{1}{r^2} u = 0$$

und daraus

$$u = C_1 \cos p t + C_2 \sin p t ,$$

worin

$$p = \sqrt{\frac{E g}{\gamma r^2}} .$$

Die Frequenz der rein radialen Schwingung ist daher[1]

$$f = \frac{p}{2 \pi} = \frac{1}{2 \pi} \sqrt{\frac{E g}{\gamma r^2}} . \tag{187}$$

---

[1] Wenn überdies noch eine Belastung vorhanden ist, die man sich gleichförmig längs der Mittellinie des Rings verteilt denken kann, so muß man nur in der obigen Berechnung [Gl. (b)] $F\gamma$ durch $F\gamma + q$ ersetzen, wobei q das Zusatzgewicht pro Längeneinheit der Ringmittellinie bedeutet.

Ein Kreisring besitzt auch Schwingungsformen, die den longitudinalen Schwingungen prismatischer Stäbe analog sind. Wenn i die Wellenanzahl längs des Umfangs bezeichnet, so bestimmen sich die Frequenzen der höheren Schwingungsarten der Dehnungsschwingungen des Ringes aus der Gleichung[1]

$$f_i = \frac{1}{2\pi}\sqrt{\frac{E g}{\gamma r^2}}\sqrt{1+i^2}. \tag{188}$$

Torsionsschwingungen. Wir betrachten nun die einfachste Art der Torsionsschwingungen, nämlich jene, bei der die Ringmittellinie undeformiert bleibt und alle Querschnitte des Ringes bei der Schwingungsbewegung immer um den gleichen Winkel verdreht sind (Abb. 153). Infolge dieser Drehung erfährt ein Punkt M mit der Entfernung y von der Mittelebene des Ringes eine radiale Verschiebung gleich $y\varphi$, und die entsprechende Umfangsverlängerung kann näherungsweise gleich $y\frac{\varphi}{r}$ gesetzt werden. Die potentielle Energie der Formänderung des Ringes berechnet sich nun zu

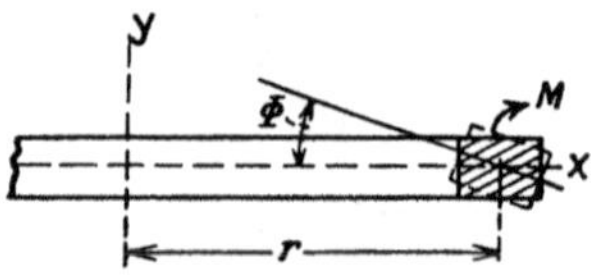

Abb. 153.

$$V = 2\pi r\int_F \frac{E}{2}\left(\frac{y\varphi}{r}\right)^2 dF = \frac{\pi E I_x \varphi^2}{r}, \tag{c}$$

worin I_x das Trägheitsmoment des Querschnittes in bezug auf die x-Achse ist.

Die kinetische Energie der Schwingungsbewegung ist

$$T = 2\pi r\cdot\frac{I_P\gamma}{2g}\dot{\varphi}^2, \tag{d}$$

worin I_P das polare Trägheitsmoment des Querschnitts ist.

Aus (c) und (d) erhalten wir

$$\ddot{\varphi} + \frac{E g}{\gamma r^2}\frac{I_x}{I_P}\varphi = 0$$

und daraus

$$\varphi = C_1\cos pt + C_2\sin pt,$$

worin

$$p = \sqrt{\frac{E g}{\gamma r^2}\frac{I_x}{I_P}}.$$

Die Frequenz der Torsionsschwingungen ist damit gegeben durch

$$f = \frac{1}{2\pi}\sqrt{\frac{E g}{\gamma r^2}\frac{I_x}{I_P}}. \tag{189}$$

[1] Love, A. E. H.: Elasticity, S. 454.

Vergleicht man dieses Resultat mit der Formel (187), so sieht man, daß die Frequenzen der Torsionsschwingungen und die der rein radialen Schwingungen im Verhältnis $\sqrt{\frac{I_x}{I_P}}$ zueinander stehen. Die Frequenzen der höheren Schwingungsarten der Torsionsschwingung sind im Falle eines kreisförmigen Ringquerschnittes durch die Gleichung

$$f_i = \frac{1}{2\pi} \sqrt{\frac{E g}{2 \gamma r^2}} \sqrt{1 + i^2} \tag{190}$$

gegeben[1]. Bedenkt man, daß

$$\sqrt{\frac{E g}{\gamma r^2}} = \frac{a}{r}$$

ist, worin a die Schallgeschwindigkeit in der Längsrichtung des Stabes bezeichnet, so erkennt man, daß die oben untersuchten Dehnungs- und Torsionsschwingungen gewöhnlich hohe Frequenzen haben. Auf viel niedrigere Frequenzen stößt man bei der Untersuchung der Biegungsschwingungen.

Biegungsschwingungen eines Kreisringes. Die Biegungsschwingungen eines Kreisringes zerfallen in zwei Gruppen, nämlich in Biegungsschwingungen, die sich in der Ringebene abspielen und in Biegungsschwingungen, die auch Verschiebungen normal zur Ringebene und Verdrehungen enthalten[1]. Bei der Untersuchung der Biegungsschwingungen in der Ringebene (Abb. 152) bezeichnen wir mit

θ den Winkel zur Lagenbestimmung eines Punktes auf der Mittellinie,

u die radiale Verschiebung, positiv, falls nach dem Mittelpunkt hin gerichtet,

w die tangentiale Verschiebung, positiv in der Richtung des wachsenden θ,

I das Trägheitsmoment des Querschnittes in bezug auf eine zur Ringebene senkrechte Hauptachse.

Die von den Verschiebungen u und w herrührende Dehnung der Mittellinie ist

$$e = -\frac{u}{r} + \frac{\partial w}{r\,\partial \theta} \tag{e}$$

und die Krümmungsänderung läßt sich durch die Gleichung[2]

$$\frac{1}{r + \Delta r} - \frac{1}{r} = \frac{\partial^2 u}{r^2\,\partial \theta^2} + \frac{u}{r^2} \tag{f}$$

darstellen. Im allgemeinsten Fall der Biegungsschwingungen läßt sich

[1] Love, A. E. H.: Elasticity, S. 453, 451.

[2] Diese Gleichung wurde von J. Boussinesq aufgestellt: Comptes Rendus **97**, 843 (1883).

die radiale Verschiebung u in der Form einer trigonometrischen Reihe[1]

$$u = a_1 \cos\theta + a_2 \cos 2\theta + \cdots + b_1 \sin\theta + b_2 \sin 2\theta + \cdots \tag{h}$$

darstellen, in der die mit der Zeit variierenden Koeffizienten a_1, $a_2, \ldots, b_1, b_2, \ldots$, die generalisierten Koordinaten sind.

Betrachten wir Biegungsschwingungen ohne Dehnung, so haben wir nach (e)

$$u = \frac{\partial w}{\partial \theta} \tag{g}$$

und daraus[2]

$$w = a_1 \sin\theta + \tfrac{1}{2} a_2 \sin 2\theta + \cdots - b_1 \cos\theta - \tfrac{1}{2} b_2 \cos 2\theta - \cdots. \tag{k}$$

Das Biegungsmoment für einen beliebigen Ringquerschnitt ist

$$M = \frac{EI}{r^2}\left(\frac{\partial^2 u}{\partial \theta^2} + u\right)$$

und daraus erhalten wir für die potentielle Energie der Biegung

$$V = \frac{EI}{2r^4}\int_0^{2\pi}\left(\frac{\partial^2 u}{\partial \theta^2} + u\right)^2 r\,d\theta$$

oder, wenn wir die Reihe (h) für u einsetzen und die Formeln

$$\int_0^{2\pi} \cos m\theta \cos n\theta\, d\theta = 0, \qquad \int_0^{2\pi} \sin m\theta \sin n\theta\, d\theta = 0, \quad \text{für } m \neq n$$

$$\int_0^{2\pi} \cos m\theta \sin m\theta\, d\theta = 0, \qquad \int_0^{2\pi} \cos^2 m\theta\, d\theta = \int_0^{2\pi} \sin^2 m\theta\, d\theta = \pi$$

benutzen,

$$V = \frac{EI\pi}{2r^3}\sum_1^\infty{}_i\, (1 - i^2)^2 (a_i^2 + b_i^2). \tag{l}$$

Die kinetische Energie des schwingenden Ringes ist

$$T = \frac{F\gamma}{2g}\int_0^{2\pi} (\dot{u}^2 + \dot{w}^2)\, r\, d\theta.$$

Durch Substitution von (h) und (k) für u bzw. w geht dieser Ausdruck in

$$T = \frac{\pi r F \gamma}{2g}\sum_1^\infty{}_i \left(1 + \frac{1}{i^2}\right)(\dot{a}_i^2 + \dot{b}_i^2) \tag{m}$$

über.

---

[1] Das der rein radialen Schwingung entsprechende konstante Glied der Reihe ist weggelassen.

[2] Die Integrationskonstante, die eine Rotation des Rings als starrer Körper in seiner Ebene darstellt, ist im Ausdruck (k) weggelassen.

Wie man sieht, enthalten die Ausdrücke (l) und (m) nur die Quadrate der generalisierten Koordinaten und der entsprechenden Geschwindigkeiten; diese Koordinaten sind also die Hauptkoordinaten, und die entsprechenden Schwingungen sind die Hauptschwingungsarten der Biegungsschwingung des Ringes. Die Differentialgleichung für eine beliebige Schwingungsart ist nach (l) und (m)

$$\frac{\pi r F \gamma}{g}\left(1 + \frac{1}{i^2}\right)\ddot{a}_i + \frac{E I \pi}{r^3}(1 - i^2)^2 a_i = 0$$

oder

$$\ddot{a}_i + \frac{E g}{\gamma}\,\frac{I}{F r^4}\,\frac{i^2(1 - i^2)^2}{1 + i^2}\,a_i = 0\,.$$

Die Frequenz einer beliebigen Schwingungsart ist also durch die Gleichung

$$f_i = \frac{1}{2\pi}\sqrt{\frac{E g}{\gamma}\,\frac{I}{F r^4}\,\frac{i^2(1 - i^2)^2}{1 + i^2}} \qquad (191)$$

bestimmt. Für $i = 1$ erhalten wir $f_1 = 0$. In diesem Falle ist $u = a_1 \cos\theta$, $w = a_1 \sin\theta$, und der Ring bewegt sich als starrer Körper, wobei a_1 die Verschiebung in der negativen x-Richtung ist. Wenn $i = 2$ ist, so vollführt der Ring die Grundform der Biegungsschwingung. Die extremen Lagen des schwingenden Ringes sind dabei durch die gestrichelten Linien der Abb. 152 angedeutet.

Im Falle der Biegungsschwingungen eines Ringes von kreisförmigem Querschnitt, die sowohl Verschiebungen normal zur Ringebene als auch Verdrehungen enthalten, lassen sich die Frequenzen der Hauptschwingungsarten aus der Gleichung

$$f_i = \frac{1}{2\pi}\sqrt{\frac{E g}{\gamma}\,\frac{I}{F r^4}\,\frac{i^2(i^2 - 1)^2}{i^2 + 1 + \sigma}} \qquad (192)$$

berechnen[1], in der σ die Poissonsche Konstante bezeichnet.

Vergleicht man (192) mit (191), so sieht man, daß die Frequenzen der beiden Klassen von Biegungsschwingungen selbst bei der Grundschwingung ($i = 2$) nur sehr wenig voneinander abweichen[2].

Unvollständiger Ring. Wenn der Ring die Form eines ungeschlossenen Kreisbogens hat, so wird das Problem, die Eigenschwingungen zu berechnen, sehr kompliziert[3]. Die Resultate, soweit sie überhaupt vorliegen, lassen sich nur auf den Fall anwenden, daß die Bogenlänge gegen-

[1] Love, A. E. H.: Mathematical Theory of Elasticity, 4. Aufl., S. 453. Cambridge 1927.

[2] Eine interessante experimentelle Untersuchung eines Rings, der einen Zahnradkranz darstellt, stammt von R. E. Peterson: Trans. Am. Soc. Mech. Engs., Appl. Mech. Div. **1929**.

[3] Dieses Problem wurde von H. Lamb erörtert. Math. Soc. Proc. **19**, 365 London 1888.

über dem Krümmungsradius klein ist. Hierfür ergeben sich Eigenfrequenzen, die etwas niedriger sind als die eines geraden Stabes von gleichem Material, gleicher Länge und gleichem Querschnitt. Die exakte Lösung des Problems für den allgemeinen Fall ist außerordentlich kompliziert, praktisch stehen bisher nur einige Näherungswerte für die niedrigsten Eigenfrequenzen zur Verfügung; sie wurden mit Hilfe der Rayleigh-Ritzschen Methode[1] berechnet.

56. Schwingungen von Membranen.

Allgemeines. In der folgenden Untersuchung wird angenommen, daß die Membran eine vollkommen biegsame und unendlich dünne Lamelle von gleichförmigem Material und überall gleicher Dicke ist. Ferner wird angenommen, daß sie nach allen Richtungen hin gleichförmig gedehnt wird vermöge einer Spannung, die so groß ist, daß ihre Schwankungen infolge der kleinen Biegungen während der Schwingung vernachlässigt werden können. Die Ebene der Membran möge mit der xy-Ebene zusammenfallen und es sei

w die während der Schwingungsbewegung betrachtete Verschiebung eines beliebigen Membranpunktes rechtwinklig zur xy-Ebene,

s die gleichförmige Zugkraft pro Längeneinheit der Membranbegrenzung,

q das Gewicht der Membran pro Flächeneinheit.

Den Zuwachs der potentiellen Energie der Membran infolge der Biegung findet man in der üblichen Weise, indem man die gleichförmige Zugkraft s mit der Vergrößerung des Flächeninhaltes der Membran multipliziert. Im gekrümmten Zustande ist dieser gleich

$$F = \iint \sqrt{1 + \left(\frac{\partial w}{\partial x}\right)^2 + \left(\frac{\partial w}{\partial y}\right)^2}\, dx\, dy$$

oder, wenn man berücksichtigt, daß die Durchbiegungen während der Schwingung sehr klein sind,

$$F = \iint \left\{1 + \frac{1}{2}\left(\frac{\partial w}{\partial x}\right)^2 + \frac{1}{2}\left(\frac{\partial w}{\partial y}\right)^2\right\} dx\, dy.$$

Damit ist der Zuwachs an potentieller Energie

$$V = \frac{s}{2}\iint \left\{\left(\frac{\partial w}{\partial x}\right)^2 + \left(\frac{\partial w}{\partial y}\right)^2\right\} dx\, dy. \tag{a}$$

Die kinetische Energie während der Schwingung ist

$$T = \frac{q}{2g}\iint \dot{w}^2\, dx\, dy. \tag{b}$$

---

[1] Siehe J. P. Den Hartog: The Lowest Natural Frequency of Circular Arcs. Phil. Mag. 5, 400 (1928); ebenso Vibration of Frames of Electrical Machines. Trans. Am. Soc. Mech. Eng. Appl. Mec. Div. 1928.

Mit Hilfe der Ausdrücke (a) und (b) lassen sich die Eigenfrequenzen berechnen, was nun für einige Spezialfälle geschehen soll.

Schwingungen einer rechteckigen Membran. Es seien a und b die Seitenlängen der Membran; die Achsen mögen die in Abb. 154 angegebene Lage haben. Welcher Art immer die Funktion w, als Funktion der Koordinaten betrachtet, auch sein mag, stets läßt sie sich innerhalb der Grenzen des Rechteckes durch die Doppelreihe

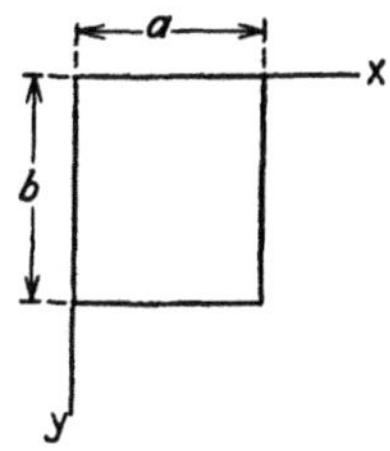

Abb. 154.

$$w = \sum_{1}^{\infty}{}_m \sum_{1}^{\infty}{}_n q_{mn} \sin\frac{m\pi x}{a} \sin\frac{n\pi y}{b} \qquad \text{(c)}$$

darstellen; die Koeffizienten q_{mn} sind die generalisierten Koordinaten für diesen Fall. Es ist leicht zu sehen, daß jedes Glied der Reihe (c) den Randbedingungen genügt, so daß $w = 0$ für $x = 0$, $x = a$ und $w = 0$ für $y = 0$, $y = b$.

Setzt man (c) in den Ausdruck (a) für die potentielle Energie ein, so folgt

$$V = \frac{s\pi^2}{2}\int_0^a\int_0^b\left\{\left(\sum\sum q_{mn}\frac{m}{a}\cos\frac{m\pi x}{a}\sin\frac{n\pi y}{b}\right)^2 + \left(\sum\sum q_{mn}\frac{n}{b}\sin\frac{m\pi x}{a}\cos\frac{n\pi y}{b}\right)^2\right\}dx\,dy.$$

Wird der Ausdruck über die Fläche der Membran integriert, so ergibt sich mit den Formeln des § 12 (s. S. 62)

$$V = \frac{s}{2}\frac{ab\pi^2}{4}\sum_{1}^{\infty}{}_m\sum_{1}^{\infty}{}_n\left(\frac{m^2}{a^2}+\frac{n^2}{b^2}\right)q_{mn}^2. \qquad \text{(d)}$$

In gleicher Weise erhält man durch Substitution von (c) in Gl. (b) den folgenden Ausdruck für die kinetische Energie:

$$T = \frac{q}{2g}\frac{ab}{4}\sum\sum \dot{q}_{mn}^2. \qquad \text{(e)}$$

Die Ausdrücke (d) und (e) enthalten die Produkte der Koordinaten und der entsprechenden Geschwindigkeiten nicht; die gewählten Koordinaten sind demnach Hauptkoordinaten und die entsprechenden Schwingungen Haupt- oder Eigenschwingungen der Membran.

Die Differentialgleichung einer Hauptschwingung ist nach (d) und (e)

$$\frac{q}{g}\frac{ab}{4}\ddot{q}_{mn} + s\frac{ab\pi^2}{4}\left(\frac{m^2}{a^2}+\frac{n^2}{b^2}\right)q_{mn} = 0; \qquad \text{(f)}$$

daraus ergibt sich

$$f_{mn} = \frac{1}{2}\sqrt{\frac{gs}{q}\left(\frac{m^2}{a^2}+\frac{n^2}{b^2}\right)}. \qquad (193)$$

Die Grundschwingung erhält man, indem man $m = n = 1$ setzt. Danach ist

$$f_{11} = \frac{1}{2}\sqrt{\frac{g\,s}{q}\left(\frac{1}{a^2} + \frac{1}{b^2}\right)}\,.$$

Die Gleichung der gekrümmten Membranfläche ist in diesem Falle

$$w = C \sin\frac{\pi x}{a} \sin\frac{\pi y}{b}\,. \tag{g}$$

In gleicher Weise kann man die höheren Schwingungsarten finden. Betrachten wir z. B. den Fall einer quadratischen Membran ($a = b$). Die Frequenz des tiefsten Tones ist

$$f_{11} = \frac{1}{a\sqrt{2}}\sqrt{\frac{g\,s}{q}}\,. \tag{194}$$

Sie ist der Quadratwurzel aus der Spannung s direkt, der Seitenlänge der Membran und der Quadratwurzel des Gewichtes pro Flächeneinheit umgekehrt proportional.

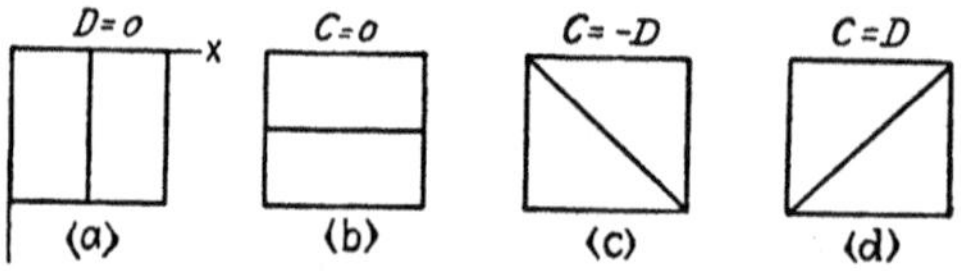

Abb. 155.

Die zwei nächsthöheren Schwingungsarten erhält man, indem man eine der beiden Zahlen m, n gleich 2, die andere gleich 1 setzt. Diese beiden Schwingungen haben gleiche Frequenz, aber ihre Durchbiegungsflächen zeigen verschiedene Gestalt. In Abb. 155 veranschaulichen (a) und (b) die Knotenlinien dieser beiden Schwingungsarten. Da die Frequenzen in beiden Fällen gleich sind, so ist es möglich, diese zwei Flächen einander in jedem Verhältnis ihrer Maximaldurchbiegungen zu superponieren. Eine solche Kombination wird ausgedrückt durch

$$w = \left(C \sin\frac{2\pi x}{a} \sin\frac{\pi y}{a} + D \sin\frac{\pi x}{a} \sin\frac{2\pi y}{a}\right),$$

worin C und D willkürliche Konstanten sind. Vier Spezialfälle derartiger Kombinationsschwingungen sind in Abb. 155 dargestellt. Nimmt man $D = 0$, so erhält man die oben erwähnte in Abb. 155 (a) veranschaulichte Schwingung. Die Membran ist während der Schwingungsbewegung durch eine vertikale Knotenlinie in zwei gleiche Teile geteilt. Für $C = 0$ ist die Membran, wie Abb. 155 (b) zeigt, durch eine horizontale Knotenlinie geteilt. Ist $C = D$, so erhält man

$$w = C\left(\sin\frac{2\pi x}{a} \sin\frac{\pi y}{a} + \sin\frac{\pi x}{a} \sin\frac{2\pi y}{a}\right)$$
$$= 2C \sin\frac{\pi x}{a} \sin\frac{\pi y}{a}\left(\cos\frac{\pi x}{a} + \cos\frac{\pi y}{a}\right).$$

Dieser Ausdruck verschwindet für

$$\sin\frac{\pi x}{a} = 0 \quad \text{oder} \quad \sin\frac{\pi y}{a} = 0$$

oder aber für

$$\cos\frac{\pi x}{a} + \cos\frac{\pi y}{a} = 0 .$$

Die ersten zwei Gleichungen gelten für die Seiten des Randes; aus der dritten Gleichung erhält man

$$\frac{\pi x}{a} = \pi - \frac{\pi y}{a},$$

$$x + y = a .$$

Dies stellt eine Diagonale des schwingenden Quadrates nach Abb. 155 (*d*) dar. Abb. 155 (*c*) entspricht dem Fall $C = -D$. In den letzten zwei Fällen läßt sich jede Membranhälfte als dreieckige, gleichschenklig-rechtwinklige Membran auffassen. Die Grundfrequenz dieser Membran ist nach Gl. (193)

$$f = \frac{1}{2}\sqrt{\frac{g s}{q}\left(\frac{4}{a^2} + \frac{1}{a^2}\right)} = \frac{\sqrt{5}}{2a}\sqrt{\frac{g s}{q}} . \tag{195}$$

In dieser Weise lassen sich auch höhere Schwingungsarten einer quadratischen oder rechteckigen Membran untersuchen[1].

Für den Fall erzwungener Membranschwingungen geht die Differentialgleichung (f) der Bewegung über in

$$\frac{q}{g}\frac{a b}{4}\ddot{q}_{mn} + s\frac{a b \pi^2}{4}\left(\frac{m^2}{a^2} + \frac{n^2}{b^2}\right) q_{mn} = Q_{mn} , \tag{h}$$

worin Q_{mn} die der Koordinate q_{mn} entsprechende *generalisierte Störungskraft* ist.

Betrachten wir z. B. den Fall einer harmonischen Kraft $P = P_0 \cos \omega t$, die im Mittelpunkt der Membran auf diese einwirkt. Erteilen wir einer Koordinate q_{mn} im Ausdruck (c) einen Zuwachs δq_{mn}, so ergibt sich für die von der Kraft P geleistete Arbeit:

$$P_0 \cos \omega t\, \delta q_{mn} \sin\frac{m\pi}{2} \sin\frac{n\pi}{2} ;$$

demzufolge ist $Q_{mn} = \pm P_0 \cos \omega t$, wenn m und n beide ungerade sind, während sonst $Q_{mn} = 0$ ist. Hiermit und auf Grund der Gl. (24), S. 24, erhalten wir nach (h)

$$q_{mn} = \pm \frac{4g}{a b q}\frac{P_0}{p_{mn}} \int_0^t \sin p_{mn}(t - t_1) \cos \omega t_1\, dt_1$$

$$= \pm \frac{4g}{a b q}\frac{P_0}{p_{mn}^2 - \omega^2} (\cos \omega t - \cos p_{mn} t) , \tag{k}$$

[1] Eine eingehendere Untersuchung dieses Problems findet sich im Buche von Rayleigh: l. c. S. 143. Siehe auch Lamé: Leçons sur l'élasticité. Paris 1852.

worin

$$p_{mn}^2 = \frac{g s \pi^2}{q}\left(\frac{m^2}{a^2} + \frac{n^2}{b^2}\right).$$

Durch Substitution von (k) in den Ausdruck (c) ergeben sich die durch die Störungskraft $P_0 \cos \omega t$ erzeugten Schwingungen.

Wenn eine verteilte störende Kraft Z auf die Membran einwirkt, so ist die generalisierte Kraft in Gl. (h)

$$Q_{mn} = \int_0^b \int_0^a Z \sin \frac{m \pi x}{b} \sin \frac{n \pi y}{b}\, dx\, dy. \tag{l}$$

Nehmen wir für den Augenblick an, daß zur Anfangszeit $t = 0$ an der Membran ein gleichförmig verteilter Druck Z plötzlich zur Wirkung kommt; dann ist nach (l)

$$Q_{mn} = Z \frac{a b}{m n \pi^2}(1 - \cos m \pi)(1 - \cos n \pi).$$

Sind m und n beide ungerade, so ist

$$Q_{mn} = \frac{4 a b}{m n \pi^2} Z; \tag{m}$$

andernfalls verschwindet Q_{mn}.

Setzt man (m) in Gl. (h) ein, so wird mit Rücksicht auf die Anfangsbedingung, daß $q_{mn} = 0$ für $t = 0$ sein soll,

$$q_{mn} = \frac{16 g}{q\, m n \pi^2} \frac{Z(1 - \cos p_{mn} t)}{p_{mn}^2}. \tag{n}$$

Daher sind die durch den plötzlich angreifenden Druck Z erzeugten Schwingungen gegeben durch

$$w = \frac{16 g Z}{\pi^2 g} \sum \sum \frac{1 - \cos p_{mn} t}{m n p_{mn}^2} \sin \frac{m \pi x}{a} \sin \frac{n \pi y}{b}, \tag{o}$$

worin m und n beide ungerade sind.

Rayleigh-Ritzsche Methode. Zur Berechnung der Eigenfrequenzen einer Membran ist die Rayleigh-Ritzsche Methode sehr geeignet. Bei der Anwendung dieser Methode nehmen wir an, daß die Form der Membran während der Schwingungen durch

$$w = w_0 \cos p t \tag{p}$$

gegeben ist, wobei w_0 eine passende Funktion der Koordinaten x und y ist, welche die Gestalt der gekrümmten Membran, d. h. die Schwingungsart bestimmt. Durch Substitution von (p) in den Ausdruck (a) der potentiellen Energie finden wir

$$V_{\max} = \frac{s}{2} \iint \left\{\left(\frac{\partial w_0}{\partial x}\right)^2 + \left(\frac{\partial w_0}{\partial y}\right)^2\right\} dx\, dy. \tag{q}$$

Für das Maximum der kinetischen Energie erhalten wir aus (b)

$$T_{\max} = \frac{q}{2g} p^2 \iint w_0^2 \, dx \, dy \,. \tag{r}$$

Setzen wir (q) und (r) einander gleich, so ergibt sich

$$p^2 = \frac{s g}{q} \frac{\iint \left\{ \left(\frac{\partial w_0}{\partial x} \right)^2 + \left(\frac{\partial w_0}{\partial y} \right)^2 \right\} dx \, dy}{\iint w_0^2 \, dx \, dy} \,. \tag{s}$$

Bei der Rayleigh-Ritzschen Methode denken wir uns die Funktion w_0 für die Biegungsfläche der Membran in Form einer Reihe

$$w_0 = a_1 \varphi_1(x, y) + a_2 \varphi_2(x, y) + a_3 \varphi_3(x, y) + \cdots, \tag{t}$$

deren jedes Glied die Randbedingungen erfüllt. (Die Verschiebungen an den Rändern der Membran müssen gleich Null sein.) Die Koeffizienten $a_1, a_2, \ldots$ in dieser Reihe sind so zu bestimmen, daß (s) zu einem Minimum wird, d. h. so, daß alle Gleichungen folgender Form befriedigt werden:

$$\frac{\partial}{\partial a_n} \frac{\iint \left\{ \left(\frac{\partial w_0}{\partial x} \right)^2 + \left(\frac{\partial w_0}{\partial y} \right)^2 \right\} dx \, dy}{\iint w_0^2 \, dx \, dy} = 0$$

oder

$$\iint w_0^2 \, dx \, dy \frac{\partial}{\partial a_n} \iint \left\{ \left(\frac{\partial w_0}{\partial x} \right)^2 + \left(\frac{\partial w_0}{\partial y} \right)^2 \right\} dx \, dy$$
$$- \iint \left\{ \left(\frac{\partial w_0}{\partial x} \right)^2 + \left(\frac{\partial w_0}{\partial y} \right)^2 \right\} dx \, dy \frac{\partial}{\partial a_n} \iint w_0^2 \, dx \, dy = 0 \,.$$

Unter Benutzung von (s) geht diese letzte Gleichung über in

$$\frac{\partial}{\partial a_n} \iint \left\{ \left(\frac{\partial w_0}{\partial x} \right)^2 - \left(\frac{\partial w_0}{\partial y} \right)^2 + \frac{p^2 q}{g s} w_0^2 \right\} dx \, dy = 0 \,. \tag{u}$$

Auf diese Weise erhalten wir ebenso viele Gleichungen der Form (u), als es Koeffizienten in der Reihe (t) gibt. Alle diese Gleichungen sind linear in $a_1, a_2, a_3, \ldots$, und durch das Nullsetzen ihrer Determinante erhalten wir die Frequenzgleichung für die Membran.

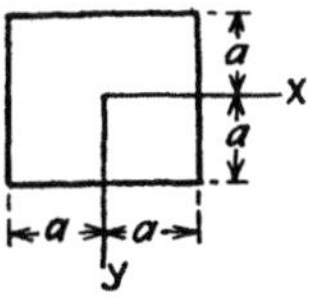

Abb. 156.

Betrachten wir z. B. die Schwingungsarten einer quadratischen, zur x- und y-Achse symmetrischen Membran, Abb. 156; hierfür läßt sich die Reihe (t) in der Form

$$w_0 = (a^2 - x^2)(a^2 - y^2)(a_1 + a_2 x^2 + a_3 y^2 + a_4 x^2 y^2 + \cdots)$$

schreiben. Man sieht leicht, daß jedes Glied dieser Reihe für $x = y = \pm a$ gleich Null wird. Somit sind die Randbedingungen erfüllt.

Im Falle eines konvexen Polygons sind die Randbedingungen durch den Ansatz

$$w_0 = (a_1 x + b_1 y + c_1)(a_2 x + b_2 y + c_2) \ldots (a_n x + b_n y + c_n) \\ \times \sum \sum a_{mn} x^m y^n$$

erfüllt, wobei $a_1 x + b_1 y + c_1 = 0, \ldots$ die Gleichungen der Polygonseiten sind. Nimmt man nur das erste Glied ($m = 0$, $n = 0$) dieser Reihe, so erhält man im allgemeinen eine ausreichende Näherung für die Grundschwingung. Will man die Frequenzen der Oberschwingungen berechnen, so muß man mehr Glieder der Reihe benutzen.

Kreismembran. Wir wollen den einfachsten Fall der Schwingungen betrachten, nämlich den, bei dem die Durchbiegungsfläche der Membran in bezug auf den Kreismittelpunkt symmetrisch ist. In diesem Falle hängen die Verschiebungen nur von der radialen Entfernung r ab, und die Randbedingung ist durch den Ansatz

$$w_0 = a_1 \cos \frac{\pi r}{2a} + a_2 \cos \frac{3\pi r}{2a} + \cdots, \tag{v}$$

erfüllt, worin a den Radius der Begrenzung bezeichnet.

Da wir Polarkoordinaten verwenden, so müssen wir hier Gl. (q) durch folgende Gleichung ersetzen:

$$V_{\max} = \frac{s}{2} \int_0^a \left(\frac{\partial w_0}{\partial r}\right)^2 2\pi r\, dr. \tag{q'}$$

An Stelle von (r) erhalten wir

$$T_{\max} = \frac{q}{2g} p^2 \int_0^a w_0^2\, 2\pi r\, dr \tag{r'}$$

und Gl. (u) nimmt die Form

$$\frac{\partial}{\partial a_n} \int_0^a \left\{\left(\frac{\partial w_0}{\partial r}\right)^2 - \frac{p^2 q}{g s} w_0^2\right\} 2\pi r\, dr = 0 \tag{u'}$$

an. Benutzen wir nur das erste Glied in der Reihe (v) und setzen wir $w_0 = a_1 \cos \frac{\pi r}{2a}$ in Gl. (u') ein, so erhalten wir

$$\frac{\pi^2}{4a^2} \int_0^a \sin^2 \frac{\pi r}{2a}\, r\, dr = \frac{p^2 q}{g s} \int_0^a \cos^2 \frac{\pi r}{2a}\, r\, dr$$

und daraus

$$\frac{\pi^2}{4a^2}\left(\frac{1}{2} + \frac{2}{\pi^2}\right) = \frac{p^2 q}{g s}\left(\frac{1}{2} - \frac{2}{\pi^2}\right)$$

oder

$$p = \frac{2{,}415}{a} \sqrt{\frac{g s}{q}}.$$

Die genaue Lösung[1] ergibt in diesem Fall

$$p = \frac{2{,}404}{a} \sqrt{\frac{g\,s}{q}}. \tag{196}$$

Der Fehler bei der ersten Näherung ist kleiner als ½%.

Um eine bessere Näherung für den Grundton und auch für die Frequenzen der Obertöne zu bekommen, müssen wir eine größere Anzahl von Gliedern der Reihe (v) benutzen. Diese höheren Schwingungsarten haben einen, zwei, drei, ... Knotenkreise, in denen die Verschiebungen w während der Schwingung Null sind.

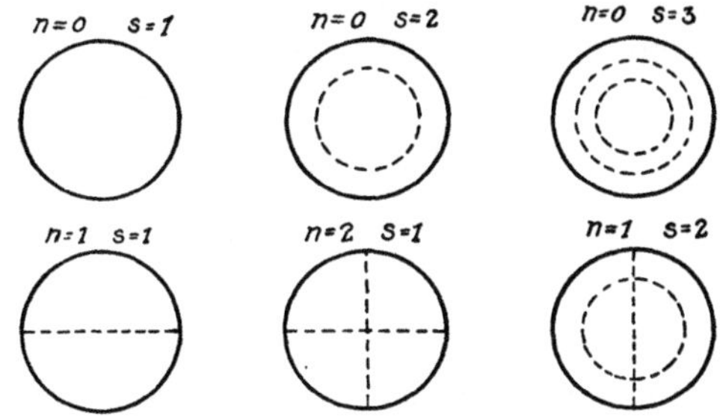

Abb. 157.

Außer den in bezug auf den Mittelpunkt symmetrischen Schwingungsarten kann eine Kreismembran auch Schwingungen ausführen, bei denen ein, zwei, drei, ... Durchmesser des Kreises „Knotenlinien" sind, längs welchen die Verschiebungen während der Schwingung Null sind. Verschiedene Schwingungsarten einer kreisförmigen Membran zeigt Abb. 157, in der die Knotenkreise und Knotendurchmesser durch gestrichelte Linien angedeutet sind.

In allen Fällen läßt sich die Größe p, welche die Frequenzen bestimmt, durch die Gleichung

$$p_{n\,s} = \frac{\alpha_{n\,s}}{a} \sqrt{\frac{g\,s}{q}} \tag{197}$$

ausdrücken; die Konstanten α_{ns} sind in der folgenden Tabelle gegeben[2]. In dieser Tabelle bezeichnet n die Anzahl der Knotendurchmesser und s die Anzahl der Knotenkreise (inkl. des Grenzkreises).

s	$n = 0$	$n = 1$	$n = 2$	$n = 3$	$n = 4$	$n = 5$
1	2,404	3,832	5,135	6,379	7,586	8,780
2	5,520	7,016	8,417	9,760	11,064	12,339
3	8,654	10,173	11,620	13,017	14,373	15.700
4	11,792	13,323	14,796	16,224	17,616	18.982
5	14,931	16,470	17,960	19.410	20,827	22,220
6	18,071	19,616	21,117	22,583	24,018	25,431
7	21,212	22,760	24,270	25,749	27,200	28,628
8	24,353	25,903	27,421	28.909	30,371	31,813

[1] Das Schwingungsproblem einer Kreismembran wurde ausführlich von Lord Rayleigh: l. c. S. 143, erörtert.

[2] Die Tabelle wurde von Bourget berechnet: Ann. l'école norm. 3 (1866).

In der obigen Untersuchung wurde angenommen, daß die Membran vollkommen kreisförmig ist und daß sie nur im Berandungskreis befestigt ist; es ist aber leicht einzusehen, daß die gewonnenen Resultate auch die Lösung anderer Probleme einschließen, wie etwa die Schwingungen von Membranen, die durch zwei konzentrische Kreise und zwei Radien begrenzt sind, oder von Membranen in der Form eines Kreissektors. Betrachten wir z. B. eine halbkreisförmige Membran. Alle möglichen Schwingungsarten dieser Membran sind in den Schwingungsarten der Kreismembran enthalten. Man muß nur einen der Knotendurchmesser der Kreismembran als festen Rand auffassen. Ist der Rand einer Mombran nur nahezu kreisförmig, so ist ihr Grundton nahezu derselbe wie der einer Kreismembran von gleichem Flächeninhalt und gleichem Wert der Größe $\frac{s\,g}{q}$. Setzt man die Bestimmungsgleichung für die Grundfrequenz einer Membran in der Form

$$p = \alpha \sqrt{\frac{g\,s}{q\,F}}, \tag{198}$$

worin F der Flächeninhalt der Membran ist, an, so ist α eine Konstante, deren Werte in der folgenden Tabelle zusammengestellt sind. Aus dieser Tabelle ersieht man die Wirkung einer größeren oder geringeren Abweichung von der Kreisform[1].

Kreis	$\alpha = 2{,}404\,\sqrt{\pi}$	$= 4{,}261$
Quadrat	$\alpha = \sqrt{2\pi}$	$= 4{,}443$
Viertelkreis	$\alpha = \frac{5{,}135}{2}\,\sqrt{\pi}$	$= 4{,}551$
Kreissektor 60°	$\alpha = 6{,}379\,\sqrt{\frac{\pi}{6}}$	$= 4{,}616$
Rechteck 3 : 2	$\alpha = \sqrt{\frac{13}{6}\pi}$	$= 4{,}624$
Gleichseitiges Dreieck	$\alpha = 2\pi\,\sqrt{\operatorname{tg} 30^0}$	$= 4{,}774$
Halbkreis	$\alpha = 3{,}832\,\sqrt{\frac{\pi}{2}}$	$= 4{,}803$
Rechteck 2 : 1	$\alpha = \pi\,\sqrt{\frac{5}{2}}$	$= 4{,}967$
Rechteck 3 : 1	$\alpha = \pi\,\sqrt{\frac{10}{3}}$	$= 5{,}736.$

In den Fällen, in denen die Begrenzung keiner der eben besprochenen Arten angehört, bietet die Schwingungsuntersuchung mathematische Schwierigkeiten und nur der Fall einer elliptischen Begrenzung wurde

[1] Die Tabelle ist dem Rayleighschen Buche entnommen, l. c. S. 143.

durch Mathieu[1] vollkommen gelöst. Eine vollständige Erörterung der Theorie der Membranschwingungen vom mathematischen Standpunkt aus findet sich in einem Buch von Pockels[2].

57. Schwingungen von Platten.

Allgemeines. In der folgenden Untersuchung wird angenommen, daß die Platte aus einem vollständig elastischen, homogenen, isotropen Material besteht, daß ihre Dicke h überall gleich ist und im Vergleich mit den anderen Dimensionen als klein gelten kann. Wir wählen die Mittelebene der Platte als xy-Ebene und nehmen an, daß die Seitenflächen eines durch ebene Schnitte parallel zur xz- bzw. yz-Ebene ausgesonderten Plattenelements (s. Abb. 158) im Falle kleiner Durchbiegungen[3] eben bleiben und so rotieren, daß sie auf der gebogenen Mittelfläche der Platte stets senkrecht stehen. Nun betrachten wir innerhalb dieses Elementes eine dünne Schicht parallel zur Mittelfläche der Platte. Der Abstand dieser in der Abbildung schraffierten Schicht von der Mittelebene möge gleich z sein. Die Verzerrung der Schicht kann man aus einer einfachen geometrischen Überlegung herleiten und durch folgende Gleichungen darstellen[4]:

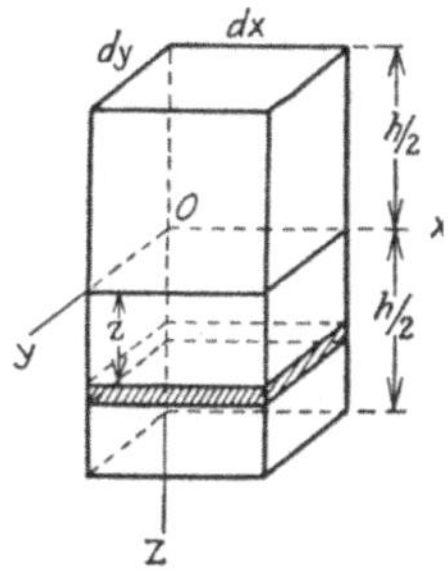

Abb. 158.

$$\left.\begin{aligned} e_{xx} &= \frac{z}{R_1} = -z\frac{\partial^2 w}{\partial x^2}, \\ e_{yy} &= \frac{z}{R_2} = -z\frac{\partial^2 w}{\partial y^2}, \\ e_{xy} &= -2z\frac{\partial^2 w}{\partial x\,\partial y}. \end{aligned}\right\} \qquad \text{(a)}$$

Hierin sind

e_{xx}, e_{yy} die Dehnungen in der x- bzw. y-Richtung,

e_{xy} der Schub in der xy-Ebene,

w die Durchbiegung der Platte,

$\frac{1}{R_1}, \frac{1}{R_2}$ die Krümmungen in der xz- bzw. yz-Ebene,

h die Dicke der Platte.

---

[1] Mathieu: J. Math. (Liouville) **13** (1868).

[2] Pockels: Über die partielle Differentialgleichung $\Delta u + k^2 u = 0$. Leipzig 1891.

[3] Die Durchbiegungen werden der Plattenstärke gegenüber als klein vorausgesetzt.

[4] Es wird angenommen, daß die Mittelebene nicht gedehnt wird.

Die entsprechenden Spannungen ergeben sich aus den bekannten Gleichungen:

$$\left.\begin{aligned} p_x &= \frac{E}{1-\sigma^2}(e_{xx} + \sigma e_{yy}) = -\frac{E z}{1-\sigma^2}\left(\frac{\partial^2 w}{\partial x^2} + \sigma \frac{\partial^2 w}{\partial y^2}\right), \\ p_y &= \frac{E}{1-\sigma^2}(e_{yy} + \sigma e_{xx}) = -\frac{E z}{1-\sigma^2}\left(\frac{\partial^2 w}{\partial y^2} + \sigma \frac{\partial^2 w}{\partial x^2}\right), \\ p_t &= G e_{xy} \qquad\qquad\qquad = -\frac{E z}{1+\sigma}\,\frac{\partial^2 w}{\partial x\,\partial y}, \end{aligned}\right\} \tag{b}$$

worin σ die Poissonsche Konstante bezeichnet.

Die in der schraffierten Schicht des Elementes während der Formänderung aufgespeicherte potentielle Energie ist

$$d V = \left(\frac{e_{xx} p_x}{2} + \frac{e_{yy} p_y}{2} + \frac{e_{xy} p_t}{2}\right) dx\,dy\,dz$$

oder mit Rücksicht auf die Gln. (a) und (b)

$$d V = \frac{E z^2}{2(1-\sigma^2)}$$

$$\times \left\{\left(\frac{\partial^2 w}{\partial x^2}\right)^2 + \left(\frac{\partial^2 w}{\partial y^2}\right)^2 + 2\sigma \frac{\partial^2 w}{\partial x^2}\,\frac{\partial^2 w}{\partial y^2} + 2(1-\sigma)\left(\frac{\partial^2 w}{\partial x\,\partial y}\right)^2\right\} dx\,dy\,dz; \tag{c}$$

daraus erhält man durch Integration die potentielle Energie der Plattenbiegung in der Gestalt

$$\begin{aligned} V = \iiint d V = \frac{D}{2}\iint\left\{\left(\frac{\partial^2 w}{\partial x^2}\right)^2 + \left(\frac{\partial^2 w}{\partial y^2}\right)^2 + 2\sigma \frac{\partial^2 w}{\partial x^2}\,\frac{\partial^2 w}{\partial y^2}\right. \\ \left. + 2(1-\sigma)\left(\frac{\partial^2 w}{\partial x\,\partial y}\right)^2\right\} dx\,dy\,, \end{aligned} \tag{199}$$

worin $D = \frac{E h^3}{12(1-\sigma^2)}$ die Biegungssteifigkeit der Platte ist.

Die kinetische Energie einer schwingenden Platte ist

$$T = \frac{\gamma h}{2 g}\iint \dot{w}^2\,dx\,dy\,, \tag{200}$$

worin $\frac{\gamma h}{g}$ die Masse des Plattenmaterials bezogen auf die Einheit der Stirnfläche bedeutet.

Aus diesen Ausdrücken für V und T kann man die Differentialgleichung für die Schwingungen der Platte herleiten.

Schwingungen einer rechteckigen Platte. Im Falle einer rechteckigen Platte (Abb. 154) mit einfach gestützten Rändern können wir ebenso wie im Falle einer rechteckigen Membran vorgehen und die Durchbiegung der Platte während der Schwingung in der Form der Doppelreihe

$$w = \sum_{1}^{\infty}{}_{m} \sum_{1}^{\infty}{}_{n}\, q_{mn} \sin\frac{m\pi x}{a}\sin\frac{n\pi y}{b} \tag{d}$$

ansetzen. Man sieht leicht ein, daß jedes Glied dieser Reihe den Randbedingungen genügt, wonach w, $\frac{\partial^2 w}{\partial x^2}$ und $\frac{\partial^2 w}{\partial y^2}$ am Rande verschwinden sollen.

Setzt man (d) in Gl. (199) ein, so erhält man folgenden Ausdruck für die potentielle Energie:

$$V = \frac{\pi^4 a b}{8} D \sum_{1}^{\infty}{}_m \sum_{1}^{\infty}{}_n q_{mn}^2 \left(\frac{m^2}{a^2} + \frac{n^2}{b^2}\right)^2. \tag{201}$$

Die kinetische Energie ist

$$T = \frac{\gamma h}{2g} \frac{ab}{4} \sum \sum \dot{q}_{mn}^2. \tag{202}$$

Wie man sieht, enthalten die Ausdrücke (201) und (202) nur die Quadrate der Größen q_{mn} und der entsprechenden Geschwindigkeiten; daraus läßt sich schließen, daß diese Größen für den betrachteten Fall Hauptkoordinaten sind. Die Differentialgleichung der Eigenschwingungen ist

$$\frac{\gamma h}{g} \ddot{q}_{mn} + \pi^4 D q_{mn} \left(\frac{m^2}{a^2} + \frac{n^2}{b^2}\right)^2 = 0;$$

daraus ergibt sich

$$q_{mn} = C_1 \cos pt + C_2 \sin pt,$$

worin

$$p = \pi^2 \sqrt{\frac{gD}{\gamma h}} \left(\frac{m^2}{a^2} + \frac{n^2}{b^2}\right). \tag{203}$$

Hieraus lassen sich die Frequenzen der Grund- und Oberschwingungen leicht berechnen. Wir erhalten z. B. für die Grundschwingung einer quadratischen Platte

$$f_1 = \frac{p_1}{2\pi} = \frac{\pi}{a^2} \sqrt{\frac{gD}{\gamma h}}. \tag{204}$$

Bei der Untersuchung höherer Schwingungsarten und ihrer Knotenlinien kann man sich auf die oben gegebene Darstellung der Schwingungen einer rechteckigen Membran stützen.

Auch der Fall erzwungener Schwingungen einer rechteckigen Platte mit einfach gestützten Rändern läßt sich ohne Schwierigkeiten erledigen. Auch in den Fällen, in denen eine rechteckige Platte an zwei gegenüberliegenden Rändern einfach gestützt, an den beiden anderen dagegen frei oder eingespannt ist, läßt sich das Schwingungsproblem, wie wir noch bemerken wollen, ohne große mathematische Schwierigkeiten lösen[1].

---

[1] Voigt: Gött. Nachr. **1893**, 225.

Bedeutend komplizierter gestaltet sich jedoch das Schwingungsproblem einer rechteckigen Platte, bei der alle Ränder frei oder eingespannt sind. Für die Lösung dieser Aufgaben hat sich die Ritzsche Methode als nützlich erwiesen[1]. Bei diesem Verfahren machen wir den Ansatz

$$w = w_0 \cos p\,t\,,$$

worin w_0 eine die Schwingungsart bestimmende Funktion von x und y ist. Setzen wir (e) in die Gln. (199) und (200) ein, so erhalten wir für das Maximum der potentiellen bzw. kinetischen Energie beim Schwingungsvorgang

$$V_{\max} = \frac{D}{2}\int\!\!\int\left\{\left(\frac{\partial^2 w_0}{\partial x^2}\right)^2 + \left(\frac{\partial^2 w_0}{\partial y^2}\right)^2 + 2\sigma\,\frac{\partial^2 w_0}{\partial x^2}\,\frac{\partial^2 w_0}{\partial y^2} + 2\,(1-\sigma)\left(\frac{\partial^2 w_0}{\partial x\,\partial y}\right)^2\right\}dx\,dy\,,$$

$$T_{\max} = \frac{\gamma\,h}{2\,g}\,p^2\int\!\!\int w_0^2\,dx\,dy$$

und daraus

$$p^2 = \frac{2\,g}{\gamma\,h}\,\frac{V_{\max}}{\int\!\int w_0^2\,dx\,dy}\,. \tag{205}$$

Nun schreiben wir w_0 in Form einer Reihe

$$w_0 = a_1\,\varphi_1(x,y) + a_2\,\varphi_2(x,y) + \cdots, \tag{f}$$

worin $\varphi_1, \varphi_2, \ldots$ passend gewählte Funktionen von x und y sind, welche den Randbedingungen der Platte genügen. Die Koeffizienten $a_1, a_2, \ldots$ haben wir dabei so zu bestimmen, daß die rechte Seite von (205) zu einem Minimum wird. Auf diesem Wege gelangen wir zu einem Gleichungssystem folgender Form:

$$\frac{\partial}{\partial a_n}\int\!\!\int\left\{\left(\frac{\partial^2 w_0}{\partial x^2}\right)^2 + \left(\frac{\partial^2 w_0}{\partial y^2}\right)^2 + 2\sigma\,\frac{\partial^2 w_0}{\partial x^2}\,\frac{\partial^2 w_0}{\partial y^2} + 2\,(1-\sigma)\left(\frac{\partial^2 w_0}{\partial x\,\partial y}\right)^2 - \frac{p^2\gamma\,h}{g\,D}\,w_0^2\right\}dx\,dy = 0; \tag{206}$$

dieses System ist linear in bezug auf die Konstanten $a_1, a_2, \ldots$ Das Nullsetzen seiner Determinante ergibt eine Gleichung, aus der die Frequenzen der verschiedenen Schwingungsarten näherungsweise ermittelt werden können.

W. Ritz benutzte dieses Verfahren zur Untersuchung der Schwingungen einer quadratischen Platte mit freien Rändern[2]. Die Reihe (f) wurde dabei in der Form

$$w_0 = \sum\sum a_{m\,n}\,u_m(x)\,v_n(y) \tag{f'}$$

[1] Ritz, W.: Ann. Physik **28**, 737 (1909). Siehe auch Gesammelte Werke, S. 265 (1911). Siehe ferner H. Grauers: Ingeniörs Vetenskaps Akademien, Stockholm **1929**.

[2] Siehe die vorangehende Fußnote.

angesetzt, worin $u_m(x)$ und $v_n(y)$ die Eigenfunktionen der Schwingung eines prismatischen Stabes mit freien Enden sind (s. S. 258). Die Frequenzen der Grund- und Oberschwingungen werden durch die Gleichung

$$p = \frac{\alpha}{a^2}\sqrt{\frac{g\,D}{\gamma\,h}} \tag{207}$$

bestimmt, worin α eine von der Schwingungsart abhängige Konstante ist. Für die drei tiefsten Schwingungsarten hat diese Konstante die Werte

$$\alpha_1 = 14{,}10\,, \qquad \alpha_2 = 20{,}56\,, \qquad \alpha_3 = 23{,}91\,.$$

Die entsprechenden Schwingungsarten sind in Abb. 159 auf Grund ihrer Knotenlinien dargestellt. Eine eingehende Untersuchung der Knotenlinien für diesen Fall und ein Vergleich mit den experimentellen Ergebnissen findet sich in der oben genannten Arbeit von W. Ritz.

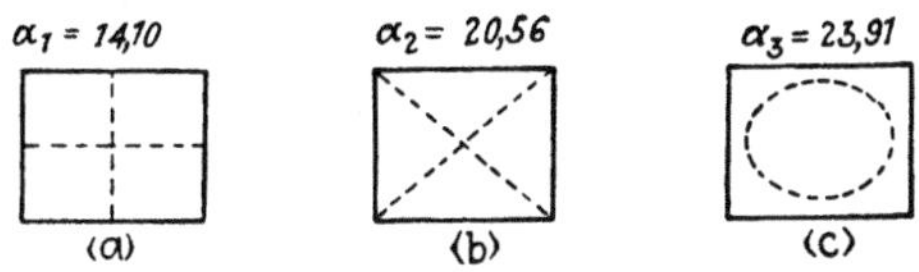

Abb. 159.

Aus Gl. (207) lassen sich einige allgemeine Schlußfolgerungen ziehen, die auch für andere Fälle von Plattenschwingungen gelten, nämlich:

a) Die Schwingungsperiode einer beliebigen Eigenschwingung ist bei gleicher Plattendicke dem Quadrat der Leineardimensionen proportional.

b) Werden alle Dimensionen einer Platte inklusive der Dicke im gleichen Verhältnis vergrößert, so wächst die Periode mit den Lineardimensionen.

c) Die Periode ist der Quadratwurzel aus dem Elastizitätsmodul umgekehrt und der Quadratwurzel aus der Dichte des Materials direkt proportional.

Schwingungen einer kreisförmigen Platte. Das Schwingungsproblem einer kreisförmigen Platte wurde von G. Kirchhoff[1] gelöst, der auch die Frequenzen verschiedener Schwingungsarten für eine Platte mit freiem Rand berechnete. Die exakte Lösung dieses Problems drückt sich mit Hilfe Besselscher Funktionen aus. Im folgenden soll mittels der Rayleigh-Ritzschen Methode eine Näherungslösung entwickelt werden, die für die Grundschwingung im allgemeinen praktisch hinreichend genau ist. Bei dieser Methode empfiehlt es sich, die Ausdrücke (199) und (200) für die potentielle bzw. kinetische Energie in Polarkoordinaten auszudrücken. Bei der in Abb. 160

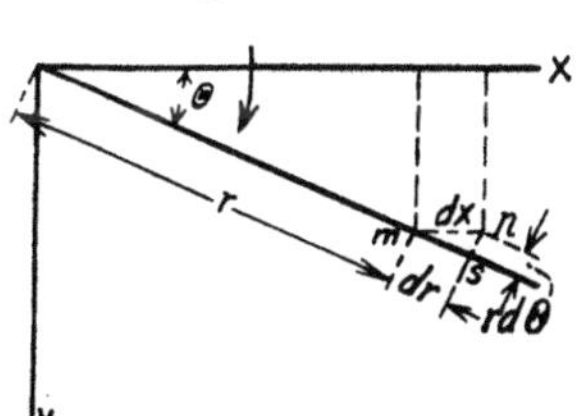

Abb. 160.

[1] Kirchhoff: J. Math. (Crelle) 40 (1850); Ges. Abh. von G. Kirchhoff, S. 237. Leipzig 1882; Vorlesungen über math. Physik, Mechanik, 30. Vorlesung.

angegebenen Lage des Koordinatensystems ergeben sich aus der Betrachtung des unendlich kleinen Dreieckes *mns* die Formeln

$$dr = dx\cos\theta\,, \qquad d\theta = -\frac{dx\sin\theta}{r}\,.$$

Faßt man dann die Verschiebung w als Funktion von r und θ auf, so ergibt sich

$$\frac{\partial w}{\partial x} = \frac{\partial w}{\partial r}\frac{\partial r}{\partial x} + \frac{\partial w}{\partial \theta}\frac{\partial \theta}{\partial x} = \frac{\partial w}{\partial r}\cos\theta - \frac{\partial w}{\partial \theta}\frac{\sin\theta}{r}\,.$$

In gleicher Weise findet man

$$\frac{\partial w}{\partial y} = \frac{\partial w}{\partial r}\sin\theta + \frac{\partial w}{\partial \theta}\frac{\cos\theta}{r}\,.$$

Wiederholt man die Differentiation, so folgt

$$\left.\begin{aligned}\frac{\partial^2 w}{\partial x^2} &= \left(\frac{\partial}{\partial r}\cos\theta - \frac{\partial}{\partial\theta}\frac{\sin\theta}{r}\right)\left(\frac{\partial w}{\partial r}\cos\theta - \frac{\partial w}{\partial\theta}\frac{\sin\theta}{r}\right)\\ &= \frac{\partial^2 w}{\partial r^2}\cos^2\theta - 2\frac{\partial^2 w}{\partial\theta\,\partial r}\frac{\sin\theta\cos\theta}{r} + \frac{\partial w}{\partial r}\frac{\sin^2\theta}{r}\\ &\quad + 2\frac{\partial w}{\partial\theta}\frac{\sin\theta\cos\theta}{r^2} + \frac{\partial^2 w}{\partial\theta^2}\frac{\sin^2\theta}{r^2}\,,\end{aligned}\right\} \qquad \text{(g)}$$

$$\left.\begin{aligned}\frac{\partial^2 w}{\partial y^2} &= \frac{\partial^2 w}{\partial r^2}\sin^2\theta + 2\frac{\partial^2 w}{\partial\theta\,\partial r}\frac{\sin\theta\cos\theta}{r} + \frac{\partial w}{\partial r}\frac{\cos^2\theta}{r}\\ &\quad - 2\frac{\partial w}{\partial\theta}\frac{\sin\theta\cos\theta}{r^2} + \frac{\partial^2 w}{\partial\theta^2}\frac{\cos^2\theta}{r^2}\,,\end{aligned}\right\} \qquad \text{(h)}$$

$$\left.\begin{aligned}\frac{\partial^2 w}{\partial x\,\partial y} &= \frac{\partial^2 w}{\partial r^2}\sin\theta\cos\theta + \frac{\partial^2 w}{\partial r\,\partial\theta}\frac{\cos 2\theta}{r} - \frac{\partial w}{\partial\theta}\frac{\cos 2\theta}{r^2}\\ &\quad - \frac{\partial w}{\partial r}\frac{\sin\theta\cos\theta}{r} - \frac{\partial^2 w}{\partial\theta^2}\frac{\sin\theta\cos\theta}{r^2}\,;\end{aligned}\right\} \qquad \text{(k)}$$

daraus ergibt sich

$$\frac{\partial^2 w}{\partial x^2} + \frac{\partial^2 w}{\partial y^2} = \frac{1}{R_1} + \frac{1}{R_2} = \frac{\partial^2 w}{\partial r^2} + \frac{1}{r}\frac{\partial w}{\partial r} + \frac{1}{r^2}\frac{\partial^2 w}{\partial\theta^2}\,,$$

$$\frac{\partial^2 w}{\partial x^2}\frac{\partial^2 w}{\partial y^2} - \left(\frac{\partial^2 w}{\partial x\,\partial y}\right)^2 = \frac{\partial^2 w}{\partial r^2}\left(\frac{1}{r}\frac{\partial w}{\partial r} + \frac{1}{r^2}\frac{\partial^2 w}{\partial\theta^2}\right) - \left\{\frac{\partial}{\partial r}\left(\frac{1}{r}\frac{\partial w}{\partial\theta}\right)\right\}^2.$$

Setzt man dies in Gl. (199) ein und nimmt als Koordinatenursprung den Mittelpunkt der Platte an, so erhält man

$$\begin{aligned}V = \frac{D}{2}\int_0^{2\pi}\!\!\int_0^{a}\Big\{&\left(\frac{\partial^2 w}{\partial r^2} + \frac{1}{r}\frac{\partial w}{\partial r} + \frac{1}{r^2}\frac{\partial^2 w}{\partial\theta^2}\right)^2 - 2(1-\sigma)\frac{\partial^2 w}{\partial r^2}\left(\frac{1}{r}\frac{\partial w}{\partial r} + \frac{1}{r^2}\frac{\partial^2 w}{\partial\theta^2}\right)\\ &+ 2(1-\sigma)\left[\frac{\partial}{\partial r}\left(\frac{1}{r}\frac{\partial w}{\partial\theta}\right)\right]^2\Big\}\,r\,d\theta\,dr\,,\end{aligned} \qquad (208)$$

worin a den Radius der Platte bezeichnet.

Wenn die Biegung der Platte in bezug auf den Mittelpunkt symmetrisch ist, so ist w eine Funktion von r allein und Gl. (208) lautet

$$V = \pi D \int_0^a \left\{\left(\frac{d^2 w}{d r^2} + \frac{1}{r}\frac{d w}{d r}\right)^2 - 2(1-\sigma)\frac{d^2 w}{\partial r^2}\cdot\frac{1}{r}\frac{d w}{d r}\right\} r\,d r. \qquad (209)$$

Im Falle einer Platte mit eingespanntem Rand verschwindet das Integral

$$\iint\left[\frac{\partial^2 w}{\partial r^2}\left(\frac{1}{r}\frac{\partial w}{\partial r}+\frac{1}{r^2}\frac{\partial^2 w}{\partial \theta^2}\right)-\left\{\frac{\partial}{\partial r}\left(\frac{1}{r}\frac{\partial w}{\partial \theta}\right)\right\}^2\right] r\,d r\,d\theta$$

und man erhält aus Gl. (208)

$$V = \frac{D}{2}\int_0^{2\pi}\int_0^a\left(\frac{\partial^2 w}{\partial r^2}+\frac{1}{r}\frac{\partial w}{\partial r}+\frac{1}{r^2}\frac{\partial^2 w}{\partial\theta^2}\right)^2 r\,d\theta\,d r. \qquad (210)$$

Ist die Biegung einer derartigen Platte in bezug auf den Mittelpunkt symmetrisch, so ist

$$V = \pi D\int_0^a\left(\frac{\partial^2 w}{\partial r^2}+\frac{1}{r}\frac{\partial w}{\partial r}\right)^2 r\,d r. \qquad (211)$$

Der Ausdruck für die kinetische Energie lautet in Polarkoordinaten

$$T = \frac{\gamma h}{2 g}\int_0^{2\pi}\int_0^a \dot{w}^2\, r\,d\theta\,d r \qquad (212)$$

und im Falle der Symmetrie

$$T = \frac{\pi\gamma h}{g}\int_0^a \dot{w}^2\, r\,d r. \qquad (213)$$

Mit Hilfe dieser Ausdrücke für die potentielle bzw. kinetische Energie lassen sich die Eigenfrequenzen einer kreisförmigen Platte für verschiedene Spezialfälle berechnen.

Kreisförmige Platte mit eingespanntem Rand. Das Problem der kreisförmigen Platte mit eingespanntem Rand ist von praktischem Interesse wegen ihrer Verwendung bei Telephonempfängern und anderen Apparaten. Wir benutzen die Rayleigh-Ritzsche Methode und setzen

$$w = w_0 \cos p t \qquad (l)$$

an, worin w_0 eine Funktion von r und θ ist.

Bei der Grundschwingung ist die Gestalt der schwingenden Platte in bezug auf den Mittelpunkt symmetrisch und w_0 ist eine Funktion von r allein. Setzt man w_0 in Form einer Reihe an, etwa gleich

$$w_0 = a_1\left(1-\frac{r^2}{a^2}\right)^2 + a_2\left(1-\frac{r^2}{a^2}\right)^3 + \cdots, \qquad (m)$$

so ist die Bedingung der Symmetrie erfüllt. Ebenso die Randbedingungen, da jedes Glied der Reihe (m), sowie seine erste Ableitung, für $r = a$ verschwindet.

Die Differentialgleichung (206) lautet im betrachteten Fall

$$\frac{\partial}{\partial a_n}\int_0^a \left\{\left(\frac{d^2 w_0}{d r^2} + \frac{1}{r}\frac{d w_0}{d r}\right)^2 - \frac{p^2 \gamma h}{g D} w_0^2\right\} r\, d r = 0. \tag{214}$$

Nimmt man nur ein Glied der Reihe (m) und setzt es in (214) ein, so erhält man

$$\frac{96}{9 a^2} - \frac{p^2 \gamma h}{g D}\frac{a^2}{10} = 0$$

und daraus

$$p = \frac{10{,}33}{a^2}\sqrt{\frac{g D}{\gamma h}}. \tag{215}$$

Ist eine bessere Annäherung erwünscht, so nehme man die ersten zwei Glieder der Reihe (m); dann ist

$$\int_0^a \left(\frac{d^2 w_0}{d r^2} + \frac{1}{r}\frac{d w_0}{d r}\right)^2 r\, d r = \frac{96}{9 a^2}\left(a_1^2 + \frac{3}{2} a_1 a_2 + \frac{9}{10} a_2^2\right),$$

$$\int_0^a w_0^2 r\, d r = \frac{a^2}{10}\left(a_1^2 + \frac{5}{3} a_1 a_2 + \frac{5}{7} a_2^2\right).$$

Die Gln. (214) gehen über in

$$\left.\begin{aligned} a_1\left(\frac{192}{9} - \frac{x}{5}\right) + a_2\left(\frac{144}{9} - \frac{x}{6}\right) = 0,\\ a_1\left(\frac{144}{9} - \frac{x}{6}\right) + a_2\left(\frac{96}{5} - \frac{x}{7}\right) = 0,\end{aligned}\right\} \tag{n}$$

worin

$$x = a^4 p^2 \frac{\gamma h}{g D}. \tag{o}$$

Setzt man die Determinante der Gln. (n) gleich Null, so folgt

$$x^2 - \frac{204 \cdot 48}{5} x + 768 \cdot 36 \cdot 7 = 0$$

und daraus

$$x_1 = 104{,}3, \qquad x_2 = 1854.$$

Setzt man dies in (o) ein, so ergibt sich

$$p_1 = \frac{10{,}21}{a^2}\sqrt{\frac{g D}{\gamma h}}, \qquad p_2 = \frac{43{,}04}{a^2}\sqrt{\frac{g D}{\gamma h}}. \tag{216}$$

p_1 bestimmt den zweiten Näherungswert für die Frequenz der Grundschwingung der Platte und p_2 gibt eine rohe Näherung für die Frequenz der zweiten Schwingungsart, bei der die schwingende Platte einen

Knotenkreis hat. Mit Hilfe der gleichen Methode lassen sich auch die Schwingungsarten mit Knotendurchmessern untersuchen.

In allen Fällen ist die Schwingungsfrequenz durch die Gleichung

$$p = \frac{\alpha}{a^2}\sqrt{\frac{gD}{\gamma h}} \tag{217}$$

bestimmt; die Konstante α ist für eine gegebene Anzahl s von Knotenkreisen und bei einer gegebenen Anzahl n von Knotendurchmessern durch nebenstehende Tabelle gegeben.

s	$n = 0$	$n = 1$	$n = 2$
0	10,21	21,22	34,84
1	39,78	—	—
2	88,90	—	—

Bei dünnen Platten kann die Masse der Luft oder der Flüssigkeit, in der die Platte schwingt, die Frequenz wesentlich beeinflussen. Um diesem Umstande im Falle der Grundschwingung Rechnung zu tragen, muß man die obige Gl. (217) durch folgende Gleichung ersetzen[1]

$$p_1 = \frac{10{,}21}{a^2\sqrt{1+\beta}}\sqrt{\frac{gD}{\gamma h}}, \tag{218}$$

worin

$$\beta = 0{,}6689\,\frac{\gamma_1}{\gamma}\,\frac{a}{h}$$

und $\frac{\gamma_1}{\gamma}$ das Verhältnis der Flüssigkeitsdichte zur Dichte des Plattenmaterials ist.

Betrachten wir z. B. den Fall einer in Wasser schwingenden Stahlplatte von 7 Zoll (17,8 cm) Durchmesser und $\frac{1}{8}$ Zoll (0,32 cm) Dicke, so erhalten wir

$$\beta = 0{,}6689\cdot\frac{1}{7{,}8}\cdot 28 = 2{,}40, \qquad \frac{1}{\sqrt{1+\beta}} = 0{,}542.$$

Die Frequenz der Grundschwingung wird auf den 0,542. Teil ihres ursprünglichen Wertes erniedrigt.

Andere Arten von Randbedingungen. In allen Fällen lassen sich die Frequenzen einer schwingenden kreisförmigen Platte aus Gl. (217) berechnen. Die numerischen Werte des Faktors α sind in den nächsten zwei Tabellen gegeben.

s	$n = 0$	$n = 1$	$n = 2$	$n = 3$
0	—	—	5,251	12,23
1	9,076	20,52	35,24	52,91
2	38,52	59,86		

Für eine freie kreisförmige Platte mit n Knotendurchmessern und s Knotenkreisen hat α die vorstehenden Werte[2].

[1] Dieses Problem wurde von H. Lamb erörtert: Proc. Roy. Soc. **98**. 205. London 1921.

[2] Die Poissonsche Konstante ist gleich $\frac{1}{3}$ angenommen.

Für eine kreisförmige Platte mit festgehaltenem Mittelpunkt und s Knotenkreisen hat α folgende Werte[1]:

$s =$	0	1	2	3
$\alpha =$	3,75	20,91	60,68	119,7

Die Frequenzen der Schwingungen mit Knotendurchmessern sind dieselben wie im Falle einer freien Platte.

Der Einfluß der Dehnung der Plattenmittelfläche. In der vorangehenden Theorie wurde angenommen, daß die Plattendurchbiegungen im Vergleich zur Plattendicke klein sind. Handelt es sich aber um eine unter beträchtlichem statischem Druck schwingende Platte, bei der die durch diesen Druck bewirkten Durchbiegungen im Vergleich zur Plattendicke nicht mehr klein sind, so muß man bei der Berechnung der Schwingungsfrequenz auch die Dehnung der Plattenmittelebene berücksichtigen. Wegen des Widerstandes der Platte gegen eine solche Dehnung wächst die Steifigkeit der Platte und die Schwingungsfrequenz mit dem auf die Platte wirkenden Druck[2]. Um zu zeigen, in welcher Weise die Dehnung der Mittelebene auf die Frequenz einwirken kann, untersuchen wir wieder den Fall einer kreisförmigen Platte mit eingespanntem Rand und nehmen hierbei an, daß die Durchbiegung der Platte unter gleichförmig verteiltem Druck durch die Gleichung[3]

$$w_0 = a_1 \left(1 - \frac{r^2}{a^2}\right)^2 \tag{m'}$$

gegeben ist.

Außer den senkrecht zur Platte stattfindenden Verschiebungen w_0 werden die Punkte der Mittelebene noch radiale Verschiebungen u erleiden, die im Mittelpunkt und am eingespannten Rand verschwinden. Die von den Verschiebungen w_0 und u herrührende Dehnung in radialer Richtung ist

$$e_r = \frac{1}{2}\left(\frac{d w_0}{d r}\right)^2 + \frac{d u}{d r}. \tag{p}$$

Die Dehnung der Mittelfläche in der Richtung senkrecht zum Radius ist

$$e_t = \frac{u}{r}. \tag{r}$$

---

[1] Nach einer Arbeit von R. V. Southwell: Proc. Roy. Soc. (Ser. A) **101**, 133 (1922); in diesen Berechnungen ist $\sigma = 0{,}3$ angenommen.

[2] Dieses Wachsen der Frequenz wurde experimentell festgestellt. Siehe die Arbeit von J. H. Powell u. J. H. T. Roberts: Proc. Phys. Soc. **35**, 170, London 1923.

[3] Diese Gleichung stellt die Durchbiegungen unter Vernachlässigung der Dehnung der Mittelfläche dar. Sie kann auch zur angenäherten Berechnung der Wirkung der Dehnung verwendet werden.

Zur angenäherten Lösung des Problems nehmen wir an, daß sich die radialen Verschiebungen durch die Reihe

$$u = r(a - r)(c_1 + c_2 r + c_3 r^2 + \cdots) \tag{s}$$

ausdrücken lassen; jedes Glied dieser Reihe genügt den Randbedingungen.

Beschränkt man sich bei der Reihe (*s*) auf die ersten zwei Glieder und setzt dann (s) und (m') in die Gln. (p) und (r) ein, so erhält man die Verzerrung in der Mittelfläche, und die der Dehnung der Mittelfläche entsprechende Energie läßt sich nun folgendermaßen berechnen:

$$\begin{aligned} V_1 &= \frac{\pi E h}{1-\sigma^2} \int_0^a (e_r^2 + e_t^2 + 2\sigma e_r e_t) r\,dr \\ &= \frac{\pi E h a^2}{1-\sigma^2}\Big(0{,}250\, c_1^2 a^2 + 0{,}1167\, c_2^2 a^4 + 0{,}300\, c_1 c_2 a^3 - 0{,}00846\, c_1 a \frac{8 a_1^2}{a^2} \\ &\qquad + 0{,}00682\, c_2 a^2 \frac{8 a_1^2}{a^2} + 0{,}00477 \frac{64 a_1^4}{a^4}\Big). \end{aligned} \tag{t}$$

Werden die Konstanten c_1 und c_2 so bestimmt, daß V_1 zu einem Minimum wird, so ergeben sich aus den Gleichungen

$$\frac{\partial V_1}{\partial c_1} = 0, \qquad \frac{\partial V_1}{\partial c_2} = 0$$

die Werte

$$c_1 = 1{,}185 \frac{a_1^2}{a^3}, \qquad c_2 = -1{,}75 \frac{a_1^2}{a^4}.$$

Nach Einsetzen dieser Werte in Gl. (t) wird

$$V_1 = 2{,}59\, \pi D \frac{a_1^4}{a^2 h^2}.$$

Addiert man diese Energie der Streckung zu der Energie der Biegung [Gl. (211)], so folgt

$$V = \frac{32}{5} \pi D \frac{a_1^2}{a^2} + 2{,}59\, \pi D \frac{a_1^4}{a^2 h^2} = \frac{32}{3} \pi D \frac{a_1^2}{a^2}\left(1 + 0{,}244 \frac{a_1^2}{h^2}\right). \tag{u}$$

Das zweite Glied in der Klammer stellt die von der Ausdehnung der Mittelebene herrührende Korrektion dar. Es ist leicht einzusehen, daß diese Korrektion nur dann klein ist und vernachlässigt werden darf, wenn die Durchbiegung a_1 im Mittelpunkt der Platte im Vergleich zur Dicke h klein ist. Die statische Durchbiegung der Platte unter der Einwirkung eines gleichförmig verteilten Druckes q läßt sich nun aus der Gleichung der virtuellen Verschiebungen

$$\frac{\partial V}{\partial a_1} \delta a_1 = 2\pi q\, \delta a_1 \int_0^a \left(1 - \frac{r^2}{a^2}\right)^2 r\,dr = \delta a_1 \frac{\pi q a^2}{3}$$

finden; aus ihr ergibt sich

$$a_1 = \frac{q a^4}{64 D} \cdot \frac{1}{1 + 0{,}488 \frac{a_1^2}{h^2}}. \tag{219}$$

Der zweite Faktor auf der rechten Seite stellt die Wirkung der Dehnung der Mittelfläche dar. Wegen dieser Wirkung ist die Durchbiegung a_1 nicht mehr proportional der Größe q, und die Steifigkeit der Platte wächst mit der Durchbiegung. Nimmt man z. B. $a_1 = \frac{1}{2} h$, so folgt aus (219)

$$a_1 = 0{,}89 \frac{q a^4}{64 D}.$$

Die Durchbiegung ist um 11% kleiner als jene, die man erhält, wenn die Dehnung der Mittelfläche vernachlässigt wird.

Aus dem Ausdruck (u) für die potentielle Energie, der nicht nur das Quadrat, sondern auch die vierte Potenz der Durchbiegung a_1 enthält, erkennt man sofort, daß die Schwingung der Platte um ihre ebene Ruhelage nicht isochron ist und daß die Frequenz mit der Schwingungsamplitude wächst. Betrachten wir nun kleine Schwingungen der Platte um eine durch Gl. (m′) gegebene gekrümmte Lage. Die Biegung möge von irgendeinem konstanten, gleichförmig verteilten statischen Druck q herrühren. Bezeichnet Δ die Amplitude dieser Schwingung, so erhält man den von der weiteren Biegung der Platte herrührenden Zuwachs an potentieller Energie der Formänderung aus Gl. (u), und er ist gleich[1]

$$\delta V = \frac{32}{3} \frac{\pi D}{a^2} \left[2 a_1 \Delta + \Delta^2 + \frac{0{,}244}{h^2} (4 a_1^3 \Delta + 6 a_1^2 \Delta^2) \right].$$

Die vom konstanten Druck q während der nachträglichen Biegung geleistete Arbeit ist

$$\delta W = \frac{\pi a^2 q \Delta}{3} = \frac{\pi a^2 \Delta}{3} \frac{64 a_1 D \left(1 + 0{,}488 \frac{a_1^2}{h^2}\right)}{a^4}.$$

Die vollständige Änderung der potentiellen Energie des Systems ist

$$\delta V - \delta W = \frac{32}{3} \frac{\pi D \Delta^2}{a^2} \left(1 + \frac{1{,}464 a_1^2}{h^2}\right).$$

Setzt man dies dem Maximum der kinetischen Energie

$$T_{\max} = \frac{\pi \Delta^2 p^2 \gamma h}{g} \int_0^a \left(1 - \frac{r^2}{a^2}\right)^4 r \, dr = \frac{\pi \Delta^2 a^2 \gamma h}{10 g} p^2$$

[1] Glieder in Δ^3 und Δ^4 werden in diesem Ausdruck vernachlässigt.

gleich, so folgt

$$p = \frac{10{,}33}{a^2}\sqrt{\frac{g D}{g h}}\sqrt{1 + 1{,}464\frac{a_1^2}{h^2}}. \qquad (220)$$

Der Vergleich dieses Resultats mit Gl. (215) zeigt, daß der letzte Faktor auf der rechten Seite von Gl. (220) eine Korrektion, herrührend von der Dehnung der Mittelfläche, darstellt.

Es ist zu beachten, daß in der obigen Theorie Gl. (m') für die Durchbiegung der Platte verwendet und der Einfluß der Dehnung der Mittelfläche auf die Form der Biegungsfläche vernachlässigt wurde. Dies ist der Grund, warum Gl. (220) nur dann genügend exakt ist, wenn die Durchbiegungen nicht groß sind, d. h. wenn etwa $a_1 \leqq h$ ist. Sonst aber muß man den Einfluß der Dehnung der Mittelfläche auf die Form der Durchbiegungsfläche in Rechnung ziehen.

58. Schwingungen von Turbinenscheiben.

Allgemeines. Es ist jetzt vollkommen klar erwiesen, daß die in Turbinenscheiben auftretenden Brüche, die sich weder durch Materialschäden noch durch unzulässige, von Zentrifulgalkräften verursachte Spannungen erklären lassen, auf Biegungsschwingungen der Scheiben zurückgeführt werden müssen. In diesem Zusammenhang sei auf die direkten Experimente[1] hingewiesen, wonach derartige Schwingungen bei gewissen Turbinengeschwindigkeiten sehr stark werden und beträchtliche zusätzliche Biegungsspannungen erzeugen; diese können zu einer Ermüdung des Materials und einer allmählichen Entwicklung des Bruches führen. Die Sprünge beginnen gewöhnlich an der Begrenzung der Löcher für den Dampfdurchlaß und anderer Unstetigkeiten in der Konstruktion der Turbinenscheibe, wo Spannungskonzentrationen entstehen müssen.

Es gibt mannigfache Ursachen für das Auftreten von Biegungsschwingungen in Turbinenscheiben; die wichtigste unter ihnen ist der ungleichmäßige Dampfdruck. Ein lokalisierter Druck, auf den Rand einer rotierenden Scheibe einwirkend, genügt bei gewissen Geschwindigkeiten, um Querschwingungen der Scheibe dauernd aufrecht zu erhalten. Wie Versuche zeigen, genügt eine lokalisierte Kraft von nur wenigen Kilogrammen, ausgeübt etwa durch einen kleinen an der rotierenden Turbinenscheibe seitlich angebrachten Gleichstrommagneten, um die Scheibe auf eine ganze Reihe von kritischen Geschwindigkeiten heftig reagieren zu lassen.

Nehmen wir nun an, daß in den Dampfdüsen irgendeine Unregelmäßigkeit besteht, die zu einem ungleichförmigen Dampfdruck führt,

[1] Siehe die Arbeit von Wilfred Campbell: Trans. Am. Soc. Mech. Eng. **46**, 31 (1924). Siehe auch Dr. J. v. Freudenreich: Engg. **119**, 2 (1925).

und denken wir uns, daß die Turbinenscheibe mit einer konstanten Winkelgeschwindigkeit ω im Kraftfeld eines solchen Druckes rotiert. Dann ändert sich der Druck für eine bestimmte Stelle des Scheibenrandes mit dem Drehwinkel des Rades und diese Veränderlichkeit läßt sich durch eine periodische Funktion darstellen, deren Periode der Dauer einer Scheibenumdrehung gleich ist. Im allgemeinsten Fall ist eine solche Funktion durch eine trigonometrische Reihe

$$q = a_0 + a_1 \sin \omega t + a_2 \sin 2\omega t + \cdots b_1 \cos \omega t + b_2 \cos 2\omega t + \cdots$$

darstellbar. Greift man nur ein Glied der Reihe heraus, etwa $a_1 \sin \omega t$, so erhält man eine periodische Störungskraft, die große Transversalschwingungen der Scheibe hervorrufen kann, wenn die Frequenz $\frac{\omega}{2\pi}$ der Kraft mit einer der Eigenfrequenzen $\frac{p}{2\pi}$ der Scheibe zusammenfällt. Daraus läßt sich ermessen, daß die Berechnung der Eigenfrequenzen einer Scheibe für die Praxis sehr wichtig sein kann.

Eine rotierende Scheibe kann wie eine kreisförmige Platte Schwingungsbewegungen verschiedener Art ausführen. Diese Schwingungsformen kann man in zwei Klassen einteilen:

a) Schwingungen, die in bezug auf den Mittelpunkt symmetrisch sind und Knotenlinien in der Gestalt konzentrischer Kreise besitzen, und

b) unsymmetrische Schwingungen, bei denen Durchmesser als Knotenlinien auftreten.

Die Versuche lehren, daß der symmetrische Schwingungstypus sehr selten auftritt und daß keine Scheibenbrüche auf diese Schwingungsart zurückzuführen sind. Bei der Erörterung der unsymmetrischen Schwingungen kann man die Scheibendurchbiegung in der Form

$$w = w_0 \sin n\theta \cos pt \tag{a}$$

annehmen. Hierin ist w_0 wie früher eine Funktion der radialen Entfernung r allein, während θ die Winkellage des betrachteten Punktes bestimmt und n die Anzahl der Knotendurchmesser angibt.

Die betrachtete Durchbiegung läßt sich aber auch in der Form

$$w = w_0 \cos n\theta \sin pt \tag{a'}$$

ansetzen.

Durch Verbindung von (a) und (a′) erhält man

$$w = w_0 (\sin n\theta \cos pt \pm \cos n\theta \sin pt) = w_0 \sin (n\theta \pm pt),$$

und dieser Ausdruck stellt wandernde Wellen dar. Die Geschwindigkeit dieser rings um die Scheibe wandernden Wellen findet man aus der Bedingung

$$n\theta \pm pt = \text{const.}$$

Aus

$$\theta = \pm \frac{p}{n} t + \text{const}$$

ergeben sich zwei Geschwindigkeiten, $+\frac{p}{n}$ und $-\frac{p}{n}$, nämlich die Geschwindigkeit der vorwärtsschreitenden und die der zurückweichenden Wellen. Die Versuche von Campbell[1] erwiesen das Vorhandensein dieser beiden Wellenzüge in einer rotierenden Scheibe und zeigten auch, daß die Amplituden der zurückweichenden Wellen gewöhnlich größer sind als die der vorwärtsschreitenden. Die zurückweichenden Wellen werden für die Resonanzfrage besonders wichtig, wenn die rückwärtsgerichtete Geschwindigkeit dieser Wellen in der Scheibe genau mit der nach vorwärts gerichteten Winkelgeschwindigkeit der Scheibe zusammenfällt, so daß die Wellen stationär im Raum werden. Die Versuche lehren, daß diese Schwingungsart an der Mehrheit der Scheibenbrüche Schuld trägt.

Berechnung der Frequenzen der Scheibenschwingungen. Bei der Berechnung der Frequenzen der verschiedenen Schwingungsarten von Turbinenscheiben leistet wieder die Rayleigh-Ritzsche Methode gute Dienste[2]. Diese Methode verwenden wir nachstehend. Hierbei nehmen wir an, daß die Scheibendurchbiegung nach

$$w = w_0 \sin n\,\theta \cos p\,t \qquad (a'')$$

gestaltet ist. Im Spezialfall, daß die Schwingung in bezug auf den Mittelpunkt symmetrisch ist, ist die Durchbiegung durch

$$w = w_0 \cos p\,t \qquad (b)$$

gegeben. Beschränken wir uns im folgenden auf diesen Spezialfall, so ist das Maximum der potentiellen Energie der Formänderung nach Gl. (209)

$$V_{\max} = \pi \int_0^a D\left\{\left(\frac{d^2 w_0}{dr^2} + \frac{1}{r}\frac{dw}{dr}\right)^2 - 2(1-\sigma)\frac{d^2 w}{dr^2}\frac{1}{r}\frac{dw}{dr}\right\} r\,dr, \qquad (c)$$

worin

a der äußere Scheibenhalbmesser,

b der innere Scheibenhalbmesser,

$D = \frac{E h^3}{12(1-\sigma^2)}$ die Biegungssteifigkeit der Scheibe, im betrachteten Falle veränderlich wegen der Veränderlichkeit der Scheibendicke *h*.

Bei einer Untersuchung über die Schwingungen einer rotierenden

[1] Campbell: l. c. S. 347.

[2] Die Schwingungen von Turbinenscheiben wurden mit Hilfe dieser Methode von A. Stodola untersucht. Schweiz. Bauzg. **63**, 112 (1914).

Scheibe hat man nicht nur die Formänderungsenergie zu berücksichtigen, sondern auch die von den Zentrifugalkräften während der Biegung geleistete Arbeit. Es ist leicht zu sehen, daß die Zentrifugalkräfte jeder Biegung der Scheibe entgegenwirken. Hierdurch wird die Frequenz der Eigenschwingungen erhöht. Zur Berechnung der von den Zentrifugalkräften geleisteten Arbeit betrachten wir ein Element, das aus der Scheibe durch zwei Zylinderflächen mit den Radien r und $r + dr$ herausgeschnitten wird (Abb. 161).

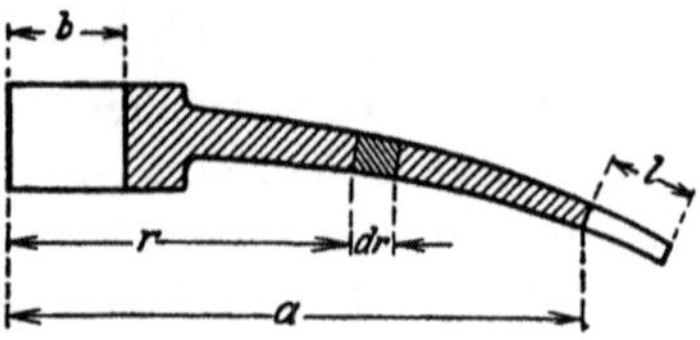

Abb. 161.

Die von der Biegung herrührende radiale Verschiebung dieses Elements gegen den Mittelpunkt hin ist

$$\frac{1}{2}\int_0^r \left(\frac{dw_0}{dr}\right)^2 dr.$$

Die Masse des Elementes ist

$$\frac{2\pi r h \gamma}{g} dr$$

und die von den Zentrifugalkräften an diesem Element während der Biegung geleistete Arbeit ist

$$-\frac{2\pi r^2 \omega^2 h \gamma}{g} dr \cdot \frac{1}{2}\int_0^r \left(\frac{dw_0}{dr}\right)^2 dr. \tag{d}$$

Die der Arbeit der Zentrifugalkräfte entsprechende Energie erhält man durch Summation der Elementaranteile (d) in der Form

$$V_{1\max} = \int_0^a \frac{\pi r^2 \omega^2 h \gamma}{g} dr \int_0^r \left(\frac{dw_0}{dr}\right)^2 dr. \tag{e}$$

Das Maximum der kinetischen Energie ist durch die Gleichung

$$T = \int_0^a \frac{2\pi r \gamma h}{2g} \dot{w}^2 dr$$

gegeben. Substituiert man für w den Ausdruck (b), so erhält man

$$T_{\max} = \frac{\pi \gamma p^2}{g}\int_0^a h w_0^2 r\, dr. \tag{f}$$

Aus der Gleichung

$$V_{\max} + V_{1\max} = T_{\max}$$

folgt nun
$$p^2 = \frac{V_{\max} + V_{1\max}}{\frac{\pi\gamma}{g}\int\limits_0^a h\, w_0^2\, r\, dr}. \tag{g}$$

Um die Frequenz zu finden, muß man die Biegungskurve w_0 so bestimmen, daß der Ausdruck (g) zu einem Minimum wird. Dies läßt sich graphisch bewerkstelligen, indem man für w_0 eine passende Kurve wählt, für diese w_0, $\frac{dw_0}{dr}$ und $\frac{d^2w_0}{dr^2}$ in einer Reihe äquidistanter Punkte bestimmt und dann die Ausdrücke (c), (e) und (f) berechnet. Durch allmähliche Gestaltsänderung der für w_0 gewählten Kurve läßt sich aus Gl. (g) eine brauchbare Näherung für die Frequenz der Grundschwingung herleiten[1].

Um dem Einfluß der Schaufeln auf die Eigenfrequenzen Rechnung zu tragen, muß man in den Ausdrücken (e) und (f) (für die von den Zentrifugalkräften geleistete Arbeit bzw. die kinetische Energie) die Integration von b bis $a + l$ erstrecken, worin l die Schaufellänge bezeichnet. Für diese Berechnung kann man annehmen, daß die Schaufeln bei der Schwingungsbewegung der Scheibe gerade bleiben, so daß ein Zusatzglied zum Ausdruck (c) für die potentielle Energie nicht hinzutritt.

Bei der analytischen Berechnung der tiefsten Frequenz einer schwingenden Scheibe nehmen wir w_0 in der Reihenform

$$w_0 = a_1(r-b)^2 + a_2(r-b)^3 + a_3(r-b)^4 + \cdots$$

an. Sie erfüllt die Bedingungen $w_0 = 0$ und $\frac{dw_0}{dr} = 0$ am eingespannten inneren Rand $(r = b)$. Die Koeffizienten $a_1, a_2, a_3, \ldots$ sind nun so zu ermitteln, daß der Ausdruck (g) zu einem Minimum wird. Geht man jetzt so vor, wie im vorigen Paragraphen (s. S. 341) auseinandergesetzt wurde, so erhält man ein System von Gleichungen, die den Gln. (214) analog und in $a_1, a_2, a_3, \ldots$ linear sind. Das Nullsetzen der Determinante dieser Gleichungen führt zur Frequenzgleichung.

Hat man es mit einer Schwingungsform zu tun, bei der Durchmesser als Knotenlinien auftreten, so ist für die Durchbiegungen der Ausdruck (a″) an Stelle von (b) zu verwenden. Die potentielle Energie folgt aus Gl. (208); man muß dabei nur berücksichtigen, daß bei Turbinenscheiben sowohl die Dicke als auch die Biegungssteifigkeit D mit der radialen Entfernung r variiert, so daß D unter dem Integrationszeichen bleiben muß. Auch die Ausdrücke für V_1 und T lassen sich in diesem

[1] Eine derartige graphische Methode wurde von Stodola entwickelt: l. c. S. 81. Auch E. Oehler verwendete sie [Z. V. d. I. 69, 335 (1925)] in guter Übereinstimmung mit experimentellen Ergebnissen.

Falle ohne irgendwelche Schwierigkeiten aufstellen und schließlich kann man die Frequenz aus Gl. (g) genau so berechnen, wie dies oben für den Fall symmetrischer Schwingungsarten geschah[1].

Wenn die Scheibe stillsteht, verschwindet V_1, und wir erhalten aus Gl. (g)

$$p_1^2 = \frac{V_{\max}}{\frac{\pi\gamma}{g}\int\limits_0^a h\, w_0^2\, r\, dr}. \qquad (g')$$

Diese Gleichung bestimmt die Frequenz der von den elastischen Kräften allein herrührenden Schwingung.

Ein anderer extremer Fall ergibt sich, wenn die Scheibe so biegsam ist, daß der Biegungswiderstand nur von den Zentrifugalkräften herrührt. Solchen Bedingungen begegnet man z. B., wenn man mit biegsamen Gummischeiben arbeitet. Die Frequenz bestimmt sich in diesem Fall aus der Gleichung

$$p_2^2 = \frac{V_{1\max}}{\frac{\pi\gamma}{g}\int\limits_0^a h\, w_0^2\, r\, dr}. \qquad (g'')$$

Aus Gl. (g) ergibt sich

$$p^2 = p_1^2 + p_2^2. \qquad (h)$$

Wenn die Frequenzen p_1 und p_2 in irgendeiner Weise ermittelt worden sind, so findet man die resultierende Frequenz der Scheibenschwingung aus Gl. (h). Für den Fall von Scheiben konstanter Dicke, die im Mittelpunkt festgehalten werden, hat R. V. Southwell[2] exakte Lösungen für p_1 und p_2 gefunden. Er gibt für p_1^2 folgende Gleichung an:

$$p_1^2 = \frac{\alpha}{a^4}\,\frac{D g}{\gamma h}. \qquad (k)$$

Die Werte der Konstanten α für eine gegebene Anzahl n von Knotendurchmessern und eine gegebene Anzahl s von Knotenkreisen sind in folgender Tabelle zusammengestellt[3]:

	$n = 0$	$n = 1$	$n = 2$	$n = 3$
$s = 0$	14,1	0	29,0	156
$s = 1$	438	422	1210	2840

[1] Die Formeln für diese Berechnung hat A. Stodola: l. c. in allen Einzelheiten entwickelt.

[2] Southwell: l. c. S. 344.

[3] Alle anderen Bezeichnungen sind die gleichen wie für kreisförmige Platten (siehe S. 341). Die Poissonsche Konstante wurde bei diesen Berechnungen gleich 0,3 gesetzt.

Die Gleichung zur Berechnung von p_2^2 ist

$$p_2^2 = \lambda \omega^2, \tag{l}$$

worin ω die Winkelgeschwindigkeit und λ eine durch die folgende Tabelle gegebene Konstante ist.

	$n = 0$	$n = 1$	$n = 2$	$n = 3$
$s = 0$	0	1	2,35	4,05
$s = 1$	3,3	5,95	8,95	12,3

Hat man p_1^2 und p_2^2 aus den Gln. (k) und (l) bestimmt, so findet man dann die Schwingungsfrequenz der rotierenden Scheibe aus Gl. (h)[1].

In der obigen Theorie der Scheibenschwingungen wurde die Wirkung ungleichmäßiger Erwärmung der Scheibe nicht berücksichtigt. Bei einer im Betrieb stehenden Turbine wird der Scheibenkranz wärmer sein als der innere Teil der Scheibe. Aus diesem Grunde werden am Kranze Druckspannungen und im Innern Zugspannungen auftreten, und diese beiden Arten von Spannungen können die Eigenfrequenzen wesentlich beeinflussen. Versuche und Berechnungen[2] zeigen, daß die Frequenz für Schwingungen mit 0 und 1 Knotendurchmesser durch eine derartige ungleichmäßige Erwärmung erhöht, während sie bei einer größeren Anzahl von Knotendurchmessern dadurch erniedrigt wird.

[1] Eine Diskussion der Differentialgleichung der Schwingung für den Fall einer Scheibe veränderlicher Dicke findet sich in der Arbeit von Dr. Fr. Dubois: Schweiz. Bauzg. **89**, 149 (1927).

[2] Freudenreich: l. c. S. 347.

Anhang.

Apparate zur Messung von Schwingungen.

1. Allgemeines.

Bis vor kurzem blieben die Schwingungsprobleme der Praxis in den Werkstätten und im Betrieb gewöhnlich der Behandlung von Leuten überlassen, die von der Theorie der Schwingungen wenig wußten. Sie konnten sich nur auf Angaben stützen, die aus der Erfahrung stammten. Ihre Urteile waren lediglich durch Gesicht-, Gehör- und Tastsinn bedingt, ohne durch Instrumente kontrolliert zu werden. In dem Maße nun, wie die rotierenden Maschinen der Neuzeit immer größer wurden und mit immer größeren Geschwindigkeiten liefen, gewann das Problem der Beherrschung von Schwingungsvorgängen mehr und mehr an Bedeutung. Eine erfolgreiche Inangriffnahme dieses Problems war nur unter Zugrundelegung quantitativer Angaben über die Schwingungen derartiger Maschinen und ihrer Fundamente möglich. Solche lassen sich jedoch nur mit Hilfe von Instrumenten gewinnen. Die grundlegenden, bei der experimentellen Behandlung des Schwingungsproblems zu messenden Größen sind: a) die Schwingungsfrequenz, b) die Schwingungsamplitude, c) der Wellentypus, ob einfach harmonisch oder zusammengesetzt und d) die durch die Schwingung erzeugten Spannungen.

Die moderne Industrie schuf eine Reihe von Instrumenten zur Messung dieser Größen. Im folgenden wollen wir einige der wichtigsten und verbreitetsten unter ihnen beschreiben[1].

2. Instrumente zur Messung der Frequenz.

Die Kenntnis der Schwingungsfrequenz ist sehr wichtig, da sie häufig einen wertvollen Hinweis auf den Ursprung der Schwingung liefert. Die Beschreibung eines sehr einfache Frequenzmessers, des

[1] Siehe J. Ormondroyd: J. Am. Electr. Engs. **45**, 330 (1926). Siehe auch P. A. Borden: Trans. Am. Electr. Engs. **1925**, 238 und H. Steuding: Z. V. d. I. **71**, 605 (1927); die letztgenannte Arbeit ist ein Auszug aus einer sehr vollständigen Untersuchung über Schwingungsmeßapparate, die für das spezielle, von dem VDI gegründete Komitee zur Untersuchung von Schwingungen durchgeführt wurde.

Frahmschen Tachometers, das seit langem bei Turbogeneratoren verwendet wird, haben wir bereits gegeben (s. S. 17). Das Fullarton-Vibrometer beruht auf demselben Prinzip. Es ist in Abb. 162 abgebildet. Dieses Instrument besteht aus einer Klaue A, die unter einem Bolzenkopf angeklemmt wird, aus zwei Gelenken B, die senkrecht zueinander drehbar sind, und aus einem Rahmen, welcher einen biegsamen elastischen Stab C trägt; ferner ist seitlich am Apparat eine Längenskala D und quer über das obere Ende eine Amplitudenskala E angebracht; schließlich enthält der Apparat eine lange Schraube F. Auf dem Rahmen ist eine bewegliche Klaue verschiebbar, deren Lage durch die Schraube eingestellt wird. Der biegsame Stab wird am unteren Ende des Rahmens in einer festen Klaue gehalten; seine freie Länge läßt sich durch die Stellung der beweglichen Klaue regulieren.

Abb. 162. Fullartonsches Vibrometer.

Dieses Instrument wird an der schwingenden Maschine befestigt; dann ändert man die freie Länge des Stabes so lange, bis sich an dessen Ende die größte Amplitude einstellt; diese Amplitude wird an der Querskala abgelesen. Nun ist das Instrument in Resonanz und hat dieselbe Frequenz wie die Maschine. Diese Frequenz läßt sich durch Messen der freien Länge des Stabes bestimmen.

Diese Vorrichtung ist außerordentlich selektiv (die dämpfenden Kräfte sind ganz gering), so daß sie nur für Schwingungen mit nahezu vollkommen konstanter Frequenz verwendbar ist. Die geringste Änderung der Frequenz in der Nähe des Resonanzpunktes ergibt eine große Schwankung der Amplitude. Infolge dieses Umstandes ist die Anwendung des Instrumentes auf Turbogeneratoren und sonstige Maschinen mit nur schwach veränderlicher Geschwindigkeit beschränkt.

3. Das Messen der Amplituden.

In vielen Fällen ist nur das Messen der Schwingungsamplitude von Bedeutung. Dies ist meist dann der Fall, wenn man erzwungene periodische Schwingungen bekannter Frequenz untersucht, wie sie etwa bei Bauten und Apparaten vorkommen, die unter der Einwirkung rotierender Maschinen stehen. Am häufigsten dürfte die Amplitudenmessung bei Kraftanlagen erforderlich sein, bei welchen die Schwingungen des Gebäudes, des Bodens, des Fundamentes oder des Gestelles durch Impulse erzeugt werden, die sich bei jeder Umdrehung der Maschine wiederholen.

Abb. 163. Amplitudenmesser der Vibration Specialty Company.

Die den seismographischen Instrumenten zugrunde liegende Theorie wurde auf S. 16 dargelegt. Einen auf diesem Prinzip beruhenden Amplitudenmesser hat die Vibration Specialty Company von Philadelphia gebaut (siehe Abb. 163). Die Abbildung zeigt das Instrument bei entfernter Seitenwand. Der Apparat gehört zum Typus des Seismographen. Ein Stahlblock *1* ist an Federn *3* in einem kräftigen Rahmen *2* aufgehängt; die beiden anderen Druckfedern *4* halten ihn in horizontaler Lage in der Mitte. Die Frequenzen der Eigenschwingungen des Blocks sind sowohl in vertikaler wie in horizontaler Richtung ungefähr 200 pro Minute. Der Rahmen trägt zwei Zeigerblätter *5*, die durch Fühlhebel mit dem Block in Verbindung stehen. Das Instrument wird am Untersuchungsgegenstand befestigt. Die Frequenz der durch schnellumlaufende Maschinen erzeugten Schwingung ist gewöhnlich um ein Vielfaches größer als die Eigenfrequenz des Vibrometers, und der Block des Instrumentes darf als ruhend im Raum angesehen werden. Die Zeigerblätter registrieren die Vertikal- und Horizontalkomponente der Relativbewegung zwischen Block und Rahmen, wobei sich die Zeiger auf Kreisbogen hin- und herbewegen, welche die doppelte Amplitude dieser Komponenten angeben.

Im Betriebe von Kraftanlagen hat sich dieser Apparat bei der Untersuchung von Schwingungen an Turbogeneratoren als sehr nützlich erwiesen. Es ist eine bekannte Tatsache, daß eine Einheit — wahrscheinlich infolge ungleichmäßiger Temperaturverteilung im Rotor — manchmal arg zu schwingen beginnt, wenn sie auf ihre volle Geschwindigkeit gebracht wird, und daß dann die Schwingungen eine lange Zeit hindurch anhalten. Dem läßt sich abhelfen, indem man den Gang der Maschine verlangsamt und dann wieder beschleunigt. Manchmal entstehen Schwingungen auch durch Schwankungen in der Belastung oder durch Ungleichmäßigkeiten im Vakuum, die von Temperaturänderungen in den Turbinenteilen begleitet sind. Ein oder mehrere am Turbinengehäuse montierte Vibrometer geben über derartige Schwingungen vollkommenen Aufschluß.

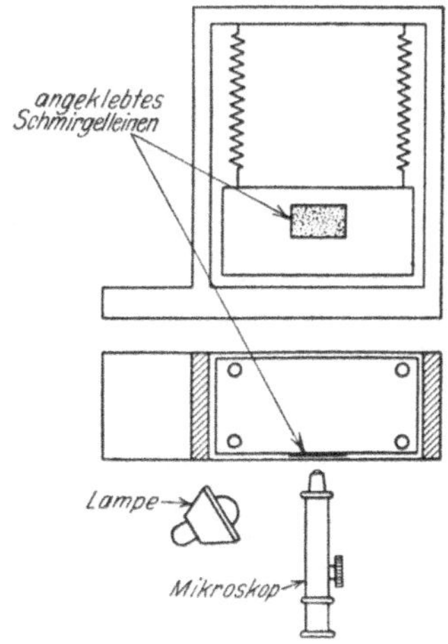

Abb. 164.

Der Apparat eignet sich auch sehr gut zur Auswuchtung schnellumlaufender Rotoren, namentlich dann, wenn eine besonders feine Auswuchtung verlangt wird. Es ist sehr wichtig, Wirkungen persönlicher Art während der Untersuchung auszuschalten. Das Auswuchten dauert ziemlich lange, wenn die Maschine im Betrieb ist, da zwischen zwei aufeinanderfolgenden Versuchen oft mehrere Tage verstreichen. Eine numerische Aufzeichnung der Schwingungsamplitude gibt die Möglichkeit, die Arbeitsbedingungen der Maschine für verschiedene Anordnungen der Auswuchtgewichte zu vergleichen. Wie die Auswuchtung wirklich vorgenommen wird, wenn man nur die Schwingungsamplituden kennt, wurde bereits auseinandergesetzt (s. S. 57).

Eine andere wichtige Anwendung dieses Apparates zeigt Abb. 164. Nimmt man die Vorderwand des Instrumentes ab, so kann man die wirkliche Bahn eines Punktes des Turbogeneratorgehäuses studieren[1].

[1] Die Methode wurde von Herrn G. B. Karelitz, Berechnungsingenieur der Westinghouse Electric & Manufacturing Company, angegeben.

Ein Stück Schmirgelleinen mittlerer Feinheit ist am Stahlblock des Apparates angeklebt. Nun läßt man einen Lichtstrahl auf das Schmirgelleinen fallen, das an den Karborundkristallen scharfe punktförmige Reflexe ergibt. Ein Mikroskop ist an dem zu untersuchenden Gehäuse starr angebracht und auf das Schmirgelleinen ein-

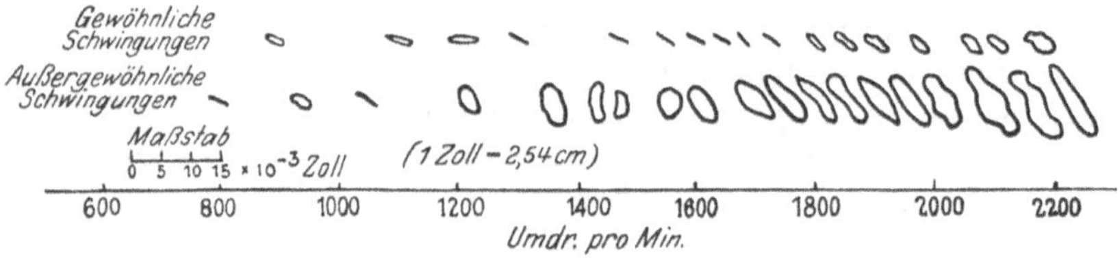

Abb. 165.

gestellt. Da der Block im Raum ruht, sieht man die Relativbewegung von Mikroskop und Leinen ganz deutlich; die Lichtpunkte beschreiben dabei Figuren von der Art der bekannten Lissajouschen Figuren. Abb. 165 zeigt typische derartige Figuren, wie man sie beim Gehäuse einer Turbine mit 1800 Umdrehungen pro Minute erhält.

4. Seismische Vibrographen.

Seismische Vibrographen verwendet man, wenn eine vollständige Analyse der Schwingung verlangt wird. Diese Instrumente finden ihre Hauptanwendung beim Messen von Bodenschwankungen bei Gebäuden, von Schwingungen in Maschinenfundamenten und von Brückenschwingungen. Zerlegt man die Vibrographenaufzeichnung in einfach-harmonische Schwingungen, so gelingt es manchmal, die Ursache der Störungskräfte zu finden, die diese Teilschwingungen verursachen.

Den von der Cambridge Instrument Company konstruierten Vibrographen zeigen die Abb. 166 und 167[1]. Dieses Instrument registriert Vertikalschwingungen. Wenn es zur Aufnahme heftiger Schwingungen verwendet wird, so wird es mit einem Laufgewichtsbalken ausgestattet, der in Abb. 167 durch die punktierte Linie angedeutet ist. Das Instrument besteht aus einem gewichtsbelasteten Hebel, der auf Schneiden in einem Gestell ruht, welches die Schwingungen des Gebäudes oder Fundamentes, an dem es angebracht ist, mitmacht. Die durch die Schwingungen verursachten kleinen Hebelbewegungen werden auf einem Zelluloidstreifen aufgezeichnet, und zwar mit Hilfe eines feinen

[1] Eine eingehendere Darstellung dieses Instrumentes findet man in Engg. **119**, 271 (1925).

Stiftes, der am Ende eines am Hebel befestigten Zeigers angebracht ist. Die schwere Masse *M* ist mittels eines Metallstreifens an einem Stahlblock befestigt, der durch die Schneiden *K* mit dem Gestell in Verbindung steht. Der Stahlblock bildet einen kurzen Hebel, dessen tatsächliche Länge der Horizontaldistanz zwischen dem Streifen und den Schneiden gleich ist. Dem Gewicht *M* wird durch eine Spiralfeder *Q* das Gleichgewicht gehalten, die am oberen Teil des Gestells angehängt ist. Das untere Ende der Feder wird in eines der vier Löcher im Arm des Winkelhebels *L* eingehakt; durch Wahl eines der vier Löcher kann die Eigenfrequenz des schwingenden Systems geändert werden. Ein vom genannten Stahlblock nach oben gehender Arm trägt an seinem obersten Ende eine Flachfeder *S* mit Registrierstift. Dieser drückt auf die Oberfläche eines Zelluloidstreifens (in der Praxis ein Stück reinen Films, wie er bei Kinoaufnahmen verwendet wird), der um eine zweiteilige, mit Hilfe eines Uhrwerks *C* gedrehte Trommel gewickelt ist. Durch einen Regulator läßt sich die Geschwindigkeit des Films zwischen 4 mm und 20 mm pro Sekunde variieren. Im engen Spalt zwischen den beiden Teilen der zweiteiligen Trommel *D* befindet sich ein zweiter Stift; dieser läßt sich mittels eines Elektromagneten, der durch einen kleinen Hebelmechanismus im Innern der Trommel wirkt, seitlich verschieben. Dieser Elektromagnet steht in Verbindung mit einem eigenen Uhrwerk, das den Kontakt jede zehntel Sekunde (oder nach irgendeinem anderen Zeitintervall) schließt. So wird auf der Rückseite des Films, gleichzeitig mit dem wirklichen Vibrogramm auf der Vorderseite, eine Nullinie mit Zeitmarkierungen aufgezeichnet. Die erhaltenen Registrierungen werden mit Hilfe eines Mikroskops bis zu 0,01 mm genau abgelesen; da der Apparat zehnfache Vergrößerung

Abb. 166. Vibrograph der Cambridge Instrument Company.

besitzt, so läßt sich eine Vertikalbewegung des Fundamentes von 10^{-4} cm deutlich messen[1].

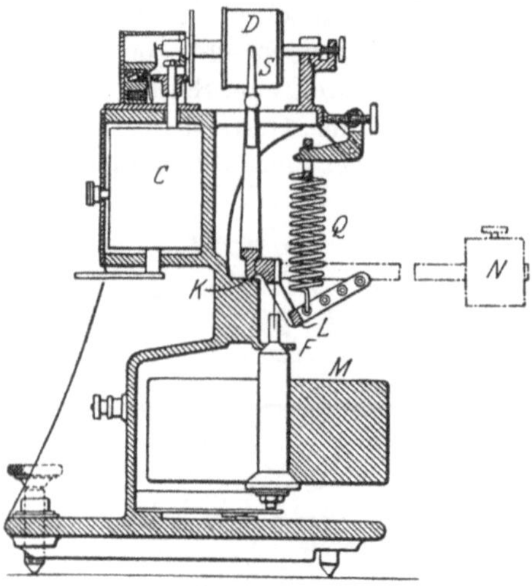

Abb. 167.

Abb. 168 zeigt den Vibrographen von Geiger[2]. Das ganze Instrument, dessen Dimensionen ungefähr 200 × 150 × 150 mm sind, wird an der schwingenden Maschine oder am schwingenden Bauwerk befestigt. Ein schwerer, innerhalb des Instrumentes an schwachen Federn hängender Block bleibt raumfest. Die Relativbewegung zwischen dem Block und dem Rahmen des Instrumentes wird auf eine Feder übertragen, welche sie auf einem 70 mm breiten Papierstreifen registriert. Ein Uhrwerk, das auf verschiedene Geschwindigkeiten eingestellt werden kann, bewegt den Papierstreifen und wickelt ihn um eine Spule. Zur Zeitmarkierung dient eine Feder, die mittels einer Stahlknagge am Rahmen befestigt ist und an ihrem Ende einen Schreib-

Abb. 168. Vibrograph von Geiger.

stift trägt. Diese Feder hat eine natürliche Frequenz von 25 Schwingungen pro Sekunde. Sie kann von Hand oder elektrisch mit Hilfe

[1] Diese Registriermethode wurde zuerst von W. G. Collins bei dem Cambridge Mikroindikator für schnellumlaufende Maschinen verwendet. Engg. **13**, 716 (1922). Siehe auch Trans. Opt. Soc. **27**, 215 (1925—1926).

[2] Eine eingehendere Beschreibung dieses Instrumentes findet sich in Z. V. d. I. **60**, 811 (1916).

von zwei Trockenelementen betrieben werden. Sie muß etwa jede Sekunde zusammengedrückt werden und zeichnet dann eine gedämpfte Schwingung von 25 Perioden auf dem Registrierstreifen. Die natürliche Frequenz der seismographischen Masse ist ungefähr 1½ pro Sekunde. Die Vergrößerung durch das Hebelsystem, das Masse und Feder verbindet, ist regulierbar. Für Frequenzen bis 130 pro Sekunde erhält man bei 12facher Vergrößerung gute Registrierungen. Der Apparat arbeitet noch bei 200 Schwingungen pro Sekunde recht gut, wenn man die Vergrößerung nicht größer als 3fach wählt. Es ist zu bemerken, daß man mit Hilfe einer Einstellvorrichtung an der seismographischen Masse die Schwingung in jeder beliebigen Richtung registrieren kann.

Abb. 169. Universalregistrierapparat.

In Fällen, wo der schwingende Körper so klein ist, daß seine Schwingung durch die verhältnismäßig große Masse des Instrumentes beeinflußt wird, kann man das Instrument dennoch als Registrierapparat verwenden („Universalregistrierapparat" hat es sein Erfinder genannt). Die seismographische Masse muß dann aus dem

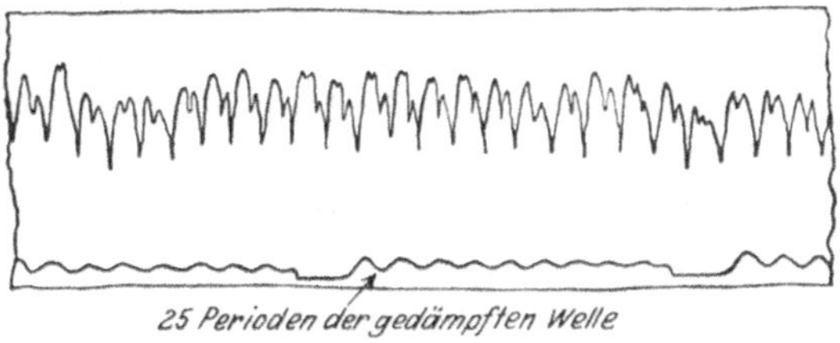

Abb. 170.

Instrument herausgenommen werden, worauf der Apparat irgendwie raumfest untergebracht wird, z. B. etwa dadurch, daß man ihn an einen Kran hängt. Das Hebelsystem der Aufzeichnungsfeder wird durch einen feinen Stab direkt in Tätigkeit gesetzt, der den schwingenden Körper berührt (Abb. 169). Bei dieser Anordnung lassen sich 100fache Vergrößerungen für 60 Perioden und 15fache Vergrößerungen für 150 Perioden erzielen. Eine Aufzeichnung dieses Instrumentes sieht man in Abb. 170.

5. Torsiograph.

Zur Aufzeichnung von Torsionsschwingungen in Maschinenwellen wurden viele Apparate konstruiert. Ein Apparat dieser Art, der viel Verwendung gefunden hat, ist in Abb. 171 dargestellt. Er wurde von A. Geiger entworfen und weist dieselbe Art der Aufzeichnung und Zeit-

Abb. 171. Torsiograph von Geiger.

markierung auf wie der oben beschriebene Vibrograph, unterscheidet sich aber von ihm durch den seismographischen Teil. Der Apparat trägt eine leichte Bandscheibe von etwa 150 mm Durchmesser, in der ein schweres Schwungrad konzentrisch montiert ist, das auf derselben Achse frei beweglich ist. Die Verbindung zwischen Bandscheibe und Masse stellt eine sehr biegsame Spiralfeder her. Die Eigenfrequenz der Torsionsschwingungen dieser Masse beträgt bei gleichförmig laufender Bandscheibe ungefähr 1½ pro Sekunde. Die Bandscheibe wird durch einen kurzen Treibriemen von der Welle aus in Gang gesetzt, deren Torsionsschwingungen gemessen werden sollen. Sie bewegt sich mit der Welle, aber die schwere innere Masse dreht sich praktisch mit gleichbleibender Winkelgeschwindigkeit, wenn die Frequenz der Torsionsschwingungen oberhalb einer gewissen Grenze liegt, die z. B. etwa viermal so groß wie die Eigenfrequenz des Instrumentes ist. Die

Relativbewegung zwischen der Bandscheibe und einem Punkt des Schwungradumfanges wird mittels eines Hebelsystems auf den Registrierstift übertragen. Der Apparat arbeitet bei kleiner Vergrößerung bis zu 200 Schwingungen pro Sekunde und bei Bewegungen niedriger Frequenz kann die Vergrößerung der Schwingungsbewegung des Wellenumfanges bis auf 24 : 1 gebracht werden. Kleine Schwingungen soll man von einem Wellenteil mit möglichst großem Durchmesser aus registrieren. Große Schwingungen registriert man von Wellen mit kleinem Durchmesser aus, damit die Aufzeichnungen noch innerhalb der Grenzen der Möglichkeiten des Instrumentes bleiben. Die Grenze für die Größe der Antriebscheibe ist festgelegt durch die Wirkung der Zentrifugalkräfte, die an der zwischen Scheibe und Schwungrad befestigten Spiralfeder angreifen. Bei ungefähr 1500 Umdrehungen pro Minute verdrehen die Zentrifugalkräfte die Feder so weit, daß sie vom Registrierstreifen abspringt. Der Apparat leistet gute Dienste beim Studium von Torsionsschwingungen in Dieselmotoranlagen sowie in Lokomotiven und Unterseebooten. In neuerer Zeit wurde ein kombinierter Torsiograph-Vibrograph auf den Markt gebracht.

6. Torsionsmesser.

Es gibt Fälle, in denen nicht nur die Änderungen der Winkelgeschwindigkeit, wie sie der Geigersche Torsiograph mißt, wesentlich sind, sondern auch die Verdrehung in einer Energie übertragenden Welle. Zu deren Messung wurden viele Instrumente konstruiert, insbesondere im Zusammenhang mit der Frage nach der durch eine Schiffspropellerwelle weitergeleiteten Energie[1]. Die dabei allgemein angewandte Methode besteht darin, die Relativbewegung von zwei an der Welle in bestimmter Entfernung voneinander angebrachten Körpern zu messen. Der Winkel, den diese beiden Stücke miteinander bilden, wird beobachtet oder durch einen Oszillographen aufgezeichnet. Kennt man die Drehgeschwindigkeit der Welle und ihren Schubmodul, so kann man die Größe der übertragenen Leistung bestimmen. Abb. 172 stellt den Torsionsmesser dar, der von E. B. Moullin vom Engineering Laboratory in Cambridge konstruiert wurde[2]. „Die Relativbewegung der beiden Stücke des Instrumentes wird elektrisch gemessen, und zwar ununterbrochen während der ganzen Drehung, so daß das Instrument an der Welle in einem

[1] Es gibt verschiedene Methoden, den Verdrehungswinkel einer Welle zu messen und zu registrieren; sie lassen sich in vier Gruppen einteilen: a) mechanische, b) optische, c) stroboskopische und d) elektrische Methoden. Beschreibungen der Instrumente, die auf diesen verschiedenen Prinzipien beruhen, finden sich in der genannten Arbeit von H. Steuding (siehe S. 354). Siehe auch die Arbeit von V. Vieweg: Betrieb, S. 378 (1921).

[2] Siehe die Arbeit von Robert S. Whipple: J. Am. Opt. Soc. 10, 455 (1925).

Schiffstunnel angebracht werden kann und sich die Beobachtungen aus der Entfernung durchführen lassen. Der Moullinsche Torsionsmesser wurde zur Messung des Drehmomentes verwendet, das bei Schiffswellen von einem Durchmesser bis zu 250 mm bei der Übertragung

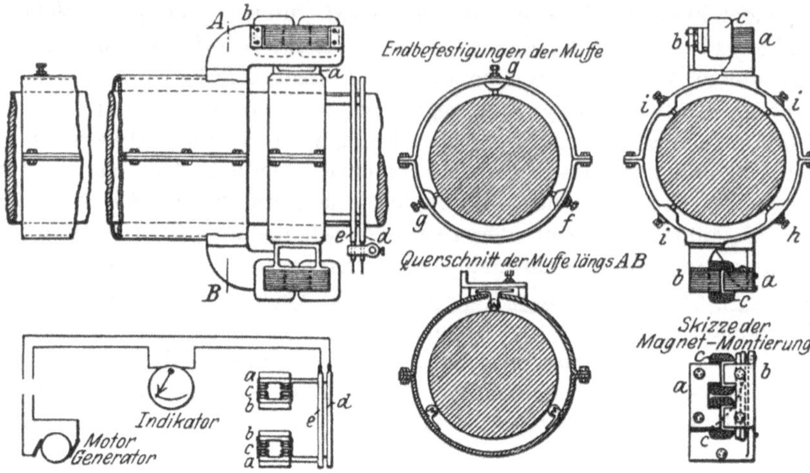

Abb. 172.

von 1500 PS auftritt. Das Instrument besteht aus einer Drosselspule mit Luftspalt, deren eine Hälfte durch einen an einem Punkt der Welle angebrachten Ring getragen wird, während die andere Hälfte daneben

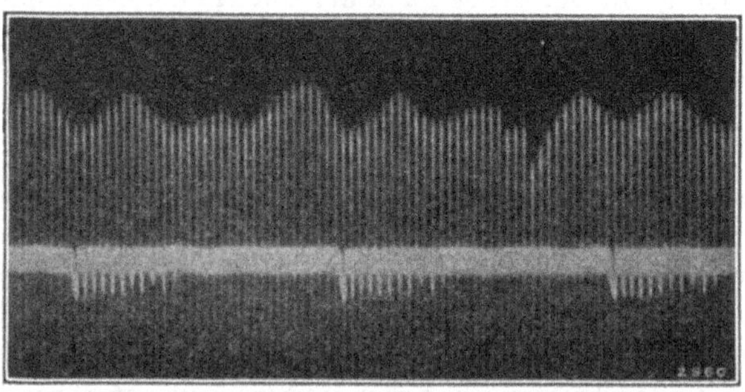

Abb. 173. Aufzeichnung eines geeichten Oszillographen beim Moullinschen Torsionsmesser.

gehalten wird, aber an einer Muffe befestigt ist, die an der Welle in einer Entfernung von ungefähr 1200 mm sitzt. Abb. 172 zeigt die Anordnung der beiden Drosselspulen-Hälften, von denen die eine am Ring und die andere an der Muffe befestigt ist. Ein kleiner Wechselstromgenerator schickt in die Windungen *c* einen Strom von 60 Perioden pro Sekunde und ungefähr 100 Volt. Wenn sich die Welle verdreht, so erweitert sich der Luftspalt bei wachsender Verdrehung (bzw. verengt sich bei abnehmender Verdrehung) und der Strom wächst proportional mit dem Luftspalt, so daß die Abmessungen einer Aufzeichnung der Verdrehung direkt proportional sind. Es werden auf der Welle zwei einander gegenüberliegende Drosselspulen montiert, so daß sie sich mechanisch das Gleichgewicht halten und, da sie elektrisch hintereinandergeschaltet sind, die Angaben des Meßinstrumentes von Biegungsschwingungen unabhängig machen. Der Strom wird durch zwei Schleifringe *d* und *e* zu- und abgeleitet.“ Durch Verwendung

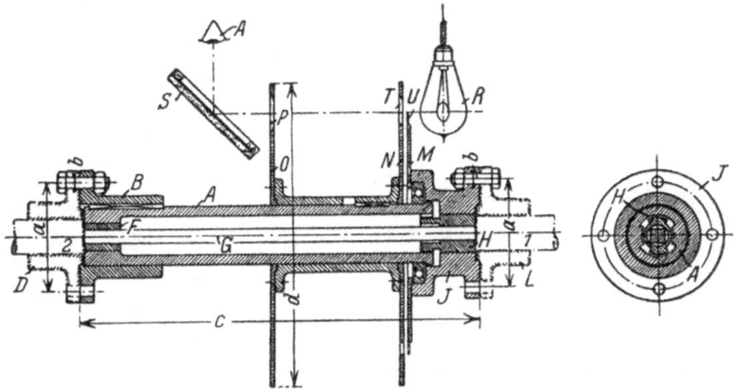

Abb. 174.

eines geeichten Oszillographen erhält man eine stetige Aufzeichnung von der in Abb. 173 gezeigten Art.

Abb. 174 zeigt den Torsionsmesser von Amsler, der bei der Leistungsmessung von schnellumlaufenden Maschinen vielfach verwendet wird.

Die Verbindungsflansche *D* und *L* des Torsionsmessers werden gewöhnlich an die Enden *1* und *2* der treibenden bzw. getriebenen Welle aufgekeilt. Die elastische Welle, welche die Torsion weiterleitet, ist mit *G* bezeichnet. Sie ist an ihren Enden in den Drehbankfuttern *F* und *H* montiert. Das Futter *F* ist stets an der Muffe *A* befestigt, an der der Flansch *B* aufgekeilt ist. Der Flansch *B* ist mit dem Flansch *D* verbolzt und der Flansch *J* mit dem Flansch *L*; die Enden der Welle *G* sind also starr in den Flanschen *D* und *L* untergebracht. Zur Messung des Verdrehungswinkels braucht man die Scheiben *M*, *N* und *O*. *M* ist am Futter *J* befestigt, während die beiden anderen Scheiben *N* und *O* an der Muffe *A* montiert sind. Wenn die Meßwelle *G* unter der Einwirkung eines Drehmomentes verdreht wird, so dreht sich die Scheibe *M* in bezug auf die beiden anderen Scheiben *N* und *O* um einen bestimmten Verdrehungswinkel. Am Rand *U* der Scheibe *M* befindet sich ein Ringsektor von durchscheinendem Zelluloid, auf dem eine Skala eingeschnitten ist. Gegenüber dieser Skala ist eine kleine Öffnung *T* in der Scheibe *N* und ein feiner radialer Schlitz, der als Zeiger für Ablesungen an der Skala dient. Die Scheibe *O* hat gegenüber *T* keine Öffnung, sondern nur einen radialen Schlitz wie die Scheibe *N*; durch diese blickt der Beobachter, wenn er die Stellung des Zeigers *T* an der Skala *U* mittels des Spiegels *S* abliest, der mit dem Sehstrahl einen Winkel von 45° einschließt. Die im Zelluloid eingeschnittene Skala ist von rückwärts durch eine Lampe *R* gut beleuchtet. Wenn der Apparat eine größere Drehzahl besitzt, z. B. mindestens 250 Umdrehungen pro Minute macht, so wird die Anzahl der sekundlichen Lichteindrücke hinreichen, um die Empfindung eines ruhenden Bildes zu erzeugen, und der Verdrehungswinkel läßt sich sehr genau ablesen, vorausgesetzt, daß dieser Winkel während der Drehung konstant bleibt. Kennt man den Verdrehungswinkel und die Torsionssteifigkeit des Stabes *G*, so läßt sich das Drehmoment und die übertragene Leistung berechnen.

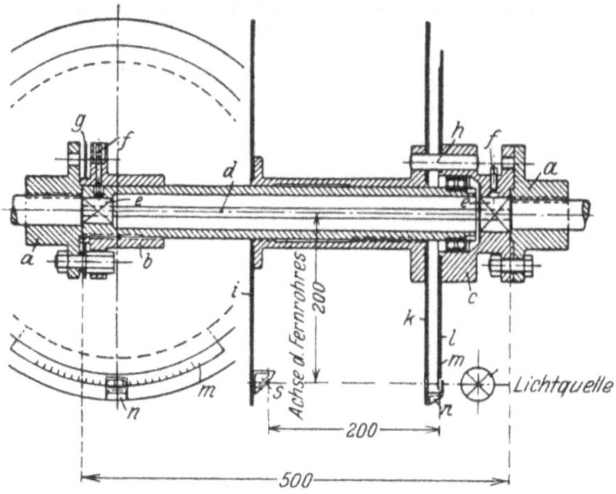

Abb. 175.

V. Vieweg verbesserte das eben beschriebene Instrument dadurch, daß er den Spiegel *S* an der Scheibe befestigte, wie Abb. 175 zeigt, und die Entfernung dieses Spiegels von der Skala *mn* gleich der Entfernung des Spiegels von der Wellenachse machte. Dadurch erhält man ein ruhendes Bild der Skala, das durch ein Fernrohr beobachtet werden kann[1].

7. Dehnungsindikator.

Um die Spannungen zu untersuchen, die in Baukonstruktionen und Maschinenteilen bei Schwingungsbewegungen entstehen, braucht man Spezialinstrumente, die Formänderungen von sehr kurzer Dauer verzeichnen. Abb. 176 zeigt ein Instrument dieser Art, den von der Cambridge Instrument Company gebauten „Spannungsindikator"[2]. Dieser

[1] Die Beschreibung dieses Instruments findet man in Maschinenbau, S. 1028 (1923—1924).

[2] Die Beschreibung dieses Instruments findet man in Engg. **118**, 287 (1924).

Apparat eignet sich besonders zum Messen von rasch wechselnden Spannungen in Brückenträgern und anderen Bauwerken unter der Einwirkung von bewegten oder pulsierenden Lasten. Der Apparat wird am Träger befestigt, an dem die Spannungsänderungen zu bestimmen sind. An dem einen Ende des Apparates sind zwei feste Stützpunkte A, während am anderen Ende nur ein einziger Stützpunkt am Teil D vorhanden ist; der Teil D ist in einer der Längsrichtung des Instrumentes parallelen Richtung frei beweglich. Diese Bewegung wird möglich, da die Stäbe E und E_1 an den bezeichneten Stellen genutet sind und diese

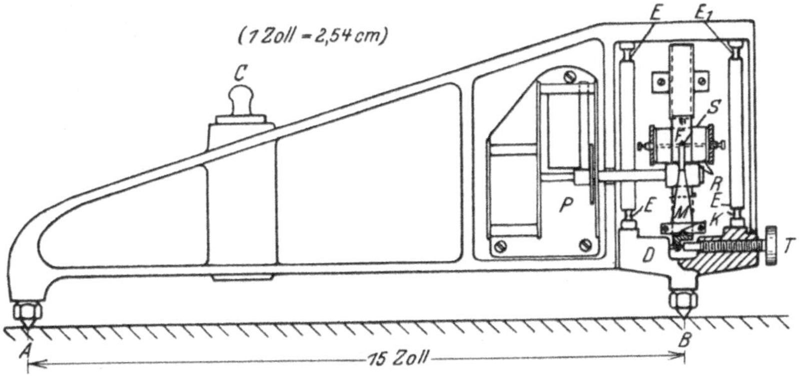

Abb. 176.

Nuten den Stäben in diesen Punkten Biegung gestatten und so gewissermaßen Gelenke bilden. Der Teil D steht in Verbindung mit einem Winkelhebel M, der am oberen Ende den Schreibstift S trägt. Jede durch Spannungsänderungen in dem zu untersuchenden Stück hervorgerufene Verschiebung des Punktes B wird in vergrößertem Maßstab durch den Schreibstift wiederholt und auf einem Streifen durchsichtigen Zelluloids verzeichnet; der Zelluloidstreifen wird mit Hilfe eines Uhrwerkmechanismus P mit einer Geschwindigkeit von ungefähr 3 bis 20 mm pro Sekunde am Schreibstift vorübergeführt. Die Aufzeichnungen des Apparates erfolgen in zehnfachem Maßstab. Man kann sie entweder mit Hilfe eines passenden Mikroskops, ähnlich dem S. 358 erwähnten, studieren, oder aber man stellt mittels photographischer Methoden Vergrößerungen der wirklichen Diagramme her. Die Aufzeichnungen auf dem Film können so bis zu einer Genauigkeit von 0,01 mm abgelesen werden. Nimmt man die Entfernung zwischen den Punkten A und B gleich 15 Zoll (38 cm) an, so ergibt sich für die Dehnung pro Längeneinheit eine Genauigkeit von

$$\frac{0{,}01}{10 \cdot 15 \cdot 25} = 2{,}66 \cdot 10^{-6}.$$

Für Stahl entspricht dies einer Spannung von 5,624 kg pro cm². Die Registriervorrichtung des Instrumentes ist sehr steif und genügt für Schwingungen sehr hoher Frequenz. Zum Beispiel wurden Trägerschwingungen von einer Frequenz von 1400 pro Sekunde deutlich verzeichnet. Aber diese Frequenz bildet noch keine notwendige Grenze für den Apparat. Das Instrument läßt sich beinahe an jedem Teil eines Bauwerkes mit Leichtigkeit anbringen. Der den Zelluloidstreifen bewegende Uhrwerkmechanismus wird entweder am Instrument selbst von Hand in Gang gesetzt und gestoppt oder aber aus der Entfernung durch eine elektrische, von Hand oder automatisch auszulösende Vorrichtung betätigt. Die Mechanismen zur Zeitmarkierung und Lagenaufzeichnung können ebenfalls elektrisch aus der Entfernung bedient werden. Mehrere Registrierungen können gleichzeitig abgelesen werden.

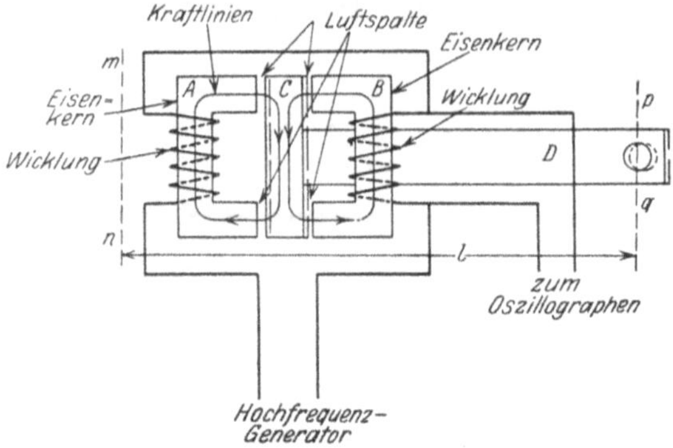

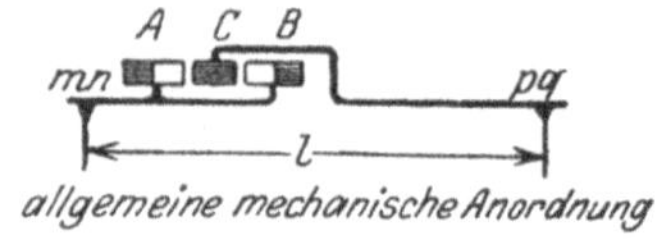

Abb. 177.

Abb. 177 stellt einen magnetischen Dehnungsmesser dar, den die Westinghouse-Ingenieure konstruiert haben[1]. Der Apparat wird mit Hilfe von Klauen an dem Teil, dessen Ausdehnung gemessen werden soll, befestigt, und zwar werden die beiden flachen U-Eisenkerne A und B, die eine starre Einheit bilden, mit dem Stück beim Querschnitt mn, das Eisenblech C dagegen durch einen Stab D mit dem Querschnitt pq verbunden; die Meßlänge ist also gleich l. Jede durch eine Spannungsänderung im Stück an der Strecke l hervorgerufene Änderung bewirkt relative Verschiebungen von C in bezug auf A und B, wodurch Änderungen in den Luftspalten entstehen. Um die zwei U-förmigen Eisenkerne sind Wicklungen gelegt. Durch diese hintereinandergeschalteten Wicklungen wird ein Wechselstrom geschickt, dessen Frequenz groß ist im Vergleich mit der Frequenz der zu messenden Spannungsänderungen. Verwendet man einen Strom konstanter Spannung für die hintereinandergeschalteten Wicklungen, so ist der Sekundärstrom konstant und unabhängig von den Änderungen in den Luftspalten. Ungleiche Luftspalte bewirken nur eine Teilung der Gesamtspannung in zwei ungleiche Teile

[1] Siehe J. P. Shamberger: Am. Soc. Test. Mat. Trans. **1930**.

in den beiden Spulen. Die Spannung in einer Spule wird mittels eines geeichten Oszillographen registriert. Die Ordinaten der Umrißkurven des Diagramms, das von der in Abb. 173 gezeigten Art ist, sind den Dehnungen des Stückes proportional. Dieser magnetische Dehnungsmesser wurde zur Messung von Spannungen verwendet[1], die unter der Einwirkung einer bewegten Lokomotive im Gleis entstehen, und hat sich dabei sehr gut bewährt. Bei einer Meßlänge von 200 mm kann man damit Spannungen mit der Genauigkeit von 70 kg/cm² messen.

8. Der elektrische Dehnungsmesser[2].

Die Konstruktion dieses Apparates beruht auf der bekannten Tatsache, daß bei einer unter Druck gehaltenen, aus Kohlenscheiben bestehenden Säule jede Druckänderung eine Änderung des elektrischen Widerstandes mit sich bringt. Die einfachste Form des Instrumentes sieht man in Abb. 178. Es wird an einem Stück E, dessen Dehnung gemessen werden soll, befestigt. Jede Änderung in der Entfernung zwischen den Unterstützungspunkten A und B bewirkt eine Änderung im ursprünglichen Druck auf die Kohlenscheibenreihe C und somit eine Änderung des elektrischen Widerstandes, der durch einen Oszillographen aufgezeichnet werden kann. Abb. 179 zeigt das Prinzip des elektrischen Schemas. Das Instrument wird als Zweig *1* einer Wheatstoneschen Brücke angeordnet; die drei anderen Zweige der Wheatstoneschen Brücke sind mit *2*, *3* und *4* bezeichnet. Das Instrument *5*, das ein Milliamperemeter oder ein Oszillograph sein kann, zeigt jede Störung in der Brückenanordnung an. Die Widerstände *2* und *3* sind konstant, und *4* ist so eingestellt, daß die Brücke im Gleichgewicht ist, wenn die Kohlensäule unter dem ursprünglichen Druck steht. Jede von der Dehnung in dem zu untersuchenden Stück herrührende Änderung dieses Druckes bewirkt eine Gleichgewichtstörung in der Brücke; die Größe dieser Störung wird

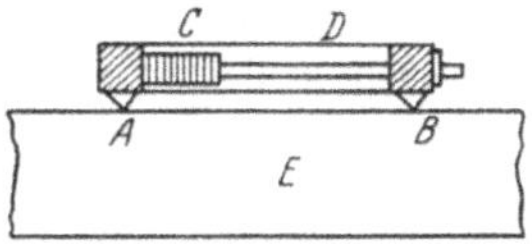

Abb. 178.

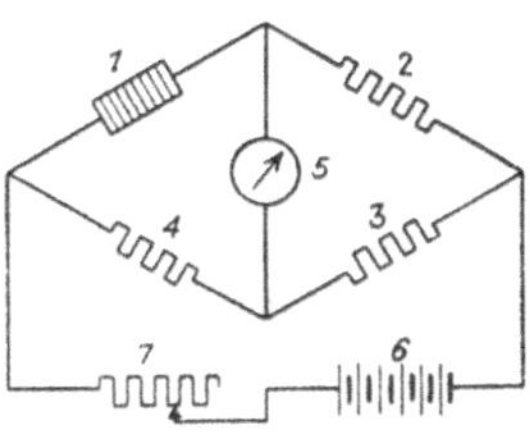

Abb. 179.

[1] Siehe die dem intern. Kongreß für angewandte Mathematik und Mechanik, Zürich 1926, vom Verfasser vorgelegte Arbeit.

[2] Eine vollständige Beschreibung dieses Instrumentes findet man in Techn. paper Bur. Stand. 17, 737 (1924), in einer Arbeit von O. S. Peters u. B. McCollum. Siehe auch die von O. S. Peters dem Annual Meeting of the American Society for Testing Materials (1927) vorgelegte Arbeit. Die weitere Entwicklung der Telemeter in Verbindung mit Spannungsmessungen bei Brücken findet man in der Abhandlung von R. Bernhard: Stahlbau **1928**, Nr. 13.

durch das Instrument *5* angezeigt, das sich so eichen läßt, daß man die Spannung im untersuchten Stück direkt ablesen kann.

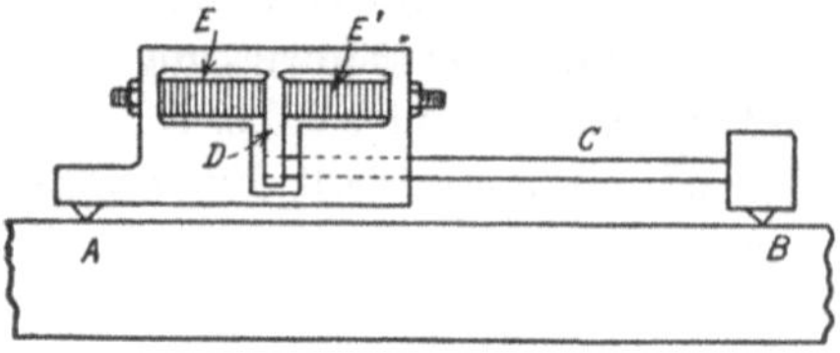

Abb. 180.

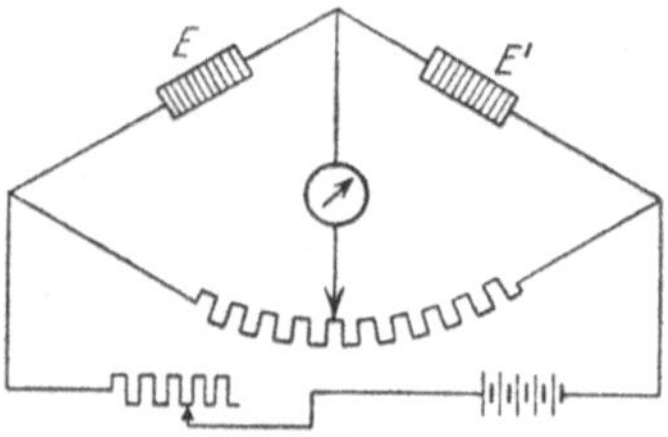

Abb. 181.

Ein Instrument von so einfacher Form, wie wir es eben beschrieben haben, hat einen Nachteil, der aus dem Umstand erwächst, daß der Widerstand der Kohlensäule keine lineare Funktion der Verschiebung ist. Um diesen Übelstand zu beseitigen, werden bei den wirklich ausgeführten Instrumenten zwei Kohlensäulen verwendet (Abb. 180). Bei dieser Anordnung wird jede Änderung in der Entfernung zwischen den Punkten *A* und *B*, die von Dehnungen im untersuchten Stück herrührt, mittels des Stabes *C* auf den Arm *D* übertragen. Eine Folge davon ist ein Wachsen des Druckes in der einen der beiden Kohlensäulen *E* und *E'* und ein Fallen in der anderen. Bringt man nun die beiden Kohlensäulen in die Wheatstonesche Brücke, wie es Abb. 181 zeigt, so addieren sich die Wirkungen der Widerstandsänderungen der beiden Säulen, und der Gesamteffekt, der nun der Dehnung nahezu proportional ist, wird am Brückeninstrument angezeigt.

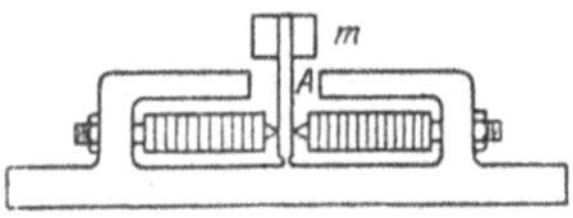

Abb. 182.

Dieses Meßinstrument wird auch zur Messung von Beschleunigungen

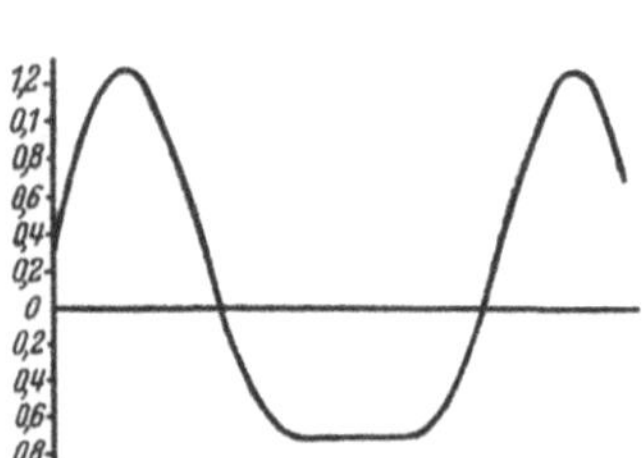

Abb. 183 a.

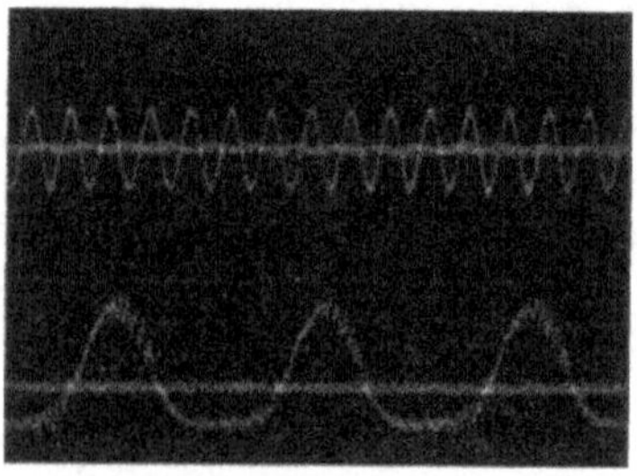

Abb. 183 b. Aufzeichnung des Oszillographen beim Beschleunigungsmesser.

mit Erfolg angewandt. Zu diesem Zwecke wird eine kleine Masse *m* am Arm *A* des Instrumentes befestigt (Abb. 182). Die Kohlensäulen wirken wie Federn, so daß die Eigenfrequenz der Masse *m* ziemlich hoch liegt (bei den beschriebenen Versuchen war sie von der Größenordnung 250 pro sec). Das Instrument wird auf einem Prüftisch montiert, der in Führungen verschiebbar angebracht und mit einem Kurbelgetriebe verbunden wird. Die Schwingungen eines solchen Tisches sind nicht einfach sinusförmig, sondern sie enthalten infolge der endlichen Länge der Schubstange auch höhere Frequenzen. Abb. 183a zeigt das berechnete Beschleunigungsdiagramm des Tisches, und Abb. 183b gibt die Aufzeichnungen des Oszillographen wieder, die mit Hilfe eines auf dem Tisch montierten Beschleunigungsmessers erhalten wurden. Die kleinen Zacken auf diesem Bild entsprechen der Eigenschwingungsperiode der Masse *m*.

Namenverzeichnis.

Sachverzeichnis.

*** Festigkeitslehre.** Von Professor **S. Timoshenko** und Maschinen-Ingenieur **I. M. Lessells.** Ins Deutsche übertragen von Dr. I. Malkin, Ingenieur. Mit 391 Abbildungen im Text. XVIII, 484 Seiten. 1928. Gebunden RM 28.—

Die besonderen Merkmale des Buches sind: Klare Gliederung des Stoffes, meisterhafte Darstellung. Hervorzuheben ist ferner die umfassende Angabe der einschlägigen internationalen Literatur sowie die leichtverständliche Behandlung neuerer Forschungsgebiete der Festigkeitslehre wie Ermüdungserscheinungen, dynamische Probleme und Stoßbelastungen. Bemerkenswert sind ferner Abschnitte über die Theorie der Festigkeit und über die Nutzspannungen (zulässige Spannungen). Die Zusammenarbeit der beiden Verfasser — Theorie und Praxis — hat eine geschlossene, erschöpfende und fortschrittliche Arbeit geliefert. Das Buch ist als Standardwerk zu bezeichnen und allen Ingenieuren und Studierenden wärmstens zu empfehlen. *„Werft-Reederei-Hafen."*

*** Festigkeitslehre.** Von **George Fillmore Swain,** Professor an der Harvard Universität, New York. Autorisierte Übersetzung von Dr.-Ing. **A. Mehmel,** Hannover. Mit 463 Textabbildungen. XVIII, 630 Seiten. 1928. Gebunden RM 34.—

*** Grundzüge der technischen Schwingungslehre.** Von Professor Dr.-Ing. **Otto Föppl,** Braunschweig. Zweite, verbesserte und ergänzte Auflage. Mit 140 Abbildungen im Text. VI, 212 Seiten. 1931. RM 8.25; gebunden RM 9.50

In der Reihe der Schriften über die technische Schwingungslehre nimmt das Föpplsche Buch einen besonderen Platz ein, der einerseits durch den Reichtum der behandelten Gegenstände, anderseits durch die klare und anschauliche Darstellungsweise bedingt ist, die sich den Bedürfnissen des Ingenieurs in besonderer Weise anpaßt. Dadurch ist einmal die Bevorzugung graphischer Methoden gegeben, die dem Werke eigentümlich ist, anderseits die vielfache Verwendung von Näherungsrechnungen. In allen diesen Dingen kommt es immer auf die für den Ingenieur wichtige Frage an, die Genauigkeit der Rechnung mit den zugrunde liegenden idealisierenden Voraussetzungen in Einklang zu bringen. Es muß gesagt werden, daß in dem vorliegenden Buch ein sehr geschickter Mittelweg gefunden ist: das begrüßenswerte Ergebnis ist der große Reichtum des behandelten Stoffes bei verhältnismäßig kleinem Umfang. *„Der Bauingenieur."*

*** Technische Schwingungslehre.** Ein Handbuch für Ingenieure, Physiker und Mathematiker bei der Untersuchung der in der Technik angewendeten periodischen Vorgänge. Von Privatdozent Dr. **Wilhelm Hort,** Dipl.-Ing., Oberingenieur bei der Turbinenfabrik der AEG, Berlin. Zweite, völlig umgearbeitete Auflage. Mit 423 Textfiguren. VIII, 828 Seiten. 1922. Gebunden RM 24.—

Außer den Schwingungen starrer und elastisch-fester Systeme werden die Schwingungserscheinungen bei Gasen und Flüssigkeiten, ferner elektromagnetische Schwingungen dargestellt. — Von besonderer Bedeutung ist die Anwendung der Schwingungslehre auf praktische Fälle.

* *Auf alle vor dem 1. Juli 1931 erschienenen Bücher wird ein Notnachlaß von 10% gewährt.*

Einführung in die Mechanik und Akustik. Von Dr.-Ing. e. h. **R. W. Pohl**, Professor der Physik an der Universität Göttingen. Zweite, verbesserte Auflage. („Einführung in die Physik", Band I.) Mit 440 Abbildungen, darunter 14 entlehnte. VIII, 251 Seiten. 1931. Gebunden RM 15.80

Einführung in die Mechanik fester elastischer Körper und das zugehörige Versuchswesen (Elastizitäts- und Festigkeitslehre). Von Dr. **Rudolf Girtler**, o. ö. Professor der Deutschen Technischen Hochschule zu Brünn. Mit 182 Textabbildungen. VIII, 450 Seiten. 1931. Gebunden RM 29.—

* **Mechanik der elastischen Körper.** Redigiert von **R. Grammel**. („Handbuch der Physik", Band VI.) Mit 290 Abbildungen. XII, 632 Seiten. 1928. RM 56.—; gebunden RM 58.60

Inhaltsübersicht: Physikalische Grundlagen der Elastomechanik. Von Professor Dr. A. Busemann und Professor Dr.-Ing. O. Föppl, Braunschweig. — Mathematische Elastizitätstheorie. Von Professor Dr. E. Trefftz, Dresden. — Elastostatik. Von Dr. J. W. Geckeler, Jena. — Elastokinetik. Von Professor Dr. F. Pfeiffer, Stuttgart. — Elastizitätstheorie anisotroper Körper (Kristallelastizität). Von Dr. J. W. Geckeler, Jena. — Plastizität und Erddruck. Von Professor Dr.-Ing. A. Nádai, Göttingen. — Der Stoß. Von Professor Dr. Th. Pöschl, Karlsruhe. — Seismik (Erdbebenwellen). Von Professor Dr. G. Angenheister, Potsdam. — Tafeln der Elastizitätskonstanten und Festigkeitszahlen. Von Dr.-Ing. P. Riekert, Stuttgart.

* **Die Dauerprüfung der Werkstoffe** hinsichtlich ihrer Schwingungsfestigkeit und Dämpfungsfähigkeit. Von Professor Dr.-Ing. **O. Föppl**, Vorstand des Wöhler-Institutes Technische Hochschule Braunschweig, Dr.-Ing. **E. Becker**, Ludwigshafen, Dipl.-Ing. **G. v. Heydekampf**, Braunschweig. Mit 103 Abbildungen im Text. V, 124 Seiten. 1929. RM 9.50; gebunden RM 10.75

* **Die Dauerfestigkeit der Werkstoffe und der Konstruktionselemente.** Elastizität und Festigkeit von Stahl, Stahlguß, Gußeisen, Nichteisenmetall, Stein, Beton, Holz und Glas bei oftmaliger Belastung und Entlastung sowie bei ruhender Belastung. Von **Otto Graf**. Mit 166 Abbildungen im Text. VIII, 131 Seiten. 1929. RM 14.—; gebunden RM 15.50

* **Die Kraftfelder in festen elastischen Körpern** und ihre praktischen Anwendungen. Von Privatdozent Dr.-Ing. **Th. Wyss**, Danzig. Mit 432 Abbildungen im Text und auf 35 Tafeln. IX, 368 Seiten. 1926. Gebunden RM 25.50

* **Spannungskurven in rechteckigen und keilförmigen Trägern.** Theorie und Versuch über Spannungsverteilung als Scheibenproblem mit besonderer Berücksichtigung der lokalen Störung. Von **Akira Miura**, Professor an der Kaiserlichen Universität Kioto. Mit 142 Abbildungen im Text und auf 6 Tafeln. V, 111 Seiten. 1928. RM 11.—; gebunden RM 12.50

* *Auf alle vor dem 1. Juli 1931 erschienenen Bücher wird ein Notnachlaß von 10% gewährt.*

GPSR Compliance

The European Union's (EU) General Product Safety Regulation (GPSR) is a set of rules that requires consumer products to be safe and our obligations to ensure this.

If you have any concerns about our products, you can contact us on ProductSafety@springernature.com

In case Publisher is established outside the EU, the EU authorized representative is:

Springer Nature Customer Service Center GmbH
Europaplatz 3
69115 Heidelberg, Germany

Batch number: 10682411

Printed by Printforce, the Netherlands